有一种智慧叫学会宽心　有一种心态叫懂得包容　有一种境界叫活在当下

学会宽心
懂得包容
活在当下

杨建峰　主编

汕頭大學出版社

图书在版编目(CIP)数据

学会宽心 懂得包容 活在当下 / 杨建峰主编. —
汕头:汕头大学出版社, 2013.11(2015.5 重印)
ISBN 978-7-5658-1057-2

Ⅰ.①学… Ⅱ.①杨… Ⅲ.①人生哲学-通俗读物
Ⅳ.①B821-49

中国版本图书馆 CIP 数据核字(2013)第 272764 号

学会宽心 懂得包容 活在当下 XUEHUIKUANXIN DONGDEBAORONG HUOZAIDANGXIA

总 策 划:杨建峰
主 编:杨建峰
责任编辑:胡开祥
责任技编:黄东生
装帧设计:松雪图文 王 进
印刷监制:高 峰 苏画眉
出版发行:汕头大学出版社
广东省汕头市大学路 243 号汕头大学校园内 邮政编码:515063
电 话:0754-82904613
印 刷:大厂回族自治县正兴印务有限公司
开 本:889mm×1194mm 1/16
印 张:27.5
字 数:650 千字
版 次:2013 年 11 月第 1 版
印 次:2015 年 5 月第 2 次印刷
定 价:59.00 元
ISBN 978-7-5658-1057-2

发行/广州发行中心 通讯邮购地址/广州市越秀区水荫路 56 号 3 栋 9A 室 邮政编码/510075
电话/020-37613848 传真/020-37637050

敬启

本书在编写过程中,参阅和使用了一些报刊、著述和图片。由于联系上的困难,我们未能和部分作品的作者(或译者)取得联系,对此谨致深深的歉意。敬请原作者(或译者)见到本书后,及时与我们联系相关事宜。联系电话:010-84853028 联系人:松雪

前 言

PREFACE

宽心，是一种境界。心宽一点，烦恼就少一些；心宽一点，快乐就多一些；心宽一点，日子就顺一些；心宽一点，成就也会更多一些。宽心，是智者的一种必然选择。每个人都有过去，都有经历，但过去的已成过去，不管现在怎样追忆、怎样悲伤，时间永不会回头。过去由无数的现在组成，每一个美好的回忆都应该使我们一样有所得，明白了这个道理就学会了宽心。

宽心的人，都有一颗宽容之心。宽心的智慧，就是如何用宽容之心对待他人，从而让自己迅速化解矛盾，消除委屈、怨愤、嫉恨等负面情绪，集中精力走向成功。

人和人之间难免会因为一些事情发生摩擦，难免会因为误会而彼此伤害。但是与人争执并不是我们的本性，懂得包容才是唯一的信仰。包容是一种理性，体现一个人的修养和气度；包容是一种智慧，反映一个人驾驭局面的能力；包容是一门学问，会包容的人也会生活。懂得包容的人，也就懂得了快乐。具备一颗包容的心，需要的就是宽广的胸襟。包容是人生的大智慧，能够修身养性、安身立命。带着一种包容的心态去生活，心宽了，天地也就大了；心宽了，就会让很多事情变得简单而轻松。

人的生命只有一次，时间才是我们最大的财富，而我们拥有的时间只有当下。拥有了现在，我们也就拥有了过去和未来。过好每一天，珍惜现在拥有的一切，活出自我、活出精彩。有时计较太多，反而得不到更多的乐趣，与别人的钩心斗角也不一定会让我们进步。如果想在当下获得成长，必须恢复简单的心灵。我们用不着挖空心思去追逐名利，用不着留意别人看我们的眼神。心灵没有枷锁，想哭就哭，想笑就笑，才能在当下体验到快乐。

本书共分三篇：学会宽心、懂得包容、活在当下，其中包含了有舍有得、吃亏是福、笑对人生、放下包袱、心平气和、豁达大度、以德报怨、相互理解、难得糊涂、后退一步海阔天空、珍惜现在、知足常乐、淡泊名利、低调谦虚、懂得感恩、忘记过去等方面的内容，全面阐述了宽心、包容、活在当下的智慧，指引读者走向人生的最高境界。

本书通过一个个小故事引发读者反思，并加以透彻分析，从而品悟出人生的三种境界——学会宽心、懂得包容、活在当下，全方位地诠释了做人做事成功的基本准则。阅读本书，可以让人将浮躁的心沉淀下来，静下心来思考人生，放慢脚步享受人生。愿读者能够通过本书悟出人生的真谛，快乐一生。

目 录

CONTENTS

上篇 学会宽心

第一章 有舍有得，勇于放弃

第二章 表面吃亏，暗里得福

第三章 乐观心态，快乐一生

第四章　卸下包袱,放下一切

第五章　心平气和,不气不恼

中篇 懂得包容

第一章 心胸宽广,豁达大度

第二章 以德报怨，化敌为友

第三章 换位思考，相互理解

第四章　大智若愚,难得糊涂

第五章　后退一步,海阔天空

下篇　活在当下

第一章　珍惜现在,把握当下

第二章 满足现状，知足常乐

第三章 淡泊名利，无欲则刚

第四章 低调做人,谦虚为本

第五章 感恩当下,知恩图报

第六章 走出回忆,忘记过去

上篇

学会宽心

第一章　有舍有得，勇于放弃

勿把得失放心头

我们每个人的生命在历史的长河中宛若鲜花上的朝露，尽自己一生的努力也未必能使人类的演变历史向前推动一丝，由此可知，过分看重个人的成败得失毫无意义。所以，在生活中为人做事，要学会不以物喜，不以己悲，只有这样我们的心情才能宁静而致远，我们的人生才能安然而幸福。

我国古代一则“塞翁失马”的成语故事，告诉我们一个道理：得失相倚。

相传在边塞住着一位靠养马为生的老翁，一天，他发现自己养的马走失了一匹。老翁认为马跑到了邻国，难再寻回，也就不以为意。邻居却替老翁感到难受，跑来安慰他，老翁乐观地说：“没有关系，说不定这匹马能给我带来好处呢。”

一个月后，奇迹降临了。走失的马不仅从邻国跑回来，还将那边的一大群骏马也引来了。邻居都跑来向老翁道喜，老翁却淡淡地说：“这未必是件好事，说不定日后会给我带来什么灾祸呢。”

一天，老翁的儿子在驯服骏马时，不小心将腿摔折了。邻居又来安慰他，老翁毫不在意：“这次意外，未必不会带来好处！”

又过了一些日子，邻国侵略边塞，战事不断发生，官府开始在各村征兵，村里的年轻人纷纷参战，有不少战死沙场。老翁的儿子则因为摔折了腿而未被应征入伍，从而保住了性命。

置“得失”于不顾，工作才会得心应手。不担心“失”，工作便顺利；不看重“得”，心态便轻松。“得”是“失”的开始，“失”是“得”的结局。唯有将其弃如草芥，不存“得”“失”之想而努力工作的人才会乐在其中。

庄子讲过一个支离疏的寓言故事：

南方楚国有一个人叫支离疏，他的形体可说是造物主的一个杰作，也可说是造物主在心情愉快时开的玩笑。他的脖子像丝瓜，脑袋形似葫芦，头垂到肚子上，而双肩高耸超过头项，颈后的发髻蓬蓬松松似雀巢，背驼得两肋几乎同大腿并列。但支离疏却暗自庆幸，感谢上苍独钟于他，平日里乐天知命，舒心顺意，日高尚卧，无拘无束，替人缝衣洗服、簸米筛糠，足以糊口度日。当君王准备打仗，在国内强行征兵时，青壮汉子如惊弓之鸟，四散逃入山中。而支离疏呢，偏偏耸肩晃脑去看热闹，他这副尊容谁要呢？所以他才那样大胆放肆。

当楚王大兴土木，准备建造王宫而摊派差役时，庶民百姓不堪骚扰，而支离疏却因形体之故而免去了劳役。每逢寒冬腊月官府开仓赈贫时，支离疏却欣然前去领到三盅小米和十捆粗柴，仍然不愁吃不愁穿。

一个在形体上有如此缺陷的人，尚能乐天知命，以自然的心性，安享天年。那么如果我们能把这些遗形忘智、大智若愚的精髓运用到立身处世的方法中去，难道不可逢凶化吉、远害全身吗？难道不能感悟到幸福吗？

智者寄语

月盈则亏，水满则溢。这是世之常理。否极泰来，荣辱自古周而复始。因此，大可不必盛喜衰悲，得喜失悲。在大得大失、大盛大衰面前，应保持一份淡然的心境。

放弃，可以赢得更多

有这样一个故事：

古时候，一个少年背负着一个沙锅前行，不小心绳子断了，沙锅也掉到地上摔碎了，可是少年却头也不回地继续前行。路人喊住少年："你不知道你的沙锅碎了吗？"

少年回答："知道。"

路人又问："那为什么不回头看看？"

少年说："已经碎了，回头何益？"说罢继续赶路。

看完这个故事，不知道你有没有一点感悟？这个少年是对的，既然沙锅已经碎了，回头看又有什么用呢？

这正如人生中的许多失败一样，已经无法挽回，再去惋惜、悔恨也于事无补。与其在痛苦中挣扎浪费时间，还不如重新找到一个目标，再一次发奋努力。还是让我们学会放弃吧！像那个少年一样，不要因为失败而做无谓的自责和叹息。当我们真正学会放弃时，会发现那才是一种真正的超越，一种真正的战胜自我的强者姿态。

人生旅途上首先要学会珍惜，珍惜自己在学业、事业上取得的哪怕是极其微小的成绩和荣誉。因为任何微小的成绩和荣誉都来之不易，你都曾为之付出过艰辛。俗话说"聚沙成塔""滴水成冰"，都含有"积少成多"这样一个简单、朴素的道理。我们在前进过程中的每一个进步都是可贵的，珍惜它，就是珍惜自己的劳动，就是珍惜自己生命的进程。

然而，人生路途上只学会珍惜是不够的，还要学会放弃。这个"放弃"不是通常所说的"丢掉"，它的特定含义是，提醒自己不要过于迷恋已经取得的成绩和荣誉，不要过于沾沾自喜而耽误了向前赶路，耽误了去摘取更为辉煌的成功果实。俗话说"天外有天，人外有人"，就是告诫人们不要自满，不要停止继续进取的步伐。

有人问著名作家刘墉："从您的书中得知，您曾任台湾某电视台的节目主持人，而且业绩突出，可在事业到达顶峰时，您毅然选择了离职，到美国去做美术教员。这在一般人是很难理解，也是很难做到的，您当时是基于何种考虑？"

刘墉回答："道理很简单，就好比一个人登山，历尽千辛万苦到达顶峰时，唯一的选择只有下山。一方面，是开始走下坡路；另一方面，如果还要登另一座山，那么，首先要做的就是从现在的山上下来。我无非是想多登几座山，从不同的高度看看风景。"

又有人问："您曾提到过在上大一的时候，主动向老师请求放弃英文课程。可谁都知道，英文是非常重要的，这种考虑是否曾影响过您的大学成绩？"

刘墉回答："英文的确是非常重要的，可大学四年是多么好的年龄，我要画画，要练习演讲，要参加校外活动，要搞写作，要交女朋友……哪有那么多精力？只能在有限的时间里努力，珍惜这宝贵的四个年头。还好，我的努力没有白费，演讲拿到了第一，这为后来成为主持人的我打下了口才基础；画画的功底很扎实，这为后来成为美术教员的我挣得了饭碗；校外活动频繁，这为成为记者、编辑，进而创办出版社的我打下了实践社会的基础；多有诗作和散文发表，造就了后来成为作家的我；最重要的是，在那个时候，我认识了我未来的妻子……

"我只放弃了一门课程，却赢得了生活和事业方面的种种资源。毕业前近一年时间，我重新拿起了英文。当时旧的单词还没有忘光，所以还有新鲜感，头脑刚好用于记忆，考试顺利通过。四年下来，一门课程也没有耽误。其实道理很简单，我认为人一旦到了上大学的年龄，就应该开始规划自己的人生。"

人的精力和时间有限，不可能面面俱到，有时为了做自己真正想做的事情，拥有自己希望的人生，就不得不放弃很多东西。这是人生的无奈，但却是必须要面对的。

智者寄语

勇于放弃，善于放弃，是人生的一种大智慧。这种放弃不是消极对待人生，而是一种以退为进的人生策略，是为了实现自我人生价值不得不做出的选择。

放弃眼前利益，看得远一点

先来看这样一个故事：

一个青年向一个富翁请教成功的秘诀。富翁拿了三块大小不等的西瓜放在青年面前："如果每块西瓜代表一定程度的利益，你选哪块？"

"当然是最大的那块！"青年毫不犹豫地回答。

富翁笑了笑，说："那好，请吧！"富翁把最大的那块西瓜递给青年，自己却吃起了最小的那块。很快富翁就吃完了，随后拿起桌上的最后一块西瓜得意地在青年眼前晃了晃，大口地吃了起来。

青年马上就明白了富翁的意思：富翁吃的瓜虽然比青年的瓜小，却比青年吃得多。如果每块代表一定程度的利益，那么，富翁占的利益自然比青年多。

很多时候，我们只看到眼前的利益，而且认为眼前的利益是最好的，但等到我们把事情做完后，才发现原来做这些事还要耗费那么多的精力和时间。而如果用同等的精力和时间去做别的事情，虽然不会一下子得到那么大的利益，但是做的事情却多得多，总利益也比做一件事情得到得多。所以，我们要学会放弃，只有放弃眼前的蝇头小利，才能获得长远的大利。

有三个年轻人一同结伴外出，寻求发财机会。在一个偏僻的山镇，他们发现了一种又红又大、味道香甜的苹果，由于地处山区，该地信息、交通都不发达，这种优质苹果仅在当地销售，价格非常便宜。

第一个年轻人立刻倾其所有，购买了10吨最好的苹果，运回家乡，以比原价高两倍的价格出售，这样往返数次，他成了家乡第一名万元户。

第二个年轻人用了一半的钱，购买了100棵最好的苹果苗，运回家乡，承包了一片山坡，把果苗栽种上。整整3年的时间，他精心看护果树，浇水灌溉，没有一分钱的收入。

第三个年轻人找到果园的主人，用手指指果树下面，说："我想买些泥土。"

主人一愣，接着摇摇头说："不，泥土不能卖。卖了还怎么长苹果？"

他弯腰在地上捧起满满一把泥土，恳求说："我只要这一把，请你卖给我吧，要多少钱都行！"

主人看着他，笑了："好吧，你给1块钱拿走吧。"

他带着这把泥土返回家乡，把泥土送到农业科技研究所，化验分析出泥土的各种成分、湿度等。然后，他承包了一片荒山坡，用了整整3年的时间，开垦、培育出与那把泥土一样的土壤。然后，他在上面栽种上苹果树苗。

10年过去了，这3位一同结伴外出寻求发财的年轻人的命运却迥然不同。

第一位购买苹果的年轻人现在每年依然还要去购买苹果运回来销售，但是因为当地信息和交通已经很发达，竞争者越来越多，所以他每年赚的钱很少，有时甚至赚不到钱或者赔钱。

第二位购买树苗的年轻人早已拥有自己的果园，但是因为土壤不同，长出来的苹果有些逊色，但是仍然可以赚到相当的利润。

第三位购买泥土的年轻人，也是最后拥有并收获苹果的人，他种植的苹果果大味美，和山村的苹果相比不相上下，每年秋天都能引来无数的竞相购买者，总能卖到最好的价格。

有些人往往会被眼前的利益所迷惑，从而不能用长远的眼光去观察各种事物。当事情发生时，大家固然都知道要赶紧想办法去处理，可是想要不发生错误，还是需要长远的眼光，才能看出问题的症结，提出适当的解决办法。

智者寄语

有些人宁可贪图一时的便宜，也不去思考未来的得失；有些人却宁肯眼前吃亏，也要保证将来能得到实利。这两种不同的抉择，是靠眼光是否远大以及思考是否周密来决定的。

有时失去也是一种福音

人生就像一场旅行。在行程中，你会用心去欣赏沿途的风景，同时也会接受各种各样的考验。在这个过程中，你会失去很多，你也会收获很多。因为，失去所传递出来的并不一定都是灾难，也可能是福音。

有一位住在深山里的农民，经常感到环境艰险，难以生活，于是便四处寻找致富的好方法。一天，一位从外地来的商贩给他带来了一样好东西。尽管在阳光下看上去那只是一粒粒不起眼的种子，但据商贩讲，这不是一般的种子，而是一种叫作"苹果"的水果的种子。只要将其种在土壤里，两年以后，就能长成一棵棵苹果树，结出数不清的果实，拿到集市上可以卖好多钱呢！

欣喜之余，农民将苹果种子小心收好，但脑海里随即涌现出一个问题：既然苹果这么值钱、这么好，会不会被别人偷走呢？于是，他特意选择了一块荒僻的山野来种植这种颇为珍贵的苹果树。

经过近两年的辛苦耕作，浇水施肥，小小的种子终于长成了一棵棵茁壮的果树，并且结出了累累硕果。这位农民看在眼里，喜在心中。因为缺乏种子的缘故，果树的数量还比较少，但结出的果实也肯定可以让他过上好一点儿的生活。

他特意选了一个吉利的日子，准备在这一天摘下成熟的苹果，挑到集市上卖个好价钱。当这一天到来时，他非常高兴，一大早便上路了。当他气喘吁吁地爬上山顶时，心里猛然一惊，那一片红灿灿的果实，竟然被飞鸟和野兽吃了个精光，只剩下满地的果核。

想到这几年的辛苦劳作和热切期望，他不禁伤心欲绝，大哭起来，他的财富梦就这样破灭了。在随后的日子里，他的生活仍然艰苦，只能一天一天地熬下去。不知不觉之间，几年的光阴如流水一般逝去。

一天，他偶然来到了这片山野。当他爬上山顶后，突然愣住了，因为在他面前出现了一大片茂盛的苹果林，树上结满了累累硕果。

这会是谁种的呢？在疑惑不解中，他思索了好一会儿才找到了一个令他也出乎意料的答案：这一大片苹果林都是他自己种的。

几年前，当那些飞鸟和野兽在吃完苹果后，就将果核吐在了旁边，经过几年的生长，果核里的种子慢慢发芽生长，终于长成了现在这片茂盛的苹果林。

现在，这位农民再也不用为生活发愁了，这一大片林子中的苹果足以让他过上温饱生活。

从这个故事当中我们可以看出，有时候，失去是另一种获得。人生总在失去与获得之间徘徊，没有失去，也就无所谓获得。

生活中，如果一扇门关上了，必定有另一扇门会为你打开。你失去了一种东西，必然会在其他地方收获另一个馈赠。关键是你要相信有失必有得。要舍得放弃，正确对待你的失去。因为失去有时可能是一种生活的福音，预示着你的另一种获得。

智者寄语

生活中，如果一扇门关上了，必定有另一扇门会为你打开。你失去了一种东西，必然会在其他地方收获另一个馈赠。

主动舍弃，会有更多的收获

《百喻经》里有这样一个故事：

一只猩猩手里抓了一把豆子，高高兴兴地在路上一蹦一跳地走着。一不留神，手中的豆子滚落了一颗。为了这颗掉落的豆子，猩猩马上将手中其余的豆子全部放置在路旁，去找那颗掉落的豆子。它趴在地上，转来转去，东寻西找，却始终不见那颗豆子的踪影。最后猩猩只好用手拍拍身上的灰土，回头去取原先放置在路旁的豆子。谁知原先的那一把豆子却全都被路旁的鸡鸭吃得一颗也不剩了。

想想你现在的追求，是否也是放弃了手中的一切，仅仅为了找到掉落的那颗豆子？

有人喜欢对于别人的财富抓住不放，也有人明知道是自己的财富却选择了舍弃。贪图别人财富的人，必将在获得的同时付出更多的代价；而主动舍弃财富的人，却可能得到上苍加倍的馈赠。

第二次世界大战的硝烟刚刚散尽时，以美英法为首的战胜国几经磋商，决定在美国纽约成立一个协调处理世界事务的联合国。一切准备就绪后，大家才发现，竟没有建办公大楼的土地。听到这一消息后，美国著名的财团洛克菲勒家族经商议后决定马上出资870万美元在纽约买下一块地皮，将它无条件地赠送给联合国。同时，洛克菲勒家族亦将毗连这块地皮的大面积地皮全部买下。

这条消息传出后，美国许多财团和地产商都纷纷嘲笑说，洛克菲勒家族简直是把钱当成一文不值的纸白送。但出人意料的是，联合国大楼刚刚建成，毗邻它四周的地价便立刻飙升起来，相当于捐赠款数十倍、数百倍的巨额财富源源不断地涌进了洛克菲勒家族财团，这让当初那些嘲笑他们的人追悔莫及。

放弃是智者面对生活的明智选择，是一种量力而行的睿智，更是一种顾全大局的果敢。它不盲目、不狭隘，它对心灵来说是一种宽松、一种滋润，它驱散了乌云，它清扫了心房。放弃并不完全代表着失败和气馁，明智的放弃是为了得到。

生活里，我们经常会遇到让自己做选择的时候。如果我们单单想到获得，而不想舍弃，那么我们可能失去更多。要知道，如果我们主动舍弃，有时反而会得到更多。

放弃是生活时时面对的清醒选择，学会放弃才能卸下人生的种种包袱，轻装上阵，才拥有一份成熟，才会活得更加充实、坦然和轻松。每个人都是自己生命唯一的导演，只有学会放弃的人才能彻悟人生，笑看人生，拥有海阔天空的人生境界。

智者寄语

如果我们单单想到获得，而不想舍弃，那么我们可能失去更多。要知道，如果我们主动舍弃，有时反而会得到更多。

越怕失去的就越容易失去

一个即将出嫁的女孩，向她的母亲提了一个问题："妈妈，婚后我该怎样把握爱情呢？"

"傻孩子，爱情怎么能把握呢？"母亲诧异道。

"那爱情为什么不能把握呢？"女孩疑惑地追问。

母亲听了女孩的问话，笑了笑，然后慢慢地蹲下，从地上捧起一捧沙子，送到女儿的面前。女孩发现那捧沙子在母亲的手里，圆圆满满的，没有一点流失，没有一点撒落。接着母亲用力将双手握紧，沙子立刻从母亲的指缝间泻落下来。当母亲再把手张开时，原来那捧沙子已所剩无几，其团团圆圆的形状，也早已被压得扁扁的，毫无美感可言。

女孩望着母亲手中的沙子，若有所悟地点点头。

爱情如手中的一捧流沙，你握得越紧，流失得越多。爱情不能完全用理智把握，需要我们用心体会和感受。

除了爱情，人生中其他方面亦如此。不要硬逼着自己去选择，有时越害怕失去就越容易失去。相反，有时主动丢弃反而会创造新机遇。

英国退役军官迈克莱恩，曾是一名探险队员。1976年，他随英国探险队成功登上珠穆朗玛峰。在下山的路上,他们却遇上了狂风大雪,每行一步都极其艰难。最让他们害怕的是,风雪根本就没有停下的迹象。这时,他们的食品已为数不多,如果停下来扎营休息,他们很可能在没有下山之前就会被饿死。如果继续前行,大部分路标早已被大雪覆盖,不仅要走许多弯路,而且,每个队员身上所带的增氧设备及行李等物品,会压得他们喘不过气来;这样下去就会步履缓慢,他们不饿死,也会因疲劳而倒下。在整个探险队陷入迷茫的时候,迈克莱恩率先丢弃所有的随身装备,只留下不多的食品轻装前行。

他的这一举动几乎遭到所有队员的反对,他们认为现在离下山最快也要10天的时间。这就意味着这10天里不仅不能扎营休息,还可能因缺氧而使体温下降,冻坏身体。那样,他们的生命将是极其危险的。对于队友的顾忌,迈克莱恩很坚定地告诉他们:“我们必须而且只能这样做,这样的雪山天气十天半个月都有可能不会好转,再拖延下去,路标也会被全部掩埋。丢掉重物,就不允许我们再有任何幻想和杂念,只要我们坚定信心,徒手而行,就可以提高行走速度,也许这样我们还有生的希望!”最终队员们采纳了他的意见,一路上相互鼓励,忍受疲劳和寒冷,不分昼夜前行,结果只用了8天时间,就到达了安全地带。而恶劣的天气,正像迈克莱恩所预料的那样,从未好转过。

若干年后,伦敦英国国家军事博物馆的工作人员找到迈克莱恩,请求他赠送任何一件与英国探险队当年登上珠穆朗玛峰有关的物品,不料收到的却是莱恩因冻坏而被截下的10个脚趾和5个右手指尖。当年的一次正确的放弃,挽救了所有队员的生命;也是由于这个选择,他们的登山装备无一保存下来;而冻坏的指尖和脚趾,却在医院截掉后,留在了身边。

人们总是喜欢朝着自己既定的目标奋力拼搏,但不是每个人的愿望和理想都能实现。很多时候,埋没天才的不是别人而是自己。成功的路径不止一个,不要循规蹈矩,更不要放弃成功的信心,此路不通,就该换条路试试。

智者寄语

放弃是精神上的量力而行。明知得不到的东西,何必苦苦相求,明知做不到的事,何必硬撑着去做呢?放弃需要明智,该得时你便得之,该失时你要大胆地失之。有时你以为得到了某些东西时,可能已经失去了很多;有时你以为失去了不少,却有可能获得更多。

扔掉生命中无用的东西

生命中有很多与人的本性无关的东西,这些东西对于你来说也是无用的。很多时候,你却常常会被这些东西所干扰,在歧路上越走越远,找不到回头的道路,最终失去了真实的自我。

如果你能把这些无用的却时时烦扰你的东西从生命中清除出去,那你就有足够的时间来跟随自己的心,来思考整个宇宙,思考这永恒的时间,观察事物的瞬息万变,观察什么是生、什么是死。其实,生命是属于你自己的,每个人都有一片属于自己的独特的天空。你所要做的就是不要被别人的言论所左右,找到那片属于自己的天空,就能创造出属于自己的精彩。

一个皇帝想要整修京城里的一座寺庙,他派人去找技艺高超的设计师,希望能够将寺庙整修得美丽而又庄严。

后来有两组人员被找来了,其中一组是京城里很有名的工匠与画师,另外一组是几个和尚。

由于皇帝不知道到底哪一组人员的手艺比较好，于是就决定给他们机会作一个比较。皇帝要求这两组人员各自去整修一个小寺庙，三天之后，皇帝要来验收成果。

工匠与画师们向皇帝要了一百多种的颜料和漆，又要了很多工具。而让皇帝奇怪的是，和尚们居然只要了一些抹布与水桶等简单的清洁用具。

三天之后，皇帝来验收。他首先看了工匠们所装饰的寺庙，工匠们敲锣打鼓地庆祝工程的完成。他们用了非常多的颜料，用非常精巧的手艺把寺庙装饰得五颜六色。

皇帝满意地点点头，接着回过头来察看和尚们负责整修的寺庙。他看了一下就愣住了。和尚们所整修的寺庙没有涂上任何颜料，他们只是把所有的墙壁、桌椅、窗户擦拭得非常干净，寺庙中所有的物品都显出了它们本来的颜色。它们光亮的表面就像镜子一般，无瑕地反射出外面的色彩，那天边多变的云彩、随风摇曳的树影都变成了这个寺庙美丽色彩的一部分，这座寺庙只是宁静地接受了这一切。皇帝被这庄严的寺庙深深地感动了，当然我们也知道最后的胜利者了。

我们的心就像一座寺庙，不需要用各种精巧的装饰来美化，我们需要的只是让内在原有的美无瑕地显现出来。

人生的目的不是面面俱到，不是多多益善，而是把已经掌握的东西得心应手地去运用。这就如同宝剑一样，剑刃越薄越好，重量越轻越好。

一只狐狸被猎人用套夹夹住了一条腿，它毫不迟疑地咬断了那条腿，然后一瘸一拐地逃命。放弃一条腿而保全一条性命，这是狐狸的生存哲学。人也应该如此。在生活强迫人们必须付出惨痛的代价以前，主动放弃局部利益而保全整体利益是最明智的选择。

智者寄语

智者曰："两弊相衡取其轻，两利相权取其重。"趋利避害，这也正是放弃的实质。我们的生命中有太多无用的东西，如果不是我们应该拥有的，那么就要学会放弃。只有学会放弃，才会活得更加充实、坦然和轻松。

错过了也不要惋惜

人生有一种痛苦叫错过。生活中一些极美、极珍贵的东西，常常与我们失之交臂。这时，我们总会因为错过美好而感到遗憾和痛苦。其实，喜欢一样东西不一定非要得到它，俗话说："得不到的东西永远是最好的。"当你为美好心醉时，远远地欣赏它或许是最明智的选择，错过它或许还会给你带来意想不到的收获。

美国的哈佛大学要在中国招一名学生，这名学生的所有留学费用由美国政府全额提供。初试结束了，有30名学生成为候选人。

考试结束后的第10天是面试的日子。30名学生及其家长云集锦江饭店等待面试。当主考官劳伦斯·金出现在饭店的大厅时，一下子被大家围了起来，他们用流利的英语向他问候，有的人甚至迫不及待地向他做自我介绍。这时，只有一名学生，由于起身晚了一步，没来得及围上去。等他想接近主考官时，主考官的周围已经是水泄不通了，根本没有插空而入的可能。

于是,他错过了接近主考官的大好时机,他觉得自己也许已经错过了机会,于是有些懊丧起来。正在这时,他看见一个异国女子有些落寞地站在大厅一角,目光茫然地望着窗外。他想:身在异国的她是不是遇到了什么麻烦,不知自己能不能帮上忙?于是他走过去,彬彬有礼地和她打招呼,然后向她做了自我介绍,最后他问道:“夫人,您有什么需要我帮助的吗?”接下来两个人聊得非常投机。

后来这名学生被劳伦斯·金选中了。在30名候选人中,他的成绩并不是最好的,而且面试前他错过了跟主考官套近乎、加深自己在主考官心目中印象的最佳机会,但是他却无心插柳柳成荫。原来,那位异国女人正是劳伦斯·金的夫人。

这件事曾经引起很多人的震动:原来错过了美丽,收获的并不一定是遗憾,有时甚至可能是圆满。

许多事情,可能只有经历过的人才会懂得。比如感情,痛过了之后才会懂得如何保护自己,傻过了之后才会懂得适时地坚持与放弃。在得到与失去的过程中,我们慢慢地认识自己。其实,生活并不需要这么些无谓的执着,没有什么真的不能割舍。学会放弃,生活会更容易!

智者寄语

在人生处于最困顿的时刻,我们也不要为错过而惋惜。失去的会带给我们意想不到的收获。花朵虽美,但毕竟有凋谢的一天,请不要再对着凋零的花长叹了,因为可能在接下来的时间里,我们将收获雨滴的温馨和浪漫。

不舍弃黑夜的温馨,就得不到朝日的明艳

曾有人写过这样一首小诗:

不舍弃鲜花的绚丽,就得不到果实的香甜;
不舍弃黑夜的温馨,就得不到朝日的明艳。

自然界是这样,人生也是这样。在几十年的漫漫旅途中,有山有水,有风有雨,有舍弃“绚丽”和“温馨”的烦恼,也有获得“香甜”和“明艳”的喜悦。人生就是在舍弃和获得的交替中得到升华,从而到达高层次的境界。从这个意义上来说,获得很美丽,舍弃也很美丽。

社会发展的速度很快,诱惑随之增多,很多人在诱惑面前停下了自己的脚步。面对层出不穷的诱惑,很多人忘记了自己原本的人生方向,在诱惑的旋涡中纠缠不止,平庸地度过一生。

其实,人生的“口袋”只能装载一定的重量,人们前进的行程就是一个不断舍弃的过程。没有舍弃,人们就可能被不断加重的包袱压“死”在前进的途中。

拉斐尔11岁那年,一有机会便去湖心岛钓鱼。在鲈鱼钓猎开禁前的一天傍晚,他和妈妈又早早来钓鱼。安好诱饵后,他将渔线一次次甩向湖心,湖水在落日余晖下泛起一圈圈的涟漪。

忽然钓竿的另一头沉重起来,他知道一定有大家伙上钩,急忙收起渔线。终于,拉斐尔小心翼翼地把一条竭力挣扎的鱼拉出水面。好大的鱼啊!它是一条鲈鱼。

月光下,鱼鳃一吐一纳地翕动着。妈妈打亮小电筒看看表,已是晚上10点,但距允许钓猎鲈鱼的时间还差两个小时。

“你得把它放回去，儿子。”妈妈说。

“妈妈！”拉斐尔哭了。

“还会有别的鱼的。”妈妈安慰他。

“再没有这么大的鱼了。”拉斐尔伤感不已。

他看了下四周，没有一个渔艇或钓鱼的人，但他从妈妈坚决的表情上看出她的决定无可更改。夜色中，那鲈鱼抖动着硕大的身躯慢慢游向湖水深处。

后来拉斐尔成为纽约市著名的建筑师。他确实再也没有钓到过那么大的鲈鱼，但他却为此终生感谢妈妈，因为他通过自己的诚实、勤奋、守法，猎取到了生活中的大鱼——事业上成绩斐然。

有人说，人生之难胜过逆水行舟，此话不假。人生在世界上，不如意的事情占十之八九，获得和舍弃的矛盾时刻困扰着人们。明白了舍弃之道和获得之法，并运用于生活，人们就能从无尽的烦恼中解脱出来，从而在人生的道路上进退自如。

不知是哪一位哲人说过，人生最远的距离是“知”和“行”。“有舍弃才有获得”的道理谁都懂得，可是要照着去做，那可就不容易了。不容易在哪里？外面的世界很精彩，舍弃很痛苦。精彩的世界里充满着诱惑，要舍弃的事情有时很美丽，于是人们不知道哪些是该获得的，哪些是该舍弃的。

智者寄语

生活在尘世中的人们，有一个可怕的心理，就是“终朝只恨聚无多”，什么都想得到，什么都不愿舍弃。人都是贪婪的、有惰性的，得到手的能轻易放弃吗？所以，何时该获得，何时该舍弃，真是很难抉择。天下没有放之四海而皆准的真理，只有根据此时、此地、此情、此景去综合考虑舍与得。丢弃负累，轻装前行，才能得到更好的。

幸福就在一拿一放之间

在人的一生中，左右为难的情形会时常出现：比如，两份同具诱惑力的工作、两个同具诱惑力的追求者，面对这些，人们不知该如何抉择。为了得到其中“一半”，你必须放弃另外“一半”。若过多地权衡，患得患失，到头来只会两手空空，一无所得。你不必为放弃的那“一半”感到悲伤，能抓住人生“一半”的美好已经是很不容易的事情了。

两个朋友一同去参观动物园。动物园非常大，他们的时间有限，不可能参观到所有动物。他们便约定：不走回头路，每到一处路口，选择其中一个方向前进。

第一个路口出现在眼前时，路标上标明一侧通往狮子园，一侧通往老虎山。他们琢磨了一下，选择了狮子园，因为狮子是“草原之王”。又到一处路口，分别通向熊猫馆和孔雀馆，他们选择了熊猫馆，熊猫是“国宝”嘛……

他们一边走，一边选择。每选择一次，就放弃一次，遗憾一次。因为时间不等人，如不这样做他们的遗憾将更多。只有迅速做出选择，才能减少遗憾，得到应有的收获。

人在做选择时，必须要有理性、睿智和远见卓识，不可鼠目寸光，不可急功近利，更不可本末倒置、因小失大。选择不是一锤子的买卖，你不能因为一粒芝麻丢了西瓜，也不能因为留恋一棵小树而失去整片的森林。

很多时候,你总是想选择这个,却又害怕错过那个,于是拿起来又放下,到最后一刻还在犹豫:这个会有这样的缺点,那个会有那样的不足。你总迟迟下不了决心,或者在选择之后,又来回地更改,在这样患得患失间耽搁了不少时间,浪费了不少精力,最后有可能让你两个都错过。世界上没有一个十全十美的东西让你选择,每一样东西都会有它自身的优缺点。所以,当你选择之后就大胆地往前走,一步三回头会在很大程度上影响你前进的脚步。

那些事业有成的人,总会在抉择之后一直走下去。释迦牟尼在宗教事业和王位之间,选择了创立佛学;鲁迅在拯救人的灵魂和人的身体之间,选择成为一代文豪;迈克尔·乔丹放弃了棒球运动员的梦想,成为世界篮坛上最耀眼的"飞人"球星;帕瓦罗蒂放弃了教师职业,成为名扬世界的歌坛巨星。

人生中,有些选择看似诱人,但如果不适合自己,就要果断舍弃。你在做出选择时,要视自身条件和具体情况而定,要有主见,不能人云亦云。无论我们怎样审慎地选择,人生终归都不会是尽善尽美的,总会留有缺憾。

智者寄语

社会大舞台上,每个人都是自己生活的编导兼演员。只有学会正确地选择,果敢地舍弃,才能演绎出精彩的人生喜剧。

舍也是一种得

在生命中,真正美丽的事物来自一种坦然的心态,当我们坦然面对生活时,失去的便不再是遗憾,而是一种收获。懂得付出,懂得理解,懂得宽容,懂得责任,懂得珍惜,懂得呵护,这许多的懂得也许是在失去中才会有更深一层的体会,从而让你知道怎样更好地去面对生活。正如泰戈尔所说:"如果你因失去了太阳而流泪,那么你也将失去群星了。"换一种角度来思索失去与得到之间的关系,你会发现获得是一种幸福,失去亦是另一种幸福。生活中,既有失望也有希望,有痛苦也有快乐。因此,我们要明白失去是痛苦的,但不能因此失去对生活的信心与希望,不能陷在焦虑与遗憾的泥沼里自暴自弃。

一个小男孩11岁那年,在一次车祸中不幸失去了左臂。他一直都很想学柔道,但人们总觉得他没了左臂是不可能学会柔道的。他走了很多地方都没有找到愿意收他为徒的师父。

后来,小男孩遇到了一位柔道大师,这位大师很愿意收他为徒,于是他拜这位大师做了师父,开始学习柔道。他学得很认真,悟性也很高,可是三个月来,师父却只教了他一招,小男孩很是着急,不知师父为什么这样做。

一天,他终于忍不住问师父:"师父,您三个月来只教了我一招,并且我已经学得很精了,我是不是应该再学学其他的招数呢?"

师父回答说:"不错,我的确只教了你一招,并且你已经学得很不错了,不过你只需学会这一招就足够了。"

小男孩并不明白师父的话,但他相信师父的话是有道理的,就继续按照师父的要求练了下去。

几个月后，小男孩的师父带着他去参加了比赛。这是小男孩第一次参加比赛，但他自己都没有想到居然那么快就制伏了对手，并轻轻松松地就赢得了前两轮。第三轮稍稍有点儿艰难，但他还是施展出自己的那一招，这一轮他又赢了。就这样，小男孩没有费什么力气就稀里糊涂地进入了总决赛。

总决赛的对手比小男孩强大好几倍，这个对手也更有比赛经验。一开始小男孩显得很被动，有点儿招架不住，裁判担心小男孩会受伤，就要求终止这场比赛，但小男孩的师父却说："我相信他会赢得这场比赛的，请继续下去吧！"

比赛再一次开始，这时对手放松了戒备，小男孩乘机使出他的那一招，将对手打翻在地，由此赢了比赛，夺得了冠军。

回家的路上，小男孩回想着比赛的每一个细节，他终于鼓起勇气道出了心中的疑问："师父，我为什么仅凭这一招就赢得了冠军呢？"

师父说："这其中有两个原因，一是你用的这一招是柔道中最难的一招，并且你精熟于心；二是就我所知，对付这一招唯一的办法是对方抓住你的左臂。"

这时候，小男孩恍然大悟，原来他的最大劣势变成了他最大的优势。他失去的是左臂，而收获的却是冠军。

在失去中寻找，在失去中体验，在失去中铭记，在失去中懂得，在失去中得到，从而也让我们的内心更加丰富和充实，难道这不是一种收获吗？

可见，失去的也不仅仅是遗憾，那是对人生的一种体验，一种神圣的体验，也是唯有失去才获得的一种体验。失去也是人生的一种际遇，回味失去是一种景观，享受失去是一种境界。体验、回味之余，失去在我们的心里也就有了另一种理解。

柏林爱乐乐团素有"世界第一交响乐团"之称，而它的首席指挥也素有"世界第一指挥"之称。因而，柏林爱乐乐团首席指挥的位置几乎是所有指挥家所梦想的。

但是，当柏林爱乐乐团决定聘请英国著名指挥家西蒙·布特尔担任首席指挥时，布特尔却出人意料地拒绝了。许多人都对布特尔的放弃感到不可理解。对此，布特尔说："柏林爱乐乐团是以演奏古典音乐而闻名于世的，而我对于古典音乐的理解还不够透彻，如果我接受了邀请，恐怕不能带领柏林爱乐乐团迈上一个台阶，反而会起到阻碍作用。再好的机会，如果你没有能力把握，那么还是放弃为好。"

从此以后，布特尔默默地学习研究古典音乐。经过10年的努力，布特尔以对古典音乐的不懈追求和透彻理解及自己精湛的指挥和表演一次次地取得了成功，令听众倾倒。当他再一次接到柏林爱乐乐团的邀请时，布特尔没有丝毫犹豫，也没有丝毫惊讶，毅然接受了邀请。并以自己出色的指挥，创造了音乐史上一个又一个奇迹。

布特尔的放弃在人们看来是一种失去，其实，他的这种失去正是为了将来的大收获。可以说，倘若没有布特尔当初的失去，也许音乐史上就会少了这么一个大奇迹的发生。

世间万物都是一分为二的，有其利必有其弊，十全十美的事情是不可能存在的。俗话说得好："金无足赤，人无完人。"当你遇到遗憾和失败时，重要的是看你怎么去面对和接受这个现实。我们要走好人生的每一步，必须要有坚强的意志，脚踏实地的精神。即使前方道路是泥泞的、崎岖的，充满着危机，尽管你战战兢兢地向前走，也不可能避免偶尔会摔上一跤，甚至也会摔得头破血流。但只要你能勇敢地爬起来，重新站起来，继续地往前走，最终的胜利总是属于你的。

人生的道路是漫长的，如果你只会一味地感伤失去，那么你将一无所有，只有有能力去享受失去的“乐趣”的人，才能真正品尝到人生的幸福。

智者寄语

我们既要享受收获的喜悦，也要享受“失去”的乐趣。失去是一种痛苦，也是一种幸福。因为失去的同时你也在得到。失去了太阳，我们可以欣赏到满天的繁星；失去了绿色，我们可以得到丰硕的金秋；失去了青春岁月，我们走进了成熟的人生……别因为失去了而感到遗憾，勇敢地去面对，去做生活的强者吧！

人生就是一个不断地得到与失去的过程

唐代伟大的文学家柳宗元在《蝜蝂传》中描述了这样一种动物：蝜蝂是一种善于背东西的小虫，爬行时遇见东西，总是抓取过来放在自己的背上，高昂着头往前走。因为它的背不光滑，所以东西放上去不会散落。虽然背上的东西越来越多、越来越重，但它还是不愿意停止这样贪婪的行为，终于被压倒爬不起来。有的人可怜它，替它去掉背上的东西。可是它只要能爬行，就又把东西像原先一样抓取过来背上。这种小虫喜欢往高处爬，用尽了它的力气也不肯停下来，以致跌倒摔死在地上。

人生在世，有得有失，有盈有亏。你得到了声誉或财富，同时就失去了做普通人的自由、淡泊和清闲的欢愉；你得到了事业成功的满足，同时就失去了眼前奋斗的目标。我们只要认真地思考一下自己的得与失，就会发现，在得到的过程中也确实不同程度地经历了失去。整个人生就是一个不断地得而复失、失而复得的过程。

一个不懂得取舍的人是愚蠢可悲的人。相反，一个人只要能坦然地面对失去，就有可能换来幸福、美满的人生，习惯于失去，往往能从失去中获得。得其精髓，人生则少有挫折，多有收获。

俄国伟大诗人普希金在一首诗中写道：“一切都是暂时的，一切都会消逝；让失去的变为可爱。”著名科学家居里夫人的一次“幸运失去”就是最好的说明。

玛丽·居里中学毕业后，因家境贫寒无法去巴黎上大学，只好到一个乡绅家去当家庭教师。虽然家里的亲人们都阻止她去，倔强的玛丽还是开始了家庭教师的生活。对玛丽·居里来说，起初倒也平静无事，可是过了一段时间，生活却发生了意想不到的变化。

这家有个名叫卡西密尔的孩子在华沙上大学，他回家度假，与玛丽·居里一见钟情。没过多久，这对情意绵绵的恋人很快发展到要准备结婚了。可是，当卡西密尔向父母透露自己想同玛丽·居里结婚的愿望时，遭到了父母的反对。虽然这两位老人深知玛丽·居里生性聪明、品德端正，受过教育，名誉极好，也很喜欢她，但是她怎么能与自己心爱的儿子相配呢？父亲大发雷霆，母亲几乎晕了过去，卡西密尔屈从了父母的意志。玛丽·居里因此受到了轻视和冷遇，心里十分痛苦。她打定了主意：永远忘掉这段恋情。然而由于生活所迫，玛丽·居里不得不在这儿当家庭教师，所以一直没有摆脱这场初恋的纠缠和煎熬。几年后，她又与卡西密尔进行了最后一次谈话，卡西密尔还是那样优柔寡断，她终于剪断了爱恋的绳索，去巴黎求学。

来到巴黎大学文理学院，玛丽·居里完全沉醉于科学之中，发疯似的学习。这种绝对专心致志的学习，给她的未来奠定了一个良好的基础。

直到26岁，玛丽·居里仍然顽强地坚持独立生活。这时，一位名叫比埃尔·居里的男人闯进了她的生活。他是一位天才的科学家，由于潜心于科学研究，35岁尚未成家。1894年，他们在实验室里第一次相识，共同的志趣立刻将两个人的心连在一起。从此，玛丽·居里的生活和人生翻开了崭新的富有重大意义的一页。

如果没有那一次“幸运的失恋”，玛丽·居里的人生将会重写，而历史也将会是另一种写法，世界上就会少了一位伟大的科学家。

我们应该学会失去，从失去中获得。得到了不必得意忘形，失去了也不必念念不忘、难以释怀，不要让失去成为忧郁和痛苦的源头。敞开心里的门，打开心里的窗，解开心头的结，这样才能过轻松自如的生活，才能有机会认真体会幸福。

智者寄语

人生在世，有得有失，有盈有亏。你得到了声誉或财富，同时就失去了做普通人的自由、淡泊和清闲的欢愉；你得到了事业成功的满足，同时就失去了眼前奋斗的目标。

舍得是一种智慧

有时候选择放弃是十分困难的，甚至是十分痛苦的，适时的放弃，不仅需要勇气和胆识，亦需要包容的心态和长远的见识和智慧。

杨振宁小时候就喜爱物理，而且想成为一个实验物理学家。1943年杨振宁赴美国留学时就立志要写一篇实验物理论文。1946年，杨振宁成为艾里逊教授门下的研究生。艾里逊教授是芝加哥大学物理系的一名教授，他正准备建造一台40万电子伏特的加速器，这在当时是最先进的。能参与这样的实验令杨振宁欣喜若狂。然而，他在实验时常常由于操作不慎而发生爆炸，以至于当时实验室里流传着这样一句话：哪里有爆炸，哪里就有杨振宁。此时，杨振宁不得不痛苦地承认，自己的动手能力比别人差！

一天，一直在关注着杨振宁的被誉为美国氢弹之父的泰勒博士关切地问杨振宁：“你做的实验是不是不大成功？”

“是的。”面对令人尊敬的前辈，杨振宁诚恳地回答。

“我认为你不必坚持一定要写一篇实验论文，你已经写了一篇理论论文，我建议你把它充实一下作为博士论文，我可以做你的导师。”泰勒直率地对杨振宁说。

杨振宁听了他的话，心情十分复杂。一方面，他从心底深处感到自己做实验确实是力不从心；另一方面，他又不愿服输，非常希望通过写一篇实验论文来弥补自己实验能力的不足。他十分感谢泰勒的关怀，但要他下决心打消自己的夙愿实实在在不是一件容易的事。“我想考虑一下，两天后再告诉你。”杨振宁恳切地说。

杨振宁认真思考了两天。他想起了小学时的一次手工课，自己兴致勃勃地捏制了一只鸡，拿回家给爸爸妈妈看时，他们笑着说：“很好，很好，这是一段藕吧？”往事一件接一件地在他的脑海中浮现，他不得不承认，自己的动手能力实在不强。最终杨振宁接受泰勒的建议，放弃了写实验论文的打算。从此，他如释重负，毅然把主攻方向转向理论研究，最终于1957年10月与李政道联手摘取了诺贝尔物理学奖。

假如杨振宁固执己见，无法放弃自己要成为一个实验物理学家的夙愿，那历史将不会出现转折点，而他将在一次次的失败中一无所获，很可能会因此一蹶不振、一事无成。幸运的是，他及时改变心态，放弃了不适合他的目标，最终获得了新领域的成功。

智者寄语

人生之树，只有舍弃空想与浮华，才能撷取甜美的果实。

放弃享乐，生活更多幸福

放弃享乐，才能收获幸福。

深山里有两块石头，第一块石头对第二块石头说："去经一经路途的艰险坎坷和世事的磕磕碰碰吧，能够搏一搏，不枉来此世一遭。"

"不，何苦呢?"第二块石头嗤之以鼻，"安坐高处一览众山小，周围花团锦簇，谁会那么愚蠢地在享乐和磨难之间选择后者？再说那路途的艰险磨难会让我粉身碎骨的！"

第一块石头不愿听第二块石头这些无聊的话，它随山溪滚涌而下，历尽了风雨和大自然的磨难，然而它依然执着地在自己的路途上奔波。第二块石头讥讽地笑了，它在高山上享受着安逸和幸福，享受着周围的花草簇拥，畅意抒怀，享受着盘古开天辟地时留下的那些美好的景观。

许多年以后，饱经风霜、历尽尘世之千锤百炼的第一块石头和它的家族已经成了世间的珍品、石艺的奇葩，被千万人赞美称颂，享尽了人间的富贵荣华。第二块石头知道后，有些后悔当初，现在它想投入到世间风尘的洗礼中，然后得到像第一块石头拥有的成功和高贵，可是一想到要经历那么多的坎坷和磨难，甚至伤痕累累，还有粉身碎骨的危险，便又退缩了。

一天，人们为了更好地珍藏那石艺，准备为它修建一座精美别致、气势雄伟的博物馆，建造材料全部用石头。于是，他们来到高山上，把第二块石头粉了身碎了骨，给第一块石头盖起了房子。

第一块石头，选择了艰难坎坷，放弃了享乐，所以它成了珍品，成了石艺的奇葩，只可惜第二块石头，最后只落得粉身碎骨的下场。

虽然放弃让人感到痛苦，感到难以割舍。但是，生命对我们每个人来说都只有一次，我们不能让太多的东西来消耗我们的光阴和智慧，我们要用放弃来保护自己，来成就自己，来磨砺自己。放弃那些无谓的固执，尤其需要调动自己的智慧和勇气，进行周密正确的判断，下定勇往直前的决心，然后破釜沉舟，果敢行事。

智者寄语

当我们放弃了那些蒙住自己眼睛的"花花草草"，我们才有机会同真正有益于自己的人和事亲近，才会获得适合自己的东西，我们才能在人生的土地上播下良种，致力于有价值的耕种，最终收获丰硕的粮食，在人生的花园里采摘到幸福的果实。

放弃幻想，才能活得洒脱

人不能没有梦想和愿望，人总希望自己能“美梦成真”。梦想是人类前进的希望与动力。但面对生活，人又往往生出种种不切实际的愿望，我们称之为空幻的妄念。但如果被妄念所诱，不能释然，只会为自己带来无尽的痛苦。

从前有一个国王，后宫的嫔妃们为他生了一群白白胖胖的王子，好不容易，他最宠爱的妃子终于为他生了一位晶莹剔透的公主。国王非常疼爱小公主，视如掌上明珠，凡是公主所要求的东西，国王从来不会拒绝，就是天上的星星，国王也恨不得为公主摘下来，点缀为彩衣。

公主在国王的呵护纵容下，慢慢成长为豆蔻年华的少女，渐渐懂得装扮自己。有一天，春雨初霁的午后，公主带着婢女徜徉于宫中花园，只见树枝上的花朵经过雨水的润泽，花苞上挂着几滴雨珠，显得愈发的妖艳；葱郁的树木，翠绿得逼人眼睛。公主正在欣赏雨后的景致，忽然目光被荷花池中的奇观所吸引住了。原来池水热气经过蒸发，正冒出一颗颗状如琉璃珍珠的水泡，浑圆晶莹，闪耀夺目。公主人神忘我，突发异想：“如果把这些水泡串成花环，戴在头上，一定美丽极了！”

公主打定主意，于是叫婢女把水泡捞上来，但是婢女的手一触及水泡，水泡便破灭无影。折腾了半天，公主在池边等得愤愤不悦，婢女在池里捞得心急如焚。公主终于气愤难忍，一怒之下，便跑回宫中，把国王拉到池畔，对着一池闪闪发光的水泡说：

“父王！你一向是最疼爱我的，我要什么东西，你都依着我。女儿想要把池里的水泡串成花环，作为装饰，你说好不好？”

“傻孩子！水泡虽然好看，终究是虚幻不实的东西，怎么可能做成花环呢？父王另外给你找珍珠水晶，一定比水泡还要美丽！”国王无限怜爱地看着女儿。

“不要！不要！我只要水泡花环，我不要什么珍珠水晶。如果你不给我，我就不想活了。”公主骄纵撒野地哭闹着。

束手无策的国王只好把朝中的大臣们集合于花园，忧心忡忡地商议道：

“各位大臣们！你们号称是本国的奇工巧匠，你们之中如果有人能够以奇异的技艺，以池中的水泡为公主编织出美丽的花环，我便重重奖赏。”

“陛下！水泡刹那生灭，触摸即破，怎么能够拿来做花环呢？”大臣们面面相觑，不知如何是好。

“哼！这么简单的事，你们都无法办到，我平日如何善待你们？如果无法满足我女儿的心愿，你们统统提头来见。”国王盛怒地呵斥道。

“国王请息怒，我有办法替公主做成花环。只是老臣我老眼昏花，实在分不清楚水池中的泡沫，哪一颗比较均匀圆满，能否请公主亲自挑选，交给我来编串？”一位须发斑白的大臣神情笃定地打圆场。

公主听了，兴高采烈地拿起瓢，弯起腰身，认真地舀取自己中意的水泡。本来光彩闪烁的水泡，经公主轻轻一触摸，霎时破灭，变为泡影。捞了老半天，公主一颗水泡也拿不起来，睿智的大臣于是慈蔼地对一脸沮丧的公主说：

“水泡本来就是生命无常，不能常驻久留的东西，如果把人生的希望建立在这种虚假不实、瞬间即逝的现象上，到头来必然空无所得。”

智者寄语

每个人都有美丽的梦想，当有这个梦想的时候，很多人就不遗余力地去努力实现它。遗憾的是，能实现梦想的人很少很少。没有实现梦想的人，往往是因为目标设定得太高而力所不能及。改变这样境地的唯一方法，只有放弃空幻，才能追求更多的真实。

放弃眼前小利，不被迷惑

许多人贪图小便宜，往往为眼前的小利益而迷惑，殊不知在得到的同时却往往失去了更多。生活中，我们常常被眼前利益的绚丽外貌蒙住了双眼，宁愿一直低头享受那片刻的短暂欢愉，也不肯抬起头望望远方，去寻找更大的空间。只为眼前利益的人，受人性所限，只会陷入庸人自扰的无边烦恼，唯有立足长远的人，才能突破人性的瓶颈，活出智慧人生。

亨利从小家里就很穷，但是家里却充满了爱和关心。所以，他是快乐而有朝气的。他知道，不管一个人有多穷，他仍然可以做自己的梦。

他的梦想就是运动。在他16岁的时候，他就能够压碎一只足球，能够以每秒4米的速度扔出一个快球，并且撞在足球场上移动着的任何一件东西上。他高中的棒球教练是奥利·贾维斯，他不仅相信亨利，而且还教他怎样自己相信自己，他教亨利知道：拥有一个梦想和足够的自信，会使自己的生活有怎样的不同。贾维斯教练对他所做的一件特殊的事情，永远地改变了他的生活。

那是在亨利从低年级升入高年级的那个夏天，一个朋友推荐他去做一份暑期工，这是一个意味着他的口袋里会有钱的机会，有钱可以买一辆新自行车和新衣服，还意味着为他的母亲买一座房子的储蓄的开始，这份工作对他来说是极具诱惑力的，这使他高兴得跳了起来。接着，他意识到如果他去做这份工作，他就必须放弃暑假的棒球运动，那意味着他必须得告诉贾维斯教练他不能去打球了。他害怕这一点，当他把这件事告诉贾维斯教练的时候，教练真的像他预料的一样生气了。

“你还有一生的时间可以去工作，”教练说，“但是，你练球的日子是有限的，你根本浪费不起！”亨利低着头站在他面前，努力想向他解释，为了那个替他的妈妈买一座房子和口袋里有钱的梦想，即使让教练对他失望，他认为也是值得的。

“孩子，你做这份工作能挣多少钱？”教练问道。

“每小时3.25美元。”

教练继续问道：“你认为，一个梦想就值一小时3.25美元吗？”这个问题，简单得不能再简单了，它赤裸裸地摆在亨利的面前，让他看到了立刻想得到的某些东西和树立一个目标之间的不同之处。

那年暑假，亨利全身心地投入运动中去，同一年，他被匹兹堡海盗队挑选去做队员，并与他们签订了一份价值2万美元的契约。后来，他在亚利桑那州的州立大学里获得了足球奖学金，那使他获得了接受教育的机会；在全美国的后卫球员中，他两次被公众认可，并且在美国国家足球联盟队队员的挑选赛中,他排在了第七名。

1984 年,亨利与丹佛的野马队签署了上百万美元的合同。他终于为他的母亲买了一座房子,实现了他的梦想。

有些人做事只图眼前利益,而不会为长远打算。眼前可以得到的利益总给人一种实实在在的感觉,短视的心理却常常使人们失去本应该能够得到的美好事物。也许人们认为自己的行为是更注重现实,而实际上是自己将未来的发展与成功的机遇白白浪费掉了。

智者寄语

暂时的是现实,永生的是理想。莫为眼前的一点儿小利而让理想为它让道,否则,你终有一天会尝到悔恨的苦果。

该舍弃的绝不能迷恋

人的一生中有很多事情需要做出选择。舍弃应该舍去的,你便是智者;舍弃不该舍去的,你就是愚夫。

鸣蝉奋力地甩掉了外壳,因而获得了高空自由的歌唱;壁虎勇敢地挣断了尾巴,因而在危难中保全了它弱小的生命;算盘若填满自己的空位,将丧失自己的运算功能。对那些不该拥有的东西,应当弃则弃。

现实生活是复杂的,而我们的承受力有限。如果大脑是一个仓库,不管仓库多大,一种东西充斥其中时,另一种东西必定无法进入。比如读书,当我们痴醉于金庸、古龙、梁羽生的刀光剑影中,我们又怎能专注于复杂的几何方阵,怎能用心于浩繁的英语单词呢?

高尔基在他的房间失火时,没有顾及家具、财产、衣物,甚至没有顾及生命,从熊熊大火中救出了几箱书。他舍弃了凡夫俗子眼中的财富,守住了那些启迪心智、净化心灵的真正财富。而有些人,终身抱着"人为财死,鸟为食亡"的信条,追逐着金光闪闪的财宝。

为了庸俗的追求,他们舍弃人格和道德,舍弃人性中的真善美。错误的舍弃,使他们的一生龌龊卑鄙。正确的舍弃,往往需要青松秋菊般的高尚风格。对于那些应该拥有的东西,我们要努力争取,应该丢掉的包袱,要尽力割舍。

英国皇家学院张榜公开为大名鼎鼎的教授戴维选拔科研助手,这让年轻的装订工人法拉第激动不已,他赶忙到选拔委员会报名。但在选拔考试的前一天,法拉第被取消了考试资格,因为他是一个普通工人。

法拉第气愤地赶到选拔委员会同委员们理论。委员们傲慢地嘲笑说:"没有办法,一个普通的装订工人想到皇家学院来,除非你能得到戴维教授的同意!"法拉第犹豫了。如果不能见到戴维教授,自己就没有机会参加选拔考试。但一个普通的书籍装订工人要想拜见大名鼎鼎的皇家学院教授,他会理睬吗?法拉第顾虑重重,但为了自己的理想,他鼓足勇气去找戴维教授。

第一次敲门后,门内没有声响,当法拉第准备第二次叩门的时候,门"吱呀"一声开了。一位面色红润、须发皆白、精神矍铄的老者正注视着法拉第。

"门没有闩,请你进来。"老者微笑着对法拉第说。

"教授家的大门整天都不闩吗?"法拉第疑惑地问。

“干吗要闩上呢?”老者笑着说,“当你把别人闩在门外的时候,也把自己闩在了屋里。我才不当这样的傻瓜呢!”

开门的老者就是戴维教授。他将法拉第带到屋里坐下,聆听了这个年轻人的叙说和要求后,写了一张纸条递给法拉第:“年轻人,你带着这张纸条去告诉委员会的那帮人说戴维老头同意了。”

经过严格而激烈的选拔考试,书籍装订工法拉第出人意料地成了戴维教授的科研助手,走进了英国皇家学院那高贵而华美的大门。

正如法拉第一样,与其接受不公的命运,倒不如努力地去争取,不战而败如同运动员在竞赛时弃权,是一种极端怯懦的行为。作为一个有理想、有坚持的人,就必须具备执着的信念和积极进取的精神,以及“即使失败也要努力争取”的勇气和胆略。

心存取舍,则有邪见与妄行。成就大事的人之所以能成功,是因为他们明白该做什么,不该做什么;什么应该去坚持,而什么又该舍弃。名利富贵这东西,生不带来,死不带去。所以对其执着不忘,实在不宜。

智者寄语

人生的高度应是一份知足的恬然,生命的高度应是能取能舍、当取则取、当舍则舍、善取善舍的那份安然。很多时候,人们向往去取得,并且认为多多益善,然而,“取”的前提必定是先“舍”,只有“舍”,才能“得”。

人生当舍去浮华

乔治王巧克力公司是久负盛名的跨国公司,在进入中国市场后,第一次公开面向社会招聘员工便门庭若市,应聘者中不乏国内知名大学的高材生。但是出人意料的是最终该公司竟然录取了一位普通大学的应届毕业生。

公布录取结果的时候,不说旁人,就连那位被录取的人自己都觉得很意外。确切地说,他原本只是一名“陪考”。他的一位朋友要来这家公司应聘,就拉着他一起来试试。他就这样毫无准备地迈入了考场。

大公司终究是大公司,就连应聘的考题都不一样,经过层层笔试和面试,大家难分秋色。人事部主任是这样说的:“首先,感谢各位能到公司来面试。经过这几次的笔试和面试,总体上每个人都各有千秋,作为用人单位,我们也很难抉择,毕竟你们都太优秀了,要从中找出一个,确实不容易。所以,我们决定再加试一场,也算是再给彼此一次选择的机会吧。考题就在我手中的信封里。”

应聘者们议论开了,人事部主任给他们每人分了一个信封。

这位普通大学的应届毕业生打开信封时,眼前突然一亮,抬头看了看其他人,有的凝眉深思,有的奋笔疾书,仿佛又进入了一次科举考试,气氛异常紧张,大概是所有人都明白这是最后一次机会,也是表达和展现自我的最好机会。

他从信封里取出考题,题目是:请你用最简洁的语言,归纳一下以下四位著名人士所说的话。

(1)1954 年 4 月 2 日,爱因斯坦回母校演讲时说:我学习中等,按学校的标准,我算不上是个好学生。不过，后来我发现忘掉所有在学校学到的东西，剩下的才是教育。

(2)1984年10月6日，诺贝尔物理学奖获得者丁肇中回母校清华大学演讲，留下了这么一句意味深长的话："据我所知，在获得诺贝尔奖的90多位物理学家中，还没有一位在学校里经常考第一，经常考倒数第一的，倒有几位。"

(3)1999年3月21日，比尔·盖茨应邀回母校哈佛大学参加募捐会，在记者问他是否愿意继续学习、拿到哈佛的毕业证书时，盖茨向那位记者笑了一下，没有回答。

(4)2001年5月21日，美国总统布什返回母校耶鲁大学，接受荣誉法学博士学位。由于当年他成绩平平，在被问到现在接受这项荣誉作何感想时，他说："对那些取得优异成绩的毕业生，我说'干得好'；对那些成绩较差的毕业生，我说'你可以去当总统'。"

这样的考题让他很震惊，但还是认真地想了想，写上了自己的答案，他并没有过多的思绪，只是将自己内心所想一五一十地写了出来，语言很平实，但是文字间流露的感情却是真实的。他没有想到，正是这个答案，让他成了那个最后留下的人，而且是唯一一个留下来的人，正是这个答案让他"战胜"了那些学历比他高的应聘者。

这样的结果，对于那些名牌大学的毕业生无疑是个惊叹号，应聘现场顿时炸开了锅，甚至有人质疑招聘的公正性。一个名牌大学毕业生直言不讳地大声询问道："请问，我能知道这位被贵公司录用的同学究竟是如何回答最后的问题的吗？"

阅卷室里走出一个自称是部门经理的人，扬起手中的纸说："当然可以，这位同学他是这么写的：校门里有高分与低分，校门外有高能与低能，校门里的排序到了校门外不起作用。我希望自己能在若干年后再次用实际行动证明这个观点。"

在场的人听到这个答案无不愕然，还来不及反思自己，又听到部门经理补充道："现在不是在校园，而是在社会，所以首先得学会忘记自己毕业于名校！我们公司的创始人弗斯·贝里先生连小学都没有毕业，他一生阅人无数，最大的感受便是：学校里的高低分排序，到了校园外，几年后顺序一定会被打乱重排的。"

此时的你，是在为自己并非名牌院校的毕业生而烦恼，还是在为自己是出自名牌院校而窃喜呢？无论你是二者中的哪一者，你都离成功更远了一步。

故事中的部门经理说得对，我们要面对的是社会，不是校园，是职场，不是教室。我们要学会的东西有很多，要懂得取舍，校园里的东西，有太多的理想化，我们应当结合实际情况做适当的取舍。

要舍得忘记自己的出身和自己曾经的辉煌，要懂得珍惜如今所拥有的平台。忘记自己毕业于名牌大学，其实影射的不仅仅只是校园，还有许多名与利。

一个人，如果想要获得真正的成功，就得学会让自己解脱。所谓解脱，并不是说放弃一切，完全自由，这个世上没有绝对的自由，更没有绝对的成与败，所以我们要学会放宽心，如他，虽然只是个陪考，但他看事物比谁都看得透彻，因为无欲无求，因为内心的得失心不那么重，所以思考问题就会更客观、更合理，甚至更多元。

我们现在处于什么阶段，是拼搏吗？其实，拼搏在每一个阶段都会是主旋律，只是年轻时和年迈时，我们所努力的方向不同，但却都不能停下前进的步伐。

智者寄语

其实，无论身处何时，历经何事，只要我们放宽心，舍得一些不必要的包袱，路就会更远，也会更广。

舍得让生活更和谐

从前,有一位行者穿梭在沙漠的途中遇到暴风沙。一阵狂沙吹过之后,他已认不得正确的方向。正当他快撑不住时,忽然,他发现了一栋废弃的小屋。他拖着疲惫的身子走进了屋内。这是一间不通风的小屋子,里面堆了一些枯朽的木材。他几近绝望地走到屋角,却意外地发现了一座抽水机。

他兴奋地上前汲水,可任凭他怎么努力,也抽不出半滴水来。他颓废地坐在地上,却看见抽水机旁有一个用软木塞堵住瓶口的小瓶子,瓶上贴了一张泛黄的纸条,纸条上写着:你必须用水灌入抽水机才能引水!不要忘了,在你离开前,请再将水灌满!他拔开瓶塞,发现瓶子里果然装满了水!他的内心,此时开始交战……如果自私点,只要将瓶子里的水喝掉,他就不会渴死,就能活着走出这沙漠!如果照纸条做,把仅有的一瓶救命水倒入抽水机内,万一水一去不复回,他就会渴死在这地方了。到底要不要冒险?

最后,他还是决定把瓶子里的水全部灌入看起来破旧不堪的抽水机里,并用颤抖的手操作起来,水真的大量涌了出来!

他喝足水后,把瓶子装满水,用软木塞封好,然后在原来那张纸条上又加了他自己的话:相信我,真的有用。

有舍有得,要想取得,首先就得舍,舍弃了,最终得到的将会更多。

就像那个在沙漠中行走的人,面对前面的不确定因素,经过思考之后,他还是舍弃了之前的,最终得到了更多,沙漠的旅程将会更加有意义,这个道理也将让他受用一生。鱼和熊掌不可兼得,只有先舍掉一方,才能得到更多。

同样的,因为这样舍得,沙漠中的旅者才放宽了心,最终成就了旅途,最终沙漠也能满是绿洲。人生有舍有得,有喜有乐,有悲有笑,才是无悔的吧。

从某种意义上讲,人生既是“舍得”的过程,也是“舍得”的结果。田忌与齐王赛马,舍弃了对“战无不胜”的追逐,获得了全局的胜利;诸葛亮自出茅庐,匡扶汉室,鞠躬尽瘁,死而后已,舍弃了生活的安逸,获得了百世芳名;韩信早年忍受胯下之辱,才青年得志,身居将帅之位,为刘邦成就了帝业,自己也被封为王侯;昭君舍弃了锦衣玉食,得到了一世太平与后世赞美;李白舍弃了富贵,而留住了“安能摧眉折腰事权贵,使我不得开心颜”的傲骨……

智者寄语

舍与得之间蕴藏着深深的哲理,真正有智慧的人才会在舍与得之间做出明智的选择。

正确理解“舍”和“得”

不论是在生活中,还是在职场中,很多人都容易犯一个错误,那就是喜欢抓住已有的东西不肯放手。他们之所以不肯放手,是因为害怕失去,之所以害怕失去,是因为没有理解舍与得之间的真正智慧。

通常来说,人们总是把“舍”看作失去、利益受损,把“得”视为收获。殊不知,舍与得不是绝对的，很多时候“舍”的同时，孕育着“得”，“得”的同时预示着“舍”。因此，我们有必要重新认识舍与得的智慧。

在一座山上生长着一朵小花，它的旁边有一棵高大的松树。小花认为自己是幸运儿，因为有松树为它遮风挡雨，它几乎将大松树视为生命的保护伞。可是，有一天，山上来了一群伐木工人，将大松树砍倒了。

小花失去了保护伞，它开始为自己的命运担忧起来，于是它整天痛苦地抱怨：“上帝啊！人们把我的保护伞夺去了，我会被那些嚣张的狂风折磨死的，倾盆大雨会砸碎我的花瓣，我再也没有安宁的日子过了……”

“哦！朋友，你今后的日子会越来越好的，”不远处的小草对小花说，“只要你换个角度想想，就会发现失去了大松树是一件好事。你看，阳光会直接照耀着你，雨水会滋润着你，你会长得更加茁壮，你的花瓣在阳光下将会更加灿烂。当人们看到你时，会因为你的美丽而称赞你，难道这样的日子不是你想要的吗？”

小花听了小草的引导和点拨，突然豁然开朗起来，从此以后，它换了一种心态去生活，果然日子过得比以前好。

生活中，我们可能也会突然失去一些东西，这些东西可能是我们长久依靠的。在失去的瞬间，我们一时间难以接受事实，我们会为失去的感到惋惜，甚至会埋怨命运的不公。可是过了一段时间后，我们会发现自己的生活并没有受到那些失去的东西的影响。

这是为什么呢？因为失去不是绝对的，失去了阳光，我们可能发现雨露也是那么美好，我们会因“失去”而得到锻炼，获得新的体验，收获不一样的感受。只要懂得换一种心态去看待“失去”，你就会发现，在失去的同时，也能获得许多。

可是，“得”并不是人生追求的终极目标。当你得的时候，不妨学会放弃，有舍有得，才是人生的最高境界。比如，功名、利禄等，该放弃的时候应该放弃，懂得放弃，才不会陷于盲目追求，才不会陷于得与失的苦恼之中。

有位女总裁讲了发生在她孩子身上的故事。那天，她在厨房做饭，忽然听见4岁的儿子在客厅号啕大哭：“妈妈！妈妈快来呀！”哭声中夹杂着惊恐。

她一听就感到大事不妙，于是赶忙跑到客厅。这才发现，原来儿子的手卡在一个花瓶中拿不出来，因此痛得哇哇大哭。

她试了很多办法，都无法将儿子的手从花瓶中拉出来。看着儿子满脸的泪痕，她急坏了，后来找来锤子，小心翼翼地把花瓶敲破了。

费尽周折，终于把儿子的手拿出来了，这时她发现儿子的小手紧紧攥着拳头，怎么也不松开。

她吓坏了，以为花瓶把儿子的手卡得太久变了形。可是当她小心翼翼地把儿子的小手掰开，才发现原来孩子的手里攥着一枚一角钱的硬币。这让她哭笑不得，因为刚刚被她敲碎的花瓶是价值3万元的古董。

为了一角钱，她砸掉了3万元的古董花瓶，她忍不住问儿子：“你怎么不把松开手，放下硬币呢？那样就可以把手拿出来了，妈妈也不必打烂花瓶了。”

儿子怯怯地说：“妈妈，花瓶那么深，我松手了，钱就跑掉了。”

孩子的回答是可笑的，但笑过之后，我们却不得不思考，这个发生在4岁孩子身上的故事，其实在很多成人身上也普遍存在。很多人也喜欢将手中的东西紧紧抓牢，最后因小失大，甚至导致悲剧的产生。当然,他们手中紧抓的不是一角钱的硬币,而是很多在他们看来十分重要的东西,比如成就、权力、利益、面子、职位……他们之所以不肯放手,大致有两个原因:

第一,不懂得放手是为了得到更多,总认为放手就是失去、就是舍弃,因此,在现实心态的作用下,他们没办法果断放下。

第二,没有空杯心态,不懂得适时归零,不懂得只有倒出自己“杯子”中的水,才可以装进新鲜的水,而不至于让原来“杯子”中的水发臭。

智者寄语

要知道,捍卫自己的权益和有价值的东西是很正常的,但不管获得了什么——金钱、名声、权力……都不能紧抓着不放,更不能自我膨胀,得意忘形,裹足不前。这就是说,“舍”也是必要的,因为那是一种大智慧的体现。

丢掉手中的“小算盘”吧

在这个世界上谁是最患得患失的人?这个问题很难回答,但是也很好回答。为什么这样说呢?说它很难回答是因为世界上的人从古到今出现得实在是太多了,没有人能清点出谁是最患得患失的人;说它好回答是因为,谁最过分在乎目标,谁就最患得患失,而患得患失的人往往是完美主义者。

有人说,为人做事应似“风过竹林,雁过长空”“事来则应,过去不留”,这是十分正确的。为人处世就当有这份洒脱,而不是唯唯诺诺、患得患失。古往今来,成大事者一般都是宠辱不惊、当机立断的人,可以说患得患失的人终干不成什么大事。

从前有一位神射手,名叫后羿。他练就了一身百步穿杨的好本领,立射、跪射、骑射样样精通,而且一出手箭箭都能射中靶心,几乎从来没有失过手。人们争相传颂他高超的射技,对他非常敬佩。

夏王也从左右的嘴里听说了这位神射手的本领,也目睹过后羿的表演,十分欣赏他的功夫。有一天,夏王想把后羿召入宫中来,让他单独给自己演习一番,好尽情领略后羿那炉火纯青的射技。于是,夏王命人把后羿找来,带他到御花园里找了个开阔地带,叫人拿来一块一尺见方、靶心直径大约一寸的兽皮箭靶,用手指着说:“今天请先生来,是想请你展示一下精湛的本领,这个箭靶就是你的目标。为了使这次表演不至于因为没有彩头而沉闷乏味,我来给你定个赏罚规则:如果射中了的话,我就赏赐给你黄金万两;如果射不中,那就要削减你一千户的封地。现在请先生开始吧。”

后羿听了夏王的话,一言不发,面色变得凝重起来。他慢慢走到离箭靶一百步的地方,脚步显得相当沉重,然后,后羿取出一支箭搭上弓弦,摆好姿势拉开弓开始瞄准。

想到自己这一箭出去可能发生的结果,一向镇定的后羿呼吸变得急促起来,拉弓的手也微微发抖,瞄了几次都没有把箭射出去。后羿终于下定决心松开了弦,箭应声而出,“啪”的一声钉在离靶心足有几寸远的地方。后羿脸色一下子白了,他再次弯弓搭箭,精神却更加不集中了,射出的箭也偏得更加离谱。

后羿收拾弓箭,勉强赔笑向夏王告辞,悻悻地离开了王宫。夏王在失望的同时掩饰不住心头的疑惑,就问手下道:“这个神箭手后羿平时射起箭来百发百中,为什么今天跟他定下了赏罚规则,他就大失水准了呢?”

手下解释说:“后羿平日射箭,不过是一般练习,在一颗平常心之下,水平自然可以正常发挥。可是今天他射出的成绩直接关系到他的切身利益,叫他怎能静下心来充分施展技术呢?看来一个人只有真正把赏罚置之度外,才能成为当之无愧的神箭手啊!”

后羿的结果令众人大跌眼镜,究其原因,就是太在乎结果、赏罚,患得患失而无法精神集中,这样又怎么会成功呢?

患得患失的人常常也是完美主义者,因为他们不允许事情做得比他们想象的差,所以常常是想把每个细节都做得很完美,结果却忽略了最本质的东西。

有一位农夫欲上山去砍树,却忽然想到脚上的草鞋很陈旧了,于是匆匆忙忙地搓绳打草鞋。忙完草鞋又检查斧锯,发现斧子太钝、锯子已锈,于是决定重新订购斧子和锯子。后来又嫌新斧子的材质不好……等到他万事俱备准备出发时,大雪已经封山。于是农夫就抱怨:我的运气真是不好。

其实这个农夫的问题不在于运气的好坏,而是在于他太较真了。他没有分清楚主次,患得患失,只顾着在细节上斤斤计较。

患得患失是人生的精神枷锁,是附在人身上的阴影,是浮躁的一个重要表现形式。患得患失将会成为我们获得成功的大碍。

生活中往往有这样一些人,做什么事情之前都要反复考虑,做完之后又放心不下,对方方面面都要考虑得尽量周到。如有不妥,就很担心把事情办砸,担心别人对自己的看法,并且极其注重个人的得失。他们被笼罩在患得患失的阴影之中,心灵被得失纷扰得没有一分安宁。

这样的人,你给他十两银子,他会想象你肯定得了十两金子;单位发工资,他会把工资表翻个底朝天,生怕谁多拿了半分钱;领导们开个日常的工作会,他会费尽心机打听,看谁又要被提拔了;同事们聚会若少了他,他会猜想肯定避开他在搞什么鬼名堂。

智者寄语

如果整天神经兮兮,患得患失,心中布满疑虑、惴惴不安,那么生活就不会轻松愉快。

该放弃时就放弃

说到放弃,人们自然会想到丢弃、丢失一些东西。其实,不应该这样单纯地理解。因为我们的精力和能力是有限的,我们不可能得到所有想要得到的东西,因此我们就不得不放弃一些东西。放弃是为了更好地得到;放弃一些不太好的,是为了得到更好的。只有懂得放弃不必要的东西的人,才能得到该得到的更好的东西。

鱼和熊掌不能兼得,很多时候,在我们想要得到某些东西的时候,也要懂得放弃另外一些。懂得放弃是一种生存的智慧,只有懂得放弃的人才能更好地生存。

李开复曾在他的《做最好的自己》一书中谈到过自己的两次放弃:

第一次放弃是在上大学的时候。他的父亲是研究政治的,所以,他也就自然地认为应该子承父业。他从小就想当律师,而且自己也觉得在这方面很有天分,于是,上大学的时候,开始选读了人文学院。但是实际情形却并非他想象的那样,上大学以后不久他就发现自己对政治一点儿都不感兴趣，而且对那些世俗的政治技巧厌烦极了。于是他决定改学计算机科学。尽管他为此多花了一年的时间，但他却并不感到遗憾，相反，他还为自己没有在一个不适合自己的领域里浪费掉一生而感到庆幸。

第二次放弃是在他拿到博士学位之后。当时李开复的恩师想挽留他在卡耐基·梅隆大学教书，他个人也认为这是一份不错的工作，但是，他自己同时又感到很困惑，因为这样对社会的直接贡献很小，而他更希望可以从事一项对社会贡献更大一些的社会性工作。正当他徘徊不定时，苹果公司找到他，他意识到这才是自己施展才华的机会。于是，他又放弃了在大学任教的机会，从此开始了他更为辉煌的人生之路。

人的一生，需要放弃的东西很多，如果不是自己想要拥有的，那么就要有勇气放弃。有所得也必然有所失，只有学会了放弃，才能收获一份成熟，才会拥有更加充实、坦然和轻松的生活。

现实生活中，总有很多人不愿意放弃自己已经拥有的东西，因为那些东西曾经给他带来过快乐。但是，我们应该明白，很多看似很好的事情，并非一定是最适合我们自己的。人，必须懂得及时抽身，适时放弃也是一种智慧，它能让人高瞻远瞩，开创出另一番崭新的事业。

在教导中小投资者起步创业的时候，大多数投资专家都会说："抓住一切机遇做大你的事业。"但是很少有人会教导投资者，即使有些看上去很好的机会放在你的面前，你也要学会拒绝它，因为你会有更好的机会。"水饺皇后"臧健和，用她自身的经历绝妙地阐释了这个商业规则。

1977 年，31 岁的臧健和辞去了护士工作，带着两个年幼的女儿踏上了赴泰国与丈夫团聚的路途。可到了泰国，臧健和怎么都没想到，丈夫已经在那里又娶妻生子了。而且，泰国的法律允许一夫多妻，臧健和无论如何也接受不了这样的事实，毅然带着两个女儿离开了泰国，来到了举目无亲的香港。那时候，她身上仅有几百元港币和几百元人民币。

1978 年，臧健和开始了她的"水饺"生涯。日子就在艰难中一天一天过着，值得欣慰的是，臧健和的水饺受到越来越多人的喜爱，销路日益看好，"湾仔码头臧姑娘水饺"的名声渐渐地传了开来，为了表明这是地道的中国水饺，臧健和把自己的水饺叫作北京水饺。

随着水饺知名度的日益提高，一家日资百货公司的老板提出与臧健和合作的意愿，并承诺给她牌照开工厂。

对于臧健和而言，这无疑是一种巨大的诱惑，不过，得知日本人的条件是要重新包装她的水饺，作为日资百货公司的产品来卖后，臧健和断然拒绝了。

她认为自己当时只是没有注册品牌、没有专利技术，但是，配方和销售渠道还是有优势的。当时，"湾仔码头水饺"已经很有名气了，每天都有很多人排队来吃。如果合资生产，把配方和销售渠道都交给了别人，这无异于被人抽走了底牌。于是，她坚持要在包装上保留"湾仔码头"的商标和自己的地址、电话。

最终，那个日本老板基于"湾仔码头水饺"的魅力和臧健和的诚意，做出了让步。

今天，"湾仔码头水饺"早已不是街头小贩的产物，而是在各大城市的超市、大卖场售出的包装精美的速冻食品。

从臧健和的事例我们可以看出，在选择机会时，要把握住哪个才是最好的时机，看清长远利益与暂时利益的差别，不要为一时的诱惑放弃未来的前途，也不能完全怀疑眼前发展的真实性，从而错过良机。

命运是公平的，会在你有所得的时候让你失去一些东西，关键是看你如何取舍。比尔·盖茨曾说："在机遇即将与你擦身而过的时候，不要犹豫，不要计较得失，一举将它抓在手中。"

智者寄语

有得必有失，有失必有得。要想得到一些重要的东西，就要丢弃一些不重要的。只是，一定要把握好，不要把得到与失去的位置颠倒了，到时候来个得不偿失，那就麻烦了。

因为心猿意马，所以患得患失

什么是患得患失？所谓的患得患失就是为了得失而苦苦纠结，一味地在个人的得失上耿耿于怀。患得患失是心灵的枷锁，是遮挡快乐之光的层层乌云，是内心浮躁难安的根源。也就是说，患得患失，来源于一个人的心猿意马。

患得患失的人，总是在不停地心灵纠结中让自己的人生永无止境地处于苦恼之中。患得患失的人，对人生的取舍没有远见。在面对一些自己已经握在手中却并不需要的东西时，他们选择的不是放弃，却是费尽脑汁使这些身外之物成为自己的累赘，放在心里、背在身上，为这些心猿意马、终日烦恼，而长此以往，换来的只有身心俱损，没有任何益处。所以，与其害怕失去，倒不如干脆让它失去好了，由此换来的轻松和愉快，就是给予自己最好的心灵回馈。

猎人为了捕获机灵淘气的猴子，他们通常会在岩石上凿一个很小的洞，将猴子最爱吃的食物放在里面，当猴子把手伸到洞里抓到食物后，手却怎么也拿不出来，那是因为猴子舍不得放手，最终成了猎人的俘虏。所以，生活的智者通常都知道自己该抓什么、该要什么、该放弃什么。一个什么都想要的人，最后将一无所得。当然，做事前三思是一件好事，但是，如果你考虑得时间太久，太过犹豫不决，你就会与许多机会擦肩而过，别人也会认为你缺乏果断的决策。有的人在有所成就之后，忽然发现压力竟然将原来的信心都抹杀了，并且开始怀疑自己的能力，顾虑这个担心那个，其实你只要把自己所担心的东西都淡化了，你会发现，结果其实只是一个顺其自然的过程，尤其是你自信果断地行动之后，你会发现，之前的心猿意马，只是你的多虑。

那么，为了获得幸福快乐的人生，还是离"患得患失"远一点吧。因为当患得患失真的成为人生的心理隐患后，生活就会被阴影笼罩，那是因为心的阴霾遮挡了人生的太阳。人生的太阳是什么？是信念，是乐观，是进取，是热爱生活，是豁然开朗的人生风景。我们要营造美好的人生，就必须解开精神枷锁、丢掉心灵负累、摆脱心猿意马，走出患得患失的阴影。

罗丹有一句经典之言说得好："生活中不缺美，缺的是发现美的眼睛。"换言之，我们也可以说："生活中不缺幸福，缺的是发现幸福的眼睛。"

那幸福到底在哪里呢？

有这样一个故事：

一日，佛遇见了一位富人。富人应有尽有：年轻有为、才华横溢、家财万贯、妻子貌美、孩子聪明……但他却觉得自己不幸福。

佛问他："你还不知足吗？你还想要什么呢？"

富人说："我拥有了世上该有的一切，只缺一样东西——幸福，你能给我吗？"

佛说："可以。"

于是佛把富人所拥有的一切都拿走了——富人的才华、财产以及他深爱的妻子。佛做完这些后便悄悄离去了。两个月后，佛再次回到富人的身边，这时的富人已经沦为乞丐，正衣衫褴褛地趴在街边乞讨呢。于是,佛把他曾经拥有的一切都还给了他。一个月后,佛再去看富人。这次,富人正坐在自己富丽堂皇的家里,左手携妻、右手携子,满脸的欢笑,不停地向佛道谢,说他找到了真正的幸福。

所以,只要我们管住自己的心,不要心猿意马,幸福就会与我们如影随形。

而要想走出患得患失的阴影,就必须保持良好的心态:

首先,你要明白,得失,是人生的常态。其实,生活本身就是一个充满得与失的混合体,所以,对于人生的得失,我们应该正视,要知道世间万物,就没有永恒不变的,"新陈代谢"本来就是自然规律,来去无常,也是人生的常态。所以,得到的时候要泰然受之,失去的时候也不必抵死纠结。花朵因为会凋谢,才显出盛开的娇艳;月亮因为有缺,才显出满月清辉的神韵;人生因为有憾,才更加美丽。不能从心里舍弃别人都有的,就得不到别人都没有的。聪明的人知道,失去的多,得到的就会更多,只要这样一想,心就会在瞬间获得一种被拓宽的感觉。

当然,更要明白"得后有失,失后又有得"的道理。得到固然是一种幸福,失去却也同样令人着迷。得到的时候,因为愿望成真,就失去了期盼,而没有期盼的人生,注定是没有激情的;失去的时候,望着不再拥有的东西,于是心里会多了一些怀念,而正是因为有了怀念,生活才变得"有情有理"。都说上帝在关上一扇门的同时又打开一扇窗,得与失本身就是交替进行的:得后有失,失后又有得。

其次,你要学会知足。我们知道,大多数人都有攀比心理,通过比较得到一种自我满足。其实正确的比较应该是自己和自己比,把自己的今天和自己的过去比。只要通过不懈的努力,自己一天天在进步、在收获、在提高,就是一件好事。即使别人已住上了洋房,你还是普通的楼房;别人已有了宝马,你还是捷达,也丝毫不应自惭形秽。因为每个人的生活都不一样,条件不一样,经历也不一样。每个人都有自己的幸福,你也有你的幸福,而这个幸福,就在你的心里!

还有,要告诉自己,你是为自己活着的。人的一生,管它什么名与利,只要活出最真实的自己,只要开心,就不会被患得患失所囚禁。总之,一个人要想管住自己的心,就要把心里的意念管好,因为只有切断心猿意马,才能避免患得患失。

智者寄语

人生不可能没有忧愁,关键是我们不能因为生活的不如意,再给自己增加几分愁。活出自己的幸福吧,不管别人如何评说,我们的人生就会在自己的控制下变得充实而潇洒。

聪明的人懂得如何取舍

很多时候,舍弃就是获得。人们常将"舍"与"得"合说成"舍得",就是因为"舍"之东隅,"得"之桑榆。

如何取舍才能让内心得到满足,才能最大限度地感受到幸福?很多人,一生犹犹豫豫,把选择权交给父母、恋人,甚至交给宿命,于是迷迷糊糊地走上一条他人指定的人生轨迹,直到失去改变生活的梦想和勇气,才恍然大悟,但一切都已经来不及了,唯有遗憾。只有把取舍的权利留给自己,让自己去思考、去抉择,无论结果如何,都可以勇敢地去面对。

人的一生本就短暂,刹那芳华,取孰舍孰?如果不懂取舍,胡乱地迈出一步,也许将来会后悔莫及。

真正宽心的人，在幸福满怀的时候，他懂得要舍弃一些给予他人，而用全部的精力去牢牢抓住对自己而言最重要的东西。这样的心你有没有？这样的沉静姿态你有没有？让我们学会做个宽心的人，把握良好心态，在我们的温馨世界里，把爱分给大家，把美好散播出去，也许，你给予他人的对你而言不重要的东西却是他人生命里的美丽水晶球。

提起潘石屹和他的“现代城”“长城脚下的公社”，大概无人不知、无人不晓。但是，潘石屹的成功也不是从天上掉下来的。1981 年，潘石屹从北京培黎学校毕业，并以第一名的优异成绩被石油学院录取。1984 年，潘石屹毕业后被分派到河北廊坊石油部管道局经济改革研究室工作。在那里，他的聪明和对数字天生的敏感博得了领导的赏识，并被确定为“第三梯队”。

有一次，办公室里新分配来了一位女大学生，她对分配给自己的桌椅十分挑剔。当潘石屹劝她凑合着用时，对方非常认真地说：“小潘，你知道吗？这套桌椅可能要陪我一辈子呢。”就是这不经意的一句话深深地触动了潘石屹：难道我这一生也将与这套桌椅共同度过吗？正在思变的时候，他遇见了远在刚刚开放的深圳创业的一位老师。他决定改变自己的命运。

1987 年，潘石屹变卖了自己所有的家当，毅然辞职，揣着 80 元钱去广东打工，后来又去了海南，与朋友开公司，自己做老板，开始了经商生涯。凭借着个人的努力，潘石屹迅速完成了原始资本的积累。

1993 年，潘石屹在北京注册了北京万通实业股份有限公司，任法人代表兼总经理，开始了在北京房地产界的创新与创业，最终成了北京地产业的一颗新星。

潘石屹就是典型的懂得取舍的人，所以他成功了，走出了自己的人生，闯出了属于自己的一片天空。如果他当年没有舍弃稳定的“饭碗”，如今的他也许还在研究所里过着“清贫朴素”的日子，北京也会少了一座“现代城”。

懂得取舍的人，往往是内心强大的人，他们不依赖外界的力量，不受制于出身与宿命，他们勇敢地为自己做出抉择，理智分析，果断地选择自己想要的人生。

也许你要说，你不是潘石屹，稳定的工作未必不比辛苦做生意好。诚然，潘石屹只是一个典型，他说明的不是职业的高低贵贱，而是一种懂选择的智慧与魄力。宽心的你，要懂得沉静，沉静下来，叩问自己的内心：自己到底需要的是什么样的生活？究竟什么是自己最大的追求，最不可缺失的梦想？想清楚了，就勇敢地去做，勇敢地去舍弃绊脚石，勇敢地去选择真正属于自己的未来与人生。调整自己的心态，摆正自己的位置，舍旁枝，取主干，只有这样，才能不留遗憾。

也许前路坎坷，也许你选择了之后，会有比原先艰难许多的波折，甚至让你后悔做了这个决定，怀疑自己是不是选错了。这个时候，请相信自己，当你考虑清楚并痛下决定的那一刻，必然是已经预料到了未来的艰险，并愿意为之付出，为之努力。

什么样的取舍决定什么样的生活。人生只有三天，昨天、今天、明天。今天的取舍决定明天的生活。

每个人的时间和精力都是有限的，必须做出一些取舍。在丰富多彩的社会中，只有懂得取舍，才能更好地拥有。人生无时无刻不面临着取舍，有时无关紧要，有时事关重大，有时面临生死。懂得取舍，是如此重要，取舍的正确与否有时关系到事业的成败、家庭的和谐，甚至个人的身心健康。

人要懂得取舍，因为选择的机会随时会出现，大到选择求学、就业、谈婚论嫁，小到一日三餐。

人生既漫长又短暂,能够决定一生命运的,只在那几步,当我们年轻时,当我们不懂取舍时,也许总是面临抉择,而当我们有能力选择的时候,往往已经没有多少选择的机会了,这是人生的悲哀。舍弃与获得是紧紧联系在一起的,为了能够获得更多、更长久,我们必须先学会正确、适时的舍弃。

智者寄语

人生在世,每个人都要面临很多选择。很多时候,难的不是绝处逢生,因为绝处逢生,是只有一条路,必须往前走;难的是,当你有很多选择的时候,该如何取舍。选择什么,舍弃什么,是一门学问。正确的舍弃,则是真正把握住了机遇。

舍与得的哲学

从字面含义看"舍得"这个词,是先有舍后有得的意思。真正的聪明人,不在乎蝇头小利,他们可以暂时吃亏,以获得更大的利益。如果学不会舍弃,就得不到更多的拥有。舍弃了浮躁奢靡的生活,换取了宁静致远的心;舍弃了一部分的利润,换取了员工们的团结协力,以及企业更好更快的发展。

日本头号富翁武井保雄可以算是精于舍得哲学的代表。曾经做过贩米生意、铁路职工的武井,因为多年发放"高利贷",开创了"武富士"帝国。这个日本最大的"高利贷王国",在1983年大藏省发出消费者金融的通知后他们更成了合法美名的"消费者金融事业"。他舍得铺天盖地般在日本各车站送"武富士"广告手巾纸,舍得铺天盖地般在高楼大厦顶上打出灯红酒绿式的霓虹灯广告牌,舍得开办1288个营业店铺,遍布日本列岛,舍得大量买卖股票,其家族则持有日益上涨的武富士会社1/3以上的股票……因此在美国《福布斯》杂志公布的全球富翁排行榜上,武井保雄曾以9360亿日元的身价成为全球第三十位、日本第一位的富豪。

曾经有这样一位裱画的日本工人,苦干了40年的他,在头发掉光之际也没能找到老婆,究其原因是因为不舍得花钱。问他去过海外旅行没有,他说怕坐飞机掉下来,舍不得命。

着实令人惊叹,这真是不舍不得的典型。看来敢来日本的留学生都有舍得性命坐飞机的一面,也是懂得舍命来求才发财哲学的人。

福建人是自强不息、厚德载物的舍得典范。他们舍得吃苦,不管是否有领导在场,都大干苦干,赢得美名。舍得花重金打通出国渠道,甚至舍得性命乘坐集装箱船漂洋过海,到海外去追求自己的理想:金钱梦、自由梦、发达梦,使我们不得不反思中国人中的亿万富豪为什么多出自广东、福建呢?舍得的发财哲学正是其中秘诀之一。

智者寄语

一位成功商人得意时说过这样一句话:"不必在意别人是否喜欢你、公平待你,不要奢望每个人都会平等待你。"所以,为了自己的理想,该舍就舍吧。

第二章　表面吃亏，暗里得福

吃亏等于占便宜

被世人誉为“扬州八怪”之一的郑板桥，留下两句四字名言，一句是“难得糊涂”，另一句是“吃亏是福”。对于修身养性，后一句无疑更值得人们奉为信条。郑板桥先生的名言“吃亏是福”是很多人都知道的，实际上，又有几个人肯吃亏，又有几个人真的认为“吃亏是福”呢？

俗话说：“吃亏人常在，财去人安乐。”是说能够吃亏、善于吃亏的人往往能平安无事，而且终究不会吃大亏。人生的轨迹总有可以预料之处，对于肯吃亏的人，冥冥之中，社会和人总会给予相应或更多的补偿；相反，总爱贪便宜的人最终贪不到真正的便宜，而且还会让人在背后戳脊梁骨。古今中外，有多少人因贪图眼前的小便宜而过早地毁灭了自己啊！因此，在现实社会中必须记住“吃亏是福”这个闪耀着哲理和经验之光的格言。

“吃亏是福”是我们的祖训，至今被广泛认同与传扬。不少文章把“吃亏”描述成无私的奉献、牺牲的精神、豁达的心态、成全他人的品德、潇洒的生活态度、恬淡处世的行为等崇高的境界，所以不仅要甘于吃亏，还要勇于吃亏。

小赵在公司勤勤恳恳地干了6年，马上就要升职加薪了，却一不留神吃了大亏：她到山东出差期间，公司给她分配了一名需要指导的新人。据说这次升职与指导新人的考核成绩挂钩。可是等她办完公事赶回广州，好一点的新人都被别人“认领”了，只剩下一个据说只在民办大专里读了两年就跑出来混的小男生。

人事经理对她说：“这个人是临时招进来的，你随便指导指导，不出错就好了。”

小赵点了点头，但她心里明白：即使自己把他培养成优秀的员工，也并不一定能够让领导满意，要是真的随便指导指导，做领导的会满意吗？再说，升职指标只有一个，同部门的小李也是虎视眈眈，如果这时候输给了他，说不定就输得一败涂地。

可要想赢过小李简直是太难了。小李指导的新人是正规大学毕业生，还在多家知名企业里实习过。看来，这个亏小赵是吃定了。

同事们都很同情小赵。大家都看得出来，她指导的那个小男生真的很不适应公司的节奏，一封催货的英文电子邮件，别人花15分钟可以搞定，他却要用“一指禅”僵硬地在电脑键盘上慢慢敲半个钟头，每天都要加班两个小时以上才能完成当天的任务量。

小赵为此头疼得要命，不但自掏腰包买了一套打字软件送给他，而且每天下班后都要留在办公室里陪他加班。好多次领导从外面谈完生意回到公司，都能看到小赵的办公室里灯火通明，因为她还在指导新来的员工。

很快三个月的新员工试用期考察结束了，尽管小赵如此费心费力，但小李指导的那位新员工的表现还是远远超出她指导的新员工。

出乎大家意料的是，小赵指导的新员工在各方面的表现虽然远远不如小李指导的新员工，但小赵却赢得了部门里唯一一个升职指标。公司上层都知道这个新员工的能力比较差，也多次目睹小赵指导新员工的场面，他们觉得小赵肯吃亏，有容人之量，更具有领导者的气质。

"吃亏是福"本身是一个利益交换等式，吃亏者并不希望利益白白受损，而是希望用"吃亏"换来"福"，至于什么是"福"，每个人的见解都不同。所以，用眼前利益的暂时损失去换取长远的利益，这才是真正意义上的"吃亏是福"。否则，就是吃傻亏。正因为如此，还有一句话叫"吃亏在明处才是福"。只有明明白白地吃亏，让关键人物知道你是主动吃亏，让他认同你的吃亏、感谢你的吃亏，你才能换取他人的"知恩图报"。

你爱吃亏吗？对于这个问题，大多数人的回答应该都相同，那就是"NO"。人生几十年，谁不曾吃过亏？但谁都不爱吃亏。不过，人生哲学告诉我们吃亏是福。

"吃亏是福"关键在于心，在于不计较小小得失。生活中，懂得吃亏的人才是真正的智者。在生活中由于争端而吃点亏，最好的做法是"大事化小，小事化了"。因为每个人生活中都会有不顺心的时候，你能在这个时候尽量忍让，不惹事端，多考虑对方的感受，多感谢他们平时对自己的帮助和支持，才有助于以后工作的开展。

工作中，有些事情不是分得很清，如果大家都想占便宜，那肯定就会有许多事情没有人去做，这样的结果是集体的名誉受到影响。正所谓占小便宜吃大亏，如果大家都不怕吃亏，有什么事情都抢着做了，也许这次你吃亏了，也许下次他吃亏了，但是工作都完成了，集体荣誉有了，大家感情融洽了，工作氛围好了。相比下来，虽然吃点小亏，还是收获了"福"。

朋友相处也是这样，如果都想着占别人的便宜，也许你会得逞一两次，可是时间久了，谁还会相信你这个朋友？朋友讲究的就是为对方考虑，虽然"为朋友两肋插刀"有些江湖气，但凡事应多想着点朋友。朋友交往不是一次两次，也不是一两天，所以也不能计较是不是吃亏，时间长了，彼此都很了解了，因为偶尔的吃亏得到一辈子的好友，这难道不是福吗？

智者寄语

任何一个有作为的人，都是在不断吃亏中成熟和成长起来的，并从而变得更加聪慧和睿智。倘若有谁一旦吃亏便愁肠百结，郁郁寡欢，甚至捶胸顿足，一蹶不振，受伤害的只能是自己。

吃亏也是一种福

在生活中，吃亏是避免不了的，但是却有很多贪婪的人，他们怕吃亏，他们总想得到更多，致使最终一无所得。

从前，有两位教徒，决定一起到遥远的圣山朝圣。两人背上行囊，风尘仆仆地上路，发誓不达圣山朝拜，绝不返家！

两位教徒走啊走，走了两个多星期之后，遇见一位白发年长的圣者。这位圣者看到这两位如此虔诚的教徒千里迢迢地要前往圣山朝圣，就十分感动地告诉他们："从这里距离圣山还有10天的路程，但是很遗憾，我在这十字路口就要和你们分手了。而在分手前，我要送给你们一个礼物！那就是你们当中一个人先许愿，他的愿望就会马上实现；而第二个人，就可以得到那愿望的两倍！"

此时,其中一个教徒心里一想:“这太棒了,我已经知道我想要许什么愿了,但我不能先讲,因为如果我先许愿,我就吃亏了,他就可以有双倍的礼物!不行!”

而另外一个教徒也自忖:“我怎么可以先讲,让我的朋友获得加倍的礼物呢?还是让他先说好了,不然我就吃亏了。”

于是,两位教徒就开始客气起来:

“你先讲嘛!”

“你年长,你先许愿吧!”

“不,应该你先许愿!”

两位教徒彼此推来推去,“客套地”推辞一番后,两人就开始不耐烦起来,气氛也变了:

“你干吗?你先讲啊!”

“为什么我先讲?我才不呢!你先讲!”

两人“推辞”到最后,其中一人生气了,大声说道:“喂,你真是个不识相、不知好歹的人,你再不许愿的话,我就把你的狗腿打断,把你掐死!”

另外一人一听,没有想到他的朋友居然变脸,竟然恐吓自己!于是想,你这么无情无义,我也不必对你有情有义!我没办法得到的东西,你也休想得到!于是,这个教徒干脆把心一横,狠心地说道:“好,我先许愿——我希望我的一只眼睛瞎掉!”

很快,这位教徒的一只眼睛马上瞎掉了,而与他同行的好朋友,两只眼睛也立刻瞎掉了!

就这样,一件原本十分美好的礼物,可以使两位好朋友共同分享,但是因人的“贪念”与“嫉妒”,左右了心中的情绪,所以使得“祝福”变成“诅咒”,使“好友”变成“仇敌”,更是让原来可以“双赢”的事,变成两人瞎眼的“双输”。如果,他们两个人中能有一个人懂得“吃亏是福”的道理,结果也不会是这样啊!

智者寄语

在生活中,我们的双眼没有必要只盯着眼前的蝇头小利。尽管很多事情在我们今天看来可能都是在吃亏,但或许明天这些亏就会使你赢得更多人的尊敬与拥护。

吃亏是福的深层智慧

在我们公司的写字楼下面有一个小鞋匠,每天早上准时八点出摊,一年到头在寒风或酷暑中惨淡的经营着自己的修鞋摊,但他对顾客总是报以最灿烂的微笑。

一天,我的同事给了我一张卡片,卡片如名片般大小,正面写着小皮匠鞋业优惠卡,反面印着的是三十一个空格,仿佛日历一般。同事说,这是一张优惠卡,凭此卡可去楼下鞋匠处免费擦一次鞋。

中午的时候,我来到小鞋匠的鞋摊旁,一看早有人在此排队,原来都是冲着这个优惠卡来的。当问他为什么一下子发这么多卡,那么你这几天不是白忙了的时候,他笑着说:“这才不是白忙呢,我是在找所谓的潜在客户啊。你们现在不都成了我潜在的客户吗?”

下班的时候,一个女孩子穿着一双长靴,又拎了两双鞋过来。小鞋匠接过后,扫灰、上油、抛光，丝毫都不马虎。看着这几双鞋在他手下渐渐变得光亮，也着实为他有这样好的生意而高兴。谁知，女孩一下子掏出了三张所谓的优惠卡，小鞋匠边用笔勾边说：“以后最好赶在我不是很忙的时候拿来，这样，就可以不用耽误别人的时间。”

女孩走后，小鞋匠对我说，她的那几张卡片是假的，我一共只给写字楼里发了十张优惠卡，我都编着号呢。听后，我问他为什么不识破。他说，何必呢？既然别人来了，我又何苦让她难堪？再说，我这人做的是长久生意，也不想为了这几块钱而和别人发生矛盾，吃亏是福。

吃亏是福，听了他的一番话，的确让我有了少许感悟。身处职场的我们，有时为了一个客户，为了一笔订单，这些所谓的办公室白领你争我斗，甚至不惜一切代价将对手打倒，那份包容以及待人真诚的本质，也都随之而不复存在。

吃亏是福，那是“傻子”才做的事。然而，我们可能真的无法体会吃亏是福，这种吃亏，其实就是一种包容的智慧，一种博大的胸怀和真诚的态度包容别人。

在美国一个市场里，有个中国妇人的摊位生意特别好，引起其他摊贩的嫉妒，大家常有无意地把垃圾扫到她的店门前。

这个中国妇人只是宽厚地笑笑，不予计较，反而把垃圾都清扫到自己的角落。旁边的墨西哥妇人观察了她几天，忍不住问道：“大家都把垃圾扫到你这里来，你为什么不生气？”

中国妇人笑着说：“我门口的垃圾越多就代表我的生意越好。现在每天都有人送钱到我这里，我怎么值得拒绝呢？你看我的生意不是越来越好吗？”

从此以后，这些垃圾就不再出现了。

包容不是迁就，也不是软弱，而是一种充满智慧的处世之道。中国妇人包容了别人，也为自己创造了一个融洽的人际环境。

一个有作为的人，都是在不断地吃亏中成长起来的，从而变得更加聪慧和睿智！乐于吃亏是一种境界，是一种自律和大度，人格上的升华。在物质利益上，不是锱铢必较，而是宽宏大度；在名誉面前，不先声夺人，而先人后己；在人际交往中，不唯我独尊，而尊重他人！

一般的人不吃亏，聪明的人甘于吃亏，比聪明的人更聪明的人乐于吃亏。把吃亏当作一种福气，是一个人思想的最高境界。能修炼到这样一种境界，也是人生趋向完美的过程。这种伟大的境界并不仅仅表现在轰轰烈烈伟大的事情上，很多情况下，日常的、平凡的、琐碎的小事，更能体现出这种伟大品格的存在。

智者寄语

吃亏是一种智慧，是大智若愚。聪明的人从“吃亏”中学到智慧，悟透人生；抱怨的人从“吃亏”中产生怨恨，敌对人生。但愿每个人都是那个聪明的人。

吃亏忍让，趋利避害

明朝时期，苏州城里有一位老翁，姓尤，他在城里开了间典当铺，生意倒是红火。

有一年年关，尤老翁在里间屋盘账，忽然听见外面柜台有争吵声，就赶忙走了出来。原来是一个附近的穷邻居李老头正在与伙计争吵。挨了骂的伙计上前对尤老翁说：“他将衣服押了钱,今天空手来取,不给,他就破口大骂,有这样不讲理的吗?”

弄清了事情的真相后,一向谨守“和气生财”的尤老翁先将伙计训斥一通,然后再好言向李老头赔不是。

可是李老头板着脸,一声不吭。于是尤老翁亲自过去请李老头到桌边坐下,语气恳切地对他说:“老人家,我知道你的来意,过年了,总想有身儿体面点的衣服穿。这是小事一桩,大家是抬头不见低头见的熟人,什么事都好商量,何必与伙计一般见识呢?”

尤老翁不等李老头开口辩解,马上吩咐另一个伙计找出典物,共有衣物、蚊帐四五件。尤翁指着棉袄说:“这件衣服抗寒不能少。”又指着道袍说:“这件给你拜年用。其他东西现在不急用,可以留在这儿。”李老头似乎一点儿也不领情,拿起衣服,连个招呼都不打,就急匆匆地走了。

可是谁也没想到,当天夜里李老头竟然死在另一位开店的街坊家中。李老头的亲属乘机控告那位街坊逼死了李老头,与他打了好几年官司。最后,那位街坊被拖得筋疲力尽,花了一大笔银子才将此事摆平。

事情的真相很快清楚了,原来李老头因为负债累累,家产典当一空后走投无路,就预先服了毒,来到尤老翁的当铺吵闹寻事,想以死来敲诈钱财。没想到尤老翁一忍再忍,明显吃亏也不与他计较,李老头觉得坑这样的人良心有愧,只好赶快撤走,在毒性发作之前又选择了另外的一家。

事后,有人问尤老翁凭什么料到李老头会有以死进行讹诈的这一手,从而忍耐让步,避过了一场几乎难以躲过的灾祸?

尤老翁说:“凡无理来挑衅的人,一定有原因。如果在小事上不忍耐,那么灾祸立刻就会来了。”人们听了这话很佩服尤翁的见识。

曾经有人说过这么一段极富哲理的话:“福祸两字半边一样,半边不一样,就是说,两字相互牵连着。所以说,凡遇好事的时候别张狂,张狂过了头,后边就有祸事;凡遇到祸事的时候也别乱套,忍着受着,哪怕咬着牙也得忍着受着,忍过了,受过了,好事跟着就来了。”

有这么一个故事:

在1980年,一家邮票厂有一个工人受朋友之托买了10版第一版的生肖猴票,钱是这个工人垫付的,一共64元。64元在当年来说不是个小数目,没想到那个朋友忽然说不要了。没办法,这个工人只能自认倒霉、忍气吞声,把10版猴票拿回家自己收藏了起来。谁知到了1991年邮票市价暴涨,猴票翻到了10万元一版,这位工人因亏得福,64元变成了100万元。

其实,学会吃亏,善于吃亏,乐于吃亏,这并不是一个人无能、无用、无知的表现。而且,忍让是一种境界,是一种豁达和大度。面对纷繁复杂的人际关系,忍让是最好的超脱,和气待人,能忍自安。两好换一好,你不负他,他便不负你,你帮了别人,别人就会加倍帮助你。善待他人就是善待自己啊!

智者寄语

一个人只要愿意吃小亏、敢于吃小亏。不去事事占便宜、讨好处,日后必有大“便宜”可得,也必成“正果”。因此,要想“占大便宜”,就必须能够吃小亏,敢于吃小亏。这甚至可以说是一种规律。那种事事处处要占便宜的人、不愿吃亏的人,到头来反而会吃大亏。

放下仇恨不是吃亏

世上有一笑泯恩仇的人，但也有恨人一生之心的人。他们小肚鸡肠，气量小。责人小过，揭人隐私，念人旧恶，在这类人中已经成为一种爱好。有人升官，他说是用金钱买来的；有人出名，他说是用作秀钓来的；有人发财，他说是用奸诈赚来的，总之，这类人总是把别人往歪处想，往死处拖。这样的人，凡事以自我为中心，以得失为核心，宁可我负天下人，也不可天下人负我。埋怨、责怪、忌恨，就像一件件秽物堵塞在他的心里；仇视、嫉妒、提防，就像一条条缰绳捆绑在他的身上。到头来，不容人则人不容，自己把自己弄成了孤岛一座、死水一塘、寡人一个，逼向了山穷水恶、天地不应、求助无援的绝境。终其原因是因为他们不知道什么是大度、宽厚。

有一位哲学家曾经说过，堵住痛苦唯一的方法就是原谅。冤冤相报抚平不了心中的伤痕，只能把双方捆绑在永久的痛苦回忆中，而原谅宽容则能带来治疗内心创伤的奇迹。

苏珊已经76岁了，她甚至做梦也没有想到，在她孤零零地一个人度过了40年的时光后的今天，还会如此幸福地享受到人世间最为美好的天伦之乐。

苏珊曾经有一个儿子小约翰，可是在他17岁那年，由于一次意外，被一群游荡社会的坏孩子乱刀砍死了。那段时间，她很悲伤，心中也充满了仇恨，每一次看到那些衣着不整、叼着烟卷串街走巷，狂歌猛喊，甚至脏话连篇的坏孩子，她都有冲过去撕烂他们的冲动，这样让她陷入了更深的痛苦旋涡中。后来，在一次“拯救灵魂”的公益活动中，她碰到了保罗——一个老得几乎走不动道的老牧师。保罗看到眼含忧郁的苏珊后，便颤巍巍地向她走了过来，并对她说：“你的事情我都听说了，但是怨恨是解决不了问题的，而且你知道吗？这些孩子也非常可怜，因为父母过早地抛弃了他们，社会也戴着有色眼镜看待他们，他们多数人自从出生的那天起便没有尝到过什么是温情，更不知道什么是爱！”

苏珊愤愤地说：“可是，他们夺走了我的约翰！”

“那也许是个意外，放下这些怨恨吧，如果你愿意，也许他们都会成为你的小约翰的！”

苏珊听从保罗的建议，参加了“拯救灵魂”的团体。她每个月都要抽出两天时间去附近的一家少年犯罪中心，试着接近这些曾经让她深恶痛绝的孩子。开始时固然有些不自在，可通过一段时间的交流后，她发现，这些孩子确实不像他们所表现的那样坏。他们渴望爱，渴望温情，有的甚至渴望叫抚慰他们的人一声“妈妈”。

于是，苏珊像这个组织的其他成员一样，认了其中的两个黑人孩子作为自己的孩子。每个月她都要带上自己最拿手的食物去看他们两次。就这样，两年过去了，当她的这两个孩子重新回归社会之后，她再认领下两个……直到现在，她已经认下了二十几个孩子。他们每个人都从她那里得到了一种不是母爱却胜似母爱的情感，而她也从他们的身上找到了小约翰的影子。他们即使从这里出去，重新回到社会后，也从没有间断过与苏珊的联系，他们会定期地到家里来看望她，帮她做家务，然后与她一起共进早餐、看电视……

苏珊说她从没有像现在这样幸福过，她不但用她的爱心从更深的地方挽救了这些孩子，更找到了她应得的天伦之乐。

苏珊舍弃了仇恨，获得了幸福。有时表面看上去的吃亏，但是却能真正给她带来利益。

俗话说，塞翁失马，焉知非福。吃亏是福，意思是表面上看上去是吃亏了，可实际上仔细想想也不一定。因为人生总会在吃亏中学到很多有用的东西，或者得到意想不到的收获。做人不要怕吃亏，无论吃亏大小，只要是经过权衡和理智的判断，主动地付出，最后你就亏不了。

在人生的长河中，人们常常面临着是否肯吃亏的考验。肯不肯吃亏存在于人际关系中的所有内容中。吃亏产生接受，接受又产生给予。上升之物必会降落，输出的也必定会回归。

每一颗种子都蕴含着千木成林的诺言，但是不能把种子储存起来，须还之于肥沃的土地。你给予越多，你获得越丰。

现代社会充满激烈的竞争，磕磕碰碰的事经常发生。当今有一句常听到的话，叫“活得太累”。其实，“累”与“不累”，全在自己的掌握之中：对有些事“糊涂一点”，对有些事“主动放弃”，对有些事“淡化处理”，你自然会活得轻松。人在社会交往中，吃亏、被误解、受委屈一类的事总是不可避免的。面对这些，最明智的选择是学会吃亏。

练习肯吃亏的方法易如反掌：如果你需要快乐，就给予别人快乐；如果你需要爱，就学会付出爱；如果你需要别人的关注和欣赏，就先学会对别人关注和欣赏；如果你想物质上富有，就先帮助别人富有起来。想幸福地拥有生命中一切美好的东西，那就学会祝福每个人都如意吧。

当然，吃亏也必须讲究方式和方法。亏不能乱吃，有的人为了息事宁人去吃亏，吃哑巴亏，吃暗亏，结果只会“哑巴吃黄连，有苦难言”。

三国时的孙权，为了得到荆州，假意将自己的妹妹嫁给刘备，结果在诸葛亮的巧妙安排下，孙权赔了妹妹不说，最终荆州还是到了刘备手中。孙权这就是吃了哑巴亏，太不值了。

因此，吃亏要防止吃暗亏，亏要吃在明处，至少你该让对方意识或明白到你吃的亏，那么你的亏才吃得值。吃亏会让你成为施者，对方成了受者。看上去，是你吃了亏，他得了益，然而他却欠了你一个人情。从情感的角度上讲，你已经获得了一个筹码，这是比金钱、财富、名誉等更值得你珍视的东西。

智者寄语

吃亏，会使你在朋友眼中留下好的印象，朋友会认为你是一个豁达、宽厚的人，这样你在朋友眼中就容易获得信任。当你有需要帮助的时候，朋友自然也会以同样的方式向你伸出援助之手。

学会主动吃亏

社会上肯吃亏、愿意吃亏的人却很少，反而“分毫必争”的人比比皆是。肯吃亏的人一定心胸旷达，吃亏也能给我们带来安稳与宁静。肯吃亏的人能忍耐暂时的失败，静待时机，并且相信没有一个人能永远占着便宜，也没有一个人永远做“傻子”。

大智者，常常是若愚的，而且，唯有其“若愚”，才显其“大智”本色。以下是唐代高僧寒山与拾得两个人的对话。

一日，寒山谓拾得：“今有人侮我、笑我、藐视我、毁我伤我、嫌恶恨我、诡谲欺我，则奈何？”

拾得曰：“子但忍受之，依他、让他、敬他、避他、苦苦耐他、不要理他。且过几年，你再看他。”

那个高傲且不可一世的人的结局我们可想而知，而我们也一定可以想象得出拾得胜利的微笑——尽管这可能是一种稍带圆滑的微笑，不过，它的确会给我们的生活带来一些好处。

钱罐就是我们常常说的用铁皮或泥做的储蓄盒。在小时候，我们常将父母给的一些零用钱放进去，当这个储蓄盒满的时候，我们就将这储蓄盒打破，将其中的钱取出来，然而，当它是空的时候，它却可以保全它的自身。

同样的道理，福祸常常是并行不悖的，而且福尽则祸亦至，而祸退则福亦来，所以，我们就应该采取“愚”“让”“退”“谦”这样的态度来避祸趋福。

那么，面对吃亏，我们其一是要“安分”，“安分”使人从来不奢望那些根本就不可能得到的或根本就不存在的东西。没有妄想，也就不会有邪念。其二是“知足”，“知足”则会使我们对一切都感到满意，对所得到的一切，内心充满感激之情，所以，表面上看来“吃亏”以及“安分”、“知足”会予人以不思进取之嫌，但是，这些思想也是在教导人们成为对自己有清醒认识的人，因为，一切的祸患，不都是在于人的“不安分”与“不知足”，或者说是不肯吃亏吗？下面这个寓言故事就说明了这个道理。

秋天到了，狮王把动物们收获的玉米均分成若干个小堆，让它们每个一堆，自由选择。

当“开始”二字刚从狮王口中说出时，众动物便你推我挤地抢上前去，挑选自己中意的那堆玉米。唯独山羊站在原地不动，等众人挑选完后，它才走到那一堆无人要的玉米前。

“你真傻，刚才为什么不上去抢？看，你现在这一堆玉米又小又被虫子咬过，没人愿意要。”一向与山羊交情极好的小鹿对山羊说。

“玉米小点没关系，被虫子咬过的地方我会扔掉的。”山羊笑着说。

过了几天，狮王号召大家一起去拾柴火，准备冬天取暖用。傍晚时分，当狮王清点柴火时，发现除了山羊背来的一捆又大又好外，其他动物每个只是捡来几根枯树枝，更有甚者，狐狸干脆称自己肚子疼，根本就没来参加劳动。

“嗨，你怎么这么不开窍啊！”野猪对山羊说，“你费了好大劲，捡了一大捆柴火，可狮王并没有因此而表扬你呀。我们呢，只是捡来那么几根，不也没挨狮王的批评吗？”

“可是，如果大家都捡那么一点点，那冬天用什么取暖？”山羊不无担心地说。

“就是挨冻也是大家一起受，不是你一个人呀！”小象也在一旁说。

第一场大雪后，狮王又号召大家出门扫雪。可除了山羊一个人在挥动扫帚之外，其他的动物要么以眼睛怕雪光刺伤为由不出门，要么说自己腰痛，根本下不了地……

当山羊扫到狼的洞口时，狼透过门缝对它说：“你这个大傻帽儿！你卖命地干，狮王也不会把王位传给你！”

“我不是为了王位而劳动的。”山羊说完，又默默地去扫虎洞口前的雪。

“你呀，就是老实巴交的，吃亏的永远是你！”虎打开窗户朝正弯着腰、吃力地扫雪的山羊说。

“可是我不觉得一个人出来扫雪就是吃亏啊！相反，我感觉到很快乐！”山羊说完，又继续朝前扫去。

第二年春天，狮王得了一场重病。临终前，它把山羊召到王宫，当着所有大臣和其他动物的面，亲手把王冠戴在了山羊的头上。

智者寄语

“吃亏是福”，这绝不是阿Q式的精神自慰，而是高尚品德的具体表现。你若有这样的胸怀，就能成就一番大业。如果样样都想占便宜，最终就会件件都吃亏。

不肯吃亏的人成不了大气候

在生活当中，谁都不愿意吃亏，都希望自己能占到便宜。然而世界上没有一个人是没吃过亏的，谁也不敢说自己一辈子没吃过亏，都是在占便宜、沾别人的光。

其实，吃亏也并不完全是坏事。一个有作为的人，通常都是在不断的吃亏中成长起来的。在人与人之间的交往中，谁都无法做到绝对公平，总是要有人承受不公平、要吃亏。试想，假如世界上每个人都强求自然界中的任何事物公平合理，那么，所有的生物可能连一天都无法生存——鸟儿不能吃虫子，虫子不能吃树叶，因为世界要照顾万物各自的利益。

所以，既然吃亏是无法避免的，那么我们就要换一种心态看问题，即不要惧怕吃亏，只想着沾光占便宜。也许暂时的吃亏会让我们失去一些东西，但在失去的同时，我们也很有可能会得到另外的收获。由此换个角度思考一下，可能我们就没有必要在所有的事情上都耿耿于怀、斤斤计较了，而且此时的吃亏，还有可能为以后积累更多的财富做铺垫。

其实，当今现实社会中的很多成功人士无不是在吃了无数次亏之后，才取得事业的成功与辉煌的。因为他们懂得，有时候吃亏只不过是表面的吃亏而已，吃亏了马上就会有更大更多的收获，甚至有的还会主动寻找"亏"吃，而他们的这一"吃亏"策略也最终为自己创造了商机。

1908年，美国有一个名叫希尔的年轻人，接受了一位全国最富有的人的挑战，答应不要一分钱的报酬，为这位富翁工作20年。表面上看，希尔吃了大亏，因为这20年正是他年富力强、最能创造事业的时期，可事实上，希尔获得的远比他应该得到的报酬多得多。

原来，希尔曾去采访当时的钢铁大王卡耐基。卡耐基很欣赏希尔的才华，就对他说："在此后20年里，你能否把全部的时间都用在研究美国人的成功哲学上，然后给出一个答案？除了写介绍信为你引见这些人之外，我不会给你任何经济支持，你能接受吗？"

虽然没有酬劳，但希尔相信自己的直觉，因此勇敢地接受了挑战。在此后的20年里，他遍访了美国最富有的500名成功人士，写出了震惊世界的《成功定律》一书，并成为罗斯福总统的顾问。

"吃得起亏"，这就是希尔之所以成功的全部秘密。希尔说："全国最富有的人要我为他工作20年而不给我一分钱的报酬，一般人面对这样一个荒谬的建议肯定会觉得太吃亏了。可我不这样认为，我认为我要能吃得这个亏，就会有不可限量的前途。"

自古英雄多成败，然而成功的英雄当中，也并不乏勇于吃亏的人，正是因为他们的忍辱吃亏，最后才能成就一方霸业。历史上甘愿忍受胯下之辱的韩信，不就是因为不怕吃亏，才能登坛拜将，被刘邦册封为齐王的吗？可见，吃得起亏才能有机会扭亏为盈。

那些把不可以吃亏、不可以受人欺负当成做人头一条准则的人，可以在课堂上扔下书本与老师吵架；可以在购物时为一点点小利与小贩争执；可以在工作时有一点不顺心就要离开公司；对待感情，也下意识地总要求对方多付出；对待朋友，也是绞尽脑汁地要他付出七分我付出三分。总之，他们心里的小闹钟时刻都在提醒自己：不能吃亏！但过后当他们重新想起自己的所作所为时，却会发现其实可以找到更好的处理方式。例如，和老师吵架的后果是那门功课最终没有拿到好的分数；购物时的愤怒冲淡了快乐；愤然离职的结果是心情平复后长时间找不到合适的工作；至于感情和朋友，因为过于计较得失，也总是失多得少。

其实，越是不计较吃亏的人，越能成大事。因为只有理解"吃亏是福"蕴含的睿智，参透"做人要吃得亏”中的禅机，人生才开始有了真正的转机，成功之门才会在不计较当中得到开启。

吃亏通常也是有责任的表现。我们知道，任何一项工作都需要有人负责，很多人在工作遇到困难的时候都会想方设法明哲保身，但也有一些肯吃亏的人，不推卸责任，会绞尽脑汁把工作做好。即使被领导误解，蒙受一时的不白之冤，但仍会在工作中表现得勤奋踏实。久而久之，他们的行为和品质就会被周围的人所认识和赞赏。路遥知马力，日久见人心。最后，成就事业的一定是这些肯吃亏的人。

智者寄语

肯吃亏也是一种生活艺术。“吃亏”大多是指物质上的损失，假如一个人能用外在的吃亏换来心灵的平和与宁静，那么他无疑是获得了人生的幸福。

暂时吃亏让步，等待机会反击对手

可以说，每个人都有利己之心，面对诱惑、选择也都会不自觉地趋利避害。大多数时候我们会认为，只有确保了自己的利益，争取到更多的回报，才是一个人能力的体现，才是成功的标志。但是，真正为人处世的大智慧却是学会在一定的条件下吃亏让步，然后在机会成熟的时候再出手制伏对手。

历史上的刘邦和项羽在称雄争霸、建功立业时，其实就是在“吃亏让步”上见出高下、决出雌雄的。在机会不成熟时，谁能够适当吃点小亏，做出让步，谁就得天下，称雄于世；谁若刚愎自用，小肚鸡肠，总想占便宜，谁就失去天下，一败涂地。

楚汉战争之前，高阳人郦食其前来拜见刘邦，献计献策。他一进门，看见刘邦正坐在床边洗脚，就很不高兴地说：“如果你要消灭无道的暴君，就不应该坐着接见长者。”刘邦听了斥责后，不但没有发怒，而且赶快起身，整装致歉，请郦食其坐上座，虚心求教，并按郦食其的意见去攻打陈留，将秦积聚的粮食弄到手。

刘邦围困宛城时，被困在城里的陈恢溜出来见刘邦，告诉他与其围城与攻城不如对城内的官吏劝降封官，这样就能够化敌为友、放心西进，先入咸阳为王。刘邦及时采纳了陈恢的意见，最终使宛城不攻自破。

与刘邦肯让步吃亏的态度相反，项羽则是刚愎自用，一点亏都吃不得。一个有识之士曾建议项羽在关中建都以成霸业，项羽不听，那人出来发牢骚说：“人们说‘楚人是沐猴而冠’，果然！”结果项羽听到后，大怒，立即就把那个人杀掉了。

楚军进攻咸阳时到了新安，只因为投降的秦军有些议论，项羽就起杀心，一夜之间把二十多万秦兵全部活埋，从此其残暴名闻天下。他因为怨恨田荣，就不封他，而立齐相田都为王，致使田荣反叛。他甚至连身边最忠实的范增也怀疑不用，结果错过了鸿门宴杀刘邦的机会，最后气走范增，成了孤家寡人，落得个自刎乌江的结果。

有志向、有理想的人，不会在小节上不肯吃亏让步，而是有开阔的胸襟和远大的抱负。刘邦能够在适当的时候暂时忍让退步，表面看起来是吃亏的事，但实际上为自己赢得了民心。其实对待这些小事就应该像刘邦一样泰然处之、心胸开阔，把目光放远一些，分析这些事情对自己的长远发展是否有利，而不是逞一时的匹夫之勇，睚眦必报，一点都不让步，否则，谁还愿意帮你“打天下”呢？等到时机来临时，你又凭借什么战胜对手呢？

春秋时期，越王勾践被吴王夫差打败后，退守到会稽山上。越国要求与吴国讲和，吴国的条件是要勾践夫妇为吴王夫差当仆役，勾践答应了。到了吴国后，吴王夫差每次外出，勾践都亲自为其牵马，表现出一副驯服的样子，很讨夫差的欢心。后来，吴王觉得勾践已经没有了斗志，而且对自己也很顺从，就将他放回了越国。回到越国后，勾践卧薪尝胆，苦心劳力，三年后与吴国在五湖决战，终于打败吴国，活捉了夫差。灭掉吴国两年后，越国便称霸诸侯。

可见，善于忍让、肯于吃亏，才能有机会提升自己，最终成就大事。

智者寄语

人的一生当中，令人发怒的事不计其数，如果每件事都要斤斤计较、耿耿于怀，眼里容不下任何人，心中容不下任何事，那就必然会失去人心，成不了大事。反之，只有胸怀大志，该吃亏时吃亏，该忍让时忍让，同时不断提升自己的水平，这样才能在机会来临时紧紧抓住，给予对手有力的回击，最终获得成功，成就大业。

牢记吃亏是福的古训

像“吃亏是福，吃亏并不吃亏，聪明的人反而吃亏，老实的人却占到便宜”等都是家喻户晓的俗话，一代代不知在多少人的口中念诵过，有的人确认这是大实话，便按这些话去做，又把它作为教育子女的良好教材；有的人不承认这些真的能成为事实，因此，当自己碰上一些利益的诱惑时，便不择手段干一些违背良心甚至伤天害理的事情。

其实，吃亏与占便宜，正如祸福相倚一样，是互相依存、相互转化的。

据报道，IT 行业风云人物唐骏在卡拉 OK 盛行的时候，研发了一个专门用于卡拉 OK 设备上用的打分机，演唱者唱完一首歌后，打分机会自动打出分数，这一设备增加了卡拉 OK 机的卖点。三星公司以 8 万元的价格买断唐骏的该项专利后，其卡拉 OK 设备在整个市场所占的份额一下子从百分之十几提高到百分之三十多。

三星公司的竞争对手日本先锋公司向三星公司购买专利使用权，花了 150 万元。三星公司依靠该项专利成为大赢家，很多朋友都觉得唐骏特别亏。国内软件行业的旗帜型人物求伯君做的第一桩买卖更亏。他编写的西山打印驱动程序以 2000 元的价格卖给了四通公司后，四通公司将该程序以 500 元一套的价格卖了好几百套。

这两位 IT 行业的风云人物，在谈到早年的吃亏经历时，却没有一丝遗憾，相反，他们都对当年的吃亏心怀感激。唐骏说，应该感谢三星公司，如果没有三星公司来买这项专利，就没有我创业之初的 8 万元启动资金，也许后来的事业不会有现在这么顺利。同样，唐骏也认为，这件事也教会他如何将专利变成商品，使他从一个学者型的人变成一个事业型的人。求伯君则认为，四通也没有薄待他，录用他做了一段时间的专职软件技术员，从而为他后来步入金山公司、开发 WPS 软件奠定了基础。更重要的是，这次买卖让他明白了经营在软件行业中的重要性。以后，他把金山公司总裁的位置让给了有经营头脑的雷军，自己专心搞软件开发，金山公司迅速腾飞，而求伯君也因此成为 IT 行业的巨富。

综观以上两位成功人士的吃亏经历，竟然都被当事人理解为福分，我们要学会正确地调整心态，坦然面对吃亏，从而让我们能在人生路上走得踏踏实实，快快乐乐。

《韩非子·解老篇》这样说：人有福则富贵至，富贵至则衣食美，衣食美则骄心生，骄心生则行邪僻而动弃理，行邪僻则身死夭，动弃理则无成功。夫内有死夭之难，而外无成功之名者，大祸也。而祸本生于有福，故曰："福兮祸之所伏"。

抢便宜、占便宜一定不是好事，吃亏也未必就都亏。人的福分是有限的，如果你总是想抢占别人的便宜，而不能把自己的利益奉献给别人一些，那么你的福分便会在这份争夺掠抢之中达到满盈，赢则亏，直至你的福分消失殆尽。

智者寄语

吃亏是福，是以一种豁达的心态接受一切。这听起来好像是弱者的自我安慰，可实际上，这句话渗透着宽心处世的大智慧。

吃小亏可以避大难

人在社会这个大群体中生存，互相之间自然少不了交往。而在交往的过程中，又避免不了"吃亏"和"占便宜"。在两个人以上的交流中要想不吃亏，完全达到"平等"交往，可能是无法实现的。而在交往的过程中，也没有哪一个人不曾吃过亏，有的吃亏是自愿的，有的吃亏是甘愿的，有的吃亏是被迫的，有的吃亏是不甘心的……但不管是否愿意，每个人都曾吃过亏。

不过，并非占到的所有便宜都值得庆幸，同样，也并非所有的吃亏都是坏事。但不是每个人都能意识到这一点，很多人在为人处世过程中非常怕自己吃亏，总觉得占到点便宜才够精明。其实，这些都是目光短浅的表现，他们看到的只是眼前的蝇头小利，最后不是掉入失败的深渊，就是被人唾弃。人的一生就是这样，不能只占便宜不肯吃亏。那些有远见的智者，往往会通过吃点小亏而减少是非和灾难，以避免不必要的失败。

有时候，我们可能在一定程度上吃了亏，被别人占了便宜，甚至有人因此而嘲笑我们傻、不够精明，明明可以争来抢来的，却让人家白白地占了便宜。其实表面上看我们是失去了小利，但实际上我们可能会因为吃亏而获得意外的收获，甚至因此避免一场大的灾难也说不定。

战国时齐国的孟尝君以养士出名。由于他待士真诚，一个名叫冯谖的落魄的人就来投靠他。一次，孟尝君叫人到其封地薛邑讨债，冯谖便自告奋勇地要去。临走前，冯谖问孟尝君需要用讨回来的钱买些什么，孟尝君就让他买点家里没有的东西回来。

冯谖到了薛邑后，见那里的老百姓生活非常穷困，每次孟尝君的讨债使者来了都有怨言，于是就召集邑中居民，说："孟尝君知道大家生活艰难，这次特地派我来告诉大家，以前的欠债从此一笔勾销，利息也不用偿还了。君上叫我把借据也拿来了，今天就当着大家的面把它烧毁，从今以后再不催还。"说完，冯谖果真点起一把火，把借据都烧了。薛邑的百姓没料到孟尝君如此仁义，个个都感激涕零。

冯谖回来后，孟尝君得知实情后大为不悦。冯谖说："你不是叫我买些家中没有的东西吗？我已经给你买回来了，这就是'义'。焚券市义，这对您笼络民心是大有好处的呀！"孟尝君虽然表面上没说什么，但心里对这件事的做法还是非常不满。

数年后，孟尝君被人谮谗，相位不保，只好躲回封地薛邑。没想到的是，薛邑的百姓听说孟尝君来了，倾城而出夹道欢迎。孟尝君感动不已，终于体会到了冯谖"市义"的良苦用心，这确实帮他渡过了一个难关。

冯谖的做法有理有节，虽然开始时让孟尝君吃了一点小亏，但却为他买回了无价的“义”，从而使孟尝君在落难之时顺利躲过一劫。通常来说，得失之间的转化并不是马上就能看到的。而冯谖深知“吃亏”与“造福”的奥妙，掌握了取舍的主动权，使它发挥出了意想不到的效果。现在的吃亏，往往是为以后的“避难”做铺垫，为将来的“获福”下定钱的。

成功者不仅会在不得已“吃亏”的时候保持平静的心态，而且更懂得如何主动吃亏，为自己未来的成功赢得筹码。而一点小亏也不肯吃的人，最终必然会吃到大亏，甚至被逼上绝路。试想，如果当初冯谖也像孟尝君派去的其他使者一样，对百姓催要借债，那么当孟尝君躲到薛邑后，百姓也可能像孟尝君的三千门客一样，见他落难都离他远远的。这样一来，孟尝君又如何能躲过这一劫难呢？

智者寄语

吃亏并不是软弱，也不是无能，而是一种智慧、一种包容、一种很高的人生境界。主动的、有目的的、讲究方法的吃亏，就如同军事中运用的战术一样，更是一种艺术。而坦然地面对吃亏，更是一种高尚的修养。吃亏不仅仅是简单的付出，它代表了一种宽容、一种厚道，也是面对利益得失的平和、审时度势的大气，带有亲和力的大智若愚。在适当的时候吃一点小亏，换来的往往是一种拥护和一片和谐的生存环境，我们何乐而不为呢？

透视“亏”后的“福”

一个会吃亏的人，必然能透视“亏”后的“福”，当然，有一颗诚挚善良的心，能悟透宽心做人的道理，这是必不可少的前提条件。

有一句格言：当上帝为你关上一扇门时，它会为你打开一扇窗。的确，吃亏只是利益让别人多得一些，但却是一个很好的转运方法。你把利益让给别人，不去争斗，而别人也会因为感激你而回报给你更多。

用佛家的思想说：此生的福报是前生造就的，如果你此生仍然能广结善缘，忍辱发心，那么你的福报将会更加绵长。而吃亏是福恰恰也是这样的道理，你此处吃亏了，彼处必然有福报等着你，这是一个平衡的世界。聪明的人因为明白这一点，所以能看到“亏”后隐藏的“福”，所以不怕吃亏。他们自身能力过人，却时常存感恩心态和谦虚心态，待人平等，愿意回馈社会，这样，反而更能使家庭和睦，事业发达。而另外一些青年人，家庭富足、自身学业有成、工作优越，便自视胜人一筹，而生出骄慢之心，享受荣华富贵的同时，也滋生了斤斤计较、贪图小利的思想，而这些往往也成为其日后的障碍。一旦失败，方才醒悟自身的渺小。

从这个层面上讲，上天赐人智慧、财富，不是让人去自顾享乐，骄奢淫逸，而是借这些人之手，去帮助那些穷困之人。越能与人分享福气的人，福气越会绵长久远、生生不息。古人云，唯谦方能受福。常怀谦虚、感恩之心，命运也会随之改善。

智者寄语

宽心做人一定要吃得了亏，但是我们不提倡做一个懦弱的人、一个任人宰割而毫无作为的人。因此，能吃亏，还要会吃亏。会吃亏的人，才会在吃亏之后得到应有的福果。

吃小亏能占大便宜

日常生活中有很多人、很多时候不爱吃看得见的小亏,反而吃了看不见的大亏,正所谓“抓了芝麻,漏了西瓜”。其实,如果想顺利解决这些小事情,办法只有一个,把“吃亏时就糊涂一下”当成自己做人的原则,凡事多谦让别人一些,自己吃点小亏,就万事大吉了。

张某与李某是对门的邻居,这天不知哪家的鸡在两家的路正中下了一个蛋,张某有事出门正巧看见了这枚蛋,当他伸手要拾起来的时候,李某正巧也出来了。李某上前说道:“我家的鸡下的蛋,凭什么你拿起来?”

张某不服气地说:“凭什么说是你家的鸡下的?这是我家的鸡下的。”

两个人你一句我一句地犟起来,李某见自己的嘴说不过张某,便抬手给了张某一巴掌,张某见自己吃了亏,跑回家拿了剪子来,一气之下捅向了李某的腹部,李某当场死亡,张某被抓进了劳改所。两天后,张某对自己的做法越想越觉得窝囊,就自寻短见,一命呜呼了。

还有一个人到菜市场买菜,向菜主讨价还价,菜主不同意,一番争执之后,菜主终于同意优惠一点,可当顾客选好了菜,要付钱时,菜主还是按原价收,顾客见菜主少找给了自己1元2角钱,就一肚子的不满,菜主说:“愿买就买,不买就算。”顾客一听火冒三丈:“我还不买了呢,你怎么着?”说完把菜往地上一扔,准备要走,菜主见状忙追上去让顾客捡起来。顾客硬是不捡,菜主一急踩了顾客一脚,这个顾客不服输,拿起秤砣就打向菜主的脑部,菜主当场晕倒,被送入医院。顾客本来想占点便宜,不愿吃1元2角钱的小亏,没想到自己却吃了管人家医疗费、医药费,还得照顾病人的大亏。

这里举的两个例子都表明了有些人看问题时目光短浅,把眼前利益看得太重,不想吃亏。像张某与李某,如果有一方肯让一步,吃点小亏的话,也不至于断送两条人命;再看看那位顾客,不愿吃1元2角钱的小亏,最后却吃了百倍的大亏。

人生在世,即使什么也学不会,也得学会吃亏。只要学会吃亏,你就烦恼不上身,遇事游刃有余,心底坦坦荡荡,吃饭有滋有味。这种神仙般的滋味,是爱占小便宜的人根本体会不到的。

例如,在单位里多干些工作,哪怕工资还不如那些整天闲着的人拿得多也没关系。虽然眼前你付出的要比别人多,而得到的却比别人少,从表面上看可能是吃亏了,但是谁工作干得多,谁的能力强,领导心中自然有数。若是将来有一天单位优化组合,想必哪个领导也不会让勤勤恳恳干工作的人下岗,而把那些吃饱了混天黑的人留下来。在竞争激烈的今天,能够保住自己的饭碗,难道不是福吗?

因此,遇事时,吃点亏让一步,不是弱者而是英雄。因为他用吃亏的智慧躲避了身后不可想象的事情的发生。

经商中的“先赔后赚”之计,也就是欲取先予。

美国人出外旅游,有一去处可以不花一文钱,甚至还有节余——这个地方便是大西洋赌城。从纽约出发,到那里来回车费才20美元,到达后马上可以得到赌城当局馈赠的15美元现金,还有一顿丰盛的自助餐。第二次来时,凭车票又可以得到8美元的回赠。

这是赌场老板谋利的一个妙计,吸引顾客前来,来得愈多愈好,因为到赌场来而不赌者寥寥无几,不管赌客运气如何,总体上是赚少赔多。因此,所谓来去不花钱,实际上花费的是赌场老板从顾客身上赚来的零头。得到最大好处的当然是赌场老板,但顾客的心理上还算能承受。这就是赌场老板的诀窍。

所谓"降价销售""有奖销售""品尝销售""买一赠一"等等,实际上都是"羊毛出在羊身上"。然而,商战中因此取胜的却是很多。看似吃亏,实则赚大便宜。

古人常说"过犹不及",是说凡事要讲一个适度。对于功名利禄,凡人几乎没有不梦寐以求的,但如果过分热衷,弄不好也会陷入其中而不能自拔,最终毁灭自己。身外之物应当被人奴役,而不应奴役人,这话一说出来,大家都能明白,可是世上的事往往是"不识庐山真面目,只缘身在此山中",局中人就不容易明白,更不容易跳出"三界外"了。因此,真正聪明之人,对待功名利禄也是"得放手处且放手"。

张良真是一个绝顶聪明的人。在权势登峰造极时,他毅然决然放弃了权力,这在一般人看来,算是"吃亏"了吧?殊不知,天下的君王和臣子之间,都是可以共患难而不能同富贵的。"飞鸟尽,良弓藏;狡兔死,走狗烹",都是说的天下平定之后,帝王就要收拾帮助自己打天下的功臣了,"卧榻之侧岂容他人酣睡"呢?

历史上有多少不知急流勇退,抱着权力不放的臣子惨遭毒手啊。这种抽身退回的功夫,岂是那些凡夫俗子所能理解的呢?

智者寄语

从人的本性来说,几乎每个人都希望许多时候能占点小便宜,这并不意味着人们没有这些小便宜就没法生活了,恰恰相反,这些小便宜对绝大多数人甚至是可有可无的,因此,在生活中我们要学会适时吃亏。

会吃亏是比金钱更值得珍视的财富

吃亏,对于个人来说,无非是自己小的利益损失,失去的大多是物质的和暂时的。如果我们能够从容地面对,不去计较这些,在所谓的"吃亏"之后,我们得到的又是什么呢?我们得到了别人的感激和自己的坦然,我们培养了自己的宽厚与大度,我们还陶冶了自己的情操。这难道不比损失的那一点利益划算吗?这就是"财富"!因此,无论是什么事情都要往宽处想。

在每个人的一生中,都难免会遇到"吃亏"的事情,今天上当受骗,明天遭人愚弄,但是俗话说"会吃亏是比金钱更值得珍视的财富",吃过亏的人都能够变得越来越精明,这是"吃亏是福"的另一种很好的解释。

"风雨后见彩虹",我们每个人都要感谢那些让我们吃亏的事件、让我们吃亏的人,是他们让我们不断地成长、成熟。关键是要把所吃的亏及时地转化为成功的动力。

会吃亏是比金钱更值得珍视的财富。我们要运用自己吃亏后所明白的道理,在以后的日子里不犯同样的错误。我们要感谢"亏",因为很多事只有在吃亏以后才能知道怎么做是对的。有时候我们也要感谢伤害,因为如果我们的心受过伤,那它不仅会变得坚强,而且会更加敏感。只有睿智的人,才会勇敢地面对由于自身错误而产生的所有"亏",承担由此而带来的所有的伤害和痛苦,因为任何一个人都不可避免地要发生错误,不可避免地要吃亏。

有一个年轻人,在他28岁那年就被选为银行总裁。一日,他与股东会议主席(也就是前任的总裁)谈话,他说:"如您所指,我才被指定担当总裁职务,这真是一个艰巨的任务。

我希望您能根据自己多年的经验给我一些建议。”

年长的前任总裁看着坐在自己面前的新总裁,很快以6个字作为回答:“做正确的决定。”

年轻的总裁期望得到更进一步的回答,他说:“您的建议对我很有帮助,我非常感激。但是您能否说详细一点儿?我真的很需要您的帮助以做正确的决定。”

这个充满智慧的老人回答:“经验。”

新总裁又问:“没错,那正是我今天出现在这里的原因。我不具有我所需要的经验。我该如何获得这些宝贵的经验呢?”

老人笑着以简洁的语气说:“错误的决定。”

亡羊补牢,犹未为晚,谁都有疏忽大意的时候,谁都有这样那样的缺点和错误,第一次的吃亏并不可怕,关键是我们要面对错误,吸取教训,找出吃亏的原因,这才是我们以后取得成功的最有力的保障和工具。从某种意义上说,能够正确对待“吃亏”是一种境界,是一种人格上的升华。能够正确对待“吃亏”的人,在物质利益上不是锱铢必较而是宽宏大量,在名誉地位面前不是先声夺人而是先人后己,在人际交往中不是唯我独尊而是尊重他人、抬举他人。如此这般以吃亏为荣、为乐,势必赢得人们的尊重。

成功的人,大多是在岁月的磨炼中成长起来的,大多吃过亏,并从吃亏中成熟起来,并从而变得更加聪慧和睿智。倘若有谁一吃亏便愁肠百结,如同失了魂一样,郁郁寡欢,甚至懊恼咒骂,一蹶不振,受伤者只能是自己。这种伤害,服用任何“宫廷秘方”都无济于事,诊治的特效药方只有四个字:吃亏是福!

智者寄语

会吃亏的人不在乎一次小小的亏,而非常重视以后可能发生的更大的祸事,他们会吸取教训,积极行动,以改变未来的命运。这是“吃亏是福”的另一种含义,也是宽心之人对人生的一种睿智的解读。

加班不亏,反是福

你没有义务做自己职责范围以外的事,但是你也可以选择自愿去做,以驱使自己快速前进。率先主动是一种极珍贵、备受别人看重的素养,它能使人变得更加敏捷,更加积极。无论你是管理者,还是普通职员,“每天多做一点”的工作态度能使你从竞争中脱颖而出。你的老板、委托人和顾客会关注你、信赖你,从而给你更多的机会。

卡洛·道尼斯先生最初在杜兰特工作时,职务很低,现在已成为杜兰特先生的左膀右臂,担任其下属一家公司的总裁。之所以能如此快速升迁,秘密就在于“每天多干一点”。

我曾经拜访道尼斯先生,并且询问其成功的诀窍。他平静而简短地道出了其中的缘由:

“在为杜兰特先生工作之初,我就注意到,每天下班后,所有的人都回家了,杜兰特先生仍然会留在办公室里继续工作到很晚。因此,我决定下班后也留在办公室里。是的,的确没有人要求我这样做,但我认为自己应该留下来,在需要时为杜兰特先生提供一些帮助。

“工作时杜兰特先生经常找文件、打印材料,最初这些工作都是他自己亲自来做。很快，他就发现我随时在等待他的召唤，并且逐渐养成招呼我的习惯……”

杜兰特先生为什么会养成召唤道尼斯先生的习惯呢？因为道尼斯自动留在办公室，使杜兰特先生随时可以看到他，他并且诚心诚意地为杜兰特先生服务。他这样做获得了报酬吗？没有。但是，他获得了更多的机会，使自己赢得老板的关注，最终获得了提升。

社会在发展，公司在成长，个人的职责范围也随之扩大。不要总是以“这不是我分内的工作”为由来逃避责任。当额外的工作分配到你头上时，不妨视之为一种机遇。其实，提前上班，主动加班，别以为没人注意到，老板可是睁大眼睛在瞧着呢！如果能提早一点到公司，就说明你十分重视这份工作。每天提前一点到达，可以对一天的工作做个规划，当别人还在考虑当天该做什么时，你已经走在别人前面了！

在工作中并不是多做一件事或多帮别人干一点儿活就是吃亏。其实这是一种福气，说明领导信任你。比如，领导让你帮同事一把，这不是吃亏，这是为集体做好事，还加强了同事之间的友谊。假如领导让你加加班赶赶任务，你不要以为你就吃亏了，你应该感到光荣，因为领导只叫了你，而没叫其他人，而且，你还可以从中学到不少新东西，提高自己的能力。

加班也是减压的方式之一。你可以借加班之机，处理那些被一再推迟的琐碎小事。当你独自留在办公室里，正是绝佳的“还债”时机，把平时积累下来的工作项目整理出来，对自己的发展只会有利。

智者寄语

“吃亏”是一种奉献精神，你贡献得越多，得到的回报也就越多。每次你多做一些，别人就欠你一些，多做一些，机会将随之而来，这个亏，相比起来，其实是“福”。

夫妻之间吃亏越多，将来幸福越多

夫妻之间不能计较得失，家庭是一个最小的单元，两人只能同舟共济方有幸福的生活。因此，在家庭中唯一的目标是使家庭生活幸福、美满，为实现这一目标，一切都可以调整。

有的丈夫有大男子主义，只愿妻子在家照顾自己，其实这是一个很不好的想法和做法，因为妻子对一个男人来说不仅仅是助手、帮手，她还是你精神的伴侣，长期把妻子置于家中，妻子的精神就会衰变，而整日在外的丈夫有一天会突然觉得她失去了光彩，不再吸引你，于是家庭的裂痕就可能出现。所以，在家中，丈夫多吃些亏，干些家务并不是坏事，自己似乎多吃些亏，浪费些时间，但却与太太增进了感情。

反之亦然，一位妻子若只想自己享乐，从未把帮助丈夫列入自己的计划，下班以后，晚上活动不断，从不在家；如果在家也只是干自己的事，玩自己的，对丈夫不问不管，这样的妻子是够痛快的，但终究会失去丈夫的爱。一个妻子要把丈夫的事业视为自己的“终生职业”，这样似乎个人少了一些玩的时间，但收益却是无穷的。情爱之道在于想对方、为对方，看起来吃亏很大，但实际上是吃亏越多，幸福越多。

一个家是由两个人维护的，那么以谁为主？两个人都是有事业的，那么家务由谁来做？家庭生活里这些矛盾是不可回避的。怎么办？

多想对方，少想自己。多做贡献，多做牺牲是最好的办法。

婚后夫妻常常面临一个突出的矛盾，即事业和家务之间的冲突。中年夫妻中，这个问题更加尖锐，事业与家务矛盾处理得好不好，直接关系到事业上成败和夫妻关系的稳定与否。

事业与家庭的矛盾主要体现在业余时间的支配上，除了上班和休息时间以外，每天的空闲时间总是有限的。用于家务的时间多了，用于事业的时间必然就少；而事业上的发展是与时间精力的投入成正比例的，家务繁重，势必影响事业的发展。用于事业的时间多，就很难兼顾家务劳动，尤其是双职工家庭，两人都有自己的工作，同时家务又很繁重，事业和家庭的矛盾就更加突出。这个矛盾如果解决不好，就会给夫妻关系带来麻烦。

要妥善处理夫妻间因事业和家务而引起的矛盾，可以在三方面下功夫：

1. 齐头并进

首先是在事业上夫妻共同前进。各自根据自己的兴趣爱好、特长，选定自己的主攻方向，互相支持，携手前进。特别是在双职工家庭，夫妻都有自己的工作、事业，实行岗位责任制后，人员有定额，工作要求高，需要不断更新知识，提高业务能力。作为丈夫，要破除“天然中心”的思想，而妻子则要克服自卑心理和依附心理。在事业上，男女是平等的，不存在谁依附谁的问题。如果夫妻在事业上都需要发展提高，那么就要互相配合，予以平等的发展条件。其次是在家务上齐心协力，密切合作，见缝插针。

夫妻都要做到眼勤、手勤、腿勤。其实有些家务活很简单，只要夫妻一起干，很短时间就能料理完，这样既不耽误双方的事业，又能及时做好家务，还能充实生活内容，增进夫妻感情。

2. 保证重点

所谓“保证重点”，就是一方甘愿做出自我牺牲，多承担家务，保证配偶集中时间和精力从事自己的事业。这里首先要解决重点的确定问题。重点并非自封的，也不是某人指定的，而是根据客观需要和夫妻各自的素质、潜能等综合的考虑。一般说来，谁的发展前途大，谁需要更多的时间学习提高，就以谁为重点，所以男女都有可能作为重点。重点确定后，非重点的一方要自觉主动地承担家务，当好配偶的“贤内助”，为其事业成功铺平道路。

当然，非重点的一方也应该积极创造条件，不断提高自己，尽量缩小夫妻间的素质差异，以保持“角色平衡”。

在夫妻生活中，并非重点永远是重点，非重点永远是非重点，两者是可以相互转化的。比如，开始是妻子包下家务，使丈夫读研究生，当丈夫毕业，有了稳定的工作时，妻子又由于工作的需要而外出进行业务进修。遇到这种情况时，丈夫和妻子都要尽快适应这种变化，顺利完成重点与非重点的位置互换，尤其是降为非重点这一方，要努力消除心理上的失落感，挑起家务重担。

3. 简化家务

美国的琼斯夫人在她的《时间的挑战》一书中，强调人们应简化家务，致力于自己的事业。为使人们更好地利用时间，提高工作效率，琼斯夫人提出了一些简化家务的具体措施：去商场购物，外出进餐或去看电影，一定要避开交通高峰期；多留几把备用钥匙，放在易找的地方，当“值日者”失踪时，你可以马上调用“后续部队”；不要试图让任何事情都完美无缺，那只是无益的空想，只要把家收拾得井井有条，窗明几净，令人舒畅就行了；无论是对家人还是客人，饭菜都要简单一些，你不拘礼节，客人就会感到轻松自然，回请时，他们也就不会浪费时间“大宴宾客”了。

智者寄语

夫妻双方必须有对共同事业上的理解和追求，要相互尊重和体谅对方在事业的时间投入和精力投入，为对方事业的成功创造条件。

做别人不做的"亏"本生意

亏本的买卖谁也不会去做。俗话说"从南京到北京,买的不如卖的精",就是说,做生意需要有一定的头脑。真正聪明的商人看上去并不"奸",可是他们却有一定的经营之道。想做好市场、做稳市场,没有一定的顾客来源是不行的,终将被市场所淘汰。但是现在的顾客没有一个是傻子,他们的眼光越来越挑剔,不仅是对产品的质量,还有对你的经营思想、经营模式都可谓是一种考验。现在的市场是消费者的市场,想在市场上站稳脚跟,想求得发展,想有丰厚的利润,不迎合消费者的消费心理是行不通的。

现在的市场竞争是相当激烈的,想在同一市场里脱颖而出,就必须有自己的独特之处。也许你的经营范围并不大,也许你的经营品种并不很齐全,但是你只要有一定的老顾客,那你就会生存并得以发展下去。

美国康涅狄格州有一家叫奥兹莫比尔的汽车厂,它的生意曾长期不振,使工厂面临倒闭的局面。该厂总裁决定从推销入手,扭转危机。但采用什么样的推销方法最好呢?总裁认真反思了该厂的情况,针对存在的问题,对竞争对手以及其他商品的推销术进行了认真的比较分析,最后博采众长,大胆设计了"买一送一"的推销方法。该厂积压着一批轿车,未能及时脱手,资金不能回笼,仓租利息却不断增加。所以广告中便特别声明——谁买一辆托罗纳多牌轿车,就可以免费得一辆"南方牌"轿车。

买一送一的推销方法,由来已久,使用面也已很广。但一般做法只是免费赠送一些小额商品,如买电视机,送一个小玩具;买录像机,送一盒录像带,等等。这种给顾客一点小恩惠的推销方式,确实能起到很大的促销作用。但时间一久,使用者多了,消费者也就慢慢不感兴趣了。给顾客送礼给回扣的做法也是个推销老办法,但同样,所送礼的价值或回扣数目一般都较小,不可能引起消费者的震动。奥兹莫比尔汽车厂对各种推销方法的长处兼容并蓄,尽可能克服因推销方法陈旧使消费者麻木迟钝的缺点,大胆推出买一辆轿车便送一辆轿车的办法,果然一鸣惊人,使很多对广告习以为常的人为之刮目相看,到处传告。许多人闻讯后不辞远途也要来看个究竟,该厂的经销部一下子门庭若市。过去无人问津的积压轿车果真以21500元一辆被人买走,该厂也一一兑现广告中的承诺,免费赠送一辆崭新的"南方牌"轿车。

奥兹莫比尔汽车厂如此销售,等于每辆轿车少卖了5000元,是不是亏了血本?其实,奥兹莫比尔汽车厂不但没有亏本,而且还由此得到了多种好处。因为这些车如果积压一年卖不出去,每辆车上损失的利息、仓租以及保养费等就已接近了这个数目。而现在,车全卖光了,资金迅速回笼,可以扩大再生产了;"托罗纳多牌"轿车使用的人增多,名声变大了,市场占有率提高了;一个新的牌子"南方牌"被带出来了,这一低档轿车以"赠品"问世,最后可以独立行销……奥兹莫比尔汽车厂从此起死回生,生意兴隆。

商战变幻莫测,要善于迅速调整,这种调整根本在于盈利,但有时为了盈利,吃些小亏是完全应该的。

作为商人,一向以精明自居,每一分每一毫的金钱都要算计,这无疑是对的。然而,做生意也有例外的时候,特别是当生意处在生死关头时,为了挽救大局,绝不可对小利斤斤计较。

智者寄语

所谓该吃亏时且吃亏,这种吃亏正是大精明、大聪明的表现。

祸兮福所倚，福兮祸所伏

在生活中，我们常会听到老人教育不谙世事的儿女说：“不要占人家的便宜，吃点亏不要紧。”如果属于知识型的老人，还会讲出一大堆“吃亏是福”或“祸兮福所倚，福兮祸所伏”的道理来。用胸怀、品质、风度等词语来形容吃亏也不为过，因为这是一种超越自我的体现。

“吃亏”有两种，一种是主动吃亏，一种是被动吃亏。

“主动吃亏”指的是自己主动放弃利益，去做别人不愿意做的事，因为这种事无便宜可占，大部分的人不是拒绝就是不情愿去做，你主动放弃自己的一点小利益以谋求公司的利益，老板当然对你感激有加，这份情绝对会记在心上，日后无论是升迁或是自行创业，他都有可能帮助你，这是对人际关系的一种投资。更关键的是，如果你愿意尝试任何事情，你就会拥有比别人更多的阅历和经验，这种看不到的资产，是金钱所不能替代的。

“被动吃亏”是指在不知情的情况下，被分配去做一项自己不愿意做的工作，或是工作量突然增加。碰到这种情形，除非健康因素或家庭因素，否则就应该接下来；如果冷眼旁观周围环境，你根本没有抗拒的余地，那就更应该愉快地接下来，也许你不太情愿，但形势比人强，也只好用“舍得吃亏就有福”来自我宽慰，要不然怎么办呢？至于能不能占到“便宜”，这也很难讲，因为吃亏为了锻炼你的心智，是你得到重用的前提条件！姑且不论是否“重用’你，在“吃亏”的状态下，磨炼了你的耐性，这对你日后做事绝对是有帮助的。此外，你的“吃亏”也会让人对你无话可说，不得不尊重你。

“舍得吃亏就有福”是做事原则。那做人应该如何呢？做人比做事难，但如果也有“舍得吃亏就有福”的心态，那么做人其实也并不难。世间万物都是在此消彼长之间，放眼于未来，眼前的吃亏是一种远见。能吃亏是做人的一种境界，会吃亏是处事的一种睿智。

吃亏绝不亏，惜福才有福！

实际上，舍也属于吃亏的范畴，人和人之间，如果你一味只想获得，不想舍弃，别人还会不知道吗？有时候吃亏是难免的，因吃亏而取得经验，自己的能力和处世水平才能得到提高，岂不就是“福”了？所以，不要过于计较一些可以过得去的小事，装作糊涂，在糊涂中静观其变，从中学到知识，由弱者转变成强者。

想要积累经验，提高做事能力，就要学会吃亏，这样做同时可以扩张你的人际网络。“祸兮福之所伏”就是最好的证明。此时吃亏，就可能在别的时候取得收获。有些时候，吃亏也算一种经营。有舍才能有得，舍得才能得到。

北京和德集团上市之前是一个重组的国家企业，在上市之前主营进出口生意，从1994年开始，在短短的三四年时间里，资产从3个亿发展到30个亿，主要就是靠鱼粉进出口。鼎盛时期的和德，是世界上做进出口鱼粉贸易公司中最大的企业，在国内的市场份额达到了85%的垄断地位。

形成这样的规模，它是怎样做到的？秘密就是和德给出的报价是最低的，每吨鱼粉的价格比进价还低100元。

这样做生意，岂不是赔钱买卖吗？实则不然。首先，和德要求所有的买家在签订购买合同的同时预先支付40% ~50%的订金，一般都签3个月以上的长期合同。这样，和德的账户就有40% ~50%的货款至少提前90天入账，国外出口商发出装船通知单之后再支付另外50%～60%的贷款。和德在一个月的时间内就会拥有大量资金。其次，因为和德在业界树立了很高的信誉，这样，和德就拥有了大量资金流入。有钱办事更容易，仅在一级市场进行薪股认购中，20%甚至更高的投资收益率就完全可以弥补在鱼粉贸易中的损失。

有了销售量才能保证资金的流入，而让利就是大销售量的秘诀。“吃小亏占大便宜”正是“吃亏是福”的真实写照。吃亏也有技巧，表面看起来吃亏，实则占了大便宜，对方还对你感激不尽，这才是真正的经商之道。有些聪明人总是能从吃亏当中学到智慧，表面上看来“吃亏是福”会给人以不思进取之嫌，但是，这些思想能让一个人看清自我。

智者寄语

能吃亏，才能获得福气；贪得无厌，只能让你失去更多。

表面吃亏未必真吃亏

让别人占点“小便宜”是人际交往中的艺术，给别人一点是为了获得更多。掌握这门艺术，关键在于把握“给”的度，并能准确预算成本、风险与回报。让别人占小便宜并不是软弱可欺、任人凌辱，你必须站在比对方更高的角度，头脑清醒，统揽全局，方能亏一时的损失，最终得到你所想要的一切。

吃亏的人不可能永远吃亏，占便宜的人不可能永远占便宜。更多的时候，吃亏就是占便宜，占便宜就是吃亏。能吃亏的人在最后总是会得到巨大的补偿，而那些总想占便宜的人恐怕就没有这种幸运。

阿拉斯加的一位老太太有一所豪华的房子，却没有子女继承。有个律师很想得到这所房子，但是如果按照市场价买下的话，他又嫌太贵。于是他想了一个办法，在老太太60岁时，同她订了一份契约。契约规定，老太太有生之年，律师每月付给她2500法郎的生活费。老太太去世之后，她的房产归律师所有。然而，令律师意想不到的是，这生活费一付就是30年，直到律师去世，老太太还健在。而律师总共付出90万法郎，就是按分期付款，30年也足够买下三四套这样的房子。

这个律师因想占小便宜而吃了大亏，一时成为人们的笑谈，也给那些想占便宜的人上了精彩的一课。可是有多少人还在重蹈覆辙，为了自己的一己私欲，牺牲别人来换取自己的幸福。有些人与同事、朋友、邻居的关系不好，正因为过于计较自己的利益，锱铢必较，总是争夺种种的“好处”，时间长了难免惹起周围人的反感，则必然成为“占小便宜吃大亏”的又一个例证。

一首《吃亏歌》中唱道：“做人就应该能吃亏，能吃亏自然就少是非。”其中的道理耐人寻味。从人的本性来说，很多人都是“便宜虫”，很多人都希望许多时候都能占点小便宜，这并不意味着人们没有这些小便宜就没办法生活了，仔细想想，其实这些小便宜对绝大多数人来说甚至是可有可无的，因此，我们在生活中能吃点小亏就吃点小亏。

世界上没有白占的便宜，爱占便宜者迟早要付出代价。有的人见好处就捞，遇便宜就占，即使是蝇头小利也不错过，并且志在必得。这种人每占一分便宜，便失一分人格；每捞一分好处，便掉一分尊严。

天上的月亮不可能永远盈，也不可能永远亏，天道尚如此，人间更难离这个规律。因此，人们对于盈亏，不要太过于计较，因为在很多时候看来，看似吃亏，其实是会得到补偿的。

宽心的人愿意吃亏，因为吃亏虽然有暂时的舍弃与牺牲，但却会有长久的收益。

当下的吃亏，未必就是坏事。更多的时候是损失蝇头小利换得巨额大利。因此，吃亏是福，不要为了眼前的一己之利而落入"鼠目寸光"的俗套，在斤斤计较中错过了获取另外收益的机会。这是一种境界，更是一种智慧。

能吃亏的人不会用种种负面的假设去证明自己的正确。如"社会也太不公平了""我总是吃亏""我处处都不顺心"，他们往往很乐意承认自己的亏损，同时想办法去改变这一亏损。吃亏不是一种消极、颓废，不是悲观、懦弱，相反，它是一种宽心的精神，一种宽心处世的风格，更是一个人安身立命的永久鞭策，这样的吃亏就是人们所说的福啊！

李士衡，宋朝时人。一次出使高丽要回来的时候，高丽国赠送了许多礼品财物，李士衡并不在意，只是把它交给副使放置。出发前，副使发现船底有缝隙，还有渗水，但是副使也没报告，只是不动声色地把李士衡得到的丝绸细绢垫放在船底，然后把属于自己的礼物放在上面，避免自己的东西受潮。

船到大海之中，由于回来时负载太重，而且风浪汹涌，有倾船的危险。船员要求把装载的东西全部扔掉，否则船翻人亡。这时，副使也吓坏了，就急急忙忙地把船上的东西抛入大海。大约东西丢到一半时，风浪平息，航船稳定了。过后检点物品时发现，丢掉的都是副使的财物，而李士衡的物品由于放在船底，除了受点潮湿，跟没有丢失一样。从这个故事看出，李士衡原先吃了亏，结果却是受益者。

人与人相处，如果怀着从不吃亏的心态，只知道占便宜，到最后，他很可能成为一个真正吃亏的人。

或许有很多人认为"吃亏是福"是一种"傻瓜"行为，只有神经不正常的人或者傻到极点的人才能认为"吃亏是福"。把"吃亏"当成"福气"对待，那么首先就要"损于己"方能"益与彼"，然后"外得人情之平"。吃亏也就意味着牺牲和舍弃，一个一点都不能吃亏，永远都咄咄逼人的人，时间久了，只会让人产生了无情趣的感觉。所以，承受吃亏也是一种自信的表现，这种做法需要一种勇气，也需要一种超脱，更需要一定的智慧。

有时候想想，无论是人情还是心情，在看似吃亏的过程中，其实已得到了补偿。你想得到的东西没有得到，认为自己是"吃亏"，其实未必得到的就是"福"，有时失去也是一种"福"。

在面对很多事情时，能够做到"损于己益于彼"的人，往往在最后能"益于己"。比如，有一条凹凸不平的道路，路上还有很多积水，而你穿了一双新鞋走在路上，当然你要找干净的路面走，躲开那些水洼。这时，身后开过来一辆汽车。假如你采取"损于己益于彼"的做法，就会立刻跳进水洼地面，把干净的路面让给那辆车过。跳到水洼里面，你看似吃了亏，可是假如让汽车从水洼里开过，那岂不是更糟糕？可能你湿污的地方就不光是一双鞋子而已了。

因此，有人问："可是假如你身边有人总打着小算盘算计你，你知道但不愿伤害这个人，那该如何是好呢？"可以告诉你："这很简单，你帮他把算盘打清楚，看看怎么样才能更好地成全他。"

为人处世要潇洒豁达，坦然面对眼前的一切境遇，不要认为吃亏而怨天尤人，这样，你自然会心境开朗。

智者寄语

不能吃亏，就限定了一个人宽心的精神境界，也限制了他潜能的把握程度，同时也阻止了他能力的有效发挥，因此，这种人往往会费尽心机后以失败告终。而具有宽心境界的人，则看得远，吃得了亏。其实吃亏是一种智慧，而非真吃亏。

有一种投资叫吃亏

吃亏从某种角度来讲是一种隐形投资。对于值得交往的人,人们往往会主动去建立朋友关系;而对于那些不值得交往的,人们往往会终止交往下去的意愿。

在社会人际交往中,人的初衷其实就是要觉得彼此值得交往。而要做到这一点,则常常需要我们首先做出必要的自我牺牲。

L先生没有高学历和显赫的家庭背景,但却很快在商界取得了成功。当有人向他请教成功的秘诀时,他说:"我总是乐意向别人付出,因此也能得到别人的信赖和帮助。正是由此建立起来的良好人际关系,使我很快便走向了成功。"

最开始,没有谁愿意和平凡的L先生交朋友。在忍耐了一段寂寞的人生之后,他逐渐悟出了这样一个道理:若要受到别人的欢迎,与人建立良好的人际关系,就必须做出必要的自我牺牲。

人际交往的原则,需要给别人一些精神或是物质方面的利益。

对于在物质方面几乎一无所有的人来说,所牺牲的"利益"主要是精神方面的。当他忙碌的时候,有人来找他,他不会有厌烦的情绪,简单地说就是不会将人拒之千里之外,除非是真的无法抽身,他才会婉转地表达出自己的歉意,并在事后设法进行补偿。

L先生解释自己这样做的理由时说:"像我这样一无所有的人,如果要想与别人建立起良好的人际关系,就不能不让对方感到与我交往是愉快、欢畅的。"

L先生对周围人的体贴入微甚至超过了别人对自己的看法。背地里他无论多么拮据、多么苦恼,但从不表现出来。他好像随时都在欢迎别人的光临,并竭诚予以接待。当别人回去的时候,他甚至还想着给人带点小礼物、土特产之类的东西。

在尽己所能满足别人需求的同时,别人也满足了L先生的某些心理需求。

其实,每个人对身边的人都有不同程度的期待,都想让与自己接触的人给自己带来某些利益。如果你能满足人们的这种心理,就一定能获得他们的好感从而也会给自己带来一定的助益。

长期以来,人们最忌讳把人际交往和交换联系起来,认为一谈交换就很庸俗,就亵渎了人与人之间的真挚情感。其实,人们的交往是为了交换彼此之间的东西,有情感,有物质,或是其他方面的。

不管多么亲密的关系,你都要去进行感情"投资"。如果忘记了这一点,即使原来非常亲密的关系也会陷入人际关系的困境。

对于普通人的交往来说,大家往往都遵循着互惠互利的原则。想要别人和自己交往的前提条件,就是自己要主动付出一些,这样才能拉近彼此的距离。这样做,会使人觉得你很豪爽、大度、重感情、乐于助人等,从而会很快被他人接受和信赖。

我们主动给予别人的,生活将会以另一种方式回馈给我们。

智者寄语

"吃亏"将带给人们一个美好的人际关系世界。而那些总是喜欢占便宜的人,其实是在损伤自己的尊严和信心、声誉。在社会中无立足之地的那些人,往往就是那些不顾全大局,不懂得舍弃蝇头小利的人。

主动吃亏有助于提高自身能力

就一般而言,所谓的“福”乃在于物质上的盈余与精神上的富足。那么与“吃亏是福”岂不是矛盾!其实,这句话直接指向的是一种深层的人生哲学。它是中国哲人总结出来的人生观,其中包括了生命意义的旷达和宁静知足的宽心。

美国天堂动物园新来了一位河马饲养员。老饲养员在传授饲养技术时特别强调,不要喂河马过多的食物,那样它长不大。新饲养员觉得很奇怪,心想,世上哪有这样的道理?便没按老饲养员说的办,拼命地喂河马。两个月后,他终于发现自己养的那只河马真的没有长多大,而老饲养员喂的那只长得飞快。但他固执地认为,这是两只河马先天体质的差异。

老饲养员也没多说,与他交换着喂。不久,老饲养员养的河马长得膘肥体壮,又超过了新饲养员养的那只。新饲养员大惑不解。老饲养这才道破天机:你喂的河马因为不缺食物,所以就不好好吃食,自然长不大。而我喂的河马,总是在缺乏食物中生活,因此,它十分懂得珍惜,吃食也不挑剔,自然长得好。

现实中的我们不也是如此吗?当有盈余的时候,从来不知道珍惜,总以为反正还会有,一旦失去,才知道其重要性。珍惜是延续生命、拥有健康、获得友(爱)情、创造业绩的动力,而吃亏恰恰给这些人上了精彩的一课,让他们重新领悟人生的真谛,从而好好珍惜身边的幸福。

吃亏又哪里吃亏了呢?如果没有失去的痛苦,恐怕人们永远体会不到享受的幸福。因此,如果我们知道福祸常常是并行不悖的,“吃亏”也许是指物质上的损失,但是一个人幸福与否,却往往是取决于他的心境如何,如果我们用外在的东西换来了心灵上的平和,那无疑是获得了人生的幸福,这便是值得的。

生命应该是美丽的,苦恼之后总是无尽的幸福,只是很多人不懂生活,抱怨幸福太少,其实,不是幸福太少,而是他们不懂得把握。人,不要总想着得到太多,一束魅力的鲜花,一个会心的微笑,一句深切的关怀,对于每个人来说,都是一笔巨大的财富。在一次吃亏后,要明白现在自己所拥有的一切就是幸福的源泉,因此,一定要学会珍惜,不要让感叹和惋惜永远伴着“吃亏”来侵扰自己。

智者寄语

主动吃亏的确会让我们有所损失,但是也会让我们在失去后对生命有全新的感悟,明白现有的一切都是幸福的源泉,这样,我们就会更加懂得珍惜现有的快乐。用物质的损失换得心灵的平和,这个亏吃得值。

第三章　乐观心态，快乐一生

愉悦自己，才是真正地爱自己

在遭遇困苦时，乐观的人总会努力想办法让自己快乐起来，让精神的伤痛远离自己，因为他们懂得愉悦自己，懂得真正地爱自己。

由于家庭破产和从小落下的残疾，人生对基尔来说已索然无味了。一个晴朗的日子，基尔找到了牧师。牧师耐心听完了基尔的倾诉，对基尔说："让我给你看样东西。"说着，他向窗外指去。那里有一排高大的枫树，在枫树间悬吊着一些破旧的粗绳索。他说："60年以前，这儿的庄园主种下这些树，他在树间牵拉了许多粗绳索。对于嫩弱的幼树来说这太残酷了，因为创伤是终生的。有些树面对残忍的现实，能与命运抗争；而另一些树则消极地诅咒命运，结果就完全不同了。眼前这排粗壮的枫树表面上看不出什么疤痕，其实，这些树在成长的过程中将绳索包进了树干里，真是一个奇迹。"

"关于这些树，我想过许多。"牧师接着说，"只有体内强大的生命力才可能战胜绳索带来的终生创伤，而不是毁掉自己宝贵的生命。对于人，有很多解忧的方法。在痛苦的时候，找个朋友倾诉，找些活干。对待不幸，要有一个清醒而客观的全面认识，尽量抛掉那些怨恨、妒忌等情感负担。有一点也许是最重要的，也是最困难的：你应尽一切努力愉悦自己，真正地爱自己。"

能否越过障碍，突破挫折困苦？乐观的人总有自己的方法。下面一起来看看如何才能更好地愉悦自己爱自己吧。

1. 赶走不良情绪

碰到不顺心的事情或在家中与亲人发生争吵的时候，不妨暂时离开，换个环境。要么去同别人侃大山，要么参加一些文体活动，娱乐娱乐。只有把原来的不良情绪冲淡、赶走，才能使心情重新恢复平静和稳定。

2. 憧憬美好未来

只有经常憧憬美好的未来，才能始终保持奋发进取的精神状态。不管命运把自己抛向何方，都应该泰然处之。不管现实如何残酷，都应该始终相信困难即将被克服，曙光就在前头，都应该相信未来会更加美好。

3. 忆甜去苦

人生的旅途，有时荆棘丛生，有时鲜花满地，有时忧心如焚，有时其乐融融。你不能让那些悲哀、凄凉、恐惧、忧虑、彷徨的心境困扰着自己。你要常常回忆那些幸福、美好、快乐的往事，激发自己去开拓未来。而对于那些不愉快的烦恼，则尽量要从头脑中抹掉，切不可让阴影笼罩心头，使自己失去前进的动力。

4. **积极的自我暗示**

在日常生活中要对自己作出积极的暗示，要常常照着镜子对自己说：“我是最棒的！”“我一定会成功！”平时也要多看喜剧电影，多听欢快的歌，多做自己喜欢的事。

5. **学会宽待自己**

学会宽待自己是一件非常重要的事情。学会宽待自己就要允许自己犯错误，“金无足赤，人无完人”，谁能一辈子不犯错误？在总结教训之余，要安慰自己，即使是由于自身的原因导致的错误也不要对自己责备太多。要经常对自己说：“过去的就让它过去吧，一切从头开始。”只有宽待自己，养成良好的心态，才能够乐观地生活下去。

智者寄语

乐观的人总会努力想办法让自己快乐起来，让精神的伤痛远离自己，因为他们懂得愉悦自己，懂得真正地爱自己。

遵从欢乐的本性

人世间的各种悲欢离合常常会引起人们很大的情绪波动，人们因为害怕或极力避免这些情况而患得患失，从而影响了自己的生活。如果这种消极的想法积蓄太多太久，难免会引起人们无穷无尽的烦恼和痛苦。

古罗马皇帝马可·奥勒留在《沉思录》中说道：“我仔细观察了阿珀洛尼厄斯——一个真正的勇士。从他的身上，我懂得了意志的自由，懂得了在失子和久病的剧烈痛苦中还可以镇定如常。还有马克西莫斯，一个饱受生活折磨的人，可是从他的身上我却收到了在任何环境里都可以欢愉的讯息。他们都是真正的勇士，因为即使是面对疾病或痛苦，他们都能保持一如既往的冷静，都能以一颗平常心来对待。我也知道，像他们这样的勇士，生活中还有很多——他们可能只是生活里最平凡的人，可他们做的绝对是最不平凡的事情。”

西娅在维伦公司担任高级主管，待遇优厚。很长一段时间，她都为到底去什么地方度假而烦恼。但是情况很快就变得糟糕起来，为了应对激烈的竞争，公司开始裁员，而西娅则是被裁掉的员工之一。那一年，她43岁。

“我在学校一直表现不错！”她对好友墨菲说，“但没有哪一项特别突出。后来，我开始从事市场销售。在30岁的时候，我加入了那家大公司，担任高级主管。”

“我以为一切都会很好，但在我43岁的时候，我失业了。那感觉就像有人给了我的鼻子一拳。”她接着说，“简直糟糕透了。”

西娅说着说着，似乎又回到了那段灰暗的日子。但是，在被裁员后不久，她凭借自己的优势找到了新工作。两年后，她已经拥有了自己的咨询公司。

“被裁员是一件糟糕的事情，但那绝对不是地狱。也许，对你自己来说，可能还是一个改变命运的机会，比如现在的我。重要的是你自己如何看待，我记得那句名言：世界上没有失败，只有暂时的不成功。”西娅真诚地对墨菲说。

西娅就如同一个勇士一样，不管面对任何环境，即使是饱受痛苦的摧残，也能欢愉如常。这些勇敢的人都能成为我们精神的榜样，能够给我们的生活增添无限的力量，让我们透过痛苦，抓住快乐的光芒。

坦然地面对生活中的得与失，成与败，快乐与忧伤，在正视自己的同时，积极地感受生活的乐趣。微笑着面对每一天，你会收获无穷无尽的快乐。

智者寄语

人的本性，不是在痛苦里绝望，而是要懂得在绝望里找到希望。我们都应该遵循这一本性，做一个快乐的人。

无论命运如何都要开心地生活

命运之手似乎谁都无法左右。开心地生活着，应当是我们最好的选择。

人生在世，命运显得神秘莫测，有些不如意、烦恼，甚至不幸和痛苦，这很正常。有人会为我们每天送上一首赞美诗吗？有人会为我们每天送上一句激励的话语吗？有人会想方设法让我们的生活每天都在激动中度过吗？假如真的会这样，那么，我们的生活将是何等的幸福，我们的生命将是何等的充实与快乐啊！可是，现实生活并不能如此让我们天天怦然心动。在短暂的人生岁月里，完美离我们总是可望而不可即，许多人在现实面前，总是难以笑起来。

英国著名作家及历史学家卡莱尔在写作《法国革命史》时，把完成了的手稿交给最可靠的朋友米尔，希望得到一些中肯的意见。米尔在家里看稿子时，中途有事离开，顺手把手稿放在了地板上。这时，女仆把这堆纸当成废纸，用来生火了。呕心沥血的作品在即将交付印刷前，几乎全部变成了灰烬。卡莱尔听说后异常沮丧，因为他根本没留底稿，连笔记和草稿都扔掉了，这几乎是一个毁灭性的打击。但他没有绝望，他风趣地说："就当我把作业交给了老师，老师让我重做，让我做得更好。"然后他重新查资料，做笔记，把这个规模庞大的"作业"又做了一遍。

不论在什么时候，我们都要开心地活着。当我们遇到挫折、人生失意的时候，要学会化解忧愁，学会安慰自己。当我们遇事不顺时，要经常鼓励自己，给自己增加信心。应该时时告诫自己：虽然有人已经放弃，但我们一定要坚持到底；虽然有人已经退却，而我们仍然要一直向前；假若我们看不见光明和希望，我们也要依然孤独、顽强地奋斗着，这才是成功者的素质。对于一个真正的强者来说，小小的失意根本不值得一提，那仅仅是一个小小的插曲，是事业或生活中的一点儿麻烦，并不可怕。重要的是：不管什么样的打击和失败降临，我们都应该从容应对，绝不屈服。

懂得开心地生活的人，一定懂得应该如何面对风雨人生。谁都曾在风雨中长大，但我们应明白，正是因为有了风霜雨雪，我们才变得愈来愈坚强，生活才会愈来愈幸福。学会赞美自己吧，不管人生多么平凡，每个人身上都有值得别人学习的闪光点；不管生活多么平淡，每个人的心里都有洒满温暖阳光的时候。学会善待自己，激励自己，我们不可能人人都是天才，但我们可以是一个有着炽热追求和拼搏精神的人。我们也许不是最聪明的人，但我们可以做一个最有抱负和最勤奋的人。

智者寄语

如果无法抗拒命运，那就要改变自己的心态。无论命运如何，都要开心地活着。做一个善待自己、激励自己的人，谁说世界不会为你而改变。

苦楚也可掩埋在微笑之下

命运会带给我们很多苦楚，可是如果我们保持乐观的心态，那么即便是有再多的苦楚，我们也能将其掩埋在微笑之下。

钟爱东，百亩鱼塘的主人。从一名普通的下岗职工到身价千万的养殖大王，不惑之年的钟爱东仍然勤劳淳朴。虽然事业几经起落，但她说，横下一条心，没有过不去的坎儿。

1997年1月1日，这是钟爱东不能忘却的日子。这一天，本以为捧上"铁饭碗"的她下岗了。在这家工厂工作了近20年，还成了厂里的"一把手"。钟爱东说，她把全部的心血、最好的青春年华都给了工厂，甚至没有时间照顾年幼的孩子。"当时觉得，心里有什么东西被人硬掰了下来。"钟爱东说。那天，她哭了。

下岗后，她接到的第一个电话是花都区妇联打来的。她说，就是这个电话，在最艰难的时候教会她"用笑容去迎接困难"。钟爱东在当厂长的时候就经常与周围的农民接触，知道养殖水产有赚头。看准这一点，她拿出了仅有的2000元"箱底钱"，又东奔西走借了些款，一咬牙承包了200亩低洼田。资金不够，就赚一分投入一分，滚动式周转。几个月下来，钟爱东天天"泡"鱼塘、搞技术，200亩低洼田变成了水产养殖地。钟爱东说，那时鱼塘就是她全部的生活了。她每天早上都要花一个小时绕鱼塘走上一圈。

钟爱东没想到，生活中的第二次打击来得这么快。1997年5月8日，是钟爱东伤心的日子。那一天，一场大洪水淹没了她刚刚建好的鱼塘。站在堤坝上，看着不断上涨的洪水一点点吞没了鱼塘，钟爱东绝望地回了家。"哪里跌倒就从哪里爬起来。"钟爱东说，这是当时丈夫说的唯一的一句话。倔强的钟爱东这次没有流泪，她开始带着工人挖塘、养苗，引进新技术、新鱼种，被洪水淹没的鱼塘一点点"回来"了。

钟爱东成了远近闻名的"鱼王"，鱼塘越做越大，自己还开了家公司。多年的艰难经营，"养鱼为生"的钟爱东对技术情有独钟。她说，一个没有创新、没有新产品的企业，就像脱水的鱼。

钟爱东有个温暖的四口之家。她说，在最困难的时候，家人的支持成了她的精神支柱。她说："当初好多次想放弃，是他们帮我挺过了难关。"屡经磨难，钟爱东说最重要的是要学会如何看待失败，下岗、失败都不用怕，路是自己走出来的，认定目标走下去，一定会成功。

生命，有起有落，有悲有喜，起伏不定，但是太阳却依然光亮，月亮仍然美丽，星星依旧闪烁……一切的一切仍旧是那么和谐，而生命，依然会有着更绚烂的色彩等待我们去开发。

智者寄语

明天，总是美好的，只要我们有心，在艰难中咬紧牙关，就能够在痛苦中盼来欢乐。

凡事都要看开一点

生活不是开心果，总会充满烦恼，甚至不幸。然而一个豁达之人，即使到了告别这个世界的那一刻，也会用微笑与快乐为生命送行。下面这个故事发人深省：

两个水手因为船只失事而流落到一个荒岛。

甲水手一上岸就愁眉苦脸，担心荒岛上没有充饥之物，没有落脚之处。乙水手一上岸就为自己将要开始一段新的生活而欢呼。

两个人在荒岛上找到一个山洞，乙水手为今晚有地方可以睡一个好觉而庆幸，甲水手却担心洞里面是否有怪兽。乙水手安然入睡，甲水手辗转难眠，不知道明天怎么度过。

上帝可怜两个水手，竟然让他们在荒岛上意外地发现一袋粮食。乙水手高兴得手舞足蹈，而甲水手担心怎么把生米煮成熟饭，煮出来的饭是否咽得下。

每吃完一顿饭，乙水手总是很满足地说："又过了一天。"而甲水手总是叹气："唉，假如粮食吃完了该怎么办呢？"

粮食一天一天减少，终于被他们吃完了。荒岛上还有些野果，他们采摘回来。乙水手说："运气真好，竟然还有水果吃。"甲水手哭丧着脸说："从来没有这么倒霉过。上帝不要我活了，竟然要吃这样的野果。"

终于野果也吃完了，他们再也找不到其他可以吃的东西了，只好挨饿。为了保持力气，他们只好躺在洞里休息。乙水手说："想不到我竟然什么也不用做还可以睡觉。"甲水手绝望地说："死亡离我们越来越近了。"

最后一刻，他们都坚持不住了。乙水手说："现在终于可以抛开一切烦恼，投奔天国了。"甲水手说："我还不想下地狱。"

乙水手死了，脸上挂着微笑。

甲水手死了，脸上充满悲伤。

同样的结局，不一样的人生。既然结局无法改变，何不快乐地面对人生，充分享受生命中的乐趣？

凡事都看开一点，这应是人生最明智的处世哲学。既然已经发生了，我们就坦然接受。俗话说，是福不是祸，是祸躲不过。

我们无法改变世界，但我们可以改变自己。

智者寄语

当不可预料的打击降临的时候，当我们无法改变悲剧命运的时候，那么，我们唯一能做的就是：以快乐的心情好好地享受每一分、每一秒的生活。

善待自己就会快乐

接受自己、爱惜自己并要善待自己，这是珍视生命的积极表现。许多人对自己拥有的东西并不珍惜，失去的时候才体会到它的珍贵。

生活中没有尽善尽美的人和事情。我们对自己不要过于苛刻，也不要过于追求完美。因为世界上没有不存在缺憾的人和事。有的人也许没有漂亮的面孔，或许会有一颗善良的心；有的人也许无法口若悬河、妙语连珠，或许有时沉默是金。我们没有理由不快乐。

第二次世界大战期间，罗勃·摩尔在一艘美国潜艇上担任瞭望员。某个清晨，潜艇在印度洋水下潜行，他通过潜望镜看到一支由一艘驱逐舰、一艘运油船和一艘水雷船组成的日本舰队正向自己逼近。潜艇对准走在最后的日本水雷船准备发起攻击，这时，水雷船掉过头朝潜艇直冲过来。

原来,空中的一架日军飞机侦测到了潜艇的位置,它通知了水雷船。为了躲开水雷船的深水炸弹,潜艇只好紧急下潜。

3 分钟后,6 颗深水炸弹几乎同时在潜艇的四周炸开,潜艇被逼到水下 83 米深处。摩尔知道,只要有一颗炸弹在潜艇 5 米的范围内爆炸,就会把潜艇炸出一个大洞来。

舰长命令关掉潜艇所有的电力和动力系统,全体军官各自坚守岗位。当时,摩尔心里十分害怕,连呼吸都觉得困难。他不断地问自己:难道这就是我的死期?

尽管当时潜艇里的冷气和电扇都关掉了,温度高达 40℃以上,摩尔仍然打冷战,披上大衣牙齿也照样碰得“咯咯”直响。

日军水雷船连续轰炸了 15 个小时,摩尔觉得仿佛过了 15 年。在漫长的等待中,过去生活中无论是烦恼的琐事还是不幸运的倒霉事,都在眼前一一重现。

他想起自己加入海军前是一家税务局的小职员,那时他总为工作又累又乏味而感到苦恼,抱怨报酬太少,升迁无望,烦恼买不起房子、新车和高档服装,晚上下班回家,因一些琐事与妻子争吵不休。

正是这些烦恼事曾占据着摩尔生活的主要部分,而今置身这坟墓般的潜艇中,面临着死亡的威胁,摩尔深深地感受到,当初的一切烦恼显得那么的荒谬。他对自己发誓:只要能活着看到日月星辰,从此不再为小事烦恼。

日军水雷船终于扔完所有炸弹开走了,摩尔和他的潜艇重新浮上了水面。战后,摩尔回国重新参加工作。从此他更加热爱生命,懂得如何去快乐地生活。他说:“在那可怕的 15 个小时内,我深深地体验到对于生命来说,世界上任何烦恼和忧愁都是那么的微不足道。”

很多人都有一个共同的弱点:对自己拥有的东西并不珍惜,一旦失去,才会估量出它的真正价值。人生在世,固然要做到“以仁者之心爱人”,关心别人,善待他人,然而在现实生活中,我们首先要学会的就是要关心自己,善待自己,爱护自己,珍惜自己。

只有珍惜自己,才能让自己活得快乐。

在一生中,我们难免会遇到各种各样的问题,总会遇到一些不如意的人与事。我们可能难以改变外部环境,也可能无法满足他人的需要,但我们却可以选择用怎样的态度去面对。

世上没有人不喜欢快乐,快乐是自己营造的。只要你愿意,你可以随时调换手中的遥控器,将心灵的视窗调整到快乐频道。

有一个年轻人为贫穷所困,便向一位老者请教。

老者问:“你为什么失意呢?”

年轻人说:“我一直都这么穷。”

老者说:“你怎么能说自己穷呢?你还这么年轻。”

“年轻又不能当饭吃。”年轻人说。

老者笑了一笑,说:“那么,给你一万元,让你瘫痪在床,你愿意吗?”

“不愿意。”年轻人毫不犹豫地回答。

“把全世界的财富都给你,但你必须现在死去,你愿意吗?”

“我都死了,要全世界的财富干什么?”

老者说:“这就对了,你现在这么年轻,生命力旺盛,就等于拥有全世界最宝贵的财富,又怎能说自己穷呢?”。

年轻人一听，又找回了对生活的信心。

同样的一种生存状况，为什么在不同人的眼中会有不同的看法呢？生活中像这个年轻人的人不在少数，看问题总是从负面出发，看到一点点小问题就会往坏处想。

善待自己，就是要有乐观精神。乐观主义者总是假设自己是成功的。汪国真曾说过："悲观的人先被自己打败，然后才被生活打败；乐观的人先战胜自己，然后才战胜生活。悲观的人所受的痛苦有限，前途也有限；乐观的人所受的磨难无量，前途也无量。"

智者寄语

世上没有不想快乐的人，只有不懂快乐的人。选择善待自己，你就会快乐，反之，你就会痛苦。快乐是一件很简单的事情，有时却会很难，关键是看你如何选择。

活得潇洒才会真正快乐

老李是一所大学的教师，脸长得很丑。可是，就是这样一位其貌不扬的教书先生，却有一位很漂亮的太太。这让认识他的人都很惊讶。在一年一度的联欢晚会上，几个比较活跃的学生好奇地问起了他的经历。

老李一听笑了，说："我一生下来脸部就有很明显的胎记，随着年龄增长，胎记也随之长大。为此，我一直对自己缺乏信心，对生活也没有多少热情。唯一能让我欣慰的就是自己的学习成绩还算过得去。就这样，一直到考上了大学。大学的生活虽然丰富多彩，但我还是提不起精神。有一天，我的哲学老师找我谈话。'你是怎么回事，哪里还像一个年轻人的样子？'哲学老师说，'一个人生得不漂亮可以怨天怨地，怨造化弄人，但活得不漂亮，却不可以怨任何人。'"

仔细想想，的确如此。从此，老李就像换了一个人似的，一扫从前的自卑心理，不但心里充满了阳光，甚至连眼角眉梢都洋溢着笑容。除了刻苦学习之外，学校所有的活动他都积极参与。几年下来，他不但以优异的成绩令同学们刮目相看，更以自己雄辩的口才、独特的自信赢得了"最有魅力的大学生"称号。很自然，他也赢得了一位女生的芳心。老李说："妻子是我一生的最爱。"

最后，老李深情地说："一直以来，我都很感激我的哲学老师。因为是他告诉我，一个人可以生得不漂亮，但是一定要活得漂亮。无论什么时候，渊博的知识、良好的举止、优雅的谈吐、博大的胸怀，以及一颗充满爱的心，都可以让一个人活得足够漂亮，哪怕他本身长得并不漂亮。"

假如你是一名普通的家庭主妇，每天陷于柴米油盐酱醋茶中，买菜做饭、洗衣拖地，这样手脚不停，做的都是生活中一件件微不足道的小事，而且还要日复一日、年复一年地做下去，感觉很疲惫。特别是在做好了饭菜，等家人回来的时候，火气便在等待中渐渐地燃旺，家庭中的口角与摩擦便时有发生。那么你会怎么办？

作为一名妻子、母亲，操心一家人的生活是你无法推卸的责任，唯一可以改变的只有你自己的心境。

有一个主妇是这样做的：

一天,她做好了饭菜等着吃饭的人归来,站在阳台上,突然发现看着天上的白云等一个人回家是一件多么浪漫的事啊。于是,她不再觉得等待一个人是那么可怜。这一发现让她开始试着以快乐的心情面对生活。她发现,那些曾让她怨气冲天的家务琐事其实或多或少都包含着乐趣。几番整理,乱糟糟的家顿时变得整洁雅致。她一个人站在屋子中间高兴地对自己说:"你真能干。"孩子回来不到10分钟,沙发上的垫子就已全部错位,而她,只是学着欣赏孩子的活泼。换了一种心境,使她从平凡琐碎的生活中找到了乐趣。

生活就像一面镜子,你笑,它就笑,你哭,它就哭。当我们看到镜子里自己的"哭"脸时,我们的心情就会变得不好,当我们看到镜子里"笑"的脸时,我们也会快乐地活着。

小提琴家尼科罗·帕格尼尼是19世纪最著名的小提琴演奏大师和浪漫主义作曲家。他毕生刻苦努力,将小提琴演奏技术发展到了惊人的高度,并因此获得了"小提琴之王"的称号。

1840年5月27日,当尼科罗·帕格尼尼在法国尼斯去世时,著名的匈牙利音乐家弗朗兹·李斯特怀着无限悲痛的心情在讣告上写道:"我毫不犹豫地说,再也不会有第二个帕格尼尼了。"虽然李斯特的话有些绝对化,不过在音乐史上像尼科罗·帕格尼尼那样在生前死后的长时间内受到如此热烈称赞的人的确不多见。可是,谁又能想到这样一位优秀的音乐家,曾经是一个被智者"遗弃"的苦难者?

1782年,尼科罗·帕格尼尼出生在意大利北部的热那亚的一个贫穷的家庭。在帕格尼尼4岁那年,一场麻疹和强直性昏厥症险些使他进了棺材。7岁那年,他又患上了严重的肺炎,不得不进行大量放血治疗。46岁的时候,他的牙床突然长满脓疮,只好拔掉了几乎所有的牙齿。牙病刚刚痊愈,他又染上了可怕的眼疾,他的幼子成了他的"拐杖"。50岁后,关节炎、肠道炎、结核病等多种疾病折磨着他的身体。后来,他的声带也坏了,只能靠儿子按照他说话的口形去翻译他的思想。1840年5月,他因肺结核死于尼斯市朋友的家中,身旁只有14岁的儿子阿奇勒。他仅仅活了57岁。

毫不夸张地说,帕格尼尼一生中所遭受的苦难是常人无法想象的,更不要说去承受了。帕格尼尼虽然经受了这么多常人无法想象的苦难,却从来不曾被这些困难所打倒。

帕格尼尼是一位世间罕见的音乐天才。他3岁就开始练琴,后来他被父亲送到热那亚的一个音乐家门下学习。可是6个月之后,帕格尼尼便超过了老师。他在教会乐团的演奏中受到赞誉。此时,父亲的野心更大了,他要把儿子培养成知名的教会小提琴家。帕格尼尼对此非常痛恨,他觉得自己本来就对音乐非常感兴趣,不需要父亲严厉的管教,更不需要父亲带着他像耍猴一般地到处展示。可是当时的帕格尼尼根本没有反抗的余地,这使他形成复杂而压抑的性格。

12岁的时候,帕格尼尼就举行了个人首场音乐会,并一举成功,轰动舆论界。他的演奏使帕尔玛首席提琴家罗拉惊诧得从病榻上跳下去,立刻收他为徒。他的琴声使卢卡的观众欣喜若狂,宣布他为共和国首席提琴家。

帕格尼尼少年得志,成了很多人嫉恨的对象。维也纳有一位盲人听了帕格尼尼一个人演奏的琴声,以为是乐队在演奏,当得知台上只有帕格尼尼一人时,大叫道:"他是个魔鬼。"随后匆忙逃走。可是,不管别人如何嫉恨和诋毁,崇拜帕格尼尼的人却是有增无减,音乐界的顶尖艺术家舒伯特、约翰·施特劳斯、李斯特都是帕格尼尼的崇拜者,甚至拿破仑的两个公爵妹妹都为他痴迷。音乐评论家勃拉兹称他是"操弓琴的魔术师",歌德评价他"在琴弦上展现了火一样的灵魂",李斯特甚至大喊道:"天哪,在这四根琴弦中包含了多少苦难、痛苦和受到残害的生灵啊!”

活得潇洒,就是活出一种精神、一种品位、一种至真至性的精彩。一个人只要不自弃,没有谁可以阻碍他进步。活得潇洒的人很少去计较身边的小事,即使有时候吃点儿小亏也不怕,重要的是拥有一种轻松自在、不计较的心态。

智者寄语

生活就像一面镜子,你笑,它就笑,你哭,它就哭。当我们看到镜子里自己的“哭”脸时,我们的心情就会变得不好,当我们看到镜子里“笑”的脸时,我们也会快乐地活着。

从生活中寻找人生的乐趣

快乐其实是一种心境,一种精神状态。快乐发自我们的内心,我们可以随时创造一种“我很快乐”的心境。大多数人都能拥有快乐,因为他们发现了其实快乐就在自己的身边。

现实生活中的乐趣有很多,值得我们快乐的事也有很多,只是很多时候我们觉察不到罢了。或者说,我们没有用一颗寻找快乐的心去感受自己的生活,所以我们可以看到对同一件事,有的人会高兴得眉飞色舞,有的人却冷若冰霜。并不是事情本身如何,关键是人的心情和对生活的态度。有了积极的态度,快乐就无处不在。

一位作家和朋友去饭店吃饭,突然在碗里发现了一个异样的东西,仔细一看,是一只死苍蝇。他的第一个反应是:还好,尸体是完整的。

他把老板叫过来,微笑着用很平静的口气说:“老板,饭很好吃。”

老板笑道:“哪里哪里,您过奖了。”

“这里,这里,你看,连一只苍蝇都要过来尝尝鲜。”

老板一看,果然在饭里有一只死苍蝇,于是立即亲自换了一碗饭,并送上了一盘菜表示歉意。

当时,他的朋友们很不理解,碰上这种倒霉事,他们都快要吐了,而他居然还能心平气和地和老板说笑。

作家告诉朋友,他的快乐是有理由的。因为苍蝇已经在饭里,他去吃饭只有三种可能:一是没有发现,直接将苍蝇吃到肚子里;二是吃了半只才发现;三是还没有吃到就已经发现。他认为自己十分幸运,碰上了第三种情形,还可以只花一份钱吃两份饭,还另外赚了一盘菜,当然非常快乐了。

生活中,会碰上许多不开心的事情,我们自然会为此不愉快,这是人之常情。但在事情发生了之后,我们可以在感到不高兴的时候,考虑一下是不是还有值得庆幸的地方。如果有,那就是我们快乐的理由。

一个懂得从生活中找到人生乐趣的人,不会觉得自己的生活充满压力和忧虑。

如何才能使自己获得快乐呢?不妨试试下面的方法。

1. 微笑

如果你的情绪一直处于低落的状态,比如,你的肩膀下垂,走起路来双腿仿佛灌了铅似的,你真的觉得情绪很差;或者你总是一脸哭相,没有人愿意理睬你,那么怎样改变呢?很简单,你只要深吸一口气，抬头挺胸，脸上露出微笑，并摆出生龙活虎的架势就行了。微笑和打哈欠一样都会传染，如果你真诚地对一个人微笑，他就不会对你发脾气，这就是人们常说的“伸手不打笑脸人”。

2. 大声讲话

通常受压抑的人说话声音显得细小，表现得自信心不足，一点儿也不快乐。所以，说话要尽量提高音量，当然不是对别人大声喊叫，你只要有意识地使声音比平时稍大就行。

3. 抬头挺胸

仔细观察就会发现，没有自信的人办事总是拖拖拉拉的，走路很慢，显得很懒散。有的人则表现出超凡的信心，他们走起路来比一般人快，像是在短跑。抬头挺胸走快一点儿，你会感到快乐在滋长。

4. 放松

快乐的人总是这样对自己说：“我觉得快乐，我会在各方面做得越来越好，我会越来越快乐。”你反复地对自己说一些话，比如，“我很放松”“我很平静”等，时间久了，这些话就会进入你的潜意识中。

5. 善用自己的优点

假如有人赞扬你的优点，不要认为这没什么了不起，要知道，有许多人不一定能做到，所以这绝对是你值得骄傲的。快乐的来源之一就是发现并善用你的优点，你的自我意识变得更强，你就更快乐。

是否快乐取决于自己的心态，调整好心态，选择了快乐，自然也就拥有了快乐。

智者寄语

现实生活中的乐趣有很多，值得我们快乐的事也有很多，只是很多时候我们觉察不到罢了。或者说，我们没有用一颗寻找快乐的心去感受自己的的生活。

包容失败，笑对人生

面对成功，有人亢奋，有人高兴，有人忘我，有人竟然流连忘返；面对失败，有人沮丧，有人痛苦，有人失望，有人不能自我原谅。这些都是人之常情，无可厚非。然而，过分伤情于失败、苛责于自己又大可不必。因为，谁都想成功，失败并非内心所愿。

对待失败，每个人态度各有不一。心狭眼浅之人，必定常为鸡毛蒜皮之琐事无法释怀，时时如同戴着一副沉重的枷锁；而宽以待人者，必能豁达开朗，笑对人生。能包容者不会把失败变成包袱，而会把失败转化成教训、经验和重新奋起的动力。包容就是对身处失败时的最好解脱，这也是对“失败是成功之母”的最好解读。“问渠哪得清如许，为有源头活水来”，包容之心，如同汩汩活水之源头，潺潺流入宽广之胸怀，滋润人的五脏六腑，使人充满无穷动力。

几十年来，微软一路坦途，但盖茨认为失败是成功的基础。因此，盖茨常常雇用在其他公司有失败经验的人做其助手，借用他们的经验避免重蹈覆辙。盖茨最为欣赏的人是福特汽车创始人福特和通用汽车创始人斯隆。盖茨的办公室有一张福特的照片，作为激励，也作为警惕——福特梦想做出便宜好用的交通工具，创造出汽车世纪，但最后因执着地坚持原来的信念而不能持续进步，二十年后霸主地位被后起的通用取代。悬挂一张福特照片，既是对他普及汽车全民化的崇敬，又是对他失败的一种反思。

包容失败的人，为自己的事业发展带来了成功，然而不能包容失败的人也注定会被失败所不包容。

意大利著名音乐家科莱利，在一次规模很大的音乐会上，其出色表演赢得了热烈而持久的掌声。但掌声过后，一位行家指出他有一个音符出了错，这犹如重磅炸弹在他脆弱的心灵深处引爆。科莱利从此一病不起，郁郁而终，演绎出一幕人间悲剧。

给失败多一点包容，是在给心灵松绑，给自己增添力量，彰显的是一种智慧。一个人能包容失败，就自然不惧怕失败，就不会患得患失，就能宠辱不惊、遇事从容，心无旁骛、聚精会神，在工作生活中保持拼搏进取的勇气和姿态。因此，每一个渴望成功的人，都应理性地对待得失，正确地对待自己，“难行能行，难忍能忍”，保持开阔的胸襟。当然，提倡给失败多一点包容，并非主张自我放纵、对失败不痛定思痛，而是要通过包容失败，使自己迅速走出失败的阴影，知耻而后勇，以全部的精力和智慧去追求成功。

智者寄语

失败总是与成功相伴相随。失败孕育着成功，成功隐藏着失败。失败而不甘于失败，这个失败是成功的日子；成功而甘于成功，这个成功是失败的开端。所以，成功后的思考，应该是准备迎接下一次的失败，包容下一次失败。

每天为自己的进步喝彩

人生需要得到鼓励和赞扬。许多人做出了成绩，往往期待着别人来赞许。其实光靠别人的赞许还是不够的，何况别人的赞许会受到各种外在条件的制约，难以符合你的实际情况或满足你真正的期盼。要保护自己的自信心和成功信念，不妨花些时间，恰当地给自己一些奖励。

有一位美国作家，他靠为报社写稿维持生活。他给自己定了一个目标，每周必须完成两万字。达到了这一目标，就去附近的中国餐馆饱餐一顿作为奖赏；超过了这一目标，还可以安排自己去海滨度周末。于是，在唐人街和海滨的沙滩上，常常可以见到他自得其乐的身影。

英国畅销书作家劳伦斯·彼德曾经这样评价一些著名歌手：为什么许多名噪一时的歌手最后却以悲剧结束一生？究其原因，就是因为，在舞台上他们永远需要观众的掌声来肯定自己。但是由于他们从来不曾听到过来自自己的掌声，所以一旦走下舞台，进入自己的卧室时，便会倍感凄凉，觉得听众把自己抛弃了。他的这一剖析确实非常深刻，也值得我们深省。给自己颁奖，绝不同于自我陶醉，而是为了更强化自己的信念和自信心，更正确地评估自己的能力和人格，更增加自我认知的价值和意义。

当你取得了成就、做出了成绩，或朝着自己的目标不断有所进步的时候，千万别忘了给自己喝彩。当你对自己说“你干得好极了”或“那真是一个好主意”时，你的内心一定会被这种内在的诠释所激励。而这种人生旅途中的欢乐，确实是很值得你去细细品味的。生活的信念需要由成就感来充实，请记住：别忘了为自己喝彩！

宽容的人不仅能赞美别人,更会赞美自己,给别人激励与信心的同时,也会给自己喝彩。学会为自己喝彩,是走向成功的关键一步。许多每天从事推销的业务员都有这样的经验:如果早上起来,心情不佳,自忖无法应付即将面对的难缠的客户时,便会将成交率高的客户作为首先拜访的对象;待成交几笔交易,自信心培养充分以后,再去拜访其他较难缠的客户。这种方式不但可使心情由阴郁变开朗,还可以确保一天的业绩。

实际上,他们所需要的正是一种能充实自信心的成就感。拥有宽容的心态需善于爱护和不断培育自信心,并懂得如何"给自己喝彩"。

一个不信任自己的人,一个悲观处世的人,一个只是把自己的成果当作侥幸之事的人,永远都会生活在失败的阴影之下,不能享受成功的快乐。

智者寄语

有所成就的人,总是在找到了自己的目标后,以强烈的进取精神千方百计地去创造条件,去实现目标,从而大大增加自己成功的机会。即使遇到挫折,他们也会积极进行分析,调整自己的心态,去进行新一轮的努力。而当事情有了进展,他们往往能充分肯定自己的已有成就,并以此来增强自己前进的勇气。他们时刻拓宽自己的胸怀,不仅承受失败的痛苦教训,也容纳成功的喜悦和成就,让自己不断以积极正面的心态去努力。

在苦难中追寻人生境界

人生路上,有欢笑和快乐,但更多的是痛苦和磨难。对某些人来说,苦难是学校,不幸是老师。苦难能激发一个人的斗志,把蕴藏的潜力尽情地释放,把人生的不幸转变成一个人奋发进取的动力。古语说得好,"自古英雄多磨难,从来纨绔少伟男""忧劳可以兴邦,逸豫足以亡身"。

有一个女孩,很小的时候就有一个梦想——做一名出色的滑雪运动员。然而,不幸的是她竟患上了骨癌,为了保住生命,她被迫锯掉了右脚。后来,癌症蔓延,她又先后失去了乳房及子宫。

人生的不幸接二连三地降临到她的头上,却从来没有使她放弃心中的梦想。她一直都告诫自己:"我要对自己的生命负责,绝不轻言放弃,我要向逆境挑战。"

她没有被病魔打倒,相反,她以顽强的斗志和坚韧的毅力,排除万难,成为滑雪运动员,还为国家创下多项世界纪录,其中包括1988年冬奥会的冠军,并在美国滑雪锦标赛中先后赢得29枚金牌。后来,她还成为攀登险峰的高手。她就是美国运动史上极具传奇色彩的著名滑雪运动员——戴安娜·高登。

任何一个生命都是一个从初始到终结的艰苦历程。苦难中能够保持镇静,是常人很难达到的一种人生境界。直面苦难,不怨天尤人,不牢骚满腹,将苦难看作生命中的一种磨砺,无疑需要很大的勇气,也彰显一个人的伟大。一旦我们超越了苦难,战胜了苦难,我们所获取的必定是面对生活重新微笑的机会。

台湾第37届"十大杰出青年"之一,一家专门生产消防器材的大公司的厂长赖东进向大家讲了他的故事:

他的父亲是个盲人,母亲也是个盲人且弱智,除了姐姐和他,几个弟弟妹妹也都是盲人。盲人的父亲和母亲只能当乞丐，住的是乱坟岗里的墓穴。他一生下来就和死人的白骨相伴，能走路了就和父母一起去乞讨。

他9岁的时候，有人对他父亲说："你应该送儿子去读书，要不他长大了还是要当乞丐。"父亲就送他去读书。为了供他读书，才13岁的姐姐就到青楼去卖身。照顾父母和弟妹的重担落到了他单薄的肩上——他从不缺一天课，每天一放学就去讨饭，讨饭回来就跪着喂父母。后来，他上了一所中专学校并且获得了一个女同学的爱情，可是未来的丈母娘却说"天底下找不出他家那样的一窝人"，把女儿锁在家里，用扁担把他打出了门……

故事讲到这里，他提高了声音："可是，我要说，我对生活充满感恩。我感谢我的父母，他们虽然瞎，但他们给了我生命，直到现在我都还是跪着给他们喂饭；我也感谢我的丈母娘，是她用扁担打我，让我知道要想得到爱情，就必须奋斗必须有出息……我还感谢苦难的命运，是苦难给了我磨炼，给了我这样一个与众不同的人生。"

在一个"与成功者对话"的论坛上，一位听众请教台上的企业家："您觉得一个人成功的秘诀是什么？"企业家没有讲大道理，而是告诉在座的各位："保持一颗感恩的心。只要你对人对事对物保持一颗感恩的心，你一定会成功。"这段话赢得了阵阵掌声。

如果你换一种心情，感激上天给你阳光，给你空气，也给你好运，让你在茫茫人海中遇见了生命中的知己；感激他人给你帮助，给你友情，给你智慧，也给你温暖，就算你面临着巨大的压力，也要先看到这世界美好的一面。

每个人的人生中都充满了苦难，人是从苦难中成长起来的，唯有把苦难当作良药，乐观奋斗，才能得到人生中最珍贵的财富。

当产生坏情绪时，你可以走到小河边，看头上的天空怎样在水里倒映得蓝盈盈；看河边嫩绿的小草，怎样嫩得可以挤出水来；看水中的石头，怎样有灵气得仿佛在讲述一个故事。再想想，你的一生注定了要永远痛苦、永远愤怒、永远错过这样的天与地、水与石吗？上天赐予我们生命，赐予我们幽美的环境，赐予我们亲情、友情、爱情，赐予我们勤劳和智慧，是想让我们这样忌恨别人而生活在烦恼里吗？

智者寄语

所有的苦难都无法阻拦住一颗纯真、淳朴而快乐的心灵，向往那最崇高的美的境界，如同鸟儿逍遥地飞向高空。懂得生活，了解生活的艺术，倾心于美的、有意义的工作，最后，生活本身就变成了艺术！把生活当成艺术，用一颗艺术的心灵去对待生活，善于采撷生活中点点滴滴的情趣，生活会把美好的一面回馈给你。

心无杂念，幸福心生

有人说过："真正的幸福是不能描写的，它只能体会，体会越深就越难以描写，因为真正的幸福不是一些事实的汇集，而是一种状态的持续。"幸福不是给别人看的，与别人怎样说无关，重要的是自己心中充满快乐的阳光。也就是说，幸福掌握在自己手中，而不是在别人眼中。幸福是一种感觉，这种感觉应该是愉快的，使人心情舒畅、甜蜜快乐。

人无论在什么时候，都要保持一种快乐的精神，只有这样，烦恼才会离你越来越远，而不是越来越近。

一天清晨,在一列火车的卧铺车厢中,有四个男士正挤在洗手间里刮胡子。经过了一夜的疲困,隔日清晨通常会有不少人在这个狭窄的地方洗漱。此时的人们多数神情漠然,而且彼此也不交谈。

就在此刻,突然有一个面带微笑的男人走了进来,他愉快地向大家道早安,但是却没有人理会他的招呼,或只是在嘴巴上随口应付一番罢了。之后,当他准备开始刮胡子时,竟然自若地哼起歌来,神情显得十分愉快。他的这番举止令其中一个人很生气,于是这人冷冷地、带着讽刺的口吻对这个男人问道:“喂!你好像很得意的样子,怎么回事呢?”

“是的。你说得没错。”男人如此回答着,“正如你所说的,我是很得意,我真的觉得很愉快。”然后,他又说道:“我只是把使自己觉得快乐这件事当成一种习惯罢了。”

这就是那个男人说话内容的全部。后来,在洗手间内所有的人都把“我只是把使自己觉得快乐这件事当成一种习惯罢了”这句富含意义的话牢牢地记在心中。

事实上,这句话确实具有深刻的哲理。不论是幸运或不幸的事,人们心中习惯性的想法往往占有决定性的影响地位。有一位名人说:“困苦人的日子都是愁苦;心中欢畅者,则常享丰宴。”这段话的意思是告诫世人设法培养愉快之心,并时常用快乐来主宰自己的生活,那么,生活将成为一连串的欢筵。

一位知名的老人被某电视台节目主持人作为特约嘉宾邀请来录制节目。他确实是一个非常杰出的老人。他的讲话完全没有经过特别的准备,更没有经过任何排练。这些讲话与他的个性是完全一致的,他精神矍铄,容光焕发,充满快乐。无论他想说什么,他都毫不掩饰,而且思维敏捷。他的机智幽默,让听众捧腹大笑。大家都非常喜爱他。这次节目,他给人留下了深刻印象。

最后,节目主持人问这位老人为什么总是这样高兴:“你一定有什么特别的让自己快乐的秘密。”

“不,没有,”老人回答说,“我没有什么特别的秘密。这只不过和你脸上的鼻子一样普通。每天早上起床的时候,我有一个习惯性自问:你快乐吗?我的回答一定是快乐,非常快乐。我已经把快乐当成了一种生活中的习惯。”

这似乎太过于简单,而且这个老人的思想也好像过于肤浅。但是,这让我们想到了美国总统林肯。林肯曾经说过:“境由心造,你的心里有多快活,你也就会得到多少快活。”如果你想让自己不开心,那你时时刻刻都可以不开心。而且,这也是世界上最容易做到的事情,只要你选择不开心就可以了。你可以告诉自己什么事情都不顺利,没有什么事情可以让自己满意,那么,你肯定就开心不起来。但是,如果你对自己说“事情进展良好,生活也不错,所以,我选择开心”,那么,你肯定就会快乐。

快乐不是争来的东西,也不是应得的报酬。快乐不是道德问题,就像血液循环不是道德问题一样,然而快乐与血液循环二者都是健康生存的必要因素。

人生就像爬山,许多人都希望攀登得越高越好,渴望去享受那种登临巅峰的快乐。但由于身上背负了太多欲望的包袱,使得这种心存已久的渴望成了一种没有止境的索求。到头来我们不但越爬越累,登不上山顶,还弄得身心俱疲,丢失了很多已有的快乐。

叔本华曾说过:“人们很少想到他们拥有些什么,但是却常常想到比别人少了些什么。”这种心理所造成的不幸,很可能要比任何灾难和战争所带来的困苦要多得多。只有我们懂得适可而止,把心放宽一些,敢于放弃“不断追求更好”这一惯性思维,用心去体会生命,善于享受生命中点点滴滴的快乐。那么,幸福就随时随地都在我们的身边。

幸福并不是不断地去想要拥有更多的东西,而是充分享受你已经拥有的一切。当你对自己的拥有心存感激时,你就是幸福的。

在一座小镇上有一家商店,店主是一位年近60岁的老人。他已经在这所小镇上居住了将近30年,由于老人经营商店时待人热情,小镇上的人都喜欢到他这里来买东西。因此,小店的生意一直很兴隆。

渐渐地,小店的规模一天天地扩大,商品的种类和每天来此买东西的顾客越来越多,但老人还是采用之前那种传统的记账方式,由于种类繁杂,很多时候账目难免会出错。很多人都劝老人购买一台结账机,但老人一直不肯。

看着父亲那厚厚的却很少被翻阅的账本,做会计的儿子终于忍不住开口问道:"爸,你为什么不改一改记账的方法,把一切都算得清楚一些呢?难道你就不怕亏本吗?"

老人听后笑着说道:"这个不用算,即便是不记账,我自己心里也有数。"儿子还是不明白:"那你平时是怎么计算利润和成本的呢?"

老人看着满脸疑问的儿子,缓缓地说道:"我从小在农村长大,当我还是个小孩子的时候,家里的生活过得很艰苦。你爷爷去世的时候,只留下了一条蓝布裤和一双黑布鞋给我。打那之后,我就离开了村子,只身一人来到这个小镇上。我拼命地工作,努力为自己赚取生活费,终于攒够钱开起了这家百货商店。后来又遇到了你的母亲,同她结婚之后,又有了你和你的妹妹。这一切,比起小时候的生活来,都让我感到幸福极了。所以,我的成本和利润计算起来很简单。就是用我现在所有的一切减去那条蓝布裤和那双黑布鞋。无论收入多少,我都是最大的受益者。"

生活活得其实就是一个充实饱满的过程,回首一路走来的路途,充斥在我们回忆里的不但有一生的得失输赢,更珍贵的是沿途美好的风景,这些都值得去享受,去珍惜。

快乐不在未来而在现在。很多人不快乐,因为他们总是企图按照一个难以实现的计划而生活。他们现在不是在享受,而是在等待将来发生的事情。他们以为等到自己找到好工作之后,买下房子以后,孩子大学毕业以后,完成某个任务或取得某种胜利以后,就会快乐起来。然而这种人一概都以失望而告终。

人生就像一场旅行,我们不要急不可耐地疾步向前,只为那景致最后的繁华,殊不知沿途才会有最让人留恋的美景,徜徉其中,悠然自得,才最美好不过。

幸福快乐都是自己给予自己的,如果没有一个好的心态,纵然多么成功,也可能只会在忧愁难安中度日,这样的生活才是最百无聊赖的。

著名教师李镇西曾在一次讲课快结束时给学生们讲了这样一个故事——"我有一个好朋友叫姚嗣芳,她是成都市特别有名的小学语文老师,三十多岁,课上得特别棒,很多学生到那所学校去就是想听她的课。她是一名普通的教师,被提拔为成都市锦江区教育局副局长后,很多人向她祝贺。我当时也想给她打个电话,因为忙就没有打。后来听说她腿摔断了,在家里养伤。一晃几个月过去了,之后,我们搞了个聚会,她没来,她所在学校的校长来了,我就问:'姚老师现在去当副局长了?'校长说:'没有,还在我们学校。''怎么回事?'校长说:'她不去呀!'大家都非常惊讶。

"于是,我给姚嗣芳打了个电话,电话里聊了很久。姚嗣芳不是张扬的人,她是非常朴实的一个人。她说,她只觉得做老师是最幸福的。很多人觉得她傻,多少人梦寐以求要当这个副局长。她说:‘我用尽了所有的关系去找领导谈,说服领导让我回到学校,就做一名普通的老师,无私奉献。’”

李镇西告诉学生们:“我认为,姚嗣芳既不傻也不高尚,她只是忠实于自己的心灵,实践并体验着自己的幸福观,仅此而已。”

生活本身就是一系列问题,如果你想要快乐,你就快乐吧,不要“有条件”盼快乐,而要把快乐当成自己的一种习惯。正如积极的心态能够加快一个人成功的步伐,快乐也可以让你拥有一个无悔的人生,让你生命中的每一天都能够坦然微笑。

生活本来就不复杂,幸福本来就很简单。心中无杂念,人生自在逍遥,幸福之感油然而生。

智者寄语

心无杂念的人,会比较容易得到幸福,就像向日葵,每天只要能对着太阳,就会很开心。

一花一世界,一树一菩提

有人说:“生命的过程就是追寻快乐的过程。”仔细想想,确实不错。我们几乎都处于这样的过程中,不断地苦苦追寻。但遗憾的是,即使我们走的路一样,也并不见得每个人都能找到属于自己的那一份快乐。

央视著名主持人白岩松曾经写过一本书叫《痛并快乐着》。翻开扉页,书中展示的是一个名主持人背后鲜为人知的坎坷征程,他在人生道路的攀爬中有着鲜明的快乐。仿佛不在乎这样做将要到达一个什么样的目标,而在乎的是享受痛苦中别样的快乐。

白氏人生阐释了一个浅显却让许多人花费一生的时间也没弄懂的问题:人生最大的快乐到底是什么?是为了穷尽精力去追寻成功后的快乐而感到快乐吗?不是的。经历人生,饱尝辛酸,久历风雨,就是一种快乐。因为你经受的是常人经历不到的最真实的人生,最能感触到生命边缘的颤动,感悟人生和生命的真谛,这才是你最大的收获。咖啡苦,不加糖的咖啡更苦,但就是那苦涩之中不一样的回味让它风靡全球。我们需要的,也是一种咖啡人生。

曾经有人做过这样一个调查:世界上谁是最快乐的人?接着,他们奔走于世界各地去寻找答案。在对所有的答案进行归总后,有 4 种答案频繁出现,而且相当有趣,它们分别是:为幼小的孩子擦洗身体的母亲,在沙地里堆砌城堡的孩子,吹着口哨欣赏自己新作的艺术家和通过几小时的全力抢救而挽回生命的大夫。

看到这些,你大概会发现,所谓“最快乐”的状态其实如此简单,而且它们都真实地存在于我们生活的周围。如果你肯用心去体会,哪怕是炎热夏季的一阵风、爱人递到手中的一杯水,都能让你感到至上的快乐。

世界名山无数,正是那些傲然不屈的脊梁吸引着无数登山运动员捷足而上,其中以珠穆朗玛峰为最。8848 米的世界第一高峰让他们充满征服自然的欲望。能站在世界最高峰俯瞰风云,傲立于苍穹,是今生最大的幸事,特别是对于痴爱登山的运动员来说。但真正能坚持到最后并成功登顶的毕竟是少数,更多的则在征服的路上跪倒在了珠峰难以逾越的胸怀里。稀薄的缺氧空气、恶劣的风暴天气,甚至随时的雪崩、骤然降温,给珠峰罩上了一层神秘的面纱,但也激发了登山者更大的挑战欲望。挑战的过程就是一种渐渐征服的快乐。

在这里,他们与生命的边缘或者说是死亡距离最近,随时能触摸到心脏停止跳动的僵硬。在登山的过程中,许多人长眠在了冰天雪地里,他们热爱登山,甚至把生命都献给了珠峰,但他们并不感到遗憾,经历过了,也就足够了,尝试过了,也就满足了。他们的快乐就在每一步的脚印之中,哪怕遭遇风雪,向前迈一步,就有多征服一尺的快乐。珠峰就是这样充满了魅力。

其实,人生中我们何尝不是在征服一座又一座的“山峰”,在登山路上寻求着属于自己的欢愉?我们并不强求一定到达终点,走在路上就是一种尝试,能欣赏到一路的风景就是一种收获。所以说,人生就是一段征程,我们只是一个个的行路人,用脚步丈量路途,而这每一步或深或浅的脚印就构成了属于自己的人生:为爱情跋涉,为生存奔波,为事业奋斗,为证明自己生命的质量和力量而倾力倾为。因为选择的路途不同,而展现出各种斑斓的人生长廊,说到底,都是为了心灵的某种寄托,给予自己一些慰藉,而不管收获的是快乐还是痛楚、遗憾。他们的心是快乐的,因为他们在做着自己喜欢做的事情,他们在自主地选择自己的人生道路,并自主地添加人生的内容,还有比这更快乐的事情吗?脚下的路就操纵在自己的手掌之中,这比任由别人来裁夺你的人生幸运得多了!所以,即便一路坎坷,遭遇风雨,也是快乐的,伴着汗水涟涟的微笑也是最灿烂的。

懂得寻求快乐的人永远是快乐的,哪怕在不堪忍受的逆境中;不懂得快乐的人永远是不快乐的,即使是在幸福的王国里也是如此。因为他们忽视了脚下的路,眼光跳过这段不平之地,只追求结果而丢掉了努力的过程。他们的眼中有了功利,永远也尝试不到用汗水浇灌的稻谷的乡土味道,他们尝到的,只是大棚里高温速成的人工蔬菜,哪能知道汗水的咸涩。

媒体经常报道某人横渡海峡,或驾车穿越撒哈拉沙漠,徒行欧洲大陆,极地探险等,这些超越自我的挑战,面临的将是意料之中更是意料之外的考验,不确定因素无法在事先考虑周全。尽管如此,这些人的举动是对人类极限的冲击,更是圆心中的一个梦想——至少我来过了。

得到结果的过程,才是更快乐的享受过程。

其实,我们觉得自己的人生无趣,是我们忘了留意身边美好的东西,只要留心去欣赏美景,一切都会变得不同。很多时候,并不是生命中缺少快乐,而是我们浮躁的追寻使得心灵蒙了尘,以至于将快乐的元素掩盖了起来。

有一对夫妻,他们因为深爱对方而结婚。但随着时间的推移,男人对女人的感情越来越淡,他觉得起初那个让自己喜欢的女孩似乎正在渐渐消失。在他看来,婚姻确实是一件磨人的事情。

某天下午,男人坐在沙发上享受难得的休闲时光。他随手拿起放在手边的一份杂志,不一会儿,就被其中一篇表达对婚姻生活失望的文章所吸引了。从文风看,作者应该是一名女性,她优美的文风和淡淡的惆怅竟让男人有了一种爱怜和心动的感觉。

于是,男人决定写一封信结识一下她。在信中他写道:“像你这样一个拥有才情和细腻情感的女子,你的丈夫为何会不懂得去珍惜呢?”然后,他将信封封口后写上了编辑部的地址,希望他们可以代为转交。

之后的日子,男人一直期盼着来自那位女子的答复。但是,两个月过去了,那封信就像石沉大海一样没有一点回音。

男人从满怀希望到渐渐失望,最后彻底死心了。然而,令他没有想到的是,有一天他在找东西的时候,忽然发现了自己写的那封信。为了弄清楚,他急忙去问妻子。妻子淡淡地答道:“是一个读者寄来的,一直没有答复。”

听到这个消息,男人相当惊讶,继而又释然了:这几年中,他居然忘了自己妻子的才华,她曾经写了不少好文章,只是日常生活的琐碎与繁杂让她将这份爱好淡忘了。

男人意识到是自己对身边的美好事物关注得太少了,再次仔细望着妻子的脸,男人才发现,其实妻子仍然还是那么美丽。于是,他再次像刚认识时那样将妻子深情地揽进了怀里。

我们一直满心追寻的风景也许就在我们的身边,关键在于我们能否一直保持那份欣赏风景的心情。生活中,人们用太少的时间去欣赏,而把过多的时间留给了抱怨和不开心。工作的时候,抱怨待遇太低;失业的时候,抱怨老板不讲情理;应聘的时候,抱怨世间缺少伯乐;婚姻的过程中,抱怨好伴侣总是在别人家里……总之,人生灰暗,似乎一切努力都是一种浪费。

用心另眼看世界吧,这世上不是每个人都很顺利,关键是看自己怎么解决。比如你走路的时候被人撞了,别人给你道歉了,有时候你还是会觉得很火,但是你却没想到撞你的人心里其实比你还难受,还是想想“开心也是一天,不开心也是一天,何不如天天开心”这句话吧。

心情不好时就不用想它,如果还是想,那就让自己忙起来,让自己没有空闲去想它,让自己充实地过好每一分钟。再有,早晨醒了以后不要恋床,醒了就忙起来,推开窗,呼吸清晨的新鲜空气,放松全身,把自己想象成一个快乐的小天使……

智者寄语

生容易,活容易,生活却不容易。别发愁,这个社会和你差不多的人还有很多,但是都快乐地生活着。并不是每个人都能成功,只要你努力对待每件事情,对生活认真一点,只要你认真对待每一天,不管你的人生怎么样,相信都是精彩的。

情绪拨动心态,心态决定健康

民间有一首宽心谣,其歌词是:“日出东海落西山,愁也一天喜也一天。遇事不钻牛角尖,人也舒坦心也舒坦。手中不缺零花钱,多也喜欢少也喜欢。少荤多素日三餐,粗也香甜细也香甜。新旧衣服不挑选,好也御寒差也御寒。常和知己聊聊天,古也谈谈今也谈谈。全家老少互慰勉,贫也相安富也相安。内孙外孙同样看,儿也喜欢女也喜欢。早晚操劳勤锻炼,忙也乐观闲也乐观。心宽体健养天年,不是神仙胜似神仙。”

以此来看,情绪掌握心态,心态决定健康。

人的性格与心理状态直接相关,也与生理健康密切相关。一般而言,性情孤僻、心胸狭窄的人,由于其情绪经常处于不稳定的状态,也会产生一些身体的疾病;而性情开朗、乐观的人,其体魄也往往比较健康。因此,人们在日常生活中应该注意营养调摄和身体锻炼,更重要的是要陶冶自己的情操,开阔胸怀,避免持续的情绪紧张。如果长时间抑郁不愉快时,必定会出现身体上的不适。

一些负面的情绪和心态,如压抑、愤怒、懊恼、悔恨、担心、恐惧……在“心态决定健康”的理念里,每一种负面的情绪都会引发某种疾病。传统中医也有类似的观念:过怒伤肝,过喜伤心,过思伤脾,过悲伤肺,过恐伤肾。当然,人不可能不产生负面的情绪,关键是及时调节,不要长时间地沉浸其中。

情绪虽然是个体的心理活动，但它与每个人的学习、工作和生活等方方面面都息息相关。积极、向上、快乐的情绪有益于个人的身心健康；相反，消极、不良的情绪会影响个人的身心健康，抑制个人智力的发展和正常水平的发挥。

人生在世，不会一帆风顺，欢乐与苦恼总是如影随形。因此，学会把握心态，学会宽心，放松生活，那么健康自然如影随形了。

有这样两个人，他俩在同年同月被查出患膀胱癌。五年过去了，一个病状消失，另一个的坟上早已长满了青草。健在者，他认为战胜癌症主要是提高自己的抗病能力，增加免疫力，在手术化疗后，他静心地调养身体，利用空闲时间学书法、绘画、练气功，且每日清晨必行走5公里。如今，以前的疾病早已荡然无存，体质也好了，而且行走轻快，反应灵敏。他除了接受医院治疗外，把战胜癌症的主要责任放在自己肩上，做自己的“主治大夫”，靠自己的力量与癌症抗争。

另一位则不然，他得知自己患上癌症之后，心情抑郁态度消沉，每天沉浸在悲痛的阴影之下，尽管医院也为他做了治疗，然而，遗憾的是这都没能留住他的生命。

殊不知最好的医生是自己，最好的药物是宽心的心态和奋争精神。

上海民族乐团著名的二胡演奏家闵惠芬，她演奏的《二泉映月》曾倾倒了千万听众。不幸的是，恶性黑色素瘤找上了她。她先后接受了6次手术、15次化疗。在医护人员的精心治疗和鼓励下，一次又一次击退黑色肿瘤细胞的侵袭，三次阻断肿瘤细胞的转移。在漫长的治疗过程中，她以坚韧的毅力忍受着癌症带来的种种痛苦和精神的折磨。六年后，她重返舞台。这是生命的奇迹，闪耀着任何疾病都不能摧毁人类意志的光辉。

对于身患癌症却最终康复的人，科学家们普遍认为是豁达的人生态度、积极的情绪使免疫细胞活跃起来，从而获得与疾病抗争的能力。北京抗癌乐园的创始人高文彬给同病相怜之人做了最好的例证。他的房间里有个自制条幅，上书：“有幸得癌。”他解释说：因为得癌，才要战胜癌症，才丰富了我的人生。

癌症不同情弱者，眼泪只能加快死亡。泪水不能洗刷癌魔给生命带来的伤害，明智者知道应该如何爱护自己：那就是振作起来，自己拯救自己，创造生命的奇迹，重新走进生命的绿洲。

癌症不相信眼泪，需要的是宽心的心态。

心态就是一个人对于人生所引发的一系列的生活处世态度。心态从一定的实际意义上也决定了人们的生理心理是否能够维持在一定水平线上的重要健康因子。

心态好了，人的身心也就自然能朝着一种良好而健康的方向发展，继而身体内的器官能相互呼应，相互协调。

拥有了好的心态，也就等同于在一定的程度上拥有了健康的体魄和健康的人生观。拥有了好的心态，也就等于给自己的身体在拥有了健康和正常的饮食作息生活习惯的同时，拥有了很不错的健康生活方式。

经历挫折不可怕，可怕的是遇见挫折而一蹶不振。心态健康的人们，往往会对于人生或悲或喜的跌宕起伏所导致的人生旅途上的大起大落，拥有一种勇敢而坚强的态度。

心态好的人，不会对一时的挫折和失败以及对自己或是身边所经历和承受的恶劣环境，抱着一种自暴自弃的态度，相反，他们会哪里摔倒哪里爬起来，拍拍身上的尘灰，目视前方，继续坚强地向前走。

拥有了好的心态，凡事都要给自己一个开心的理由，不迷失人生方向，不沉沦在眼前一时的恶劣环境里。这样，才能从根本上真正地拥有一个健康的好身体。

智者寄语

有很多人苦恼于心头那久久不得痊愈的“心病”而终日闷闷不乐。可以这样讲，拥有健康的心态在某种程度上可以大大减少感染心病的概率，甚至还能拆毁很多疾病的温床。

那些幸福的笑容背后

笑是人们愉悦心情的表露，也是被公认的最美丽的表情。真诚的微笑能够拉近人与人之间的距离，一个发自内心的笑容能够点亮一张平凡的脸，由内而外地散发出光彩。

在我们年幼的时候，几乎每个人的笑容都显得甜美幸福。但是，随着我们渐渐成长，点点滴滴的经历让大家的笑容变得却不再一样。有人说，笑容是生活的附属品，是生活主宰了笑容。其实并非如此。很多时候，决定人生质量的正是被我们当成附属品的笑容。

美国心理学家发现，眼睛能泄露人的感情，笑容却可以预测人生。

加州大学心理学院的克尔特纳博士曾经进行过一项实验，通过研究111名21岁女生大学时代的照片，分析她们微笑时嘴角上扬的弧度、脸颊因肌肉收缩而隆起的程度、眼角的皱纹、眼袋等，将她们笑容中流露的积极正面情感进行分级，并在她们27、43和52岁时，对她们进行测试。结果发现，当年在合影中笑得较富积极情感的，大多婚姻成功、生活优裕。

有时候，笑也是一种力量，笑通向快乐，通向健康，给人积极、正面的影响。

喜欢笑的人更容易从平凡的生活中发现闪光点，让自己的心情保持愉悦，乐观积极地生活。即使遇到挫折，也不纠结于失意的情绪中无法自拔，而是积极寻找解决的方法，让自己的人生保持向上的姿态。

人生苦短，韶华易逝，生命中有太多风景迤逦的高峰等着我们去攀登，假如一次跌倒就选择了坐在原地哭泣，无限的美景又怎能尽收眼底？

正如巴尔扎克所说：“苦难对于天才是块垫脚石，对能干的人是财富，对弱者是一个万丈深渊。”

一位年事已高的公司总裁想要找一个合适的人来接替自己的位置，但经过多年的观察，他觉得身边的人没有一个适合这个职位。

这一年夏天，他开车回到老家度假。一进村子，刚好赶上有一家在摆酒，那家的院子里挤满了前来恭贺的乡亲们，场面热闹非凡。总裁好久没有看到这样喜气的景象，兴致勃勃地将车停在了路边，走上前去询问情况。原来是一个年轻的小伙子在庆祝自己的新屋建成，总裁受到热情邀请，也加入了宴席。

宴席摆在了院子里，大家都说着恭贺的祝词，举杯交盏。可正当大家兴致正浓之时，突然背后传来“轰隆”一声巨响，新盖的房子居然塌了。所幸的是大家意识到情形之后及时闪躲，并没有人受到伤害。

看到这样的情形，年轻人的父母顿时泪流满面，继而号啕大哭起来。众乡亲知道这间房子本来是给年轻人结婚使用的新房，心想他一定难过极了。于是，便极力安慰年轻人一家，希望他们不要太过悲伤。可没想到的是，这时的年轻人微笑着端起了酒杯说："没事，如果房子不塌，或许我就再也不想努力了，大概一辈子都会住在这里了。现在房子塌了，就证明它不够好，说明我还得再努力，将来一定能住上比这更好的房子。来，我们为了我的下一套新房和美好的生活干杯吧！"

这样一说，乡亲们都停止了各自的惋惜，年轻人的父母也渐渐恢复了平静。接着，大家继续畅饮一直到了晚上。

晚上，总裁回到亲戚家中，提起了这个年轻人。亲戚告诉他："那孩子很有骨气，高考没考上大学，就到城里去打工了，据说刚到城里的时候苦得要命，但他从来都没有抱怨过什么，一天到晚总是笑呵呵的。后来，境况渐渐地好了起来。他用打工挣来的钱养活父母，那房子也是他自己出钱盖的。"

那天晚上，这位总裁做了一个决定。

几天后，他回到公司，便立刻与年轻人取得了联系，希望他能来自己的公司上班。之后的日子里，总裁很用心地去不断培养他。最终在退休时，极力推荐这位青年接替了自己的位置。这个决定，起初遭到了其他董事们的一致反对，他们觉得，总裁不应该将这么重要的位置交给一个学历低、又没有多少经验和阅历的年轻人。但这位总裁说："一个人的才能不光表现在他的硬件条件上，最主要的是思想和心态。知识可以慢慢学，阅历也会随着年龄一点点增长，但心态很难在短时间内改变。我之所以会选择他，正是因为我知道他具有难得的乐观品质，不管在什么情况下，他都不会对自己、对生活及对自己所做的事情失去信心。只有对公司有这样的信念，我们的企业才有发展的机会。"

最终，这位年轻人赢得了董事会成员的认可，并在以后的日子里带领团队积极向上地发展着。几年之后，果真在纷繁复杂的商业大潮中脱颖而出，树立起了自己的企业品牌。

人生就是这样，生命不息，纷扰不止，而一颗宽容的心总能化戾气为祥和，一缕温暖的笑就能给生活增添一道亮光。一个人能够笑对灾难，就更能够获得机遇之神的垂爱。因为谁都喜欢微笑着的面孔，包括机遇。

智者寄语

敞开心怀，放过自己吧！笑容在饱经忧患的脸上更加灿烂。保持乐观的心态，原谅这世界的不公。只要你相信人生如茶，苦涩过后总有甘甜。那么，即便眼前的门都被关闭，微笑也会为你打开一扇春光明媚的窗。

好心态比一切都重要

每个人的出身不同，成长环境不同，生活际遇更是天差地别，但一个人的起点不能决定他的终点，环境、资源、机遇等外界因素不是决定一个人命运的关键。佛说，物随心转，境由心造，烦恼皆由心生。就是说一个人有什么样的精神状态就会得到什么样的人生际遇。

美国成功学大师拿破仑·希尔说："人与人之间只有很小的差异，这种很小的差异就是你所具备的心态是积极的还是消极的，巨大的差异就是成功和失败的差异。"能够始终用最积极的思考、最乐观的精神和最辉煌的经验支配和控制自己人生的人最终将获得成功。与之相反，失败者的人生总是受过去的种种失败与疑虑所引导、支配。

心态的力量可以将人带向巅峰,也可能使人跌下深渊,人的一生做出的各种选择都取决于自己的心态,心态对于人的事业、生活乃至生命都有重大的影响。

有4个人同行,其中有一个失明的人,一个失聪的人,另外两个则是健全的人。

他们来到了一个地势险要的峡谷旁,涧底奔腾着湍急的水流。这是他们继续前行的唯一道路,他们必须穿越这条河流,但是河上并没有坚实的桥梁,只有几根光秃秃的铁索横亘在峡谷之间。

思索一番之后,4个人决定过河。他们一个挨着一个紧紧地抓住绳索,凌空前行。起初,大家都在担心失明者,结果失明者和失聪者都顺利地渡过了河面,而两个正常人中有一个跌下了峡谷,丢了性命。

当另外的3个人到达目的地并将这件事情告诉别人时,大家都觉得奇怪。为什么两个身患残疾的人能平安渡过河面,而耳聪目明的人却丧了命呢?难道说,他的行动力还比不上盲人和聋人吗?

于是,感到惊奇的人们便开始询问他们过河时的心理和情形。

失明的人说:“他们都说那里山高水深,又没有桥,十分危险,可是我看不见,也想象不出真实的情形,所以就按着从前过小桥一样的方法稳稳地抓住绳索向前走,一会儿就到达地面了。”

失聪的人说:“当时的地势确实很险要,但是我只看得到下面河水的翻腾,却听不到一点咆哮的声音,所以并不觉得它有多可怕,也就平安地过了桥。”

那个生存下来的健全人说:“我当时想的是,虽然地势险要、水流湍急,但是我的目的是要到峡谷的对面去,那我就专心过我的桥,只注意每一步都踏实落稳,其他的都和我没有关系。”

这时,人们才明白,那个丧命的不幸者真是吃了耳聪目明又心态不佳的亏。

我们的人生就像是攀附铁索,之所以过得不舒心、不如意,不是因为力量的孱弱,也不是因为智商的低下,而是被周围的环境和他人的声势所威慑,先让自己的心跌入了恐惧的低谷中。那么,成功和幸福自然也就变成了一种奢望。

所以我们的知识、教养、社会地位并非我们追求快乐和美好生活的决定性因素,只有心态的好坏才是决定一切的前提。拥有积极向上的心态,就等于拥有了完美的生活。

美国成功学大师拿破仑·希尔将积极的心态列为人生十二大财富之首。他认为人的心态有一种特殊的“吸引力”,能将一切快乐、豁达、恐惧、绝望转化成的物质财富或厄运带到我们的身边。

维特最近一直都愁眉不展,忧心忡忡。他几乎对生活中的每一件事情都感到担心:害怕自己会给别人留下不良印象;觉得自己太瘦了,身体可能存在某种问题;自己总是在莫名其妙地掉头发,担心某一天变成秃子;担心自己的工作不能带来丰厚的经济收入以供结婚之用……总之,在他的心中,他觉得自己简直糟糕透了,甚至像一个废物一样,什么都做不好。

于是,在重大的精神压力之下,维特辞去了自己的工作。但是,状况却变得更加糟糕了。他变得越来越紧张,而且丝毫没有安全感。他刻意躲避每一个人,甚至不愿意与自己的家人交谈。他的内心充满了恐惧,只要有一点声音,都能将他吓得跳起来或者蹲在角落里哭泣。渐渐地,他产生了一种被所有人抛弃的感觉,甚至想到了自杀。

后来,维特在将自己关在屋子里整整两天两夜之后,做出了一个决定——去阿拉斯加州旅行,他希望新的环境能够对自己有所帮助。

出发的那天,父亲去送行,火车出发的前一刻,父亲将一封信递到了他的手上,并嘱咐他一定要等到了阿拉斯加州之后再打开。

到达阿拉斯加州之后,正好赶上了那里的旅游旺季,好一点儿的宾馆已经没有空房间了,最终,他只好找了一个汽车旅馆暂时住了下来。接下来的几天,维特又找了一份工作。但是新的工作还是让他感到压力重重,很不满意。于是,他再一次辞了职,索性每天躺在旅馆外边的躺椅上看书看报、享受阳光。但是,这样的生活也并没有带给他快乐,甚至比在家的时候更令他感到难过。

就在维特感到手足无措的时候,他想起了父亲交给他的那封信。他将它翻找了出来,想看看父亲说了些什么。

信中,父亲写道:

"亲爱的儿子,你现在已经离家2000多英里了,但我想现在的你大概并没有觉得生活发生了多大的转变,对不对?我之所以能够知道这些,是因为你在走的时候也一并将你难过的根源带走了,它就是你的内心,你的心态。其实,你的身体和所遇到的情况都没有什么糟糕的地方,真正糟糕的是你对这些事情的可怕想象。而你想什么的时候,事情往往就真的会变成那个样子,所以你才会身在何处都感到痛苦。假如你已经意识到了这一点之后,那就回家来吧!因为你的痛苦马上就可以消除了。而你,应该带着新的自己好好生活。"

读完父亲的信,维特觉得十分生气。他觉得自己在这样的状态之下得到的应该是大家的同情,而不是一通教训。他将信撕了个粉碎,决定这一辈子都不再回家。

几天后,维特身上的钱用完了。到了晚上,他无处可去,只能在大马路上随意游荡。途中路过一个教堂,那里正在举行礼拜。百无聊赖的维特走了进去,听了一场名为"能征服内心,强过能攻占城池"的讲道。

在那场讲道中,维特听到了几乎和父亲信中如出一辙的说法。讲道结束后,维特脑子里所有的胡思乱想都被一扫而空了。他开始认真地思考自己的状态和人生,并感到这是自己头一次能够清醒而又理智地去考虑问题。

一番思索之后,维特发现自己简直是一个彻头彻尾的傻瓜,他曾想改变这个世界和世界上所有的人,他认为所有的一切都应转变,却从来没有想过要改变自己。

第二天一早,维特便踏上了回家的列车。几天之后,他调整了自己的状态,重新规划人生,并回到了原来的公司努力工作。半年之后,他与自己一直喜欢但又担心失去的女孩子举行了婚礼,并从此拥有了一个幸福的家庭。

维特越来越感受到了生活的美好和充实,也了解了自己真正的生命价值。自那之后,每当感到不安的时候,维特都会在第一时间告诉自己:只要把内心的焦距调好,一切就都好了。

智者寄语

我们内心的安宁和那些从生活中所获得的快乐,并不在于我们是什么人、拥有多少财富或者身在何处,而在于我们的心态如何。就像拿破仑·希尔所说的:"你的心态就是你真正的主人,要么你去驾驭生命,要么是生命驾驭你,你的心态决定谁是坐骑,谁是骑师。"保持良好的心态,让自己处于向上的姿态,心在哪里,成功就在哪里。

赢了高兴，输了也开心

能够永远一帆风顺地站在赢得胜利的领奖台上是每个人的理想。然而，人生一世难免遭遇失败，现实的人生需要我们经历各种失败和输局，我们必须做好心理准备。胜败实乃兵家常事，也是人生的常事。人们不仅要赢得开心，也要输得坦然。

在一次长跑比赛中，有几十个被挑选出来的高手参加了角逐。但是，奖项只有3个，因此，竞争就显得格外激烈。在他们的心里，不仅是在为了奖杯而战，也是在为自己的荣誉而战。

枪响之后，选手们像离弦的箭一样冲了出去。其中有一个选手一直都遥遥领先，但是就在即将到达终点的时候，他却突然踉跄了一下，差点跌倒在地。就是这个突发的失误，使他与奖牌失之交臂，只获得了第四名。

为此，他遭受了比那些成绩更糟的选手更多的责难。

"再坚持一下就成功了，却在最不该失误的地方犯了错误。"比较宽容一点的人这样说。

"真是失望透顶，跑成这个样子，跟倒数第一有什么区别?"犀利一点的人这样说。

其实，所有人都觉得在这种时候，即使没有人去说什么，那个选手也应该是最痛苦的人。然而，面对这么多人的责备，这个选手却显得十分坦然，没有表现出丝毫悲伤的神色。

"难道你不为自己感到遗憾吗?"有人不解地问。

"没什么好遗憾的，失误是我自己造成的。再说，我虽然没有拿到奖项，但我却是所有没获得名次的选手里的第一名啊!"

谁说没有拿到名次就跟跑倒数第一没什么区别？能够在这样的状态下抱有豁达的态度，远比名次和奖品更为珍贵。只有把输赢看淡，赢得起也输得起的人，才有机会取得更大的成就。

就像有人说的那样："世上没有永远的失败，如果我一千次跌倒了，那么我就会一千零一次爬起来，也绝不向任何一次失败低头。"有这种想法的人一定不会永远与失败相伴。

第二次世界大战结束后，德国由于战败，使很多城市都变成了废墟，人们的生活受到了很大影响。然而，就在这样的状态之下，一位去柏林采访的美国记者却惊奇地发现：在这一片片的残垣断壁之中，很多德国市民都在窗台上摆放了一盆盆的鲜花！很难想象，一个战败的国家，一个在战争中遭受了重创的民族，竟然还能拥有这样的心境。那些鲜花是他们对美好生活的憧憬和希望。果然，在不久之后，这个生命力极强的民族就再一次崛起了。

真正的强者总把输当作挑战，而那些不能将输赢看淡的人，却会格外认真地去计较这一切，结果很可能会事与愿违。生活中，我们经常见到这样一些人，当他们遇到挫折时，思想就会渐渐趋向崩溃的边缘，要么想方设法地逃避现实，要么就选择自暴自弃。他们在没有看到事情的真相时就已经被生活打败了，这真是一种莫大的遗憾和悲哀。

其实，输赢不过是一种人生的状态，也都是暂时的。在我们每个人的一生中，随时都会碰上输的情况。在一件事情上输了，并不代表永远会输。所以，输的时候，不要灰心也不要抱怨，耐心一点，坦然面对，我们就总能赢来胜利的一天。

其实，人生在世，输赢是相对存在的，如果没有输，哪里会有赢？就像若不曾尝过苦，就不能品出甜的滋味。所以，当我们输的时候，同时也应该庆幸，这让我们重新有了赢的机会。当生命经历过这样的输赢转合之后，才会变得异常深刻。

智者寄语

人生无论成败，都没有必要牢记在心。不妨活得糊涂一点，输也开心，才会少一些压力，使以后的生命之路更加平坦顺畅。

世上没有不开心的事，只有不肯快乐的心

在威尼斯的一座高山上，住着一位年老的智者。人们都盛传他具有超强的智慧，能够回答任何一个问题。

然而，有一个自认聪明的年轻人却不以为然，甚至觉得因他的智慧足以愚弄老人一下。

这天，他抓来了一只小鸟，然后来到了智者的面前，问："听说你能够回答任何问题，现在我这里有一个问题想要问你，看你能不能答得出来。"

"我不像你说的那样具有那么大的能力，不过你可以说出你的问题来看看。"智者答道。

年轻人接着问："现在我的手中有一只小鸟，你能告诉我它是活的还是死的吗？"

老人听后，微笑着回答道："年轻人，为了你手中那个生灵的性命，我不能回答这个问题。如果我说这只鸟是活的，你就会马上捏死它，假如我说它是死的，你就会张开手让它飞走。瞧，生死大权都掌握在你的手中。"

在我们的世界里，之所以会有那么多忧愁和烦恼，并不是因为我们遭遇了多少厄运和不幸，而是我们自己的内心不愿意去选择快乐。就像那位年轻人的手中掌握着鸟儿的生死大权一样，我们每个人的手里也掌控着自己哀乐的大权。

假如你的心中总是充满了凄凉和悲哀，不再存有对美好生活的感受和渴望，那么你看任何色彩鲜活的东西都会认为它是灰色的；假如你的心是快乐跳跃的，即使乌云密布，你也会因为即将看到风雨后的彩虹而欣喜不已。

有一位国王做了这样一个梦：山倒了，水枯了，花也谢了。醒来之后，他对这个奇怪的梦境耿耿于怀，便说给了王后听，并希望能够得到解释。

王后听说后，忧心忡忡地说："陛下，这个梦境怕是不祥的预兆，山倒了，指江山要倒；君是舟，民是水，水枯了代表民心叛离，舟也就不能正常行驶了；花谢了，怕是指大势衰败，好景不长了。"

国王觉得王后的解释似乎颇有道理，继而惊出一身冷汗，一病不起，且愈来愈重。

一位大臣对于国王的突然病倒感到十分奇怪，便要求进宫去参见国王。国王在病榻上将自己的心事告诉了大臣，哪知大臣听后竟哈哈大笑起来："陛下，您做了这样一个好梦，为什么要为它担忧呢？山倒了指从此天下太平；陛下您是真龙天子，水枯之时真龙才能现身啊；花谢这是收获的预兆，花谢之后才能见到果子长出来嘛！"

国王听到这样一番解释之后，立即感到全身轻松，病情也很快痊愈了。

所有的欢乐和忧伤都在我们自己的心里。重要的不是你遇到了什么样的人，在什么样的环境之下生活，而在于你选择把自己的哪一种理解和感受放在了首位。

其实，生活的本质就像是一杯无色无味的白开水，你可以随心所欲地去调配它。如果选择放进一点盐，它就是咸的；如果选择加一点糖，它就会变得无比甘甜。对于味道的左右，全在于你自己的心情。

就像有句话说的那样："生活中从来不缺少美，而是缺乏发现美的眼睛。"同样，生活中并没有剥夺快乐的事情，只有不肯去感受快乐的心。

有一个人整天茶饭不思、忧心忡忡，身体也在急剧地消瘦，但检查身体时，却发现一切健康指标都是正常的。他为自己的状况感到担忧，于是便决定去看心理医生。

心理医生一见到他就开口问："你是不是觉得自己的心中满是痛苦？"

这个人对于医生的问话感到相当惊讶——他居然如此了解自己。于是，他像是遇到了知音一样开始诉说起了自己的苦恼——其实那些在旁人看来不过都是些鸡毛蒜皮的小事。

比如，楼上的邻居每晚都会在深夜还制造出各种声响，惹得他不能安心睡觉；对门的那家人太没礼貌，总是一脸冷若冰霜地不肯跟他打招呼；小区的治安不太好，他曾几次看到有几个形迹可疑的人到处转悠，担心自己家中某天会被盗窃；已经在单位工作了5年，可老板一点都没有给他升职加薪的意思；一直和一个同事关系很好，但最近却发现他居然在背后说自己的坏话……诸如此类的事情，让他觉得自己的生活简直没意思透了。

一个小时之后，他的唠叨总算停止了。心理医生微笑着问他："您和太太的感情如何？"

这时，他终于松开了紧锁的眉头，面带笑容地说道："哦，我们感情很好，她是一位绝对的好太太，我们结婚8年了，从来没有吵过架。"

心理医生点了点头继续笑着问道："那你们有孩子吗？他们怎么样？"

"是的，我有一个4岁的儿子和一个两岁的女儿，他们都聪明活泼，惹人喜爱。"

然后，心理医生又问了他许多诸如此类的问题，并且将他所有的回答都一一记在了纸上。

最后，心理医生把两张纸摆在了他的面前说道："在这两张纸上，一张记载着你的苦恼，一张写满了你的快乐。而你却只看到了苦恼的这一张，而忽视了身边的快乐。治病的良方就在这张写满快乐的纸上。"

亨利曾在自己的诗句中这样写道："我是命运的主人，我主宰自己的心灵。"的确，决定你的生活是悲伤还是快乐的人只有你自己。如果你认为生活是不快乐的，那么它就是不快乐的，并且会因为你的消极对待而变得更加糟糕。但如果你认为一切逆境都没法影响你快乐的内心，那么你就可以通过自己的努力让生活变得更加精彩。

你必须随时掌控好自己的心舵，下达命令，来支配自己的命运。不要遇到不平的事情就生气，遇到了逆境就悲伤。这样也许是顺其自然的反应，但并不是好的现象。

想要幸福的你必须时刻谨记：生活可以糟糕透顶，但内心却要保持快乐。叔本华说："人们不受事物影响，却受到对事物看法的影响。"不要总是抱怨自己时运不济，也不要责怪周围的环境有多么糟糕，一切的好与坏都源自你的心态。你可以让自己生活在地狱，也可以让自己生活在天堂，决定权都在于你的心。如果你的心态是积极的，那么不管遇到多么糟糕的事情,都能找到化解的方法。

智者寄语

与其每天被这样或那样零碎的突发事件搞得神经紧张,心情恶劣,不如平静下来,调整心态。从现在起,将烦恼统统抛开。张开双手去拥抱快乐,去欣赏一切,去爱一切。释迦牟尼说过:"妥善调整过的自己,比世上任何君王更加尊贵。"只要能掌握好自己的心舵,永远保持一颗快乐的心,那么我们就能收获更多的美好与喜悦。

做自己心态的主人

没有烦恼的时候,无论是对待生活还是对待工作,我们都充满了信心;带着烦恼做事,往往让人觉得困难重重。可见,烦恼是我们的敌人,是影响我们生活质量和幸福感的关键因素之一。然而烦恼究竟从何而来呢?其实烦恼皆由心生。所以,要彻底消除烦恼,就要着力于改变人的内心。治心的关键在于看破,看破后才能做到放下,放下后即得自在,自在则无烦恼。而看破需要智慧,放下需要定力。

为什么有些人能够很好地驾驭自己的命运,而有些人却成为命运手中的玩偶了呢?为什么有些人能比其他人赚更多的钱、拥有更好的工作和更和谐的人际关系,整天快快乐乐,拥有更高品质的生活,而另一些人忙忙碌碌大半辈子却只能勉强糊口呢?

都是只有一个脑袋一双手,但为什么有那么多人能够冲破万难建功立业,而有的人却不行呢?

心理学家发现,这其中的差别就在于人的"心态"。

有两位70岁高龄的老太太,一位认为生命已经进入风烛残年,于是她开始安排自己的身后事;另一位却认为即使自己的年龄再大,也一样可以做自己想做的事情,抱着这样的心态,她开始学习登山。后来,她攀越了数座高山,其中不乏世界有名的高峰。就在她95岁高龄时,创造了日本富士山攀登者的年龄最高纪录。这位令人敬佩的老太太就是著名的胡达·克鲁斯。

一个拥有积极心态的人就能够驾驭自己的命运,胡达·克鲁斯老太太的壮举正验证了这一点。

良好的心态在人的一生中起着关键的指导作用。记住,一念之差决定了你和命运之间谁是坐骑,谁是骑手。

用电脑的人都知道,电脑的磁盘空间是需要经常清理的,否则日常使用过程中产生的系统垃圾就会占去过多空间,从而影响电脑的运行速度;房间一经清扫,焕然一新的感觉总让人有种说不出的愉悦;理完发的感觉也十分清爽……人的心灵也是一样,我们不能什么都扔掉,也不能什么都留着。对于过往的经历,取其精华、弃其糟粕才是明智的做法。这样我们就能用轻松自在的心态继续走未来的路。

小孩子比成人要快乐得多,因为他们没有过多的心事,也没有不必要的忧虑;而成人则不同,心里有太多在岁月中积淀下来的积压物,还有太多自己凭空想象出来的复杂及很多被主观放大了的痛苦。

心灵世界包藏着很多东西,美、丑、善、恶、名利、金钱……那么,什么才是我们应该作为财富保留下来的？什么又是我们应该当成垃圾清理掉的呢？

富兰克林曾说过："金钱和权势并不是真正的财富，如果依赖于它们，无疑相当于在滑溜溜的石头上行走。"是的，无私的美德和纯洁的思想才是真正意义上的财富，人必须掌握一种能力使我们的财富增值。这就需要有一颗干净清洁的心灵，如此，人生也会随之改变。

自私、虚荣、狡诈、贪婪、仇恨、愤怒、骄傲、任性、顽固……这些都是堆积在心灵里的垃圾；而慷慨、热情、友善、纯洁、无私、忍让、温和……这些都是净化心灵、促进财富增值的智慧之源。

我们要丢掉垃圾，把一切消极心态统统扫地出门。

智者寄语

烦恼皆由心生，在人的精神世界里，偶尔有烦恼是很正常的，但如果烦恼太多、太重，势必会影响工作、学习乃至健康。真正聪明的人，不会逃避现实，而是坦然地去面对，以积极的心态勇敢地接受各种生活上、工作上的压力和不顺心。

有时候，快乐只是一个角度的问题

看过一段经典对白，内容是这样的：

一天，白领甲见白领乙忧心忡忡，便打趣地问道："美女，有什么不开心吗？"

白领乙一脸的茫然和无奈，并深深地发出一声叹息。

白领甲问："你以前上班都是挤公共汽车吧？"

白领乙说："是啊，挤得跟相片似的。"

"经济条件也没有现在好吧？"白领甲又问。

"那当然。"白领乙回答说。

白领甲听后笑了，一脸的阳光，对白领乙说："好日子过着，好车开着，还有什么不快乐的，你知道吗，很多人都很羡慕我们白领的生活呢！"

白领甲几句话，说得白领乙一切烦恼皆除，一身轻松。"如果站在快乐的角度，也总能看到足够使自己快乐的理由。"

所以，每当我们遇到一些烦心事时，应该像白领甲开导白领乙那样，换一个角度去感受快乐。

宋代诗人司马光描写梅雨时节时，说：黄梅时节家家雨。

宋代诗人曾几描写梅雨时节时，说：梅子黄时日日晴。

宋代诗人戴复古描写梅雨时节时，说：熟梅天气半阴晴。

同样的事物，三个人的观点却截然不同，这源于他们的心灵角度不同。快乐时，清风明月、碧海蓝天；悲伤时，乌云密布、阴雨连绵。

姐妹二人去海里捕鱼，一个说大海太荒凉，海上只有孤岛一座，另一个说大海真好，海里的孤岛上长满了各样的花朵。两个酒水推销员去一个边远部落考察，一个说：那里没有市场，他们从来不喝酒，另一个说：那里市场很大，酒水在那里一直就没机会被推广啊。

两个故事中的四个人，面对同一事物时，想法却大相径庭，是因为他们看问题的角度不同。上面的事例说明了一个问题：让人快乐的不是事物的本身，而是我们看问题的角度和心态。

其实，那些能从快乐的角度诠释人生的人们，并不是命运优待他们，总是能让他们遇到快乐的事，而是他们懂得如何面对困境、摆脱困境，并积极地苦中求乐。真正的快乐，来自于个人的把握，只有随时梳理好自己的情绪，调整自己的心态，改变自己看问题的角度，塞翁失马，焉知非福。只有这样，才能从无法改变的困境中找到快乐。

快乐没有固定的标准，快乐是一种角度。当生活不尽如人意时，换一个角度看，痛苦的旋律中也可能演奏出快乐的音符。所以，快乐只是转换角度的问题，用欣喜的眼睛看，无论什么事情都可以被赋予亮丽鲜活的色彩；若用悲凉的眼睛看待世界，可能只剩下黑暗凄清了。“乐观”一词，其实就蕴含了一种很简单的快乐方式。快乐的种子需要用心去孕育，才能脱离痛苦的土壤。

面对困境，生活的愚者会泥足深陷，不知所措；而生活的智者总能在困境中看到希望的另一面，并能够达到“苦中作乐”乃至“以苦为乐”的人生境界。当你被刀划伤手时，你的快乐是庆幸没有伤到脸，如果一个人能忽略手上的痛，庆幸自己没有被伤及面部而毁容，早该破涕为笑了。

任何事物的悲与喜、幸与不幸、快乐与悲伤常常是一个硬币的两面，一念之间的转换，就可以改变你心中的感受。当你拿起蜡烛时，看到只剩一小截了，快乐的人会想“真好，还有半截可以用来照明呢”；悲观的人则会想“唉，只剩下半截了，不够用啊”。当你抱怨手机被偷不能联系客户的时候，你不妨想“没有手机的日子也很不错啊，至少可以享受清静不被打扰的生活了”。这是一种转换角度看问题的方法，它超越了常人固有的心态，同样可以获得快乐。

快乐是一种阳光的心态，是来自对生活的热爱和激情。生活的脚步永远不会停歇，如果一味地沉浸在悲伤的状态中，那又怎么能抛开不健康的心结、积极进取、跟上时代的步伐呢？

曾经看到电视里采访一个贫困大学生，大家都很钦佩他不畏困境、积极面对的精神，当记者最后让他说句话时，他没有语出惊人，只是说了一句很简单的话：“不管生活给了我什么，我都会用快乐的微笑来面对生活。”能说出这种话的人，绝对不是一个简单的人，因为大家都知道这个“笑”字背后的分量有多重，而真正能做到笑对人生的人，就已经超越了生活中的任何艰难险阻了。

有过这样一则报道：

> 在某高校有位相貌丑陋、身体残疾的女教师，她的脸上永远都洋溢着自信的微笑，也正是这微笑感染了她所有的学生。她讲的课，大家都爱听，在她的课堂上，也总是充满了欢声笑语，她言传身教地告诉自己的学生们：快乐是最重要的。当有人问她：“你觉得自己漂亮吗？”她自信地说：“当然，我一直都这么漂亮，我有乐观的心来感受世界；我有纯净的眼来看世界，这样的我，怎么能不漂亮呢？”

是的，因为她的眼里看到的都是世界的美好，忽视了世界的黑暗，正是这样的生活角度，才使她有足够的信心来相信：自己必定会成为那朵开放得最灿烂的花朵。保持微笑，是一种最美丽的生活姿态，它会让你忘记所有曾经的和正在发生的不愉快，乐观地对待你周围的一切。那么，就请学会快乐地微笑吧，对山笑、对水笑、对天笑、对地笑、对黎明笑、对黑暗笑、对成功笑、对失败笑……你就会永远生活在快乐中。

智者寄语

快乐是一种角度，从这面看是悲伤，换一面看未尝不是幸福。学会换个角度看生活，生活就会呈现出更加潇洒、更加快乐的一面！借你一双慧眼吧，转到另一面去看世界，你会发现，原来生活到处都是美好和希望，你还有什么理由让自己不快乐、不幸福呢？

不要让生活的烦恼羁绊快乐的脚步

每个人都渴望自己能时刻拥有快乐。可快乐是一个很奇怪的东西，看不见、摸不着、买不来、抓不住。有许多人，仿佛与生俱来就与愉快有缘；也有许多人，一生漂泊一生坎坷，好像注定与快乐无缘。而且快乐好像还可以延续，就像接力赛跑；快乐也可以分享，就像切成一块一块的生日蛋糕……

说了这么多快乐的形态，那么，快乐到底是由谁来决定？它又是由谁来控制的呢？其实，快乐就在自己的手中，而那个真正操控着快乐的人，就是我们自己。我们怎么对待生活，怎么对待生活中的一切烦恼，便决定了我们会有什么样的快乐。

烦恼的人生来源于心灵无谓的纠结，烦恼的心总是无法忘记自己受到的打击和挫折，总是对别人的辜负和背叛耿耿于怀，总是不断地问自己："我为什么总是受到不公平的待遇？"他们心里已经容不下任何愉快的事情，即使偶然想到，也只会看到它不够积极的一面，使自己的思想一直沉浸在那些不好的假象之中。

在漫长的人生岁月中，不愉快和烦恼总会不绝于心。"月有阴晴圆缺，人有悲欢离合"，没有人能避开烦恼，为感情烦、为事业烦、为家庭烦、为孩子烦……烦恼无处不在，搅得人心惶惶。难怪有人叹息：做人真的很难，每天都有一大堆令人烦恼的事，剪不断理还乱。

一个人只要生活在这个世界上，就不可避免地会遇到各种各样的烦恼。但是，有一点是非常重要的：心灵的脚步若是轻松自由的，烦恼就会悄然远去；心灵的脚步若是沉重而疲惫的，烦恼就会接踵而至，挥之不去。也就是说，一个人处理烦恼的能力，决定了他拥有快乐的能力，妥善处理烦恼的人，快乐就会紧随其后；而不善于处理烦恼的人，就会被烦恼控制，并使生活的烦恼羁绊了快乐的脚步。

有这样一个故事：

儿子找到父亲，向父亲讲述自己的烦恼，希望父亲可以给予他正确的指引。父亲听完儿子的烦恼，要儿子背起他刚买的一袋米，然后他们继续交谈。儿子很纳闷，不知道父亲葫芦里卖的什么药，但他还是很听话地把米背了起来。

过了一会儿，儿子全身酸困，不自觉地放下了背上的米。父亲却说："背起来，继续谈。"又过了一阵，儿子实在承受不住了，父亲才让他放下。父亲说："你看，背着重物和我说话，你会觉得很累，可是放下来就好，对待烦恼也是一样，烦恼就像这袋大米，是你自己非要背起来的。"

看完这则故事，可能有人认为烦恼不是说放下就能放下的。可仔细想一想，生活中有那么多的烦恼，你一样都不能丢掉它，结果会怎样呢？这些烦恼会让你不堪重负，你固执地不肯放下，烦恼只会越来越重，超过了一定限度后，还会使你的身心健康受到伤害。所有的烦恼，不会因为你的念念不忘而减去分毫，反而会越积越多。

所以，当烦恼接踵而来的时候，我们不妨先让自己的心回归静谧，认真地想想，这些烦恼是从哪里来的？是不是真的过不去了？有什么好办法可以解决它吗？其实，让烦恼走开也很简单，那就是学会冷静地处理它，并及时地抛弃它。生活就是这样，如果有一些东西留下来已经没有任何价值和意义了，与其放在自己手里徒增烦恼，还不如当机立断地将它舍弃。

其实，烦恼和快乐一样，向来是飘忽不定、不可捉摸的，你希望它有，它便存在着；你希望它走时，它便杳无音讯。而舍弃烦恼的关键，在于你必须解开自己的心结，抛弃那些没必要的忧虑，这样才能尽情地享受眼前的每一天。

所以，生活中，我们只有学会抛弃烦恼，才能体味快乐。而抛弃烦恼最有效的方法就是：缩小烦恼，放大快乐。而放大快乐也是有秘诀的，我们不妨来试一下：

1. 善于经营快乐

每个人都有快乐的能力，关键是看你有没有营造快乐的能力。只要凡事想开一些，就不会烦恼了。这个世界上没有什么大不了的事，天永远不会塌下来。一件事对你的影响，关键在于你的看法：你可以认为眼前的小问题只是小事一桩，不足挂齿；也可以看作关乎天命的大事，已经到了千钧一发的地步。主观的事态扩大化，会让人不由得生出烦躁和忧郁，进而终日闷闷不乐；而如果能平心静气地将事态缩小，则会让你顺其自然地去快乐生活。

2. 不要去“想象烦恼”

有一句格言是这样说的：“给人带来苦恼的是人自己对事物的看法，而并非事物本身。”有时候，我们口中所说的烦恼，也许本身并不一定就是烦恼，它可能只是我们自己内心的臆想，是我们的大脑自己幻想出来的结果。如果我们能用一种快乐的方式来思考，那么它就是另一种情形了。

老子说：“祸兮，福之所倚；福兮，祸之所伏。”也就是说，在你看来烦心的事，也许是好运的开始。所以，世上那些不够美好的、经常带给我们不快的事物，本身并没有什么畸形的表象，而它丑陋的形象和灰暗的色泽都是我们赋予的。那些搅扰我们心境的烦恼事，如果能换一种调色板，调配出一种亮丽鲜艳的色调，人生也许就会在瞬间变得鲜活。快乐的心境来源于乐观的心态，这是我们远离烦忧的秘诀。

智者寄语

人生太短，快乐也很短，既然如此，何不好好珍惜那些能抓得住的快乐？让快乐成为人生的信仰和习惯，那样我们就会成为永驻于美丽天堂的幸福天使。

第四章　卸下包袱，放下一切

只有不停地放下才能继续前行

许多人将自己的心门紧闭，却企求别人来开门。如果你自己不放下，别人永远也无法帮到你。“放下”是改变的开始，前行要从学会放下开始。放下不是口说，而是心里放下。

一个老和尚带一个小和尚赶路。走到一条河边，见到一妇女在河边着急，她过不了河。老和尚抱起妇女过了河。过完河后，老和尚放下了妇女。徒弟一看说：“师父，男女授受不亲，你抱着个女人过河，你今天做错了。”

老和尚望了一眼小徒弟：“我已经放下了，你还没放下。”

生活中常常听人讲“拿得起，放得下”这句话。上面的小故事，说明了一个浅显易懂的道理：应该放下的事情在行为上放下了，嘴上放下了，心里是否真的放下了呢？

在生活中，我们会遇到一些不理想、不顺心的事，会产生烦恼。烦恼的多少，压抑感的多寡全部取决于“拿得起，放得下”。真正的放下不在行动，不在嘴上，而在心里。

有一个人去滑雪，第一天就摔断了腿。

这个人愤怒地说：“我真倒霉，为什么不在滑雪的最后一天才摔断腿呢！”

在一旁正给他紧急治疗的医生说：“你说的没错，今天的确是你能滑雪的最后一天啊！”

既然已经受伤了，再怎么愤愤不平，再怎么抱怨后悔，都于事无补，也没有任何意义。眼前最重要的应该是要祝福和祈祷自己早日康复，同时保持身心平衡和情绪的安定。

在马拉松比赛中获胜的人，是因为他们放弃了自己原本跑100米的速度。人生其实是一个不断放下的过程，明智地选择放下，知道如何割舍，也是一种重要的智慧。在人生的道路上，只有知道如何割舍、如何放下，才能找到真正适合自己的道路。倘若什么都不放弃、什么都紧抓住不放，到最后反而会一无所有。只有做到放下，方能从容地前进。

智者寄语

人生其实是一个不断放下的过程，明智地选择放下也是一种重要的智慧。在人生的道路上，只有知道如何割舍、如何放下，才能找到真正适合自己的道路。这就好比走路，只有不断地放下脚步，才能前进。

拿得起，放得下

上海阜康钱庄的挤兑风潮波及了杭州，正当胡雪岩全力调动，苦撑场面的时候，传来了宁波的两家钱庄倒闭关门的消息。宁波的这两家钱庄,都是胡雪岩名下的。挤兑风潮出现的时候,杭州阜康的档手赶紧去了宁波,希望能够从那两家钱庄调出一些银子来应急。可是,宁波的钱庄深受市面的影响,资金周转不灵,自身难保,不得不申请倒闭。宁波海关在查封倒闭的钱庄时,给浙江发了电报,希望东家去做善后处理。浙江藩台德馨接到电报以后,心情十分沉重。他是胡雪岩的朋友,两个人的交情不错,眼见胡雪岩出事,他不能坐视不管。所以,他赶紧让他的姨太太赶往胡雪岩家,传话说只要宁波的两家钱庄在二十万两银子能够挽救的范畴内,他愿意无条件帮忙。胡雪岩很感谢德馨的好意,但是他拒绝接受帮助。他说,眼下危机重重,即使是往里砸银子,也不过是头疼医头,脚疼医脚,不能从根本上解决问题。接受了德馨的二十万两银子,等于是宁波的钱庄裂开了一个缝子,虽然现在可能补上了,但是保不准哪一天又有什么地方裂开了,到时候恐怕是问题没解决,还要连累德馨。

尽管眼见自己一手创立的钱庄倒闭,是一件极其难过的事情,但是最终胡雪岩还是甘心丢弃不可挽救的钱庄,以此来保住杭州钱庄的声誉。

胡雪岩的这种思想,用现代的观点来解释,就是收缩战线,保存可再生力量,以求再战。生意场上,如果败局已定,那么及时考虑收缩战线,集中力量保住可能保住的部分,将损失减到最小是极其必要的。如果这个时候还不懂得舍弃,那么精力将没有办法集中,迟早会被分散的难题拖垮。

拿得起,更要放得下。在生活中也是一样,有时候我们付出了很多,一心想要实现一个目标,可是现实的条件没有办法实现我们的愿望时,就应该及早改变主意,另辟发展方向。如果我们不能及时放弃,就只能在没有结果的事情上浪费时间。

刘备本是一个谦虚、谨慎的人,但关羽、张飞之死深深地刺激了他。为了给关羽、张飞报仇,刘备兴两川之兵浩荡东往。投东吴的关羽旧部糜芳、傅士仁,将刘备所恨者马忠杀了,献首级给刘备,刘备连糜、傅也剐了,一同祭关羽。东吴诸将献计孙权,将杀张飞投东吴的范疆、张达也送还刘备,以图息战宁人,谁料刘备剐了范、张,仍怒气不消,定要灭吴。孙权在这种情况下,从阚泽言,起用陆逊为主将,统率三军抗刘。消息传来,刘备问陆逊何许人也。马良说,是东吴一书生,年幼多才,多有谋略,袭荆州便是他用的计。刘备大怒,非要擒杀陆逊为关羽、张飞报仇。马良谏道,陆逊有周瑜之才,不能轻敌。刘备却说:"朕用兵老矣,岂反不如一黄口孺子耶!"

好一个"朕用兵老矣",可战争是残酷的,不以老幼定优劣。用兵之道,看谁能把握战机,而不是谁的年龄大就算谁的计谋多。刘备在此以资历夸口,以为自己经历的战争多,计谋就老到,这很可笑,不符合实际,所以,这次战役还未开始,就注定了刘备会失败。"岂反不如一黄口孺子!"陆逊被他嘲为"黄口孺子",可见刘备确实看不起年纪轻轻就统领军马的东吴新任大都督陆逊。刘备是糊涂了,不晓得当年自己桃园结义、投军拉队伍时,与关、张也曾是年轻人。其实,战争中涌现的著名将领,多是年轻时崛起的。拿破仑用炮一鸣惊人时,是年纪轻轻的军官;伏龙芝打国内战争时,是年纪轻轻的军官……刘备轻敌,瞧不起对方主将年轻,是未战先败了一阵。其实,这句话也说明刘备放不下架子。

智者寄语

放下是一种觉悟,更是一种自由。在考虑关键问题时,切忌把自己的身份摆进去。时时想到自己的身份,看问题就会少了客观性,多了盲目性,这样考虑问题就会不周全,处理问题就会产生偏颇,以致造成难以挽回的损失。如果不懂得放下的艺术,我们就会成为背负重担、蹒跚行走于人生道路的"苦行者"。

懂得放下，也就没有痛苦了

人生之中，难免会经历这样或那样的波折。面对生活中的痛苦，如果一味地沉浸在对命运的抱怨中，那么你看到的只能是漫无天际的悲观和失望。如果保持一颗豁达的心，即使是处在人生的风雪里，你也只会把风雪当成一种风景来观赏。

曼德拉因为反对白人种族隔离的政策而入狱，白人统治者把他关在荒凉的大西洋小岛——罗本岛上27年。当时曼德拉年事已高，但白人统治者依然像对待年轻犯人一样对他进行残酷的虐待。

罗本岛上布满岩石，到处是海豹、蛇和其他动物。曼德拉被关在总集中营的一个锌皮房。他有时要打石头，将采石场的大石块碎成石料；有时又要下到冰冷的海水里捞海带；有时又干采石灰的活儿——每天早晨排队到采石场，然后被解开脚镣，在一个很大的石灰石场里，用尖镐和铁锹挖石灰石。

因为曼德拉是要犯，看管他的人就有3个。他们对他并不友好，总是寻找各种理由虐待他。

谁也没有想到，1991年曼德拉出狱当选总统以后，他在就职典礼上的一个举动震惊了全世界。

总统就职仪式开始后，曼德拉起身致辞，欢迎来宾，他依次介绍了来自世界各国的政要。然后他说，能接待这么多尊贵的客人，他深感荣幸，但他最高兴的是，当初在罗本岛监狱看守他的狱警也能到场。随即他邀请他们起身，并把他们介绍给大家。

曼德拉的博大胸襟和宽容精神，令那些残酷虐待狱卒的白人汗颜，也让所有到场的人肃然起敬。

后来，曼德拉向朋友们解释说，自己年轻时性子很急，脾气暴躁，正是狱中的生活使他学会了控制情绪，因此才活了下来。牢狱岁月给了他时间与激励，也使他学会了如何处理自己遭遇的痛苦。他说，感恩与宽容常常源自痛苦与磨难，必须通过极强的毅力来训练。

获释当天，曼德拉的心情非常平静："当我迈过通往自由的监狱大门时，我已经清楚，自己若不能把悲痛与怨恨留在身后，那么我其实仍在狱中。"

没错，面对生活中的磨难，你如果不能用一颗豁达的心面对，只能一直生活在痛苦当中。在生活中，很多人都不能放下心中的痛苦，他们觉得是命运的薄待，让他们感受到了别人品尝不到的痛苦。所以，他们愤恨，他们抱怨，甚至于还会想到要报复。

智者寄语

即便是你把心中的痛苦都发泄给了另一个人，却仍然没有办法减轻自己心中的痛苦，因为你不曾放下。因此，与其让别人体验你的痛苦，不如自己释怀。放下以往的得失，就能减少自己的痛苦，就能过得更快乐。

放下忧心的担子，凡事多往好处想

莎士比亚说过："一千个人眼里有一千个哈姆雷特。"对文学作品有着不同的认识，源于不同人的心理认识。其实,在我们的生活中又何尝不是如此呢?面对同样的环境和景色,不同心态的人存在着喜怒哀乐的认知差异。百花盛开的春天,会有人为了"花无百日红"而长吁短叹,夏日的凉风习习,有人总在为蚊虫肆虐而苦恼不堪,秋日里天高气爽,却有人为万物凋零而黯然神伤,银装素裹的冬季,也会有人为了三九冰寒而叫苦不迭。这些所有的心情低落,和外在的环境没有必然的联系,起决定性作用的是一个人的心中的恐惧和忧虑。正是因为恐惧和忧虑,色彩斑斓的世界在他的眼里才会变得黯然无光。

心存担忧的人,属于自卑主义者,也是完美主义者,由于他们看到了世界的不完美才感到不满和忧心。然而,博大精深、包罗万象的世界却独不能接受完美的存在,我们口中常说的完美并不是指具体某一个事物,而是完美的心灵和认识。我们追求的是缺失中的完美,追求概念上的至善至美,是可望而不可即的。因此,面对残缺的世界,我们没有任何理由去忧虑和伤怀。生活中的磨难和挫折以及无法预测的前途,不过是生活的组成元素罢了,没有必要过多地去看重它们。凡事多向好处想,多向光亮处看,心胸自然就会变得宽广,生活也就会感到满足和快乐。我们需要放下,放下的东西未必是人生的追求,而是在追求中负面的心理作用。

大慧禅师有一个弟子,叫道谦和尚。道谦和尚做事十分认真刻苦,但是他在苦苦参禅20年之后还是没有参悟透佛家所讲的道理,因此,他的心里很是着急。

有一次,奉禅师之命,道谦和尚下山办事,大概需要一年时间。道谦和尚感到很不乐意,他想:在这一年多的时间里做些世俗的小事,而我的经书还有很多没有参悟透,这岂不是白白浪费了我的时间吗?他的心里苦恼不堪,打点行装的时候也是闷闷不乐。

他向宗元和尚倾诉内心的苦恼,宗元和尚安慰他说:"这样吧,由我来陪同你一起去,或许在路上对你的悟道还能有一些帮助。"道谦听到之后感到万分高兴。两个人一起走下山去。

一路上,宗元和尚似乎把原先的承诺抛在了脑后,和道谦和尚说说笑笑,绝口不提参禅悟道的事。失望之余的道谦和尚便在一边提醒宗元,让他兑现承诺,帮助自己。宗元听后,对他说:"并不是我背叛承诺,而是悟道中的五件事我一件也帮不上忙啊。"

道谦诧异地问:"哪五件事呀?"

宗元回答说:"吃、喝、拉、撒、睡。"

道谦听完之后恍然大悟。原来,佛法并不是想象中的高深莫测,不是靠整天的思考和担忧才能顿悟,而是放下心中的杂念。当他明白这个道理之后,就告别了宗元和尚,独自踏上了行程。一年之后,大慧禅师看到前来复命的道谦和尚,满意地说:"你终于参悟到佛法的真谛了。"

担忧的人有一个共同的特征,就是把本来十分简单的事情想得太复杂。在自我加压中,他的心理就会处于一种不平衡的状态,心理上受到重大的影响之后,会造成神经过敏等症候,有时候还会严重伤害到自己的健康。其实,任何的担忧心理都是一种画地为牢的可悲与可笑,把自己囚禁于一个圈子之中,痛苦不堪、坐立不安,无法跳出自我设置的陷阱。当你在顿悟中驱散心中的阴霾时,就会觉得自己的担心纯粹属于杞人忧天的神经兮兮,生活原本就是极其轻松和快乐的。

智者寄语

放下忧心的担子,世界就会变得云淡风轻、精致迷人。

放下嫉恨，轻松前行

他，是一个性格外向，但很肯干的男孩。大学毕业后，他去一家公司当了业务员，结合校园的历练，两年下来业绩名列前茅，主管对他也十分器重。

他取得这些成绩，一方面是靠自己吃苦耐劳，另一方面也离不开同事和主管的引导。他对自己的主管相当尊敬，还默默地将其立为自己今后发展的方向。

只是，事情并不是都能如此顺畅的，做销售这条路，总是会遇到许多磕磕碰碰。他也不例外。

那次公司联系上了一个大客户，经过几次接触与洽谈，感觉接单的希望很大。那天，客户打电话到公司，希望公司派人过去，主任二话没说，就将这美差交给了他。主任本来是出于好意，怎想他半路遇到了严重的堵车，到达约见地点的时候已经迟到半个多小时了。客户便以他迟到为由告之公司将业务取消了。

他很是沮丧，觉得自己给公司造成了损失，可同事告诉他其实那家公司根本就没有打算和自己公司签单，他们已经定了其他公司了，今天叫公司派人过去，只不过是想当面告之这个情况，并且将一些文件拿回来。他知道这个情况后，放松了不少，毕竟这次失单不全是自己的过失。

没想到的是，主管不分青红皂白还是要他承担所有责任，不但扣了三个月的奖金，还给了个通报批评。他听到这样的决定，顿时觉得主管和以前判若两人，感觉这个主管变了脸，完全是一个不通情达理的人，是一个势利的人。从那以后他的心里打下了一个结。

当然，这样的情绪并没有影响他的工作，他只是在心里对主管没有以前的那种尊敬之情了。他处处小心，就怕再一次出错，那次的阴影一直笼罩着他。

一年后，他的主管升职为部门副经理，对此他发自内心的高兴，因为这样他就可以远离他了，只要离他远远的，就是一种幸运。

他一直为这事窃喜，可不巧的是，升职为部门副经理后的主管点名要他做助理。只是他想到曾经的那件事，怎么也不愿意到他身边与其共事。

于是，助理只好再挑人了，就在半年之后事情发生了莫大的转变。副经理升职为副总，而他的助理则提升为部门副经理了。这样的变化，使他哑口无言，仿佛自己做错了什么。知情者，都替他惋惜，而他自己呢，也只能是哑巴吃黄连了。

更让他气愤的是，一次年度酒会上，副总碰到他，跟他说："其实，我一直很欣赏你的才能，之前点名你过来给我当助理，就是想让你有更多晋升的机会……"听到这儿，他再也不想听下去了，因为自己的狭隘与偏激，丢失了一次极好的破格提升机会。

此时此刻的他，想必是十分后悔，甚至可能有挖地洞钻进去的冲动吧？可是这世上哪有后悔药这种东西，一切悔恨都徒劳，只能说给自己个教训吧，只是这个代价太大了些。但又能怎么办呢？该承受的，就必须学会接受，不是吗？

职场路上，哪有那么顺畅的？总会有些不平事，如果我们都不愿意放宽心，不愿意舍弃该放下的嫉恨之心，一旦这种情愫成为包袱，成为负担，你的路还能走远吗？

所谓人往高处走，要想走得高、走得远，行李就不该太多，否则你还能装下什么呢？我们要时时刻刻提醒自己，什么是大局，什么是小我。要明白何事是该舍弃的，何物是该争取的，不能盲目地去做，盲目地去想，否则吃亏的永远是自己。

智者寄语

放宽心，摆正心态，舍去那些嫉恨和复杂的思绪，专心地做最好的自己，让一切简单点再简单点，生活会更美好。

忘记文凭，注重能效

周明是书香子弟，小时候爸妈就希望他能考上名牌大学，最好去做教师、律师，或者医生。因为这在他们看来是很体面的职业。周明也不负他们的所望，终于考上了一所很有名的医科院校。

经过5年的深造，抱着一摞的奖状和证书，揣着名牌大学的毕业证、学历证，周明顺理成章地踏入了求职大军的行列。周明的学习成绩一直是年级中的前几名，在班里是班长，在校园是学生会干部，也是几个社团的主要负责人，可谓出类拔萃了。

正好这一日，在学校内部有一场校园招聘会，他便约好友邱斌一同前去，并踌躇满志地说："我想进一家实力强劲的大医院，这样才不会辜负大家的期望。"

邱斌苦笑："我成绩平平，没你有优势，能有单位愿意要就很满足了。"两个人态度不一，想法不同，可是结果呢？

周明一进会场，就把目光锁定在几家大医院，其他的根本连看都不看。但是一直到他把简历捏出了汗都没投出去，因为差不多所有的大医院的招聘条件都写得很清楚：硕士以上文凭。一天下来他毫无所获，很是惆怅，不禁自问，难道我要去考研吗？

晚上碰到邱斌，周明于是便问他应聘得如何，邱斌说："一家小医院正处于发展阶段，很缺人，他们叫我下星期去面试，要不你也去看看吧。"周明听到很是不屑，想起自己出色的专业成绩和一大摞荣誉证书，怎么也不甘心屈就于一家还没发展起来的小医院，于是摇头谢绝了。他不相信，自己这样优秀的专业人才找不到心目中理想的工作，于是他决定到人才市场再去试试。

周明西装革履地拿着精心制作的简历在人才市场跑了一星期，但仍然毫无头绪。再次见到邱斌的时候，邱斌已经与那家小医院签订了就业协议。

邱斌劝他说："你去看看吧，他们虽然规模不大，但很重视人才，许诺一定给每个人施展才能的空间。"

周明开始犹豫了，主要是这一周下来，他发现现实很残酷，用人单位总是与自己对不上号，但是一想还有很充裕的时间，再说这样的工作……

"你成绩那么好，他们一定会欢迎你加入的。"

周明叹了口气，他敷衍邱斌说有空的话就去看看，真实的想法却放在心里："我一个学生会干部、优等生，苦读5年后去一家毫无前途的小医院，这不说明自己太失败了吗？"他觉得自己的机遇其实还未到，还需要继续去碰。历史上伟大的任务最开始都是这样的！

就这样，周明在彷徨中等来了毕业典礼。邱斌拉着他一起合影，告诉他："我马上要去那家医院上班了，你有什么打算？"

周明扫了一眼载满自己辉煌经历的校园，无奈地说："我想到南方的医院去试试。"都说南方经济活跃，医院也多，也许那里有伯乐会赏识自己吧！

一年的时间转瞬即逝，周明漂泊在南方繁华的都市里，一次次地投出简历，一次次地泥牛入海。他决定到上海做最后一搏，再没有结果，就考研。

没想到，真是人生无处不相逢，邱斌竟然也在上海，不过他是单位派来公费进修的。邱斌请周明吃饭，周明非常感激，觉得还是老同学好。"我刚去报到没几天，单位就派我出来进修。领导说，鼓励我们考在职的研究生，只要拿到学位，学费全部报销。领导还说，今后要把我们当学科带头人培养……"邱斌侃侃而谈，声音里满是对未来的憧憬和期许，全然没有留意到周明的处境和感受，尽管饭菜是周明求职以来最丰盛的一次，但他却如同嚼蜡。

此后，周明边打工边复习，三年以后，终于考回了本校的研究生。当烫金的硕士学位证书发到手里的时候，周明紧紧握住不放，仿佛握住了光明的前程。

周明借了一套并不太合身的西装，拎上言辞略微夸张的简历，再次踏上求职的征途。他来到本市一家颇有名气的医院参加面试。端坐在走廊的长凳上，他一遍又一遍地默念烂熟于胸的自我推荐词，终于听到有人喊："周明！"

一排考官严肃地坐在会议桌旁。周明忐忑地进行自我介绍。突然，他的心"咯噔"一下，一个熟悉而又陌生的面庞正对着他微笑。

是的，没错！那个从前唯自己马首是瞻的邱斌，那个理着平头、穿着汗衫和自己一起去面试的邱斌，如今，正西装革履、高高在上地坐在考官席上，决定着自己的命运。

周明不知道自己是怎么回答各种提问的，当他神情麻木地走出考场时，一名护士小姐喊住了他："同学，先别走，中午邱副主任请你吃饭。"

五六年没见了，邱斌客气地招待着周明，周明却极不自然。"老同学，我也很意外。本来我在那家小医院干得不错，后来由我负责的一项科研课题获了奖，这家医院很感兴趣，就把我挖了过来，还给我任命了一个副主任的职务。这次招聘人才，我们科是重点，所以把我也纳入专家小组，这才碰巧遇到你。"周明尴尬地笑了笑，邱斌有点愧疚地说："按理说我是应该帮你一把的，可我们明确要求要招有三年以上工作经历的医生，很难通融呀。"周明一下懵了，邱斌又说："我原先在的那家小医院发展得很不错，虽说他们现在原则上不收应届生了，但凭我的人缘应该没什么问题。当然，如果你不嫌弃的话。"

周明最终还是到了那家六年前他嗤之以鼻的医院上班。毕竟岁月不饶人，他也等不起了，到了成家立业的年龄，总要面对结婚生子的现实。

有时他会想，究竟是什么原因使自己输给了起点不如自己的邱斌的呢？想来想去，答案其实只有一个：因为手中的一纸文凭。自己把手中的一纸文凭看得太了得，所以输了；而周明却把手中的文凭看得很轻，所以赢了。

实际上，文凭不过一张纸，轻重全在于自己的能力。放下就是得到，舍得二字，常常唠叨，而真正懂得的人又有几个呢？

智者寄语

也许，当我们放弃那张文凭的时候，就认清了自己，也开启了成功的门。

放下自己系上的枷锁

他是一名汽车销售员，刚步入这个行业的时候，老板给了他一个月的试用期，录取的条件是30天内至少卖出一辆车。可是29天过去了，他一辆车也没有卖出去，最后一天老板准备收回他的车钥匙，并请他第二天不用来上班了。可他坚决地说："老板，今天还没有结束，还没有到晚上12点，我就还有机会，不是吗？我愿意在这里等到晚上12点。"

这样的回答，老板听着也有一定的道理，便让他继续等。时钟一分一秒地走着，大家都下班了，唯独他还坐在车里静静地等着。

午夜时分，有一位卖锅者来敲他的车窗，身上挂满了锅，透过微弱的光可以感觉到卖锅者被冻得满脸通红，在瑟瑟发抖。他看到站在眼前的这个卖锅者，自己内心的沮丧与烦恼不免减了不少。出于同情，他请卖锅者到车里御寒。

两人就像是认识许久的朋友谈了许多，销售员问道："老兄，如果我买了你的锅，接下来你打算干什么呢？"

卖锅者不假思索地道："我会继续赶路，卖掉下一口锅，直到全部卖完。"

"那如果全部卖完了呢？"

"全部卖完的话，我就回去再背十几口锅出来卖啊。"

"那，如果你想将你的锅越卖越多，越走越远，你会怎么做呢？"

"如果真的有一天，市场打开了，我想我会买一辆车，只是现在我还没有那个能力购买。"

他们越聊越投机，天亮的时候，这位卖锅者订下了一辆车，提货时间定在5个月之后，定金是一口锅。

因为有了这张订单，他通过了试用期。当然，他得感谢那个卖锅者，更得感谢自己。他们成了无话不谈的朋友，他一边卖车还一边帮助卖锅者寻找市场。在两个人的努力下，卖锅者的生意越做越好，市场越来越大，收益自然就多了。3个月后，卖锅者就迫不及待地来取车了。

其实，通过这个故事，我们可以了解到，一个真正出色的业务员，不是将产品推销给那些上门来买的人，而是挖掘一些潜在客户，并将他们拿下。他就做到了。

那么，他是怎么做到的呢？

第一，他懂得为自己争取机会。在最后一天，他仍然坚持自己，仍然相信会有希望，这样的心态有多少人能有？其实，做任何事，都得先将自己放空，然后给自己一个信念，如他般坚定，还有什么会不成呢？

第二，他在争取完机会后，并没有马上见效，但他却没有放弃，而是选择哪怕是剩下自己一个人，哪怕是再艰难都要坚持到最后。或许他在内心无数次地告诉自己，下一秒我还有机会。是的，只要时间还没有过，他就有机会，而我们又何尝不是呢？不要轻易说不，放下自己心中的枷锁，放宽心，让它自由，然后装着满满的希望和自信前行。

第三，他具备了一名出色的推销员应该具备的素质。其实，真正的营销是双赢的。要想成为一名优秀的业务员，就得懂得客户的需要，然后毫无保留地去帮助客户，想客户所想，让客户知道你是在服务于他，是为了让他更好，而不只是为了他口袋里的钞票。

这些你做到了吗？当你一次又一次地被拒绝的时候，你是灰头土脸地要放弃，还是也和他一样相信自己还有机会呢？

如果是前者，那你得继续努力了，要通过一次次的拒绝去吸取教训，去积累经验，只有不断地充实自己，将自己练就成那种打不倒的金刚，成功就会在下一个路口等你。

如果你是后者，那千万别掉以轻心，一直保持下去，执着着你的执着，相信会有一天，希望会变成现实，而不会招来失望。

就如他，经过那一次与卖锅者做生意的经历，他更坚定了自己的信念，十年间卖出了一万多辆车，你能说他不成功吗？

智者寄语

行走于现在的这个社会中，没有遭遇到失败，没有遭遇过拒绝，那只能说你的风雨还没有来，我们要时刻准备着，下一站等待我们的不一定就是美好的。放宽心，放下心中的枷锁，让心休憩，找到属于自己的感觉，然后找到最好的基调，让梦想都成真。

放手让孩子自己去闯吧

有这样一个母亲，因为孩子总是不能自立而十分苦恼，这天，她带着孩子来到一位专家那里，希望专家能够帮助孩子，让孩子自立。

专家看到母亲带着孩子进来时，孩子的鞋带散了，母亲的第一反应就是蹲下身帮他系鞋带。而后，与孩子交谈的过程中，母亲总是会参与进来，干涉孩子发表自己的意见，终于专家忍不住了，说道："夫人，我是在和你的孩子交谈。"

一段时间的交谈后，专家舒了口气，对着夫人说："我问你，你是不是因为孩子不会系鞋带，就一直迁就他，或者以后就给他买打死结的鞋子？"夫人点了点头。

专家又问："孩子第一次洗碗的时候，打碎了一只碗，从此以后，你是不是不再让他走近洗碗池了？"夫人称是。

专家接着说："孩子第一次整理自己的床铺，整整用了 3 个小时的时间，你看到他一直没有弄好，觉得他在浪费时间，甚至没有让他完成就泼他冷水？"这位母亲惊愕地看了专家一眼，点了点头。

专家又说道："孩子现在在学校要和其他孩子交流，要交朋友，你又不放心，常常过问他的生活是不是？"这位母亲更惊愕了，从椅子上站了起来，凑近专家问："您怎么知道的？"

专家说："从你刚刚帮他系鞋带知道的。"

夫人问："我以后要怎么办？"

专家说："当他生病的时候，你最好带他去医院；他要结婚的时候，你最好帮他和妻子孩子和睦相处；他没有钱时，你最好给他送钱去。这是你今后最好的选择，别的，谁也帮不了你。"

这位医生的建议，换而言之就是孩子的一生你都紧紧地抓在手中吧，因为你的不舍得，让孩子成为了你的附属品，他没有自己的动手能力、思考能力，甚至他连自己做一件事，然后尝尝失败的机会都没有。

卡尔·沙堡曾说过这样的一句话——松开你的手，随他们去吧！孩子是独立的个体，你能够照顾他一时，可是你不能照顾他一世，不能慷慨地放手让他自己去闯，就只会让他对自己越来越缺乏自信心。从小到大，他遇到问题，你总会帮他解决，那他对自己的人生就不需要思考，也不需要规划，总之，有父母安排好一切就可以了。

这样的思考方式是错误的，甚至是致命的。试想，如果一个孩子已经将自己的人生拱手交给他人处理，那他的这一生就只会是无限的空白。因为，他没有亲手画上去一笔，上面的所有痕迹都是复印的，这是多么可怕的一生。

智者寄语

放手让孩子去闯吧，经历了世间的磨难，他才能自己记住这些困苦，自己犯的错会记得特别的牢，自己收获的果实会特别的甜，自己规划的人生才会有自己独一无二的精彩，这一切感受不是父母帮着“渡过难关”可以给予的。

放下是一门深奥的学问

招聘会上，某公司发现了一件怪事，其实确切地说是人力资源部的经理老李遇到了一个女孩。女孩的名字叫小玲，说她怪，怪在哪儿呢？这个女孩，拿着自己的简历走到老李面前说，自己不要一分钱，只要能让自己在公司实习就可以。

听到女孩这样说，老李就纳闷了，现在哪有年轻人应聘不是奔着高薪去的？他真的怀疑自己听错了。女孩看出了老李的疑惑，肯定地说，我说的是真的，只要您能让我到公司实习，我干什么都行，不要工资的。于是，老李便将女孩的简历交给了助理，当然女孩顺利地进了公司实习。

小玲进了公司后担任文员一职。虽然没有薪资，但小玲每天都早来晚归的，干起活来也十分认真。这个小女孩，每天都精神焕发地工作着，这可让老李越来越觉得不对劲，内心的疑点也越来越多。

于是，他便悄悄地派人去调查她，发现这个小女孩背景清白，没有什么特别之处——现在和朋友合租房子，平时也没有什么娱乐生活。知道这些之后，老李就更奇怪了，这小妮子每天义务到自己公司来上班，还每天乐呵呵的，难道她来公司有什么企图？她该不会是竞争对手派过来的吧？老李越想越觉得不安。

一个月后，老李让财务将小玲的工资结算一下，打算辞退她。小玲面对这样的结果，顿时流下两行眼泪，她一再恳求老李再给她两个月的时间，到了那个时候不用公司赶她，她就会自己离开。

老李满脸狐疑地看着小玲，问道：“你想留下来也可以。那你跟我说说，你到我公司来工作，不要工资，除了来上班外还有没有其他什么打算？”

小玲呜咽着道：“李经理，我来公司上班，只是想锻炼一下自己，增加点工作经验。其实，我父亲也开了家公司，可是从小我就过惯了衣来伸手、饭来张口的生活，现在毕业了我不想再向家人要钱，而我父亲为了逼我能够独立些，将我赶出了家门。说给我三个月的时间，只要我能在一家公司干满三个月，我就可以回去，也可以到他公司上班。”

在小玲的一再请求下，老李应允了。转眼间，两个月过去了，小玲向公司递了辞呈，财务给她算了薪资，但她却一分也没有取。

半年之后的一个商业酒会上，说来也巧，老李又碰到了小玲，只是此时的小玲已不是当时的那个小姑娘了，已经是一家公司的总经理助理了。老李认为那家公司应该就是小玲父亲的吧，哪知一问才发现，那家公司的老总之前根本和小玲素不相识。

老李更是惊讶于这样的结果，小玲微笑着说："其实，我当初不要薪资到贵公司，真的是因为贵公司门槛太高了，所以我想到了用一种特殊的方式进去。我就想啊，门槛如此高的公司历练过的员工，再去其他公司，那找工作不就更容易了吗？自我价值和含金量无形中就提高了啊。其实，我不要工资，也是为了给自己的工作增加点经验，为今后求职铺路。"

听完小玲的一席话，老李恍然大悟，不由得对眼前这个女孩产生了几许敬意，真有点士别三日当刮目相待的感觉。

一个干大事的人，就必须放弃一些东西，倾尽全力地去为一个目标努力。

人的一生会遇到很多事情，有一帆风顺的时候，也会有不少的不平事，而我们要做的是，放宽心，对这些事物进行客观的权衡和比较，做出恰当的取舍。

世上没有后悔药，时光也不可能倒流，我们回不去，所以不要总是唉声叹气，既然无法改变那就接受，如果可以改变，就不要轻易放弃。

小玲为何能进门槛如此之高的公司？不在于当时的她有多么出色，而在于她敢于创新，敢于放弃一些东西，她和那时的年轻人不一样，她不是奔着薪资去的，而是奔着经验去的。试问，一个懂得装点自己阅历的人，她会有多少方面不如人？即便这一刻她不如你，下一刻她就有可能超过你，因为她懂得什么才是最重要的。所谓钱财乃身外之物，而放眼望去，如今有多少人还被禁锢在铜臭味中？出来吧，告别那些金钱堆，给自己一片海阔天空，让自己自由翱翔。一个人要明白哪个阶段应该做哪些事，这样的人才能做到真正地尊重自己。要明白，自己不是一个与他人无关的独立原子，每个人都是离子，总有离不开的另一半。可以是人，也可以是物，毕竟人不可能完全独立的。

要放弃一些观念，尤其是在内心深处埋藏了很久，甚至已根深蒂固的观念，是十分艰难的，就像守财奴，即便步入天堂都还要守着那份他带不走的钱财，人如果要活得这么辛苦，又何必来到这个世上呢？

我们常常会固执地沉迷于自己的憧憬中，我们幻想自己中五百万，幻想自己今后成为金领或者有名人士，但别忘了理想和现实往往是有区别的。如果要越过那道鸿沟，就要学会放弃，学会舍得，然后为自己去争取。

一个人想要拥有更多，就必须要舍得一些东西。有时候需要适当地割舍，如小玲，用不多的薪资，换来了今天的美好，何乐而不为呢？

智者寄语

我们要学会放弃一些利益，这样才能得到更多，不懂得割舍的人，往往失去更多，最后什么都得不到。

忘记别人的坏，记住别人的好

记住一个人的坏，那是拿别人的过错来惩罚自己，是最愚蠢的心态，那样只会让自己整天生活在不快乐的烦恼之中；记住他人的好，让感恩时时装在心里，你就能得到内心的自在，成为这个世界上最幸福的人。

有一家公司招聘，招了一名大学生帅哥，可谓相貌出众、一表人才。初次跟他见面的人，都觉得这人很不错。但是相处久了，才发现他是一个斤斤计较、心胸狭窄的人。在公司，如果他给同事帮了忙，哪怕只是举手之劳，也要把这个人情讨回来，非得找机会让同事帮他一次不可。谁要是不小心得罪了他，他就会长久地怀恨在心、伺机报复。有一次在工作讨论会上，有位同事对他的方案提出反对意见，他便把对方视为仇敌，立即展开一场激烈的辩论。

他进入公司不到一年，上司就开始忍无可忍，借机把他调到西部城市的分公司。临走的时候，没有一个人去为他送行。到了这种地步，他仍然没意识到问题出在哪里，还给每个同事都发了电子邮件，感慨自己怀才不遇，痛陈上司的“八宗罪”。

你是否也有过同样的心理：凡是别人得罪自己的地方，总想找机会报复，以取得心理平衡？凡是对方帮过自己的事，却转眼就忘了，好像从来没有这回事。为什么不学着宽心？把自己的心态放平，境界自然就高上去了。

当你让自己的世界充满感恩情怀时，再睁开双眼，你看到的不是不公、不平、丑陋……而是一个鸟语花香的世界，在一个充满温情、鸟语花香的世界里，你能感觉不到幸福吗？

幸福是什么？幸福其实很简单，学会宽心，记得别人的好，忘记别人的不好，让别人的好如石雕一样刻在自己的心中，让别人的不好如过眼烟云一样，风吹即散。

乐于忘怀是一种心理平衡，需要坦然真诚地面对生活。反复咀嚼过去的痛苦，永远一脸的苦大仇深是不足取的。为鸡毛蒜皮的小事斤斤计较，为陈芝麻烂谷子的小事耿耿于怀，只怕心灵之船不堪重负，记忆之舟承载不下，会让痛苦的过去牵制住未来。老是念念不忘别人的坏处，实际上深受其害的是自己，既往不咎的人，才是快乐轻松的人。

一位哲人曾说过：“我有功于人不可念，而过则不可不念；人有恩于我不可忘，而怨则不可不忘。”意思是说：我对别人有功，不能天天念叨着，而我对别人做错过事，不能不念叨；别人于我有恩，我不能忘记，而别人对我的坏，我不记着。

给别人的恩惠和帮助，不要挂在嘴上念念不忘。对不起别人的地方，我们一定要时时反省；别人对我们的帮助不能忘记；而对不住我们的地方，需要有一颗体谅之心。

他是一个孤儿，曾经先后被三户人家收养。

第一户人家从5岁到8岁共养了他三年，后来他们因为有了自己的儿子，便将他送了人。他不肯走，结果被养父母打得浑身是伤。实在挨不过了，痛不过了，才断了回去的念头。

第二户人家养了他5年，到13岁那年，还是被狠心的养父母送了人，原因是他们收养了自己亲戚家的一个儿子，胜过他这个没有一点血缘关系的人。

他还是不想走，哭着喊着叫：“爸爸妈妈，你们别赶我走，我一定会听话的，我会做很多事来养活自己的，只求你们别赶我走。”

最终他还是没有被留下来，又去了第三户人家。

第三户人家只养了他一年，就因为不愿意拿钱供他上学，而将他赶出了家门。

已经习惯了被人抛弃的他，居然再也没有了哀求的欲望，只想早点逃出牢笼。才14岁，他就成了街头的一名流浪儿。

刚开始，他只能从垃圾桶里捡些剩饭吃，后来他结识了一些流浪儿，于是便跟着他们一起卖花，给人擦皮鞋，还四处捡破烂。困了就睡在下班的商店门口，第二天天不亮便被商店的主人用脚踢醒。

过了6年流浪生活后，他去了一家建筑公司当泥水工，算是有了一份正当工作。他用那点可怜的收入报考了夜校，获得自考文凭的那年他已经22岁，顺利进入一家公司当起了推销员。

还有什么苦他没有吃过呢？正是由于他能吃苦，他的业绩很快便排在了所有推销员的前面。他当上了销售部经理。

再后来，他开起了公司，当上了老板。有了钱，也就有了房子、车子，凡是应该有的也都有了。

他什么也不缺了，唯一缺少的就是父母亲情。他决定将他的三对养父母都接来与他同住，200多平方米的房子，完全能够住得下。他还叫他们爸爸妈妈，给他们好吃好住。

他的助理，也是曾经跟他一起流浪过的朋友说："你疯了，你的养父母曾经那样对你，你还想给他们养老送终啊？他们抛弃你、虐待你的事情，难道你都忘记了吗？"

他说："是的，我都忘记了，我为什么要记住呢？我的苦难已经够多的了，我不想全都记在心里。"

他接着说："我只知道，他们曾经给过我一口饭吃，给过我睡觉的地方，我才没有被饿死冻死。如果没有他们，我很难活到今天！"

在如此环境长大的孩子，一般有两种人生走向：一种孩子心理严重失衡，对世界和别人充满仇恨，长大后沦为罪犯，报复社会；另一种则由于看尽世态炎凉，以超强的心理素质化解全部委屈。他们或许没有上过几天学，但在社会上早把人情世故这本无字天书读得滚瓜烂熟，他们在社会大学的学历已经是博士后级别！像这样的人，一旦出手亮剑，就意味着无往而不胜！就这样，他们从一无所有到腰缠万贯，从穷困潦倒到飞黄腾达。他们通过自己的努力与这个世界达成了和解，不仅懂得如何操纵人与人之间交往的复杂游戏，更懂得宽恕和感恩的深刻含义！在某种意义上说，第二种人不仅是名副其实的成功者，更是一位智者！

智者寄语

一个人的境界高低决定了其成就的高低。如果只记住别人的坏，而全部忘记别人的好，那么必定是一个心胸狭窄的人。这样的人做什么事情都放不开，锱铢必较必定一事无成！

松开手中沙，世界俯在手

每个人都喜欢把自己所得到的东西紧紧地握在手中，不肯松开。殊不知，有些东西握得越紧，流失得越快。

就像一首歌中唱到的："……爱就像手中的沙，握不住也放不下，多么沉痛的代价，需要用一生才能得到解答……"爱情就像攥在手中的沙子，你握得越紧，流失得就越多。爱情如此，人生亦如此。

学会松开你的手，才会抓住更好的东西。电影《卧虎藏龙》里有一句很经典的话：当你紧握双手，里面什么也没有，当你打开双手，世界就在你手中。紧握双手，手中肯定是什么也没有，打开双手，至少还有希望。很多时候，我们都应该懂得放下，放下才会使自己身心愉快，才会使自己获得快乐！

宋朝的吕蒙正，被皇帝任命为宰相。第一次上朝时，人群里突然有人大声讥讽道："哈哈，这种模样的人也可以入朝为相吗？"可吕蒙正却像没有听见一样，继续往前走。跟随在他身后的几个官员却为他鸣起不平来，纷纷拉住他的衣角，一定要帮他查出究竟是谁敢如此大胆，在朝堂上讥讽刚上任的宰相。吕蒙正却推开众人说："谢谢你们的好意。我为何一定要知道是谁在背后说那些不中听的话呢？如果一旦知道了是谁，那么一生都会放不下的，以后还怎么处理朝中的事？"

吕蒙正之所以能成为大宋的一代名相，其根源正是他具有能容纳一切荣辱的胸襟。

生活中，我们要学着放手一些不必要的东西，这样才能轻装上阵。

放手一些不必要的东西，就会使人轻松，可以使人感受到从内心发出的快乐。对于一个人来说，什么才是真正的快乐？别人的快乐就是自己真正的快乐。因此，我们应该先让别人过得快乐，应该学会放得下一些不必要的、阻止快乐的"绊脚石"。

一位从事室内设计的工程师说到关于简约的空间美学的话题时说："就建筑或者室内设计而言，简约比复杂的难度还要大，因为加上东西是容易的，可是要减掉东西，却需要更多、更敏锐的美学素养与判断。"

其实，松手的道理，是人生之中更重大、更深奥的课题。从呱呱落地开始，我们一直学习的都是要用加法来面对人生的课题——从生理上的吃饭、心理感情上的得到、知识上的不断学习与吸收到物质或成就上的累积。可是，这样的加法却在许多时候成为卡住我们，让我们困惑、凝滞的主要原因。因为加法并不是面对人生课题时唯一的方法，有些时候，你必须用"减法"才能够解得开。而所谓的减法，正是放手的艺术。

贝尔纳是法国著名的作家，一生创作了大量的小说和剧本，在法国影剧史上占有特殊的地位。有一次，法国一家报纸进行了一次有奖智力竞赛，其中有这样一个题目：如果法国最大的博物馆卢浮宫失火了，当时只能抢救出一幅画，你会抢救哪一幅？结果在该报收到的成千上万份回答中，贝尔纳以最佳答案获得该题的奖金。他的回答是："我抢救离出口最近的那幅画。"

这个故事告诉我们这样一个道理：成功的最佳目标不是最有价值的那个，而是最有可能实现的那个。人有时是贪婪的，但一定要记住"有所得必有所失"，这才是真正的生活。现今世界瞬息万变，个人的社会地位、工作环境、生活条件、人际关系、角色行为、心理功能、健康状况等都在随时发生着变化，我们能否面对人生，适应已经变化了的客观现实，是每个人面临的严峻挑战。面对如此的高压，我们只有做到拿得起放得下，才能胸怀坦荡，对待自己的人生才能做到从容不迫，积极应对。

我们大多数人有时会从别人嘴里听到关于"心情不好""压力大"的感慨。其实，压力大小与否，因各人的心理承受能力强弱而定。随着生活节奏的加快，来自各方面的精神压力只会增加，不会减少。我们要懂得生命注定是要承受负荷的。年少时在成长中苦恼，中年时为生活而奔波，老年时为小辈而操心。而在得失面前，我们自问有无压力呢？

得到的又丢失了——心不安；人有我无——心失意；当艰难的跋涉过后，自己神往的东西还是遥不可及——心彷徨。人家给个热情的微笑，就兴高采烈；要是别人不经意地冷落了一下，心里马上就七上八下。总之，生活就是这样子，谁又能断言自己杜绝得了这些偶尔的愁烦呢？

有句人生箴言说得好："最大的敌人就是自己。"战胜自己，确实很难。通俗点来说，就是遇事要拿得起放得下，而事实往往是，好多事我们拿起后不见得能放得下。"拿起来千斤，放下去只有四两"，说得也是这个理。这一拿一放，把如何对待压力诠释得很形象和透彻了。

我们要学会将压力放下，工作累了，事业不顺，抑或遇到生活难题时，在前行的路上画个逗号，歇一歇，心静而后能虑，深虑而后能得，焕发起精神，再去轻松地面对新的压力，保持一种积极的生活状态，迎接生命的每一天。

其实，每天发生在我们生活周围的很多悲剧，往往就是无法放下手中已经拥有的东西所造成的：有些人不能放下金钱，有些人不能放下爱情，有些人不能放下名利。如果你能够领悟"放下"的道理，你将会有一种如释重负的感觉。因为只有懂得放下，才能掌握当下，心中的那扇天堂之门，才会为你敞开。人生在世，不把一些很沉重的东西放下，你的人生行囊将会没有空间去搁置真正需要的东西。

人生苦短，要在这有限的时间里达到高远的目标，就必须放下负担轻装前行。所以我们要调整心态学会放下，知道该放下什么，不该放下什么，才能保留生命中最有价值、最有必要、最纯粹的部分。为了熊掌我们可以放下鱼；为了事业的成功，我们可以放下消遣娱乐；为了纯真的爱情，我们可以放下金钱；为了庄严的真理，我们可以放下功名利禄乃至生命。放下之后，人生的旅途才会更加愉快，才会登得更高，行得更远，看到更多更美的人生风景。

漫漫人生中，要学会该松手时就松手。松手，你就可以轻装前进；松手，你就可以摆脱烦恼、摆脱纠缠，整个身心沉浸在轻松悠闲之中。另外，松手还会改善人的形象，从而使人显得更豁达、豪爽，进一步赢得他人的信赖，同时还能使自己更有内涵。

人这一生，不可能什么都得到，所以，人必须明白：松开不等于失去，今天的放弃是为了明天的得到。人生路漫漫，要知道如何放弃，放弃些什么。

人在感情上苦苦地追寻并不能让生活更圆满。也许一点遗憾、一丝伤感，会让你更快地成熟、成长起来，这时，你应收拾起心情，继续向前走。

《湖滨散记》的作者梭罗认为："一个人越是有许多事能够放得下，他越是富有。"同时，他还说道："我最大的本领是需要极少。"生命在他手中被支配得游刃有余。与此相反，一些拥有大量金钱的富翁，却被自己的金钱"焊"在某个高柱上动弹不得。对此，梭罗不无怜悯地说："我心目中还有一种人，这种人看起来阔绰，实际上却是所有阶层中贫穷得最可怕的。他们固然已积蓄了一些闲钱，却不懂得如何利用它，也不懂得如何摆脱它，因此他们给自己铸造了一副金银的镣铐。"位高自囚，富极如贫，事物常常是这样两极相通的。

梭罗放弃物质上的富贵，却得到了另一种"富有"，获得了另一片天地。因此，我们要学会微笑着放手。

松开手后，你就会看到天空的蔚蓝，感受到阳光的温暖；你就会闻到芳草的清香，听到动人的音乐；当你放下的那一刻，你就找回了自己，找回了快乐。

智者寄语

松开是一种心态，松开是一种人生哲学，松开更是一种大智慧。让我们一起来学会"松开手心"，一起来共享"松开手心"的幸福生活吧！生活中，我们要学着放得下，只有放下一些不必要的东西，才能轻装上阵。松开手中的沙，你会发现这个世界就俯在你的手中。

放下才能再拿起

人们常说:“举得起、放得下的是举重,举得起、放不下的叫负重。”放弃之后,你会发现,原来你的人生之路也可以变得轻松和愉快。生活有时会逼迫你不得不交出权力,不得不放走机遇,然而,有时放弃并不意味着失去,反而可能因此获得。

许多人做事总是把眼前利益看得很重,结果反而失去了长远的利益。有长远目光、变通意识的人却能毫不犹豫地舍弃小利,因为他们知道这会换来人生的大胜利。

人生在世,有许多东西是需要不断放弃的。在仕途中,放弃对权力的追逐,随遇而安,得到的是宁静与淡泊;在淘金的过程中,放弃对金钱无止境的渴求,得到的是安心和快乐;在春风得意、身边美女如云时,放弃对美色的占有,得到的是家庭的温馨和美满。苦苦地挽留夕阳,是傻人;久久地感伤春光,是蠢人。什么也不放弃的人,往往会失去更珍贵的东西。今天的放弃,是为了明天的得到。

小王所在的装饰公司已经好几个月没有工程可做了,就在大家为公司的前途焦虑的时候,老板拿来一份海滨别墅的装修合同,并委派小王负责这个工程。

小王喜出望外,3天后便拿出了设计方案和效果图,经客户审阅后很快付诸实施。在接下来的日子里,小王一心扑在工程上,从选料到施工严格把关,生怕出现质量问题。

5个月后,工程即将完工,老板来到工地检查。当老板走过回廊,准备穿过客厅去花园时,突然停在了一面玻璃墙前。他用视线量了量角度,又用手敲了敲墙体,然后转身拿过来一把铁锤猛地朝玻璃墙砸去。只听“轰”的一声,玻璃墙成了一地碎片。

“老板,你为什么要砸这面墙?”小王被老板的举动惊呆了。

“玻璃墙偏了5度,抗冲击力不够。这令我不满意。”

“你不满意,也犯不着一锤子就砸碎1万元呀!”

“我宁可一锤子砸碎眼前这1万元,也不愿意让这面墙影响了整个工程的质量而失去市场,失去日后的100万,甚至1000万!”

小王极不情愿地重新选料,并赶在交工前重新装修好了那面玻璃墙。交工那天,精美的装修赢得了客户的高度评价,而且还为他们推荐了几个新的客户。公司由此度过了困难时期,业务量开始大幅攀升。

在公司举行的庆功酒会上,老板亲切地对小王说:“1万元是能看得到的,而100万元、1000万元则是看不到的。看得到的永远是那么一点点,看不到的才是一大片。年轻人,不被眼前的利益所诱惑,你才会走得更远。”

能够看到别人所看不到的,这是成功者最大的特征。不要单纯为眼前看得见、摸得着的利益心动,控制自己的欲望,抵制一时的诱惑,要有“舍卒保车”的变通意识,能够透过诱惑看到长远利益的人,才是成功的人。

这个社会中的许多人在面对来自红尘之中的种种诱惑时迷失了自己,跌入了欲望的深渊,把自己装入了一个个打造精致的,名叫“功名利禄”的金丝笼里。更为悲哀的是,鸟儿被囚禁于笼中,被人玩弄于股掌之上,仍欢呼雀跃,放声高歌,甚至于呢喃学语,博人欢心;而人类置身于功名利禄的包围中,仍自鸣得意,感觉唯我独尊。这应该说是一种更深层次的悲哀。

懂得放弃才有快乐,背着包袱走路总是很辛苦。能够放弃是一种超越,当你能够放弃一切,做到简单从容地活着的时候,你生命的低谷就过去了。我们总是只关注放弃时眼下的痛苦,殊不知如果我们不放弃,可能会遭遇更大的痛苦。

智者寄语

放弃,是一种格局,是我们发展的必由之路,大弃大得,小弃小得。漫漫人生路,学会放弃,便能轻装前进,不断有所收获。

输得起才赢得起

人生有时像个大赌局,谁也不可能总是赢家,谁也不可能总是输家。在人生的道路上,要经得起大风大浪,我们也只有在惊涛骇浪中才能认清自我。而有的人碍于面子,即使注定失败也不肯认输,最后只会输得更惨。因此,在一定的场合和处境中,我们一定要学会认输。

认输需要勇气,因为不是被逼到一定的份上,一般没人会轻易认输。但是,学会认输并不意味着软弱和无能,也并不意味着从此就要以失败的面孔示人,相反,懂得认输的人却具备着非凡的气度和人生智慧。具有认输的勇气,也就一定具有重新奋起的勇气。

认输也是一种处世策略。学会认输,就是在陷进泥塘里时,知道及时爬出来,远远离开那个泥塘;学会认输,就是学会承认失败,懂得做出恰当的选择与放弃。

古人说:胜败乃兵家常事。只有在人生中经得起失败的摔打,承受得住失败的打击,才能历练出成功的本领。而且,也只有经历过失败,我们才能看到自身的弱点和不足,认清自己的劣势,从而不断提升自己,让自己站在更高的台阶之上。

有人曾问奥运赛场上的射击老将王义夫:有没有想过如果输了怎么办?王义夫说:“我们都是在成败的反复交替当中成长起来的。我输得起,输得起就赢得起!”美国投资家贺希哈也说过:“不要问我能赢多少,而是问我能输得起多少!”在这些人看来,只有具备认输的勇气,能够输得起的人,才能赢得最后的胜利。

贺希哈在17岁的时候,就开始自己创业了。他第一次赚大钱的时候,也是他第一次得到教训的时候。那时候,他的身上一共只有255美元,在股票的场外市场做一名掮客(中介)。

不到一年的时间,贺西哈就赚了人生中的第一桶金——进账16.8万美元。拿到这笔钱后,他为自己买下了第一套像样的衣服,还买了一幢房子。但是,第一次世界大战的休战期来到了,贺希哈聪明得过了头,他以大减价的价格顽固地买下了隆雷卡瓦那钢铁公司,结果却受到了欺骗,最后赔得只剩下4000美元。这一次失败,也让他得到了深刻的教训:“除非你了解内情,否则,绝对不要买大减价的东西。”

但是,贺西哈并没有被严重的失利所挫败。经过深思熟虑,他决定重新开始。这一次,他放弃了证券的场外交易,而是去做当时未列入证券交易所买卖的股票生意。

开始,贺西哈与别人合资经营。一年以后,他就开设了自己的贺希哈证券公司。到后来,贺希哈又做了股票掮客的经纪人,每个月就可以轻松赚到20万美元。

1936年是贺希哈最冒险也是最赚钱的一年。早在人们淘金发财的那个年代,就有一家普莱史顿金矿开采公司。这家公司在一次火灾中焚毁了全部设备,导致资金短缺,股票跌到不值5美分。当时有一个名叫道格拉斯·雷德的地质学家,他知道贺希哈是个思维敏捷的人，就把这件事告诉了他。贺希哈听了以后，马上拿出2.5万美元做试采计划。不到几个月，他就在仅距原来的矿坑约7米的地方挖到了黄金。这座金矿，每年能够给贺希哈带来250万美元的净利润。

贺希哈具有认输的勇气，也输得起，所以最后才赢得更加彻底。

有些人认为，认输是很难做到的，那是一件非常丢面子的事。事实上，认输之所以难做到，是因为它看起来就是承认失败。在我们所受的教育里，强者是不能认输的，所以我们也常常被一些高昂而英雄的光彩词语所激励，以不屈不挠、坚定不移的精神和意志坚持到底，绝不认输！

是的，人生的确需要百折不挠的意志和勇气。但是，奋斗的内涵不仅仅是英雄永不言败、不屈不挠和坚定不移，还包括修正目标、调校方位、调整战略。在一个死胡同走到底的并不是英雄，死不认输也只会毁掉自己。这种人连自己的心结都没能战胜，又如何可以成为强者，成为英雄呢？

其实，决定输赢很重要的一个因素就是心理，谁不怕输，谁输得起，谁就能赢得最终的胜利。但是，这个"输得起"必须是真正的心无杂念，以平常之心对待，强装是没用的，强装只能让你在最后关头退却，把赢家的位子拱手让给别人。

智者寄语

所谓输得起，就是输了也不在乎，既然输了不在乎，做起来就一定会很专注，这样往往也能成为最终的赢家。即便这次不能赢，也能为下一次的胜利积累资本。输赢，很多时候拼的就是一种心态！

学会释放心灵，你就学会了生活

人生在世，身心承受负担是常事，对此谁都无可奈何。来自身体的负担，倒也容易解脱，大不了干脆彻底放下，不要就是；而当心灵不再轻松了，甚至感到负荷累累时，才真叫可怕。然而生活有时就是这样无情，总是让我们每个人的心灵深处，或多或少地存在着一些莫名的桎梏。我们一直被囚禁其间，而且不可思议的是，囚禁我们的网竟是由我们自己编织的。

人生有太多的迷惑，太多的心思。无数个为什么在心中萦绕、无数个道不清说不明的问题在心里淤积，绞织得你心乱神迷。每个人都有迷惑和苦恼的事情，每个人都有一个个挥之不去的心结。

因为有了心灵的囚禁，于是才有了逃离的理由，那么我们就急需去做一件事情：释放心灵。亦即消解压力，为自己松绑。

生活中，我们很多人都可能遭受情场的伤害、职场的失位、商场的沉浮等诸多方面的打击；还有幸福时的喜悦、快乐时的激越、伤感时的苦闷、失意时的沮丧、选择时的彷徨，这就是人生。人生就是一碗五味杂陈的汤，每种滋味你都要学着去品尝，我们无法选择，无从逃避，只能调整心态去适应。

人生不可能凡事尽如人意，如果你常感到沮丧，那是因为你的心胸不够宽广；如果你常能体验到幸福快乐，那是因为你的心态平和。人生是一个舍与得的过程，所以有得有失，是现实生活中再平常不过的事情了，我们应该以一种顺其自然的心态去看待生活，学会释放心灵。因为学会释放心灵，你就学会了幸福、学会了生活！

人生的幸福其实就是一种感觉，一种心情。还是那句老话，你是欢欣幸福、轻松快乐，还是压抑苦闷、痛苦不堪,主要由你的心态决定。所以,我们必须学会释放心灵,做到内心的安宁,才能感受到生活的轻松快乐和人生的幸福美好。

假如人能学会释放自己,学会善待自己,凡事不跟自己较劲,甚至学会适度地发泄自己,就不会在生活面前不堪重负了。面对生活的不如意,转移是一种最好的办法,事情太多背不动了,那就将它抛诸脑后,把注意力全部转移到让你轻松快乐的事情上来。等心态调整好以后,已经能控制情绪的你,还会害怕你面前的困境吗?

有个人在单位里人缘很好,他性情温和,待人友善,心态平和,几乎没人看过他生气。有一次,周围的邻居发现他正在自家顶楼上对着天上飞过来的飞机吼叫,于是人们好奇地问他原因。

他说:“我住的地方靠近机场,每当飞机起降时都会发出巨大的噪音。后来,每当我心情不好或是受了委屈、遇到挫折,想要发脾气的时候,我就会跑上顶楼,等待飞机飞过,然后对着飞机放声大吼。等飞机飞走了,我的不快、怨气也被飞机一并带走了!”

人们终于明白,我怪不得他脾气这么好,原来他知道如何适时释放自己心灵的不良情绪。

如果一味地将心中的不快积压,不能适时地释放,人生的航船就有可能倾覆。在当今社会中,人人都应学习如何释放自己的心灵,如此才能活出健康幸福的人生!

那到底该如何释放心灵呢?

在忙碌和单调的城市生活中,常常会让人忽略了心灵的修复。于是,在空闲的时候,不妨找到一处安静的居所,点一盏温暖的灯光,翻出几本爱看的书籍,伴着幽幽的灯光和舒缓的乐曲,投入地阅读。当眼睛和心都被书本占据时,你突然觉得现实世界的那些种纷繁离自己越来越远,甚至它们再也无法重新完全占据你的脑海,左右你的情绪。如果你更愿意待在自己的小天地里,也不失为一个好的选择。你可以为自己做一顿精美的晚餐、替自己泡一杯芳香四溢的花草茶、欣赏一张经典的影碟……完全彻底地享受闲适的生活。这一刻远离城市的喧嚣,细细品味生活的甜美。心灵,也就在这一刻得到了释然。

智者寄语

成功得意之时,学会释放心灵吧。

放下是为了更好地重新上阵

人的一生,曲折而漫长,需要承载和面对的事情会很多,但我们不能把一切都背负在身上,那样只会让自己活得很累。因此,我们应该学会做到:该放下时就放下。那样,我们就会更好地轻装上阵了。

年轻人和禅师相约登山。年轻人第一次登山,担心山顶上会缺食少水或货以奇居,就在爬山前准备了一个大背包,吃的、喝的、用的塞了满满一包。禅师看了看他鼓囊囊的背包,笑着提醒说:“包袱太重,就不能轻装上阵。”年轻人不以为然。

一开始,年轻人紧跟着禅师的脚步,边走边和禅师讨论参禅的事情。不一会儿,年轻人就有些吃力了,于是问禅师:“你比我年纪大那么多,为什么走起路来却是那么轻快,而我越来越吃力呢？”

禅师提醒说：“放下包袱！”

年轻人发现一路上泉水不断，斟酌了一番后，把背包里的矿泉水掏出来放在路边的石头上。

又走了一程，年轻人竟然被禅师落下一大截。

禅师回头看了看说：“放下包袱！”

年轻人虽然有点舍不得，但看到禅师坚定的目光，就索性将背包里所有的食物都拿出来扔在路边。

但年轻人还是落得越来越远了。

禅师再次说：“放下包袱！”

年轻人大惑不解：“我已经把包袱全掏空放下了，怎么还让我放下包袱呢？”

禅师笑了笑说：“你身上的包袱是放下了，但心里的包袱却依旧存在。心里的包袱，往往比身体的包袱更可怕！”

年轻人愈加不解：“你怎么知道我心里还背着包袱呢？”

禅师说：“既然放下了，就不要再回头看。”

禅师的一句话，道出了放下的真谛，何谓真正的放下？掏空心灵的包袱，即为放下；不再回头看，即为放下。

经常听到有人抱怨：情感太累，工作太烦，生活太无聊，无论走到哪里，身上都背着沉重的包袱，压得自己喘不过气来。但是，当我们抱怨这些包袱的时候，我们可能不知道，真正使我们身心俱疲的不是身体的负担，而是我们心里的包袱。蜗牛爬得很慢，是因为它背着重重的壳；人活得累，是因为心里装着太多放不下的东西。而那些让我们舍不得放下的包袱里，装着的无非就是后悔、懊恼、不甘、挫败等，多数是一些“不必要”的东西。

就像故事中的年轻人与禅师同行爬山却屡屡落后，他虽年轻力壮，但心里的包袱太多，难堪重负；禅师虽是花甲之年，却“心无杂念一身轻”。很多时候，正是这些包袱压得我们都没有意识停下来想一想：放下包袱，会走得更轻松，活得更愉快。记得一位智者说过一句话：一路走来，心里装一片轻松，足够了！人生路漫漫，我们要承受的很多，所以我们需要放下包袱，给心灵足够的空间去勾勒美好人生的蓝图。我们不能预知明天，但我们能够把握今天的幸福；我们不能改变过去，但我们可以好好装点现在的生活；我们不能控制事态的发展，但我们可以控制自己的心灵；我们不可以改变生命的长度，但我们可以改变生命的宽度。只有这样，我们才能放下不该背负的包袱；只有这样，我们的脸上才能堆积笑容；只有这样，我们的生活才能获得幸福。

所以，作为一个生活的智者，我们要学会释放自己的心灵，让我们轻装上路，洗去一切的世事铅华，遇见最清澈的心灵；抛去一切的人生包袱，遇见最美丽的人生。而这需要我们不断地舍去，舍去那些缠绕我们心灵的不必要的负担，给心灵自由的空间，我们可以活得更加轻松。

“退一步海阔天空”，世界很大，心灵也很宽，让我们在放下中获得，在放手中拥有。不要让尘埃蒙蔽了我们的心灵，有时候，失去与获得是同时进行的，塞翁失马的故事，说的大抵就是此意。

一个人背着个大包裹历经千辛万苦跑来见一位智者，他说：“我是那样的痛苦与难耐，背着一个大包，我总感觉自己很疲惫。我磨破了鞋子、磨疼了双脚、我浑身是伤、口干舌燥……为什么我会这样不快乐呢？”

智者问：“你的大包裹里装的是什么？”

此人说："这些是我积攒了很久的东西，有我每一次失败时的沮丧，每一次跌倒后的悲伤，每一次失意时的烦恼……"

于是智者带此人来到河边，他们跨过独木桥到了对岸。

智者说："你扛着独木桥赶路吧！"

"什么，扛着独木桥赶路？"此人很惊讶，"它那么沉，我扛得动吗？"

"是的，你扛不动它。"智者微微一笑，说，"过桥时，这独木桥是有用的，但过河后，我们就要学会'过河拆桥'，轻松赶路，否则它会变成我们的包袱。所有不愉快的人生经历，可以作为日后生活的借鉴，它能使生命得到升华，但须臾不忘，就会变成人生的包袱。放下它吧！孩子，生命之舟需要轻载。"

此人听了智者的话，随即放下包袱，继续赶路，他发觉自己的步伐霎时变得轻松而愉悦，比以前快多了。

"放下包袱，轻松前进"，这句话不无裨益。生活中有许许多多的包袱，你的心就这样背着它，怎么能获得释然和洒脱呢？学会放下吧，放下那颗被名利束缚的心、放下那些搅扰你的生活琐事、放下生活中不可承载的压力、放下一切你应该放下的东西，为自己营造一个轻松自由的空间、一片心灵的净土和一方恬静的家园吧！

"放下"不代表"放弃"，"放下"是丢掉生活中那些不必要背负的东西。譬如文中一开始讲到的爬山一样，身心疲惫时千万不可放弃继续向前的希望，我们可以选择丢掉一些不必要的包裹，让旅途更加轻松，这就是所谓"放下"不"放弃"的真正含义。"放下"便轻松，我们生活行动缓慢，往往是由于思想"包袱"过于沉重而又舍不得抛弃所导致的。只要放下心灵的包袱，我们就会拥有"轻舟已过万重山"的快感。

"放下包袱，轻松前行"。对于生活，只有放下所有不必要的"包袱"，以一种豁达宽心的态度去看待人生，才能更好地享受人生。"放下"，便是为自己打开一扇通向幸福的大门，"放下"便是选择了一条豁然开朗的人生之路。

智者寄语

放下一点，就会得到更多。一个懂得"放下"的人，才是真正懂得生活的人。

放下，生活可以如此自在

在井冈山市郊的净居寺里，刻着六个格外醒目的鎏金大字：看破、放下、自在。尽管这六个字更多的是讲述佛家的精义，但在一个面对世事的心态上，它也有一定的启示意义。

某人问佛：如何才能如你般睿智？佛曰：佛是过来人，人是未来佛，我也曾如你般天真，佛门中说一个人悟道有三阶段：看破、放下、自在。你只有获得自在，才能拥有睿智。

的确，一个人必须要放下，才能得到自在。

很多时候，我们都明白，遇到困境时，要面对它、接受它、处理它、放下它，才能万般自在，可是当事情真正来临时，其中最难的就是"放下"，很多时候一旦忧虑，就会时时放在心上，那到底如何才能做到"过去就心无牵挂"呢？

这就需要一种智慧，一种可以让你心灵"放下"的智慧。因为没有智慧，就放不下。

有位姑娘在公交车上看到一位老太太带着一个小孩一起上车，于是就将座位让给了老太太，老太太一句感谢的话都没说就把位子让给孙子坐。

姑娘心中嘀咕："我是看你站不稳，才让座的。"过了两三站，那祖孙俩要下车了，老太太转头东张西望，不是找这位姑娘，而是找后面一位她认识的年轻人，要他过来坐孙子空出来的位子。

姑娘心里想："怎么有这种人啊？我让的位子，你不坐了，应该还给我，至少跟我说声谢谢，竟然还叫别人来坐！"这位姑娘对这件事耿耿于怀，很长时间过去了，她还在心里记着这件事，自始至终都放不下。

真正的"放下"，就是事情过去了，就不再耿耿于怀，不再让它影响到自己。

有一个人在城市的闹市区闲逛，这里治安不太好，后来就在某个转角，他被两个年轻人盯上，一个人抢了他的皮包跑了，另一个人还威胁他说不许报警。

这下子怎么办呢？他慌了，手足无措，只能找朋友想办法，朋友建议他赶快报警。

很多时候，一个人在面对突如其来的变故时，不能妥善处理问题的原因就是无法让自己冷静下来，睿智地思考如何面对它、接受它、处理它、放下它。

就像上面那个被抢劫的人，"面对它"，是理智面对自己被抢劫的事；"接受它"，接受这件事情的发生，无法改变；接下来的"处理它"，就是报警；而"放下它"，就是处理完后，就不要再想了。

事情发生了，有智慧的做法是"吃一堑，长一智"，以后出门尽可能不带贵重的东西，自己的背包要看好。采取一些必要的措施和准备，把该预防的事情都做了，处理妥善了，就会克服心里的不舍和挂虑。

"放下它"，并不是从此不再理会，而是该怎么处理就怎么处理，尽心尽力去做，但内心不忧虑。总是忧虑的人是没有智慧的人，只有放下，才有智慧，才能自在。

挑重担的人，当重担被放下的时候，一定可以倍感舒服轻松。当人背负重重责任时，一旦任务完成，责任不复存在时，就会体会到如释重负的快感，这就是所谓的"一念放下，万般自在"。

我们活在世间总感觉压力太沉重，就是因为不能放下的缘故。对情感放不下、对钱财放不下、对名利放不下、对权势放不下，所以就会被情感、钱财、名利、权势压得喘不过气来；因为对世间的一切放不下，就不能解脱自在！

你对世间的功名富贵放不下，你的心就陷在功名富贵的牢笼里出不来；你对世间的爱恨情仇放不下，你的生命就会被爱恨情仇所左右；你对世间的忧悲苦恼放不下，你就会被忧悲苦恼所包围；你对世间的得失卑贱放不下，你就会被得失卑贱所影响。所以，很多人总是生活得很辛苦。为了一段情，我心里放不下；为了一个人，我心里放不下；为了一件事，我心里放不下；为了一句话，我心里放不下；为了一样东西，我心里放不下。因为放不下，心就被人事纷扰占据了，就会丧失自在的意境。

其实，对世间一切悲欢离合、爱恨情仇，也都要能放下。苏东坡就是一个对人生的"放下"颇有体悟的智者，而放下了人事纷扰的苏东坡，八斗的文才也有了用武之地，字字珠玑的华章喷薄而出："一朵芙渠，开过尚盈盈""翻空白鸟时时见，照水红蕖细细香"……这些佳句读来如嚼橄榄，令人唇齿留香，爱不忍释。人贵有自在心态。奥地利女作家埃尔弗里德耶利内克，得悉自己获得诺贝尔文学奖后，她兴奋过，但思忖一番后，做出了不去领奖的决定，因为"获得诺贝尔奖会使人成为一个万众瞩目的名人，原本平静的生活会被打乱"。这种自在、豁达的心态，正是一个人获得幸福的方式。

在一堂关于宽心人生的心理课上，老师对学生做了一个示范，他举起手中的书，问台下的学生："你们估量这本书有多重？"学生们议论纷纷，答案不一。

老师说："其实我想问不是书的重量是多少，这并不重要，重要的是你举着这本书的时间。如果仅仅是两分钟，OK，可能丝毫没有感觉，如果拿着两小时，手一定会发麻，如果拿着一天，你的胳膊可能会因为血流不畅而瘫痪。"

所以，一个人不能长时间地背负重担，要学会迅速放下各种担子，让自己松一口气。只有将积存长久的不良情绪，如愤懑、埋怨、低落，适时地处理掉，像放下担子喘一口气一样，才会获得健康快乐的人生。

智者寄语

做人，如果每天拖着心里的各种忧虑东奔西跑，如此不肯放下，是何等辛苦！所以，做人应该像旅行箱，该拿起时就拿起，不用时就放下。因为，唯有放下，才能自在。

卸载心灵中那些不能承受之重

生活总是充满了那些不能承受之重，而我们每个人就是在种种压力当中不断成长起来的。其实压力并不是问题，问题的关键在于我们如何去解决这一个个生活的难题，如何用成熟的心态来解开这些累心的羁绊，去卸载心灵中那些不能承受之重，让自己真正轻松起来。

生活在一个瞬息万变的时代，沉重的心理压力、职场的风云变幻、复杂的人际纠葛、不安的情绪与情感困惑，使我们在人后人前隐藏着不同的性格，白天和夜晚拥有两张不同的面孔。正是由于这些沉重的难以负荷的压力，让人们都忘了，那些最初的容颜、最初的纯真。

人最难以承受的便是沉重的心灵压力，或悲或喜、或苦或乐、或欢或愁都与压力的解脱有着说不清的牵连。如何摆脱，如何卸载心灵中那些不能承受之重？让自己获得心灵的自由和精神的守望？

压力也不是没有好处，压力既可以让我们成长，也可以将我们吞灭，而这就取决于我们的心灵。

压力是一种正常现象。压力使我们面临痛苦挣扎，但没有压力我们也一事无成。所以，当心灵的压力不断袭来时，我们想的不是如何在压力中压抑，而是如何把压力变为上升的动力，如何卸载心中的压力、消除累心的羁绊。

因为，只有将生活的压力转化成动力，只有巧妙地将心灵的重担卸载，才能历练出一颗强大的心灵，就像蚌含着沙在痛苦中孕育出璀璨的珍珠一般。

心灵的重担就像人的影子一样，只要有生活，压力就会紧紧相随。面对压力，有人选择微笑、有人选择卸载、有人选择逃避、也有人选择忧虑，而如何选择，就在于自己的心态。

曾看过一篇管理哲学的报纸，上面说了一个故事：

一个科学家做了一个实验：分两批人，一批人拿着小杯子，里面装半杯水，叫他们不放手地拿着，一个钟头过去、两个钟头过去，终于他们忍受不了了；另外一批人提着满满一桶水，提几分钟就放下来，然后再提，一天都能忍受。

这个实验给出了我们卸载压力的办法：放下，压力再多都不怕。

"放下去"，绝不是胆怯和逃避，而是放下心灵的负担，用微笑和开阔的胸襟与压力周旋，拿得起放得下。既然压力如影随形,就笑着去迎接它吧,当你对着它笑的时候,你会发现其实压力也不过如此,甚至你会惊觉“世上本无事,庸人自扰之”。心灵的思维决定一切,一颗健康的心灵,在面对压力时绝对可以做到游刃有余。

压力,有时只是一种感受,完全是一个主观的东西,可有可无,存在于你心灵的掌控中。“压力”的解决,就在于“放下”。放下,心灵的重担就自然消失了。这里所说的“放下”,就是从心里让他“自然地过去”。我们可以用生活中常见的感受来验证一下,比如当我们看了一场经典的电影,其间感动得一塌糊涂,甚至非常揪心,在这之后呢?我们还是天天时时都会沉浸在电影情节中吗?当然不会。这种感动的感受“自然地过去了”,“放下”了,想留也留不住,以后再想起来,顶多只是回忆一下。所以,压力这种感受,是一种自我心灵的主观感受,是一定可以“自然地过去”、可以“放下”的。

放下压力是一种智慧,是面对心灵无法承受之重的最佳策略,是一种“无为而无所不为”的形而上学。那关键该怎么“放下去”呢?

首先,你要学会将心里的事情安排好。一次只解决一件事情,不需要马上解决的事情就先不要多想。心灵的空间是有限的,不能负载太多,一次专心做一件事儿,一次只担心一件事儿,这样你才能心有余力地解决好当前该解决的事情。慢慢地,以此类推,所有的事情就都可以轻松解决了!

其次,不想没必要去忧虑的事情。集中精力去想该想的事情,给自己良好的状态。至于生活中的那些琐碎小事就不要放在心上了。如果什么事都堆积在心里,心灵总有一天会被挤爆的。

第三,放慢生活的速度。有时候,虽然生活节奏很快,但是我们要学会稍稍放慢自己前进的脚步。记住,放慢速度,能让你在面对事情的时候有思考的时间,不至于经常犯错。错误减少,压力自然也就少了。

第四,生活没必要太严谨严肃。培养自己的幽默感,有时间和朋友小聚,聊一点幽默的事情,嘻嘻哈哈之间,气氛活跃了,身心也放松了。事实上,笑是一种最好的解压方法。

第五,心里多想愉快的事情。不管你的生活多么辛苦,都要记住一件你觉得美好的事情,让自己的心灵有理由变得温软、变得惬意。

智者寄语

纷纷扰扰的世界上,面对生活的压力,你要修得一颗强大的心,学会解开累心的羁绊,卸载心灵中那些不能承受之重,这样,在嘈杂的环境中、巨大的压力下,你才能“我心悠然”地度过。

放手,是留给自己最美的姿态

有个女孩在与男友分手之时异常痛苦,两只手紧紧抓住男友的手,指甲都掐入了对方肉中。男友说:“放手吧,我已经不再爱你、不再属于你了,你又何必抓着我不放呢?”女孩始终不肯放手。女孩的好友也在现场,见女孩如此痛苦,劝她:“你为什么要抓住一个不再属于你的人呢?你放手吧,让他去,就好过、就舒服了。旧的不去,新的不来,放开不属于你的,才能找到属于你的。”

女孩听了觉得有道理,一放手,果然就轻松了。

有两只小狗,一只嘴里叼着根骨头,另一只也想吃,打算抓过去,对方不给,于是便吠叫撕咬成一团。

许多时候我们如这两只小狗，不肯放手，宁愿将彼此伤得体无完肤，还紧抓不放，其实无非就是为了很简单的一样东西。一个说，那东西是我的，我为什么要给你，你为什么一定要属于我的东西呢？如果不要它不就没事了吗，只要心灵说："我不要了，我放手。"就是一种最好的解脱。

得不到就放手，是你留给自己最美的姿态。当你放手的那一刻，你就找回了自己！

当然，必要的执着是一种坚持的勇敢，比如：对生活执着，是一种信念；对工作执着，是一种责任；对爱情执着，是一种承诺！可是如果在应该放手的时候学会放手，那不也是人生中一种美丽的姿态吗？当一扇门关上时，另一道门就会为你打开，所以请学会放手吧，慢慢地品味，你会发现，那悲那喜、那得那失，都在放手间忽然变得豁然开朗，你会感觉到上天赐予每个人的都是幸福，就看你如何去感受了。

有的人感觉活着很轻松，而有的人却总是喊累。为什么累？那是因为你手里握的东西太多，我们一路前行，一路采撷，拿在手里的越多，负担也就越重。当森林里太阳初升的时候，狮子睁开眼睛的第一个念头就是：吃到最美味的猎物，躲开对手的进攻，于是它向森林深处奔去。我们也一样，每天早上一睁开眼睛，就在为那些攥在手中和打算攥在手中的理想而伤神。然而，负重的蜗牛最痛苦的不是自己爬得太慢，而是压力太重。

曾经，看过这样的一个故事：

> 在火车上，一个老人不小心掉了一只新鞋，他毫不犹豫地把另一只鞋也从窗口扔了出去。乘客很不理解，老人解释说，那双鞋不论多么昂贵，对他而言，都已经失去作用了，而捡到这双鞋的人就不同了，所以与其留一只对自己无用的鞋，倒不如选择放手，或许会成就另一个人呢？

从老人身上，我们看到了人生的智慧，也深刻体会到了放手的真意。

燕子放弃了温暖的巢穴，插上翅膀，去寻找属于自己的天空；烟花放弃了短暂的生命，惊鸿一现，也要把自己最美丽的一瞬留给暗夜的星空。物犹如此，人何以堪？

懂得放手的人是理智的，如范蠡就懂得"飞鸟尽，良弓藏；狡兔死，走狗烹"；懂得放手的人是明智的，当鲁迅发现留学多年的医学救不了中国人的灵魂时，于是及时放手，转而从文，用手中的笔书写拯救民族的篇章。

我们是不是也曾经一度认为放手是一种对理想的背叛，抑或是消极懈怠的生活态度？其实，你不妨想一想，对一份攥在手里却不能带给自己快乐的欲望，还有什么依恋的意义？不如就此放开，就会得到另一种幸福。

其实放手，并不是视而不见、凡事都无所谓，恰恰相反，只有适当的放手，才能看见该看见的、在乎该在乎的、拥有该拥有的。

在我们的一生中，有时要放手的不仅仅是我们山盟海誓、苦苦寻觅的爱情，有时还要学会对那些我们尽力而为、却无法做好的事情放手。比如说，你没有艺术天赋，何必舍弃当作家的梦想而抓住成为艺术家的奢望不放呢？你的事业如日中天，你的金钱越堆越高，你的心力却越来越微弱，为什么不放手呢？事业和金钱的欲望是无止境的，你的精力却是有限的，为什么不释放自己呢？要知道，只有学会放手，你的人生才会轻松快乐。

放手是一种美，当我们懂得放手时，才能真正领悟到什么是幸福的生活。所以，在必要的时候要学会放手，放手可以将身上的担子卸下，让我们一身轻松；放手可以使我们不再好高骛远，让我们心平气和。学会放手，不是放弃信心，而是放弃心灵的压力，让我们自由飞翔。

海尔集团总裁张瑞敏认为"产品零库存"是企业的最佳状态。当然，我们的人生也应该有

“零库存”的时候。因为,“零库存”是一种放手后的思考和休养状态,思考是为了日后更高的飞跃、休养是为下一步的旅程养精蓄锐,缺一不可!

没错,人生的“零库存”是为了让我们把那些累心的东西都从心灵中删除,使自己的心灵仓库成为可以静养的居所。人生的“零库存”就是放手后的心灵回归,同时也是一种心无旁骛的“真空”境界,仿佛是一汪清泉,清澈而静谧,透亮而空灵。人生的“零库存”不是放手后的空无,而是放手后的另一个崭新的开始!

智者寄语

得不到就放手,是你留给自己最美的姿态。让我们学会放手吧,在该放手的时候就放手。放手后,我们的人生才会拥有新的天地,新的天堂!

一念放下,幸福即来

人的一生,无时无刻不在追求幸福,可是有的人奋斗了一辈子,却不知道自己真正追求的幸福是什么。西方有一句名言说,拥有自己无法控制的东西,对自己来说就是一种痛苦。这就是为什么一个人拥有了一切却仍旧不幸福。因为幸福其实是来自心灵的“放下”、烦恼的“融解”,而不是任何东西的拥有,也就是所谓的“一念放下,幸福即来”。

英国前首相乔治有一个习惯:随手关上身后的门。

有一天,乔治和朋友在院子里散步,他们每经过一扇门,乔治总是随手把门关上。

“你有必要把这些门都关上吗?”朋友很是纳闷。

“哦,当然有这个必要。”乔治微笑着对朋友说,“我这一生都在关我身后的门,你知道,这是必须做的事。当你关门时,也将过去的一切留在过去了,放下那些令人懊恼的烦心事,你才可以重新开始幸福的生活。”没有必要让无法改变的事情牵扯你的情绪,进而影响你的心情。

面对人生的种种无奈,没必要耿耿于怀,或者悔恨懊恼,怨天尤人,抱怨命运的不公。

曾经看过令人心灵震撼的一句话:你能放下多少,幸福就有多少。放下心灵的桎梏和枷锁,享受当下,打造未来,才是幸福的选择。

是啊,你能放下多少,幸福就有多少。比如,在遭遇感情突变之后的人,如果能用“放下”来勉励自己,也就不会活在失败情感的阴霾中,会以充满阳光的心态寻找下一站属于自己的幸福;遭遇事业失败的人,如果能用“放下”来勉励自己,就不会沉沦不振,他会全力以赴,等待下一次东山再起;学业失意的人,如果能用“放下”来勉励自己,就不会轻易地选择放弃,而会信心百倍迎接人生新的目标……

“放下”伤害过你的人,也许他会成为你若干年后成功的动力,“放下”命运的不公,因为困境会成为你一生最宝贵的财富;“放下”每一次的失败,因为它会成为你成功的台阶。

所以,如果你的生活中遇到不顺心、不愉快,请记住一句话:你能放下多少,幸福就有多少。这样你就会宽心释怀,心中也自会阳光灿烂。

有个富翁背着一袋子金银财宝到远方寻找幸福,可是他历经千辛万苦,也未能如愿,于是他伤心地坐在路旁。这时,正好一个农夫拉着一头水牛走了过来,富翁说:“大家都很羡慕我的富有,请问,我为什么感觉不到幸福呢?”

农夫笑着说:"幸福很简单,放下就是幸福呀!"

富翁顿时豁然开朗:自己拿着那么多的财宝,终日惶恐不安,不是怕被人抢,就是怕被别人暗害,怎么可能有幸福感呢?于是富翁不再单单以金钱为乐,还时不时用自己的钱财接济穷人,这样不仅滋润了他的心灵,也让他体会到了幸福的真味。

其实,生活有时真没有必要太执拗、太较真,有些事情没有什么不可以割舍的。学会放下,生活也许会变得更宽广。"放下"是一种心境,只有心平气和、怡然自乐,才能感受到放下的幸福。

每个人都在各自的生活圈子里、不同的心境下追求着自己想要的人生幸福,幸福不一定有显赫的地位,不一定有伟大的壮举,不一定有富足的金钱,不一定有诱人的外表,但一定要有"放下"的智慧,让心灵自由,让胸怀坦荡,让心态轻松。放下过去的不悦,放下现在的困惑,放下未来的忧虑。真正的幸福,除了外在的因素,更重要的还有来自心灵的感悟。

人生岂能尽如人意?但求无愧我心。生活中我们有很多难以割舍的东西,在许多时候,我们往往像那位富翁一样,拥有全世界的财富,却失去了最真实的幸福。如果能像农夫那样,放下所有的欲望,活在一种最自然的状态中,就会得到现实的快乐和幸福。人往往就是因为舍不得放手,才会在舍与不舍之间变得异常矛盾和痛苦。只有学会适时放手,人生才变得轻松。要知道,太多缠累的翅膀是很难飞起来的。

所谓拿得起放得下,放下就是幸福。

1. 放下自己

不要把自己看得太高、也不要看得太低,学会站在别人的角度,把别人当自己来看待。生活中,不看重别人的脸色、更不看重金钱的脸色,只求活在自己的心灵中。

2. 放下压力

生活中要学会工作就是工作,生活就是生活,不要把工作中的不悦引入到生活中,不要让生活的烦恼影响到工作,不要让心情中的阴郁将生活搅乱。

3. 放下名誉

名誉就像孙悟空的紧箍咒,越是重视越被束得紧;名誉是被珍藏多年的古玩,价值在于低调,越晒越容易变质;名誉是一瓶陈年老酒,蕴藏得越久,味道越甘美。

4. 放下金钱

这个世界上最让人劳心伤神的是钱,最让人欲罢不能的也是钱;钱可以让我们买到很多东西,却也容易让我们失去了最难得的幸福。

5. 放下往事

把是是非非的故事刻在沙滩上,用长长短短的时光去慢慢冲淡,不要太在意曾经的那份苦涩,也无须被悔恨羁绊了前进的步伐。是伤,就让它快快地结疤;是秘密,就让它悄悄地珍藏;是故事,就让它轻轻地飞过。生命需要适时地忘记,追忆有时只能是伤害,留恋也只会成为一种牵累。

智者寄语

拿得起是执着,放得下才是幸福。

第五章　心平气和，不气不恼

生气相当于惩罚自己

有一位哲人说："生气是拿别人的错误惩罚自己。"别人犯错，他理应受到惩罚；你生气，则是对你自己的一种惩罚。然而大多数时候，别人没犯错，你自己也会因为生气而受到惩罚。

20世纪40年代，德裔美籍科学家爱因斯坦由于提出相对论而引起广泛的关注。但在当时，伴随着莫大的荣誉和耀眼光环的是众多科学家的一片质疑声。随着时间的推移，越来越多的科学家加入了反对的行列，继而是对爱因斯坦及其相对论进行的一系列猛烈的抨击。反对者召集了100位当时颇具名望的科学家联名证明相对论是谬论，是无稽之谈。这种质疑和抨击愈演愈烈，最后变成了对爱因斯坦人身和人格的攻击。反对者在多个公开场合大放厥词：爱因斯坦是个疯子，是个毫无出息的傻瓜，是个一心只想出名的白痴……

记者会上，好事的记者当然不会放过这个机会，追问爱因斯坦对此事如何看待，准备怎么反击，爱因斯坦微笑着说："100位？如果能证明我的确错了，一位就可以了！"会场里顿时掌声雷动。

爱因斯坦对于那些科学家的质疑、谩骂和羞辱真的一点都不生气吗？答案是否定的，没有人会对此无动于衷。但是他很清楚，生气、愤怒只会给自己平添烦恼，只会招致更多的非议，只会让那些反对者在笑声中举杯庆贺他们计划的得逞。所以他很好地控制住了自己的满腔怒火，没有让自己成为愤怒的牺牲品。在事隔多年后，那些反对者当中的一位略带调侃地说了这么一句话："时间证明爱因斯坦是获胜者，我们是失败者，我们让一个微笑打败了！"

无独有偶，西方有个政治家也非常懂得使用这个方法——当有人骂他时，他先是沉默；等到对方骂完时，他则微笑着说："对不起，您刚才说的我没听清楚，麻烦您再说一遍。"没有人会不厌其烦地终日骂人吧？所以当我们受到质疑、误解、谩骂甚至羞辱时，不要生气。微笑一下吧，其他的都交给时间去解决！

一头因为赌气而离家出走的骆驼在沙漠里艰难地跋涉着。中午的太阳像一个大火球，炙烤着大地。骆驼又饿又渴，焦躁万分，一肚子火气不知道该往哪儿发才好。

就在这时，它的脚掌被一块儿玻璃瓶的碎片硌了一下，骆驼顿时火冒三丈，咬牙切齿地骂道："去死吧！"随即抬起右脚狠狠地将碎片踢了出去，由于用力过猛，一不小心将本来厚实的脚掌划开了一道深深的口子，殷红的鲜血顿时染红了脚下的沙粒。

气急败坏的骆驼一瘸一拐地向前走着，地上的血迹引来了空中的秃鹫。它们欢叫着在天空中盘旋。"莫非它们要等我的血流干后，来吃我的肉？"骆驼心里一惊，不顾伤势狂奔起来，沙漠上留下了一条长长的歪歪扭扭的血痕。骆驼跑到沙漠边缘时，好不容易摆脱了秃鹫的骚扰，可谁知浓重的血腥味又引来了附近沙漠里的狼，疲惫加之失血过多，虚弱的骆驼只得像只无头苍蝇般东躲西藏,仓皇之中跑到了一处食人蚁的巢穴旁。浓烈的血腥味惹得食人蚁倾巢而出,疯狂地向骆驼扑过去。眨眼间,食人蚁就像一床黑色的棉被把骆驼裹了个密不透风。顷刻之间,可怜的骆驼轰然倒地。

临死前,这个庞然大物后悔莫及,喟然长叹道:"为什么我要跟一块小小的碎玻璃片过不去呢?"

看完这个故事后,相信大家一定会有所顿悟。是啊,何必生气呢?这只骆驼因控制不住自己的愤怒情绪在受到一连串的伤害后,最终走向了毁灭。可叹可悲!

智者寄语

现实生活中,每个人的人生道路上总会有或大或小的沟沟坎坎、或轻或重的磕磕绊绊,总会有这样或那样的不如意。面对这些沟沟坎坎、磕磕绊绊及不如意,如果只是一味地生气,你的生活中将永无晴日,而你也将会在无休止的压抑中消极度日。

千万别让生气毁了你

生活中,我们常常为一些小事而生气,虽然有时候也不想这样,但是却无法控制自己的情绪。生气就像一把双刃剑,不仅刺伤了自己,影响自己的身心健康,还会刺伤别人,影响人际关系。

赤壁之战结束,孙刘联军大胜,曹操败走。然而,此时孙刘两家为各自利益都盯上了荆州要地。刘备没有领地,急欲取荆州之地为基业,而孙权也欲取荆州,这样可以踞长江之险与曹操抗衡。刘备和孔明屯兵于油江口,准备夺取荆州。周瑜见刘备屯兵,知道他有夺取荆州的意思,便亲自赴油江与刘备谈判,而且决定如果谈判破裂,就先打刘备,再取南郡。

刘备在孔明的授意下,允诺只有当东吴攻不下南郡时,自己才能攻取。其实,他的心中非常忧虑,担心东吴攻下南郡之后,自己就无处容身。然而,孔明却宽慰他说:"尽着周瑜去厮杀,早晚叫主公在南郡城中高坐。"当时,曹操虽走,却留下猛将曹仁守南郡,心腹大将夏侯惇守襄阳,攻打有相当大的难度。果然不出孔明所料,周瑜在攻打南郡的时候,确实付出了惨重的代价,吃了好几次败仗,而且还中了毒箭,但是他最终还是将曹仁击败。但让他没想到的是,当他来到南郡城下,准备进城的时候,却发现城池已被赵云袭取。此时,又有探马来报,荆州守军和襄阳守军都被诸葛亮用计调出,城池已都被刘备夺取。周瑜十分愤怒,暗暗发誓:"不杀诸葛村夫,怎息我心中怨气!"

刘备取了荆州之后,周瑜派鲁肃去讨说法,刘备狡辩道:"荆州本是刘表的地盘,如今刘表虽然死了,可是他儿子还活着,我做叔叔的辅佐侄子取回自己的地盘有何不可?"这听起来似乎有理,但不久刘表之子刘琦又死了。鲁肃再去讨时,孔明又一席强辩,说刘备是皇族,本该拥有这土地,何况刘备还是刘表的族弟,这是弟承兄业,刘备在赤壁之战中也曾尽力。孔明这一番话令鲁肃这个老实人不知道如何应答。最后,孔明终于说荆州算暂时借东吴的,但要取了西川再还,还立下文书。

就在此时,刘备夫人去世,周瑜便鼓动孙权用嫁妹(孙尚香)之计将刘备骗往东吴而谋杀之,继而夺取荆州,但不想此计却被诸葛亮识破,便将计就计让刘备与吴侯之妹(孙尚香)成了亲。当岁末年终,刘备依孔明之计偕夫人几经周折离开东吴时,周瑜亲自带兵追赶,却被关云长、黄忠、魏延等将追得无路可走,蜀国岸上军士齐声大喊:“周郎妙计安天下,赔了夫人又折兵!”周瑜气得再次箭疮迸裂。

过了一段时间后,刘备丝毫没有取川的迹象,此时曹操为了瓦解孙刘联盟,表奏周瑜为南郡太守,程普为江夏太守。于是,周瑜再遣鲁肃去讨荆州。孔明再次狡辩一番,为自己找理由。周瑜设下“假途灭虢”之计,名为替刘备收川,其实是夺荆州,不想又被孔明识破。周瑜上岸不久,就有几路人马杀来,都大喊“活捉周瑜”。周瑜气得箭疮再次迸裂,昏沉将死,临终作书与孙权荐鲁肃代己之职,同时,聚众将曰:“吾非不欲尽忠报国,奈天命已绝矣。汝等善事吴侯,共成大业。”死前,周瑜仰天长叹:“既生瑜,何生亮!”

故事中的周瑜因为脾气暴躁,最终被孔明活活气死,在临终时喊出了“既生瑜,何生亮”的不平。周瑜与孔明的才智,我们不去评论谁高谁低,但周瑜在心胸方面,可以说他确实不如孔明。从周瑜被气死这件事上可以知道,生气对自己的身体极其有害。

生气时,血液大量涌向头部,血液中的氧气会减少,容易长出色斑;生气时,脑血管的压力增强,导致脑细胞衰老加速;生气时,胃肠中的血流量减少,蠕动减慢,食欲变差,严重时会引起胃溃疡;生气时,供应心脏的血液减少而造成心肌缺氧……总之,生气是百病之源,如果想要有一个好身体,务必少生气。

生气不仅伤害自己的身体,而且还会给别人带来危害。有些朋友往往因为你的一句气话而气上半天,有些朋友因为你生气而慢慢地疏远你……可以说,生气是有百害而无一利。

看看下面这个故事:

有一个男孩的脾气很不好,常常生气。有一天,他爸爸给了他一袋钉子,并告诉他只要发脾气时,就在后院的围墙上钉一根钉子。第一天,这个男孩钉了57根钉子,第二天,这个男孩钉了50根钉子,第三天……渐渐地,男孩每天钉钉子的数量越来越少了,因为他发现:控制自己的脾气要比钉钉子更容易。

终于有一天,这个男孩慢慢形成的忍耐力和控制力使他不再乱发脾气了。他把这件事告诉了父亲,父亲听了后,微微地笑了笑,又交给他一个任务:从现在开始,每当他能控制自己脾气的时候,就拔出一根钉子。就这样,时间一天天地过去了,最后小男孩告诉他的父亲,他终于把所有的钉子都拔出来了。

父亲很高兴,来到后院,握着他的手说:“你做得很好,孩子。可是,你看看墙上那些洞,还能再消失吗?再也不能了。现在回过头来再想一想,你生气的时候说的话是不是就像这些钉子一样留下疤痕?如果你拿刀子捅了别人一下,不管你说了多少声对不起,那个伤口将永远存在。话语的伤痛就像真实的伤痛一样令人难以承受。”

所谓祸从口出,也正是这个意思。我们在生气的情况下,说了刺伤别人的话,尽管我们道歉了,但伤痛却永远地留在了别人心里。即使别人在嘴上或在心里会原谅你的无心之失,但是伤痕就像钉孔一样难以磨灭。

智者寄语

我们在生气时,要学会克制自己的情绪,提高自身修养,把生气这把刀修好,从而为自己所用,不要刺伤他人,更不要刺伤自己。

不要堆积坏情绪

你是否有这样的感受？只要遇到一件倒霉事，一系列的倒霉事都会接踵而至。你一整天的心情都被搞得乱七八糟，而管理情绪的诀窍就在于不要让你的坏情绪堆积起来。

我们先来看看杰瑞一天的遭遇：

早晨下起了小雨。杰瑞最讨厌下雨了，刚上了油的皮鞋会沾水，裤腿也会沾满泥；穿西裤吧，刚买的名牌，舍不得在雨中穿；穿休闲裤吧，白色的很快就会变脏。像这种毛毛雨又懒得打伞，坐出租车都要排队。接女朋友也不方便，要是晚去一会儿，塞丽娜就会噘着嘴巴跑掉，然后几天不理他。杰瑞躲在被窝里烦躁了一会儿，一看表快迟到了，他一阵心慌。

上班途中，公车站牌下雨伞林立，伞下一张张脸翘首以待。杰瑞看看自己的名牌西服，决定坐出租车。好不容易一辆空车过来，立刻有人蜂拥而上，根本就挤不过去。几次下来，杰瑞还没坐上，心里只恨自己没有车。终于等到机会，找到一辆车，但上车刚一落座，一股凉意沁入屁股，扭身一看："天哪，你这车上怎么有水啊！"

司机回头说："下雨天能没有水吗？"

"那也不能有这么多啊！"

"噢，可能是刚才的乘客把伞放在车座上了。"

杰瑞憋了一肚子火，没好气地说："早知道还不如坐公交车，白白糟蹋了我的新西裤。"

"要怪只能怪这鬼天气。"

"坐你的车就怪你！"杰瑞拿纸巾去擦屁股上的水，湿漉漉的纸巾立刻浸透了，杰瑞甩着手，碎纸屑却黏着手不肯掉。他嘴里嘟囔着："真倒霉！"

司机说："别人放在车座上，我哪看得见！"

就这样，杰瑞和司机争吵了一路，窝了一肚子火，车一到站赶紧买单下车。走到办公室才发现，司机竟没找零！坐了一屁股水，还白送司机10块钱，杰瑞气得不行！

刚进办公室，同事就通知杰瑞，策划方案没通过，退回修改。那份策划方案可是杰瑞熬夜后的心血，全企划室也只有杰瑞能拿得出这种像样的方案来，再修改，说得轻巧！坚决不改！杰瑞心里又委屈又气愤，决定搁到一边等经理来找他。可是等了一天，经理也没来。

下班了，雨依然淅淅沥沥，天依然阴沉着，杰瑞依然打不起精神来。突然间，他想起下午忘了给塞丽娜打电话，他们约好了下午打电话决定晚上到哪里吃饭的。一看表，糟了，6点了，杰瑞赶紧打电话过去，但办公室没人听，估计塞丽娜早下班了。打她手机，半天才接，手机里传来塞丽娜尖厉的声音："你怎么回事啊！现在才睡醒吗？我已经跟别人约好了！"啪的一声，塞丽娜就挂了电话。都怪这鬼天气！杰瑞半天没回过神来。

瞧，坏情绪就是这样堆积起来的。当遇到一件倒霉事时，坏心情就开始进入我们内心，如果没有及时地解决，又带着坏心情去处理其他的事情，自然会起连锁反应。心理学家研究表明：当一个人处于坏情绪之中时，下丘脑就会分泌出一种叫"去甲肾上腺素"的物质，这种物质会让你的情绪越来越糟糕；而当一个人高兴的时候，下丘脑就会分泌出一种叫"多巴胺"的物质，而这种物质会让你的心情越来越舒畅。

所以，心理学家建议：当坏情绪刚刚冒头时，就立刻把它消灭掉，千万不要让坏情绪堆积起来,不要让你的心情在"去甲肾上腺素"的感染中越来越糟。消灭坏情绪就好像一路走一路丢掉身上的包袱,你会越走越轻松。

智者寄语

坏情绪就像是毒素,累积得越多毒性就越强,也许一开始它还毒不死一只"蚂蚁",可是到后来,你会惊恐地发现它能轻而易举地毒死一头"大象"。所以,请尽早地解决这些坏情绪,不要让它们堆积成山。

克己制怒

暴躁易怒的人,动辄发火,后果会害人害己。所以我们应加强自身修养,做到克己制怒。

克己,是制怒的前提。克己就是克制调节自己的激愤情绪。我国清代民族英雄林则徐,为了时时克制自己的急躁情绪,在书房里挂了一块横匾,匾上写着两个遒劲的大字:制怒。

影片《林则徐》中,有这样一个镜头:

> 钦差大臣林则徐审问一个洋人时获悉:粤海关督监豫坤和洋人内外勾结,狼狈为奸,破坏禁烟。顿时,林则徐怒不可遏,把茶碗往桌上用力一磕,"当啷"一声,茶碗碎了。这时,他一抬头,壁上宽大的横匾跃入眼帘——制怒。
>
> 林则徐由此而警觉,恰当地控制住自己的感情。第二天,他若无其事,依然热情地接待豫坤,经过巧妙周旋,终于让豫坤乖乖地交出了修建虎门炮台的银两。

从林则徐制怒的故事里,我们可以得到一个启示:怒是可以克制的。通过加强自身修养,提高文化素质,就可以逐步达到"每临大事有静气""猝然临之而不惊,无故加之而不怒"的境界。我国先贤早已认识到了怒的危害性和制怒的必要性。因此,他们都强调修身克己以制怒。今天我们认真研究制怒的方法,至少可从以下这两个方面去考虑。

1. 锻炼息怒

怒,一般是短时的生理反应,因此,莎士比亚把怒比为"激情的爆炸"。此刻制怒的关键在于掌握时间,延缓时间消弭"激情的爆炸",就会使怒平息下来。

如果争论激烈,用词尖锐,则宜暂时停止,待双方心平气和下来,是非逐渐就会明白。

2. 合理泄怒

怒火中烧,怒不可遏,如果把委屈、冤枉都憋在心里,久而久之很可能会抑郁成疾。如《三国演义》中诸葛亮三气周瑜,终使其发怒而死。泄怒时可以寻找适当合理的方式,因为宣泄是人人都会的,关键在于能不能正确、合理而又不损伤他人利益,这也反映出一个人的涵养程度。

当然,我们讲制怒,并不是不许怒,成为事事无动于衷的胆小鬼。岳飞脍炙人口的《满江红》"怒发冲冠,凭栏处",表现出正义之怒;钟馗抓鬼的传说中记载"钟馗听说一具鬼子,怒从心生,拔剑就砍",表现出凛然之怒。这些人性中的合理愤怒是值得效法的。我们所说的制怒,是克制在人与人正常交往中所不应发之怒,以及在大是大非面前保持冷静的头脑,做出理智判断的处理方法。

制怒要经过长期的锻炼和修养才能得来。所以我们要从平时做起,从小事入手,逐渐学会

“制怒”。我们的内心存蓄着丰富的情感，只要加以利用，它就会帮助我们。珍惜正当的愤怒之情，把它深深地潜藏在心底，只是在必要时才爆发而出。

智者寄语

无论什么时候，我们都要克己制怒，通过修炼来完善自己，使自己成为一个讲文明、有修养、明事理的不骄不躁的文明人。

凡事少发火

当我们心怀不平的时候，一定要把火气压下去。即便你认为自己发火的理由很充分，但是这并不是解决问题的最好方法。

罗斯福深得子女的爱戴。有一次，罗斯福的一位老友垂头丧气地来找罗斯福，说他的小儿子居然离家出走，到姑母家去住了。这位父亲把小儿子说得一无是处，又指责他跟每个人都相处不好。

几天后，罗斯福无意中碰到那个男孩，就对他说：“我听说你离家出走，是怎么回事？”

男孩回答：“是这样的，上校，每次我有事找爸爸，他都会发火。他从不给我机会讲完我的事，反正我从来没有对过，我永远都是错的。”

罗斯福说：“孩子，你现在也许不会相信，不过，你父亲才是你最好的朋友。对他来说，你是这世上最重要的人。”

“也许吧！上校，不过我真的希望他能用另一种方式来表达。”

接着罗斯福去告诉那位老友他儿子的想法，发现老友果然正如其儿子所形容的那样暴跳如雷。于是，罗斯福说：“你看！如果你跟儿子说话就像刚才那样，我不奇怪他要离家出走，我还觉得奇怪他怎么现在才出走呢？你真是应该跟他好好谈一谈，心平气和地跟他沟通才是。”

在处理问题的时候，如果不能冷静地分析问题的缘由，提供解决问题的办法，而单单用呵斥和责骂来表达你的情绪，那么你很可能会招致别人的不满。尽管当时别人可能没有表达对你的不满，可是时间久了，别人对你的反感会与日俱增。

愤怒常常会让人失去理智。如果我们长期被愤怒的情绪所控制，不仅会损害身体，还可能让我们在心理上形成焦躁、恼恨、嫉妒、粗暴等情绪，让生活失去平和的氛围，人际关系也可能变得一团糟。

智者寄语

如果一个人总是粗暴地对待别人，经常嫉恨别人，那么还会有人愿意跟他相处吗？我们要适时控制自己的火气，别因为一时的冲动将自己打入恶人的行列。

不要跟生活赌气

一位气质极好、一看就属白领阶层的青年女子来找同事。正巧同事不在，她留下了姓名。等同事回来，我把情况作了通报，还意犹未尽地说了一通“不去当演员，可惜了”之类的惋惜话。同事笑道:“你怎么知道她没有去当演员?事实上她不仅做过演员,而且还曾与一个非常重要的角色失之交臂呢。”说着他报出了那个角色。旁人不免惊叹:那可是个令一名当年原本无名的女演员一夜之间红得发紫的角色啊!

而她是怎样错过的呢?

当时,慧眼识珠的导演挑女主角,挑来挑去,最后只剩下两位候选人:她与日后走红的那位。论外形和气质,非她莫属。然而她脸上几颗隐瞒不了的青春痘造成了导演的犹豫。导演虽然有些犹豫,但还是偏向于她的。不料这时外界传出了她与导演有染的流言,一贯高傲的她一赌气,退出竞争。

10年来,她远离机会频频、可以尽展才华的演艺界,成了一名普通的白领。偏离了自己真正的轨道,从事着自己并不真心喜欢的职业,其中郁积的遗憾和委屈又岂是一口气能赌掉的?

当你把一生的宝贵精力和时间放在与生活赌气之上时,生活就会用所有的不如意来报复你;反过来你用包容之心对待生活中的不如意,生活同样会回馈你意想不到的赠品。

智者寄语

人的一生都会遇上不如意的事情、不公正的批评,或是不易完成的工作,那就难免烦恼易怒,就会跟自己过不去,实在压不住了甚至于迁怒别人,迁怒于生活。

不要习惯性地抱怨

不管走到哪里,你都能发现许多“才华横溢的失业者”。当你和这些失业者交流时,你会发现,这些人对原工作充满了抱怨、不满和谴责。要么就怪环境条件不够好,要么就怪老板有眼无珠不识才,总之,牢骚一大堆,积怨满天飞。殊不知,这就是问题的关键所在——抱怨的恶习使他们丢失了责任感和使命感,只对寻找不利因素兴趣十足,从而使自己发展的道路越走越窄,在自己的抱怨声中不断退步。

几乎在每一个公司里,都有“牢骚族”或“抱怨族”。他们每天轮流把“枪口”指向公司里的任何一个角落,埋怨这个、批评那个,而且从上到下,很少有人能幸免。他们的眼中处处都能看到毛病,因而处处都能看到或听到他们的批评、发怒或抱怨。本来他们可能只是想发泄一下,但后来却一发不可收拾。他们理直气壮地数落别人如何对不起他们,自己如何受到不公平待遇等,牢骚话越讲越多,使得他们也越来越相信自己完全是遭受别人践踏的牺牲品。

事实上,很难找到一个成功人士会经常大发牢骚、抱怨不停,因为成功人士都明白这样的道理:抱怨如同诅咒,越抱怨越退步。

李强在一家电器公司担任市场总监,他原本是公司的生产工人。那时,公司的规模不大,只有30多人,有许多市场有待开发,而公司又没有足够的财力和人力,所以,每个市场只能派去一个人,李强被派往西部的一个市场。

李强在那个城市里举目无亲,生活很窘迫。他租了一间破旧的地下室,晚上只要电灯一关,屋子里就有老鼠“载歌载舞”。没有钱坐车,他就步行去拜访客户,为了等待约好见面的客户,常常顾不上吃饭。

那个城市的气候也不好，春天沙尘暴频繁，夏天时常暴雨，冬天天气寒冷，这对于李强来说简直就是一个巨大的考验。有一段时间，公司连产品宣传资料都供应不上，好在李强写得一手好字，自己花钱买来复印纸，用手写宣传资料。在这样艰苦的条件下，不抱怨几乎是不可能的，但每次抱怨时，李强都会对自己说："开拓市场是我的责任，抱怨不能帮助我解决任何问题，相反，只会妨碍我前进的速度。"于是，他选择坚持下来。

一年后，派往各地的营销人员中有很多人早已不堪忍受工作的艰辛而离职了，而李强凭着自己优秀的业绩当上了公司的市场总监。

在如此恶劣的环境下，李强选择对自己的工作尽职尽责，而不是抱怨，最终，使他在进步的阶梯上得到了飞速发展。

一个人无论在生活中还是在工作中，都应当放宽心、少抱怨，尊重自己的工作，尽自己的最大努力去争取进步，好工作不是挑出来的，而是干出来的。

抱怨会让人迷失心智，找不到工作的乐趣，也无法融入工作氛围中，那么也就没有好的工作成效，所以，任何一个聪明的人都会选择不去抱怨自己的工作。

生活中的事是不公平的，但又是公平的，它给我们每个人同样多的机会，它永远遵循社会发展变化的规律性，关键在于人会不会开阔自己的胸怀。当你为一件小事而郁闷的时候，为遭遇到别人的冷眼而放弃的时候，在新的东西出现的时候因恐惧而不去做的时候，你可能就失去了很多原应属于你的机会。

智者寄语

我们没有必要总抓着生活中一些小事不放手，看到一朵花、一棵草甚至于一滴水都觉得那么伤感，日复一日、年复一年地思考一个同样的问题，却永远理不出头绪，也找不到答案。何苦执着于那些虚幻的琐事，平添伤感，暗自愁闷？心就是一个人的翅膀，心是幸福的载体，心有多宽，幸福的空间就有多大，生命施展的舞台就有多大。

不要让抱怨毁了自己

很久以前，鸭子和天鹅是一对亲兄弟，它们长相相近，很难区分开来。鸭子是哥哥，天鹅是弟弟。它们长大后，一同拜山鹰为师，学习追云赶月的飞翔技艺。

跟老师才练了3天，鸭子就有些受不了了。它嘟哝说："唉，真不公平！要是咱生在山鹰家里多好，从小就能出类拔萃，翱翔九霄，省得受这份洋罪去练这飞翔的技艺。"

天鹅说："真本事来自苦用功，哪有一生下来什么都会的人呢？就是山鹰的孩子，也是通过长期的勤学苦练才练就了一身过硬的翱翔技艺。不信，你问问老师。"

山鹰笑着说："是啊，我们山鹰的孩子练起飞翔来一点也不比你们轻松，翅膀刮伤，脖子扭坏，那是常有的事。"

鸭子平静了没几天，心里又烦躁起来。"哼！山鹰练飞虽比我苦，可它起点比我高呀，我再苦练也跟不上人家。罢罢罢，干脆另谋出路。"天鹅苦劝无效，鸭子开小差溜了。

鸭子离开山鹰，接着跟金雕学艺。没过几天，它又厌烦了，"四面高山一处山坳，环境太小，这小地方岂能练出绝世的功夫？"

于是，鸭子再次出走。就这样，它曾到大海向海鸥求教，曾到沙漠里向秃鹫学习，也曾到森林里以猎隼为师……辗转各地，它不是嫌环境艰苦，就是嫌老师刻板，怨天尤人，每天都有发不完的牢骚。

许多年过去了，鸭子飞翔的能力一点也没有提高，只能从一个水塘勉强飞到另一个水塘。而他的弟弟天鹅，经过一丝不苟的刻苦训练，早已成了举世闻名的飞行家，它飞越高峰，往往连老师都望而兴叹。有好事者问鸭子对此有何感想时，鸭子说："人家命好，老师偏向父母宠，要是我有它那些条件，我肯定比它现在飞得还远还高，山峰算什么！"据说，直到今天，鸭子还牢骚满腹地嘎嘎叫，从不低头沉思一下自己到底错在哪儿。

找借口已经成了很多人的强项。有的人总会煞有介事地为自己制定一个远大的理想，在实现理想的过程中，遇到一点困难就找借口，之后败下阵来，另谋出路。再次遇到困难，又是牢骚满腹，到最后一事无成。实际上被成功离弃是因为我们没有认清自己，最后输给自己的抱怨。

真正优秀的人从来不去抱怨环境给予了自己什么，也不会为自己的失败寻找任何借口。他们只会勇敢地面对生活，即使面临艰难的处境也不会觉得难过。可是，在生活中，很多人却在一直为自己寻找借口。

一个女孩对父亲抱怨她的生活，抱怨事事都那么艰难。她不知该如何应付生活，想要自暴自弃了。她觉得，问题如海浪一般一个连着一个声势巨大地卷来，毫不给人喘息的机会，她已厌倦了抗争和奋斗。

女孩的父亲是位厨师，他把她带进厨房。他先往三只锅里倒入一些水，然后把它们放在旺火上烧。不久锅里的水烧开了。他往第一只锅里放些胡萝卜，第二只锅里放入鸡蛋，最后一只锅里放入碾成粉状的咖啡豆。他将它们浸入开水中煮，一句话也没说。女孩咂咂嘴，不耐烦地等待着，纳闷父亲在做什么。

大约 20 分钟后，父亲把火关了，把胡萝卜捞出来放入一个碗内，把鸡蛋捞出来放入另一个碗内，然后又把咖啡倒入一个杯子里。做完这些后，他才转过身问女儿："亲爱的，你看见什么了？"

"胡萝卜、鸡蛋、咖啡。"她回答。

他让她靠近些，并让她用手摸摸胡萝卜。她摸了摸，注意到它们变软了。父亲又让女儿拿一只鸡蛋并打破它。将壳剥掉后，她看到了是只煮熟的鸡蛋。最后，父亲让她啜饮咖啡。品尝到香浓的咖啡，女儿笑了。

她怯声问道："父亲，这意味着什么？"父亲解释说，这三样东西面临同样的逆境——煮沸的开水，但其反应各不相同。胡萝卜入锅之前是强壮的、结实的，毫不示弱，但进入开水后，它变软了，变弱了。

鸡蛋原来是易碎的。它薄薄的外壳保护着它呈液体的内脏，但是经开水一煮，它的内脏变硬了。而粉状咖啡豆则很独特，进入沸水后，它们倒改变了水。

故事中这位父亲的教导方法是高明的。一个人总会在生活中遇到不顺，心灵受到折磨。这个时候，如果选择一味抱怨，也许只会让生活变得更糟，因此，在抱怨之前，先认清自己吧，或许，很快就能找到改变境遇的答案。

生活中总有这样或那样的困难和不顺，在面对折磨时，在你抱怨生活之前，先问问自己，你认清自己了吗？害怕艰苦，牢骚满腹，是难以学到真本事、成就大事业的。

我们每个人绝不可能孤立地生活在这个世界上，很多知识和信息来自别人的教育和环境的影响，但怎样接受、理解和加工、组合，是属于个人的事情，这一切都要我们独立自主地去看待，去选择。谁是命运的最高仲裁者？不是别人，正是我们自己。

智者寄语

生活不亏欠我们任何东西，所以，谁也没有权利向生活撒娇、抱怨。过得如何，完全取决于对待生活的心态。

为自己选择一个发泄方式

心平气和的人并不是都不发怒的，他们把愤怒发泄于有益之处。

两百余年前，诗人德来登便把一句拉丁成语改编成这样："我们要当心一个耐心者的愤怒。长久受压迫的情绪，一旦放松，便会酿成最激烈的爆发。"

美国成功学家斯宾塞·约翰逊曾经这样说："如果我在发怒的时候，我绝不让别人知道。我会赶快走开，跑到楼顶上我办公室旁的健身房去，套上打拳的手套，和我的教师对打，把怒气打出来。如果教师不在，便拼命捶打沙袋。"

他的想法确实是对的。当他被刺激的时候，他并不竭力压制他的愤怒，而是跑到一个能发泄的地方，与拳师或袋子打起来。如果他打的时候，想象着他所打的袋子便是激起他怒气的那个人的头，那就更合他的口味了。

美国钞票公司的总经理伍德赫尔也想出了一种很好的办法，以发泄他的怒气。

年轻的时候，他在某公司做一个小小的职员。他很不悦，因为别人不大重视他，而且他觉得提升迟缓。有许多青年都有这种感觉，但是如果他们表现得太明显，就会引起领导不高兴。伍德赫尔是使用什么办法来发泄不满的呢？

他说："有一段时期，我这种感觉非常之厉害，渐渐扩大，以至觉得不得不离此而去。但是在我写辞职信之前，我去拿了一支笔和一瓶红墨水——因为黑墨水不足以发泄我火热的愤怒——坐下来把我对于公司中每个上级职员和经理的评判都写出来。我写得很不错，用了不少的形容词。然后我把单子收起来，把我的忧愤说给一个老友听。"

"以后凡是我忍不住的时候，"伍德赫尔说，"我便坐下来把我所要说而不敢直说的话都写下来。这实在是一种很好的安全活塞。我写了之后，便觉得一身轻松。我把写的这些东西收藏起来，不给人看。以后，别人都晓得我有一种自制的能力。我劝告所有人，无论年轻年老的，都学着写这种红墨水纸条，以约束自己。"

纽约的电气大王爱德利兹认为，把愤怒写在信上有时是很好的。它可以使你的情绪放松一下，不过这种信要留一天再发出，尤其是你要有相当的时间想一想这个重要的问题——我这种愤怒的言辞如果公开会有什么结果呢？

曾经在美国民众煤气公司做过30年总经理的比历兹有一种怪脾气，便是对小事容易发脾气，而对于严重的事却能若无其事。有一天他把一盒雪茄烟遗忘在四轮马车里，过了一会儿，他记起来了，便回头去找，但是却已不见雪茄的踪影。

他非常愤怒，大声吼叫起来，旁边的人以为他掉了很贵重的东西，但事实上却是5分钱一支的雪茄烟，一共不过2元5毛钱吧。

他这次的情况，与某次他损失一笔大款项时的情况形成鲜明的对照。那正是经济恐慌时期。比历兹先生因卧病在床，有几天没出去。可就在这几天里，公司损失了大约3万元。后来，当别人把这一损失告诉他的时候，他却只用手摸着头发，想了一想，然后说："算了吧，如果不打破几个蛋，是做不成软煎蛋的。"

斯宾塞·约翰逊告诉我们，如果因小事而急躁，那么，你就应去找一种发泄的办法，然后平和起来，保持你的精力，以准备应付大事，因为应付大事需要极大的自制力。

智者寄语

每个人的心中都应装个减压阀，一些小小的烦恼如果不发泄出来，便会堆聚成一种长期的积愤，到大事来时，便完全不能自制了。

没有什么事值得你生气

日常生活中我们因为牵挂得太多、太在意得失，总感觉不快乐，所以才情绪起伏，容易生气。如果在生气之际，我们能像这样多想想——"我不是为了生气而学习的""我不是为了生气而上班的""我不是为了生气而交朋友的""我不是为了生气而结婚的""我不是为了生气而来到这个世界上的"……一切烦恼就都会烟消云散。

有一位女子站在一家珠宝店的柜台前，随手把装着几本书的背包放在旁边。在她挑选珠宝时，一个衣着光鲜、仪表堂堂的男人也过来看珠宝，怕影响男人的视线，她礼貌地把她的包移开了。但这个男人立即愤怒地瞪着她，恶狠狠地说："什么意思，你包里有几百万还是几千万，你以为人人都是小偷啊？"说完扬长而去。

"哼，神经病！"莫名其妙地被人骂了一通，她也很生气，挑选珠宝的心思荡然无存，愤然离去。马路上的车像一条长蛇，缓慢地蠕动着。看着前后左右的车她越发生气，发泄似的拍打着方向盘。

开车没多久，她与一辆大型卡车同时到达了一个交叉路口，她想：这家伙仗着他的车大，肯定会冲过去。然而在她下意识地准备减速让行时，卡车却停了下来。卡车司机将头伸出窗外，向她挥挥手，示意她先过去，他黝黑的脸上挂着豁达、真诚的微笑，洁白的牙齿格外醒目。女子被他的言行感动，在她将车子开过交叉路口时，满腔的不愉快瞬间消失得无影无踪，情不自禁地哼起了歌。

卡车司机灿烂的笑容和愉悦的心情消融了这位女子的敌意，使她有了快乐的心情。

别人冲你生气，那是因为他有气，并不完全是你有错。如果人人都能通过传染微笑而消除敌意，世界该有多美好。即使不能消除敌意，你的微笑也会震撼对方的心灵，你豁达的气概会让对方感觉到他自己的渺小、丑陋。

其实无论是因人而生气，还是因事而生气，最终都不利于生气者本人。大多数时候，人们生气其实只是为了一点儿鸡毛蒜皮的小事，等到真正想明白时就会觉得，为之生气一点儿都不值得。

有一位禅师非常喜爱兰花，平日在弘法讲经之余，花费了许多的时间栽种兰花。

有一次，他要外出云游一段时间，临行前交代弟子要好好照顾寺里的兰花。在这期间，弟子们总是细心照顾，但有一天却因为在浇水时不小心将兰花架碰倒了，所有的兰花盆都摔碎了，兰花撒了满地。

弟子们都非常恐慌，打算等师父回来后向师父赔罪领罚。

禅师回来闻知此事，不但没有责怪他们，反而说道："我种兰花，一是用来供佛，二来也是为了点缀寺庙、愉悦性情，而不是为了生气。"

禅师之所以能看得开，是因为他不以兰花的得失影响心中的喜怒。况且，他很明确种花是为了让生活更美好的手段，而不是生活本身，更不是生活的目的。相比之下，生活中很多人之所以动辄生气，就是因为他们过多地计较得失，而忽略了自己的本来目的。

智者寄语

生活的智慧就在于，无论发生了什么，你都要明白自己最想要的、最该珍惜的是什么，是一盆花、一个花园，还是一种快乐、一份情感？只有如此，你才能抓住生命中最重要的东西，而不会为了生活的细枝末节无谓痛苦。

一味抱怨没有用

抱怨是进步的最大敌人，一味地抱怨解决不了任何问题。当在工作中遇到问题时，只有对问题提出两个以上的解决方案，人们才能对你刮目相看。要想在社会上出人头地，获得成功，只有放弃抱怨、积极努力，才能彻底改变自己的人生！

每个人都不会一直幸运。面对坎坷，很多人都会抱怨命运的不公平，感觉上帝捉弄了自己，却很少有人能正视自我，冷静地剖析自己。

往往一些本事不是很大的人，却总是对别人充满了怨恨。而在抱怨的同时，他们几乎不可能与同事很好地相处，由此而来的是同事对他们的不够尊重或领导对他们工作不力的指责。这些，反过来又会使他们加倍地感到不公平。由此下去，形成恶性循环，最终使自己完全陷入抱怨和愤恨之中不能自拔。抱怨的最终结果是把自己塑造出恶劣的形象。

一只乌鸦打算飞到南方去，途中遇到一只鸽子，一起停在树上休息。

鸽子问乌鸦："你为什么要离开这里呢？"

乌鸦叹了口气，愤愤不平地说："其实我不想离开这里，可是这里的居民都不喜欢我的叫声，他们看到我就撵，有些人甚至用石子打我，所以我想飞到别处去。"

鸽子好心地说："别白费力气了。如果你不改变自己的声音，飞到哪里都不会受欢迎的。"

生活中经常有这种现象，一些常常跳槽的人，习惯于抱怨那个公司的人不好相处，这个公司的人他不喜欢，却从未想过有可能是他们自己的原因。

好好地审视一下自己吧，与一个同事相处不好可能不是你的错，如果与所有的同事都相处不好，就得在自己身上找原因了。

展会结束,公司各部门都在评定加薪升职的事情,曾宁晓有点儿不满意自己目前的待遇。一年以来,他没日没夜地忙活,尽心尽力地做着本职工作,虽然没有什么太出色的业绩,但是工作中也基本上没有出过什么差错。

如今,一年的时间到了,他本来应该是加薪或升职的,可是,结果下来,他却比同部门的韩小磊的工资低了整整两档。曾宁晓实在有点儿接受不了。

下班后,他去找好友冯冲发泄不满:"我凭什么要受这样的待遇,我的老板一点儿也不把我放在眼里,在他那里我得不到重视。改天我要对他拍桌子,然后辞职。"

"你对贸易公司的业务完全清楚了吗?对做国际贸易的窍门完全搞通了吗?"冯冲反问道。

"没有!"

"我建议你把公司当成免费学习的地方,什么东西都通了之后,再一走了之,不是既出了气,又有许多收获吗?"

曾宁晓听从了朋友的建议。从此,他沉下心来,不再计较老板对自己的态度,而是抓紧一切时间,想办法把公司的相关业务弄懂弄通,经常下班后还在办公室研究写商业文书的方法。

时间过得很快,又一年过去了,冯冲又见到了曾宁晓。

"怎么样?你现在都学会了吧,可以准备拍桌子不干了?"

"我发现近半年来,老板好像对我刮目相看了,最近更是委以重任,又是升职,又是加薪。如今,我的工资已经远远超过了韩小磊,我已经成为公司的红人了!"

"这是我早就料到的!"冯冲笑着说,"当初你的老板不重视你,是因为你的能力不够,但又不努力学习,虽然无过,但也没功。老板没有辞退你,把你留下来,已经不错了。你这一年的努力,老板也是看在眼里的。你自己的能力提高了,能够担当重任了,当然会令老板对你刮目相看,他怎么能不给你升职、加薪呢?"

在工作中,不要抱怨老板对你不公平;在生活中,也不要抱怨上天不青睐你。要想得到别人的肯定,就要靠提升自己的实力去实现。

智者寄语

要想让自己抱怨的事情能够得到有效解决,心态是个关键。虽然我们不可能做到每件事情都能够有效地预防并回避抱怨的发生,但是我们绝对有权为自己选择正确的心态。正确的心态可以帮助我们在抱怨与有效地达成目的之间找到最佳平衡点,凡事多从积极的方面去考虑,尽量克制消极的情绪;凡事多从长远的方面去衡量,不为眼前的小利误导,这样心中就有了一个抱怨的准则,我们就能够恰当地表达内心的不满,并有效地促成问题的圆满解决。

被人误解时更要理智

所谓误会,指的是对人的看法与其实际情况不符,是无意之中产生的认识上的错觉。之所以会产生误会,一方面,由于自身的言行不够谨慎,言谈行事有欠周到、欠细致、欠精明之处,致使他人不能准确地领会你的意图,从而产生误会;另一方面,由于每个人都有不同的人生经历、学识、价值观、气质、心境等,对同一件事、同一句话,不同的人的理解是不同的,当人们以自己的眼光来看他人的言行的时候,就容易误解别人。

有两兄弟住在一个小镇里,由于小镇上治安不太好,兄弟两人就养了一只狗。一天,弟弟起了个大早,穿了件白色衣服,兴高采烈地去朋友家做客。

本来出门的时候还风和日丽,没料到就在快到朋友家时,天突然下起了大雨。弟弟找不到避雨的地方,只好硬着头皮顶着大雨赶路。到朋友家时,他已经浑身都湿透了。朋友就拿了自己的一套黑色衣服给他换上。接着他们开心地交谈起来,越谈越投机,越谈越开心。不知不觉就已经到了傍晚,弟弟一看天色已晚,就匆匆告辞回家。匆忙之间也没来得及换回自己的衣服,就穿着朋友的一身黑衣服回家了。

好不容易赶回了家,正准备开门进屋,旁边的狗却突然从黑暗里猛冲出来对他汪汪直叫。那狗见他没有离开的意思,就作势要扑过来。弟弟一见自家的狗连主人都要咬,就愤怒地抄起门边的木棒要打那条狗:"瞎了你的眼了,连我你都要咬?看我不打死你!"这时,哥哥被吵闹声从屋里引了出来,一边阻止弟弟用木棒打狗,一边唤住了正在狂叫的狗。哥哥对弟弟说:"你不要打它啊!你白天出去的时候穿的是白色的衣服,现在回来却换成了黑色的,而且又这么晚了,它一时辨不清也是难免的。这能怪它吗?"

弟弟冷静地想了想,觉得哥哥说得很有道理。狗这时也看清了弟弟的样子便不再汪汪地叫了。

是啊,人时时刻刻都在改变,若自己变了,又怎么能怪别人一时认不出来呢?面对他人的误解,我们不能恼羞成怒,否则只会把事情弄得更糟。别人越是误解我们,我们就越要理智地去化解。

一旦人与人之间产生了误会,而又不能及时化解,后果则是相当可怕的。除了让双方都非常痛苦、烦恼、难堪之外,甚至可能会引发始料不及的悲剧。比如,当朋友之间产生了误会,如果不及时化解,就有可能使友情破裂,甚至使双方由朋友变成仇人。所以,陷入误会的怪圈后,必须调整好自己的心态,理智地采取有效的方式予以解除。

智者寄语

大千世界,纷繁人生,谁都有被人误会和误会别人的时候。面对别人的误会,一定不要恼怒,能解释通自然好,倘若解释不通,也不必放在心上。坚守自己做人的原则,做人做事无愧于心,即使是被误解了,也无须去理会。

宽心制怒

心理学家指出,生气是一种不良情绪,是消极的心境,它会使人闷闷不乐、低沉阴郁,进而阻碍情感交流,导致内疚与沮丧。据统计,情绪低落、容易生气的人,患癌症或神经衰弱的概率要比正常人大。愤怒是人体内的一种心理病毒,会使人重病缠身,一蹶不振。可见愤怒对人的身心有百害而无一利。

交通拥挤的十字路口,整个路面成了车的海洋,不耐烦的司机在车里面鸣笛叫喊,喇叭声充斥于耳,偶尔有一时气愤难平的司机,不顾安全往前挤,不仅会造成人为灾难,而且会使整个交通处于瘫痪混乱状态。如果没有交警的管理疏导，不知道会拖延到什么时候，造成怎样的后果。与此类似，假如一个人的情绪失控，不加以疏导的话，会发生什么情况呢？

研究表明，最后失去控制、大发雷霆的人，通常都经历了愤怒情绪累积的过程。每一个拒绝、侮辱或无礼的举止，都会给人遗留下激发愤怒的残留物。这些残留物不断地积淀，急躁状态会不断上升，直到出现“最后一根稻草”，个人对情绪的控制完全丧失，出现勃然大怒。所以制怒的最好方法不是压抑自己的怒气，而是进行恰当的疏导。

杰拉尔德完全被激怒了，他一把抓起电话机，把它狠狠地丢出了办公室。很自然，他的销售团队被他的狂怒吓坏了。

杰拉尔德之所以会大动肝火，是因为他刚刚经历了一项改善他的团队管理的活动，在这个活动中，他们的工作任务没有完成，这使杰拉尔德的情绪非常坏；不幸的是，他又碰到坏事情，于是，积累下来的情绪就一起爆发出来，以至于事情变得如此糟糕。

在一位顾问的指导帮助下，杰拉尔德辨别出触发他作出愤怒反应的原因，以及如何控制过去偶发事件带给他的积怨。他开始认识到，当他从总公司参加会议回来后，就一直处于最坏的情绪状态中。但是如果他能在会议以前，事实上是在发表意见以前，花几分钟的时间放松一下自己，他根本就不可能发火。

有了这个教训以后，他在遇到不顺心的事情时，或者面对压力时，总是用十分钟的时间到附近的公园走一走，使自己平静下来。在参加会议时，如果他感觉到愤怒开始困扰自己，就立刻开始做深呼吸，或者通过把手压在臀部下面等方式来控制自己。

这些放松行为，最起码能够阻止他提出最冲动的反对意见，阻止他采取强烈的过激行为，如夺门而出。在完全接受了控制自我情绪的观点以后，他逐渐掌握了控制和调整自己的情绪和行为的技巧。

智者寄语

人总有气急败坏的时候，即便是再有涵养的人也避免不了要发火。“脾气”前面，之所以经常会加一个“坏”字，在于它随时随地地乱发。每个正在发怒的人，说出的话都是刻薄的，做出的行为也是很极端的。爱发脾气的人，人际关系显然会很糟糕，过激的言辞不仅伤害了别人，也刺痛了自己。

咽下怨气，才能争气

当你通过周密的考虑，历尽艰辛，准备要实施某项计划时，却不能得到众人的理解。此时冷嘲热讽围绕着你，让你寝食不安，坐卧不宁，伤心痛苦至极，你会有所抱怨，自暴自弃，从而放弃自己以前的努力吗？万万不能！那样你不仅会前功尽弃，还会造成别人对你的误解。你要坚忍不拔，努力地争取获得他人的理解，力争让计划变为现实，事实是替你辩解的最好证据。

很多人往往只看得见别人的过错，看不见自己的缺陷，面对别人的指责，也常常不加自省，反倒怨气冲天，以恶言回击来掩饰自己的心虚。

在生活中，遭到指责和埋怨的事常常发生，虽然这是令人极不愉快的事，有时会使人觉得很郁闷、很尴尬，尤其在大庭广众面前受到无情的指责时，更是令人不堪忍受，但如果换一个角度，从提高一个人的处世修养方面讲，无论你遇到哪种情况、何种方式的指责，都应该从容不迫、深刻反思。咽下这口怨气，并不代表你懦弱无能，相反，能显示出你的涵养和大度，为你创造更多有利条件，从而为自己争取到更多的机会。

戴尔·卡耐基在他的书中写道：

在我的私人档案柜里有一个卷宗夹，上面写着“我所做过的傻事”。我把所有做过的傻事留下书面记录，放在这个卷宗夹里。有时候我会用口述的方式让我的秘书打字记录下来。可是有时候这些问题太个人化，或者太愚蠢，使我不好意思口述，就只好自己动手写下来。

每次当我拿出那些“我所做过的傻事”的档案，重新读一遍对自己的批评时，它们都能帮我解决我所面对的最困难的问题，就是怎样控制我自己。

我以前常常把碰到的麻烦归罪于别人，可是年岁渐长之后发现，归根结底，几乎所有的不幸都应该怪自己。很多人在年纪大了之后都会发现这一点。“除了我自己，再没有别人。”拿破仑在被放逐的时候说，“除了我之外，没有别人应该为我的失败负责。我是自己最大的敌人，也是自己不幸命运的起因。”

成功的人是不会怨天尤人的，因为他们懂得事情发展成今天这个样子都是自己一手造成的，把精力浪费在抱怨上没有任何意义，而且会使自己成为一个不受欢迎的人，同时也会让自己的意志更加消沉。

每个人一出生就有一个背景。不管你背景如何，过去你经历了怎样的遭遇都不重要，重要的是你怎样去改变你的现状。抱怨只是一种逃避，它不能帮你解决任何实际问题，只有努力提升实力，才是解决问题的最佳方法，才是对困难、对不幸、对逆境最有力的回击。

打铁还要自身硬。要想用实力证明自己，就得练就真正的实力。与其毫无意义地抱怨，不如去寻找改变自己、充实和提高自己实力的东西。

智者寄语

人在遭遇不公正待遇时，心里通常会产生种种怨恨情绪，甚至会采取一些消极对抗的行为来逃避内心不公平的感觉。如果我们从另外一个角度，用一种豁达大度的心态来对待这种不公正，就可以将这种不公正当成对成功者的一种考验。

受到嘲讽时，也要沉住气

丹参曾经说：“我们年轻时，死亡或失败的概念对我们来说，是不能忍受的，连可能的嘲笑都不能忍受。”无视别人的话语，特别是别人的冷嘲热讽，是不容易做到的，尤其是年轻气盛的青年，更容易被对方的嘲讽所激怒。

然而，这个世界很大，人也很多，喜欢说人长短的人也就不少。不论走到哪里，都可能会有这样的声音，所以，要想让所有人都不谈论是非是不可能的。面对别人的议论或嘲讽，我们要做的只能是沉住气，学会忍耐和宽容，这样才能够逐渐提高自己的修养。虽然世间到处都是是非之地，但我们的心中却可以如雪般纯净。

有人这样说：人之赞我，于我未增一毫；人之损我，于我未减一丝。我们应该平静地对待他人的赞美和批评，一个人只有拥有一颗平静而又宽容的心，才能够看淡别人的嘲讽。

其实,不妨换个角度看待别人对我们的嘲笑,因为任何嘲笑都是对我们的警醒,它能帮助我们认识到自己的缺点和错误,从而也促使我们更好地完善自己。宽容别人的嘲讽,就是在接受别人的批评,勇于正视自己的缺点,这样的人在思想上首先就是一个巨人。而知道自己的缺点又能够加以改进的人,将很快就能听到成功的呼唤。

很久以前,在一个偏僻的小山村里住着一对兄弟,他们都渴望成功,希望有一天能成为村子里最富有的人。一天,村里决定雇他们把附近河里的水运到村广场的水缸里去,每提一桶水给他们一分钱。兄弟俩非常高兴,"我们的梦想就要实现了!"哥哥布鲁诺大声地喊道。但弟弟柏波罗却不想每天提那重重的大桶,他发誓要想出更好的办法来。

几经琢磨之后,弟弟决定修一条管道将水从河里引到村里去。他把这个主意告诉了哥哥,哥哥却反对他这样做。但柏波罗没有气馁,他每天用半天时间提水,半天时间修管道。

布鲁诺和其他村民都嘲笑柏波罗,说他简直就是异想天开,而且布鲁诺也赚到了比柏波罗多一倍的钱。但柏波罗对这些嘲笑置之不理、一笑了之。开始的几个月,柏波罗的努力并没有多大进展,但他的工作要比布鲁诺辛苦得多。

半年后,柏波罗大功告成的日子终于来到了——管道完工了!村民们都簇拥着来看水从管道中流入水槽里!村子也源源不断地有新鲜水供应了。管道一完工,柏波罗再也不用提水了。无论他是否工作,水都会源源不断地流入。管道人柏波罗的名气也大了,人们从此称他为奇迹创造者。

在面对别人的冷嘲热讽时,我们要沉住气,坦然宽容地对待,不要过分计较,而应该以大局为重,将目光放长远些,心胸博大一些,克己忍让,宽以待人。人生当中,宽容别人是大度,宽容自己是豁达。宽容扩大了我们心灵的外延。在宽容的后面,是明媚的阳光;而在嫉恨的背后,却是可怕的阴影。

德国著名作家歌德有一次到公园散步,迎面走来一位曾经对他的作品加以批判和嘲讽的批评家。这位批评家站在歌德面前大声喊道:"我从来不给傻子让路。"而歌德却微笑着回答说:"而我正好相反!"说完,他满面笑容地站在了一旁,给对方让路。

歌德凭借沉着宽容的态度及幽默的语言,避免了一场无谓的争吵。

生活当中我们也经常遇到类似的意外情况,这往往让我们陷入尴尬的局面当中。这时,若能沉住气,采取妥善的解决措施,让对方面子上好看些是再好不过的事了,这样做不仅能化解危机,还能让对方对我们的大度刮目相看。

宽容别人对我们的伤害和嘲讽其实就是一门艺术,一门做人的艺术。用冷静宽容的心态去对待别人的错误,就是在心理上接纳别人,理解别人的处世方法,尊重别人的处世原则。我们在接受别人的长处之时,也要接受别人的短处,只有这样,我们才能真正与他人和平相处,拥有和谐的人际关系。

曾有一位哲人说过一番耐人寻味的话:天空收容每一片云彩,不论其美丑,故天空广阔无比;高山收容每一块岩石,不论其大小,故高山雄伟壮观;大海收容每一朵浪花,不论其清浊,故大海浩瀚无比。这位哲人所说的,都是对宽容大度最生动直观的诠释。

智者寄语

一滴水可以折射出太阳的光辉,一件小事也可以反映出人的品行。斤斤计较、分毫不让、睚眦必报的人,最后肯定会吃大亏;只有那些虚怀若谷、宽容忍让的人,才能笑到最后。

世界上没有绝对的公平

在生活中，当看到别人坐拥巨富、享受灯红酒绿的生活时，当看到别人平步青云地高升时，我们是不是会抱怨社会的不公平：凭什么别人拥有这些，而我却不能？

社会的公平永远都是相对的，而不是绝对的。小范围内的相对公平也许通过自身的努力可以做到，但大范围的绝对公平却很难保证。所以，做人做事不要过分追求公平，否则只会让自己活得很累。

面对不公平时，有些人总是抱怨不休，为什么我就没有一个有钱的爸爸呢？为什么我就没遇上一个好老板呢？为什么我就没有找到一个漂亮的老婆呢？其实，抱怨丝毫不能解决问题，也不能改变现状。而且，世界上本来就没有绝对的公平，有钱的人也许会缺少健康，有健康的人也许缺少机遇，有机遇的人也许缺少创业的资金等等。

尼采长相丑陋，但他没有抱怨命运的不公，而是用睿智的思想使人们折服；拿破仑身材矮小，但他没有抱怨命运的不公，而是用强硬的军事力量使人们折服；司马迁遭遇宫刑，他也没有抱怨命运的不公，而是用一支妙笔使人们折服。

所以，要想获得成功，就不要一味地抱怨世界的不公平，因为世界本来就没有绝对的公平，一味地追求公平反而会让人心理失衡；一味地为了公平而争斗，也只会让我们舍本逐末，失去更多。更何况，又有谁会在意一个失败者的抱怨呢？抱怨社会的不公平，对人生来说永远是个负数。相反，如果我们能够停止抱怨，积极努力地想办法改善自己的现状，那么一切的不顺才有可能得到改善。

大学毕业后，赵缤到一家公司应聘经理助理这个职位。一路上过关斩将，终于到了老板面试这一关了。谁知道老板只是和她简单地交谈了几句，看了看她的简历，就说："对不起，我们不能录用你——你连自己的简历都不能做好，我们怎能放心地把工作交给你？"

原来早上临出发时，赵缤走得急，一不小心碰翻了茶杯，溅湿了简历，要重新做一份已经来不及了，她只好带着那份留有水渍、皱巴巴的简历硬着头皮前来应聘，谁知问题就出在这上面了。

这能怪谁呢？回家后，赵缤没有丝毫抱怨，也没有埋怨老板的小题大做，她只是非常认真地用钢笔抄写了一份简历，并给那家公司的老板写了一封信，信中说："贵公司是我心仪已久的单位，而您对我的近乎苛刻的要求，也恰好反映了贵公司在管理上的认真、严谨以及精益求精，我相信这也是贵公司长久以来保持兴旺发达之原因所在。我一定铭记您的教诲，在今后的工作中尽心尽责、一丝不苟。"

赵缤发自内心的诚恳态度、详略得当的简历以及娟秀清丽的笔迹，让老板眼睛一亮，当即就打电话通知她第二天来公司上班。

赵缤的做法无疑是正确的，因为她在遇到不公平的对待后，首先不是抱怨老板的不近人情，而是立刻采取补救措施，为自己创造新的机会。因此，当我们面对生活的不公时，也不要急于抱怨或大发牢骚，"存在就是合理的"，我们所受到的待遇肯定有它"存在"的背景、条件和原因。一个失败的人，自身肯定会有欠缺的地方。与其喋喋不休地抱怨他人，不如改变自己。自己改变了，一切才有可能得到改善。

所以说，不论任何时候都不要梦想世界上存在绝对的公平，这种想法只会让抱怨和牢骚越来越多，而让我们离成功越来越远。如果不能摘下个人感情的有色眼镜，保持端正的心态，用豁达乐观的人生态度去生活，那么我们将永远也找不到公平，永远都活在抱怨的天空下。谁都无法否认，在很多时候，让人们耿耿于怀、愤愤不平的所谓公平，只不过是人们进行争斗的借口，或者是为自己的失败找寻的借口。

智者寄语

每当我们想抱怨社会不公平时，不妨转换一下思路，告诉自己："我只是有些小小的不幸而已，根本算不上什么倒霉透顶。"与此同时，我们还要积极寻找解决"小小的不幸"的方法和途径，如果这样做，相信我们终将会踏上成功的路途。

抱怨只能证明你的无能

一般人都会认为，抱怨是一种发泄不满的方式，我们谁能够说自己从来没有抱怨过呢？偶尔地抱怨发泄一下，也是十分必要的。但是，无休止地抱怨生活，而且抱怨的内容不断重复，那就只会为自己增添烦恼，同时也是在向别人显示自己的无能。抱怨是一种致命的消极心态，一旦抱怨成为恶习，那么生活就会变得暗无天日，不仅破坏自己的好心境，还会招致别人的反感。

荀子曾说过："自知者不怨人，知命者不怨天，怨人者穷，怨天者无志。"意思是说，了解自己的人不会抱怨别人，晓得自己命运的人不会抱怨上天，抱怨别人的人会身陷困窘，抱怨上天的人是缺乏志向。

世界上的确有许多不公平的事，也有很多"值得"我们抱怨的事，但我们应该静下心来想一想，世界上本来就没有什么事是十全十美的，因为"金无足赤，人无完人"，那又何必每天抱怨不休呢？如果我们一味地追求完美，抱怨社会、抱怨他人，如果我们一定要等到世界上所有条件都具备才开始积极生活，那么恐怕只能永远等下去了。为什么有的人一辈子都做不了一件事情，原因就在于此。

中央电视台有这样一句广告词："世界上最难攀越的山，不是最高的山，而是你自己。"遇到难题时，不要只知道一味地埋怨别人，应该从自己身上找找原因。在地球的一切生物中，唯有我们人类才有这样的特权，那就是为自己设计命运，而不是屈服于命运的安排。那些伟大的人之所以能够成功，拥有辉煌的成就，很大程度上是因为他们有远大的目标及实现这些目标的伟大能力。

命运对于小刘来说可谓不公平，由于家庭条件较差，他不得不中途辍学养家。更糟糕的是，由于一次车祸，他的一条腿又留下了残疾。因此，即便是做普通工作，小刘也常常感到吃力。

开始，小刘和几个同乡一起进了一家电子厂工作，可他根本跟不上传送带的节奏。虽然每天都忙得满头大汗，但与其他工友相比还是差许多，这自然也影响了整体的效益。因此领导经常对他发脾气，同事们也对他产生了不满，甚至有人讥讽他说："你天生就不是干活的料，不如回家领点低保凑合着混日子得了！"

小刘知道，自己的确影响了工作，因此他丝毫不计较领导和同事的批评，相反，他决定用行动证明自己完全可以做好这份工作。于是，他每天早出晚归，甚至以厂为家，每天不是研究技术就是研究工作要领，从不停止努力。

正所谓天道酬勤，渐渐地，小刘的工作越来越出色。到年底时，他竟然被评为“年度最佳员工”，不仅受到了领导的嘉奖，还被提升为车间主任。但小刘并没有因此而满足，在工作中，他依然身先士卒，努力工作，从不抱怨，从不推诿。工作两年后，他被提升为副厂长。

我们必须承认，人生不如意之事十之八九，很多时候甚至令人心酸。但面对困境一味地抱怨总不是办法。抱怨非但于事无补，反而会令我们失去宽容、平和的心境以及前进的动力。有一位伟人曾经说过：“有所作为是生活的最高境界。而抱怨则是无所作为，是逃避责任，是自甘沉沦。”不管我们面临怎样的境遇，即使我们不够优秀甚至有明显的缺点，但只要拥有信心和百折不挠的勇气，我们就能劈开困难的枷锁，赢得最后的胜利。相反，一味地抱怨是于事无补的，那些专门抱怨、缺乏信念的人，往往只能在羡慕别人、懊悔自己之中虚度一生。

倘若承认自己是个弱者或者失败的人，那么就继续抱怨吧，因为只有弱者才抱怨，弱者总是把抱怨当成逃避的法宝；只有失败者才抱怨，失败者总是把抱怨当成解脱的阶梯。相反，强者和积极者不会轻易抱怨。即便生活有不公、有挫折，他们也能宽容乐观地对待，并想方设法解决问题、克服困难。

必须指出，抱怨是一种情绪的宣泄，有不满的情绪过于压抑不行，但发泄过度，没完没了地抱怨也同样不好。要改变这一习惯，最重要的就是要认识到我们所关注的事情其实都在无意间被夸大了。

比如，当我们开始抱怨后，随即会发现生活中竟然有那么多可抱怨的事，这样一来，情况就会被夸大。然后，随着我们所关注的重点转移到新的可抱怨的事情上后，夸大也会随之更进一步，最后，我们几乎将所有的负面情绪都混合起来，变成了愤怒、恐惧甚至敌对、仇恨，并使它们渗入自己的潜意识中。时常处于这种状态下，我们的心情怎么会好起来呢？事实上，所有的抱怨除了说明自己的无能之外，于人于己又有何益？

智者寄语

我们必须认识到滚雪球效应的影响有多大，陷入这种状态是多么容易以及它的危害性有多大。回过头来想，我们需要努力促使自己去注意那些生活中美好的事物，这样，我们才能在心中产生正面情绪，对生活依然充满希望与激情。

少怪罪别人，多反省自己

房龙说：“当世界抛弃了你，而你又无法改变时，你才有权利抱怨。”不少人在平时的生活和工作中常常推责于别人，却很少从自己身上找原因。其实，别人的存在与做法一定有其合理性。埋怨怪罪别人，不如改变自己。自己改变了，生活的一切就会改观。

专家认为，如果一个人的性格里有“消极情感”的倾向，就容易产生抱怨。而且，爱抱怨的人在遇到不如意的事情时，往往很少反省自己的责任，大多数情况都会将原因归咎于外部或他人。当他们在生活或工作中遭遇挫折时，就会不停地埋怨怪罪别人，好像自己是最无辜的受害者。这样做的好处，就是可以转移自己的失败，逃避责任，拒绝改变与努力。比如，有些人找不到老婆，就归因于女性都太现实，都不忠贞、不贤惠，而不是归因于自己各方面的能力不强、不能与女性平等相处等；有些人工作不顺利，也不愿意从自己身上找原因，却总是抱怨客户难缠，同事太抢自己风头，以证明自己没有错，都是别人的错，这样下去工作水平又如何能够提升呢？

所以说，喜欢抱怨的人常常是人生的失败者，他们自然也拒绝从失败当中吸取教训。一个经常抱怨的人，时时处处都会感到不满，即便有人关心帮助他，他也会埋怨别人关心不够。然而，怨恨是精神的腐蚀剂，抱怨、怪罪别人根本就无济于事，只能让我们在痛苦和烦恼中不断遭受煎熬。要知道，生命是属于自己的，命运掌握在自己手中，所以我们根本没有理由不停地怪罪环境和他人，更不要让抱怨成为一种影响自身发展的习惯。只有从自身寻找失败的原因，多反省自己，转变现在考虑问题的习惯和思维，才能不断发现自己的潜力，获得进步与成功。

当遇到问题时，怪罪别人是一件相对容易的事情，因为把过错推到别人头上，自己就仿佛没有责任了。其实，这是不敢承认自己的缺点和失败，而不愿承担改变和行动责任的表现，这只能说明他们缺乏自信和行动力。

如果我们不想成为这样的人，那就把怪罪别人的时间用来反思自己、提升自己。当客户指责我们的办事效率低下时，不要怪客户刁难，而要反思自己的工作流程是否有问题，服务态度是否需要改善；当领导对我们不闻不问或者厚此薄彼时，不要怪罪领导偏心，而是要在自己身上找原因，苦练内功，让自己所做的一切在短期内无人可替代。我们不能改变领导的偏见和固执，但在改变自己的同时，自身也具备了进取心和工作能力。只要自己不落伍，即使被领导或公司所抛弃，也不会被这个世界抛弃。

智者寄语

时刻反思自己，埋怨和不满就会减少，要想改变别人的看法和态度，就先从改变自身开始。只有这样，我们的反思才会成为改变自己甚至世界的原动力。

越生气越唠叨是个怪圈

唠叨这个词似乎是男人用来形容女人的专利。卡耐基在他的《人性的弱点》中说过：唠叨是爱情的坟墓。但是，绝大多数女人并没有意识到这一点，也不承认自己的唠叨会对婚姻生活产生负面影响，甚至认为自己的唠叨是对对方的爱，以为唠叨可以改变丈夫的缺点，提醒男人完成他们必须做的事情，如做家务、吃药、修理坏了的家什、把他们弄乱的地方收拾整齐等。

然而，男人很多时候并不认同女人的唠叨。通常而言，当女人不断重复她的命令时，男人听到的只有一个声音：唠叨。唠叨就像漏水的水龙头一样，将男人的耐心慢慢地消耗殆尽，并且逐渐累积起一种厌倦。世界各地的男人几乎都将女人的唠叨列在最讨厌的事情之首。陶乐丝·狄克斯认为："一个男性的婚姻生活是否幸福，和他太太的脾气性格息息相关。如果她脾气急躁又唠叨，还没完没了地挑剔，那么即便她拥有普天下的其他美德，这些美德也都等于零。”

对于女人来说，如果她对男人的唠叨不能起到作用，还会变得气愤和怨恨，认为男人不应该这样对她视而不见、对她的话听而不闻，结果也容易陷入“越生气越唠叨”“越唠叨越生气”的怪圈，影响夫妻之间的感情和家庭的和睦。

李轲从大一时就和刘龙谈起了恋爱。大学一毕业，他们就结婚了。可是自从结婚后，李轲的手中就拿起一把无形的尺子，只要见到丈夫就要量一量。丈夫洗衣服时，她会说：“你看看，这领子、这袖口，你怎么连衣服都洗不干净，还能干什么？”丈夫做饭，她会说：“哎呀，你做的菜不是咸就是淡，一点谱都没有，怎么吃呀？”丈夫做家务，她会说：“你看这地擦的，一点都不干净！”丈夫在外办事，她更是唠叨个没完：“你看你，连话都不会说，让人怎么信任你呢？”诸如此类，家庭噪声不绝于耳。

刚开始的时候，刘龙常常忍着不吱声，时间久了，他也感到不满了，就说：“嫌我洗衣服不干净，你自己洗。”然后把衣服一扔，摔门而去。有时还会说：“觉得我做饭不好吃，以后你做，我还懒得做呢！”有时候，他也会大发雷霆，与李轲大吵一通，然后两人几天谁也不理谁。

过几天两人和好后，李轲仍改不了自己的习惯，仍然会在丈夫做事时唠叨不止，而且每次唠叨丈夫也没太大的改进，李轲就更加生气。终于有一天，李轲又在唠叨丈夫不做家务时，刘龙再也无法忍受，把所有的碗都摔在了地上，大声吼道：“你烦不烦！看我不顺眼，干脆离婚算了！”

李轲万万没有想到刘龙会提到离婚两个字，她顿时泪如雨下：“我说你，还不是为了你好？换了别人我还懒得说呢！要离婚，好，现在就离！”

后来，李轲在朋友的提醒下，觉得是自己对丈夫太苛刻了。其实，衣服有一两件洗不干净是常有的事；丈夫不是大厨，所以不要以大厨的水平要求他；家务活谁都可能出点纰漏；一个人偶尔说错一两句话也是在所难免。而自己不断地唠叨，却把这些常人都有的小毛病无限放大。正是因为她对丈夫的挑剔，才使得丈夫与自己越来越远。

女人之所以唠叨，是因为她们希望丈夫能认识到他的“错误”，从而积极地进行改正。即使不能使对方承认自己的错误，至少也能让他不再继续这种行为了。然而，唠叨者最主要的错误就在于：她们提出问题的方式不对，因为她们从来不从正面说我希望你做什么、怎么做，而是指责对方“你从来不倒垃圾”“你总是把衣服扔在一边不捡”……她们提出的要求总是间接的，里面还包含了指责。而且这些用间接的语气提出的要求随时随地都可能冒出来，如果男人不能按照她们的思维行动，她们就会更加气愤，唠叨也更加厉害。

其实，这样的唠叨毫无意义，而且是自我挫败性的，只会造成一种两败俱伤的局面。一旦这种抱怨成为一种腐蚀性的习惯，就可能造成家庭关系紧张，甚至很容易导致家庭暴力。

婚姻中的双方，难免有一些争执，这些争执也最容易引发女性唠叨，很多女人这时会选择不厌其烦地诉说自己的不快。然而，这种唠叨不但于事无补，还可能引起更大的争吵。当妻子看到丈夫有不对的地方时，应先设法控制自己的情绪，或通过运动、游玩等方式把不良情绪宣泄一下，等双方都冷静时，再心平气和地讨论这件事情。

既然唠叨不能解决问题，女士们就要寻找更有效的途径来解决问题了。比如，当丈夫忘记了结婚纪念日时，你对他唠唠叨叨抱怨不停，不如你自己操办一个小小的纪念日活动，这样他就会对你心怀歉意，并会万分感激你的宽宏大量，相信以后再也不会忘掉结婚纪念日，这样的方式不是比唠叨更好吗？

智者寄语

比起唠叨，你完全可以用其他方法更好地实现你的目的。

让暴怒在瞬间冷却

情绪是一个非常奇妙的东西，每个人在不同的时间、不同的情境下都会有不同的情绪反应，或消沉或激昂，或无奈或狂躁，不一而足。当不稳定的情绪出现时，就需要通过适当的方法来稳定情绪，通过稳定情绪让暴怒在瞬间冷却，并使心情得到升华。

有道是"得之我幸，失之我命"，只有坦然面对，宽心待之，心境才不会被纷繁世事搅扰。"菩提本无树，明镜亦非台。本来无一物，何处惹尘埃。"如果说我们心存杂念，忘不了尘嚣中的纷纷扰扰，难以"释怀"，自然就会沾染很多不良的情绪，而这些不良情绪也会像一座座小山一样压得你喘不过气来，自己囚禁了自己的幸福。所以，只有学会稳定自己的情绪，才能让快乐、健康为你驻留。

如果将我们的身体想象成一艘渡轮，而所有的心境是乘客，乘客若想随意驾驶渡轮，试想结果会如何？一定是触礁后葬身大海的惨剧。假如能恰当地处理不稳定的情绪，便可能让自己避免类似的灾难。

所以，我们必须减少乘客的人数。在起航前，就要将愤怒、哀愁、贪婪、嫉妒、憎恨等情绪拒之门外。用这种方式扫除自己人生路上的障碍，那么，就不会被周围的环境控制，你既可以安心行驶，又可以掌握完全驾驶的权利，身心皆在自己的支配之下，便可以随心所欲，将船开到自己想去的地方，你将是自己的主人，主宰着自己的情绪。

有个人打算学习马术，于是找到一位名闻遐迩的驯马师，学习驾驭的技术。学习了一段时间之后，驯马师带着这个人到空旷的原野打算进行第一次骑马练习。这个人由于求胜心切，居然想与师父相互较劲。当发现自己远远落在驯马师的后面时，他变得愤怒异常，情绪失态，用力吆喝、鞭笞马匹，但也只是徒劳无功。于是，他生气地对驯马师说："你没有把最好的驾驭技巧传授给我。"

驯马师回答道："我已经尽力将驾驭马的技巧教给了你，实在是你性情过度暴躁。骑马是一件用心灵来感受的事情，你与自己的马要和睦相处，你要先考虑到马的状态，然后再与之配合。如果你不能稳定自己的情绪，以至暴怒地鞭打马，那么马与你就难以息息相通，你也就不可能驾驭好你的马，这就是你失败的主要原因。"

其实，生活中的很多事情都是这样，当你不能平心静气地面对人生的种种无常变化时，这些"无常"就会成为心灵的羁绊，引你陷入迷局；而如果你能用平稳的心态来驾驭这些"无常"时，"无常"就会反过来被你制伏，成为你的奴隶，对你俯首称臣。

智者寄语

看来，好情绪可以让一个人一生受益，但是，人又不可能永远处在好情绪之中，生活中既然有烦恼和失落的存在，就会有消极情绪的出现。然而，一个心理成熟的人，不是没有消极情绪的人，而是善于稳定自己情绪的人。

愤怒时保持理智

生活中不难发现，在愤怒的状态下，人们会做出很多冲动的事情，结果只能是后悔莫及。

在愤怒的状态下，人的思维会变得混乱，失去处理问题的理智性，往往会做出错误的决策。在愤怒的状态下，你会因为一时冲动，不再顾及自己的风度和别人的颜面；在愤怒的状态下，往往会因为控制不住自己的情绪而把别人当成出气筒，口出秽语，恶语相向。这都是因为愤怒已经夺去了你的理智，使你不再是一个顾全大局、宽容大度的人。

愤怒来源于一个人对突发事件的感知、理解和评价，当然跟一个人的性格也是密不可分的。面对同样一件事情，有的人会沉着冷静，但有些人却气得暴跳如雷，这就取决于一个人的理智程度。

成吉思汗最伟大之处，就在于他善于制怒的心态，而他之所以善于制怒，则与他的一段传奇经历有关。

有一次，成吉思汗带人去打猎，他们一大早便出发，可到了中午仍没有收获，只好返回帐篷。成吉思汗不甘心，便独自一个人走回山上。

烈日当空，他沿着羊肠小道向山上走去，一直走了好长时间，他感到十分口渴。不久，他来到一个山谷，见有细水从上面一滴一滴地流下来，成吉思汗非常高兴，就从皮袋里取出金属杯子，耐着性子去接一滴一滴流下来的水。

当水接到七八分满时，他高兴地把杯子拿到嘴边，想把水喝下去。就在这时，一股疾风猛然把杯子从他手里打了下来，将水弄洒了，成吉思汗又急又怒，抬头一看，原来是自己的爱鹰捣的鬼。他非常生气，却又无可奈何，只好拿起杯子重新接。

当水再次接到七八分满时，又有一股疾风猛然把水杯弄洒了，原来又是他的爱鹰，成吉思汗非常愤怒。他一声不响地拾起水杯，再从头接着一滴一滴的水，当水接到七八分满时，他悄悄取出尖刀，拿在手中，然后把杯子慢慢地移近嘴边，猎鹰再次向他飞来，成吉思汗迅速拿出尖刀把鹰杀死了。

由于他的注意力过分集中于杀猎鹰，疏忽了手中的杯子，杯子掉进了山谷里，成吉思汗无法再接水喝了，不过他想到既然有水从山上滴下来，那么上面也许有蓄水的地方，很可能是湖泊或山泉，于是他忍着口渴的煎熬，拼尽气力往上爬，终于攀上了山顶，发现果然有一个蓄水的池塘。

成吉思汗高兴极了，立即弯下身子想要喝个饱，忽然他看见池塘边有一条大毒蛇的尸体，这时，他才恍然大悟："原来猎鹰救了自己一命，正因为它刚才屡次打翻自己的杯子中的水，才使自己没有喝下被毒蛇污染过的水。"

成吉思汗非常后悔，他带着自责的心情回到了帐篷，他对自己说："从今以后，我绝不在愤怒失去理智的时候做任何决定！"从此之后，成吉思汗一改以往冲动的性情，成就了自己的雄图霸业。

根据心理学家的测算，人在愤怒的时候智商是最低的。在愤怒的时候，人们会因为不理智的举动而做出非常愚蠢的决定，甚至会做出一些非常危险的举动。这个时候所做的所有决断，90%以上都是错误的。

几乎所有的罪犯在接受审讯时都深表懊悔；几乎所有的犯罪都是在愤怒冲动时的不理智行为。事实上，世界上不存在绝对邪恶的人，而很多邪恶的行为，都是被熊熊燃烧的愤怒之火点燃的。从这个意义上讲，在愤怒时的理智程度，可能决定着一个人一生的幸福。

人类的体内都有冲动的基因，再加上生活本身就是一件很复杂的事情，而人生之路上又总是会出现很多选择，有些选择或许无足轻重，有些选择却决定着一生的命运；有些错误可以挽回，有些却可能酿成大错。所以，因愤怒而做出的错误决定，的确事关重大。也许你有幸没有被那些错误的决定所伤害，但你不可能总是如此幸运，所以要想让自己的一生平稳不惊，就请记住这句忠告——不要在愤怒得失去理智的时候做任何决定！

孟子说过："骤然临之而不惊，无故加之而不怒，此之谓大丈夫。"很多成功人士在总结自己曾经的失败经历时，也都反复告诫人们：千万不要让理智终结于刹那的愤怒。愤怒不能解决任何问题，反而会使事情变得一发不可收拾。

其实，人在愤怒时的自控能力，表面上看是一个为人处世的态度问题，深层次上看则体现了自身的人生修养。学会温和、学会理智、学会冷静，有时比自身具备的卓越才能更重要。因为只有这样，才能营造一种和谐的人际关系，才能更有利于自己在社会上生存和发展。时刻告诫自己，冷静一下，只需要一分钟就好，这样可以给自己一个理性思考的空间。也许在这之后你依旧愤愤难平，但至少已经不再那样冲动了，然后做几个深呼吸，闭起眼睛安静地想一想，这件让你怒火中烧的事情难道真的像你想象中的那么严重吗？再思考一下解决的方法，思考的过程中要避免自己的主观思想，这样的话，很多并不大的事情就可以烟消云散了。

智者寄语

人生的幸福其实就隐藏在自己的心态中，只要我们能在盛怒之时宽以处世、理智决策，就不会做出遗憾终身的事情。

把坏情绪扔到脑后去

许多时候，我们认为自己心情不好，所以神情沮丧、说话无力、走路时耷拉着脑袋——也就是说：心理影响身体。可是，相信有一些朋友也知道，反过来也是成立的，也就是说：身体影响心理。当我们表现出快乐的、充满信心的、富有活力的表情和动作时，我们的心情也就会随之改变。

随着竞争压力的不断增加，面临失业危机的人一天天多了起来。就是好好待在自己职位上的人，也要背负是否快要被竞争淘汰的心理压力。因此，人们的坏情绪得到了滋长的空间，职场的和谐指数也随之降低。

那么，在办公室内是否可以发脾气、与人发生争执？有时候，某些事情你实在看不过去，觉得受到不公平对待，实在很想发泄，不过，为了顾及颜面，你勉强忍了下来。而你知道问题还是没有解决，愤怒不满的情绪仍然憋在心里，随时都有可能爆发。不巧，当你转过身去，看到一个满肚子怨气的家伙正对着你大发雷霆，他不自觉地嗓门愈扯愈大，情绪愈来愈坏，这时，你的反应是受到惊吓而不知所措？视若无睹地掉头走开？怒不可遏地反击回去？

美国有两位心理专家曾经针对一些上班族做过调查，结果有 70% 以上的人都承认，他们在办公室里曾经有过愤怒、焦虑、哭泣、哽咽的情况。对这些上班族而言，这是个"秘密"的经验，他们不希望被别人知晓，以免使自己变得很尴尬。调查发现，工作压力大的公司职员，有半数都产生过“揍同事”的念头！这并非耸人听闻，而是英国近日公布的一项调查结果。据称，高负荷的工作、爱出毛病的电脑，还有惹人烦的同事，都是这种“愤怒”的根源。而且，女性比男性更容易发火。在调查中，51%的女性称自己曾动过“暴揍同事”的念头。相比之下，男性还绅士一些，只有39%的人想过要打别人出气。

如果仔细观察，很容易就可以感受到在工作上遭受压力、经历挫折的人比比皆是，而这些负面情绪随时存在，并且潜藏在工作场所的每一个角落。

一般人大都把在办公室内争吵视为禁忌，凡是愤怒、喧闹、轻佻、悲痛、焦虑、哭泣等等这些情绪化的反应，都不应该出现在工作场所。因为，发脾气或许很有效，但是也很危险，它可能让你树立更多的敌人。

那么，我们又该如何控制坏情绪，从而摆脱它的困扰呢？美国纽约城市学院心理教授史蒂芬撒因曾说过：如果遇上情绪烦恼，可以考虑睡在床上“度假”一天，这样可以松弛紧张的压力和忧郁的情绪，解除烦闷的感觉。他认为，床是一个有足够的温暖和安全感的地方，“床上度假”是一种最经济、最简便、最有效的理疗办法。当然，“床上度假”并不是让人们逃避现实，而是让人的精神得以适当松弛，利用这一“度假”期考虑所遇到的困难，以便更好地解决。

智者寄语

试试“床上度假”吧，把坏情绪全都抛到脑后去。

中篇

懂得包容

第一章　心胸宽广，豁达大度

用宽容感化别人的无礼

在生活中，如果你一味地坚持自己的观点而忽略了别人的态度，那么就会有人出来干涉你，甚至可能会对你横加阻挠。此时，你必须懂得如何应对别人的无礼行为。

在大街上、在朋友的客厅里，你都可能遭到别人的白眼。如果这种无礼的反感让你手足无措，那么你也只能哭丧着脸回家，然后自己躲在一边沮丧。可是，如果在别人对你无礼时，你能表现出自己的宽容和大度，结果就不同了。

美国前总统福特在大学是一名橄榄球运动员，体质非常好，所以在62岁入主白宫时，他的身体仍然非常挺拔结实。当了总统以后，他继续滑雪、打高尔夫球和网球，而且对这几项运动都很擅长。

1975年5月，他到奥地利访问，当飞机抵达萨尔茨堡，他走下舷梯时，突然，他的皮鞋碰到一个隆起的地方，脚一滑，就跌倒在舷梯上。他跳了起来，没有受伤。但使他惊奇的是，记者们竟把他这次跌倒当成一项大新闻，大肆渲染起来。在同一天里，他又在丽希丹宫的长梯上滑倒了两次，险些跌下来。随即，一个奇妙的传言散播开了：福特总统笨手笨脚，行动不灵敏。

自萨尔茨堡以后，福特每次跌跤或者撞伤头部或者跌倒在雪地上，记者们总是添油加醋地向全世界报道这类新闻。后来，竟然反过来，他不跌跤也变成新闻了。哥伦比亚广播公司曾这样报道说："我一直在等待着总统撞伤头部，或者扭伤胫骨，或者受点轻伤之类的新闻来吸引观众。"

记者们如此渲染似乎想给人一种印象：福特总统是个行动笨拙的人。喜剧演员切维·蔡斯甚至在《星期六现场直播》节目里模仿总统滑倒和跌跤的动作。

福特对别人的玩笑总是一笑了之。对于外界的评论，福特幽默地说道："我是一个活动家，活动家比任何人都容易跌跤。"

1976年3月，福特还在华盛顿广播电视记者协会年会上和切维·蔡斯同台表演过。节目开始，蔡斯先出场。当乐队奏起"向总统致敬"的乐曲时，他"绊"了一脚，跌倒在歌舞厅的地板上，从一端滑到另一端，头部撞到讲台上。此时，每个到场的人都捧腹大笑，福特也跟着笑了。

轮到福特出场时，蔡斯站了起来，佯装被餐桌布缠住了，弄得碟子和银餐具纷纷落地。蔡斯装出要把演讲稿放在乐队指挥台上，可一不留心，稿纸掉了，撒得满地都是。众人哄堂大笑，福特却满不在乎地说道："蔡斯先生，你是个非常、非常滑稽的演员。"

福特用一个睿智的玩笑就化解了自己的尴尬。面对别人对自己的无礼时，福特选择了一笑置之，可见福特为人是比较宽容的。

生活中,难免会遇到别人对自己的非议。那些对着你发火的人,往往如同对着你开心的人一样让你摸不到头绪。因此,一个阅历丰富的坚强的人要忍受别人的愤怒并不难。

智者寄语

只要你心中充满着包容和谅解,那么别人的攻击也不过是你生命里最不起眼的小事,包容它,忽略它,它也就不会对你产生什么不良影响了。

容人即是爱自己

宽容是一种美德,能够宽容他人的人,可以和各种人相处,同时也可以反映出自身的人格修养和广阔胸襟。

生活在这样一个复杂的社会中,我们更需要宽容,因为只有宽容才能发现别人的长处,才能更好地与人合作。

世界上有许多的悲剧都是因为人与人之间的不能容忍所造成的。然而,忍让和宽容说起来容易做起来却是非常不容易的。当我们受到无辜的伤害时,总是怀有一颗报复心。但是,报复却并不能给我们带来快乐,这一点从印度大文学家泰戈尔的《画家的报复》一文中可以得到答案。

一位画家在集市上卖画,不远处,前呼后拥地走来了一位大臣的孩子。这位大臣在年轻的时候曾经把画家的父亲欺诈得心碎而死。这孩子在画家的作品前流连忘返,并且选中了一幅,画家却匆匆地用一块布把它遮盖住,并声称这幅画不卖。

从此以后,这孩子因为心病而变得憔悴,最后,他父亲出面了,表示愿意付出一笔高价。可是,画家宁愿把这幅画挂在自己画室的墙上,也不愿意出售。他阴沉着脸坐在画前,自言自语地说:“这就是我的报复。”

每天早晨,画家都要画一幅他信奉的神像,这是他表示信仰的唯一方式。可是渐渐地,他觉得这些神像与他以前画的神像日渐相异。

这使他苦恼不已,他不停地找原因。然而有一天,他惊恐地丢下手中的画笔,跳了起来:他刚画好的神像的眼睛,竟然跟那个大臣的眼睛一样,而嘴唇也是那么的酷似!

他把画撕碎,并且高喊着:“我的报复已经回报到我的头上来了!”

这个故事告诉我们,一个人若是存心报复,自己所受的伤害会比对方更大。一个心中充满怨恨的人是永远都无法快乐的。“相由心生”,如果一个人不消除心中的怨和恨,全世界任何美容院都无法美化他的容貌。

其实,在日常生活中,人与人之间的矛盾没有大到“不共戴天”的地步,只是一些细枝末节的不同罢了。我们每一个人都既是魔鬼又是天使,优点与缺点共存,美丽与丑陋俱在。与人相处时,要尽量看好的方面,至于一些不同之处,一些不必要的摩擦,忍一忍也就过去了。

古时候有个叫陈嚣的人,与一个叫纪伯的人做邻居。有一天夜里,纪伯偷偷地把陈嚣家的篱笆拔起来,往后挪了挪。这事被陈嚣发现后,他并没有大吵大闹,而是等纪伯走后,又把篱笆往后挪了一丈。天亮后,纪伯发现自家的地又宽出了许多,知道是陈嚣在让着他。他心中很是惭愧,主动到陈家把多侵占的地统统还给了陈家。

宽容是一种美德和修养,它犹如生活中的阳光,能消除矛盾的阴暗面。

智者寄语

整天被不满、怨恨心理所控制的人是最痛苦的人。学会宽容,也就是学会了爱自己。

包容朋友的错误

想要拥有信赖和爱戴自己的朋友,就要以宽容的心态为前提,用光明磊落的心去宽容朋友的错误。世事难料,谁都有不如意的时候,朋友一时的背叛和冒犯,很可能是一种无奈。那么,这就要求我们要用一颗宽厚的心去对待朋友,在道义和行动上给朋友有力的帮助。

如果太看重自己一时的得失,一个人的思维就会逐渐麻木,心中留下大片阴影。对朋友的错误不必耿耿于怀,人非圣贤,孰能无过,每个人都有犯错误的时候。当朋友损害自己利益的时候,我们应该保持一种宽容的心态,这样,不仅仅使自己的灵魂得到解脱,同时一颗宽容的心也会拯救朋友于堕落之中。如果心里装的只有自己的利益和得失,那么,也将会堵死自己所有可能的后路,自己的灵魂也将堕落,那将是一个十分可怕而又十分可悲的下场。

张新广心中十分苦闷,痛恨陈洪涛私自挪用公司款项的卑鄙行为,他向法院起诉,陈洪涛被判了刑。但是张新广仍然觉得不解恨,每次醉酒之后,都要埋怨自己瞎了眼,并痛恨陈洪涛的狼心狗肺。陈洪涛知道自己害苦了老朋友,很长时间以来心里有着一种负罪感。出狱后,多次打电话向张新广道歉。而张新广听到是他的声音,不由分说,就把电话挂断。

张新广的妻子多次劝说他要宽宏大量,不能因为朋友一时的错误而耿耿于怀,何况当初,如果没有这位朋友的帮忙,他们的公司也不会有如此大的规模。再者,陈洪涛是财经方面的人才,对自己的生意还能有很大帮助的。张新广知道妻子说得很有道理,但是想到陈洪涛让他损失的几百万,又觉得没有必要和这位盗贼一样的朋友继续交往下去。因此,当电话再次响起的时候,张新广还是没有心思去接。

几个月的时间里,张新广一直在矛盾中苦恼着、挣扎着。一会儿觉得应该原谅陈洪涛,毕竟他是一个专业的会计师,过去没少帮过自己的忙,一会儿又想,应该给这个吃里爬外的家伙一个狠狠的教训,如果再让他来岂不是引狼入室吗?后来,他的一位心理医生朋友告诉他:“这是一种比较常见的心理障碍。这种障碍严重地妨碍着你们两个人的关系,时间久了,也会妨碍与其他人的交往,你现在的焦虑和矛盾,属于一种躲避的现象,你必须要积极地去面对,消除这种心理障碍。”

张新广终于鼓起勇气,给陈洪涛打了一个电话,告诉陈洪涛明天可以到办公室见他。第二天,他们如期见面了,两双手终于握在了一起。两个人之间的谈话也非常顺利,张新广非常诚挚地邀请陈洪涛再次来公司工作,表示他急需陈洪涛帮助他管理财务。他说:“我知道你上次的苦衷,相信以后你再也不会辜负我了。”

陈洪涛在后来的工作中对张新广的公司尽心尽责,公司的生意越做越大,两个人的友谊也随之越来越深厚。在冰释前嫌之后,两个人成了真正的知己。

《菜根谭》里有句话说:“径路窄处,留一步与人行;滋味浓时,减三分让人尝。此是涉世的极乐。”在道路狭窄的地方,自己应该停下来让别人先行一步。怀有这种心态的人,他的人生必定是快乐而又安详的。事事包容,必能为自己的人生增色不少。不能因为朋友满足不了自己的需求,或者做了些对不起自己的事情就怀恨在心。怨恨会扰乱我们正常的思维,引起急躁情绪,更会加深对朋友的误会,影响友谊的质量。换个角度想问题,增添一份理解,在友谊的道路上也会走得更长远。

智者寄语

《菜根谭》里有句话说:"径路窄处,留一步与人行;滋味浓时,减三分让人尝。此是涉世的极乐。"在道路狭窄的地方,自己应该停下来让别人先行一步。

爱情的美丽不是誓言和承诺,而是包容和理解

如果在这个世界中挑选一件最美丽的东西,那么应该就是爱情吧。爱情是神圣的,也是美好的。爱情能够激发一个人对生活的热爱,对未来的激情,没有了爱情的存在,生命就失去了耀眼的光芒和亮丽的色彩,没有爱情的人生是残缺的,也是乏味的。然而,爱情的内涵却不是我们想象中的完美无瑕,两个人的世界里,可能会时常出现意见相左、争执不休的情况,让双方都感到非常的疲惫和烦恼。在这个时候,双方或许会怀疑爱情是否还会真正地存在,甚至在心里蒙尘之后做出错误的决定,招致一生的痛苦。

当两个人相爱的时候,已经注定了要付出和承受太多的苦与痛,有时候明明知道付出没有收获,也义无反顾、无怨无悔。真爱的内涵和本质,不是花前月下、卿卿我我,也不是莽撞少年的缠绵与誓言,而是彼此会心的一笑就可以触摸到对方的心灵。爱情的美丽和可贵,不是誓言的多少和承诺的天荒地老,而是相互的包容和理解。有时候,一句话或者一个眼神都蕴含着无私的真爱。

李小妍和孙超经过一段时间的恋爱之后结婚了。婚后却不是想象中的激情四射,而是平淡得出奇,让李小妍感到异常郁闷。

一天中午下班,李小妍下楼时一脚踩空,坐在了楼梯的棱角上。她咬着牙撑到家,才发现坐也不是,躺也不行,只好给孙超打电话。孙超气急败坏地说:"跟你说过多少次了,小心点儿,小心点儿!去年刚刚摔坏了腿,今年又扭伤了脚,明年你改上托儿所得了!你怎么总不长记性呢?"李小妍一边哭一边听他训,还听到他招呼单位的司机:"快快快!开车送我一下!我老婆摔倒了!"

孙超回到家里,看见哭丧着脸的老婆,又是一阵痛骂:"我中午还有事呢,你净在这里给我添乱!人家娶个老婆是为了省心,我却把你这个让人操心的给娶进门了!家门不幸啊!"说完便把老婆背在身上,一路小跑走下楼去。

每次受伤之后李小妍都会受到老公怒气冲冲的指责。李小妍对于老公的训斥和责骂十分厌烦,每次都感到很气愤,多次提出抗议,但是老公置若罔闻,她只好沉默。于是孙超再骂时,她便对自己说:"沉默,沉默!沉默是金!"因为她知道,这是老公对她爱的一种方式,并且跟他骂声的激昂程度成正比,骂得越激昂,心疼得越厉害。去年摔坏腿的时候,一次次地去医院、拍片、换药、复查,都是他背着上下楼。从顶楼下来,87 级台阶,平时单人跑还有点儿微喘,何况还要背着一个大活人呢?

在李小妍摔伤的那段时间,孙超也是经常骂不离口的。有时候实在受不了他的粗暴,愤怒的李小妍挣扎着从床上爬起来自己走,可总是拗不过老公,结果往往是让孙超背着上

下楼。听着他粗重的喘息声,李小妍的心便一点一点地变得柔软了。

终于,到了伤好的那一天,李小妍高兴地在老公面前左摆右扭。她说:“原来,可以自如地活动也是一种幸福啊!”这次孙超没有再骂人,而是用一种一本正经的口气说:“你在我的骂声中成长也是一种幸福。等到哪天我不再骂你了,说明我已经不再在乎你了。”这时候,李小妍的心里感动不已,暗自想,原来在疼我爱我的老公的骂声中渐渐成长也是一件极其幸福的事。幸福就是如此简单,简单到自由走动,简单到挨一下老公的骂。老公那令人讨厌的缺点其实正是一种爱的表达方式呀。

在爱情生活中,有一种感动叫相亲相爱,有一种感动叫相濡以沫,还有一种感动叫理解与包容。爱情的历程犹如行驶在大海中的一帆小船,有时风平浪静,一帆风顺;有时则有风暴,有暗礁,只有划动包容的桨,挂起理解的帆,同心协力才能到达幸福的彼岸。

智者寄语

这个世上没有完美无瑕的爱情,也不会存在没有争吵的夫妻。真正的爱,是一种相互包容,是无私和博大。

宽容,让家变得更和谐

有你的宽容,你的朋友们才会乐意和你在一起;有你的宽容,你爱的人才会感觉到你的温情;有你的宽容,家里才会飘着温馨的气氛;有你的宽容,孩子才能品味出爱的真谛。

柳青是一位有着十多年婚龄的家庭主妇,其成功之道就在于她懂得宽容。

当姐妹们向柳青讨教婚姻的成功秘诀时,她总会一脸灿烂地说:“其实也没什么秘诀可言,就是‘退一步海阔天空,让三分心平气和’而已。”

在刚刚结婚的时候,柳青也是一个事事要求苛刻的人,不但对丈夫李军的任何差错加以严厉的指责训斥,对李军的优良表现也置若罔闻,使得李军对她怀有一种恐惧心理,对婚姻产生了厌倦。

有一次,在旅游途中,柳青无意中对一位大妈说出了自己的苦恼:“你说,我也是为他好,可是他怎么就不理解呢?”那个大妈微微一笑,指着窗外一闪而过的金黄色稻田,说道:“知道它们为什么都低着头吗?”柳青脱口而出:“因为它们都成熟了呗!”话一说完,柳青突然明白了大妈的意思,赶紧说:“谢谢你大妈,我明白啦!”

回家之后,柳青像变了一个人似的,对待老公和之前完全不一样了。对李军的错误只要不是原则性的,都既往不咎,对李军的要求和倾诉都虚心听从。她经常告诫自己:“像成熟的稻谷一样,懂爱的女人要大度地低下自己的头。”在这种思想指导下,每当李军做错事情的时候,柳青都会大度地拍着他的肩说:“老公,下次一定要注意哦!”

就这样李军恢复了对婚姻的向往和憧憬,更加爱护体贴妻子了。

有人说婚姻如饮水,冷暖自知。不管年少时有多风光,女人最终都要步入婚姻的殿堂,和另一个人开始过一种新的生活。有首歌词写得好:相爱容易,相处难。从一个女孩到成为一个女人,每天面对油、盐、酱、醋、茶,少了恋爱时的浪漫和相互之间的温存体贴,这时候丈夫的什么缺点都暴露无遗。生活的平淡,日积月累,开始有怨恨之心,面对生活的种种不如意,抱怨在心中一点点的聚积。于是，女人开始了批评，开始了责备，婚姻也开始进入一个怪圈，越是期待什么，就越感觉失望，越感觉失望，就越不停地抱怨。

世上大多数夫妻都是在争吵中过来的，吵就吵一回吧，但不要把太伤人的话说出口。夫妻没有隔夜的仇，多想一想自己是否做得不好，少责备一些对方的过失，你的心态会平和很多。在他拉着脸不高兴时，妻子想着他也许是工作上不顺心，也许是生活上压力太大，也许是心情不好，默默送上一杯茶和你温馨的笑容，让他感觉外面再大的风浪，回到家就像小船驶进了港湾。也许你辛辛苦苦做好了饭菜，而他却大大咧咧地说不好吃，直言以对，你何妨一笑了之？

智者寄语

如果把婚姻比作汽车，爱就是灯光，而宽容就是油。在婚姻生活中，当男人暴跳如雷的时候，女人的忍耐可以化解战争；当女人使小性子的时候，男人的宽容可化解这种纠缠。即使发生激烈的矛盾冲突，宽容也可将之大事化小，小事化了。彼此的宽容是爱里最温柔的部分。

包者为大，容者为仁

在罗阅祇城有一个婆罗门，他看见有父子二人正在田中耕地、播种。忽然，一条毒蛇爬到儿子的跟前将他咬死了，然而那个父亲不但不管儿子，反而接着干活，连头也不抬。这个婆罗门觉得很惊奇，便上前询问原因。

耕种者反问道："你从何方来，来此有何目的？"

这个婆罗门回答说："我从罗阅祇城来，听说你们国家多孝养父母、信奉三宝，所以打算来求学修道。"接着，婆罗门又问道，"你儿子被毒蛇咬死，你为什么不但不难过，反倒接着耕地播种？"

耕种者说："人之生老病死皆为自然规律，忧愁啼哭能有什么用呢？如果伤心得饭也不吃，觉也不睡，什么也不干，那不跟死人一样？活着的意义就不大了！你要进城，路过我家时，请替我捎话给我家人，说我儿子已死，不必准备他的饭菜了。"

婆罗门进入舍卫城，来到耕种者的家，见到那人的妻子，便说道："你的儿子死了，他的父亲让我捎话说，准备他一个人的饭就行了。"

那妇人听后，说："人生即如住店，随缘而来，随缘而去，我这儿子也是一样啊！生是赤条条来，去是赤条条去，任何人都不能违反这一规律。"

凡人看来，故事中的父母似乎有些不近人情，儿子死了都不在乎。然而，细细品味他们的话语，确实有一番道理。佛法的最终目的，就是教人用包容之心去看待世间一切。

表面上看来，明智和愚蠢，博大和浅薄，纯粹和芜杂，这些无疑都是截然相反而又相互对立的东西，但是，对于这些截然相反的东西却不可以用截然相反的心态去对待。若不然，在现实社会中，不管是与人交往还是与人共事，都会陷入一种尴尬而且是负面影响的境地。聪明的人要做到宽容愚笨的人，博学的人要做到宽容浅薄的人。让我们看看蔡元培的做法。

蔡元培到北京大学当校长的时候，北大师生列队欢迎。老师们都向新来的校长鞠躬敬礼，在他们看来这是很平常的事，也是对校长的一种尊敬，但是，让人怎么也想不到的是，蔡元培也立即给大家鞠躬敬礼。蔡元培作为校长，对北大所有师生都一视同仁，从无贵贱尊卑之分。

当然，蔡元培真正对北大做的贡献就是他提倡“兼容并包”的为人和治学思想，这一思想源于蔡元培为人处世的包容性。他对北大当时的教师们没有太大的要求，不管是不是像辜鸿铭那样扎着辫子的老学究，还是西装革履留洋回来的有各种新思想、新认识的胡适，都一概聘用，对于当时来讲是不容易的。

正是因为蔡元培自身的包容性，才创建了北大新的学术思想，他对北大的贡献是巨大的。无独有偶，北京师范大学文学院李山教授在悼念恩师启功先生的文章《启功先生的佛缘与境界》里讲了启功先生的二三事。

启功先生不打假。启先生到卖假字的地方去看，据说有位卖字的老太太说：“这老头儿好，不捣乱！”笔者曾就“不打假”的事问过先生，先生说：“孔子说：吾少也贱，故多鄙事。像我年轻的时候，学写字、学画画儿，不过是想有点儿挣钱的本事，养活我的老母亲。这些人弄几张假字，卖几个钱，也是谋生。何苦跟他们过不去啊！”

启功手写的书稿让人借走了，那位朋友又转手卖人，多年后又流回内地。启先生不但不生气，把它买下来，还打趣地题了诗。说到这件事，启先生淡然地说：“他那时需要钱。”

启先生一笔给人写字的酬劳钱，被一位朋友“中饱”了去。事发了，他说是给先生买书了，可书一本也未到先生手。别人很生气，先生只是呵呵一笑：“嗨！他这人没出息你又不是不知道。”与这位朋友，以后该怎样还怎样。

这才是慈悲，才是博爱和宽宏大度。以恬淡和包容的心对待万事万物，这是一种境界。可见，包容天下事，就是要看得开、放得下，凡事都随缘，不生计较。

智者寄语

你包容别人，别人包容你；你帮助别人，别人帮助你，这是永远不变的真理。

宽以待人，容人之过

在20世纪50年代，我国台湾的许多商人知道于右任是著名的书法家，纷纷在自己的公司、店铺、饭店门口挂起了署名于右任题写的招牌，以招徕顾客。其中确为于右任所题的极少，赝品居多。

一天，一名学生匆匆地来见于右任，说：“老师，我今天中午去一家平时常去的小饭馆吃饭，想不到他们居然也挂起了以您的名义题写的招牌。明目张胆地欺世盗名，您老说可气不可气！”

正在练习书法的于右任“哦”了一声，放下毛笔，然后缓缓地问：“他们这块招牌上的字写得好不好？”

“好我也就不说了。”学生叫苦道，“也不知他们在哪儿找了个新手写的，字写得歪歪斜斜，难看死了。下面还签上老师您的大名，连我看着都觉得害臊！”

“这可不行！”于右任沉思道，“你说你平时经常去那家馆子吃饭，他们卖的东西有啥特点，铺子叫个啥名？”

“这是家面食馆，店面虽小，饭菜都还做得干净。尤其是羊肉泡馍做得特地道，铺名就叫‘羊肉泡馍馆’。”

“呃……”于右任沉默不语。

“我去把它摘下来。”学生说完，转身要走，却被于右任喊住了。“慢着，你等等。”于右任顺手从书案旁拿过一张宣纸，拿起毛笔，刷刷在纸上写下了些什么，然后交给恭候在一旁的学生，说：“你去把这个东西交给店老板。”

学生接过宣纸一看，不由得呆住。只见纸上写着笔墨酣畅、龙飞凤舞的几个大字——羊肉泡馍馆，落款处则是“于右任题”几个小字，并盖了一方私章。整个书法，可称漂亮之至。

“老师，您这……”此学生大惑不解。

“哈哈。”于右任抚着长髯笑道，“你刚才不是说，那块假招牌的字实在是惨不忍睹吗？这冒名顶替固然可恨，但毕竟说明他还是瞧得上我于某人的字，只是不知真假的人看见那假招牌，还以为我于大胡子写的字真的那样差，那我不是就亏了吗？我不能砸了自己的招牌，坏了自己的名！所以，帮忙帮到底，把那块假的给换下来，如何？”

“啊，我明白了。学生遵命。”转怒为喜的学生拿着于右任的题字匆匆去了。就这样，这家羊肉泡馍馆的店主竟以一块假招牌换来了当代大书法家于右任的墨宝，喜出望外之余，未免有惭愧之意。

宽以待人，容人之过。于右任知道自己的书法被别人冒名顶替，不但没有去找店主论理，而且还白送一个亲自题写的店名给店主。这显示出一位大家的风范，眼光高远、胸襟博大，克己忍让、包容待人。

在人的一生当中，谁都会有犯错误、办错事的时候。当人们做了错事、做了对不起别人的事的时候，总是渴望得到别人的谅解，总是希望别人把这段不愉快的往事忘掉。因此，如果自己遇到别人有对不起自己的言行时就应该设身处地，将心比心地来理解和包容别人。

纵观古往今来那些成就大事的人，他们无不具有包容天下的广阔胸怀。春秋战国之时，齐桓公不记恨管仲的一箭之仇，任其为相并尊为仲父，终于得其辅佐，使齐国成为五霸之首。

一次理发师为周总理刮脸时，总理咳嗽了一声，刀子不小心把他的脸刮破了。理发师十分紧张，不知所措。周总理和蔼地说：“不用着急，这不能怪你，我咳嗽前没有向你打招呼，你怎么知道我要动呢？”这桩小事，使我们从周总理身上看到了一种美德——容人之过。

人生在世，由于各人的文化水平、工作生活、性格爱好不同，相处久了，难免会发生磕磕碰碰和矛盾冲突，如兄弟反目、婆媳不和、同事争执等。其实，只要有一方豁达一些，大度一些，该包容的包容，该忍让的忍让，该忘记的忘记，问题就会迎刃而解，干戈会化为玉帛。

然而，在现实生活中，总有那么一些人，心胸狭隘、小肚鸡肠，处世总是持“宁可我负人，不可人负我”的态度。对别人的不是，甚至并非不是之事也斤斤计较、毫发必争，往往使一丁点矛盾进一步恶化，最终酿成祸患，轻则使人受伤，重则致人命亡。

在生活中，谁不渴望友谊呢？谁不需要他人的帮助呢？一个人若想在人际交往中获得好人缘，就要以宽仁为怀，以大局为重。金无足赤，人无完人。没有一个人是没有短处的，只要你拥有一颗容人之心，人生之路就会越走越宽广，到处充满阳光！

智者寄语

做人，要讲包容、大度、礼让。对别人不妥之言不计较，容得下话；对别人的缺点正确看待，容人之短；对别人的错误不记旧账，容人之过……能够容忍别人的过失，以宽仁为怀，是一种非常优秀的品质。

包容是连接人际关系的一座“桥”

人活在世上，与他人之间发生磕磕碰碰在所难免，譬如意见相左、偶然冒犯、踩了你一脚、稍稍侵占你的好处……如此这般，不一而足。一般的解决办法是争辩、指责、以牙还牙、以怨报怨，可能引发口角之争、拳脚相向、当街斗殴，甚至视为仇寇，结怨一生，那就得不偿失了。生活中同事失和、好友成仇是屡见不鲜的事。这些都是造成人际关系紧张的主要原因。最好的解决方法是：不计较，以包容为怀，一笑泯恩仇。

人与人交往，难免会有些小摩擦，只要不是恶意的，就应该设身处地为他人着想。由于各种主客观原因所致，每个人都会有这样那样的过错，如果在日常的相处中，对别人的过错能以包容对待，就等于给对方提供改过的机会。

为了培养和锻炼良好的心理素质，你要勇于接受宽容的考验，即使感情无法控制时，也要管住自己的大脑，忍一忍，就能抵御急躁和鲁莽，控制冲动的行为。

凡事斤斤计较，不肯吃亏之人终究会遭到人们的唾弃，成为孤家寡人。如人人皆知的慈禧太后就是其中的一个例子，有一次她与一大臣下棋时，对方无意中说了一句：“我杀老佛爷的马。”慈禧太后听了勃然大怒，大声道：“你杀我的马，我杀你全家。”于是这位大臣被满门抄斩，惨不忍睹。像这样的心胸狭隘之人，这样的暴行，又怎会不遭人唾弃呢？

当今社会上有一些人，也是这样，你不小心碰了他一下，他就会破口大骂，甚至大打出手，还有的人对别人的过失总是耿耿于怀，时时揪着别人的“小辫子”不放。这样的人属于典型的“小肚鸡肠”，心胸狭隘，待人刻薄，根本没有一点包容之心，这种人还有谁敢与他交往呢？还能敢与他共事呢？

社会交往，矛盾是无处不在的。有了矛盾，重要的是面对现实，化解矛盾。若只是一味斤斤计较，便会自寻烦恼、制造痛苦、徒伤感情，甚而结成冤仇。人世间演绎的种种悲剧，很多都是由芝麻大的小事引起的。要想切断悲剧的源头，唯一的办法就是学会包容。包容于人，包容于事，友善交往，和谐相处。俗话说：“与人方便，自己方便。”学会包容，许多的恩怨情仇可以化为过往烟云；学会包容，可以增加彼此间加深感情的机会。学会包容，可以对所有的误解和猜疑置之度外不闻不问。所以说，包容是一座桥，将彼此间的心灵沟通，走过这座桥，人们的生命就会多一份空间，多一份爱心；走过这座桥，人们的生活就会多一份温暖，多一份阳光！

智者寄语

包容，就像春天的一缕风，给别人带去了舒爽，也让自己舒适无比；包容，就像夏季的一场雨，滋润了别人的心田，也洗去了自己的浮躁；包容，就像冬日里的一束阳光，给予别人温暖，同时也照亮了自己的心底。这世界多一份包容，我们的生活就会多一分和谐。

要有容忍属下犯错的度量

一个刚从大学毕业的青年进入一家公司做业务员，在踏入营销界后，他生平拉到的第一笔订单，就被人家骗走了100多万。毕竟是太过年轻，当时的他涉世不深，又兼贪功心切，一心为做成那单生意遂违反公司款到发货的操作流程，冲着国营商场这张“金字招牌”,就先将货物押送到对方仓库里。哪知客户早已设局等他“入套”,因时已中午,就说吃过饭就付钱。结果仅仅是在小饭铺里吃了一顿饭的工夫,货物就已全部卸入仓库,连钥匙都锁上啦。客户故作为难状,说是礼拜六会计正好休息,等下周一上班后给你钱吧。

第二天,该业务员再跑去仓库一看,里面已全空啦;商场也不认账,说是那个物资经理卷货潜逃之举,纯属个人行为,他们概不负责。后来通过诉诸警方,才得以从商场拿到一批不值钱的杂货陈品,但至少还有100多万元钱就再也追不回来了。100多万那是相当于该业务员所在企业当时年利润额的近1/3强!而他本人那个时候的月工资,是1000多元。

该业务员没办法,只好向老板告诉实情,报告受骗情况后,老板大骂了他一顿。不过还好,老板没有开除他,提醒他认真吸取此次教训,以后避免再犯类似错误。十几年后,这家企业,已经发展成为同行的佼佼者;而当年那位闯下大祸的业务员,也已一路成长为该企业下属某事业部的营销老总。

“有过能改,善莫大焉。”作为领导,一定要有容忍属下犯错的度量。过错既已出现,就应该最大限度地考虑补救措施,而一味地埋怨或处罚则无济于事。对于那些有过能改的人,要积极地给予他们机会,使他们将功补过、戴罪立功。如此,犯错者必定感激不尽,全力为领导者贡献自己的力量。

在企业管理中,属下犯错是难免的,就是最优秀的人才也会有犯错的时候。面对属下的错误,特别是优秀人才的错误,管理者应该善待。

一个成功的管理者能够包容地对待员工的错误,非常注重对犯了错误的下属进行开导,而不会死死地将目光锁定在下属的错误上。

索尼公司是世界有名的跨国企业,公司领导尊重每一位员工,使他们人尽其才,安心工作,同时也能容忍员工的不同意见,包括一些不可避免的错误。索尼公司的观点是,只要能知错即改,引以为戒,那就还有可取之处。

盛田昭夫就曾对属下说过:“放手去做好认为对的事,即使你犯了错误,也可以从中得到经验教训,不再犯同样的错误。”

这体现了索尼公司的包容之心。这样,员工才敢放心大胆探索、实验,发挥创意,才有利于调动每一个员工的聪明才智。

在法国有一家汽车制造公司的老板,在对众多应聘者进行面试时,只问了同一个问题:以往的工作中你犯过多少次错误?在获悉大多数应聘者都是一贯正确时,他却把这项工作交给了一个犯过多次错误的“倒霉蛋”,理由是——“我不要20年没有犯过错误的人。我需要的人才,是他犯过无数次错误,但每次都能及时吸取教训、立即改正。”

而在美国,一些企业也很注重职员在过去工作中犯错误的经历,不但优先录用那些曾经有过犯错误经历的新人,而且还经常鼓励职员在工作中犯错误;一些“长寿”公司,如荷兰飞利浦、德国西门子,他们在员工中极力提倡敢于失败的创业精神,对员工充分授权。

以上的一切从另外一个方面表明了那些公司的管理层的包容大度,管理者有这样的度量,下属才能在工作上大胆创新和冒险。试想,如果身处在一家容不得员工犯错误或失败的企业,那么,大家干脆齐心合力只管做循规蹈矩、唯唯诺诺的“机械人”好了,谁还肯冒着风险去开拓创新、积极进取呢?

只有不断的尝试与冒险,企业才能发展。原因就是:人应该把手伸向能触摸到的更远一点的地方。尤其是当你尝试新事物时,错误总是难免的,管理者应努力创造一种氛围,使下属不畏惧失败,那就需要管理者要有容忍下属犯错误的度量。

智者寄语

一个人如果心胸狭小,不会妨碍他成为一名出色的技术人员,但是,对管理者尤其是领导人来说,心胸狭小就是致命缺陷。

包容豁达才会赢得拥戴

怀特是一家汽车修理厂的老板。有一次,一个工人喝得酩酊大醉后来上班,吐得到处都是。车间里立刻发生了骚动:一个工人跑过去帮助他打扫卫生,领班接着又把他送出去。

怀特在外面看到这个人昏昏沉沉地靠墙坐着,便把他扶进自己的汽车送他回家。他妻子吓坏了,怀特再三向她表示什么事都没有。"不,希姆不知道,"她说,"老板不允许工人在工作时喝酒。希姆要失业了,你看我们如何是好?"

怀特告诉她:"我就是老板,希姆不会失业的。"

希姆的妻子张着嘴愣了半天。怀特告诉她,自己会在工作中尽力辅导希姆。同时也希望她在家里尽力照顾希姆,以便他在第二天早上能够照常上班。

希姆第二天果真上班了,他酗酒的坏习惯也从此改掉了。怀特的包容使希姆很感动,他一直记在心里。

两年后,地区性工会派人到怀特的工厂协商有关本地的各种合同时,居然提出一些不切实际的要求。这时,沉默寡言、脾气温和的希姆立刻领头号召同事反对。他开始努力奔走,并提醒所有的同事说:"我们从怀特那里获得的待遇向来很公平,用不着那些外来'和尚'告诉我们怎么做。"就这样,他们把那些外来的"和尚"打发走了。怀特用包容赢得了工人的拥戴,取得了事业的成功。

包容是最好的激励,学会善待下属,拥有豁达、包容的胸怀才是成功管理者必须走出的第一步。

俗话说,人无完人。作为下属,难免在工作和生活中偶有过失。这时,上司有权利和义务予以指正,并要求其改正。面对这种情况,如何才能更易被下属接受呢?有一点必须注意,对下属的过失直言申斥是不会有好效果的。如果这样,对方为了保全他的"面子",很可能会与你当面对抗,至少会口服心不服。有效的办法是委婉地指出下属的过失,让对方在自责中加以改正。一位店主的年轻帮工总是迟到,并且每次都以手表出了毛病作为理由。于是那位店主对他说:"恐怕你得换一个手表了,否则我将换一位帮工。"这话软中带硬,既保住了对方的面子,又严厉地指出了对方的过失,这样比较易于让对方接受。

成功的上司总是豁达大度,决不会因下属的礼貌不周或偶有冒犯而滥用权威。所以作为上司,应该有宽恕下属的大度,这样才更能赢得下属的拥戴。

我国北宋文学家石曼卿有一次游极宁寺,他的随从一时疏忽让马受惊,将他从马上摔了下来。人们都以为他一定要责骂他的随从了,谁知他一边拍着身上的尘土,一边笑着对随从说:"亏得我是石学士,若是瓦学士,还不被你摔碎了!"一句包容既带幽默的话语化解了随从心中的不安,同时也增加了随从对石曼卿的敬佩和拥戴,何乐而不为呢?

古语说得好:“有容乃大”“宽则得众”。包容是一种美德,是管理者必须练就的宽广胸襟与气量。少数管理者听不得与自己意愿相悖的言论或做法,对部属常怀防范之心、妒贤之意,难以共事,令人心寒,这样也无法赢得下属的尊重与拥戴。管理者有没有包容大度的气量,不仅是一个人道德品质、思想境界的重要体现,而且决定着个人心情是否舒畅以及周围的关系是否融洽。有人说过,世界上最广阔的是海洋,比海洋更广阔的是天空,比天空更广阔的是人的胸怀。对这样一个道理,管理者应当牢记,用自己的包容换得别人的包容。这种包容,是在不放弃原则的前提下,要求自己眼界远一点,胸襟宽一点,气量大一点,既能容人,也能容事。管理者的重要职责是管人管事,这就难免会与人发生摩擦,越是在这样的时候,越需要管理者表现出容人、容言、容事的宽宏度量,真心实意地做到:能容异己之人,能容逆耳之言,能容不顺之事。

智者寄语

管理者多一些包容、多一些大度,设身处地地想一想下属壮志难酬之苦,给下属保留一块发泄无奈、沉淀失落的空间,多包容、多抚慰、多支持、多爱护,帮助下属清除前进中的障碍,化解胸中的心结。这样才能给下属以冬夜围炉般的温暖感,下属才会主动地、心悦诚服地服从领导。

包容可消除隔阂

1949 年 1 月,北平和平解放,傅作义怀着忐忑不安的心情和几分恐惧,来到西柏坡招待所会见毛泽东。傅作义见到毛泽东走来,连忙大步向前,伸出双手,第一句话说:“我有罪!”毛泽东说:“谢谢你,北平和平解放是最好的解决方式,你为人民做了件大好事。假如你过去有过错的话,那么现在功过权衡,还是功大于过的,也是有功人员。对你们部下来说,也是为他们做了一件大好事,保护了他们的生命财产和家庭完整。”傅作义热泪盈眶,深受感动。

毛泽东对傅作义的包容,足见一代伟人的宽宏气度。虽然国共两党之间存在着矛盾,但毛泽东主席从民族的安危和国家的前途命运的大局出发,消除两党之间的隔阂,对有利于国家和人民的解放事业的国民党将领予以包容对待,委以重任。正是这种包容开放的政策,使得许多原国民党的高级将领纷纷投诚,继续为新中国的建设做贡献。

唯宽可以容人,唯厚可以载物。一个真正有修养的人,应该胸怀宽广,豁达大度,容得下各种各样的人,尊重对方不同的看法和见解。对他人的包容,不仅可以消除人与人之间的隔阂,化敌为友,还能让别人获得改过的机会。

1995 年与阿拉法特同获诺贝尔和平奖的还有以色列总统拉宾和外长佩雷斯。他们两人积怨颇深,有权力的较量与角逐,又有政策的分歧和争执。就是这一栖两雄,谁也不耍阴谋,不用明枪也不用暗箭置对方于死地,而是求同存异,以中东和平的大局和民族利益为重,摒弃个人恩怨。他们的度量着实令人叹服!

宋代的寇准与王旦同朝为官,王旦为宰相主管中书省,寇准为副相主管枢密院。一日中书省有文件送枢密院,不合诏书格式,寇准报告了真宗,王旦受到了责备,中书省的官吏也受到了处分。没出一月,枢密院有文件送中书省,也不合诏书格式,中书省的官吏很高兴地呈送王旦,认为报复的机会来了。王旦却叫人送还枢密院。寇准十分惭愧,拜见王旦说:“您真是有天大的度量啊!”王旦的度量不仅消除了彼此隔阂,确保了稳定,而且造就出了政绩卓著的一代名相——寇准。

拉宾与外长佩雷斯、寇准与王旦,他们之间彼此曾经都有矛盾和隔阂,但后来他们都"握手言和",是什么力量促使他们这么做的呢?是包容。包容消除了人与人之间的隔阂,包容促进人与人之间的了解和沟通,包容拉近了人与人之间的距离。

矛盾和隔阂恰如树立在人际间的一堵墙,双方互不相让,只能把墙越砌越高;如果本着相互尊重的原则相互谅解,就会使矛盾化解,隔阂消除。彭德怀借梨赔礼的故事就是很好的例证。抗美援朝战争时期,彭老总因一封电报错怪了洪学智将军,便拿起一只梨递给他,说:"吃梨,吃梨,给你赔个梨(礼)。"谈笑间双方便重归于好。领导部属间、同事之间出现矛盾时,就应该这样,从工作大局出发,不计较个人恩怨得失,以友善的态度多与对方加强交流,多设身处地为他人着想,以包容心待人,就会为自己赢得一个可以相互尊重、理解和信赖的朋友。

当然,包容并不是无原则的迁就,否则就成了纵容。我们所倡导的包容,是要有宽广的胸怀和度量,对别人的缺点和短处能予以包容,对别人的失礼和失态能予以谅解,既做到在大是大非上坚持原则,又本着顾全大局、维护团结的愿望,无须对那些鸡毛蒜皮的"小事"斤斤计较。

智者寄语

生活需要度量,度量就是忍耐,度量就是包容,度量就是忘却,度量就是仁爱,度量就是良善,度量就是不计算人,度量就是要饶恕人,以自己宽阔的度量换取他人的尊敬和赞许。

包容可以摒弃猜疑

小李大学毕业被一家知名外企录用,他欣喜不已,暗下决心,一定要干出一番成绩。他十分注意自己的言谈举止,唯恐稍不留意给领导和同事留下负面印象。

一次,他成功地完成了一张设计图,高兴之余,情不自禁脱口而出:真是太棒了!邻桌的同事闻声抬头瞄了他一眼,他马上紧张起来,糟糕!同事一定觉得我太得意忘形了。

又有一次,听到部门主管与人谈话时提到"新员工"三个字,并表情严肃,他的心一下缩紧了,一定是说我什么不好的事情。

上班路上,遇到一位年长的同事,对方随口一句:年轻人,走路都是昂首挺胸啊!他马上将头垂了下来。坏了!这分明是在批评我盛气凌人,不尊重老同事。

此后,每当见到别人脸色不好或两三个人低声交谈,他担心是不是在针对自己。过分猜疑让他身心疲惫,感觉周围的环境越来越差,最终辞职而去。

其实,在生活中,大家恐怕也遇见过类似的情况:你走进办公室,大家议论的话题突然中止;你爱人陪你去瞧病,大夫和他(她)单独说了几句话,可回来后你却发现他(她)什么也不对你说;你的上级忽然三天没训斥你了……碰到这些事情,你心里是不是开始犯嘀咕?是不是觉得别人有什么事情瞒着自己?

如果你不否认有这种可能,你有没有想过,这更可能只是你的猜疑?

每个人都有猜疑的时候,猜疑心是人在社会生活中保护自己和预防性保护自己的正常心理活动,但疑心的程度却有轻重,过于疑心和过于敏感就不正常了。

一般来说,过于猜疑源于心理不健康。这种人心胸狭隘,斤斤计较,患得患失。与人相处,觉得坏人总比好人多,所以朋友很少,更无至交。这种人还可能思想飘忽不定,心无主见,容易受人挑唆，无中生有，怀疑一切。由于心理不健康，往往生出许多事端，自己给自己制造麻烦，事后又常常后悔不迭。

人人都生活在社会中，社会就像一张由人际关系编成的巨网，任何人都不可能逃避这张网而孤独地生存。现代社会竞争越来越激烈，人际关系也越来越复杂，尤其是同事之间，既是同舟共济的战友，又是相互竞争的对手。一些人，面对复杂的人际关系无所适从，常常疑神疑鬼，心神不宁。

这种过于猜疑的性格不仅影响到人际关系和情绪，更有可能让我们遗憾地失去了一些发展的机会。你是否也曾因为别人一个冷漠的眼神而郁闷一天？是否也曾因为别人一句无心的话语而惴惴不安？其实，别人的一些态度多是别人的情绪反映，每个人都经历着自己的喜怒哀乐，或许与你原本并无多大关系，过分敏感多疑，本质上是一种心理外投射的反应。通俗地讲是以己之心度他人之腹，恰恰是当事人自信心不足，或是过度追求完美所造成的。只要我们学会欣赏自己，包容自己，欣赏他人，包容他人，这样，你就能与人友好沟通，不被猜疑蒙上眼睛，突破自我发展的障碍。当你培养出必备的社交能力，人生的道路将显得从容。

智者寄语

摒弃多疑，就应使自己心胸开阔，多些平和淡泊，多想想别人的好处，多些仁爱包容，多和外界交往。遇事看得开，少钻牛角尖。

多包容些，不必斤斤计较

在法国，有一个男士想学绅士风度，于是他走进一个绅士聚会的场所。

刚进门口，一个侍女端着酒杯从里往外走出来，由于走得很急，一不小心杯子里的酒溅到了这个男士的身上。男士一看自己的新衣服被酒溅到了，气愤地吼出来："你算什么东西？你弄脏了我的礼服！"

侍女一看闯祸了，连忙一个劲地道歉，但这个男士仍面红耳赤地骂个不停。这时一位经理走过来说："真是对不起，侍女刚刚过来不懂规矩，我给您道歉了。"男士还是不依不饶，骂个不停。经理就问他："请问您是来做什么的呢？"

"我是来学习绅士风度的，谁知被你们这帮不懂规矩的人弄脏了礼服，哼！"男士说。

经理说："想学习绅士风度，我来教你吧。"

说完，经理走近一个正在谈话的绅士，装着不小心把酒水溅到了那个绅士的礼服上，那个绅士一看连忙站起身来，向着那个经理一施礼，并关怀地问道："没惊吓到您吧？"

经理对那个男士说："看，这就是绅士！"

那个男士羞愧难当，灰溜溜地走掉了。

这位男士想学绅士风度，但连一丁点的无意冒犯都不能忍受，大骂出口，这种人肯定是做不得绅士的。这个故事说明绅士必须学会包容，不要为了一点无关痛痒的小事就斤斤计较。包容是绅士的一个基本素质，包容别人，也就是包容自己。没有什么事情不可以原谅，我们都会错，知道错了就已经是对犯错误的人最大的惩罚，那么我们还有什么不可以原谅的呢？如果我们心胸狭窄、斤斤计较，不快乐的反而是自己。

有这样一则故事：

有个外国总统是光头,在一次盛大的酒会上,人们都互相敬酒,就在这时,一个人不小心把酒洒在了总统的头上,顿时,现场变得鸦雀无声,人们都在等待着总统的愤怒和残酷的惩罚。然而,总统并没有生气,拍了拍这个人的肩膀,笑着说:“你以为用这种方法就能使我的头上长出头发吗?”就这样,总统用幽默的语言,以他的包容为酒会增添了一分轻松。

总统的包容打破了这个尴尬的场面,同时也让所有的人更加佩服他。

生活中,如果你因为一些鸡毛蒜皮、微不足道的小事而耿耿于怀,为这些小事而浪费你的时间、消耗你的精力,甚至是生命是不值得的。人生在世,最重要的是做一些有意义的事,才无愧于自己美好的生命。不要把时间耗在争名夺利上,不要把“就争这口气”挂在嘴边。心平气和地做事才能把事情做好,好生气的人身体免疫力低,容易生病,只有不爱和别人的错误计较的人,才能拥有幸福、愉快、健康的生活。

智者寄语

生命有限,人生苦短。凡事眼光放得远一些,心事放得轻一些。无论对于什么事情,都要看得开、想得开,而不是事事都要斤斤计较。斤斤计较只让自己过得不开心,也会让别人厌烦你,只会对你的事业有阻碍,让别人觉得你是一个小气的人。

大度能收获一生的笑容

宽容是一种胸怀,宰相肚里能撑船说的就是宽容。一个有着博大胸怀的人,不会斤斤计较个人得失,不会为生活工作中的小摩擦而耿耿于怀,不会为世间繁杂的恩怨是非纠缠不清。泰山不辞抔土,方能成其高;江河不择细流,方能成其大。一个善良、乐观、博爱的人,总是会保持一种谦逊和豁达。他能够理解他人,他能够善待人和事,他会把自己与周围的人和事协调地统一起来,从而达到契合。这种心态和胸怀或者说是品格,能造就一个众人敬仰的形象,能造就一番不朽的事业。

宽容是一种智慧。宽容别人就是善待自己,宽容自己就是善待生命。宽容别人不但给了他人新的机会,也会取得他人的信任和尊敬,与他人和睦相处。宽容自己,不要把暂时的成败放在心上,不要因为一时的人生低谷而改变自己努力的方向。要明白,人情冷暖、功名利禄,不过是人生中毫无重要意义的附属,就像一棵树,只有不断削去旁枝末叶,才能够专心长主干,才能够成材。

宽容,是一种智慧,是一种洒脱、一种超然、一种豁达,非淡泊无以明志,非宁静无以致远,有的人之所以能够看开世事纷扰,是因为他看得更高、更远。一个有着宽容之心的人,即使在阴云密布的天气,也会看到阳光灿烂的笑容;即使在漆黑的夜里,也知道光明就要来到;即使北风凛冽,他的心也是暖的。

有容乃大,是最珍贵的人性品格,是成功者必须锻造的一种人性。宽容是以辽阔的胸襟容纳各种智慧,辉映创造性的文化品格。宽容是一种与人相处的素质,一种时代崇尚的品德,更是吸纳他人长处、充实自我、创造自我价值的良好思维品质。

利比里亚的女总统瑟利夫,在未当上总统之前,由于政变等原因,曾经三次流亡几内亚。每一次走在流亡的路上,她都在想,有朝一日必将卷土重来,搞垮她的政敌,使曾经让她饱尝艰辛的人也尝一尝颠沛流离的滋味。但一次不平凡的经历改变了她的想法。

那是十多年前的事情了。那一天,当她带着她的随从靠近一个村落的时候,突然从一棵大树后响起枪声。训练有素的贴身护卫维撒猛地把她扑倒，她获救了，但这颗罪恶的子弹夺去了维撒年轻的生命。后来她才知道，开枪的是维撒的邻居，一个叫阿撒的小伙子。阿撒被她的对手收买，一直在伺机暗杀她。十多年后，瑟利夫再次来到这个村庄，竟然发现维撒的妈妈去给阿撒的妈妈送粮食。她问维撒的妈妈为何要这样做，维撒的妈妈回答："阿撒逃走后，十几年来杳无音信，阿撒独身的妈妈穷困潦倒，现在又病了，家里揭不开锅……"瑟利夫不禁提醒这位善良的老妈妈："他们不是我们的敌人吗？"老妈妈的回答再次让她吃惊："那都过去了，以怨报怨，只能增加更多的怨恨。"

那一刻，她被震撼了。老妈妈的话，深深地教育了她——以仇恨面对仇恨，对立的双方将永远无法摆脱仇恨。饱经战乱的利比里亚需要的不是仇恨，更不是战争，它需要的是宽恕！只有宽恕才能化解矛盾，只有宽恕才能消除隔阂，只有宽恕才能获得理解，也只有宽恕才能赢得支持。

从那以后，瑟利夫不但以宽恕的心态来面对过去的对手，而且号召人民忘掉仇恨，以宽容、和解治愈历史的创伤。瑟利夫的举动，赢得了利比里亚人民的理解和支持，并通过选举把她推上了总统宝座，使她成为非洲历史上第一位民选女总统。

瑟利夫正是凭借着对别人的宽容，赢得了利比里亚人民的理解和支持，最终成为一位有名的女总统。

宽容是一种博大的胸襟，在处事中对不同的观点或行为要予以理解和包容。宽容是一种力量，它使人清醒，使人明智，使人坦然，使人明辨是非。它可以让人着眼于一生一世，而不是一时一事。宽容使软弱的人觉得整个世界都是自己的支点，使坚强的人觉得这个世界永远有温柔的港湾。沙漠中，宽容就是绿洲；悬崖上，宽容就是绳梯；绝望时，宽容就是新的希望，新的力量。

智者寄语

宽容了别人，自己必定也会受益无穷。只有拥有宽容，才能戒除烦忧焦虑，抑制悔恨憎恶，平息各种纠纷与争吵，避免人与人之间的猜疑与妒忌。这是一种积极的生活态度，也是一种高尚的道德观念。它不仅体现了仁爱的观念，更表达了一种智慧的技巧，它是做人所必须具有的大度和涵养。一旦你拥有宽容的美德，你将拥有一生的智慧，收获一生的笑容。

大器量将来必有大回报

春秋时代中叶，秦国与晋国在中原地区争霸，数十年间，双雄战事不断，互有胜负。有一年，秦穆公和晋惠公各自亲率大军，在韩原这个地方交战。结果晋国打了败仗，惠公仓皇逃命，却不料坐骑陷足于泥泞之中，不能行走。穆公及麾下将士见状，飞也似的追赶上去，想要擒掳惠公。可是还没追上，晋国的军队就重重地包围了过来，反而把秦穆公给困住了。晋军见机发动猛烈的攻势，并把秦军阻挡在外围，切断救援。眼看穆公就快被晋军击杀了，秦军却是一筹莫展。就在生死存亡之际，秦国阵中冲出一小支队伍，向晋军直撞了过去：只见他们个个奋不顾身，拼死冲锋，终于把晋军的包围网突破了一个缺口，救出了穆公。其他秦军见机不可失，趁此如虹气势，乘胜追去，杀得晋国溃不成军，反而将晋惠公给俘虏了。

原来在开战之前，秦穆公有一匹很好的马逃脱，跑到岐山附近。当地居民不知道这匹马的来历，捕获之后，便将它煮熟吃了。当时一起分享这匹好马的，一共有300多人。负责马政的官吏追踪这匹好马的下落,发现是被岐山的居民吃掉了,于是把吃过马肉的300多人全都捉了起来,送到朝廷,交付有司治罪。穆公知道这件事后,便说:"仁人君子,不可为了牲畜的事情却杀害了人的性命。我曾经听说,吃了好马的肉,一定要饮酒,否则有伤身体。"便命人将他们放回,并各赐一坛酒,赦免他们偷吃良马的罪责。

这300多人原以为会获罪受惩,没想到穆公竟不加追究,非但赦免了他们,还多加体恤,赐予美酒。众人无不喜出望外,感怀穆公恩德,当听说秦国要去攻打晋国的时候,便一同投身军旅,为国效命。后来在战场上,正遭逢穆公危急窘迫,生死一线的危急关头,300多条好汉便死力救驾,以报其赦罪之德。

没想到,正由于这300多人的奋战,穆公捡回了一条命,也让秦国生擒了晋君,大获全胜。

人的器量有大有小,命运也千差万别。地位高贵的人,器量大就受人拥戴,器量小就众叛亲离;聪明的人,器量大就事业有成,器量小就惹祸上身;愚蠢的人,器量大就身心安泰,器量小就祸在眉睫……

可以说,有器量就是低调的一种表现。感情用事,常常是不会有好结果的。器量大一点,做一些合理的、适当的、理智的让步,必将有助于矛盾的消除和事情的解决。

十六国时期,前秦苻坚手下的重臣王猛曾率大军前去与前燕作战。开战前,徐成违背了军令,依法当斩。因徐成是邓羌的部下,所以邓羌出来说情,遭到王猛拒绝。邓羌一气之下反目为仇,要兴兵谋反,杀掉王猛。王猛问他为什么要谋反,邓羌说:"我们一起出来与前燕作战,有人在内部自相残杀,所以我要除掉这个奸贼。"王猛考虑到大敌当前,以大局为重,便容忍了邓羌这种犯上作乱的行为,不仅赦免了徐成,而且为了团结邓羌,还故意说了些恭维他的话:"我并非真的要杀徐成,只是试试将军。将军对自己的部下如此讲义气,何况对国家呢!这样,我就不怕前燕的军队了。"

其后,战争进行到白热化的阶段,王猛要调动邓羌的军队前去应敌。在这关键时刻,邓羌却向他提出打败燕军后要让他出任司隶校尉的无理要求。王猛很为难,回答说:"这不是我可以决定得了的。"王猛说的是实情,可是邓羌竟然按兵不动,并以此相要挟。王猛再次从全局出发容忍了邓羌,亲自向邓羌赔礼道歉,答应了他的无理要求。邓羌这才带着人马出战,一举歼灭了前燕的军队。

后人评论此事说:"邓羌请郡将以挠法,徇私也;勒兵欲攻王猛,无上也;临战豫求司隶,邀君也。有此三者,罪莫大焉!猛能容其所短,收其所长,若驯猛虎、驭悍马,以成大功。"这段评论非常中肯,深刻地说明了王猛在关键时刻能够"容其所短"而"收其所长"。假如王猛只是就事论事,一怒之下杀了邓羌,当然在道理上讲也是站得住的,但是如果从全局利弊短长的角度来考虑,就不如"姑且容忍"更高明了。也正因如此,在大敌当前的严峻时刻,王猛维护了自己内部的团结、统一,才顺利地完成了彻底消灭前燕、俘虏前燕君主的大业。

智者寄语

我们无法去估算一次宽容能带来多少回报,也无法预测对方会不会回报,但可以肯定的是,宽容所带来的人际方面的正面效应比负面效应大,而这也是人类社会维持平衡的一个很重要的机制。一个具备宽宥能力的人,也必然具有大胸襟、大器量,这样的人才更容易得到别人帮助,才更容易成功。

有宽容的点缀婚姻会更浪漫

在每个人的心里,浪漫都有不同的定义。很久以来,人们一直都把浪漫定义为鲜艳的玫瑰、亲密的热吻和花前月下的呢喃。其实,除了以上几种比较常规的定义之外,世上还有一种最为动人心弦的浪漫,那就是宽容。

据一项调查显示,人们之所以认为婚姻是爱情的坟墓,就是因为很多男女在走入婚姻后才意识到:原来自己在没结婚之前,都觉得对方会为自己而改变,而结婚之后,却发现这几乎是完全不可能的事情。所以才会因为失望而叫苦不迭。

王茜和赵雨在恋爱的时候,彼此之间就有些心存不满。赵雨希望王茜能更加温柔一些,不要总像个老妈子一样在他的耳边唠叨不休。王茜则嫌赵雨不爱干净,经常把屋子弄得乱糟糟的,把东西丢得到处都是,常常不是找不到这个就是找不到那个,害得她要经常去帮他收拾残局。

尽管他们对彼此都存在着这样或者那样的不满,但出于3年的感情积累和对婚后生活的期待,他们最终还是选择牵手走到了一起。王茜心想,结婚后有了责任感,或许赵雨就不会再这样邋遢了。而赵雨则认为,王茜总有唠叨烦了的那一天,会就此放过自己。

然而,事实并非如此。虽然王茜一再提醒赵雨注意自己的生活习惯,还威胁说如果他不思悔改就离婚。赵雨也表示自己实在厌烦了王茜的碎嘴子,再这样下去即使王茜不离婚,自己也会离家出走。然而,这样的威胁并没有使他们的生活发生根本的变化,改变最多只会持续一个星期,便又重新恢复了老样子。

在经历了无数次的斗争而又无数次的失败之后,他们彼此终于意识到改造对方大概永远都不可能了。

所有的男女在结婚的那一刻就应该明白,两个人的牵手不仅意味着一张契约一样的结婚证书,意味着无限浪漫的爱情,意味着相携相伴的美好,意味着柴米油盐的琐碎……更主要的是,它还意味着对对方的包容和接纳。

婚后生活就是一个相互适应对方的过程。所以任何一个人都不要试图去改变对方,因为他(她)的习惯早已根深蒂固,而且每个人都各有各的特色。所以假使你选择了一个人,就要认定自己是爱他(她)现在的模样,而不是经过你改造后的模样。千万不要试图让对方放弃自己的立场和个性去适应自己,而是应该改变自己的狭隘与固执,以一种豁达的胸怀去包容和接受对方的一切,这样才有利于一个家庭永远幸福。

除了接受对方的所有外,婚姻生活中的另一种浪漫就是妥协了。在一起的时间久了,再相爱的夫妻也会像勺子和锅一样,不论是搅饭或是盛饭时,都会不可避免地发生碰撞。若是每次都认真计较,那争吵也就会成为家常便饭。

有这样一对夫妻,他们在历经了很多坎坷后终于步入了婚姻殿堂,然而不久之后,他们却闹到要离婚的地步。而导致他们离婚的原因却出奇的简单,就是因为他们挤牙膏的方式不同,妻子觉得应该从底部往上挤,这样才不至于浪费,而丈夫却觉得这样太麻烦,不如随心挤来得痛快。于是,他们为了这样的小事不停地争吵,却没有一个人肯低头妥协,在矛盾的不断激化中,最终只好选择分手。

面对这样的结局,恐怕我们会有无尽的感慨。事实上,使得夫妻争吵的琐事还不仅仅只是挤牙膏的问题,还有可能包括睡觉前谁去关灯,谁去接那个吵醒美梦的电话,早上由谁早起准备早餐,谁在孩子的作业本上签名……如果我们不懂得宽容和妥协,那么任何一件小事,都会被我们拿来当成折磨对方的理由,直到最初的爱恋烟消云散为止。

好好总结一下,没有什么事情是值得较真的。如果我们在结婚之前因为类似挤牙膏的方式不同这类的小事而分手,那我们大概都会主动与对方达成共识。而为何一旦迈进了婚姻,这种忍让的精神就荡然无存了呢?

像挤牙膏这样的小事,如果不能互相包容,与其喋喋不休地争吵,还不如选择每天早上为对方挤好牙膏。然而,现实生活中,我们却常常会忽略这样的解决之道,而无比苛刻地要求对方,往往要等到情感出现裂隙带来危害的时候,才会发现,其实爱的包容对于所有的问题都是成本最小的解决之道。

对于恋爱来说,毕竟是在挑选相伴一生的人,所以我们坚持一点自己的立场没错。而结婚则是选择了一条既定的路,一旦选定了这条路,就要风雨同舟,不论路上有多少风雨、坎坷和不幸,夫妻都要携手走过,所以请对身边的那个人宽容一点。

婚姻就像沙子一样,你越是计较,失去的也就越多。爱情是美丽的,但要是少了宽容与呵护,只不过是来去匆匆,昙花一现。而如果选择用一颗宽广而包容的心去对待对方,那么,爱情就会像捧在手里的沙子一样不离不弃。所以我们说,爱的极致是宽容。当你深爱对方时,你就必须懂得用宽广的心去包容对方的一切。

智者寄语

当你步入了婚姻的殿堂,就不要再奢望对方对你百依百顺,也不要奢望对方能够像恋爱时那样时时把你放在心上。而你,也没有必要再去刻意制造所谓的浪漫以维持爱情的温度。只要你把心放宽一点,对对方的要求少一些,那就是世界上最美也是最难得的浪漫。

对待亲人更要以宽广的心胸去包容忍耐

卡耐基在《人性的弱点》中,开篇第一章便是“学会宽容”,可见“宽容”在这位大师心目中的卓然地位。宽容是冬日里的一缕阳光,温暖了你我,拉近了彼此的距离;宽容是一个开心的笑脸,使我们握手言和并肩作战;宽容是对方落难时一个有力的搀扶,帮你走出困境。宽容的胸襟向海洋一样容纳百川。生活中我们要学会宽容,用一颗宽容的心对待身边的事物。

一位母亲在失去丈夫后,与女儿相依为命,并含辛茹苦地把女儿抚养长大。当女儿大学即将毕业的时候,与同班的一位男生恋爱了。他们爱得纯粹而又专注。男孩来自乡村,是个遗腹子。家中还有一位寡母。母亲在女儿的央求下见了那个男孩,并在闲谈中得知他的家庭背景之后,便坚决地拒绝了女儿要与他来往的请求。女儿伤心至极,从此与母亲感情日渐寡淡,对母亲的成见也是日益加深。终于,在大学毕业的时候,女儿不顾母亲反对,义无反顾地跟着男孩去了他的家乡——一座小小的县城。两个人匆匆成了家,并把男孩的母亲从乡下接到了县城的家里一起过日子。

岁月使这座小城的颜色日渐斑驳脱落,当年那光鲜丰腴的爱情也逐渐被生活的琐碎磨掉痕迹,销蚀得瘦骨嶙峋,惨不忍睹。女孩在身心俱疲的情况下,感觉幸福在他们的生活中来说，始终是遥远的、不切实际的抽象幻觉。当她满身风尘地赶回母亲的家，看到母亲那熟悉的脸的那一刻，她立刻泪雨滂沱。

母亲问她说："是不是他心里有另外一个更为深爱的人？"

女儿无言地点点头。

"是不是他总站在那个人的立场上，而不顾你的内心感受？"

女儿依然沉默地点点头。

"是不是他对那个人从来都是言听计从，而不管你是不是受了委屈？"

女孩惊诧地答道："是的。"

"你嫉妒，甚至怨恨那个人却又无可奈何？"

女儿更加吃惊："是的。"

"那个人就是他的妈妈，对吗……"

女儿十分迷惑，她无从得知母亲究竟是如何未卜先知的：难道母亲去看过她？于是她开口问道："妈。你怎么会知道？"

母亲叹了口气，对她说道："你的父亲也是独子，由于我和你奶奶之间的关系不好，导致了我和你父亲之间的感情出现了裂缝，到他去世，我也没有原谅他。一个和自己的亲生母亲也无法沟通的人，我不知道他如何去处理自己、妻子与母亲之间的关系，这也是我当时竭力反对你和他交往的原因。"

"妈，我想和他离婚，好不好？"女儿说。

母亲一言不发，只是从果盘里拣了一个橘子，递到她手里。她看着女儿剥下橘皮扔在一边，缓缓说道："我们总是只想着吃掉那金灿灿的橘瓣，可是却忘了橘皮和橘瓣是连在一起的一个整体。不管你是否乐意，橘瓣离了橘皮就不能成为完整的橘子。就像婚姻，你不单单是与自己喜欢的人结婚，还要与他身后的整个家庭、背景结婚。你不仅要爱你爱的人，还要爱与他关联的所有亲朋好友。因为他不是纯属于你一个人的，他还有父母与朋友。婚姻的良好与否往往不是取决于婚前爱情的浓烈度，而是以你与他的家人相处的情况为标准。"母亲说完，意味深长地拍拍女儿的手，"如果你还爱着他，那就回去，学会好好地与他的家人相处，学会包容与忍耐。"

这位母亲用朴实的话语教会我们，在生活中要拥有一颗包容、忍让的心。假若凡事都能以宽广的心胸来面对，能够以忍让的态度来包容别人的失误，原谅别人的过错，改正自己的错误，生活就会更加轻松，更加完美……爱是一门艺术，宽容是爱的精髓。

有句至理名言就是："忍不是弱者，让不是输家。"自古以来，忍让就很容易让人们联想到弱者和输家。在错综复杂的竞争环境中，弱必定胜不了强，以大欺小也是常见的现象，而失败的一方只好让步认输。因此，人们习惯上往往会认为忍的一方就是弱者，就是输家，其实不然。有很多人在竞争或纠纷中，看似成功战胜了对方，其实他在人格上、在未来的发展上已经输给了别人。

古往今来，凡能成大事者皆须禁得起忍、让的考验。忍，不是示弱的表现，而是在失败中吸取教训，在失落中休养生息，在逆境中积蓄力量以图东山再起；让，就是退一步而进两步，不轻易认输，最终失而复得，发展壮大，达到目的。

忍让，是人在逆境中为了达到成功而采取的一种以退为进、以守为攻的逆向思维策略。它可能使一个人暂时处在劣势之中，虽然会有委曲求全的时候，但却并不是卑躬屈膝，而是忍辱负重，以寻求东山再起的时机。忍让充分体现了一个人在处事中所表现出来的具有远见卓识的智慧才华和深谋远虑，以及一种灵活的坚忍不拔的奋斗精神。忍让不是懦弱，不是无能，而恰恰是一种自信、大智若愚的表现。自古“两虎相争,必有一伤”,以蔺相如后来“位在廉颇之右”的官职,不见得就斗不过廉颇,但是他以大仁大义的品德对廉颇处处忍让,才最终成就了“将相和”的局面,为赵国的安定奠定了坚实的基础。

忍让,是一种大智大勇的谋略,拥有忍让智慧的人往往不计较一时的高低和眼前的小利益,而是放眼全局,胸怀未来;忍让,是一种无私宽容的美德,拥有忍让美德的人,就拥有宽广的胸怀和无私的心灵,这样的人懂得去容纳人、感化人、团结人。

忍让,是一种崇高的人生修养。一个人假如拥有忍让的智慧,就能够在面对荣辱的时候宠辱不惊,心静如水。忍让是一种豁达的人生气度,就像一泓清泉能够浇熄那哀怨、嫉妒的火光。忍让,具有一种神奇的力量,它能够化干戈为玉帛,化冲突为祥和。忍让也是一种高尚的品德,假如别人不小心冲撞了你,内心必然会感到不安,这时候如果能够以忍待人,自然会得到他人的感激与拥戴,而不分青红皂白地计较,则会让两人间的嫌隙越来越深。

拥有忍让智慧的人一定是具有深厚涵养的人。忍让是一种善待别人、善待自己、善待生活的境界。它能够陶冶人的情操,带给人心灵的宁静升华与恬淡享受。拥有忍让的智慧,就拥有了一块敲开良好人际关系大门的试金石,不但能够改善自己与社会的关系,还能使自己的内心得到慰藉。我们没有必要总是和别人斤斤计较,争强斗狠,只要给别人一条路,我们自己的路也自然顺畅许多。

智者寄语

俗话说,忍,就是心字头上一把刀。忍,其实就是包容、忍让的意思,就是对人对事在行为上、语言上的忍让。在常人的眼里,或许忍让是个贬义词,常常与受委屈、老实、吃亏、窝囊联系在一起。而事实上,品味出“忍让”二字真谛的人往往是具有良好修养的成功者,容忍别人,能够使这些人不管在什么场合,或是强于自己的人面前表现出一种过人的风度。

原谅别人的错误

世界上如果没有宽容和信任,一切亲情、友情、爱情都将失去存在的基础,每个角落都是尔虞我诈的欺骗,社会将毫无温情可言。当然,人非圣贤,要去爱我们的敌人也许真的有点强人所难,但出于自身的健康与幸福,学习宽恕敌人,甚至忘记所有的仇恨,也可以算是一种明智之举。有句名言说:“无论被虐待也好,被抢掠也好,只要忘掉就行了。”原谅伤害过自己的人并不等于窝囊,也并非一味地纵容对方的恶意举动,而是尊重对方的自尊心,是一种有意为之的高尚。

畅销书作家托尼·希勒获得过美国侦探小说家大师奖。他的作品之所以深受读者的欢迎,与他个人的成长经历是密不可分的。他第一次打工就上了生动的一课。当时他是做农场雇工,这次打工经历不仅使他赚得了人生第一笔收入,而且受益匪浅。

他在14岁时,英格拉姆先生敲响了他们农舍的门。这个老佃农住在马路那头大约一英里的地方,想找人帮助收割一块苜蓿地。托尼欣然同意,这就是他得到的第一份有报酬的工作,1小时12美分,要知道这在1939年已经很不错了,因为当时还处于经济大萧条时期。

一天,英格拉姆先生发现一辆装有西瓜的卡车陷在自家的瓜地中。而原本整齐的瓜地里此刻却一片狼藉,瓜秧被毁坏,西瓜都被摘掉了。显然,有人想用卡车偷走这些西瓜,却没有料到客车陷进去拉不出来。这时,环顾四周不见一个人影。看到这种情景,英格拉姆先生并没有勃然大怒，反而非常平静，只是说车主很快就会回来的，让托尼在那儿看着，长点见识。此时，托尼也在思索，英格拉姆先生到底会用什么方式来对待这几个前来偷盗的人呢？果然没过多久，正如英格拉姆先生所料，一个在当地因打架和偷窃而臭名昭著的家伙带着两个体格粗壮的儿子出现了。他们看起来非常恼火。

英格拉姆先生见到这几个来势汹汹的人没有质问他们，却用平静的口吻说道："哎，我想你们要买些西瓜吧？"

那个男人显然没有料到，他们处心积虑要偷窃的主人会用这种方式来应对。他回答前沉默了很久："嗯，我想是的。你要多少钱一个？"

"25 美分 1 个。"

"好吧，你帮我把车弄出来吧，我看这价格还合适。"

于是，英格拉姆先生以宽容的心态，巧妙的处事艺术，化干戈为玉帛。双方本来剑拔弩张，英格拉姆先生居然用寥寥几句话使双方达成了一致，顺利完成了一笔交易。而且，这笔交易成了他们夏天里最大的一笔买卖，而且还避免了一场危险的暴力事件。等他们走后，英格拉姆先生笑着对他说："孩子，如果不宽恕敌人，就会失去朋友。"这句话使托尼回味良久，透过这句话他明白了英格拉姆先生处事的哲理。

事后，托尼对于英格拉姆先生的话印象深刻，这句话甚至影响了他一辈子，因为这句话使他明白了要学会包容。试想，如果当初英格拉姆先生针锋相对地揭穿对方的偷窃真相，这个偷窃事件肯定会演变成暴力事件，双方都会受到伤害。并且，这次前来偷窃的父子可能今后还会变本加厉地继续此类不良的行为。在现代社会中，我们在处理很多事情的时候，是不是也应该像英格拉姆先生那样，用一种宽容的智慧，委婉地去解决呢？宽容是一种双赢的人生法则。

生活不同于战争，它没有战争那么残酷，时时都要面对生命的威胁。所以，生活中的人，大多不会将对方逼到"不是你死就是我活"的地步。生活里的那些摩擦，通常都是不经意的。比如陌生人在地铁里挤到了你、同事因为不小心打碎了你的玻璃杯、朋友不经意地说了你不爱听的话……

宽以待人是一门艺术，但也不像我们想象的那么高深，这需要我们在点滴的生活中慢慢磨炼，逐渐培养。正确的处事方式是不为自己的一时快意而伤害别人。一个人要想获得成功，不仅要有宽广的胸怀，还应该注意维护别人的自尊。一个人如果损失了金钱，还可以再赚回来，一旦自尊心受到伤害，就不是那么容易弥补的，甚至可能因此而多了一个敌人。掌握了这门艺术，你也许会获得意想不到的收获。

智者寄语

原谅别人可以原谅的过错，不仅可以给自己带来意想不到的收获，也可以使别人感到愉悦。

家长要包容孩子犯错，并给予他们鼓励

这是关于一对父子的故事：

大卫正在教 8 岁的孩子凯利如何使用瓦斯驱动的割草机。孩子在一旁仔细观察着父亲怎么在草地尽头将割草机掉头，正当父子俩全心投入在这个过程中时，妻子的叫声打断了他们，原来是大卫的朋友来电话了。

大卫放下手中的割草机，对凯利说："我去接个电话，一会儿就回来，你不要随便动割草

机,等我回来,知道吗?”

凯利表面上认真地点头,却趁大卫转身回屋接电话的时间推着抖动的割草机想自己试一下,可是才刚刚8岁的凯利哪能控制住割草机剧烈的抖动,于是凯利几乎是被割草机带着,推到了草坪边的花圃上,所过之处,大约一米宽的一片花草被夷为平地。

大卫接完电话,回来看到眼前的一切,立刻火冒三丈,这几乎是他的一切,每次邻居们看到这个花圃都会露出羡慕的神情,大卫也沉醉其中,而现在,眼前的一切却成了残花败柳。他开始对儿子吼叫。

听到叫骂声的妻子走过来,她对着正在发火的丈夫说:“亲爱的,请记住,我们是在养孩子,不是在养花!”

这句话让大卫幡然醒悟,他意识到自己对于这件事没有站在一个父亲的立场来考虑,于是,他来到孩子身边,收起了之前狰狞的表情,轻声对他说:“一次不一定会成功,你还有信心能掌控它吗?”

儿子的表情由原来的惊恐变为自信,表情坚定地说:“可以。”

最终,儿子学会了使用瓦斯驱动的割草机,而那些被摧残的花儿也重新生长出枝叶,开出花朵。

古人有云:“人非圣贤,孰能无过。”孩子,更是这样。在孩提时代,谁没有因为急于认识、探索这个世界而犯错?最重要的是有没有因为犯错而变得成熟,开始逐步建立自己的价值观,这个过程中,父母扮演着重要的角色。

父母在生活、工作中面临着重重压力,而孩子的无心之失有时候就会触发父母情绪的导火线,常常使父母缺乏理智地发泄情绪,从而使孩子的心灵受到伤害。而这样的损伤不是那么容易补救的,往往就造成了孩子的心理阴影。有一则故事说,孩子因为父母常年责备自己“笨”,对自己极度怀疑,长大后,他甚至不敢进入人群中,不敢参与公众活动,因为他觉得无论自己做什么,大家都会用责备的眼光看着他,然后指责他“笨”。

上面的故事中,那位妈妈说的话让父亲免予犯错,也给了孩子一次重新证明自己的机会,让孩子知道,犯错不是大不了的事,因为每个人都会犯错。而父亲也明白了,花已经死了,自己又何必为了不能挽回的事让孩子为此不知所措呢?

想想,我们日常生活中,被棒球砸碎的玻璃窗户、孩子不小心碰倒的灯以及掉在厨房地上的碟子,它们都已经破了,都已无法挽回。但大多数父母,都会为了这些而用错误的方式来教育孩子,让孩子为不能挽回的事物而接受言语上或者肢体上的惩罚,这是得不偿失的举措,却是父母常常会做的。

要是我们能放宽心,包容孩子的错误,给予他们正确的引导和机会,而不是单纯地语言责骂,甚至是身体上的伤害,我们不要再去打击一个孩子的心灵,不要让他们充满活力的内心变得麻木,这样才能避免这种无法挽回的损失。

其实,谁都有犯错的时候,父母不要太计较孩子犯的过错,而应该做到如何让孩子犯的错有价值,用正确的引导方式让他们因为这次犯错而认识到一些道理,学习到一些方法,这比你没有理智地责骂有意义得多。

智者寄语

父母们不要忘记了,你们是在养孩子,而不是在养那些物品,孩子的心才是你们最应该保护的对象。

宽容，先从自己开始

后悔和内疚似乎是多数人在做错事之后的习惯性反应，但木已成舟，当一件事情已经成为既定事实而无法改变的时候，我们再后悔又有何用？

我们之所以对以前的某个错误耿耿于怀，迟迟不肯原谅自己，多半是因为我们为之付出了一定的代价。可是，内疚又能如何？代价不能再收回，但是我们的心情可以回转，也需要回转，因为生活还要继续。我们不仅要学会宽容别人，更要学会原谅自己。

如果自己不能学着对自己宽容一些，我们便会陷进绝望的泥潭里无法自拔；如果造成损失后，我们不能对自己宽容一些，那我们便会终日在自责中度过，继而失去自信，失去前进的勇气，也就失去了东山再起的机会。

一个人将自己的股票委托给了一家证券公司的经纪人，他要求经纪人以60万日元的价格卖掉股票中的其中一股。但是经纪人在负责操作的时候，却由于疏忽而酿成了大错。他以1日元的价格卖掉了其中的60万股。指令下达后，股票的价格一路下跌，等经纪人发现自己搞错了时，事情已经覆水难收了。股票中已有50万股成交了。

为了能够挽回错误，不至于毁坏自己的声誉，该证券公司只好大量购进这只股票，这样一来，股票的价格又一路回升，当天收盘时竟然还比原来的价格高出了不少。为此，公司一下损失了300多亿日元，这次亏损把该公司上一年度所赚得的利润赔得一无所剩。

更加糟糕的是，这件事情并没有在证券行业得到隐瞒。没过几天，很多投资者就得知了证券公司操作失误的风声，接着他们干脆把证券公司的股票全部抛售一空。结果，公司的亏损又增加了很多。

那位操作出错的经纪人悔不当初，他觉得自己不仅丢了饭碗，还连累了公司，让许多同事都跟着受损。这样的大错让他觉得悔恨不已，最终无法释怀，选择了自杀。

不论是谁遇到这样的事，都是一次沉痛的打击，相信换作是谁都一时难以承受。但可怕的事情既然已经发生了，再惩罚自己有什么用呢？而且你已经为这次的失误而付出了沉重的代价，为什么还要搭上现在和未来呢？

你应该做的不是一再的自责，而是宽容自己、原谅自己，然后才能总结教训，将自己从过去的痛苦中拯救出来。正所谓“留得青山在，不怕没柴烧”，如果犯错之后的人都像那位职员那样选择终结性命，就等于终结了世界上一切弥补错误的机会和再次成功的可能。

很多时候，我们都知道要宽以待人，却恰恰忘了宽容自己。在我们不小心犯错时，我们往往不敢正视自己内心的愧疚、仇恨和羞辱，因为这些东西在我们的内心里就像一位严师一样，时刻提醒着我们曾经的错，让我们久久难以忘却，因而感到深深的自责和内疚。只有宽容自己的人，才能以平静的心态面对生活，面对挫折，面对这个社会，也才有博大的胸怀去宽容别人。

我们不是圣人，也可以适当的犯错，不必要求自己一定要事事都对。犯了错只表示我们是人，不代表就该承受折磨。人一生中犯的错误数不胜数，假如对每一件都深深地自责的话，那我们一辈子岂不是都在背负着沉重的罪恶在生活吗？这样的生活怎么可能有幸福可言？

一次，已经81岁高龄的棒球老将康尼·马克在接受采访时被记者问道：“您是否曾经为了输了比赛而烦恼？”

康尼·马克回答说:“哦,是的,我的确曾有过这样的感受,不过那都是年轻时所干的傻事了,当我渐渐成熟起来之后,我就决定再也不这么做了!”

记者听后不解地问道:“为什么您要将这称之为傻事呢?”

“已经磨完的粉就注定不能再磨,因为水已经将它们冲到最底处去了。人也是一样,既然犯下的错误已经无法挽回,我们要做的不是扼腕叹息,还是想着该如何去做得更好。人要懂得宽容和原谅自己!”康尼·马克答道。

每个人都希望自己的人生道路和事业道路能够一帆风顺,最好不要犯任何错误,但这不过是人们的一厢情愿,而且丝毫不符合自然事物的发展规律。无论是在工作中还是生活中,犯错本来就是难以避免的事情。而决定最终结果的关键,不是在于错误的本身,而是在于你对待错误的态度。

其实多数情况下,你犯下的错误在别人看来并非不可饶恕,甚至微小得不值一提,而是你自己解不开心结。所以,我们才会常常听到有些人会痛苦地说:“我永远无法原谅自己。”可是,不原谅又如何?你除了将自己推入一个深不见底的深渊之外,其他的什么都得不到。

我们常说要爱自己,而宽容自己则是爱自己的最佳表现,我们得允许自己有缺点,不要老是为此而感到愧疚,只要努力改进就好。

犯错本身并不可怕,可怕的是我们失去了直视它的勇气,更可怕的是我们从此失去做事的心情,以至于赔上了现在和未来。所以,千万不要抓住过去的错失不肯放手,赶快从无休止地泥潭中跳出来,朝气蓬勃地投入到新人生中去吧!

学会对自己宽容一点,并不是再为自己的错误找借口,而是很冷静地分析我们过去的错误,从而在错误中更好地得到教训,是为了有效地避免一次一次地从相同的地方跌倒。

智者寄语

既然宽容是一种大家公认的美德,那么就请善待自己,对自己宽容一点吧!只有放下心中对错的芥蒂,你的能力才能被完全释放出来,你才能比任何时候都活得更加优秀,更加精彩。

宽容可以减少摩擦

生活中,我们要学会宽容、大度。古人说:“大度集群朋。”一个人若有宽宏的度量,他的身边便会聚集大群知心朋友,所以不要太过计较小事,要原谅别人的过失;不如意的事来临时,要泰然处之,不为所累;受人讥讽时,不要睚眦必报,要学会吃亏,把便宜让给别人。相信只要多看别人的优点,少盯着别人的缺点,每一个人都会是可爱的。

俄国大文豪托尔斯泰虽然很有名,又出身贵族,但他喜欢和平民百姓在一起,与他们交朋友,从不摆大作家的架子。一次,他长途旅行时,路过一个小火车站。他想到车站里走走,便来到月台上。这时,一列火车正要开动,汽笛已经拉响了。托尔斯泰正在月台上慢慢走着,忽然,一位先生从列车车窗里冲他直喊:“老头儿!老头儿!快替我到候车室把我的皮包取来,我忘记提过来了。”原来,这位先生见托尔斯泰衣着简朴,还沾了不少尘土,便把他当成车站的搬运工了。托尔斯泰赶忙跑进候车室拿来皮包,递给了这位先生。“谢谢啦!”那位先生对着托尔斯泰说,并随手递给他一枚硬币,“这是赏给你的。”

托尔斯泰接过硬币,瞧了瞧,装进了口袋。就在这位先生赏给托尔斯泰硬币的时候,旁边的一位旅客认出了这个风尘仆仆的“搬运工”，就大声对这位先生叫道：“先生，您知道您赏钱给谁了吗？他就是托尔斯泰呀！”

“啊！老天爷呀！”这位先生惊呼起来，“我这是在干什么事呀！”他对托尔斯泰急切地解释说：“托尔斯泰先生！托尔斯泰先生！看在上帝的面上，请别计较！请把硬币还给我吧，我怎么能给您小费，多不好意思！我这是干出什么事来啦！”

“先生，您干吗这么激动？”托尔斯泰满面笑容地说，“您又没做什么坏事！这个硬币是我挣来的，我得收下。”汽笛再次长鸣，列车缓缓开动，带走了那位惶惑不安的先生，留下了快乐的托尔斯泰。

在与别人交往的时候，能够做到遭人误解不但不恼，而且注意不伤害对方面子的人，是具有宽容的品德的人。这样的人最值得赞赏，同时也生活得最快活。

宽容别人就是善待自己，你希望别人善待自己，就要善待别人，要将心比心，多给别人一些关怀、尊重和理解。人总是喜欢和宽容厚道的人交朋友，正所谓“宽则得众”。在交往中，我们对他人的要求不能太过分，不能强求于人，能让人时且让人，能容人处且容人。一旦别人犯了错误，我们也不要嫌弃，原谅别人的过失。“海纳百川，有容乃大”，一个拥有这种胸怀的人又怎么会不成功呢？

宽容是一种大度，能容下人世间酸甜苦辣，能化解所有恩怨是非。在“山重水复疑无路”时，学会宽容，便会“柳暗花明又一村”。试想一下，当你的同桌不小心把你借给他的漫画书弄丢时，你是抱怨责备他，还是原谅他的过失呢？选择前者，你可能会失去一个好朋友，而选择后者，你一定会收获他的尊重与敬佩，你将会得到一份更诚挚的友谊！这就是宽容的力量。学会宽容，朋友之间便会多几分理解，多几分感激；学会宽容，人世间便会多几分温暖，多几分关爱。

智者寄语

学会宽容吧！因为宽容，许多烦恼琐事便会不战自败，便会自动烟消云散。宽容，会让我们的青春更加美丽！天下没有两片相同的树叶，也没有两个完全相同的人。俗话说，“尺有所短，寸有所长”，人的性格、特长各有差异，在处理人际关系时不能强求一致。人与人要和谐相处，就要有宽广的胸怀，求同存异、相互谅解。既然我们自身都不完美，那又怎能苛求他人完美无缺呢？

宽容是婚姻和谐的秘诀

一个幸福的家庭是靠两个人共同维护的。一个好男人要勇于负起承担一个家庭的责任，而一个好女人要给家庭营造一个温馨和美的环境。两个人走到一起，就应该为营造一个美满的家庭而共同努力。

有一对人人羡慕的恩爱夫妻，共同走过了50个春秋，彼此感情依旧。50年的时光竟没有让他们的爱情有一丝的褪色。

有人问：“50年的岁月相伴，是怎样过来的呢？”

妻子回了一个字：“忍。”

丈夫也答了一个字：“让。”

听起来真是不可思议，如此忍让度过一生，人生还有什么乐趣？生命还有什么意义呢？妻子说：“其实，做起来一点儿都不难，凡事多为对方考虑一下，不就没怨气可发了吗？”

丈夫也说:“很简单呀,她喜欢的事,就让她去做,总得给她一片自己的天空吧。”

很多时候,婚姻生活中的爱更体现在妥协、忍让和迁就上,妥协和忍让更深刻的内涵是爱,是真情。在爱的前提下,甚至婚姻中的错误有时也会成为一种营养,它的意义不是教会我们如何谴责,而是教会我们如何避免。

忍让是通向幸福的钥匙,更是一曲优美的和平赞歌。

两个不同性格的人生活在一起,有不同的意见或冲突是不可避免的。要想把日子过得美满幸福,首先要了解和接纳彼此的性格,其次就是在共同的生活中磨合双方的个性。

两强相争,必有一伤。在婚姻生活中,如果夫妻双方在冲突时一定要强强相斗,彼此不能相互谦让,伤害的不止是一个人,而是两个人,因为,由夫妻双方组成的婚姻是一个整体,整体受伤了,自然两个人会同时受伤,甚至会因此伤及无辜的孩子。因此,在婚姻生活中,一旦发生冲突,要让自己学会忍让,学会弯曲。

宁折不弯本来是用来形容一个人的个性刚直坚强的,但是,在婚姻生活中,我们不需要这样的刚强,我们需要的是在适当的时候学会弯曲。

加拿大的魁北克省有一条南北走向的山谷,它的西坡长满松、柏、女贞等各种树木,而东坡只有清一色的雪松。人们都不清楚为什么会这样,也一直没有令人满意的解释。一对普通夫妇揭开了这个谜。

一年冬天,一对婚姻濒临破裂的夫妇为了找回昔日的甜美爱情决定进行一次浪漫之旅。来到这个山谷的时候,夫妇俩被眼前的奇异景观惊呆了。不一会儿,下起了大雪。他们支好帐篷,望着漫天飞舞的大雪,忽然发现由于特殊的风向,东坡的雪总比西坡的雪来得大而密。不一会儿,雪松上就积了厚厚的一层雪。不过当雪堆到一定的程度时,雪松那富有弹性的枝条开始向下弯曲,直到雪从枝上滑落。这样反复地积,反复地弯,反复地落,雪松始终完好无损。那些柏树因为没有这个本领,被生生压断了树枝。西坡由于雪小,所以除了雪松,还有松、柏和女贞等种类繁多的树存活下来。

帐篷中的妻子发现了这一现象,对丈夫说:“东坡以前肯定也长过很多种树,只是那些树不会弯曲才被大雪摧毁了。”丈夫连连点头称是,并异常兴奋地说:“家庭生活中也是如此,需要夫妻双方适时地低下头、弯下腰。”

两人争执,只要有一人先低头,事情就会变得顺畅许多。夫妻之间相处要学会适时低头、弯腰;在追求自己事业的道路上,面对他人施与的压力,也要灵活弯腰,保持弹性。

智者寄语

在两个人的爱情婚姻生活当中,性格能否合得来,是决定爱情婚姻能否幸福的关键。因此,想拥有一个美满的婚姻,了解自己的性格与对方的性格十分重要。性格是个很奇异的东西,让人难以捉摸。在婚姻中如果对方有哪些会影响夫妻感情或者影响家庭和睦的负面性格或坏脾气,要宽容地接纳和忍让,这样两个人才能同心合力,家庭才能幸福美满。

在爱情里多一点宽容

在生活当中,无论是夫妻之间还是婆媳之间,都需要宽容,这也是家庭生活幸福的保证。在生活中多一分宽容，就多一分收获、少一分不快；宽容也能令我们在烦琐与平淡的生活中宽恕一切是是非非，时刻保持一种快乐的心境。

有一项社会调查表明，目前我国城市的夫妻中，关系较好的占40%，关系一般、有些矛盾的占30%，关系恶化、经常吵架甚至闹离婚的占30%。当然，这几个数字所描绘的绝不是什么美妙的图画，因此应该引起夫妻们的警惕。

心理学家也曾对80例夫妻间的争吵进行了分析，发现3/4以上的夫妻争吵都是由一些小事引起的。当一方有一些令对方不能满意的小过失时，或因疏忽犯了错误，或无意间说错了话等，就会招致对方的责怪，本来都是一些琐事，却令夫妻间的矛盾加大了。因琐事引起争吵，争吵又引起感情破裂的事情，真是不胜枚举。

其实，对方的某些过失也许并不值得你去加以指责，因为生活当中难免会出现一些小过失、小错误。或许在当时的境况中，换了你也同样会犯一些过失。因此，在爱情当中，应该多一些宽容，尤其在一些细节问题上，不要过于较真。事实上，任何人在生活中有些过失或小错误都是难免的，因为我们大多数时候都不是谨小慎微地生活，而且谨小慎微有时也会成为一种过失。因此夫妻之间在相处过程中，还是应该互相体谅，多些包容，如果彼此斤斤计较，得失观念过重，家庭生活就难以太平了。

有一次，一对夫妻决定坐下来好好谈谈。

妻子说："你有多久没有回家吃晚饭了？"

丈夫说："你有多久没有起床做早饭了？"

妻子说："你不回家陪我吃晚饭，我有多寂寞啊！"

丈夫说："你不给我做早饭吃，你知道上午工作时我多没有精神呀！老板已经批评我好几次了。"

"早饭你可以自己弄呀！每天回来那么晚吵我睡觉，我怎么能起得来？你可以不回来陪我吃晚饭，我就可以不给你做早饭！"妻子不高兴地说。

"你知道我一天上班有多辛苦？压力有多大？一个晚饭，自己还不能吃吗？难道你还是孩子，要我天天喂你不成？"丈夫也没有好气地说。

妻子接着抱怨说："你总是喝得烂醉而归，有多久没有给我买花？多久没有帮我做家务了？"

丈夫也不甘示弱："你知道你做的饭有多难吃？洗的衣服也不是很干净！花钱像流水一样！还有，有多久没有去看我的父母了？"

就这样，夫妻二人你一句我一句地互不相让，最后竟翻出了结婚证要去离婚。

在去街道办事处的路上，他们遇见了一对老夫妇正相互搀扶慢慢走着，老妇人还不时地掏出手帕给老公公擦额头上的汗，老公公怕老妇人累，自己提着一大兜菜。这对年轻夫妇看到这个情景，想起了结婚时的誓言："执子之手，与子偕老。休戚与共，相互包容。"可是现在竟然……

于是，他们开始互相检讨。

丈夫说："亲爱的，我真的很想回家陪你吃饭，可是我实在工作太忙，常常应酬，并不是故意忽略你啊！"

妻子也不好意思地说："老公，我也不对，不应该那么小气，你挣钱不容易，早上我不应该赖床不起的。"

“早饭我可以自己热，每天回家那么晚一定吵你睡不好觉，你应该多睡会儿的。”丈夫忙说，“刚才在家我不应该那么凶地和你说话，我知道自己身上有很多毛病……”妻子也忙检讨自己……

就这样，这场离婚风波平息了。从这之后，夫妻俩变得互敬互爱，彼此宽容忍让，更多地为对方着想。

可见，导致家庭矛盾、婚姻失败、爱情终结的常常都不是什么大事，而是一些日常琐碎小事中的摩擦。如果夫妻之间能多一些宽容，那么婚姻就能更健康和甜蜜。

“执子之手，与子偕老”不是一句空泛的誓言，而是融入到我们每一天生活细节中的行动。白头偕老也不仅仅需要爱情的支撑，更需要彼此的宽容和礼让，而这种宽容也正体现在我们的日常生活中。

然而当两个相爱的人走到一起朝夕相伴时，无论曾经多么亲密，都难免会产生矛盾和摩擦。当面对对方的缺点，面对对方的过失，面对对方一句不得体的话语，或者面对对方的误解等诸如此类的问题时，你是抱怨愤怒还是选择宽容呢？

其实，如果你是个心中有爱的人，当然应该选择宽容对待。宽容，是对对方的厚重的爱，是理解，更是尊重。在生活当中，和美的爱情与婚姻都离不开宽容，尤其是在生活的琐碎细节当中，它更能使爱情温馨快乐，使婚姻幸福祥和。可以说，宽容是保持婚姻、延续爱情的润滑剂。在生活之中，如果彼此双方都能拥有一颗宽容的心，那么你们的爱情之花也会越开越香、越开越久、越开越鲜。

智者寄语

在日常生活中多多宽容地对待对方，在细节中给予对方更多的关心和体贴，你会发现生活变得愈加美好，家庭也日益和睦——原来，平淡中的爱情才是最美好的。

不去计较无谓的小事

“水至清则无鱼，人至察则无徒”，做人不能太计较，这正是有人活得潇洒、有人活得太累的原因所在。

也就是说，一个人活得是否轻松，并不是由经济条件、工作压力、家庭状况来决定的，而取决于处事的态度和方式。如果你凡事都斤斤计较，凡事都喜欢比较，甚至喜欢以小见大，生活就会如负重载；如果你生性豁达，能够宽容别人的不是，能够换位思考，不去计较无谓的小事，那么你的生活就会快乐无比。

我们的生活中常有太多的矛盾，人和人之间难免会有些小摩擦，当出现这样或那样的失误与差错时，有些人因为不能忍一时之气，施以恶语或者以强烈对抗的方式来予以反击，结果一场无谓的争执换来的却是好几天的闷闷不乐，这实在不是一种明智之举。

当你斤斤计较时，当你不愿释怀时，当你愤世嫉俗时，其实你是在跟自己计较，是你自己为自己的生活创造了充满痛苦的战场。

计较是我们为自己争取心理平衡的正常反应，但是往往因为计较得太多，心理的不平衡感反而会越来越清晰。因为事情的本身其实并没有太多的问题，只是我们看事物的心情太复杂了。

所以，不该计较的东西要学会放下，因为上天对每个人都是公平的，属于你的就是你的，不是你的注定不是你的，那又何必计较一时的得失？如果觉得老天对我们太不公平，那是因为那些在我们看来的"不平"，仅仅只是因为我们在看同一件事物的眼光、角度与距离的不同，而并非事物本身出现了什么不同。

"文革"期间，季羡林因为直言不讳得罪了一些人，结果被无辜地打成了"反革命"，遭到迫害。其中，他的一个学生也参与了批斗季羡林的活动。"文革"结束后，季羡林被平反，开始频繁出现在文学圈中，而且还受到各界人士的推崇。这时，当年那个曾经批斗过他的学生写了一部书稿，想请季羡林为他题名推介。

当然，介于当年的事情，这位学生心里难免会忐忑不安，他还曾经狭隘地认为季老先生会因此而"公报私仇"。可是，当他将书稿交给季羡林时，季羡林友好地接待了他，没有丝毫怠慢，之后又非常认真地读完书稿，觉得很不错，便欣然题名，至于当年的事，只字未提。这位学生原本忐忑的心也放下了，没想到对于自己曾经的过错，老师早已不再耿耿于怀了，对于季羡林的宽容，他深为折服。

成功的宽心之道在于人的胸襟广阔，气度博大。为人不温不火，不卑不亢，处事不惊不慌，冷静而大度。要有一颗"海量之心"，拥有大庸大俗的豪放与粗犷，方能显出君子之仪态。

生活中，有很多的场合都不要太认真，更不能较真。相反，如果你能宽容大度，不斤斤计较，避开针尖麦芒不再咄咄逼人时，矛盾反而会迎刃而解，气氛很快就会呈现出一种新的和谐。

做人固然不能什么都不在乎，但也不能太认真、太认死理。太认真了，就会对什么事都看不惯。对朋友、对家人、对同事常常是横挑鼻子竖挑眼，觉得别人都有问题，心里容不下，很容易使自己沦为孤家寡人。人不能戴着显微镜来观察生活，如果那样的话，人恐怕会被生活中那些细微的琐事折磨得寝食难安，这样的生活还有什么滋味？还有什么乐趣？

在日常生活中，有些人在情绪不太好的时候，说了一些伤人的话，甚至有些不太友好的举动，这个时候，我们不要因为委屈而大动干戈，而是要心胸宽广，宽以待人，最好不要针锋相对，计较某句话或某个意思。其实很多情况下，说话的人说出的话并没有恶意，可能只是一时兴起心急，完全凭冲动行事，不想后果，说错了话，他们暂时忘记了理智，顾不得大局。这时，如果我们能宽容温和地处理这时的矛盾，对方也会很快冷静下来，事后自然也会反省自己，并从心底里感激你的宽容。

与人相处最难能可贵的就是要宽容待人，善解人意，不计较别人的小错。要有肚量，善于听取别人的意见，不固执己见，这样大家才能和睦相处。如果眼里揉不得半点沙子，对人太挑剔，总是用自己的方式来要求别人，什么鸡毛蒜皮的小事都要辩个黑白分明，久而久之，大家都会对你"敬而远之"。

当然，人的性格与生俱来，要改变也不是一件容易的事。所以，做人不较真，也不是很容易做到的事。你要善于运用"善解人意"的思维方法，遇事先不要急于找别人的错误，而是先站在别人的角度去考虑问题，通过别人的立场看清问题发生的因果关系，这样才能用体谅和理解，给予自己和他人更多回旋的空间。因为每个人的思维方式都是不一样的，你不能代替别人的思想和行为，你更不能控制所有的事情，所以，何必因为一点点小事而争得你死我活呢？又何必为一些微不足道的小事而和自己怄气呢？

用郑板桥的"难得糊涂"来总结宽容的处事之道是最恰当不过的。只要不是原则性的大问题，就没必要非得分出个孰是孰非来，睁一只眼闭一只眼，大家都高兴，何乐而不为？要真正做到“难得糊涂”，那就是真正领悟到幸福生活的真谛了，是智慧人生的最高境界了。

智者寄语

人要想活得开心，就必须要学会宽容，善于求大同存小异，不拘小节，不斤斤计较，不纠缠非原则性的琐事，学会“大事化小，小事化了”的智慧。这样才不会因为怄气而终日情绪低落，才能活得更加舒畅开心。

忍耐是另一种意义上的宽容

生活中，对家长的批评、朋友的误解，过多的争辩和“反击”实不足取，唯有冷静、宽容、谅解最重要。如果一个人事事斤斤计较、患得患失，那么他一定很累。我们难得在人世走一遭，潇洒最重要。相信这句名言：“宽容是在荆棘丛中长出来的谷粒。”能退一步，天地自然宽。

古希腊的大哲学家苏格拉底，有一天和一位老朋友在雅典城里漫步，一边走，一边聊天。忽然有一个莫名其妙的人冲了出来，打了苏格拉底一棍子就逃走了。他的朋友立刻回头要去找那个家伙算账，但是苏格拉底拉住了他，不准他去报复。

朋友说：“你怕那个人吗？”

“不，我绝不是怕他。”

“人家打了你，你都不还手吗？”

苏格拉底笑笑说：“老朋友，你别生气。难道一头驴子踢你一脚，你也要还它一脚吗？”

“人如果没有忍耐之心，生命就会被无休止的报复和仇恨所支配。”忍耐是一种宽容，更是一种潇洒。有人说忍耐是软弱的象征，其实不然，有软弱之嫌的忍耐根本称不上真正的忍耐。忍耐是人生难得的佳境，是一种需要操练、需要修行才能达到的境界；忍耐是一种高尚的美德，它能让你的内心时时充满安详和快乐，也能让你轻松地赢得他人的尊重。

山里有座寺庙，庙里有尊铜铸的大佛和一口大钟。每天大钟都要承受几百次撞击，发出哀鸣。而大佛每天都会坐在那里，接受千千万万人的顶礼膜拜。

一天夜里，大钟向大佛提出抗议说：“你我都是铜铸的，可是你却高高在上，每天都有人对你顶礼膜拜、献花供果、烧香奉茶。但每当有人拜你之时，我就要挨打，这太不公平了吧！”

大佛听后微微一笑，然后安慰大钟说：“大钟啊，你也不必羡慕我，你可知道吗？当初我被工匠制造时，一棒一棒地捶打，一刀一刀地雕琢，历经刀山火海的痛楚，日夜忍耐如雨点落下的刀锤……千锤百炼才铸成佛的眼耳鼻身。我的苦难，你不曾忍受。我经受了难以忍受的酷刑，才坐在这里，接受鲜花供养和人类的礼拜！而你，别人只在你身上轻轻敲打一下，就忍受不了了？”

大钟听后，若有所思。

忍受艰苦的雕琢和锤炼之后，大佛才成其为大佛。而钟仅仅经受一点锤打之苦就发出抱怨，说明它还没有懂得何谓舍身成仁的道理。佛家的“忍”讲的是忍受一切苦痛，对于别人的责难、欺侮和非议都可以视为无物，并且当被人欺到头顶时，还要将自己的头亮出去，任人欺侮，以息对方的怒火。

人不是佛，没有佛的忍耐能力，所以不必刻意去自讨苦吃。但是人如果不经历风雨，心中将始终存在优越感，一旦受到挫折或侮辱，便会变得不能忍受，也就没有办法真正获得成功，得到别人的尊崇。有时还会因为不懂得何时屈就、何时舒张，为自己带来祸患。

智者寄语

尼布尔有一句有名的祈祷词说："上帝，请赐给我们胸襟和雅量，让我们平心静气地去接受不可改变的事情；请赐给我们智能，去区分什么是可以改变的，什么是不可以改变的。"这更是我们面对难以忍受之事时的锦囊。

因为不争，所以天下没有人能与之争

生活中经常有些人，无理争三分，得理不让人，小肚鸡肠。相反，有些人真理在握，不声不响，得理也让三分，显得谦恭有礼，颇有君子风度。假如是重大的或重要的是非问题，自然应当不失原则地争出个青红皂白。但在日常生活中，有些人往往为一些鸡毛蒜皮的小事争得面红耳赤，谁也不让谁，较起真来，非得决一雌雄才肯罢休，甚至闹得不欢而散，影响团结。越是这样的人越被人瞧不顺眼。时下流行一句话"玩深沉"，其实这种场合玩点深沉正显示出宽宏大量的风度。

争强好胜者未必掌握真理。谦和的人不屑为一点小是小非争论。你越是有理，越表现得谦和，往往越能显示出你胸襟坦荡、修养深厚。

麦金莱任美国总统时，特派某人为税务主任，但为许多政客所反对，他们派遣代表进谒总统，要求总统说出派那个人为税务主任的理由。为首的是一名国会议员，他身材矮小，脾气暴躁，说话粗声恶气，开口就给总统一顿难堪的讥骂。如果当时总统换成别人，也许早已气得暴跳如雷，但是麦金莱却视若无睹，不吭一声，任凭他骂得声嘶力竭，然后才用极温和的口气说："你现在怒气应该可以消了吧？照理你是没有权力这样责骂我的，但是，现在我仍愿详细解释给你听。"

这几句话把那位议员说得羞惭万分，但是总统不等他道歉，便和颜悦色地说："其实我也不能怪你。因为我想任何不明究竟的人，都会发怒。"接着他开始解释任命理由。

不等麦金莱总统解释完，那位议员已被总统的大度折服。他私下懊悔刚才不该用这样恶劣的态度责备一位和善的总统，他满脑子都在想自己的错。因此，当他回去报告抗议的经过时，只摇摇头说："我记不清总统的全盘解释，但有一点可以报告，那就是——总统并没有错。"

无疑，在这次交锋中，麦金莱占了上风。他之所以能占上风的关键就是因为他宽宏大量。

做人首先是要有一颗博大的心。所谓"海纳百川，有容乃大"，这句话被许多人当作做人的准则，麦金莱就是其中之一。

在事业上建功立业、取得成就的，绝非是那些胸襟狭窄、小肚鸡肠、谨小慎微之人，而是那些如麦金莱般襟怀坦荡、宽宏大量、豁达大度者。

老子说："夫唯不争，故天下莫能与之争。"只要看透一切，就能做到豁达大度。把一切都看得"没什么"，才能从容自如。艰难时，顽强拼搏；得意时，言行如常；胜利时，不醉不昏。只有如此放得开的人，才是豁达大度之人。

智者寄语

不论什么是非都去计较的话，你一辈子就没有办法生活了。我们一生会遇到许多事情，如果看开一些，我们的心胸就会变得宽广。

让宽恕还心灵一份自由和宁静

佛经中有句话说："佛印的心宽遍法界，即心即佛。"这句话是教导人们要懂得宽恕，这样才能具有如佛一般自由宁静的心灵。

心灵的意念不会轻易地被理智打败，因为被伤害的痕迹不可能很快消失殆尽。所以，我们会发现自己很难真正地在内心里原谅那些伤害我们的人。我们希望自己能够从怨恨中解脱出来，可是又做不到，并且会为此负疚。久而久之，内心便被这种情绪搅扰得纷乱如麻，没有片刻自由与宁静。

其实，说到底，这还是内心的自我在作祟，我们只能看到别人的错误，却看不到自己的问题，一个巴掌拍不响，任何人与人之间的不愉快，都不可能是某一个人的问题。我们之所以不能宽恕别人，是因为总觉得自己是对的，所以别人根本就不值得原谅。

问题在于，我们不得不学会原谅别人，因为我们毕竟要在人际圈中生存，要经常与别人打交道，如果总是对别人的错误和伤害耿耿于怀，又如何与别人树立良好的人际关系呢？

在一个野外夏令营的帐篷里，一个满脸歉意的老师正在安慰一个大约6岁的小孩，这个被惊吓过度的小孩已经哭得筋疲力尽。原来，那天出去爬山，小孩特别多，这个老师一时疏忽，在爬山活动结束后，少算了一个，将这个小孩留在了山顶。等她发现人数不对时，才赶快跑回山顶将那个小孩带回来。小孩因为一个人待在偏远的山上，受到惊吓，哭得十分伤心。

不久，孩子的妈妈急匆匆地赶来，看见了哭得可怜兮兮的小孩，妈妈蹲下来安慰他，并且很理性地告诉他："已经没事了，老师不是故意这样做的，因为吓到了你，她也十分难过。你应该原谅老师的过失，现在你必须亲亲那个老师的脸颊，安慰她一下。"

听了妈妈的话，乖巧的孩子踮起脚尖，亲了亲紧张兮兮的老师的脸颊，并且轻轻地告诉她："不要害怕，已经没事了，我不会怪你的。"

接着，这位母亲又对自己的孩子说："宝贝，你要知道。宽容别人的失误，其实是为了让自己的心灵获得自由和宁静，你看，你现在的心情是不是好多了？"

孩子微笑着用力地点了点头。

所以，当一个人选择了仇恨，那么他将在忧虑和悲伤中度过；而一旦一个人选择了宽恕的话，那么他的心就会获得前所未有的自由。就像故事中的那个孩子一样，当他心怀埋怨时，他只有不停地哭泣，而当他在妈妈的引导下走出怨恨，试着去原谅别人时，他找到了心灵的宁静，露出了快乐的微笑。古语常说："知错能改，善莫大焉。"既然如此，面对别人在无意间犯下的错误和伤害时，我们为什么不能加以宽恕呢？

真正付之于行动的宽恕，可以改变我们的心境和处世态度，使我们不再自以为是、妄自尊大。我们也不再耿耿于怀那些刻意伤害我们的人，不再纠结他们是否值得我们原谅。相反，我们会洞悉自己的内心，通过自己的判断来了解我们心底最真实的想法，找到那些蒙蔽我们的心智、使我们不能对伤害释怀的原因。

宽恕他人是为了让自己得到宽恕。因为选择宽恕，我们会变得善意而美好，我们会撕掉仇恨的外衣，跳出象牙塔，同时，快乐和幸福会在我们心里成长起来。打开心中的枷锁，丢掉满腹的牢骚，我们会重获自由，这是宽恕给予我们心灵最大的回报。

宽恕的主要目的是为了让我们的心在经受了各种各样的伤害之后，能重新接纳爱。因为当我们停止爱的时候，我们是最先被孤立的，变得冷酷、乖僻、自我封闭，于是丢失了天然的快乐。

请求别人的宽恕，真正的目的不是为了获得别人的谅解，而是要我们的心灵更加宁静，不再被怨恨和孤独落寞而充斥。我们没有必要刻意地去接纳和喜欢我们的敌人，我们只是不要再把他们作为一种伤口来使自己变得痛苦不堪。

要知道，怨恨不会让一个人成为赢家，怒气长久淤积在胸，只会灼伤自己；停留在别人的过错中不忍离去，只能蚕食自己的心灵。宽容能融化冷漠的心灵，能驱散生活的苦痛，能给予心灵自由宁静。宽容一个人能让自己不再被怨恨束缚，将所有的不愉快从心底里全部抽离，不再与曾经的爱恨情仇发生任何关系，消除了伤害的痕迹，心灵自然就能获得自由和安宁。

所以，当你的心灵不再纠结于别人的过错而是选择宽恕时，你便获得了一定的自由。因为你已经将怨恨的心结打开，无论是面对朋友还是敌人，你都能够用甜美的微笑来示人。当你与别人相识后，如果因为对方的无心伤害，而整天想着如何去报复对方，这实在是辜负了上天赐予你的美好缘分，反倒不如放下仇恨，宽恕对方，将你们的缘分继续延续下去，或许，因此你可以多一个人生的知己，这样岂不更加有意义？多一个朋友多条路，所以多一份宽恕，你的人生之路就会更加宽广。

智者寄语

学会宽恕别人的过错吧，仇恨只能吞噬心灵的快乐，而宽恕却能让你的心灵获得自由、获得宁静，并使自己的灵魂得到彻底的洗涤。

第二章 以德报怨，化敌为友

化怨恨为友爱

以德报怨，就是以恩德来报答别人曾给予自己的怨恨。显然，没有与人为善的愿望，没有博大的胸怀和宽宏的气度，是很难做到这一点的。

中华民族具有高尚的传统美德——不计前嫌，克己让人，以德报怨，这自古以来就是中国人在处理人际关系时常常采用的一种好的方式。

读过《三国演义》的人大概都记得，孙权伐黄祖时，孙权部将凌操被黄祖部将甘宁用箭射死。不久甘宁归附孙权，为东吴屡立战功，但凌操之子凌统，为报杀父之仇，每遇甘宁都要与之拼命。后来凌统在与曹操部将乐进交战时，被坐骑掀翻在地，就在乐进持枪欲刺时，甘宁一箭射中乐进，救下凌统。凌统深受感动，顿首拜谢甘宁。

甘宁的做法收到了化消极为积极、化冲突为和睦、化对手为朋友的功效。这就是以德报怨而产生的积极效果。

上述以德报怨的善行义举，给了我们非常有益的启示，对我们正确处理人际间的矛盾和纠纷，有着很好的借鉴作用。

按照正常人的思维方式，人都有些自知之明，对自己所作所为的是与非，心里多少是清楚的，因此在对不起他人的地方，难免心存愧疚之意。一旦出乎意料地得到对方的原谅，甚至得到对方真诚的关心和帮助，一般来说都会生发出由衷的愧悔和感激之情，进而心悦诚服地改正自己的过失。所以说，显示了高度涵养的以德报怨，是超越个人之间恩恩怨怨，协调和处理好人际关系的最佳方式之一。

人与人之间并无根本的利害冲突。至于在学习、工作和生活中接触多了，出现一些误会、摩擦和分歧，发生这样或那样的不愉快，是免不了的事情。可是有人却容忍不下，计得失，算恩怨，针尖对麦芒，以眼还眼，以牙还牙，以怨报怨，导致矛盾激化，关系紧张，双方都捆绑在无休止的争斗战车上。

生活当中的许多事实表明，容人之过，谅人之失，以德报怨，是形成良好的人际关系的润滑剂。

我们提倡以德报怨，是指原谅并适度厚待那些一时触犯、伤害过自己的人，而绝不是姑息纵容坏人、恶人。对那些以坑人为快的小人应该批评教育；对为非作歹而又不思悔改的恶棍要绳之以法，使其罪有应得。

中国有句俗话说："冤家宜解不宜结。"许多人从亲身经历中体会到：多一个朋友多一条路，少一个仇人少一堵墙。以德报怨，减少对立面，广交天下友，将有助于我们创造一个和谐融洽的环境和氛围，以开辟通向事业成功的宽阔的人生之路，使我们活得轻松愉快，活得充实而有意义。

智者寄语

怨恨是把双刃剑，在伤害他人的同时也会伤害自己。唯有以德报怨的仁心善举，才能消除仇恨，和谐共荣。

宽恕可以化“敌”为友

在面对自己的“敌人”时，大多数人都会有灭之而后快的冲动，即使在环境不允许或是没有能力消灭对方的情况下，至少也会保持一种仇视的态度，说一些让对方不舒服的嘲讽话，或是背地里暗暗地要一些伤害对方的小手段。在冷静下来的时候，你是否曾经问过自己这样的问题：在攻击对方的时候，我得到了什么？

能当众拥抱“敌人”的人，他们的成就往往比不能爱“敌人”的人更大。若是能够将敌人储存进自己的人脉中，那么你自然就能感受到他们会带给你许多的回报。在一个美国人的身上发生过这样一件事情，足以证明与敌人握手做朋友是一件多么让人庆幸的事。

丹尼尔是一名出色的自由撰稿人，他的作品在美国颇具影响力，因此，多家出版社都与他有着长期的合作关系，他自然不必像许多人一样每天为了生计而奔波忙碌。然而第二次世界大战爆发后，整个国家都处于慌乱紧张的氛围中，再不会有人还能在闲暇的时候边喝咖啡边欣赏丹尼尔的作品。他必须要找到一份新工作来维持自己的开销。

丹尼尔没有什么特别擅长的技术能力，唯一的优势便是他能说好几国语言并能写好几国的文字，所以他希望能够在一家主营进出口贸易的公司里谋得一份秘书的职务。他发出的很多求职信不是石沉大海，便是得到类似于这样的回复：因为正在打仗，公司不需要这一类的人，不过我们可以把你的名字存在档案里。

丹尼尔翻看着这一封封的回信，感觉自己快要被逼疯了。难道没有一家公司愿意雇用自己吗？他随手又打开了一封信，这封信的内容简直令他暴跳如雷。信上说：“你在文学创作上的确有着很深的影响力，我也曾经拜读过你的大作。但是，你现在希望到我的公司里来担任秘书的想法实在是愚蠢至极，我根本不需要任何替我写信的秘书。还有，即使我需要，也不会雇用你，因为你的日语和法语简历中全是文法上的错误，这可真让人扫兴！”

丹尼尔拿起笔，想要写封回信痛斥这个无理的人。他一口气写下了所有的愤怒之情，但接着他停下来对自己说：“我怎么知道这个人说的是不是正确的？我的日语和法语的确有一些基础，但这不代表我就不可能会犯错误，如果真是这样的话，那么一定要努力去学习和改正才对。这个人也许帮了我一个大忙，虽然他本意或许只是想要奚落我。我为什么不用感激的语气来接受他对我的讽刺呢？针锋相对并不能使我获得一份工作，为什么要给自己树立一个敌人呢？”

于是丹尼尔撕掉了他刚刚已经写好的信，拿起笔重新写了一封：“您说并不需要一个替您写信的秘书，因此，我十分感谢您能不嫌麻烦地给我寄来了回信，对于占用了您宝贵的时间我深感抱歉。对于我的简历中文法上的错误，我十分惭愧。我现在打算更努力地去学习日语和法语，以改正我的错误，谢谢您帮助我走上改进之路。”

没过几天，丹尼尔又收到了那个人的回信，信上客气地请丹尼尔来他的公司坐坐。丹尼尔去了，并且得到一份工作，他不用再为自己的生计担心了。

若是丹尼尔寄出他在气愤的时候写的第一封信，那么他一定不可能有在这家公司上班的机会。因此，只有懂得去与对手握手拥抱的人才是真正的交际高手，难道不是吗？

当你在愤慨地面对对手的时候，不妨这样劝自己：他们是自私的、想占我便宜的人，我不去理会他们，更不会去报复他们。因为我知道，一旦我有了报复的想法，那么我伤害自己的代价要比伤敌人的代价更大，所以我更加愿意伸出手来接纳我的对手，让他们成为我的朋友。

与自己的对手做朋友，听起来绝对是个不错的建议，但是真正做起来就绝非易事了。因此那些能够当众去拥抱自己"敌人"的人往往能够拥有较大的成就。在人际交往中，你需要特别留意这样几种人。

1. 与你争吵的人

当你与他人产生争论，甚至发怒的时候，你们之间就会陷入一种形同吵架的状态。随便向别人发脾气显然是不对的。此时你一定要抱着"退一步海阔天空"的心态去面对任何突发的状况，那么自然便能够"守得云开见月明"了。

与你发生争论的对象有的可能是某些重要人物，在对待某件事情上的观点，你们或许存在不一样的见解。这时候你不妨抱着"敢于怀疑，敢于挑战"的心境大胆地说出自己的想法，没准反倒能让对方对你产生好感。在这种情况下，虽然你和对方处于争吵的状态，但这是基于共同拥有某种沟通基础而来的，所以不要害怕争吵，只不过要尽量将这争吵控制在自己的掌控之中，将"敌人"转化为朋友。

2. 难缠的人

难缠的人会对任何事情都看不顺眼，甚至可能因为某天你没有同他打招呼就认为你不拿他当回事，这样的人大有人在。虽然你们开始的时候不是敌人，你也在小心翼翼地维系着你们之间不冷不热的关系，但是只要你稍微有一点儿小事没有做好，就会成为让他抓住的一条"小辫子"，从而将你列入他的"敌人"之列。

对待这样的"敌人"，不妨大胆地与他进行沟通，把心中的想法全部说出来，别怕因此而得罪了他，"袒露心扉"的方法绝对要比"小心谨慎"见效得多。

3. "笑面人"

"笑面人"都有一个共同的表现，那就是看起来与任何人都是朋友，对谁都没有意见。你要提防这样的人暗地里往你的肋骨上"插一刀"，他们可是比较危险的人物，因为这样的人大多都会用"软刀子杀人"的手段来进行打击报复。

虽然这样的人看起来与谁都是朋友，但是在他们的心中，真正值得他们信赖的人却是寥寥无几的。因此你一定要尽力走进他们的内心世界，成为他们的朋友，这也会给你的人脉带来颇为有效的新活力。

让你的"敌人"成为你的朋友，让别扭的人不再别扭，如果你能做到这些，那么这世界上已经没有什么是你不可逾越的障碍了。

智者寄语

有仇不报，宽恕敌人，只有那些成熟、有智慧的人可以做得到。因为他们懂得什么东西对自己更有意义、更有价值，"报仇"虽然有消心头之恨的作用，但却可能使自己迷失方向。

真正的宽恕

有一个部落把“宽恕”作为一种仪式。当有人犯错的时候就会被带到村子中央，接受众人的赞美。整个部落的男女老幼都停下手里的活儿，将犯错的人团团围住，轮流列举他做过的好事，歌颂他的善行和美德，每一个细节都不遗漏。仪式最终发展成一个欢迎的庆典，大家欢迎犯错的人回归到集体中来。

把惩罚化为温暖，把伤害变成祥和，把排斥变为宽恕，这的确是一件非常美妙的事情。犯错的人没有被排斥，没有受打击，整个部落重新团结为一个整体。我们完全有理由相信，虽然宽恕无法改变过去，却能够改变未来。只有那种既往不咎、懂得宽恕的人，才能甩掉沉重的包袱，大踏步地前进。

人活于世，最难得的就是将心比心。谁没有过错呢？当我们有对不起别人的地方时，是多么渴望得到对方的谅解啊！是多么希望对方能把不愉快的往事忘记啊！既然我们都有这样的想法和愿望，那么为什么不能用宽恕的胸怀去理解他人呢？

乐于宽恕是一种心理平衡，老是“念念不忘”别人的“坏处”，实际上深受其害的是自己的心灵，使得自己痛苦不堪，何必呢？这种人，轻则自我折磨，重则可能导致疯狂的报复。人的确需要有点“不念旧恶，宽恕为上”的精神，况且在人与人之间，许多情况下人们误以为“恶”的，其实未必就是什么“恶”。退一步来说，即便是“恶”，如果对方心存歉意，诚惶诚恐，而你不念恶，礼义相待，进而对他格外地表示亲近，也会使为“恶”者感念你真诚，弃“恶”从善。

智者寄语

对自己有恩、帮助过自己的人，我们要牢牢记住，并时刻想着去回报他人；而对自己有过伤害、有愧于我们的人，则要以宽广的胸怀包容往日的恩怨，不以势压人，不落井下石，不计前嫌，着眼于将来。这样才会使我们具有更大的人格魅力，这才是一个人成功立业的有力保障。

包容敌人，冰释前嫌

曾经有这样一个真实的故事：

第二次世界大战结束前一年，即1944年，那年的冬天异常寒冷，饱受战争创伤的莫斯科更是如此。两万德军战俘排成纵队，从莫斯科大街上依次穿过。

尽管天空中飘飞着大团大团的雪花，所有的房屋和街道都堆满了白皑皑的积雪，但所有的马路两边，依然挤满了围观的人群。大批的苏军士兵和治安警察在战俘和围观者之间划出了一道警戒线，用以防止德军战俘遭到围观群众愤怒的袭击。

在这些老少不等的围观者当中，大部分是来自莫斯科及其周围乡村的妇女。她们之中的每一个人，或是父亲，或是兄弟，或是儿子，都在德军所发动的侵略战争中丧生。她们都是战争最直接的受害者，都对悍然入侵的德军怀着满腔的仇恨。

当成批的德军俘虏出现在妇女们的眼前时，她们的眼中充满仇恨，全都将双手攥成了愤怒的拳头。要不是有苏军士兵和警察们在前面竭力阻拦，她们一定会不顾一切地冲上前去，把这些杀害自己亲人的“刽子手”撕成碎片。

俘虏们都低垂着头，胆战心惊地从围观群众的面前缓缓走过。突然，一位上了年纪、穿着破旧的妇女走出了围观的人群。她平静地来到一位警察面前，请求警察允许她走进警戒线去好好看看这些俘虏。警察看她满脸慈祥，没有什么恶意，便答应了她的请求。于是，她来到了俘虏身边，颤巍巍地从怀里掏出了一个印花布包。打开，里面是一块黝黑的面包。她不好意思地将这块黝黑的面包硬塞到了一个疲惫不堪、拄着双拐艰难挪动的年轻俘虏的衣袋里。年轻俘虏怔怔地看着面前的妇女，刹那间便已泪流满面。他毅然扔掉了双拐，“扑通”一声跪倒在地上，给面前这位善良的妇女重重地磕了几个响头。其他战俘受到感染，也接二连三地跪了下来，拼命地向围观的妇女磕头。于是，整个愤怒的气氛一下子改变了。妇女们都被眼前的一幕所深深感动，纷纷从四面八方涌向俘虏，把面包、香烟等各种东西硬塞给了这些曾经是敌人的战俘。

这个故事记录在苏联著名作家叶夫图申科在《提前撰写的自传》中。故事的结尾，叶夫图申科写道：“这位善良的妇女，刹那之间便用包容化解了众人心中的仇恨，并把爱与和平播种进了所有人的心田。此时，眼前的这些战俘已经不再是敌人，他们已经是人了，因为他们的心中，已经被播种了爱与和平……”

在绝大多数的情况下，被侵略者一旦被侵略者所击败，很难避免被残酷报复的命运。但是在这个故事中，被侵略者面对被俘获的侵略者，并没有给予报复，而给予爱和包容。这种爱和包容，化解了双方心中的仇恨，使人们冰释前嫌，重归于好。这就是包容的力量。

与人为善、包容大度、善待对手是人与人之间化解矛盾和仇恨的重要前提。人与人之间常常因为一点点小的利益而发生冲突、产生矛盾，以至于无法释怀。他们总认为要想赢得对方、获得利益，斗争是最有威力、最快的途径。但是斗争永远无法从根本上解决问题，而且会导致新问题的出现。如果我们都能从自身做起，深刻剖析自己，用友善和包容替代怨恨和偏见，那么一定会“冰释前嫌”，使得你的对手更加信服，矛盾与仇恨也就随之而去。

智者寄语

包容大度，与人为善。你越是包容他人，就越容易获得尊重。冰释前嫌可以换来理解、换来和睦、换来友谊，而耿耿于怀只会让人与人之间的距离越来越远。

让对手成为朋友

大家都知道，微软和苹果两大公司自 20 世纪 80 年代起就一直处于敌对状态，比尔·盖茨和乔布斯为争夺个人计算机这一新兴市场的控制权展开激烈的竞争。到 20 世纪 90 年代中期，微软公司明显占据领先优势，占领约 90% 的市场份额，而苹果公司则举步维艰。但让所有人大跌眼镜的是，1997 年，微软向苹果公司投资 1.5 亿美元，把苹果公司从倒闭的边缘拉了回来。2000 年，微软为苹果推出 office2001。自此，微软与苹果真正实现双赢，它们的合作伙伴关系进入了一个新纪元。

RealPlayer 是大家熟悉的电脑播放器，微软是全球闻名的电脑操作系统供应商。它们本无什么纠葛和矛盾，然而 RealPlayer 播放器的制造商、总部设在美国华盛顿州西雅图的 RealNetworks 公司曾向美国联邦法院提起诉讼，指控微软公司违反《反垄断法》，并要求其赔偿10亿美金。但在官司还没结束时，RealNetworks首席执行官格拉塞却致电比尔·盖茨，希望得到微软的技术支持，以使自己的音乐文件能在网络和便携设备上播放。所有人都认为比尔·盖茨一定会拒绝他，但出人意料的是，比尔·盖茨却对格拉塞的提议表现出出奇的欢迎。他通过微软的发言人表示，如果RealNetworks公司真的想要整合软件的话，他将很有兴趣合作。

后来的实践证明，比尔·盖茨的做法是正确的。我们不得不佩服盖茨的商业远见卓识，更敬佩他的为人处世的高贵品质，他为人包容，善待对手，变对手为朋友，实现双赢，这何乐而不为呢？但是，这不是人人都能做到的。

这让人不禁想起约翰·列侬的故事：

1957年，当时还默默无名的约翰·列侬在一次小型演出中认识了15岁的保罗·麦卡特尼。演出结束后，保罗批评约翰唱得不对，吉他也弹得不好，约翰很不服气。于是保罗用左手弹了一段漂亮的吉他，向约翰展示了自己的天才，而且他能记住所有的歌词，这让约翰大为惊讶。约翰想，与其让这小子成为自己将来的敌人，还不如现在就邀他入团。于是就在这天，20世纪最成功的音乐搭档诞生了，约翰和保罗携手合作，组建了"披头士"乐队。这支乐队后来风靡全球，成为历史上影响最为深远的乐队。

聪明的列侬比比尔·盖茨更有远见：在敌人还未成为敌人之前，快步上前，站到他的身边，把他变成自己的朋友。

当你决定打败对手的时候，对手也想着打败你。退一步讲，就算你历尽千辛万苦打败了对手，谁能保证他不会东山再起？那时候，你又得绷紧神经，进入紧张的备战状态。所以，最聪明的办法不是打败对手、搞垮对手，而是像盖茨那样，友好地站到对手身边，把对手变成朋友，实现双赢。

人们常常发出疑惑，为什么名人总容易成功。其实，只要仔细地分析一下，就不难理解了，除了外界客观因素对名人的促进和发展作用，但其主要的还是自身有、别人没有的成功品质，像比尔·盖茨那样，变对手为朋友，就是其中的一个例子。

智者寄语

我们需要对手，有对手才会有进步；我们需要竞争，竞争会让人学会相互欣赏、相互尊重。我们更需要把对手变成朋友的胆识和气魄。

给对手一个微笑

第二次世界大战结束后，在一次酒会上，一个女政敌高举酒杯走向丘吉尔，并指了指丘吉尔的酒杯，说："我恨你，如果我是您的夫人，我一定会在您的酒杯里投毒！"显然，这是一句充满敌意的挑衅。但丘吉尔却只笑了笑，用极其绅士的语调回答："您放心，如果我是您的先生，我一定把它一饮而尽！"就是这样从容不迫地回答让对手哑口无言。

对于对手，一般人都采取打击和报复的手段。其实殊不知，这样会陷入恶性循环的报复链中，冤冤相报何时了。化解对手与自己的之间的矛盾有很多种，但最直接的方法就是给对手一个微笑，像丘吉尔那样用微笑让对手信服，同时也体现了宽宏大量的心胸和气魄。也许你会对微笑的作用感到怀疑,微笑有那么大的威力吗?你可不要低估了一个微笑的作用,它很可能会使一个素不相识的人走近你,甚至爱上你,成为开启你幸福之门的一把钥匙,成为你走向柳暗花明之境的一盏明灯。

微笑于朋友,是心灵的默契;微笑于陌生人,是距离的缩短;微笑于亲人,是感情的营养品;微笑于对手,是"化敌为友"的催化剂。

美国总统乔治·华盛顿在军队任职时,一个叫威廉宾的人反对他所推举的议会议员候选人。两人为此发生激烈争吵,华盛顿说了冒犯对方的话,被威廉宾一拳打倒在地。驻军荷枪实弹前来助战,气氛一时非常紧张。在这千钧一发之际,华盛顿克制住冲动的情绪,微笑着叫属下退去。事后,他把威廉宾请到驻地一家小酒店当面道歉,威廉宾深受感动,从此成为华盛顿忠实的朋友和坚定的拥护者。

生活在纷繁复杂的社会中,难免会与他人发生冲突,产生矛盾,遇到这样或那样的"对手"。遇到对手并不可怕,重要的是我们怎样去对待。在这些对手中,有的也许确是蓄意设障,妨碍你的进取之途,但大多数情况下,是由于不经意的误会,使自己受到伤害,这其中有对方的原因,但也可能是自己所造成的。面对这种情况,是"针尖对麦芒",还是"一笑泯恩仇"?我们不妨借鉴一下华盛顿的做法:给对手一个微笑。

茫茫人海,一个淡淡的微笑,一句轻轻的歉语,都会让你体味其中的包涵和谅解,这就是包容。人生路上,常常会因一件小事,一句不注意的话,使人不理解或被不信任,但不要苛求任何人,以律人之心律己,以恕己之心恕人,这就是包容。

给对手一个微笑,是自己博大胸怀的展现,是自信和从容的流露,也是真正强者的智慧闪现。在这个社会中,我们需要为正义、为利益或为了其他,很多人因此愁苦一生,很多人因此仇恨一世。其实,无论是你战胜了对手,还是对手打败了你,这些都不重要,重要的是能有一个好的心态,能够在面对对手时,给他一个微笑。

智者寄语

人生在世,难免会跟他人产生碰撞,即使心地最和善的人也难免或无意间伤到别人,如果冤冤相报,不依不饶,非但解决不了问题,还将被卷入无休止的争吵之中,伤了他人,也伤了自己。

把对手扶起来

在北方某大城市里,诸多电器经销商经过明争暗斗的激烈市场较量,在彼此付出了很大的代价后,有赵、王两大商家脱颖而出,他们又成为最强硬的竞争对手。

这一年,赵平为了增强市场竞争力,采取了极度扩张的经营策略,大量地收购、兼并各类小企业,并在各市县发展连锁店,但由于实际操作中的失误,造成信贷资金比例过大,经营包袱过重,其市场销售业绩反倒直线下降。

这时,许多业内外人士纷纷提醒王军——这是主动出击,一举彻底击败对手赵,进而独占该市电器市场的最好商机。

王军却微微一笑,始终不曾采纳众人提出的建议。

在赵平最危难的时机,王军出人意料地主动伸出援手,拆借资金帮助赵平涉险过关。最终,让赵平的经营状况日趋好转,并一直给王军的经营施加压力,迫使王军时刻面对着这一强有力的竞争对手。

有很多人曾嘲笑王军的心慈手软，说他是养虎为患。可王军却没有丝毫反悔之意，只是殚精竭虑，四处招纳人才，并以多种方式调动手下的人拼搏进取，一刻也不敢懈怠。

就这样，王军和赵平在激烈的市场竞争中，既是朋友又是对手，彼此绞尽脑汁地较量，双方各有损失，但各自的收获却都很大。多年后，王军和赵平都成了当地赫赫有名的商业巨子。

击倒一个对手有时候很简单，但没有对手的竞争又是乏味的。企业能够发展壮大，应该感谢对手时时施加的压力，正是这些压力，化为想方设法战胜困难的动力，进而在残酷的市场竞争中，始终保持着一种危机感。把对手扶起来，不只是一种襟怀，还是一种智慧。

一位宗教学家说过这样一句话："很少人会以衡量自己的天平来衡量别人。"世界上没有一个人永远不会被诽谤，也没有一个人永远被赞叹。如果我们被别人批评的话，一定不要暴跳如雷，要放开心胸，感谢那个批评自己的人，不要因此而怨恨他，要把他当成自己的恩师。因为正是他的批评，才使我们不断地进步和提高，没有他的批评，或许我们永远也不会知道自己究竟错过了怎样的机会。敢于指责我们的才是真正的良师益友，拥有他们，我们才能有所成长，有所发展。因此，一定要记住，生活中，只有宽容才能化解仇恨，敌对带来的只能是更深的仇恨，这是永恒的至理。

假如一个人长期总是处于一种自寻烦恼的境地而导致自己忧郁难安，或者为与他人斤斤计较而搞得自己愤恨不平，或者是执着于过去，不肯忘怀，或者是因为欲壑难填……他就只能挣扎在抑郁、被人憎恶、愤懑之中。

一个人，想要获得真正的幸福和终身的快乐，就必须把那些困扰自己心灵的不健康心态赶出去，净化自己，选择积极且正确的心态——包容。命运是不能被人力和外部环境所轻易扭转的，假如我们能以自己的心灵为根本，以生存发展的动机为条件，努力去追求宽容且平和的生活，那么，我们就能够像音乐大师贝多芬一样"扼住命运的咽喉"。

包容是一个人对自己本身现状的理解和体谅，不把那些鸡毛蒜皮的小事挂在心上，就很容易做到心平气和，更不会因为无事生非而自寻烦恼；包容是对其他人和事的尊重、接纳与宽容，能够忍受别人犯下的过错，不与其争斗。不和他人争斗，并不代表臣服于他或者软弱，而是用自己的包容去教化他人、改变他人，不记仇怨不惹是非者，才能得人心、得天下；包容就是以善为基，以人为本，心存万物，微笑着面对天下的愁苦，并用积德行善的实际行动来证明包容心态的重要性；包容更是知足常乐，保持一颗平常心，不强求、不妄念，却也总是在努力地积极进取……

包容的心态是穷尽一生也品味不完的智慧结晶。拥有包容的心态，就更容易让人感觉到生命的安详和幸福，得到别人的帮助和推崇；拥有包容的心态，还会因为那谦和的姿态，避免别人的攻击，从而为自己营造一个更加和谐的人际关系圈。虽然包容的心态，不是你轻轻松松便能拥有，随随便便就可以得到的东西。但是只要我们在生活中注重自身修养的提高，相信总有一天，包容的心态就会如影随形。

张伯伦在担任英首相期间曾再三阻碍丘吉尔进入内阁。他们的政见非常不和，特别是在对外政策上存在很大的分歧。后来张伯伦在对政府的信任投票中惨败，社会舆论赞成丘吉尔领导政府。出人意料的是，丘吉尔在组建政府过程中，坚持让张伯伦担任下院领袖兼枢密院院长。他认识到保守党在下院占绝大多数席位，张伯伦是他们的领袖，在自己对他们进行了多年的批评和严厉的谴责之后，取张伯伦而代之，会令他们许多人感到不愉快的。为了国家的最高利益，丘吉尔决定留用张伯伦，以赢得这些人的支持。

后来的事实证明，丘吉尔的决策非常英明。当张伯伦意识到自己的绥靖政策给国家带来巨大灾难时，他并没有利用自己在保守党的领袖地位刁难丘吉尔，而是以反法西斯的大局为重，竭尽全力做好自己分内之事，对丘吉尔起到了极大的配合作用。

智者寄语

宽容之心是一种非凡的气度，是一种宽广的胸怀，是对自己人生负责的一种应有的态度。我们只有学会了包容、接纳和宽恕，才能够更好地面对我们的生活和未来。包容是一种良好的心态，古今中外，凡成大事者皆心胸宽广之人。

容纳对手，实现双赢

奥地利作家卡夫卡说："善待你的对手，方尽显品格的力量和生存的智慧。"不要忌妒对手，而要学会尊重和了解对手，因为与强劲的对手竞争时才能发现自己的不足，才能增强自己的危机感和风险意识，才能总结经验教训，取人之长补己之短。宽容对手，就是成就自己。

多年前的一场 NBA 决赛中，皮彭独得 33 分超过乔丹 3 分，从而成为公牛队比赛得分首次超过乔丹的球员。比赛结束后，乔丹与皮彭紧紧拥抱着，两人泪光闪闪。

这里有一个乔丹和皮彭之间鲜为人知的故事。当年乔丹在公牛队时，皮彭是公牛队最有希望超越乔丹的新秀，他时常流露出一种对乔丹不屑一顾的神情，还经常说乔丹某方面不如自己，自己一定会把乔丹推倒一类的话。但乔丹没有把皮彭当作潜在的威胁而排挤，反而对皮彭处处加以鼓励。

有一次乔丹对皮彭说："我们两个的三分球谁投得好？"

皮彭有点心不在焉地回答："你明知故问什么？当然是你。"

因为那时乔丹的三分球命中率是 28.6%，而皮彭是 26.4%。

但乔丹微笑着纠正："不，是你！你投三分球的动作规范自然，很有天赋，以后一定会投得更好，而我投三分球还有很多弱点。"乔丹还对他说："我扣篮多用右手，习惯地用左手帮一下，而你左右手都行。"这一细节连皮彭自己都不知道。他深深地为乔丹的无私所感动。

从那以后，皮彭和乔丹成了最好的朋友，皮彭也成了公牛队 17 场比赛得分首次超过乔丹的球员。而乔丹这种无私的品质则为公牛队注入了难以击破的凝聚力，从而使公牛队创造了一个又一个的神话。乔丹不仅以球技，更以他那坦然无私的广阔胸襟赢得了所有人的拥护和尊重，包括他的对手。

对付对手的方法有三种：第一种是针锋相对，不断与之争斗，让他输得心服口服；第二种是忽略对手，忘记对手，不与对手一般见识，这是一种掩耳盗铃的做法；第三种则是化敌为友，把自己的对手变成自己阵营里的朋友。

第一种谁都会做，而且一旦争斗起来，可以斗得天昏地暗，极其惨烈；第二种需要一个人的豁达和操守，以淡然的心态看待对手的挑衅；第三种则需要博大而宽广的胸怀，更长远的考虑。

大科学家富兰克林，在参加本雪尔文尼亚的议会选举时，出现了极大的困难。原来有一个新的议员，对他发表了一篇很长的反对演说。在那演说的词意里，竟把富兰克林批评得一文不值。遇到了这样一位出乎意料的对手，是多么棘手的事呀！那该怎样办才好呢？

富兰克林说："我对于这位新议员的反对，当然不高兴，可是，他是一位幸运而有学问的绅士。他的声誉和才能在议院里很有地位；然而，我绝不对他表示卑陋的阿谀，用以取得他同情与好感，我只在隔日之后，运用了别个适当的方法。我听有人讲，他藏书室里有几部很名贵很珍稀的书，我就写了一封简短的信给他，说明我想看看这些书，希望他慨然答应，借我数天。他立刻就把书送了来，大约过了一个星期，我就将那些书送去还他，另外附了一封信，很热烈地表示了我的谢意，他以前从不和我谈话的，可是，当我们下一次在议院里遇见的时候，他居然跑上前来，和我握手谈话了，而且非常客气；并对我说，在一切事情上都要帮我忙，于是我们成为知己，有了美好的友谊。"

智者寄语

与人争斗和忘记对手都是容易的，但在对手面前，笑面以待，把对手变为知己，却要接受人性上的巨大考验。

化敌为友是消灭对手的最好方式

现实生活中，与人交往是一件既令人兴奋又让人困惑的事情。一个人不可能做到让所有的人都接纳自己，当得不到肯定与接纳的时候，当受到伤害和被抛弃，甚至被出卖的时候，我们该怎么办？是选择恨对方一辈子，还是宽容他呢？恨当然是一种泄愤的方式，但这种方式只会让自己失去自我的方向，陷入循环往复的失落情绪中。选择宽容吧，因为宽容的力量更具有积极向上的感染力。不管你是不是被人误解，或是被人怒目相向、恶语中伤，都不要急着向对方发难，给自己和他人都留点时间冷静，宽广的心胸和气度更能助人成就一番伟业。

美国曼彻斯特的一位出版商出版了一本小册子，里面的言辞低级粗俗，竭尽全力地丑化"格兰特兄弟"公司，使其受到公众的讥笑。威廉姆·格兰特十分气愤，他说写这本册子的人一定会后悔的。一些爱看热闹的人又把此话告诉了诽谤者，这个出版商毫不在意地说："他不就是认为我以后会欠他债吗？我会小心行事的。"但一个生意人是不可能自己选择债主的，不久后，这个出版商破产了，而格兰特手中恰好有一张他的承兑汇票。那是另一个破产的商人转让的，上面还有他的转让认可签名。

受诽谤者居然成了诽谤者的债主，他们现在可以让那个诽谤者为自己不负责任的言行而后悔了，如果没有债主的签名，诽谤者便拿不到证明和执照，也就再也不能经商了。此时，这个出版商已得到了债主的全部签名，除了格兰特那一个，但是，他又怎么能够奢望"格兰特兄弟"公司补上这最后一个签名呢？让受到谣言伤害的人对造谣者毫不计较，怎么可能！出版商感到十分绝望。他的妻子和孩子劝他还是去试一试，于是他忐忑不安地来到了格兰特公司。

格兰特先生独自一人在办公室，他对造谣者的第一句话是："关上门，先生！"语气严肃而有力。造谣者紧张而愧疚地站在格兰特面前，面红耳赤地说明了自己的情况，然后递上证明。格兰特先生接过证明边看边说："你曾出版过一本诽谤我的册子。"出版商于是感到一切都完了，可事实却超出他的想象，格兰特先生很快便在文件上写了几句，然后把它还给破产者。这个灰心失望的造谣者认为上面一定写着大骂自己的坏话，可当他绝望地看时，映入眼帘的却是"格兰特兄弟"公司清晰的签名。

"这是我们公司的规定，"格兰特先生说，"任何时候都不会拒绝为一个诚实的商人签名，而在这一方面，我认为你没什么不好。"出版商泪水盈眶，而格兰特先生则继续说道，"我说过会让你为从前的作为后悔的，现在不是做到了吗？那并不是威胁，只是要你在了解我们公司之后，为自己曾伤害过这样的人们而难过。我想你如今已经后悔了。"

"当然，事实确实如此！"出版商激动地叫道，"我从没有如此强烈地后悔过。"

接着，他们进行了平和的谈话，这个破产者谈到今后的打算，说拿到证明执照后，他会有朋友来帮助自己。"那你现在还剩多少钱呢？"格兰特问。出版商坦白地说，家里稍微值钱的东西全抵给债主了，而为了凑够办理执照证明的钱，他必须缩减家里的日常开支。"伙计，这样可不行。"格兰特先生摇摇头，"怎么能忍心让你的家人在贫苦中挣扎呢？把这10万英镑交给你妻子吧。不要哭，别这样，一切都会过去的。燃起斗志，像真正的男子汉一样拼搏，你很快就会让你的妻子和孩子为你骄傲和自豪。"出版商感动极了，他想感谢格兰特先生，却什么也说不出来，最后捂着脸，像孩子一样呜咽着走了出去。

也许你的竞争对手会以君子的风度正当竞争，也许你的竞争对手会恶意诽谤，总之，会有各种各样的竞争方式出现。对此，我们是该以牙还牙、睚眦必报、落井下石呢，还是宽容对方、化解他人的敌意呢？故事里，格兰特面对曾经诽谤自己的人，在我们的想象中，他可能会羞辱他，但是，出乎意料的是他没有那样做，他反而帮助了他、原谅了他，这正是格兰特成功的地方——人急我授以宽容，人险我待以坦荡。只有一个拥有宽大胸襟的人，才能够备受人们的尊重，也才能得到人们的支持。

面对自己曾经帮助过，却又深深地伤害了自己的人，选择去宽待他，这的的确确是一件很困难的事情。但是，换个角度去考虑，也许你会发现你曾经恨之入骨的对手，也并非带给自己的只有伤害。正是由于对手的虎视眈眈，才让你时刻不能放松警惕，要提升自己，迎接他人的挑战。在一定程度上，自己的水平、能力不仅取决于自己，还取决于对手的状况。保持强有力的竞争关系，才能克服懈怠的弱点，不断要求进步。

智者寄语

一位哲人曾经说过："以恨对恨，恨永远存在；以爱对恨，恨自然就会消失。"面对别人的伤害，我们要以德报怨，时刻提醒自己，让伤害到自己这里为止。

竞争对手也许会是更好的朋友

肌肤偏黑的伍健贤喜欢一切颜色鲜艳的东西，白色西装、蓝色或者红色的衬衫以及绚烂的居室布置等。

6月中旬的一个阳光午后，在一大片橘黄背景墙的办公室里，伍健贤跷着腿，时不时地眨着眼睛。这位卜内门太古漆油中国有限公司中国区的总裁对记者说："色彩和环境的变化，有时看起来虽然让人眼花缭乱，却也会触发你的灵感。"

伍健贤在中国区老大的位置上待了近半年。但只要在中文搜索引擎上输入他的名字，清一色显示的都是"伍健贤离开飞利浦照明中国区总裁"消息。记者将这段转述给他时，伍健贤跺了跺脚："是吗？真的有这么轰动吗？"

6年前，伍健贤还是飞利浦照明的亚太地区市场部总监。某天，老板把他叫到办公室，倒了一杯水,双手递给他。

“伍健贤,我们打算提拔你,你想不想当经理?”

“怎么不想?我离开美国时,就已经立下志愿要做一名经理。你能帮我实现愿望?”伍健贤说道。

老板点点头,又摇摇头,“不是我帮你实现,是给你一个机会。澳大利亚地区缺一个总经理,你愿意去吗?”

“好啊好啊!”此时他像一个得到了糖果的孩子,差点蹦了起来。

于是,老板马上从抽屉里拿出一份聘书:“去吧。还有新西兰,你可以兼做两个国家的总经理了。”伍健贤接过聘任书,手突然发起抖来——这两个地方的经营状况好像不是很理想啊!

老板忙不迭地说道:“伍健贤,是不是不想去?机会难得啊。虽然澳大利亚已经亏损了15年,但是你去的话,即使再亏,也亏不到哪里去。”

伍健贤哈哈大笑,心里想:那我就去那边感受一下日光浴和海滩吧!

到了风光旖旎的澳大利亚,伍健贤却笑不出来了。那边公司的情况很不妙,公司的账面亏损严重。他发现,并不是公司新产品质量和价格的问题,而是渠道压根没有铺开。“我们几乎没有能力将我们的产品放到每一个澳大利亚小区。当地住宅极其分散,如果不能全部撒网,是不可能赚钱的。”

伍健贤想出了一个主意,把当时的竞争对手邀请到公司来。“我们要跟他们一起来做市场。把我们的货物放在他们的渠道上。分销网络、物流系统等都由竞争者来搞,我们则完善自己的品牌建设。”

一开始,所有人都认为伍健贤是一个大傻瓜。大家说,这不是等于公开自己公司的所有秘密了吗?连竞争伙伴也大为惊讶。三番五次的谈判之后,竞争者同意了,飞利浦照明的产品开始上对方的轨道。公司的业绩也奇迹般地上去了。“一年之后,公司扭亏。公司开 party 庆祝时,很多在澳大利亚工作多年的员工,都流下了眼泪。”伍健贤说,事实证明,在商场上其实并没有敌人,只是大家总在假想对方如何残酷、如何不人道。

可以从中得到启示:我们完全可以选择竞争对手来当我们的朋友,我们可以因此学习到更多的道理,也可以从中获得更多。友谊可以促进竞争。当朋友间存在竞争时,应互帮互助,共同进步,这才是真正友谊的体现。若两个人因竞争而反目成仇,互相利用,互相陷害,那么他们绝对不是朋友,存在的也不是真正的友谊。如果因竞争而失去了友谊,那么他所失去的远比得到的多。朋友间友谊的见证,可以使竞争减小压力,可以使竞争降低难度,可以使竞争者增强信心。面对竞争,朋友之间并肩作战,其利无穷。竞争是残酷的,而友谊是温暖的。冰遇热会消逝,冰遇阳光也会融化。

竞争的风帆在友情的海洋里,可以乘风破浪,奔至彼岸。风帆失去了海洋则无法航行;而海洋失去了一只风帆,却依旧会有其他帆船。竞争是短暂的,而友谊却可以长久。长久的友谊,可以温暖人心。而短暂的竞争,除了短暂的胜利喜悦,就是“恼人”的失败体验,可能让人寒心。但是,并不是光要友谊不要竞争。当今社会,逆水行舟,不进则退。没有竞争,就无法立足于社会,社会就无法进步,人类就无法生存。所以,友谊可以铸就竞争的成功,竞争可以促进朋友间的共同进步。对于友情,我们不要求为对方两肋插刀,不要求为对方赴汤蹈火,只要困难时能够帮助一下,痛苦时能够倾诉苦衷,快乐时能够共同分享,朋友之间绝不等于要求对方必须完全符合自己的想法或永远符合自己的意愿,朋友也不是永远地依附或迁就。朋友间的友谊应是相互支持、相互吸引与相互祝福。如果和朋友相处到这种境界,也是一个人心智成熟的境界吧。

智者寄语

别辜负两个字——朋友。别为了竞争伤害朋友间那份纯真的友情。

让敌人变成自己的贵人

生活中的我们总是被这样的惯性思维所困,只要对方与我们为敌,只要他们向我们发起攻击,我们便立即将他们划入"敌人"的范围中,并且觉得他们没有一点好处,甚至一见到对方都觉得厌恶至极。却不曾注意到,在树敌过程中,我们不仅丢失了内心的快乐,还白白地失去了很多机遇。

林强和肖奇是同时进入公司的同事,对于职场新人的打压,已经成了这家公司中老员工们的惯例。虽然两个人都遭受了这样的待遇,但两个人的反应和处事方式却大相径庭。

林强对于老员工的摆架子,指使他做这做那,一直都表现出了相当好的态度。他总是勤勤恳恳面带微笑,不仅不去憎恨这些作威作福的人,反而还努力去找他们身上的优点:经验丰富、说话很有技巧、工作能力很强等,并且还虚心地向他们请教,表明自己对前辈们的欣赏。

久而久之,那些老员工不但不再"欺负"这个新来的毛头小子,反而觉得他越来越招人喜欢。有了好事也总不忘了分给他一些,不久之后,在这些前辈们的提携和推荐之下,林强就坐到了部门副主管的位置。

而肖奇却是另外一个态度,他是个直肠子,而且性格暴躁。所以对于那些试图欺压他的人,他总是愤恨不已,他想不明白这些人为什么都如此歹毒。他不仅丝毫不买他们的账,还经常忍不住火气向对方发怒。这样一来,惹得那些老员工更增加了打压他的兴致,处处跟他过不去。不到半年,肖奇就因为顶不住压力而辞职了。

问问自己,在生活中,我们把多少时间留给了憎恶敌人,又把多少机会留给了自己?其实,只要放宽心态,你就会发现,所谓的敌人并没有那么可恨。你之所以会觉得他们带给你的都是痛苦,是因为我们把对方身上的"黑点"放得太大了。就像同样是半杯水,有的人看到它有一半是满的,而有的人却看到它有一半是空的。其实每个人都是优点和缺点的混合体,总是看到缺点的人就会觉得人心险恶、社会阴暗,而看到优点的人,即使暂时遭遇对方的打击,也不会过多地把它放在心上,而且懂得努力从对方身上汲取能量,最终为自己所用。

孔子曰:"三人行,必有我师焉。"每个人都有值得学习的地方,如果让心中那个"敌人"的观念蒙蔽了双眼,就很容易在生活中树敌。在社会上打拼的我们,本来就面临着各种无法预知的风险,如果你再人为地"树敌",那你的处境只会更加艰难。

在家靠父母,出门靠朋友,多一个朋友就多一条出路,那要是多一个敌人呢?很遗憾,你就相当于在本来就不平坦的道路上又挖了一个大坑。既然如此,何必又要去做那些对自己不利的事呢?换一种心态去看吧!把心放宽一些,不但可以使自己心情愉快,也能赢得别人的尊重。这样即便是遇到对自己发怒或者与自己为敌的人,我们也能将他变成生命中的贵人。

这一特征在同行业中表现得尤为明显,对于自己的竞争对手,很多人往往都像打仗一样,把对方当成“敌人”防范打击、怒目而视，甚至非要争个你死我活才肯罢休。我们之所以会选择这样做，多半是为了能够赢过对手，取得“战斗”的胜利。但事实上，为了相互争斗而彼此大耗精力财力，最后往往会两败俱伤。

其实，在这个经济融合的大社会中，无论从事什么行业，一个人的力量总是有限的。如果我们换个角度，在做事的时候，在心中为对方腾出一片敞亮的天地，与竞争对手握手言和，相互协作，则能够在互惠互利的基础上达成共赢，这样你的对手便从“敌人”的角度转变成了“盟友”或者“军师”，而我们的胜算也就无形中增大了很多。

由古至今，同行做生意的人都习惯了独自经营，相互争抢生意。然而，在新加坡却有这样一个地方。那里白天作为停车场存在，而一到了晚上，便变成了许多人追寻美食的海洋。

偌大的场地一到了晚上便会摆满各种各样的小摊，天南海北的风味小吃应有尽有。来到这里的顾客无论随便坐在哪一个摊位上，都可以尽情尝尽这里的各种美味。

在这里，不论你是想吃哪一家的食物，摊主都会热情地派人给你取来。而结账时，也不需要到各家去跑。只要把钱交给你所在的哪一家的摊主就可以了。而且，这里的摊主之间从来都不会发生争抢生意或者互相打压的情况，到处都是一片祥和的景象。所以，来这里吃饭的人熙熙攘攘，大家都觉得很舒心。

这样的经营模式打动了陈宗达，他打算借鉴过来用到自己的生意上。起初，他也是先从大排档做起。等渐渐积攒了一点资金之后，他就和起初一起在大排档摆摊的朋友们合伙开了一家食堂。再一次赚了钱之后，他又联系了更多原先摆摊经营的摊主，合作开起了食品公司。

随着合作伙伴的一天天增加，陈宗达的生意越多越大，财富也一天天地越积累越多。

陈宗达的成功不仅源于他有及时抓住市场的眼光，最重要的是他有能够容人的宽广胸襟。在他的世界里没有敌人，只有伙伴，因而也就不会有输，只会有赢。而假如一个人只知经营自己的事业，把同行对手全都当作真正的敌人来对待，那么他的利益自然也就不会长久。

当我们将对手变成搭档时，这不仅使你失去了一个“敌人”，还多了一个帮助你成就事业和前程的朋友，你因此也会变得更加强大。

智者寄语

假使想要拥有更多的天地，那么就不该把任何一个人视为不共戴天的敌人。只要胸怀足够宽广，敌人就能变成贵人。

有时候，敌人比朋友更真诚

古时候，有一位首领，在领兵跟敌国作战时，遇到顽强抵抗，战争异常残酷，持续了几个月之久。一次，敌方将领想出一个“擒贼擒王”的计策——派一位武士行刺首领。这位武士骁勇机警、行动敏捷，他躲开岗哨，想从马棚偷袭首领的卧室。不料，首领的马看见有生人，便嘶叫起来。这个情况是武士事先没想到的，他拿不准应该“杀马灭口”、继续冒进，还是脚底抹油、赶紧开溜。

首领听见马嘶，估计出了情况，手持宝剑出来察看，发现了刺客。他一声招呼，卫兵们便蜂拥而来，向刺客扑去。武士知道此番性命难保，想举刀自刎却已经来不及了，被卫兵们捆得结结实实、扔在地上。这时，卫士长跑过来，一面向首领自责疏于防范之过，并请示如何处置这名刺客。首领走到刺客身边，厉声问："你是来偷马的吗？"刺客不明白是什么意思，含含糊糊答应一声，心里却想："我是来取你性命的，怎么说我偷马呢？"

首领回头对侍卫长说："这家伙一定是来偷马的。现在是战争时期，老百姓都很穷，想偷马卖钱，情有可原。把他放了吧！"

侍卫长急忙说："不能放！他明明是来行刺的，不是来偷马的，应该将他就地正法。"

"他明明是个偷马贼，为什么说他是刺客呢？我看他也是一条好汉，一定是迫不得已才干这种小偷小摸的事。把他放了吧！"侍卫长无奈，只好把刺客给放了。

这件事传出去后，人们都称颂首领心胸宽广、爱惜人才。各地的勇士如潮水般涌来投奔他，他的军队实力大增，很快就取得了战争的胜利。后来，首领统一了北方各部，建立了一个强大的王国，他身边多了一个忠心耿耿的卫士——就是当初的刺客。

仇视敌人是我们的共性，可是敌人未必永远都是敌人，只要我们肯包容，敌人很可能会成为我们日后的朋友。在生活中，因为利害冲突或其他原因产生了对手，如果针锋相对，可能将使矛盾激化、冲突升级，加重双方的仇视心理。即使一方凭借权力或武力压倒对方，那也只能造成压而不服，或口服心不服的状况，所以，对待自己的敌人，克己忍让、化敌为友才是最明智的解决办法。

古印度有位英勇无比的王子，某次征战之后，率兵得胜回朝。在盛大的庆功宴上，王子谦逊地举起金杯，向父王、大臣、在座的将士以及黎民百姓一一表示感谢，甚至连为他牵马的仆人也没忘记，这使得大家深深感动。此时，旁边坐着的老国王提醒道："我的孩子，有一个最重要的人，你还没向他致谢呢。"王子怔了半晌，终想不出，只好向父王请教，只听老人一字一句地说："你的敌人。"

人的一生，无论顺利还是坎坷，注定要扮演战士角色，与大大小小的对手或敌人相遇。战场上的真刀真枪自不必说，哪怕是在和平年代里，大到创新事业，小到一场牌局，也需要对手。在许多时刻，敌人和对手显得比朋友更真诚。当他打败你时，绝对不会留什么情面；他嘲笑你时，那份冷酷刻骨铭心。是对手或敌人的强悍让我们昼夜习武，练就一身好功夫；是对手或敌人的狡诈使我们时刻保持警觉之心；是对手或敌人的强大鞭策让我们卧薪尝胆，韬光养晦；是对手或敌人的智慧激励我们不断学习、与时俱进；是对手或敌人的威胁警醒我们战战兢兢、如履薄冰；是对手或敌人的围追堵截使我们不断努力，使我们打败了真正的敌人——我们自己。

《圣经》说："原谅你的仇敌。"这并非道德说教，而是经验之谈。原谅仇敌，可能带来很大好处。

智者寄语

在生活中，把朋友、敌人分得太清，往往会受到伤害。人世间的感情是很难说清楚的，有时候我们就可能遭到别人的误解或误解别人，可这并不是谁故意去那么做的。尽量与人为善，把敌人也变成朋友，这样的人生才会更为开阔。

人生如棋局，不能没有对手

曾经在美国费城的大楼上立起第一根避雷针、有着"第二个普罗米修斯"之称的富兰克林，说过这样一句话："我读书多，骑马少，做别人的事多，做自己的事少。最终的时刻终将来临，到那时我但愿听到这样的话‘他活着对大家有益’，而不是‘他死时很富有’。”活着对大家有益，这就是分享的本意。如果我们能够明确感受到自己的行为对于他人的价值，我们就会从中发现无穷的乐趣，分享才能共赢。无论是在自然界，还是在一个人的生活中，这个道理都是通用的。

一个人最大的毛病，莫过于只知有已，不知有人，尤其是在得意忘形的时候，只知道海阔天空地吹嘘自己，而忘记了他人。

米勒在小镇上有一家米店。这家米店是他爸爸传下来的。他爸爸又是从他爷爷手里接过来的。他爷爷开这家米店的时候，南北两方正在打仗。米勒接手后买卖公道，信誉很好。他的米店对镇上的人来说就像自己的手足，不可缺少。米勒的儿子在长大，米店就要有新接班人了。

可是有一天，一个投资者在他的店对面开了家新米店。

新店开业前一天，米勒坐在他那阴暗的店堂里想心事。他真想破口把对手臭骂一顿。

“米勒，”他的母亲用低低的声音缓缓地说，“你巴不得把对面那家米店放火烧了，是不是？”“是，巴不得！”米勒简直在咬牙切齿，“烧了有什么不好？”

“烧也没用，人家上过保险。再说，你这样想也缺德。”

“那你说我该怎么想？”米勒冒着火问。

“你该去祝愿。”

“祝愿天火来烧？”

“你总说自己是个厚道人，米勒，可一碰到切身事就糊涂。你该怎么做不是很清楚吗？你应该去祝愿新店开业成功。”

“你是不是糊涂了，妈妈？”

说是这么说，米勒还是决定去祝贺他们新店开业。

第二天早晨新店还没开门，全镇人就已等在外边。大家看着正门上方赫然写着“新美粮店”几个金字，都想进去一睹为快。

米勒也站在人群中，他高高兴兴地跨到台阶上大声说：“外乡老弟，恭喜开业，谢谢你给全镇人带来方便！”

他刚说完，便吃了一惊，因为全镇人都围上来朝他欢呼，甚至还把他举了起来。大家跟他一起进店参观。谁都关心标价，谁都又觉得很公道。那个投资者笑呵呵地牵着米勒的手，两个生意人像老朋友一样。

后来，两家生意都做得十分兴隆，小镇也一年年变大了。

应该感谢你的敌人，因为在与敌人的周旋中，你才愈来愈经得起考验，愈来愈坚强，所以，不要埋怨那些令你跑得很累的人，恰恰是他们，才能使你跑得更快。也许，有一天，你会发现拥有一个强劲的对手，反倒是一种福分、一种造化。

智者寄语

竞争虽在所难免，但不存在永远的敌人。将对手看成风景，你这边才会风和日丽。竞争，对你来说是生活中不可缺少的内容。倘若你在学习或工作中能观察一下对手，看看他的优势，也许你会进步得更快。欣赏对手，对手也会欣赏你，从而将这种对立的关系转变为一种和谐友好的关系，那么你得到的不仅仅是一种经历和教训，还有一位“千金难买”的朋友，这样你的人生会充实很多。

慈悲没有对手，宽容没有借口

从前有一个富翁，他有三个儿子，在他年事已高的时候，富翁决定把自己经过一辈子艰难打拼才挣得的庞大家业全部留给三个儿子中的一个。可是，到底要把财产留给哪一个儿子呢？为了能够从三个儿子中选出一位值得托付家业的后继者，他想出了一个办法：他要三个儿子都花一年时间去游历世界，回来之后看谁做了最高尚的事情，谁就是财产的继承者。

此后，三个儿子都听从父亲的安排，选择了各自的行程，游历了世界上的很多地方，增长了见识，开阔了视野。一年时间很快就过去了，三个儿子陆续回到家中。富翁要遵照自己之前说好的方式让三个人都讲一讲自己的经历。三个儿子都选择了自认为最高尚的事情讲给父亲听。

先是大儿子，他得意地说："我在游历世界的时候，遇到了一个陌生人，他十分信任我，把一袋金币交给我保管，可是那个人却意外去世了，我就把那袋金币原封不动地交还给了他的家人。"

其次轮到二儿子，他也自信满满地说："当我旅行到一个贫穷落后的村落时，看到一个可怜的小乞丐不幸掉到湖里了，我立即跳下马，从河里把他救了起来，并留给他一笔钱。"

最后，轮到三儿子了。他听了两个哥哥的发言，似乎对自己所做的事情并不是十分自信。因此三儿子显得很犹豫地说："我，我没有遇到两个哥哥碰到的那种事，在我旅行的时候遇到了一个人，他很想得到我的钱袋，一路上千方百计地害我，我差点死在他手上。可是有一天我经过悬崖边，看到那个人正在悬崖边的一棵树下睡觉，当时我只要抬一抬脚就可以轻松地把他踢到悬崖下，但我想了想，觉得不能这么做，正打算走，又担心他一翻身掉下悬崖，就叫醒了他，然后继续赶路了。这实在算不了什么有意义的经历。"

富翁听完三个儿子的话，点了点头说道："诚实、见义勇为是一个人应有的品质，称不上是高尚。狭路相逢时给敌人留下后路，有机会报仇却放弃，反而帮助自己的仇人脱离危险的宽容之心才是最高尚的。我的全部财产都是老三的了。"

富翁从对三个儿子为人处世能力的比较中，最终认可、肯定了三儿子宽广的胸襟、宽容之心。可见，心胸开阔并非人人都能做到，宽容是一笔巨额的财富，是人性之花历经沧桑之后依然盛开。人生道路漫长而坎坷，难免会在某个时刻与他人结下矛盾，甚至仇恨，但是，要明白，一旦种下仇恨，困在仇恨中的有自己，还有对方，于己于人都有弊无利。活在仇恨里的人是愚蠢的。你在憎恨别人时，心里总是愤愤不平，希望别人遭到不幸、惩罚，却又往往不能如愿，失望、莫名的烦躁之后，你便失去了往日那轻松的心境和欢快的情绪，从而心理失衡；另一方面，在憎恨别人时，由于疏远别人，只看到别人的短处，在言语上贬低别人，在行动上敌视别人，结果使人际关系越来越僵，以致处处树敌。宽容地帮助曾经伤害过你的人才不失为人生大智慧，以德化怨，春风化雨，是成熟的象征，宽容的人生收获的必是满城桃李。

智者寄语

要想生活得洒脱、奔放并不能仅仅建立在物质的基础上，更为重要的是拥有宽容之心，以博大的胸怀容忍对手的过失，才能在精神上丰裕富足，才能以自由、奔放的心态走向幸福。

以德报怨的司机

一个村子附近的公路上,常有载满物资的货车经过。贫穷的村民打起了公路的主意。他们把公路刨得坑坑洼洼,这样的话,过往的货车必然减缓速度,他们便可以趁机哄抢车上的货物。

一天,一辆载满袋装淀粉的货车途经这条公路时,村民们又一次将淀粉哄抢一空。

然而,货车司机并没有迅速报案,而是紧跟在抢他淀粉的村民后面进了村。他请求村民们把淀粉还给他,没想到,村民们非但不还,还叫他快滚,否则就乱棍打死他。

司机说:"你们不还我淀粉也行,但你们千万不能吃它。"听了司机的话,村民们大笑起来,说:"抢来的东西我们想吃就吃,想卖就卖,关你屁事!"

有个村民甚至当着他的面,扯开一袋淀粉的缝线,抓起一把淀粉就要往嘴里塞。司机吓坏了,大声制止:"不能吃!这是工业用的淀粉,有剧毒!"那个村民愣住了,硬生生把手收回,半信半疑地牵来一只狗。狗尝过淀粉后,立即就倒地而死了。

村民们都震惊了,他们震惊的不是狗的死亡,而是司机那颗善良的心。

村民们惭愧地把抢来的淀粉一袋不少地送回了司机的车上。

从此,再也没有一个村民当车匪路霸,这条公路又恢复了以往的安宁。

当村民抢劫了淀粉之后,司机如果出于报复,任由村民去食用有剧毒的淀粉的话,就有可能造成对生命的威胁。当村民吃了亏,没处告状,心中会产生不平,以后有机会一定会更凶狠地去抢劫,以补偿自己的损失。长此以往,这个村子肯定会变得相当可怕。

这个故事中司机的及时相阻,不仅挽救了村民的生命,更挽救了人类内心最本性的善良。只有这样,我们每个人才能够生活得更踏实、更融洽、更幸福。

智者寄语

当别人做了伤害你的事,你会冤冤相报吗?善良能带来和平与爱。

谁的功劳最大

在一个很远的地方,有一年冬天,天气非常寒冷。人们去向国王诉苦,说有一群凶残的野狼袭击了他们的牲畜和家禽。

国王马上召集卫队中最优秀的武士,命令他们去消灭这群凶残的野狼。国王说:"等明年春天你们回来的时候,我将邀请你们中功劳最大的那个人和我共进晚餐。"

武士们听了都跃跃欲试,他们都想成为那个唯一受到邀请的人。于是,他们不顾冰雪和严寒,争先恐后地出发了。他们在森林和原野中追踪野狼的踪迹……转眼就到了第二年春天。

第一名武士先回来了。他满身伤痕,一只胳膊用绷带吊在胸前,一条腿也断了,还拄着拐杖。他对国王说:"陛下,我的功劳应该是最大的。我徒手和狼群搏斗,虽然没能全部消灭它们,但也打伤了许多只野狼。你看,在搏斗中,我的右臂和右腿都负伤了。"

正在国王为这名武士唏嘘不已时，第二名武士出现了。他的肩上扛着一具野狼的尸体。他对国王说："陛下，我把狼群中领头的那只野狼带回来了。擒贼先擒王，我一箭就射中了它。其他的野狼不战自溃，四散奔逃。我的功劳应该是最大的。"

国王说："祝贺你，勇士。"

这时他看到又一位武士回来了。武士身边跟着一只安静的野狼。国王问他："你做了什么呢？"

那名武士回答说："陛下，当我的同伴在追杀野狼时，我所想的是，只要还有一只野狼没被杀死，它就会重新回来祸害附近的村庄。所以我就花时间在远处观察野狼，结果我发现与其说它们很凶残，倒不如说它们很饥饿。这个冬天异常寒冷，野狼的食物变得非常稀少。他们之所以在陛下的土地上四处游荡，伤害家畜，是因为它们实在找不到别的可吃的东西。所以我就每天给野狼带去一些食物，逐渐把它们引离陛下的土地。我把它们引到了一个山谷里，那里的气候相对温暖，食物也多一些。那里还有一条没有结冰的小河，可以给狼提供饮水……我想它们不会再到陛下的土地上来了。"

国王又问："你脚边趴着的这只野狼是怎么回事？"

武士回答说："它救了我一命。在高山上的时候，我不幸遇上了黑熊。多亏有这只勇敢的野狼从旁相助，我才安全脱身。"

国王因此认定最后这名武士的功劳是最大的，邀请他晚上来赴宴，但是这名武士却拒绝了。

他解释说："陛下，我已经得到了最好的回报。这只野狼已经成了我的朋友。我们彼此友好，不再是敌人。我今后会仔细照料它的需求，而不是试图依靠武力去强迫它、征服它。它也尊重我，视我为伙伴。"

武力和暴力虽然有时候也能够解决问题，但远远没有友爱与和谐更让人感动。武士懂得，对于野狼，除了杀戮，还可以选择倾听和驯服，把野狼变成自己的伙伴。

智者寄语

战胜对手，最好的办法是什么？站到对手的身边去，把他变成朋友。

请珍惜难得的人情味

你怎样对待曾经冒犯过你的人？

选择仇恨不如选择原谅。

"我从未遇见过一个我不喜欢的人。"威尔·罗吉士说。这位幽默大师能说出这么一句话，大概是因为没有他不喜欢的人。罗吉士年轻时有过这样一件事，可为凭证。

1898年冬天，罗吉士继承了一个牧场。有一天，他养的一头牛，因冲破附近农家的篱笆去啮食嫩玉米，被农夫杀死了。

按照牧场规矩，农夫应该通知罗吉士说明原因。但农夫没这样做。罗吉士发现了这件事，非常生气，便叫了一名佣工陪他骑马去和农夫理论。

他们半路上遇到寒流，人身上、马身上都挂满了冰霜，两个人差点冻僵了。

当他们抵达木屋的时候，农夫不在家。农夫的妻子热情地邀请两位客人进去烤火，等她丈夫回来。

罗吉士在烤火时，看见那女人消瘦憔悴，还发现五个躲在桌椅后窥探他的孩子都很瘦。

农夫回来了，妻子告诉他，罗吉士和佣工是冒着狂风严寒来的。罗吉士刚要开口跟农夫理论，忽然决定不说了。他伸出了手。

农夫不知道罗吉士的来意，便和他握手，留他们吃晚饭。“二位只好吃些豆子，”他抱歉地说，“因为刚刚在宰牛，忽然起了风，没能宰好。”

盛情难却，两人便留下了。

在吃饭的时候，佣工一直等待罗吉士开口讲起杀牛的事。但是，罗吉士只跟这家人说说笑笑。孩子们一听说从明天起几个星期都有牛肉吃，高兴得眼睛发亮。

饭后，朔风仍在怒号，主人夫妇一定要两位客人住下，两人于是在那里过夜。

第二天早上，两人喝了黑咖啡，吃了热豆子和面包，肚子饱饱地上路了。

罗吉士对此行的来意依然闭口不提。佣工说：“我还以为你为了那头牛来兴问罪之师呢。”

罗吉士半晌不作声，然后回答：“我本来有这个念头，但是我后来又盘算了一下。你知道吗？我实际上并未白白失掉一头牛。我换到了一点人情味。世界上的牛何止千万，人情味却稀罕。”

智者寄语

有人说，“爱是自然界的第二个太阳”。太阳能够温暖天地万物，使万物变得郁郁葱葱、生机勃勃。当爱心装满我们的心灵，当人情味充溢我们的灵魂时，人与人之间将变得更融洽、更和谐、更温暖。即使是面对曾经冒犯过我们的人，我们也应像罗吉士一样，去选择原谅。

把生意让给竞争对手

卡尔是位卖砖的商人，由于一位对手的恶性竞争，他的生意陷入了困境。

原来，对手在他的经销区域内定期走访建筑师与承包商，告诉他们：卡尔的公司不可靠，他的砖块不好，面临即将停业的境地。

卡尔并不认为对手会严重伤害到他的生意。但是，这件麻烦事使他心中升起了无名之火，他真想“用一块砖头敲碎那人肥胖的脑袋”，以此来发泄心中的愤怒。

一个星期天的早晨，卡尔听了一位牧师的讲道。主题是：要施恩给那些故意跟你为难的人。

卡尔把每一个字都记了下来。

卡尔告诉牧师，就在上个星期五，他的竞争对手使他失去了一份25万块砖的订单。但是，牧师却教他要以德报怨、化敌为友，而且举了很多例子来证明自己的理论。

当天下午，卡尔在安排下周的日程表时，发现住在弗吉尼亚州的一位顾客，要为新盖一间办公大楼购买一批砖。可是，他所指定的砖却不是卡尔他们公司所能制造供应的那种型号，而与竞争对手出售的产品很相似。同时，卡尔也确信那位满嘴胡言的竞争对手完全不知道有这个生意机会。

卡尔感到非常为难。如果遵从牧师的忠告，他觉得自己应该告诉对手把握好这项生意的机会，并且祝他好运。但是，如果按照自己的本意，他情愿对手永远也得不到这笔生意。

卡尔内心挣扎了一段时间，牧师的忠告一直萦绕在他的脑海。最后，也许是因为很想证实牧师是错的，卡尔拿起电话拨到竞争者的家里。

接到电话，对手难堪得说不出一句话来。卡尔很有礼貌地直接告诉他，有关弗吉尼亚州的那笔生意。

虽然对手结结巴巴地说不出话来，但很明显的是，他很感激卡尔的帮忙。卡尔又答应打电话给那位住在弗吉尼亚州的承包商，并且推荐由对手来承揽这笔订单。

后来，卡尔得到非常惊人的结果。对手不但停止散布有关他的公司濒临倒闭的谣言，甚至还把他无法处理的一些生意转给卡尔做。

现在，除了他们之间的一些阴霾已经获得澄清以外，卡尔心里也比以前好受多了。

生意场上，竞争在所难免，尤其与同行之间。当我们面对竞争对手时，应该保持怎样的策略呢？答案很简单，即便与对手发生过激烈竞争，也千万不要因此而耿耿于怀。要记住，在自己赚钱的同时别挡了别人的财路。

自己让利，对方得利，最终还是会给自己带来较大的利益。

智者寄语

你是否能够客观、公正地看待和对待你的对手？对手有时候也是朋友。

永不磨灭的运动员精神

1936年的柏林，希特勒对12万观众宣布奥运会开始。他要借世人瞩目的奥运会，证明雅利安人种的优越。

当时，田径赛的最佳选手是美国的杰西·欧文斯，但德国有一位跳远项目的王牌选手鲁兹·朗。希特勒要他击败杰西·欧文斯——黑种的杰西·欧文斯，以证明他的种族优越论——种族决定优劣。

在纳粹报纸一致叫嚣把黑人逐出奥运会的声浪下，杰西·欧文斯参加了4个项目的角逐：100米、200米、4×100米接力和跳远。跳远是他的第一项比赛。

希特勒亲临观战。鲁兹·朗顺利进入决赛。

轮到杰西·欧文斯上场，第一次，他逾越跳板犯规；第二次他为了保险起见从跳板后起跳，结果跳出了从未有过的坏成绩。

他一再试跑，迟疑，不敢开始最后的一跃。希特勒起身离场。

在希特勒退场的同时，一个身材瘦削、有着湛蓝眼睛的雅利安人种德国运动员走近欧文斯，他用生硬的英语介绍自己。其实他不用自我介绍，没人不认识他——鲁兹·朗。

鲁兹·朗结结巴巴的英文和露齿的笑容松弛了杰西·欧文斯全身紧绷的神经。鲁兹·朗告诉欧文斯，最重要的是取得决赛的资格，他说他去年也曾遭遇同样情形，他用了一个小诀窍解决了困难。

他取下杰西·欧文斯的毛巾放在离起跳板数英寸处，从那个地方起跳就不会偏失太多。欧文斯照做，几乎破了奥运纪录。几天后决赛，鲁兹·朗破了世界纪录，但随后杰西·欧文斯以些许优势胜了他，夺得这枚跳远金牌。

贵宾席上的希特勒这时脸色铁青,看台上情绪昂扬的观众忽然十分安静。场中,鲁兹·朗跑到欧文斯站的地方,把他拉到聚集了12万德国人的看台前,举起他的手高声喊道:“杰西·欧文斯!杰西·欧文斯!杰西·欧文斯!”看台上经过一阵难挨的沉默后,忽然齐声爆发:“杰西·欧文斯!杰西·欧文斯!杰西·欧文斯!”杰西·欧文斯举起另一只手来答谢。

等观众安静下来后,他举起鲁兹·朗的手指向天空,声嘶力竭地喊道:“鲁兹·朗!鲁兹·朗!鲁兹·朗!”全场观众也同声响应:“鲁兹·朗!鲁兹·朗!鲁兹·朗!”没有诡谲的政治,没有人种的优劣,没有金牌的得失,选手和观众都沉浸在君子之争的感动里。

杰西·欧文斯创的纪录保持了24年。他在那次奥运会上荣获4枚金牌,被誉为世界上最伟大的运动员之一。

多年后杰西·欧文斯回忆说,是鲁兹·朗帮助他赢得了4枚金牌,而且使他懂得,单纯而充满关怀的人类之爱,是真正永不磨灭的运动员精神,所创的世界纪录终有一天会被后起的新秀突破,而这种运动员精神永不磨灭。

当自己的竞争对手有困难的时候,你是伸出援手,还是幸灾乐祸?运动员鲁兹·朗选择了前者。因为,真正的和谐之美在于竞争与礼让的相互平衡,有礼让才会有良性竞争。

所以,当你在学习上或者生活中参加任何比赛的时候,一定要懂得互相帮助、互相鼓励,只有这样,大家才能够一起进步、一起成长。

智者寄语

当自己的竞争对手有困难的时候,你是伸出援手,还是幸灾乐祸?和谐之美在于竞争与礼让相互平衡。

把鲜花送进对手的怀抱

这是一场激烈的世界职业拳王争霸赛。

正在比赛的是美国两个职业拳手,年长的叫卡菲罗,35岁;年轻的叫巴雷拉,28岁。

上半场两人打了六个回合,实力相当,难分胜负。在下半场第七个回合,巴雷拉接连击中老将卡菲罗的头部,打得他鼻青脸肿。

短暂的休息时,巴雷拉真诚地向卡菲罗致歉。他先用自己的毛巾一点点擦去卡菲罗脸上的血迹,然后把矿泉水洒在他的头上。巴雷拉始终是一脸歉意,仿佛这一切都是自己的罪过。

接下来,两人继续交手。也许是年纪大了,也许是体力不支,卡菲罗一次又一次地被巴雷拉击倒在地。

按规则,对手被打倒后,裁判连喊三声,如果三声之后仍然起不来,就算输了。每次倒地后卡菲罗都顽强地挣扎着起身,每次都不等裁判将“三”喊出口,巴雷拉就上前把卡菲罗拉起来。卡菲罗被扶起来后,他们微笑着击掌,然后继续交战。

裁判和观众都感到吃惊,这样的举动在拳击场上极为少见。

最终,卡菲罗以108:110的成绩负于巴雷拉。

观众潮水般涌向巴雷拉,向他献花、致敬、赠送礼物。巴雷拉却拨开人群,径直走向被冷落一旁的老将卡菲罗,将最大的一束鲜花送进他的怀抱。

两人紧紧地拥在一起，相互亲吻对方被击伤的部位，俨然是一对亲兄弟。

卡菲罗真诚地向巴雷拉祝贺，一脸由衷的笑容。他握住巴雷拉的手，高高举过头顶，向全场的观众致敬。

卡菲罗虽然败了，但败得很有风度；巴雷拉赢了，却赢得十分大气。

宽容、理解自己的对手，看淡结果的得与失，那么，你的心会因这份平和而充满宁静和坦然。这样，在面对你的竞争对手的时候，你也可以微笑着、气定神闲地迎接挑战，胜利了，赢得辉煌；失败了，同样美丽。

智者寄语

在一场比赛中，你的对手获胜，你会祝贺他吗？每一次胜利都值得祝贺。

蚊虫帮了大忙

寒冷的北极并不总是冰天雪地，它也有温暖如春的季节。每年的七八月份，北极地区的冰雪开始大规模地消融，气温逐渐回升，出现短暂的绿草如茵的丰美景象。这是北极地区难得的一抹春色。

然而，随着气温的升高，同时也会使大量的蚊虫肆虐丛生。由于当地物种稀少，饥饿难耐的蚊虫们便飞到人类聚居的地方，吸食人们的血液。

许多初到这个地方的游客都会注意到这样一个有趣的现象，当地的印第安人对这些嗡嗡乱叫的蚊虫十分仁慈，从不轻易伤害它们。即使被叮咬，也只是涂些药水了事。

一次，一个游客从背包里掏出一瓶杀虫剂，还没有喷洒，便被一个印第安老人止住了。

老人说："虽然这些虫子很烦人，但你却不知道，它们以后还要帮我们大忙呢。"

原来，驯鹿是当地人的主要肉食来源。在天气暖和的时候，大批的驯鹿便会自发成群结队地向低纬地区迁移，因为那里有大量的水草。如果没有人赶，它们是不愿意在严寒到来之前准时回来的，并且靠人力驱赶的效果也是微乎其微的。

这时，平日里特别烦人的蚊虫的巨大威力便显示了出来。

因为天气一冷，这些蚊虫便向暖和的低纬地区飞去逃命。这样自然就会与驯鹿不期而遇。吸食血液的蚊虫是驯鹿无法抵御的天敌。

驯鹿抵御不了蚊虫的进攻，又无处躲藏，并且前边的气候还不适宜生存，于是就只能往回跑，这一跑就钻进了人们事先已经设好的包围圈里。

蚊虫先是吸食人们的血液，这次又为人们带来生活必需的驯鹿，也可以说是将功补过了。

聪明的印第安人正是掌握住了自然界的规律，才能在忍受一时痛苦中获得长久的食物和生存保障。

印第安人宽容了蚊虫，蚊虫为他们赶来了驯鹿，为他们的生活提供了保障。宽容他人，往往会受益了自己，而斤斤计较只会让自己蒙受重大的损失。

智者寄语

为什么说世界上没有永远的敌人？有时候，你的对手也会转化成朋友，帮你的大忙。

为对手喝彩

如果对手成功了该怎么办？是真诚地为对手喝彩，还是抱怨对手抢了自己的风头？多数人会选择后者，因为在这些人的心目中，失败是难以接受的，向对手表示祝贺就意味着“臣服”于自己的对手。而只有不断地“抱怨”对手，才能表现自己的强大，表明自己依然具备竞争力。

这虽然是一种偏见，但却很常见。也正因如此，很多人都不能用正确的心态面对竞争对手的成功。假如你放低姿态，不仅能让对手臣服于你，还能学习到新的知识，提高自己。

夏鸥在一家机床厂上班。工厂里有个叫晓军的年轻人，大学毕业不久，虽然脑子里有很多的理论知识，但从未实际操作过。夏鸥则正好相反，没有上过大学，没有多少理论知识，但他入行十几年，实际操作的经验非常丰富。于是，企业领导将他们分配到了一起，旨在让他们相互合作、共同提高。

在刚开始的两年时间里，两人配合得很好，夏鸥教给晓军基本的实际操作技巧，而晓军则教给夏鸥一些理论知识。短短的两年时间里，二人成长飞快，都能够独当一面了。

到了第三年，车间主任退休，并且厂部决定在普通员工当中挑选，根据最近的表现，夏鸥和晓军是很合适的人选。而实际上，厂部领导也在考察这两个人。搭档成了对手，面对身份的变化，夏鸥和晓军之间的关系也悄悄有了变化，但是谁都没有说出来，日子还是在平静地过着。

最终，经过一番调查研究，厂部从年龄考虑，选择了晓军，放弃了夏鸥。夏鸥很不适应，年轻人超过老员工，当了自己的领导，他想不明白。但是这个事实已经决定，无法改变了。夏鸥带着这种强烈不满的情绪重新开始了工作，不过，他变得懒惰了，也变得爱抱怨了，不仅抱怨自己无能，也抱怨晓军的忘恩负义、白眼狼……

领导知道后，在一次面谈的时候，狠狠地批评了夏鸥，并且告诉他，决定是有原因的，并不是看不起夏鸥，也不是晓军在背后捣鬼，作为一个老员工，年轻人得到重用，应该高兴才对，要有风度，为对方喝彩。

后来，夏鸥大大方方地向晓军表示真心的祝贺。一年之后，他也成功地升了职，和晓军平起平坐。

夏鸥回顾以前说：“只有敢于、勇于向对手喝彩，你才会拼着命去改变这个事实，逼迫自己进步。我的成功，从某种意义上来说，是晓军给予我的。”

竞争对手胜利就意味着自己失败，这本身就是一个打击了，还要为对方喝彩，这不就更难堪了吗？其实不然，要知道，既然有竞争，就会有成败，总要有人失败。真正的竞争，过程比结果更重要。在这个过程中你的优势体现出来了，即便结果失败，你仍然能得到对手的尊重。

我们和对手之间的关系很微妙，是相互依存的关系。在关键时刻，我们不仅要依赖于对手，也要为他喝彩，这样我们才能真正地进步、提高。

智者寄语

最大限度地包容对手，为对手的成功喝彩，不但彰显了自己的胸怀，更证明了自己不怕失败的实力。

乐于向对手学习

很多人经常抱怨对手抢走了自己的成功机遇,其实竞争对手的存在对我们来说是非常有好处的。好处有两种:第一,能让我们主动自发地去提高自己,以求超越对手;第二,向对手学习,让对手充当我们的另类老师。特别是第二个好处,短时间可取得进步。不过有一个前提:你必须放低自己的姿态,善于向对手学习。

对手为何成功,你为什么会落后于对手?对手身上有什么是比我们厉害的?这些问题的答案就是我们要学习的内容。

晨凯最近很郁闷,因为他又失业了,在这半年时间里,他失业了三次。按理说,大学本科毕业、有着三年工作经验的晨凯不会如此惨,为什么他会频频失业呢?事情还得从晨凯自身说起。

晨凯之前供职于一家公司,专门在公司下属的店铺推销数码产品,对于学电子出身的晨凯来说,这本不是难事,但事情超出他的想象,因为在这个店铺周围,诸如此类的店铺非常多,竞争非常激烈。虽说晨凯推销的是名牌产品,可是他的竞争对手也是推销名牌,更重要的一点是,他的竞争对手推销手段极其了得,三言两语就能让顾客乖乖地掏钱。

多次较量中,晨凯都败下阵来,情绪开始变得有些低迷,抱怨也越来越多。老板在总结大会上安慰晨凯:"失败不要紧,但要找到失败的原因,对手有什么优势,努力去学习,否则就永远处于失败的地位。"

可是晨凯不但不听老板的话,还"推卸责任"地对老板说:"我觉得不是技术的问题,而是产品知名度不高。再说,对手身上有什么优势我们根本没有必要学习,我们应该有自己的风格。"

听了晨凯的话,老板很失望,然后开除了他,理由就是:不善于向对手学习,如果让这样的人继续做下去,一定会继续失败。

果然不出老板所料,换了一个推销员之后,销售业绩突飞猛进,而这个推销员最大的特点就是善于向对手学习,不像晨凯,只知道抱怨,不懂得学习。

和对手竞争的过程也是相互学习的过程,我们身上有什么优势,对手肯定会过来学习,而他身上的长处,我们也应该去学习,只有这样,我们才能得到提高,不至于被对手拉开太大的距离。

要想获得成功,不仅要努力,还要有一个好的竞争对手。一旦你有了几个好的竞争对手,相当于有了督促,有了几个好老师。从他们的身上,我们得到了前进的动力,而且还能学习到很多知识、技能以及做事的方式、方法。所以我们要正视我们的对手,善于向他们学习。

智者寄语

要想获得成功,不仅要努力,还要善于向竞争对手学习。

贬低对手无异于贬低自己

现代社会,竞争无处不在,对手无处不在。这些对手可能是你的同事、你的朋友、你的敌人。有的人在竞争时,陷入了一种观念上的误区,那就是把对手视为敌人,不择手段地进行打击报复,以实现胜利,甚至不惜在一切场合贬低自己的对手。殊不知,这些人的这种行为无异于在贬低自己。就如同当年楚王贬低晏子一样,自掌其脸。

媛媛和彭梅是一对非常要好的朋友,供职于同一家公司。因为部门主管调任别处,公司准备在部门里选拔一位新主管,而她俩是主要人选。

当彭梅得知自己的竞争对手是媛媛时,便暗下决心打败她。但她也十分清楚,如果堂堂正正地竞争,自己根本不是媛媛的对手。于是,她四处活动,除了在人面前夸大自己的能力外,还诋毁对手——媛媛有许多缺点,她不胜任这份工作。

这还不算,彭梅为了"搞臭"媛媛,竟会在一些场合公然说出媛媛的一些"糗事",以此来贬低媛媛,从而达到提升自己的目的。

看到这种情况,媛媛虽然很生气,但是她没有听从自己同事"以牙还牙"的报复建议,很冷静。后来此事被老板得知,老板专门找媛媛谈了话,问媛媛:"在彭梅这样子对你的时候,你为什么不还击,你怕她?"

媛媛回答说:"不是的,是我不屑于这样去做。在我们老家有这样一句话:不管和谁竞争,说明双方都是相当的,在贬低别人的时候其实也在贬低自己。彭梅在贬低我,她间接地贬低了自己。但是我不想去贬低彭梅,因为我不想贬低自己……"

听了媛媛的话,老板第二天便指示人事部门发出人事调动命令:媛媛升迁为部门主管,彭梅被辞退。

在职场上,竞争是不可避免的。适当的竞争能够促进一个人快速成长和成熟。可是如何面对竞争对手的问题,困扰了很多人。有的人采取敌视的态度,有的人选择漠视,然而更多的人则是选择贬低自己的对手,以此来提高自己。

很显然,这样做无异于"掩耳盗铃"、自欺欺人,不但打败不了对手,还会让别人轻视自己。记住,千万不要想着去贬低对手,那样只会贬低自己,除此之外占不到任何便宜。

智者寄语

如果在与对手竞争时,能抱着欣赏对手,向对手学习的心态,学习对手的长处,这样就可以提高自己,最后战胜竞争对手,走上成功之路。

第三章　换位思考，相互理解

不要计较他人的过错

一个人的心胸有多宽广，他的舞台就有多大。容人有时候就是站在对方的立场，将心比心，关注对方的感受。

谁都有可能犯错误，只是大小轻重不尽相同。在这种情况下，能否用一种宽容的态度对待这种“过”，便成了衡量一个人心胸大小的重要标准。宽容对待他人的过错，就是要学会压制或克服自己内心对当事人的歧视，即使自己心里并不痛快，感到懊丧甚至恼火，也要设身处地地为当事人着想，考虑一下如果换作是自己会如何去做，在做错了事情之后又有何种想法。要做到这点，不仅需要“容”，更需要“忍”。事情既然已经发生，再多指责和抱怨也于事无补。我们不妨抱着理解的态度，给予当事人最和善的建议和鼓励，重新唤醒对方的信心和干劲。

美国南北战争的时候，林肯一次又一次任命新的将军统帅北军，而每一个将军——波普、伯恩基、胡克尔、格兰特都相继惨败，林肯无计可施，异常失望。当时全国有一半的人都在痛骂那些差劲的将军们，但林肯却一声不吭。他喜欢引用的句子之一是“不要评议别人，别人才不会评议你”。当林肯太太和其他人对南方人士有所非议的时候，林肯说：“不要批评他们，如果我处在同样情况之下，也会跟他们一样。”林肯的大度与理解给了将领们最大的信心，最终为林肯取得了南北战争的胜利。

丙吉是汉宣帝的丞相，有一次他的车夫酒醉后呕吐到了他的车上，相府的主管骂了车夫一顿并想辞退他。丙吉说：“如果是因为醉酒失事而遭辞退，还有哪里会收容他呢？你就容忍一次吧，不过就是把我车上的垫褥弄脏罢了。”于是丙吉继续留他做车夫。

这个车夫把这一次的宽赦记在心中。车夫家在边疆，经常目睹边疆发生紧急军务的情况。有一天车夫出门，恰好看见使者将边境的紧急文书送来。他随后一打听，知道敌人已经侵入云中郡、代郡等地。他马上回到相府，将情况告诉了丙吉，并说：“恐怕敌人所侵犯的边郡中，有些太守和长史已经又老又病，无法胜任用兵打仗的事了，丞相最好预先统计一下。”丙吉认为他说得很对，就招来负责高级官吏任免事项的官员，查阅边郡县官员的档案，对每个人都仔细地逐条审查。紧接着，汉宣帝召见丞相和御史大夫，询问敌人所入侵的郡县官员的情况，丙吉一一正确答复，御史大夫仓促间十分窘迫，无言禀告，只得降职让贤。而丙吉则以时时忧虑边疆、忠于职守受到皇帝的称赞。

丙吉宽容了车夫的过失，从而得到了车夫的回报。然而即使得不到回报，我们也应该有一颗大度的心，对待他人的过错要宽宏大量。每个人都有犯错误的时候，不要因为某个人的一时之过，便一棍子打死，或从此以异样的眼光去看待对方。我们自己也会有过失的时候，当别人的无心之过冒犯你的时候，先设身处地地为当事人着想一下，“假如这个过失是自己造成的，自己会是怎么样的感受呢?”

常言道:“良言一句三冬暖,恶语伤人六月寒。”用语言显示出你的友好和大度,宽容对待他人的过错,可以融化他人心上的冰霜。如果身边的人做了错事,只要不涉及严重的原则问题,就多想想他的苦衷、他的缘由,去包容和理解他。对于大多数人来说,造成重大错误本身已经带来了内心的痛苦和无望,雪上加霜的斥责和惩罚在此时已经毫无必要,只会滋生不满。善于创造奇迹的人懂得首先帮助他人解决问题,然后把错误发生的根源找出来并警醒他人,以防再犯,最后再以大度的方式让事情成为过往。这样的人往往赢得最终的人心。

智者寄语

宽容有时候就是站在对方的立场,将心比心,关注对方的感受。

设身处地地为他人着想

在人际交往中,换位思考的结果是双赢。深刻的道理往往是简单的,而简单的道理真正做到了就不简单。将心比心,设身处地,是达到彼此共同理解不可缺少的心理机制。每一个人都有被冒犯或者被误解的时候,如果此时你能深入体察对方的内心世界,站在对方的立场上体验和思考问题,那么你就能够与对方在情感上得到沟通,进一步增进彼此的友谊。

一个小天使不明白为什么天堂里的人要比地狱里的人过得幸福快乐,于是就去问智者。智者没有说什么,只是先带着他来到了一个黑暗恐怖的地方——地狱。那里的人一个个看起来都很凶恶,而且哭声喊声不断。在地狱里有一个大锅,锅里放着很多勺子,只是这些勺子的勺柄都特别长,一个人用这个勺子根本无法将食物喂到自己的嘴里。所以这里的人一个个都因饥饿而骨瘦如柴。

然后,智者又带着小天使来到了另一个地方。智者对小天使说:“这里就是天堂了。”小天使看见这个地方的人们都是红光满面,一副快乐开心的样子。这里有着跟地狱里一样的大锅和长柄勺,只是这里的人围成了一个大圈,都用勺子喂别人吃,就这样你喂我,我喂他,结果最后每一个人都吃到了食物。

小天使恍然大悟。

地狱里的每一个人都只为自己着想,最后谁也吃不到食物;而天堂里的人都能站在别人的立场考虑,结果最后也兼顾了自己。其实现实生活中的很多事情都是这样,很多的矛盾、问题之所以得不到妥善的解决,很大一部分原因就是我们没有站在别人的立场思考问题。当我们真正做到站在他人立场考虑问题的时候,收获无疑是丰硕的。

如果你想让别人的看法有所改变,而又不伤害感情或引起憎恨,那就试着从他人的立场、角度来看待事情。这样你不仅能减少摩擦和困难,还能得到友谊。因为别人之所以那么想,一定是有原因的。查出别人之所以那么做的原因,就能更加了解他的行为、他的个性。如果你对自己说:“如果我处在他的情况下,我会有什么感觉,有什么反应?”那你就会节省不少时间并减少烦恼。

智者寄语

如果你想让别人的看法有所改变,而又不伤害感情或引起憎恨,那就试着从他人的观点来看待事情。这样你不仅能减少摩擦和困难,还能得到友谊。

朋友之间也要注意对方的感受

每个人都有着与其他人不完全一样的爱好、性格和思想。人们本来就是互不重复的个体,性格也有不同。朋友只能和我们志同道合,在对待事情的分析和选择上却无法做到和我们永久一致。

在日常生活中,往往因为是朋友的关系而不注意对方的感受,比如在物品的处理中常常以为"朋友间何分彼此",对朋友之物,在未经许可的情况下擅自使用,不加爱惜,或许对方不好意思指责,但时间久了会认为你过于放肆,产生防范心理,无形中产生隔阂。实际上,朋友之间除了友情,还有一种微妙的契约关系。朋友之间的物品可以随时借用,这是超出一般人关系的地方,然而要有这样一个观念:这是朋友的东西,更当加倍珍惜。不仅物品如此,其他方面也是同样的道理。

在交往中,要坚持有节制有理智的原则。朋友关系的存续是以相互尊重为前提的,容不得半点儿强求、干涉和控制。朋友之间再熟悉、再亲密,也不能肆无忌惮,毫无原则。否则,默契和平衡将被打破,友好关系将不复存在。因此,对待朋友也要讲究必要的客气。经常设身处地地体会朋友的处境。

袁枚是一个比较乐于助人、富有热情的小姑娘,但是朋友们都对她敬而远之,使得她特别郁闷。

有一次她的一位朋友穿着新买的西装参加聚会,别人都笑着恭维说:"您今天真精神啊!"可是袁枚却在那里大声地喊道:"大哥,您这是新买的衣服吗?那你可让人家给骗了!这款是去年流行过的啊!"话音刚落,发现那个朋友的脸色难看到了极点,别人也都感到很尴尬。聚会临近结束时,一位朋友写下自己的联系方式,别人都在夸奖他的字写得好看:"您的签名可真气派,有空的时候给我写个条幅吧。"袁枚又不识相地来了一句:"能不气派吗?他可暗地里练了三个月了!况且这是他写得最多的字。如果写别的,估计就不是这样啦!"此言一出,全场的人都陷入尴尬之中。

口无遮拦倒也罢了,更要命的是袁枚的性格过于急躁,做事过于心急,稍微有些不合意就发小姐脾气,让别人感到很头疼。小时候,她就很没有耐心。她要的东西,必须马上就得到,否则就哭闹,弄得亲戚朋友都不喜欢她。上小学时,父母早晨都忙着上班,没时间给她梳头,她只好自己梳,行动匆忙,有时落下一绺头发没梳上去,她就气急败坏地一把拽下来。她的学习成绩名列前茅,同学遇到学习上的困难便向她请教。她在认真讲解了几遍之后,对方要还是没有听明白,她就不耐烦地说:"怎么还不明白呢?不就是这样吗?你的脑子怎么这么笨啊?"结果惹得同学很不好受,再也不愿意找她探讨问题。她也挺后悔自己的所作所为,她知道不该这样,但一着急就控制不住了。当别人要她重复一下刚才讲过的一句话,她也会不耐烦地说:"我都说过了,谁叫你没听?"做事也如此,不是把同学的杯子弄破了,就是把别人的东西弄丢了。骑车有时急匆匆的,下车就走,忘了锁,已经丢了两辆车。跟朋友争论问题出不了结果,就会发怒:"算了,我不跟你吵,急死人了。"跟朋友一起走,假设朋友有点儿事,她就不耐烦地说:"快点,这么磨蹭,麻烦死了。"就这样,朋友们一个个都离她而去,尽管她很热心,但谁也不愿请她帮忙,袁枚也只好生活在孤独之中了。

站在对方的立场上想问题,是获得成功的技巧。为对方着想,能够让朋友获得尊重,在内心里感激自己,能够维护天长地久的友谊。只有为他人着想了,别人才会更多地考虑我们的处境和利益，最终得到实惠的还是自己。

智者寄语

亨特曾经说过："如果你想拥有一个成功的秘诀。那么这个秘诀就是如何站在对方的立场上考虑问题。"

合作需要为对方着想

改变一下看事情的角度，转换一下角色，以包容的心态，设身处地为别人想想，你就会心平气和地面对一切，哪怕你一时受伤害，也会宽容地微笑。

在乔栩原先上班的那家公司，人际关系很复杂，谁也不服谁，可谓人才"挤挤"，谁也不容谁，互相敌视，上班像是去报仇，很不开心。

不久，换了一个新经理，姓王。

王经理第一天到任，就把全体员工召集起来，开了个会，他笑容可掬地说："对不起，我年纪比你们大，所以先当经理了！"如此开场白，逗得大伙哈哈大笑，之后是雷鸣般的掌声。他不像一个经理，但大家喜欢他。

他没有再讲什么宏伟计划，只是给大家讲了一个故事：

甲庙的和尚们天天吵架，活得累；乙庙的和尚一团和气，同甘共苦，大家都很快活。

甲庙的住持很是不解，便前往取经，问乙庙的小和尚："你们为什么会团结得这么好？"小和尚回答说："因为我们都经常做错事！"

这个答案令住持丈二金刚摸不着头脑。正纳闷，一个正拖地板的老和尚走过来，说："对不起，我把地板弄湿了，请小心！"那个小和尚应道："对不起，我影响了你的工作。"甲庙的住持紧皱的眉头渐渐松了下来，他似乎明白了"我们常做错事"的真正意义了。

故事讲到这里，王经理说，往往我们为了保护自己而推卸责任或与人争吵，殊不知认错未必是输，因为说声"对不起"不但能表现出个人修养，反省自己，激励向上，还可以化干戈为玉帛。

王经理的一番话，让全场人鸦雀无声。大家曾经的傲慢无礼、自私与偏见，往往都是冲突的导火线。所有人都曾诅咒恶劣的工作环境，可唯独忘了检讨一下自己是否也是这个环境的始作俑者。

一个成大事的人，不应该处处与别人斗气，指责他人的过失，消耗自己的精力的同时，更使身边的环境越发不和谐。

智者寄语

剔除心中的不满，是宽恕别人，也是放过自己。

将心比心，将心换心

在我们的生活中，每个人都有这种需要——渴望理解，渴望包容。即使是一句包容的话，也可以温暖人心。所以说多一点包容之心，世上就会少一些炎凉；多点将心比心的感悟，就会多出一分尊重。

在一所医院，一位年轻的小护士在给一个中年妇女输液。年轻的小护士扎了两针也没把针扎进血管，眼看着针眼处泛起了青包，疼得那位中年妇女正想抱怨几句，却抬头看见小护士额头上布满了密密的汗珠，那一刻她突然想起了她的女儿。于是她安慰小护士说："不要紧，再来一次！"第三针果然成功了。

小护士如释重负，连声说："阿姨，对不起。真得感谢您让我扎了三次。我是来实习的，这是我第一次给病人扎针，太紧张了，要不是您的鼓励，我真不敢给您扎了。"

中年妇女告诉她，说："我也有个和你差不多大的女儿，正在医科大学读书，她也将有她的第一位患者，我真希望女儿的第一次扎针也能得到患者的包容和鼓励。"

将心比心，将心换心，这是老百姓常说的一句善解人意的俗语。如果我们在生活中多点将心比心的感悟，就会使人与人之间多一些包容和理解，少一些计较和猜疑。别人包容自己，自己就应该先包容别人，不情愿别人苛求自己，也就不应该苛求别人。学会"将心比心"，以责人之心责己，爱己之心爱人。包容不会失去什么，相反会真正地得到，得到别人的心，得到别人的包容和尊重。

智者寄语

人与人之间能够做到将心比心，彼此之间就会多了一些包容和体谅，少了一些自私与狭隘：多了一些理解和尊重，少了一些计较与轻慢；多了一些温暖和怜爱，少了一些冷漠与伤害。

多为他人着想

人们对事物的认识、看法，不可能完全相同。在现在这样一个多元社会，我们需要尊重不同的观念、不同的见解、不同的声音、不同的意见。兼听则明，我们需要包容不同意见。只有允许各种不同声音的存在，只有听取各种不同的声音，才能比较全面客观地了解和掌握各方面情况，才有利于作出理性的判断和正确的决策。

针对不同的意见，凡事多为他人着想，学会宽容，严于律己，宽以待人；凡事多为他人着想，多为他人排忧解难，对他人的过失给予更多的理解和体谅，这样我们就能从生活中获得更多的安慰和快乐，取得他人的尊敬。牺牲一点，放弃一点，并不影响你什么，但却可以换来平和与宁静，得到他人的理解与尊重，自己的心灵也会因为付出而感到满足和充实。

站在对方立场思考问题，是一个人人格成熟的标志，以满足人的社会性群居生活方式的需要。它饱含着温度与关爱。霍布斯认为，同情心是一种将心比心的推论。"发生在一个无辜人身上的苦难，也有可能发生在所有人身上，它是我们在感到他人灾难之后产生的，因为同样的灾难也可能会发生在我们身上"。正是这种对他人感情的强烈共鸣，使一个人能够与他人共同经历痛苦和快乐。

如果我们对于他人的喜忧完全感同身受，与他们共欢笑、共哭泣，我们就是在爱着。当一个人在爱他人的时候，就会与他所爱的心融为一体；看到所爱的人快乐，自己便会同样快乐；看到所爱的人痛苦，自己便会同样痛苦。于是，一个人便会帮助他所爱的人得到快乐摆脱痛苦，就像自己得到快乐，摆脱痛苦一样自然。

谷歌以其独特的风尚吸引着各种优秀人才。它的福利中除了为员工准备按摩师、洗衣房、五星级饭店的免费午餐，最让人惊叹的是可以带心爱的宠物一起上班。其实，谷歌成立之初，并没有这个诱人的待遇，直到一个叫欧·亨利的员工把自己的宠物带进了办公室。

当时这个举动立即遭到了主管的责令："你必须马上把它带走！"

欧·亨利说："我的狗有自闭症，关在家里，只会加重它的病情。"其他一些有宠物的员工也纷纷表示赞同。双方的争执，被谷歌创始人谢尔盖·布林看到，谢尔盖·布林知道如果不能为员工解决问题，团队就不能更好地合作。他当即宣布："从今天开始，可以把宠物带来上班，我们将成立一个宠物学校，毕业后的宠物就可以进入主人的办公室。"这样，谢尔盖·布林的事被口口相传，并被选为当年全美最受欢迎的CEO。

经历过贫贱、困难、挫折、痛苦的人，因为自己对这些东西有体会，所以为他人着想还容易一点。一帆风顺的人，条件优越的人，有名望有地位、才高力大的人，办起事来碰钉子时少，走起路来抬轿子的多，自己达到目的很容易，为他人着想就不那么容易了。甚至，只要有一点点权力的人，在运用这点权力时，为他人着想都不太容易做到。坐办公室的人，想不到前来办事的人的困难；超市站柜台的人，不愿体会购物者的心情；医院做医生的人，总忘记体贴病人。其实，要是人们能够多为他人着想一些，办起事来就容易多了。

如果人们心中都只有自己，完全不顾他人，那么爱的产生也就成为一句空话了。社会生活愈发展，人与人的关系愈密切，对文明的要求也就越高，就要求人们自觉地把自己放到社会中，想到自己言行的社会影响，想到社会和他人，多一分对他人的包容与爱心。

智者寄语

包容不同意见，是一种高度，是境界的高度，思想的高度，精神的高度；是一种宽度，是海纳百川的宽广胸怀，是海阔天空的容人雅量；是一种深度，需要有深厚的底蕴，深邃的精神，深刻的见识，深远的思想。能否包容不同意见，可以检验一个人的胸襟与气度。

良好的沟通是换位思考

沟通是我们生活的主要部分。事实上，我们大多数人通常要花费50% ~75%的时间同别人进行各种形式的沟通。通过与他人进行良好的沟通，可以实现我们的目标和抱负，使我们的工作取得良好的进展，使日常的工作计划圆满完成。

良好的沟通谁都不会拒绝，企业希望与其合作伙伴和顾客沟通无碍，一个人希望和他的家人、朋友、同事融洽相处。但是，良好的沟通似乎并不是一件容易的事，在很多情况下，我们都可能会误解对方。你肯定见过这样的人：他们在和别人谈话时总是滔滔不绝，但是在别人说话时，他们却不肯认真倾听，而是在思考，思考如何进行下面的讲话。这样的人和别人的沟通肯定存在障碍，原因就是他们不会进行换位思考。

可以说，换位思考是良好沟通的关键。

有这样一个故事：

在国庆节的假期里，一位教授接待了10多位学生。教授和他的学生关系很好，在一块儿坦诚相待，不用说客套话、好听话，气氛自由与开放，让人舒畅。这些学生中还有人带来了自己的孩子。

吃过饭后，大家很自然地围坐一圈自由地交谈，渐渐地，大家不再以孩子为中心，转而谈到了教育、社会等较为严肃的话题。有个11岁的男孩悄悄地加入了谈话的阵营，他坐在地毯上依偎在他妈妈的脚下，而其余所有的人都坐在椅子上，只有他一个人因为没有座位而坐在地上。教授当时有一个闪念："我应该坐在地上与他为伴。"但是，这个念头稍纵即逝，他并未采取行动。

突然，这个11岁的小男孩说："我可不可以打断你们一下，我也想说句话。"

大家说："当然可以。"

那个11岁小孩的话深深地震撼了教授："你们知道婴儿为什么会在人多的场合哭吗？"大家都猜测，有人说，因为太吵了；有人说，因为他要引起注意……这个男孩继续说："有个心理学家为了了解真正的原因，就蹲下来从婴儿的位置来看世界。他发现，婴儿没有办法看到别人的脸，只能看到大家的腿。"

这个时候，大家都瞪着眼睛看着这个男孩，也彼此相望。教授非常赞赏他的勇气与所说的话，同时也意识到自己的"高高在上"。于是，教授从座位上滑下来，坐在小孩的旁边，不仅给予他口头上的肯定，也用行动表示："我听到了你所说的。"于是，他们开始交谈，特别是谈到对"恋爱"的看法，11岁小孩的言论让教授惊讶于他的成熟。最后，小孩和教授谈得很开心，年龄一点也不妨碍彼此的交谈，两人可以平等交流与分享彼此的经验。

不了解对方的立场、感受及想法，我们就无法正确地思考与回应。替别人想想，在人际沟通上显得尤为重要。我们在工作和生活当中遇到问题或需要做出决策的时候，试着站在对方的角度来看问题，就容易沟通得多，结果也会好很多。

有位部门主管，近来与同事搞得不大开心。有一天，他紧锁双眉，两手不停按摩着心脏，生气地找朋友倾诉。朋友见他一脸苦恼，忙问："出了什么事？"——原来，那天早上上班，进办公室时，大家居然都没有和他打招呼。

分配工作时，他们也是各人做着自己手里的事，没有人抬头答应一声，简直不把他放在眼里。他想想实在气不过，走出办公室时，竟又回过身来，气冲冲地朝众人大吼一声："都听见了吗？"谁知，竟然还是一片沉寂。他实在想不通：人与人之间怎么可以这样？

过了几天，他的朋友无意中遇见这位主管的一位同事，不无嗔怪地问："你们明知他人不坏，为什么要那样对待他呢？"

谁知，这位同事却也是满腹委屈地说："哪里是我们不理他！你不知他那天走进门的样子，肌肉紧绷，满脸冰霜，真是吓死人，谁还敢开口？我们中的一个人小声唤了他一声，他也不搭理，连正眼也不瞧他一下，我们如何凑得上去巴结他？"

"那么，分配工作时，你们又为何不声不响呢？"

"不都是照他的吩咐在做嘛！还要怎样呢？后来，他猛地大喝一声，真让我们吓了一大跳，他的脾气也太大了。"

这件事给了我们一个启示：要想得到友谊，必须先以友善的态度对待别人。出现矛盾并不可怕，重要的是及时沟通，才能化干戈为玉帛。如果主管和他的同事能够彼此体谅，为对方着想，可能就不会出现这样的矛盾了。

听一位老人讲，一次他去商店，走在前面的年轻女士推开沉重的大门，一直等到他进去后才松手。老人向她道谢，女士说："我爸爸和您的年纪差不多，我只是希望他在这种时候，也有人为他开门。"听了这话，老人心里热热的，联想很多。

我们不信冥冥中的上帝，但我们坚信自然中的法则。"换位思考"就是人类社会得以存在和发展的重要法则。

换位思考是基本的道德教谕。古往今来，从孔子的"己所不欲，勿施于人"到《马太福音》的"你们愿意别人怎样待你，你们也要怎样待人"，不同地域、不同种族、不同宗教、不同文化的人们，说着大意相同的话。

真理的身上布满伤痕。换位思考是人类经过长期博弈，付出惨重代价后总结出的黄金法则。没有人是一座孤岛，社会是一个利益共同体。我们不能用自己的左手去伤右手，我们是同一棵树上的叶和果。克鲁泡特金在《互助论》中证明：只有互助性强的生物群才能生存，对人类而言，换位思考是互助的前提。

人与人之间就是这样："日近日亲，日远日疏。"一段时间不接触，就会产生陌生感、疏离感，甚至无端的隔阂。但当我们接近、沟通之后，就会发现彼此仍是老朋友。但人毕竟是人，每个人都有自己的特点和长处，也有自己的不足和苦衷。因此，和别人交往时，我们应该多多地体谅他人、信任他人，尤其是对自己的同事和朋友，不要轻易去怀疑和诋毁。

智者寄语

如果彼此有了误解和矛盾，不要埋在心里，最好的办法就是坦诚相见，及时与之沟通，不然的话，不良情绪会越积越多，误解会越来越深，以至发展到难以愈合的程度。反过来，如果及时沟通了，就会发现让你愤怒到极点的东西，原来只是小事一桩，并没有多少了不得的矛盾。

理解别人才能获得尊敬

理解，是一座桥梁，从别人的角度与立场思考，才能明白对方的苦恼；不为他人着想，一意孤行，难免会不受人欢迎。

在一座山上住着一户人家，平日辛勤地种田，生活还算过得去，只是如果有个额外的开销，经济就会变得很吃紧。

这天，男主人有一位很久以前认识的朋友，虽然很少见面，但是交情还算不错，千里迢迢地来访，让男主人十分高兴。

有朋自远方来，不亦乐乎，所以男主人特别要妻子煮一些下酒好菜，两人高兴地谈论到天明。

谁知道，客人这么一住下来，就连续住了很长一段日子，而且似乎没有打道回府的意思。

此时，家里的菜已经快要吃光了，偏偏正逢梅雨季节，户外的雨从来没有停过，无法下山去买粮，真是糟糕。

妻子说："你也想想办法啊！"

男主人说："他不走，我总不能请他自己离开吧！"

妻子说："不管你怎么做，反正已经没米下锅、没菜可吃了，你再不解决，我们三个人就一起饿死好了！”

越说越气愤的妻子，说完之后，就拂袖而去，留下不知该如何是好的男主人。

隔天，吃完饭后，男主人陪着客人聊天，并看看窗外的景致，谈着过往的回忆。

这时候，男主人忽然看到庭院的树上有一只鸟正在躲雨，而且这只鸟的体型非常大，是以前从没有见过的鸟类。

于是，男主人灵机一动，对客人说：“你远道而来，这几天我都没有准备什么丰富的菜肴招待你，真是不好意思！”

客人说：“别这么说，我觉得一切都很好，不但你和嫂子款待周到，而且吃得好、睡得好，感激不尽呢！”

男主人说：“不，不，不，那是因为你不嫌弃呢！”

客人说：“快别这么说，有你们的照顾，我真的觉得十分舒适。”

男主人说：“你看窗外树上有一只鸟吗？”

客人说：“看到了，怎么啦？”

男主人说：“我等一下准备拿斧头把树砍了，然后抓那只鸟来煮，晚上我们喝酒时才有下酒菜呀。你觉得如何？”

客人想了半天，十分疑惑地问：“当你砍树的时候，可能鸟儿早就飞掉了吧，你怎么抓它呢？”

主人悻悻然地看着完全不了解自己用心的客人，无力地回答：“不会的，在这个人世间，还有更多不知人情世故的呆鸟，大树都已经倒了，都还不知道要飞呢！”

客人说：“真的？有那么笨的呆鸟吗？那么，这种鸟一定让人伤透脑筋了吧？”

故事中的客人，委实过分迟钝而不知替他人着想，以至被朋友所厌恶，但他给别人带来麻烦还不自知，不能不说是愚蠢。

智者寄语

生活中，我们常常会因不理解别人的处境或别人不理解自己的处境而遭遇尴尬。为避免这样的场面，我们要多观察，多听弦外之音，理解别人，你才会获得尊重。

真诚地倾听他人的意见

能静坐聆听他人意见的人会是一个富于思想，具有谦虚柔和性格的人。这种人在人群当中，开始时也许不大受人注意，但最后则是最受人尊敬的。因为他虚心，所以为任何人所喜欢；因为他善于思维，所以为众人所信赖。

人们常说“会说的不如会听的”，每个人都有表现自己的欲望，如果你能适时地做一个倾听者，包容他人在表现这些欲望时对你的侵害，理性地对待一些不中听的话，那么一定会获得更多的益处。

勒顿在纽约的一家百货商店买了一套衣服。可这套衣服穿上却很令人失望：上衣褪色，把他的衬衫领子都弄黑了。不得已他又来到该商店，找卖给他衣服的店员，告诉她事情的情形。勒顿想诉说此事的经过，却被店员打断了。店员一再声称：他们已经卖出了数千套这种服装，勒顿是第一个来挑剔的人。正在勒顿和店员激烈争论的时候，另一个店员也加入了，他说所有黑色衣服都要褪一点颜色，并强调这种价钱的衣服就是如此。

勒顿听到这些，简直气得冒火，店员不仅怀疑他的诚实，而且还暗示他买的是便宜货。勒顿正要骂他们，正好经理走过来。他懂得他的职责，正是他使勒顿改变了态度。

他先静静地听勒顿讲述了事情的经过，当勒顿说完时，店员们又开始插话表明他们的意见。而此时经理却站在勒顿的立场与他们辩论。他不仅指出勒顿的衬衣领子明显的是被衣服所污染，并坚持说，不能使人满意的东西就不应在店里出售。他承认自己不知衣服褪色的原因，并请勒顿提出他的要求。

就在几分钟前，勒顿还预备要店员留下那套可恶的衣服，但现在却决定听取经理的意见：再试穿一周，如果到时仍不满意，就来换。勒顿非常满意地走出了那家商店，一周后这衣服没有毛病，勒顿发现那家商店还是可以信任的。

在任何时候都要做一个善于倾听的人，鼓励他人多谈论自己。这样，不但能够让你得到对方的信任和喜欢，还能够让你更清楚地了解对方、认清自己，你又何乐而不为呢？

作家鲍威尔曾说："我们要聆听的是话语中的含意，而非文字。"在真诚的聆听中，我们能穿透文字，发掘对方的内心。

人们都喜欢倾听者，有同情心的倾听者和亲密的朋友一样重要，无论对个人还是对团体都能起到积极的作用，并且让人们感觉他们相当可靠、值得信赖。

倾听者会在考虑自己的需要前，先考虑他人的需要，并且会支持和帮助他人。倾听者喜欢进入他人的心灵和头脑。他们乐于分享他人深层次的感受。人们倾向于向倾听者打开心扉，是因为人们渴望被关怀，而且真诚的倾听者也确实能做到这一点。

当他人受到伤害时，倾听者也同样有受伤的感觉，就如同他自己经历过一样，当他人心痛的时候，倾听者的心也真的痛了起来。为了帮助他人克服这种伤害，倾听者总是和他人更接近，所以倾听者愿意听更多人诉说以达到心灵的相通。

倾听者充满人性，并且极为忠诚。如果他们的需要在工作中得到满足，他们会更加努力，愿意倾听所有的声音，而不论其身份，他们对任何人都有同情心，这就是他们的魅力所在。

每个人都喜欢倾听者，倾听者是无法抗拒的，因为他们富于同情心，愿意分享人们的弱点，愿意听人们诉说不愉快的情绪。如果你想要其他人喜欢你，那么你就去做个倾听者，真诚地去倾听他人心里的声音。

当你面对着对方，要用眼睛和耳朵一起听他说话，一边听一边用心地想他人所说的话。最后，这个对你说话的人会觉得，他已说了他要讲的话。

如果你在听他人倾诉时目光游移不定，注意力分散，甚至左顾右盼，你就不会是一个真正的倾听者。当然，你可以在听的时候喝一杯咖啡或者抽一支烟。在倾听时，你还应该进行一些恰当的交流和引导，让对方在倾诉过程中，对于所面对的问题有更多的认识和了解，并且鼓励他凭借自己的力量，寻求解决问题的方法。

你可以在谈话中采取下面的两种方法，引导他人找到解决问题的方法。

用你自己的话，重复一遍你所听到的。例如："你认为……"一方面，你可以借此向他表示，你用心倾听了他讲的话；另一方面，你也给他一个机会，使他能够对他所说过的话，进行一些修正和补充。

在谈话的过程中，你应该适当地分析对方的心理状态，可以从你的角度评价对方的感情状态。

例如，“你这样生气，对……”你所说的，可能正是对方并未意识到的事情，你就有可能说中了问题的重点，同时也使他清楚地意识到自己的问题所在。

这样一来你就做到了真诚倾听，并帮助他人排除了忧虑，你的人际关系也就在这个过程中建立了。既了解了对方的内心世界，又赢得了对方的喜欢，解决了实际问题。倾听可以化干戈为玉帛，让你与他人得以互相容忍最终得以“相逢一笑泯恩仇”。你看，倾听确实是一件非常奇妙的事。

智者寄语

雄辩之中有艺术，沉默中也有，但是，多数人往往忘记了“听”的艺术，这也是他们的业绩无法提升的主要原因之一。

要体谅父母的奔波

有这样一个家庭，家里的条件不是很好，夫妻俩每天早上两三点钟就要去批发市场进货，然后，一天都在外摆摊。孩子从小就由爷爷和奶奶看着，一直等到上学的年龄，父母才把孩子接到了自己生活的城市。但是，他们生活的节奏还是和原来一样，天未亮出门，夜深了才很疲惫地回家。由于根本没有时间照顾孩子，无奈之下父母只好把孩子送到幼儿园的长托班。孩子每天睁开眼睛看到的不是自己的爸爸妈妈，而是幼儿园的阿姨们。时间一长，孩子与父母之间亲情的距离也日益变大，孩子的父母也很内疚自己不能像别的父母一样好好地照顾自己的孩子，但是迫于生计，他们也没有别的选择。

慢慢地，孩子长大了，家庭的经济状况也逐步得到了改善，父母想好好地照顾孩子，多陪陪她，以补偿那些错失的时光，尽可能地与孩子亲近一些。可是，父母的热情被孩子叛逆的青春期打入冷宫，孩子根本不理会父母的关心，当然自己的心里话更不可能告诉他们，每次遇到不高兴的事情，就和自己的朋友在一起，有时甚至彻夜不归。这一切让这一对饱受生活压迫的父母难过至极。可是抱着对孩子愧疚的心理，父母一直包容她，纵容她。可怕的事情还是发生了，一天警察带着女孩找到了她的父母。原来，女孩因为结识不良少年，误入歧途，在外面抢劫。

这次，压在父亲心底的怒火迸发了，冲着女儿大吼道：“难道我们没有给你零花钱吗？”

“我不认识你们，我才不会伸手向你们要钱呢！”

“孩子啊，我们是你的父母啊，你怎么可以说不认识我们呢！”

“父母就是生下孩子就什么也不管的人吗？难道父母是永远围着钱转，把自己的亲生女儿丢在一边不闻不问的人吗？”说完这一席话，女孩脸上竟没有一丝愧疚，转身对警察说：“请你们把我带走吧，和这里相比，我宁愿待在牢房里。”

这对父母听到这番话，已经泣不成声，相互拥抱着跪在地上。

母亲通过十月怀胎把我们带到这个世界，经历的苦难是每个为人父母者最刻骨铭心的。然而，对于我们的到来，父母用泪水和幸福的笑容迎接了。但当我们来到世上的那一刻起，父母们却多了一项繁重的工作——照顾我们。尽管这是一种沉重的负担，但父母们却毫无怨言地抚养我们长大。为了给我们一个舒适的生活环境，他们总是那么辛苦，那么努力。这些，在年幼的我们看来，没有感恩，甚至，有些人会觉得天经地义。

试想，孩子是父母的心头肉，若可以选择，哪对父母舍得让孩子一个人在家？哪对父母不希望陪着孩子朝朝暮暮，见证着孩子的每一次成长，每一次欢笑，每一次哭泣？

正如上面那则故事中的父母一样，迫于生活的压力，不得已要向工作低头，将陪伴孩子的时间让给工作，只为了能够让孩子生活得更好。不得不提的是，无法照顾孩子的成长是父母巨大的损失，也是造就诸多误会的始作俑者。故事中的女孩也是因此开始了对父母的误解，而这样的误解随着时间的推移渐渐成了憎恨。也是源于这样的憎恨，女孩幼稚地以不正确的方式来划清自己与父母之间的界限，最终走上了歧途。

作为孩子，在人生的初始，对于父母还是比较依赖的。考虑事情时还是习惯于站在自己的角度，如果父母没有按照我们要的方式给予，我们就会不开心，这是孩子时期的幼稚。而当我们渐渐长大了，就应该以一种成熟的心态来看待这一切，应该对父母更加包容。

女孩若能以一种宽容的心态来看待父母的在外奔波，缺少陪伴时，不是待在家里等待父母抽空来陪自己，而是自己主动到父母的工作场合与他们亲近，帮助他们照料生意，他们之间又怎么会有这么多的隔阂？

在中国台湾有一则真实的故事：

一位63岁的母亲，因为携带违禁物品被委内瑞拉警方逮捕。她此行是要去看望身在委内瑞拉的女儿，因为好几年没有和女儿见面了。而她随身携带的违禁品则是一包中药，那是她准备给刚刚生产完的女儿炖鸡汤用的。

她不会英文，又是第一次出国。从中国台湾到委内瑞拉三天的旅程，她一个人，没有人知道她是怎么做到的，可是她做到了。

她告诉了我们母爱是什么，哪怕孩子一直不在身边，这位母亲依旧牵挂孩子，而我们为什么就不能这样包容父母不得已的离开呢？

智者寄语

孩子，请时刻谨记，父母是世界上唯一对你们好而不求回报的人。原谅他们为了你们好，而不在身边的无奈选择；体谅他们因为生活所迫，对你们的疏忽与粗心，记住，若可以选择，他们一定想要和你们在一起。

少愤怒指责，多理解宽容

人的情绪中有两大暴君——愤怒与指责。每当遇到不顺心的事情的时候，我们总会因愤怒做出许多让自己后悔的事情。为此，我们必须学会控制自己的脾气。

另外，当我们生气时，挖苦、指责别人，并不能抬高自己，反而会显得自己缺乏素养，甚至会伤害到自己的情绪。蒙牛乳业集团创始人牛根生说过，看别人不顺眼，首先是自己修养不够。

一味地指责别人是不明智的行为，有时甚至可能让对方与你为敌，让你为此付出沉重的代价。有的人只相信自己，不相信别人，让人避而远之；有的人总喜欢严厉地责备他人，使对方产生怨恨，不知不觉中使彼此的沟通难以进行，事情也办得一团糟。某位成功人士说过："只有不够聪明的人才批评、指责和抱怨别人。聪明的人则会多一些宽容与理解，少一些指责与埋怨。"

说出去的话就像泼出去的水，说的时候容易，收回来可就没那么简单了。生气是在所难免的，但请永远记得一件事，别让言语变成伤人的刀子。如果你觉得别人伤害了你，你一定懂得被人伤害到底有多痛，那就不要再反过来去伤害别人。想想看，如果一直这样互相伤害下去，除了让彼此受伤之外，我们又能得到什么呢？

在《三国演义》里，张飞闻知关羽被东吴所害，下令军中在三日内置办白旗白甲，三军挂孝伐吴。次日，帐下两员大将范疆、张达报告张飞，三日内办妥白旗白甲有困难，须宽限时日方可。张飞大怒，让武士将二人绑在树上，各鞭五十，打得二人满口出血。鞭打完毕，张飞手指二人："到时一定要做完，不然，就杀你二人示众。"范疆、张达受此刑责，心生仇恨，便于当夜趁张飞大醉在床，以短刀刺入张飞腹中。张飞大叫一声就没命了，年仅55岁。

张飞不管三七二十一，鞭打范疆、张达，结果却葬送了自己的性命，倘若当初他能对二位将军多一点宽容，结果将会是另外一个样子。

愤怒是最可怕的暴君，而尖锐的言语则是它的帮凶，当它们一起出现的时候，伤害往往已经造成了。如果不能很好地控制自己的脾气，我们不仅会伤害到别人，甚至也会伤害我们自身。

既然如此，我们为什么不能放下那些犀利伤人的言辞，给对方一个温暖的拥抱，在温暖对方的同时，也让自己觉得温暖呢？当你觉得周围的人对你都不够好的时候，不妨静下来想想看，你又是怎么对待他们的呢？

人们在生活中，可能遇到很多不顺心的事情。在我们生活的周围也常常能够听到一些抱怨和不满。你在事业上受到挫折，可能抱怨生不逢时；你在工作上得不到重用，可能对上司不满；家长会抱怨子女不争气；子女会抱怨父母没能耐，等等。但与其每天总在抱怨这个、不满那个，每天在烦恼中生活，还不如换个思维，使自己享受每一天的快乐。

当天气很晴朗，你出门没带伞。突然，乌云密布，下起大雨来。你走在路上，被大雨淋湿了。如果此时你大骂道："这鬼天气。"你的心情就会变得很糟，但也无济于事。如果你宽心地去想："很久没淋过雨了，在雨中奔跑的感觉也很不错。"这样，你会感激这场雨，给了劳累已久的你一个放松自己的机会。

一个人是烦恼还是快乐，常常是主观的。遇到烦恼的事就抱怨是一种无能的表现。常常抱怨的人其实是在为自己的失败找借口。他们常常抱怨别人、抱怨环境、抱怨一切的不如意。他们却没想过要自己努力奋斗，常常在抱怨中失去了机会。到头来，他们又会抱怨命运对自己不公平。少些抱怨，多些微笑，这样生活将会更美好。

在当今激烈竞争的社会里，一个人要保持一个良好的心态来面对在社会上和家庭里所遇到的一些烦恼。用理解和宽容的态度来对待自己的同事、自己的邻居、自己的家人，有一句话说得好："会不会笑，是衡量一个人是否会生活的标准。"

每一次，当你忍不住想要发脾气的时候，只要想想可能造成的严重后果，说不定就可以控制自己的情绪，将彼此之间的伤害降到最低。如果言语是会伤人的刀子，那么就让它永远地留在刀鞘里面吧。

要指责和抱怨时，多站在别人的角度想一下问题，在与别人的交往中，不能只想着自己，也要设身处地考虑别人的感受，要有关爱他人，为别人着想的心态。

从前有座山，山上有座庙，庙里有个老和尚带着个小和尚，整日诵经参禅。小和尚年纪小，坐不住，常常偷偷溜出去玩耍。

一天，小和尚跑到小溪边，看到水里的鱼儿自由自在地游来游去，便抓住了一条小鱼，用一根线将鱼身子绑起来，在线的另一头系上一块小石头，然后把鱼放回水里。看着小鱼吃力地拖着石头在水里游动，行动得十分缓慢，小和尚笑嘻嘻地看着。接着，他如法炮制，又抓了一只青蛙和一条小蛇，也用小绳绑住它们，另一端系上一块石头。看着这些小动物的活动越来越艰难，小和尚玩得很开心。

这时，老和尚到溪边来打水，看到这一幕，十分惊讶。虽然小和尚还不谙世事，不明白自己做了什么，老和尚却深知不能让他学会把自己的快乐建立在别人的痛苦上。但是，小和尚年纪太小，一味训斥，他未必明白其中的意思，也达不到效果。

老和尚没有说什么，带着小和尚回到了寺里。到了夜深人静时，小和尚早已进入了梦乡。老师父抱来一块大石头，把大石头绑在了小和尚身上。

第二天早上，小和尚醒来，想从床上坐起来，绳子却被沉重的大石头拉着，怎么也坐不起来。

小和尚几番尝试，累得气喘吁吁，依然挣脱不了。他求师父解开绳索，老和尚平静地问他："你身上绑着一块大石头，滋味如何？"

"太难受了。"小和尚委屈地回答。

"如果你身上绑着石头觉得难过，那溪中的小鱼呢？它拖着石头痛苦吗？青蛙被绑了石头痛苦吗？蛇被绑了石头痛苦吗？"

"小鱼、青蛙、蛇，它们应该也很痛苦……"小和尚知道自己做错了，羞愧地低下了头。

老和尚又说："把自己的快乐建立在别人的痛苦上是多么残忍的事啊！你现在既然已经知道错了，就要悔改，背着石头去解开你绑在小动物身上的绳子吧。解开了它们，你的罪孽才能减轻。"

小和尚背着沉重的石头艰难地回到小溪边，却发现不堪重负的小鱼已经死去，僵硬地沉在水底。青蛙的挣扎已经十分微弱，解开了绳子，也变得行动迟缓了。蛇更是在石块上撞得满身是伤，快要死去了。

原本鲜活的生命因为自己的恶作剧而凋零了，小和尚顿时觉得十分愧疚，伤心地哭了起来。

老和尚将小和尚放到与那些被他残害的小动物一样的境地，让通过亲身体验彻底了解到自己的错误，使得小和尚口服心服，彻底悔悟了。

中国有句俗语："在你没有打扫干净自己屋子的时候，不要去责怪邻居家的屋顶上有霜雪。"做了错事只知道指责别人，而不会反思自己，这是人们的弱点。因此，当你想要批评别人时，首先应学会换位思考。

所谓换位思考，就是从对方的立场和角度来考虑问题。在现实生活中，需要我们换位思考的社会角色比比皆是，如顾客与服务员、上级与下级、司机与交警、家长与老师、老师与学生、批评者与被批评者等。

为人处世，学会站在别人的立场上，通过别人的角度考虑问题，眼界会变得更加开阔。为别人点亮一盏灯的同时，也照亮了自己的路。

当与别人发生矛盾或冲突的时候，应当懂得换位思考。心胸狭隘，一味地指责别人是不明智的行为，有时反而会让对方与你为敌，甚至于让你为此付出沉重的代价。与其指责，不如把心放宽，多些宽容，这样更能让我们的生活和谐、美好。

智者寄语

只要你能够真正做到宽容待人、换位思考，你就会拥有一个快乐的人生。

处处给人留面子

俗话说："树活一张皮，人活一张脸。"对中国人来讲，人生在世，"面子"是一个顶重要的事情。世人动辄就说"宁可站着死，不可跪着生"，听起来感觉很注重尊严，其实与气节根本没有关系，只有个"面子"问题。只要给足对方面子，对方就会认为这是最大的"捧场"，而如果你不给面子，对方就会认为你是在"拆台"。所以，在面子问题上，我们一定要给他人留下足够的回旋余地。

要给人留面子，首先要养成绝对不去指责他们的习惯。指责是对人的面子的一种伤害，它只能促使对方站起来维护他的荣誉，为自己辩解，即使当时不能，他也会在日后寻机报复。

有些人在说话的时候，总是不去看别人的脸色，不管时机和场合，只是满足了自己欲望，不顾及他人的面子，说个不停。

例如："我永远不会办你所搞砸的那些蠢事。""谁像你那么不开窍，要我几分钟就做完了。""你跟某某一样缺心眼儿，看他那德性。"如此种种，估计谁听了都会不快，人人都爱惜自己的面子，而这种绝对的断言是极不给人面子的一种表现，他们哪里会忍受得了？他们听到这话，即使不会立即与你兵戈相见，也会对你怀恨在心而导致结怨树敌，对自己没有丝毫的好处。

王芳是一家大型企业的高级职员，她的能力是有目共睹的，无论是工作能力，还是文字水平，都处在单位的一流水平，上司对她的能力也给予了充分肯定。平时，王芳热情大方，率真自然，比较受人欢迎。但是，王芳的率直和不加掩饰过于情绪化，不论对谁，只要她看见不对的地方，就不加保留地指出来，一点也不给人面子。这在职场中有时可是个大忌。

前不久，单位提拔了一个无论是资历、能力、业绩都不如她的女同事。王芳很生气，平时上司就对这位女同事特别关照，什么提职、加薪等好机会都会想着她，好事几乎都让她占尽了，眼看着处处不如自己的同事，一年之内竟然被"破格"提拔了三次，可自己的业绩明明高出她好多，可上司好像视而不见，只是一个劲地让她好好工作，而好机会总没她什么事。

这次，王芳真的恼了，她义愤填膺地跑到上司的办公室去"质问"，并义正词严地与上司"理论"起来，可上司那儿早已准备了一些冠冕堂皇的理由，尽管这样上司还是被王芳搞得非常狼狈。从那以后，王芳的情绪一度受到影响，还因此备受冷落，同事也不敢轻易同她说话了。王芳很难受，又气又急又窝火，自己怎么也想不通为什么工作干了一大堆，领导安排的工作也能很好地完成，可为什么总是费力不讨好呢？看看那位女同事，也没干出什么出色的成绩，可人家不慌不忙的总是好事不断。

王芳为什么工作出色却什么好事都轮不到她呢？问题就在于她不给他人留面子，不懂得控制自己的情绪。在工作中，什么样的情况都可能发生，什么样的事情都可能遇到，因此在处理工作和事务时，要学会保护自己免受伤害，要学会控制自己的情绪，不要轻易地把自己的情绪表露出来，以免伤害自己和伤害到他人的面子。不加控制地直接流露自己的喜怒哀乐，也显示出自己本身肤浅、没有城府。

人人都有自尊心和虚荣感，甚至连乞丐都不受嗟来之食，那正是因为太伤自尊，太没面子，更何况是地位相当、平起平坐的同事？

给他人留面子，这是很重要的问题，而很多人却很少会考虑到这个问题。他们常喜欢摆架子，我行我素，在众人面前指责同事，而没有考虑到是否伤了他们的自尊心。其实，只要多考虑几分钟，讲几句关心的话，为他人设身处地想一下，就可以缓和许多不愉快的场面。

战国时代有个名叫中山的小国。有一次，中山的国君设宴款待国内名士。当时正巧羊肉羹不够了，无法让在场的人全都喝到。有一个没有喝到羊肉羹的人叫司马子期，他怀恨在心，便到楚国劝楚王攻打中山国。

楚国是个强国，攻打中山国易如反掌。中山被攻破，国王逃到国外。他逃走时发现有两个人一直跟随他，便问："你们来干什么？"

两个人回答："从前有一个人曾因获得您赐予的一壶食物而免于饿死，我们是他的儿子。臣的父亲临死前嘱咐，中山有任何事变，我们必须竭尽全力，甚至不惜以死报效国王。"

中山国君听后，感叹地说："怨不期深浅，其于伤心。吾以一杯羊羹失国，以一壶飧得士二人。"意思是，给的不在乎数量多少，而在于别人是否需要。施怨不在乎深浅，而在于是否伤了别人的心。我因为一杯羊肉羹而亡国，却由于一壶食物而得到两位勇士。

这段话道出了人际关系的微妙。一个人如果失去了少许金钱，尚不至于发此大怒。而一旦面子受到损害却不是轻易就可弥补的，甚至可能为自己树立一个敌人。中山国王因一杯羊肉羹而失国，却因一壶食物而得两勇士的故事是一个非常鲜明的对比。这对我们是一个深刻的教训和有益的启发。

真正有远见的人不仅要在与同事的日常交往中为自己积累最大限度的"人缘"，同时也会给对方留有相当大的回旋余地。给别人留面子，其实也就是给自己挣面子。言谈交往中少用一些"绝对肯定"或感情色彩太强烈的语言，而适当多用一些"可能""也许""我试试看"和某些感情色彩不强烈、褒贬意义不太明确的中性词，以便自己"伸缩自如"，是相当可取的。

人们常说："关心则乱。"我们常常会急切地把自己的看法、建议、批评一股脑地塞到别人的耳朵中，却不管方法是否得当，别人是否能接受。殊不知，好的建议批评，那也要别人真正听取接纳了才会产生效果。

智者寄语

给别人面子，就能赢得友谊、理解和发展，化干戈为玉帛。"没有人喜欢挨耳光，也没有人会拒好意于千里之外"。

给他人面子，在和谐中感受快乐

解决很多事情都应该绕道而行。懂得兜圈子，绕道而行的人，往往是第一个登上山峰的人。下面看看这个故事：

奥利是纽约一家木材公司的推销员，他多年来一直与那些冷酷无情的木材审察员打交道，常常发生口角之争。虽然他最后赢了，但公司却总是赔钱，上司总是对他板着一副冷面孔，他常常也感到十分委屈。终于有一天，经过一番思索后，他决定改变策略，不再同别人发生口角。从那以后，他的情况得到了好转。

有一天早上，奥利刚到办公室，办公室的电话铃就响了，一个人急躁不安地在电话里对他说:“奥利,你们公司给我们的工厂运去的一车木材都不合格,我们已停止卸货,现在立即把货从我们的货场运回去。”

经过一番询问,奥利才知道原来在木材卸下四分之一时,他们的木材审察员报告说这批木材低于标准50%,鉴于这种结果,他们拒绝接受木材。

奥利得知消息后,立刻动身向那家工厂赶去,但一路上,他都一直在想怎样才能最妥当地应付这种局面。如果换作在以前,在这种情况下,他一定会找来判别木材档次的标准规格据理力争,根据自己做了多年木材审察员的经验与知识,力图使对方相信这些木材达到了标准,当然结果显示错的肯定是对方。

但是,这次奥利决定改变做法,打算用最近学会的“说话”原则去处理问题。奥利赶到场地,看见对方的采购员和审察员一副揶揄神态,好像摆开架势准备吵架。奥利并没有生气,而是陪他们一起走到卸了一部分的货车旁,询问他们是否可以继续卸货,这样可以方便奥利看一下情况到底怎样。除此之外,奥利还让审察员像刚才那样把要退的木材堆在一边,把好的堆在另一边。

一会儿后,奥利就发现问题之所在,对方审察得过分严格,判错了标准。因为这种木材是白松,而审察员对硬木很内行,却不懂白松木。审察白松木恰好是奥利的专长。在这种情况下,奥利并没有表示出反对他的木材分类方式,而是一边观察,一边提出了几个问题。奥利在提问时,显得非常友好、合作,并告诉工厂审检员说,他们完全有权把不合格的木材挑出来。这样一来,审察员就变得热情起来,他们之间的紧张就开始消除了。

渐渐地,审察员整个态度都变了,他终于承认自己对白松毫无经验,开始对每一块木料重新审察并虚心征求奥利的看法。他们最后接受了全部木材,奥利拿到了全价的支票。

在工厂审检员弄错的情况下,奥利并没有直接指出对方的错误,而是采取了一种委婉的方式,向对方提出了几个问题,慢慢地消除了彼此间的紧张感。在他的正确引导下,工厂审察员重新审察了木料,最终得到了愉快的合作。所以,婉言便能使批评在轻松愉快中进行,给他人留足面子,收到“直言”所收不到的效果。

不仅在批评别人时,要注意给别人留足面子,在生活的每个角落,我们都应该给他人面子,与他人和谐相处。

看看这个故事:

有一天,一个身无分文的青年男子来到学院外不远处一条繁华的大街上,他望了望匆忙的人群,便勒紧裤带在一棵榕树下拉起了手中的琴。他在那里拉了一曲又一曲,吸引了无数人的注意力,他们都驻足聆听。

饥饿的青年男子在万般无奈的情况下,最终捧起自己的琴盒,围观的人纷纷掏钱放入琴盒。

这时,一个无赖看了看青年男子很不屑一顾,鄙夷地将钱扔在青年男子的脚下。青年男子抬起头来看了看无赖,最终弯下腰拾起地上的钱递给无赖说:“先生,您的钱掉在了地上。”

无赖一脸鄙夷地接过钱,把它重新扔在青年男子的脚下,再次傲慢地说:“这钱已经是你的了,你必须收下!”

青年男子抬起头来再次看了看无赖,深深地对他鞠了个躬说:“先生,谢谢您的资助!刚才您掉了钱,我弯腰为您捡起。现在我的钱也掉在了地上,麻烦您也为我捡起!”

无赖被青年男子出乎意料的举动震撼了，最终捡起地上的钱放入青年男子的琴盒中，然后灰溜溜地走了。

故事中的青年男子尽管十分贫穷，但他也是有尊严的，也是要面子的。他用琴声得到别人的施舍，但却遭到无赖的羞辱。尽管如此，他仍然用自己的方式维护着自己的尊严，最终让无赖灰溜溜地走了。

智者寄语

人人都有尊严，我们在要求别人尊重我们时，我们更应该多尊重别人。只有这样，我们才能得到别人的尊重。给他人面子，其实也是给自己面子。

假装看不见他人的狼狈

有一天下班后，富兰克林和一位同事走下楼梯，来到大厅出口。

此时，走在前面的一位女士忽然在光滑的地板上摔倒。富兰克林的同事见状，马上要上去帮忙，富兰克林却一把拉住了他，一起躲到了一根立柱后面。

那位摔倒的女士迅速地爬了起来，一边打量四周一边整理衣裙、头发，走向了自己的汽车。直到这时候，富兰克林才拉着他的同事从立柱后面走出来。

这一幕让同事感到很困惑，一个平常对别人充满同情心的人，为什么在别人摔倒时不及时伸出援手，却躲了起来？富兰克林正色道："有谁希望被人看到自己的尴尬和狼狈相呢？我们躲到立柱后面，是让那位女士确信，没有人看到她难堪的一面。否则，她以后遇见我们，一定会感到难堪。"

富兰克林的这一停、一躲，就是他对别人的极大理解和尊重。在他人尴尬、难堪的时候，不对他人过分关注，是一种最好的尊重。尤其是那些身体有缺陷的人，他们的心理很敏感很脆弱，他们最怕别人用异样的眼光盯着他们。所以，尊重他们就是"不关注"他们。

智者寄语

当遇到别天尴尬的时候，你的反应是什么？取笑，还是装作没看到？

此时的装聋作哑就是对他人的尊重。

活着，不必那么较真儿

毛主席说过："凡事就怕'认真'二字。"意思是，只要认真，没有什么事做不好。然而，有的人忽略了"认真"和"较真"的区别，在只需认真对待就能做好的事上过于较真，反而会什么事都做不好。

"认真"和"较真"都表示一种状态，都表示对"真"的追求。但"认真"是褒义词，"较真"通常被看作贬义词。两者最大的差别在于，认真是追求真理，不含糊；较真则是说人对一些细枝末节的事，指人过于执着，认死理，不懂变通。

做人固然不能玩世不恭，不能以游戏人生的态度对待生活，但也不能太较真，认死理。有道是“水至清则无鱼，人至察则无徒”，生活本就是不完美的，太过较真，眼里容不得一点沙子，就会有太多看不惯的事。人无完人，对别人的要求过分苛刻，把别人身上的小缺点都揪出来无限放大，容不下别人半点失误，就没有人愿意跟你做朋友了。一颗心过于较真，就把自己同社会隔离开了。

生活中，我们肉眼看上去很平坦的东西，实际上未必是完全平坦的。我们常用“平滑如镜”比喻某个东西表面平坦。但是，看似平滑的镜子如果放在高倍放大镜下，表面也都是凹凸不平的“山峦”。许多肉眼看起来很干净的东西，拿到显微镜下观看，也会发现很多细菌。如果我们总戴着“放大镜”“显微镜”去看周围的人和事，必然会觉得处处不平，到处是缺点。

婆媳问题是很多家庭里的大问题，婆媳之间的矛盾很多时候就是由于其中一方或双方太较真导致的。在一件事情上，两代人各有各的看法，公说公有理，婆说婆有理，硬要争执下去，只会伤了和气。

章琳结婚后和婆婆生活在一起，住在同一个屋檐下，磕磕碰碰总是难免，开始时，年轻的章琳遇事总是爱较真，经常为了一点生活小事和婆婆闹翻。

比如说，章琳做饭喜欢出锅前再放盐，婆婆过来说：“这样做出的菜不入味啊。”

章琳听后不服气，辩驳说：“书上说这样吃盐更健康。”

婆婆立马就不高兴了，说道：“我这样做了一辈子饭，一家人也没吃出什么毛病来，怎么就不健康了？”

章琳的倔脾气上来，跑到网上去找到相关资料给婆婆看，虽然婆婆看了众多专家的论断也不得不承认章琳的说法是对的，但脸上实在挂不住，好几天都对她没有好脸色。

这样的小事出现得多了，章琳和婆婆的关系变得越来越僵，甚至有时候几天都不跟对方说一句话。章琳的妈妈过来小住了几天，看到这种情况，狠狠地说了章琳一顿，骂她死脑筋：“跟自己的家人那么较真干什么，你难道就是十全十美的？还不是要靠婆婆帮你操持家务，怎么就不能多理解一下长辈的辛苦，净在小事上挑刺呢？”

章琳挨了骂，仔细想想，觉得妈妈说的也对，婆婆在家里包办了大部分家务，给工作忙碌的小两口大大减轻了负担，自己怎么就不能多看看婆婆的好，选择性忽略那些小分歧呢？

从那以后，章琳再也不在小事上与婆婆争执，原本看不惯的那些小事忍下不说，也没有对他们的生活造成多大的影响，却可以让家里的气氛保持融洽。

一年后，章琳生了小宝宝，婆婆热心地帮他们照顾孩子，并不时唠唠叨叨跟她说一些这个不准、那个不准什么的。婆婆说的都是她们过去用过的照顾小孩的经验，虽然在章琳看来有些做法按照现代标准来说是不科学的，但是她明白不能反驳婆婆的好意。婆婆的那些唠叨是对他们的关心和照顾，即使有些话是不正确的，但是老人家的出发点是正确的，都是为了孩子好。只要在大方向上达成了共识，何必为了枝节小事伤了和气呢？

与人相处需要互相谅解。每个人在做事时都难免有这样那样的不足。对于别人的缺点，不要那么“聪明”敏感，凡事太较真只会给自己增添烦恼。

“扬州八怪”之一的郑板桥，常以“难得糊涂”自勉。做人想聪明难，想糊涂更难，由聪明转入糊涂更是难上加难。古今中外，凡是能成大事的人大都胸怀宽广，能容人所不能容，忍人所不能忍，善于团结大多数人，利用他们的优点而忽略无伤大雅的缺点。成大事者不拘小节，凡事大处着眼，不斤斤计较，只有这样才能成大事、立大业，使自己成为不平凡的人。

事实上,能做到不较真、能容人、胸怀宽广的人很少,正因为如此,世人才有那么多烦恼。想要少一点烦恼,多一点快乐,就要学会往自己的眼睛里揉沙子。

每个人都会有犯错的时候,当你放开了胸怀让自己不去在意别人那些小毛病的时候,你会发现其实那些毛病都不是问题。

智者寄语

与自己的亲人、朋友较真是伤害,与陌生人较真是浪费精力,与水平不如自己的人较真是把自己降得跟对方一样低。最愚蠢的莫过于和自己较真,在这个世界上,如果你自己都不爱自己,不能包容自己,还能指望谁来包容你、爱你呢?学会聪明的认真、傻傻的不去较真。多看看这世界美好的一面,遇事多为对方考虑,体谅理解别人的难处,为人多一些宽容,处事多一些和谐,你也就能多一些快乐,多一分幸福。

己所不欲,勿施于人

古人云:"己所不欲,勿施于人。"意即自己不想做的,不要强加在别人身上。己所不欲之事多为艰难之事,自己知道事情艰难,不想为难自己,便选择退却以明哲保身,这本无可厚非。但却万不可拿它去为难别人,把别人当作己所不欲、偏施于人时替自己做事的工具,心里就过意得去吗?所以,在人际交往中,我们应时刻遵守"己所不欲,勿施于人"的为人处世之道。

一个青年男子来找本·派图拉比,请教他一个问题:"市长要我去杀一个人,我要是不去,市长就会派人来杀我。在这种情况下,我该怎么办?"

派图拉比回答说:"宁可让他杀你,也不要犯谋杀罪。你为什么认为你的血就比别人的珍贵呢?"

还有这样一个小故事:

有两个人外出旅行,走进了荒无人烟的大沙漠。这时,两个人只有一个人有一点水。这点水如果两个人喝,则两个人最终都将渴死在沙漠里;如果一个人喝,则此人就可以活着走出沙漠。在这种情况下,人应该怎么办?

本·派图拉比教导说:"拥有水的人应喝以活命。"

本·派图拉比对这两则故事之所以得出这样的两个结论,是因为分别基于如下两条原则:

(1)人不应视自己的生命价值高于他人。

(2)一个人自己的生命价值绝不低于他人。

我们将这两条原则结合在一起来理解,则不难发现,这不正是一条人己关系双向对等的原则吗?

一个人没有权利把自己不愿意要的东西强加于他人,但一个人也不应该把一般人都不要的东西强加给自己。而当人己双方都面临着自己不想要的东西而又必须由其中一方承受下来时,就应让每个人自己所面临的客观条件来决定,而不进行人为干预。

这种把问题的解答同初始的物质条件相挂钩,不进行人为干预的方法,从形式上看,是暂时地给道德原则"加括号",把它"悬置"起来,借以回避问题。但从实质上看,不就是不借道德之名，将不道德的要求强加给信守道德之人吗？

不可否认，任何道德体系都内在地具有抬高整体，包括作为整体之具体化的他人，而贬抑自我的要求这一根本倾向。然而，在道德有可能超越了“道德”的范围，而成为某种不道德时，人们却极为合理、极为道德地紧急制动，借悬置道德来给出了最为道德的准则。这种以物的合理性，即物的归属，来规定人的合理性（即理论或道德标准）的做法，正典型地体现了人类智慧的一个意义极为重大、极具现代色彩的特征：主观合理性与客观合理性吻合，主观合理性受客观合理性决定，或者更确切地说，人的合理性与物的合理性的同一与融合。

把中国人的智慧改变一下，看起来是矛盾的，实际却更深刻地体现了生存智慧：“己所不欲，勿施于人”和“人所不欲，勿施于己”。

把这种智慧运用到人际交往之中，你就能够得到真正的友谊，就能够在人际关系中树立自己的形象和地位。

智者寄语

人与人之间的关系，追求的就是心灵的相通，“心有灵犀一点通”一直是友谊的自然天性写照，这种友谊常常被认为是可遇不可求的。其实，我们只要能够正确理解自己的心理需要，也就能够理解他人，这样也就能够尊重他人，获得他人的友谊。

第四章　大智若愚，难得糊涂

糊涂是一剂良方，大智若愚是一种境界

针尖对麦芒在某些场合是一种耿直与正义的表现，但在很多时候则是一种失策的表现。糊涂时常为人所不屑，但在特定情形下，则是一剂良方。

某本书上曾刊登过这样一段话：

> 学生常做的习题是选择题、是非题和填充题。
>
> 选择题好就好在可以选择，即使不知道答案，也可以胡乱选一个碰碰运气。
>
> 是非题随便答是或非，也有一半机会答对。
>
> 填充题最难，根本无法蒙混过关。
>
> 长大了，发觉人生也是选择题、是非题和填充题。
>
> 选择题变得很难。
>
> 其实，是非题也不再容易，分清是非对错，不代表成功了一半。

在这个世上，是非对错到底有个什么样的评判标准呢？很多小时候觉得对的东西到了现在却让人十分怀疑，现在的社会好像也和小时候不一样了，小的时候看东西，对就是对，错就是错，很容易分的，现在却不明白了。

很多时候，一件事情本身的是是非非其实并不重要，重要的是我们所要达到的目的。顾客和售货员为谁应负责任而争得脸红脖子粗，走了冤枉路的乘客和司机为谁没说清楚而大动干戈。该退的货没退成，该节约的时间没节约，双方都憋了一肚子的气。这何苦呢？有人说，我就要争这个理儿。是，争一个“理”，的确有一种胜利的感觉，但你想没想到过这个“理”的代价呢？

反而，不争辩，放弃无谓的辩解，有时却能带给你意想不到的结果。下面这个故事便是个很好的例子。

> “老总，”王某对老总说，“昨天我交给您的文件签了吗？”老总转了转眼睛想了想，然后翻箱倒柜地在办公室里折腾了一番，最后他耸了耸肩，摊开两手无奈地说：“对不起，我从未见过你的文件。”如果是刚从学校毕业，王某会义正词严地说：“我看着您的秘书将文件摆在桌子上，您可能将它丢进废纸篓了！”可现在他才不会这样说呢。既然老总能睁眼说瞎话，那又何必与他计较呢？因为目标是他的签字。于是王某平静地说：“那好吧，我回去找找那份文件。”于是，王某下楼回到自己办公室，把电脑中的文件重新调出再次打印，当王某再把文件放到老总面前时，他连看都没看就签了字，其实他比王某还清楚文件原稿的去向。

是的，这就是聪明的职场中人在与上司发生冲突时的解决方式。这样的人不赞成在冲突发生以后一走了之，因为在新环境里还会出现老问题，到那时你又怎么办呢？这样的人也不赞成为了争一口气大闹一场，因为吵闹不能解决问题，反倒有可能断送了大好前程，还是实际些吧！

说到实际，谁是谁非其实并不重要，即便是你对了而上司错了，你也应该开动脑筋为上司寻找一个下台的台阶，无论如何，解决冲突的前提是合作！

智者寄语

聪明的人会装傻，谁是谁非不重要，好汉不吃眼前亏。

外愚内智乃至高的处世之智

外智者，工于计巧，惯于矫饰，喜好张扬，事事计较，精明干练，吃不得半点儿亏。内智者，外为糊涂之状，不善斤斤计较，事事算大不算小，达观、大度、不拘小节。

老子云："大智若愚。"若愚，已入理悟之境，但要大彻大悟，当需"守愚"，"守"者即修行，亦即功夫。理上之悟，是一悟，已近"愚"之境界；事上之悟，事事悟，时时醒，持守如一，乃一大智者。大智者，愚之极致也。大愚者，智之其反也。外智而内愚，实愚也；外愚而内智，大智也。愚智之别，实为内外之别，虚实之分。

明代时，况钟最初以小吏的低微身份追随尚书吕震左右。况钟虽是小吏，但头脑精明，办事忠诚，吕震十分欣赏他的华，推荐他当主管，升郎中，最后出任苏州知府。

初到苏州，况钟假装对政务一窍不通，凡事问这问那。府里的小吏们怀抱公文，个个围着况钟转悠，请他批示。况钟佯装不知，瞻前顾后地询问小吏，小吏说可行就批准，小吏说不行就批不准，一切听从部属的安排。这样一来，许多官吏乐得手舞足蹈，个个眉开眼笑，说况钟是个大笨蛋。

过了三天，况钟召集全府上下官员，一改往日温柔愚笨之态，大声责骂道："你们这些人中，有许多奸佞之徒，某某事可行，他却不让我去办；某某事不可行，他则怂恿我，以为我是个糊涂虫，耍弄我。实在太可恶了！"况钟下令，将其中的几个小吏捆绑起来一顿狠揍，鞭挞后扔到街上。

此举使余下几个部属胆战心惊，原来知府大人心里明亮着呢。所有部属一改拖拉、懒散的样子，积极地工作，从此苏州得到大治，百姓安居乐业。

你想处世"高明"，而不是"精明"吗？那就请牢记并实践老子的话："大智若愚。"将"智"属于"愚"之内，处世必能进退自如，左右逢源。

智者寄语

高明之人，并非事事争刚强，招招显聪慧。他们的高明在于，能够超乎常人地处理"愚"和"智"之间的关系，寓智于愚，外愚内智，似愚实智。

做人，难得糊涂

清朝书画家、著名诗人郑板桥说："聪明有大小之分，糊涂有真假之分，所谓小聪明大糊涂是真糊涂假智慧。而大聪明小糊涂乃假糊涂真智慧，所谓做人难得糊涂，正是大智慧隐藏于难得的糊涂之中。"

从理论上讲，一个人的智商高出普通人的正常值，这样的人就是我们生活中常说的聪明人。然而，有组统计数字显示，成功的人物中最多只有不超过10%的人智商超群，其余90%的智商只是普通人水平。但是，他们成功了。为什么会这样呢？

原来，成功的人更重视智慧，聪明与智慧实在是两回事。

美国前总统威尔逊小时候比较木讷，镇上很多人都喜欢和他开玩笑，或者戏弄他。一天，他的一个同学一手拿着两美元，一手拿着一美元，问小威尔逊会选择拿哪一个，威尔逊回答："我要一美元。""哈哈，他放着两美元不要，却要一美元！"同伴们哈哈大笑，四处传说着这个笑话。许多人不信小威尔逊竟有这么傻，纷纷拿着钱来试。然而屡试不爽，每次小威尔逊都回答："我要一美元。"整个学校都传遍了这个笑话，每天都有人用同样的方法愚弄他，然后笑呵呵地走开。

终于有一天，他的老师忍不住了，当面询问小威尔逊："难道你连两美元和一美元都分不清大小吗？"

"我当然知道。可是，我如果要了两美元的话，就没人愿意再来试了，我以后就连一美元也赚不到了。"

你看，威尔逊只是不愿把心思放在贪图小利的小聪明上，而只着眼于智慧。生活中，智慧和聪明就像主人和仆人的关系。主人没有仆人的协助不行，会显得非常笨拙狼狈，缺乏效率。但再聪明的仆人毕竟还是仆人，仆人需要主人给他方向。因此，我们必须通过实践去把聪明转变成智慧，以智慧行事，才能够事半功倍。生活中的糊涂学、糊涂智慧可以成就大事业，能经受时间考验；"聪明"只能带来一时的成功，总有机关算尽的时候。当然，聪明不是错，更不是罪，关键是要用好自己的聪明，把聪明转化为智慧。

在为人处世时，"装糊涂"是一种高明的处世之道。有时，我们不妨睁一只眼闭一只眼做人。因为一个人如果锋芒太露，这样就很容易引起别人的嫉恨，与你树敌的人也会越来越多。所以，懂得适时地装糊涂，才是大智若愚的真聪明。

美国前总统克林顿在竞选时曾遇到过这样一件事。

一次，他正在发表竞选演说，突然，一个破坏分子高声叫道："垃圾！狗屎！"

很显然，这个人的意思是说他"胡说八道"或是"少说空话"。

但是，克林顿却报以宽容的微笑，并不理会他的本意，只是安抚地说："这位先生，我马上就要谈到你提出的脏乱问题了！"

可见，当面对别人的质疑时，用假装糊涂来转移话题不失为明智之举。而且，在处世中采取糊涂的策略，往往能轻而易举地达到目的。

东晋王羲之10岁的时候，聪明伶俐，清秀可爱。大将军王敦非常喜欢他，经常带他在身边玩，有时还安置他在帐中同寝。

有一天，大将军王敦早起，而王羲之仍贪睡未起。不一会儿，王敦属下钱凤进来。于是，王敦屏退左右，密议叛国起兵的大事，全然忘了王羲之还在帐中睡觉。

其实，此时王羲之在床上听得明明白白，当他知道他们商议的竟然是密谋造反之事时，不由得暗自吃了一惊。随即他又想道，既然自己已听到逆谋，那自己就断无幸免存活的可能了。于是他灵机一动，吐出很多水，继续假装熟睡。

王敦与钱凤正谈得起劲，忽然想起帐中的王羲之，不由得大惊道："糟了！我们的话可能都被王羲之听到了，事到如今不得不除掉这小娃儿了。"

当他们前去打开帐子时，只看到唾液处处，湿了一大片，王羲之似乎还正做着美梦呢！

王敦看了后大为放心，也消除了杀王羲之的念头。

在生活中，有时候有些事情你不必那么执着，适时装装糊涂，对你、对他人可能都是一件好事。“糊涂”一点儿，自己也能因此而多一份安宁，一种轻松，一种坦然，一种悠然，一种自在。

当然，这里的糊涂并不是教你在大是大非面前不分青红皂白，不讲原则，那样就是真正的糊涂了。

智者寄语

“糊涂”的智慧是一个人在经历了世事的沧桑之后的成熟与从容，是人生大彻大悟之后的宁静心态的写照。

面对他人撒谎以诚待之

人与人之间需要宽容、需要理解。宽容是催化剂，可以消除隔阂，减少误会，化解矛盾；宽容是润滑剂，能调节关系，减少摩擦，避免碰撞；宽容是清新剂，会令人感到舒适，感到温馨，感到自信，感到世界的美。

生活中的每一个人都有缺点，面对别人的缺点，你会怎样呢？是加以攻击、嘲笑、讽刺，甚至是谩骂不已，还是从内心深处宽容、原谅对方？懦弱愚蠢的人，容易激动和大吵大嚷；聪明能干的人，什么事、什么时候，都能够保持自己的尊严和风度，所谓“谋事在人，成事在天”。一个人对自己要求严格，自然是好事，是应该的，但不要因此把自己看得太高，不要以为别人都是笨蛋，只有自己才是圣人。

有这样一位公司主管，他给手下布置工作时，把完成的时间、完成的情况、报酬都规定得一清二楚。但由于不可抗拒的原因，时间到了，该完成的工作却没有能完成。他手下的人听说他为人严厉，觉得如果如实汇报完成情况，很可能受到他的严厉责备，于是，大家便合伙对他撒谎，虚报了一个数字。

这位主管心里颇有些怀疑，便私下里做了调查，最终发现大家串通起来哄骗他。他当时很生气，但过了一阵子，他冷静下来想了一下，就不再生气了。因为摆在他面前的有两种处理方法：一种是按原则办事，毫不留情地揭穿谎言，对大家进行一定的处罚和教育。这样一来，固然可以让大家知道一下他的厉害，他的明察秋毫，不好糊弄不好欺负。但同时，他的人缘可也就成了问题。让大家下不了台，他一个人成了众矢之的，大家会记住这一次羞辱，而在以后寻机报复。最可怕的是一群人抱成一团同自己作对，这样的局面无论对一个公司还是对一个领导来说，都是应该竭力避免的。

经过再三掂量，他决定用一种宽厚的方式处理这个问题。在月末的总结大会上，他对大家说：“我看了大家报上来的工作总结，那些数字让我感到很吃惊。由于这个月出现了意外的市场波动，按照我的预料，大家根本是无法完成任务的。不料，大家还是按时完成了任务，我为大家感到高兴，也感谢大家的精诚合作。我已与其中的一些合作单位联系过了，对他们给予我们大家的支持表示了感谢，他们也表示愿意继续同我们合作。”会后，他按当时协议规定的标准付了报酬。

这位主管因此而深得大家的拥戴和尊崇，在以后的几年间，他同手下的这批人合作得非常好。

这位主管教给了我们一种非常明智而巧妙地以诚对谎之法：

首先，他以一种宽厚与大度的方式对待大家的谎言，使人保留了面子、自尊心和自信心，以此换来了大家对他的尊重。

其次，他用巧妙的方法暗示了自己已经知道了真相，只是没有说出来而已。当他告诉大家他“已同有关合作单位联系过”时，大家肯定心里一沉，以为弄虚作假必定露馅，但不料他却虚晃一枪，马上拉回话题，不就细节再作纠缠。事实上，此时大家已清楚作为主管的他，早已对真相了如指掌，只不过不说罢了。

再次，他不但保留了大家的情面，而且还给予鼓励，并且完全按照当初的协议付给大家报酬，以此唤起大家的良心与责任心。面对这样的上司，谁还好意思不努力工作，再次糊弄他呢？

生活中，你随时都可能会面对别人出于各种目的的谎言。

如果一个人的社会地位、权力手段、经济能力尚未强大到一定程度，或者你面对的对象并非心地厚道、性格善良之辈，你的做法行为会被人认为愚昧、软弱、好欺负。一个强者对弱者说“我将原谅你”，那是宽厚；而如果一个弱者对强者说“我将原谅你”，则会显得可笑了。

同样的道理，两个互相对峙的对手如果彼此的身后都有足够的空间供他们后退，那么，当对方向你进逼的时候，你进退得宜，退一步、退两步都不会有什么危险。相反，如果你是站在悬崖边上同人对峙，你就没有后退的余地，退一步就意味着毁灭，意味着摔下悬崖。当他人以谎言对待你的时候，如果他的谎言将危及你的根本利益，你自然应该毫不留情地予以回击。

但事实上，在现实生活中面临的别人大部分缺点，并没有使你达到生死攸关的地步，以牙还牙、以毒攻毒的方式于事情的解决并没有明显的好处，还可能会出现“两虎相斗，必有一伤”或“两败俱伤”的结局。

所以，面对别人的缺点，你可以用另一种高明的办法来处理它——难得糊涂，它代表的是一种处世哲学。这种方式不仅可以使自我的品行和心灵不会受到损伤，而且还可唤醒另一方的良知与觉悟。这种方式就是对人宽厚、对己严格、以诚对谎的方式。用这种方式对待别人，在很多时候将使别人对你产生崇敬的心情，进而以各种方式努力弥补自己的过失，采取更有利于你的行动。

智者寄语

用“糊涂”心态对待他人的谎言，自会给自己和他人留下广阔的空间。

面对他人的缺点要糊涂点

糊涂是一个人成功的技巧，当然这是指小事情的小糊涂。如果一切皆明白于心，恐怕会心生烦乱，干扰工作。其实，巧妙地装糊涂更是一种真聪明、真智慧，不但能给各种繁杂的事情涂上润滑油，使得其顺利运转，也能在生活中充满笑声，显得轻松明快；相反，凡事较真只会导致木讷刻板，甚至使事情陷入僵局。如果有什么人或事让我们感到不愉快的话，不必过多地去计较，多一些糊涂，少一点聪明，彼此的相处便会融洽不少，你的境遇自然也会舒坦得多。

金兆林是一家公司的部门负责人，一天，老板将一个名叫晋文的新人交到他的手上，嘱咐说他是自己好朋友的儿子，让金兆林好好带一带他。

金兆林很乐意地接受了。之后的日子里，他总是认真地指导晋文的工作，用心去教授他自己所知道的每一个知识点。然而，他却渐渐发现晋文对于自己教授的知识相当不以为然，而且似乎一点儿想要好好工作的样子都没有，整天在单位混日子，让他在自己手下工作简直就是在添乱，不但帮不上任何忙，还经常因出错而带来麻烦。金兆林除了做好自己的本职工作之外，还得整天替他收拾残局，肩头的任务一下子增加了许多。

但是，金兆林并没有因此而去刻意指责晋文，而是从不同的方面去鼓励和影响他。在他看来晋文不过是个毛头小伙子，因为没有经验而犯错都是很正常的表现，虽然他是一个非常不合拍的搭档，但他起码为人还不错，只要悉心训导，会慢慢好起来的。

所以，每当老板问起晋文的情况时，金兆林也总是得过且过地装糊涂，从不在老板面前说他的不是。而对于晋文所接到的一些比较吃力的工作，金兆林也总是想办法去帮助他完成。

这样一段时间下来，晋文终于开始转变了，他很感谢金兆林对自己的照顾，不再把他的话当成耳边风，而是开始认真地跟着他去学习知识。

后来，晋文由于实习期满，也觉得自己实在无法胜任这份工作而向老板提出了辞职。直到这时，金兆林才知道，其实晋文并不是老板好朋友的儿子，他的父亲是金兆林所在公司最大的客户。

临走时，晋文特意去找金兆林道别并表示谢意，他说他一直清楚自己的能力，但在公司的这一段日子里，带来了不少麻烦，但金兆林却从来没有因此而看不起他，反而热心地帮助他，这让他非常感激。而且，晋文还表示说："虽然我不在这里工作了，但是我的父亲依旧会一如既往地跟你们保持合作。而且，他也很欣赏你的为人。以后如果你有什么需要帮忙的事情，可以直接找他。"

待晋文走后，老板也夸奖了金兆林一番，说他年轻有为，相当精通处世之道，一定会有大好的前程。

本来，金兆林只是抱得过且过的糊涂态度来对待晋文，却没想到这份"糊涂"能给自己带来这么好的运气，金兆林的心中别有一番幸福的滋味。

我们应该拥有这样的心态——懂得在一些小事上学着装装"糊涂"，在一些场合你不一定要很聪明，但一定要清醒，而糊涂做事就是清醒的一种表现。这样的人生才是具有大智慧的人生。

在人与人的交往中，如果我们总是对人苛求，希望自己所遇到的每一个人都趋于完美，总睁大眼睛，拿着放大镜去观察、计较别人的缺点和不足，那么，我们就将永远活在遗憾之中。

周晓从小一直是一个对自己要求很严格的人，他不仅要求自己能够做到事事趋于完美，也常常以这样的标准去要求身边的其他人。比如，他喜欢干净，就不允许同屋的室友将自己的脏衣服丢在床下不洗；他觉得沉默和低声细语是一种品德，也要求身边的人都学他一样不要大声说笑，尽量沉默是金；他觉得浪费时间是一种可耻的行为，也希望周围的人最好放弃玩乐，无时无刻都投身于工作。总之，在他的眼睛里几乎是容不下一粒沙子的，但是他的完美要求并没有使大家心存感激，而是选择了将他孤立。

其实，一个人根本就没有必要让自己活得那么累。俗话说人无完人，每个人都有自己的缺点和不足，包括我们自己。所以，面对生活中所接触的每一个人，我们都应该"睁一只眼，闭一只眼"地去对待他们的缺点和错失。

一个智慧贤明的人，首先要对自己和周围的人有基本的认识和评估，然后再决定与谁交往。在与他人交往中，要取长补短，帮助朋友克服弱点，要利用敌人的弱点以战胜之；要有自制之力，勇敢地克服自己的弱点，只有战胜自己弱点的人才是强者，连自己都战胜不了的人往往是难成大事的。弱点突出的人优点也突出，一个没有弱点的人也一定不会有多大优点，在这方面登峰造极的人在另外的方面可能一无是处。

你可以不喜欢一个人的行为，但完全没有必要心怀厌恶或者非得要求对方朝着自己的原则和标准靠拢。空间太小，能洒进来的阳光也就少了，只有学会包容，你肚子里的快乐才越多。

如果我们能学会闭上一只眼睛，以一份宽容的心去看待别人的缺点和不足，也就相当于给了自己一份豁达的心境和快乐的权利。

因此，对于那些不会影响自己的权益，还勉强可以忍受的人和事，就不要过多地去计较，也没有必要每时每刻都坚守着自己的原则不放松。否则，结果不一定能朝着你所期望的方向发展，但有一点可以肯定的是，你一定越来越不快乐。既然某些缺点和错误在别人看来都觉得无所谓，你又何必非得去较真，去为难自己呢？那样岂不是会让自己活得很累吗？

人生需要那种“睁一只眼，闭一只眼”的心态。这样的容忍并不是糊涂的表现，而是疼爱自己、充满智慧的反应。对于某些事，即便是摆在眼前的事实，我们也没有必要非得把它说清楚。比如上司或者朋友的某些缺陷，装作糊涂是智慧的表现，看得清楚便是聪明过头了。

智者寄语

在生活中，不仅是对于别人的缺点要学会容忍，对于自己的缺点也一样需要“睁一只眼，闭一只眼”的精神。只有能够容忍自己缺陷的人，才能真正体会到生活的快乐。也只有你先学会了“看重”自己，才能得到别人的尊重。

对待家事糊涂点

每个人都希望自己越聪明越好，越聪明越显示自己为人处世的高明。可是，任何事情都不是绝对的，聪明过头，并非是件好事。王熙凤不是机关算尽太聪明，反误了卿卿性命吗？看来一个人还是别过于精明，知道得太多，事事计较，反而会让人伤神。其实，生活中本没有那么多的人和事需要去细心琢磨。毕竟人的一生时间有限，短短的几十年光阴，哪禁得起那么多无谓的折腾？保持一点糊涂的态度去生活，头脑简单地对待一些无关紧要的事情也未必不是一件好事。

俗话说“清官难断家务事”，特别是婆媳之间的事情，更是说不清道不明。

这天早上，因为一点小事，闫珍又和婆婆吵了起来。一阵风雨过后，委屈的她跑到好朋友江琳家去诉苦。

当她敲开江琳家家门的时候，正好赶上江琳在忙着做饭。于是，江琳就让婆婆先陪着闫珍闲聊。

随着话题的一步步深入，闫珍终于开始发起了牢骚：“唉……要是我婆婆像你这样善解人意就好了，可她总是那么不招人喜欢，做菜咸得要死，还整天在我们耳边唠叨个不停，总之，我不论做什么，她都得挑出点毛病来，真是烦死了。”

江琳的婆婆听完了这一顿抱怨之后，微笑着打断了她的话说道：“其实啊，并不是我和你的婆婆有什么区别，而是你太跟自己过不去了。在这方面，我觉得你真的该向江琳学学，她看起来总是糊里糊涂地迁就我的一切，一点都不嫌弃我这个什么都不懂的乡下老太婆。

不管是做什么菜，做得好不好，她都会说好吃！"

饭做好了，席间，江琳也劝了闫珍不少话，闫珍渐渐地终于不再那么怒气冲冲了。

饭后，闫珍不想这么早就回家，便在江琳家看起了电视。而江琳却准备利用下午的时间洗洗衣服，可是她找来找去都找不到自己昨天换下的衣服去了哪里。于是便问婆婆："妈，您看见我昨天穿的那几件衣服了吗？"只见，江琳的婆婆一拍脑门，笑着说道："哎呀，我上午一不留神给你洗了，可真是老糊涂了。"

看着婆婆，江琳幸福地笑了。这时，坐在一旁的闫珍才明白了江琳婆婆所谓的"糊涂"的真正含义。她终于明白了为什么江琳能比自己生活得幸福，他们之间的"糊涂"其实正是一种难得的精明。

从那以后，闫珍也当起了"糊涂"媳妇，她不再去计较与婆婆之间的小事，任何时候都宽容以待。渐渐地，婆婆也被传染得"糊涂"起来，家中再也很少听到争吵之声了。

许多时候，我们的痛苦都来自对小事的斤斤计较和纠缠不休，烦恼皆因强出头，太多的难过都是因为在乎得太多，太想出人头地、太争强好胜了。

"虽然我看不见太阳，但我可以感受阳光的温暖；虽然我看不见大海，但我可以倾听海浪的声音。"当一位盲人对你说出这样的话语时，你心中会有怎样的感受？如此豁达的话语，如此乐观的心态，不得不让人折服。没有一丝的抱怨，没有一丝的颓废，有的只是自信和乐观。他对生活充满了信心，充满了向往。生活是美好的，不是吗？看不到太阳，不要紧，你可以享受它的温暖；看不到大海，也不要紧，你可以倾听它的声音。既然如此，我们还有什么好抱怨的呢？换一个角度，换一种思维，你会发现，原来退一步，就可以海阔天空。

智者寄语

生活中没有多少人喜欢斤斤计较、太过精明的人，却没有多少人不喜欢会装"糊涂"的聪明人，所以不论是对人对事，都不妨让自己宽容一些、糊涂一点。学会了"糊涂"做人，不仅能够减轻彼此间的隔阂，赢得别人的好感，还能为自己增添不少快乐。"糊涂"常可使我们心境平静，无欲无贪，正如"值利害得失之会，不可太分明，太分明则起趋避之私"一样。不知道"糊涂"的人在凡尘世中永不得安宁。

醉拳是形醉而神不醉

装愚守拙，乃是人情操纵的一流功夫。

真醉和装醉是完全不同的两种情况，玩"醉拳"的，是"形醉而神不醉"，"醉"是"醉"在"虚"处，是迷惑对手，而"拳"却击在"实"处。

看过电视连续剧《水浒》的人都知道武松"醉"打蒋门神的精彩片段：手握酒杯，仰脖而干，身子东倒西歪，步履轻飘虚浮，蒋门神于漫不经心之际，鼻梁突着一拳，尚未回过神来，眼额又遭一腿……当其终于醒悟这绝非是酒鬼的"歪打正着"之时，其已身受重创而无还手之力了。

"醉拳"之厉害，在于一个"装醉"，表面上看来跌跌撞撞，偏偏倒倒，踉踉跄跄，不堪一推，而其实呢，醉醺醺之中却杀机暗藏，就在你麻痹大意之时，却挨上了"醉鬼"的狠招。

在政治风云中，有时当危险要落到自己头上时，通过装傻卖呆，还可以达到逃避危难、保全自身的目的。

公元239年,魏少帝曹芳被曹爽控制,架空了司马懿的兵权。司马懿虽然甚为不满,但一时又无能为力。为了免遭曹爽的再度加害,同时也为了隐蔽自己,以待时机,司马懿告病居家,不问朝政。一日,曹爽派心腹李胜去探视司马懿,以查虚实。

司马懿也知道曹爽的用意,因此,当李胜来到时,只见司马懿躺在床上,两个侍女正在喂他喝粥。米粥撒满了前胸。李胜与他说话时,司马懿故意做出气喘吁吁的样子,话也听不明,说也说不清。李胜回去后,详细报告给曹爽,并说:"司马公不过是尚有余气的尸体而已,形神已离,大人不必再对他有何顾虑了。"

曹爽最感棘手的就是司马懿,听到他不会久留于人世,心中无比高兴和放心,在朝中更加肆无忌惮了。司马懿则加紧秘密组织力量,成功地打了一次"醉拳"。公元249年正月,魏少帝曹芳拜谒高平陵,曹爽兄弟及其亲信皆随同前往,司马懿乘机发动兵变,废免了曹爽兄弟,不久将其全部处死。

《红楼梦》中的薛宝钗,其待人接物极有讲究,且善于从小事做起:

元春省亲与众人共叙同乐之时,制一灯谜,令宝玉及众裙钗粉黛们去猜。黛玉、湘云一干人等一猜就中,眉宇之间甚为不屑,而宝钗对这"并无甚新奇""一见就猜着"的谜语,却"口中少不得称赞,只说难猜,故意寻思"。有专家们一语破"的":此谓之"装愚守拙",因其颇合贾府当权者"女子无才便是德"之训,实为"好风凭借力,送我上青云"之高招。

愚者和装愚者是迥然相异的两种人。装愚的,是"外愚而内不愚","愚"是"愚"在皮毛小事,不涉主旨,无关大局,而"精"却"精"在节骨眼上。蒋门神遭武松一顿狠揍而退出霸占的快活林,最终死于武松刀下,令人痛快之至;而林黛玉焚稿断痴情,薛宝钗出闺成大礼,却令人有一种说不出的苦涩味道。

装醉打拳乃格斗上乘技法,装疯卖傻是人情操纵的一流功夫。那些能够使他人"买"下自己傻气的人,正是人生中"最伟大的推销员"。

智者寄语

在人生的很多场景中,有时"拙"不等于"劣","愚"不等于"笨"。因为装愚与守拙,常常是大智之人为战胜对手的一流功夫。

有时不妨装装糊涂

在人际交往中,有的事不必弄得太明白,即使心里明白,也不一定要说出来。该糊涂时得糊涂。"大辨若纳,大巧若拙,大智若愚"说的就是这个道理。

魏王的异母兄弟信陵君,在当时名列"春秋四公子"之一,知名度极高,因仰慕信陵君之名而前往的门客达三千人之多。

有一天,信陵君正和魏王在宫中下棋消遣,忽然接到报告,说是北方国境升起了狼烟,可能是敌人来袭的信号。魏王一听到这个消息,立刻放下棋子,打算召集群臣共商应敌事宜。坐在一旁的信陵君则不慌不忙地阻止魏王,说道:"先别着急,或许是邻国君主行围猎,我们的边境哨兵一时看错,误以为敌人来袭,所以升起烟火,以示警戒。"过了一会儿,又有报告说,刚才升起狼烟报告敌人来袭是错误的,事实上是邻国君主在打猎。

于是，魏王很惊讶地问信陵君："你怎么知道这件事情？"

信陵君很得意地回答："我在邻国布有眼线，所以早就知道邻国君王今天会去打猎。"

从此，魏王对信陵君渐渐疏远了。后来，信陵君受到别人的诬陷，失去了魏王的信赖，晚年沉湎于酒色，终致病死。

正所谓"古今得祸，精明人十居其九"，信陵君以为他如是一说便能得到魏王的褒奖，没想到反而落得个失宠的下场。有的时候，明白某个道理，把它装在心里总比说出来得好。

《三国演义》中的杨修才华横溢，能够洞悉他人的想法，但最终招致杀身之祸。在随军征战的多年中，他被提拔得很慢，显然是曹操讨厌他的缘故。但是，他没有意识到曹操本人生性多疑，凡事他都一语道破，只会让曹操越来越厌恶他。如果他能迎合曹操不表现他的聪明，或适时适地适量地表现才能，那么他至少可以保全性命，得到重用。在职场中也是同样的道理，试想一下，有哪一个上级会愿意让部下全部都知道他的心思和他的用意呢？杨修之死便在于他不知道聪明反被聪明误的道理啊！

有时候我们不要让自己太聪明，很多人不希望我们看透他们的心思。学会装装糊涂，懂得"明知故昧"。"明知故昧"说的就是明明知道的事情却装糊涂装作不知道，看得清楚的东西却装作看不见，也就是虽明白一切，却故意装糊涂。在生活中，这从表面上看来是不好的态度，但作为一种明哲保身的方法还是可为的。

揣着明白装糊涂有时也是必要的，但是，不要忘了，真诚才是做人的根本。

宽容是上天赐予我们的最美丽的生活原则，它使人类在面对宇宙的浩瀚时不再感到渺小，它使我们从此过上一种涵盖一切和关照一切的有深度的生活，"只有理解一切，才能成就一切"，宽容最终能把地狱变为美丽的天堂。

林肯曾用爱的力量在历史上写下了永垂不朽的一页：

当林肯参选总统时，他的强敌斯坦顿为某些原因而憎恨他，斯坦顿想尽办法在公众面前侮辱他，毫不保留地攻击他的外表，故意制造事端来为难他。尽管如此，当林肯当选美国总统时，得找几个人当他的内阁与他一同策划国家大事，其中必须选一位最重要的参谋总长，他不选别人，却选了斯坦顿。当消息传出时，一片喧哗，街头巷尾议论纷纷。

有人对林肯说："恐怕您选错人了吧！您不知道他从前如何诽谤您吗？他一定会扯您的后腿，您要三思而后行啊！"

林肯不为所动，他回答说："我认识斯坦顿，我也知道他从前对我的批评，但为了国家前途，我认为他最适合这个职务。"果然，斯坦顿为国家以及林肯做了不少的事。过了几年，当林肯被暗杀后，他受到了人民的赞颂。然而，所有赞颂的话语中，要算斯坦顿的话最有分量了。他说："林肯是世人中最值得敬佩的人，他的名字将流传万世。"

学会宽容，意味着你不会睚眦必报，从而拥有一份潇洒的风采。在人类历史的进程中，党同伐异的事不胜枚举。其实每个人或多或少都带有自以为是的倾向，对与自己不同的见解、行为，一概排斥、贬低，甚至明枪暗箭，弄得自己神经紧张，终日心事重重。要知道，应以宽容心来处世，也要宽容地接受各种思想。能够宽容待人宽怀处世，不但需要广阔的胸襟，而且需要拥抱的勇气。

智者寄语

能够化解彼此间的矛盾和误会，对于施者和受者都是精神上的一次放松，甚至一个小小的拥抱也可以为你赢得人心，赢得尊重。

做人无须过于清醒

聪明的人，都应该懂得“三分流水二分尘土”的道理。想把所有事都弄个水落石出，是很难的，也是没有必要的。即便你天生异禀，有一双火眼金睛，也终究看不透尘世中的纷纷扰扰。适当地装装傻吧，何必非要看得那么清楚呢？过于钻牛角尖，不仅会害自己，也会连累到别人。在我们的日常处世中，偶尔装点儿傻是必要的。遇到让自己窘迫的问题，装点傻有时候反而比较容易解决。“装傻”的处世原则有意想不到的效果。

装点儿疯卖点儿傻，让自己和身旁的人哈哈一笑，许多问题就可以迎刃而解了。

王经理经常被妻子的唠叨吵得很烦，为了清静，他只好能藏就藏，能躲就躲，尽量避免和妻子发生冲突。

有一次，王经理和一位朋友上餐馆吃饭，酒足饭饱之余，他趁朋友不注意的时候，低下头伸手从自己的鞋子里抽出一张钞票来。他一抬头，没想到跟朋友的目光不期而遇，其实不用说他朋友也已经知道是怎么回事了。他知道王经理是个怕老婆的男人，于是他微笑着等待着他的解释，好像在想：“看你这次怎么说！”

这时王经理轻轻咳嗽了一声，指着手里的钞票说：“这个害人的死东西，过去它一直压迫着我，所以，现在我也想要让它尝尝被压迫的滋味。”就这样，王经理给自己找了一个台阶下。

王经理就这样用自己的机智装了一回傻，不仅免除了被嘲笑“怕老婆”的尴尬，也向别人展示了他的幽默和灵活，更透露出他对妻子的包容。

借题发挥，就是要把话题拓展开来，抓住问题之后要紧咬住不放，尽量减少对方的思考空间，不要让他们产生怀疑；此外你一定要放松，轻言淡语，表现出好像无关紧要的样子，千万不要刻意行事，否则很容易就会被对方看穿；你还要以开玩笑的方式进行，来松懈对方的戒心，煞有介事会引起对方的怀疑；随机应变，要能快速做好整合的逻辑思考，这就需要我们平时锻炼自己的逻辑思维能力；不要偏离了主题，该收手时就收手。

戈尔巴乔夫就任苏联总书记时才54岁，这在世界上是罕见的，因为当时把持俄共政权的都是平均年龄在70岁的老人。所以，全世界的人都很关注他的施政，想看看这个年轻的国家领导人会给苏联带来什么样的影响，苏联的命运将会发生什么样的变化。

有一次，在戈尔巴乔夫召开的记者招待会中，来自各国的记者纷纷举手抢着向他发问。一位美国记者问道：“戈尔巴乔夫先生，我们都知道你的思想是很激进的，可是，如果你要决定内阁名单时，是不是会先和上头的重量级人物商量商量再做决定？”

戈尔巴乔夫一听，知道这是一个很尖锐的问题，于是故意板起脸来回答：“喂！请你注意了，在这种场合之下，请不要提及内人。”大家听了，都哄堂大笑。接着，不等美国记者再发言，戈尔巴乔夫就马上指着另外一名记者说：“好，下一个继续发问。”

我们都知道，在政治谈判中，面对比较尖锐的问题是不能正面回答对方的，而戈尔巴乔夫正是利用“内人”这个词来化解当时的气氛，如此“糊涂”的回答却轻松避开了现场的尖锐的问题。

智者寄语

难得糊涂，糊涂很难！不错，有些人活得过于清醒，活得太理性，太认真了，对于自己的利益得失斤斤计较，这样就会活得很累，有必要“糊涂”一下。其实糊涂绝不是让人浑浑噩噩，糊里糊涂，而是在明白利害关系之后偶尔装点儿傻。

训练“睁一只眼闭一只眼”的功力

为人处世，虽然不能玩世不恭，不能以游戏人生的态度对待生活，但也不要太较真、认死理。如果能宽容一点，用睁开的眼睛远视世界的美丽，用闭着的眼睛抹去世间的无奈，对一些事采取“睁一只眼闭一只眼”的态度，才算是活出了极致。

其实，无论是做人还是处世，我们完全不必太认真，不妨训练自已具备“睁一只眼闭一只眼”的功力，凡事不要过于精明计较。

1401年，意大利的佛罗伦萨举行青铜门扉雕刻大赛，当时著名的雕刻家布鲁涅列斯奇失败了。对此，他并没有耿耿于怀，而是心平气和地接受失败，并转而研究起双壳结构的圆形屋顶，最终成为一名杰出的建筑学家。

居里夫人在第一次获得诺贝尔奖之后，有人曾造了一些耸人听闻的谣言，说她的研究成果都是抄袭别人的。对此居里夫人痛不欲生，后来她镇静下来“装糊涂”，对此谣言不理不睬，不予反击，并以埋头科学事业来粉碎妒才小人的诡计。当第二次获得诺贝尔奖时，居里夫人再一次驰名全球。这时，那些曾经诽谤她的人也感到十分惭愧，甚至有的还主动去请求居里夫人宽恕。

当对一些事“睁一只眼闭一只眼”时，就意味着你要学会“割舍”，这种“糊涂”并不是愚蠢，而是一种宽心与豁达，是一种“退一步海阔天空”的潇洒。当然，这并不是说我们可以随波逐流、不讲原则，而是说对于无关大局的小事不要过于计较，不妨以宽容大气的态度对待。每个人都会有犯错误的时候，而当我们放开胸怀，让自己不去在意别人那些小毛病时，就会发现其实这些毛病根本不是问题，也根本不值得生气。

人生中的感情问题也同样如此。无论是亲情、友情还是爱情，我们不妨睁一只眼闭一只眼，用睁着的眼睛去感受世间的温情，用闭着的眼睛去酝酿深一层的情感。睁一只眼，闭一只眼，就可以让彼此保持原有的感情而不会轻易彼此伤害。有时，对方可能会用善意的谎言欺骗我们，当事后我们知道了真实的一面，这时千万不要去直接揭穿或责问，因为如果对方不是为我们考虑，又何必要欺骗呢？最聪明的做法就是假装什么都不知道。假使对方知道我们已经了解到了真相，那样反而会拉近彼此的距离，因为对方知道我们也在为他考虑。在宽容之心的驱使下，双方都不会随意捅破那张神秘的面纱，然而我们彼此会带着温馨的笑容过好以后的每一天。

智者寄语

在生活当中，我们不论是当领导，还是当普通员工，即使别人做的事令自己感到多么不满意，我们也要学会“睁一只眼闭一只眼”，这样不但能显出我们的大度，也能让对方有一个好的改正错误的机会，还能真正达到帮助别人的目的。

算计来算计去，会把自己算计进去

好算计，是许多人为人处世的一个突出特点，他们凡事都要精打细算，不论是否有意义、有价值，一点亏都不能吃，结果往往是算来算去，最终把自己也算计进去了。

一个常常算来算去的人，通常是一个事事计较的人。无论他的表面上看起来多么慷慨大方，他的内心深处都不会是坦然的。算计本身首先已经使人失掉了平静，陷入到一事一物的纠缠里。而一个经常失去平静的人，一般也会出现比较严重的焦虑症。一个常处在焦虑状态中的人，不但谈不上快乐，而且是痛苦的。

在生活当中，喜欢算计的人很难得到心理的平衡和满足，他们会由于过多的算计而引起对人对事的不满和愤恨，因此也常常与别人产生纠纷，分歧不断，内心充满了冲突。

因为精于算计，这类人的心胸常常会被堵塞，每天只能生活在具体的事物中而不能自拔，习惯看眼前的利益，而缺乏长远眼光。更重要的是，世界上有那么多的事物，喜好算计的人并不只对某一件事算计，而是对所有事都习惯于算计。太多的算计埋于心中，日积月累，每天都在为这些事担忧烦恼，又怎么可能快乐起来呢？

科学研究证明，太能算计的人，心率的跳动一般都比较快，睡眠质量也差，常常有失眠症伴随。而且，这类人消化系统也比较差，气血不调，免疫力下降，容易患神经性、皮肤性疾病等。更为可怕的是，太能算计的人，总是抱着怀疑的目光看待周围的人和事，也常常把自己摆在世界的对立面，这实在是一种莫大的不幸。

有个财主，拥有很多金钱、土地，还有漂亮的妻子和讨人喜欢的儿女，在世上他享尽了荣华富贵。

当他70岁时，他患了重病，大夫对他的子女说："替他准备后事吧，他已经救不活了。"

于是，家人就为他准备了寿衣、棺材等。

奄奄一息的财主叫仆人把他的寿衣拿来看看。当他看到寿衣上竟然没有口袋时，就上气不接下气地说："你们做错了，为什么寿衣上没有口袋呢？"

仆人很纳闷，就说："寿衣本来就没有口袋的呀！"

财主非常生气："不行，你们要给我重新做！我一定要有口袋的寿衣，否则我的财宝怎么带走……"

由于过度激动，财主一口气换不过来，断了气。

我们怎样来到这个世界上，也就会怎样离开，金钱、名利、地位都是一时的，离开世界时一样都带不走。这个道理人人都懂。可实际生活中，有些人却总是患得患失，精于算计，一叶障目。

凡是太能算计的人，实际上都很不幸。太能算计的人，90%以上都患有心理疾病，这些人感到痛苦的时间和深度，要比不善于算计的人多很多倍。贪欲人人都有，但程度却有不同，对于金钱和物质的追求要有所节制，不能为满足一时之利而失掉了方寸，急功近利。然而，大凡好算计的人，贪欲往往也很大，过多的欲望像山一样沉重地压在心头，让他们没有一点快乐可言。

"能算计"的对立面就是"糊涂"，如此看来，"糊涂"不失为一种为人处世之道。人们常说："大事聪明，小事糊涂。"对于一些大事、原则性的问题，我们应该保持头脑清醒，毫不含糊，弄得明明白白；而对那些无原则的不中听的话、看不惯的事，不妨装作没听见、没看见，甚至听而不闻、视而不见，这种"小事糊涂"的处世态度，其实也是获得快乐心情和健康长寿的秘诀之一。

太喜欢算计的人，必然是一个经常注重事物阴暗面的人。他总是不断地发现问题，发现错误，而且处处担心，事事设防，内心总是灰色的。相反，如果能心胸宽阔一点，做到"小事糊涂"，不过于计较个人得失，有敢于吃亏、乐于吃亏的心理，那就能时时处处拥有好的人缘，使人感到可敬可爱，也能赢得人们的好感及信任，从而内心充满温暖与满足感。

智者寄语

在小事上“糊涂”，不计较，遇到人际纷争时也都能让人一分，息事宁人，这样，就能使大大小小的矛盾“冰消雪化”，使紧张的气氛变得轻松活跃。尤其是处于困境或遭遇挫折之时，“糊涂”更能帮助人消除心理上的痛苦和疲惫，甚至逾越难以想象的鸿沟。生活在祥和的环境与气氛中，人自然会感到轻松愉快，坦荡、安然，无忧无虑，人心也会感到无限的快乐与幸福。

装傻实为真聪明

若愚者，即似愚也，而非愚也。所以“若愚”只是一种表象，只是一种策略，而不是真正的愚笨。在“若愚”的背后，隐含的是真正的大智慧、大聪明、大学问。而真正具有大智、大聪明的人往往给人的印象总是显得有点愚钝，所以中国才有了“大智若愚”这个带有很深的哲理意义的成语。

“大智若愚”，不是故意装疯卖傻，不是故意装腔作势，也不故作浅显，故作玄虚，而是待人处世的一种方式，一种态度，即心平气和、遇乱不惧、受宠不惊、受辱不躁、含而不露、隐而不显、自自然然、平平淡淡、实实在在、普普遍遍、从从容容，看透而不说透，凡事心里都一清二楚，而表面上却显得不知、不懂、不明、不晰。

“聪明难，糊涂更难”。聪明是一种艺术，然而聪明过头反而会招致不必要的损失，所谓“聪明反被聪明误”即是此理。而“糊涂”却不仅是一种艺术了，它更是一种真正的人生大智慧。

“汉初三杰”之一的萧何算是一个很精通儒家勤政、谦抑谨慎的窍门的人了，侍奉大杀功臣的刘邦多年而得以善终。

萧何在刘邦论功行赏时，被列为第一，许多将军都不服气。

萧何当了宰相，一人之下，万人之上。不少人都登门向他道贺，唯有一个名叫召平的人提醒萧何：你的灾祸可能会从此发生。现在皇帝离开京城，率兵打仗去了，加封你为宰相，使你掌握护卫兵，一方面是为了讨好你，另一方面也是为了警戒你。如果你现在辞退宰相之职，献出自家的财产作为军费，皇上一定会很高兴，也会减少心中的疑虑。

萧何觉得是这个理儿，于是把自己的子弟送到军中随刘邦作战；又把自家的资财捐输前线做军费，高祖皇帝果然很高兴。

黥布叛变的时候，高祖皇帝也是亲自带兵去讨伐。留在后方的萧何则勤勤恳恳，全力抚慰百姓，巩固民心。有人见他这样投入，非常担心，就劝他说：“相国小心一家人遭杀身之祸啊！自从你入关十多年来，收揽民心，人们打心眼里敬重你，陛下知道你是众望所归，所以常常派人打听你的动向，唯恐你忘恩负又背叛他。你如果想保全家人的性命就要破坏形象，把声望压下来，才能让陛下安心。”

萧何仔细一想真是这么回事，便大肆没收百姓土地，扰民、乱民。百姓怨声载道，萧何的威信当然也下降了。萧何还故意在小事情上斤斤计较，贪图小利，使刘邦看到他胸无大志而放心。

历史上能做到萧何这等难得糊涂的能有几人？世事无常，过犹不及。你封侯拜相也好，做了君王当了皇帝也好，也不敢保证你会永远辉煌，永远平安。无常的世事可能随时惊醒你的美梦。早上你为王、为侯、为相，难保不到晚上就被打入大牢或早已身首异处！

当身处高位，位极辉煌之时，要说无一点骄傲之心，也许并不可能，但骄奢之心愈盛，则危险愈大，因为这样常会遭人嫉恨，因此难免被心怀叵测的主人所陷害，暗箭难防啊！

装傻是一种境界，并不是谁都能达到的。除非具备了相当旷达的品性，才能达到那种境界。

装傻不等于真傻。有很多外表看上去聪明得很，做事也很精明的人实际上是真傻，因为他已把自己的优劣长短暴露得一览无余。装傻的人实际上很多是极聪明的。尽管他们也许比那些公认的聪明者不知要高明多少倍，但他们深知不必要的锋芒毕露有害无益，因此也就深藏起自己，装起傻来。

说装傻不是真傻，在于一个“装”字。在这个“装”字上就可以大做文章了。如果装得让人看出来你是装的了，会适得其反，如果这样的话倒不如不装。因此，真要达到大智若愚的境界，也非一般人所能企及。

智者寄语

“装疯卖傻”的本义其实是一种人生境界，是聪明人所为；是那种明了一切却不点破的拈花微笑般的智慧。在生活中不少人就用“装疯卖傻”的方法把生活中的事模糊处理得十分圆满。

不痴不聋，不做阿翁

唐代宗时，郭子仪在扫平安史之乱中战功显赫，成为复兴唐室的元勋。因此唐代宗十分敬重他，并且将女儿升平公主嫁给郭子仪的儿子郭暧为妻。这小两口都自恃有老子做后台，互相不服软，因此免不了口角。

有一天，小两口因为一点儿小事拌起嘴来，郭暧看见妻子摆出一副臭架子，根本不把他这个丈夫放在眼里，愤懑不平地说：“你有什么了不起的，就仗着你老子是皇帝！实话告诉你吧，你父亲的江山是我父亲打败了安禄山才保全的，我父亲因为瞧不起皇帝的宝座，所以才没当这个皇帝。”

在封建社会，皇帝唯我独尊，任何人想当皇帝，就会遭到满门抄斩的大祸。升平公主听到郭暧敢出此狂言，一下子找到了出气的机会和把柄，立刻奔回宫中，向唐代宗汇报了丈夫这番图谋造反的话。她满以为，皇父会因此重惩郭暧，替她出口气。

唐代宗听完女儿的汇报，不动声色地说：“你是个孩子，有许多事你还不懂得。我告诉你吧，你丈夫说的都是实情。天下是你公公郭子仪保全下来的，如果你公公想当皇帝，早就当上了，天下也早就不是咱李家所有了。”并且对女儿劝慰一番，让女儿不要抓住丈夫的一句话，乱扣“谋反”的大帽子，小两口要和和气气地过日子。在皇父的耐心劝解下，公主消了气，自动回到了郭家。

这件事很快被郭子仪听到了，可把他吓坏了。他觉得，小两口打架不要紧，儿子口出狂言，几近谋反，这着实让他恼火万分。郭子仪即刻令人把郭暧捆绑起来，并迅速到宫中面见皇上，要求皇上严厉治罪。

可是，唐代宗却和颜悦色，一点儿也没有怪罪的意思，还劝慰说：“小两口吵嘴，话说得过分点，咱们当老人的不要认真了，不是有句俗话‘不痴不聋，不为家翁’吗？儿女们在闺房里讲的话，怎好当起真来？咱们做老人的听了，就把自己当成聋子和傻子，装作没听见就行了。”

听到老亲家这番合情合理的话，郭子仪的心里就像一块石头落了地，顿时感到轻松，眼见一场大祸化作芥蒂小事。

小两口关起门来吵嘴，在气头上，可能什么激烈的言辞都会冒出来。如果句句较真儿，就将家无宁日。杀人不过头点地，自己又能得到什么好处？唐代宗用“老人应当装聋作哑”来对待小夫妻吵嘴，不因女婿讲了一句近似谋反的话而无限上纲、大动杀机，而是化灾祸为欢乐，使小两口重归于好。他的这笔利弊得失的账算得很明白。

老年人如何处理好家庭关系，具体说处理好与后辈的关系，是一个重要而敏感的问题。它不仅关系到家庭和睦与否，而且还关系到老人的身心健康。当然，儿女也应当孝顺、孝敬，尽量让老人满意。

真正有智慧的人，一般都采取“守拙”，越是聪明，表现得越是愚笨，以便在别人的轻视和疏忽中找到自我发展的空间。

在日常生活中过于聪明的人，常是别人猜疑、妒忌的对象。因为任何有所图谋的人，都不希望从事情刚开始筹划时便被识破。真正充满智慧的人，为了保全自己的一切，必会千方百计地掩饰自己的高明之处。

传说在舜未登上天子之位的时候，他的异母弟弟象，为图占家业，几次要谋害他。昏庸的父亲和后母也总是偏心，纵容象。有一次，父亲和后母找到舜，说谷仓顶坏了，要他爬上去修理。舜刚爬到仓顶，父母、弟弟象就收了梯子，放了一把火想要烧死他。幸亏他撑起大斗笠，乘着一阵大风往下一跳才得以脱险，从而保全了自己的性命。

有一次，父亲和后母要“命运多舛”的舜去淘井。那井很深，他们刚把舜吊送到井底，上面的人就收了绳子，推下去几大堆泥土，以为这一回舜死定了。象很高兴，可没想到，当他来到舜的卧室时，却看见舜正坐在床上弹琴。这是怎么回事？原来那井底还有另一个出口，舜是从那里逃脱的。这一下，象惊呆了，他悔恨、羞惭不已，上前向哥哥道歉。舜呢，显得若无其事的样子，微微一笑，说：“我并不计较。”

有一次，万章与孟子谈论到这个故事中的舜。万章认为，舜或者是糊涂，或者是伪善，两者必居其一；孟子则不同意这种看法。

万章说：“怎么不对？两件事里，都表现出舜并不知象要害他，这岂不是糊涂？”

孟子说：“舜怎么会不知道？只不过舜对弟弟仁慈罢了。”

万章说：“依您之见，舜是忧心忡忡，表现得却像没那么回事，这岂不是强颜为欢，是十足的伪善吗？”

孟子直摇头：“不，这怎么叫伪善？既然象已承认自己错了，有悔改之意，舜又怎能不高兴？这不叫伪善，叫宽宏大度啊！”

从表面上看，似乎舜很傻，糊里糊涂，而实际上这是一种精明人的糊涂。

中国人素来是很精明的，越是精明的人越知道聪明人处世难，容易招致妒忌、非议，甚至为聪明而丧生。曹操因为妒忌杨修的才能而杀了他；隋炀帝因为妒忌薛道衡的诗才也把他杀了，还吟着薛道衡的诗句“庭草无人随意绿”，扬扬自得地说：“你还能写出这样的好诗吗？”所以，从老子开始，中国人就深悟了“大智若愚”的道理，并以此保护自己，而那种把聪明全表露在外面的举动实际上才真正是愚蠢的行为。

智者寄语

古人云：不痴不聋，不做阿翁。意思是说，作为家中的父母或公婆，对儿子、媳妇、女儿、女婿的若干私事，应当少问、少管，经常装糊涂，这样家中自会少生许多矛盾，当长辈的也就减少许多烦恼。换位思考一下，做儿媳的，也应该糊涂一点，不能什么事情都较真儿，这样才能使婆媳关系融洽。

少些精明，多些糊涂

有一次，台湾作家林清玄到日本一家中国人开的餐馆要了一份他特别喜欢喝的汤。入座不久，服务生将一大盆汤放在他面前。他一愣，问服务生："这么大一盆汤，我能喝得了吗？"

服务生理直气壮地回答："你也没说要一小碗啊！"

林先生一时语塞，匆匆喝了几口，感到很不是滋味，便按一大盆汤的价格付了钱，随后拂袖而去。

后来，他又到一家日本人开的料理店要了一份同样的汤，也没说是一大盆还是一小碗。不一会儿，服务生给他端来一小碗汤，并说："如果不够，可以再来一碗。"

他只喝了一小碗，当然只付了一小碗汤的钱。再后来，他每次去日本，都要到后面那家料理店用餐，包括喝他喜欢喝的汤。

这则故事告诉我们，只有切实地为他人着想，而不是处处算计他人，才能获得他人的信赖，并且由此给自己带来好处。

有的人很精明，时时刻刻都在算计别人，不允许别人占他一丁点儿便宜。这样的人实在不足与之共事，即使与之共事也不会太长久。

有位相识十多年的朋友，起初在一家大型外企谋职，任部门经理，后来辞职开辟自己的天地。本以为凭他的能力，他的公司肯定会迅速上一个台阶，却没想到他做得一直都不太顺利，其原因就是他太精明了。记得每次见面聊天，总是听到他抱怨、指责别人，包括他的合作伙伴、客户以及下属，他会一针见血地指出每个人的缺点和不足，然后抱怨同这些人共事有多么困难，他总是找不到令他满意的伙伴和员工。

我曾几次开导他："有些人并不是故意同你作对，只不过在个性、习惯上有所差异罢了。尺有所短，寸有所长，用人以及与人相处要尽量看对方的长处，并尽量利用别人的长处，不要总盯着人家的缺点不放。"

可悲的是，下次和他见面时，他依然如故。当然，他的事业也没有起色。

生活中，过于精明的人不在少数。他们自命清高，斤斤计较，总是用自己的标准及好恶去衡量和要求别人。在他们眼中，别人身上全是缺点和毛病。实际上，却是他们自己太苛刻，太不讲人情味儿。这样的人，很难在交往和事业上获得成功。

要想和谐地与他人相处，获得人际交往中的成功，我们必须少些精明，多些糊涂。其实，装糊涂是一种真正聪明的处世哲学。正如郑板桥老先生所说："难得糊涂。"说是难得"糊涂"，其实是最清楚不过了。正因为他看得太明白、太清楚、太透彻,却又对个中缘由无法解释,倘若解释了,更生烦恼,便装起糊涂来。

现实人生错综复杂,盘根错节,确实有许多事不能太认真、太较劲。做人太认真,不是伤了心,就是伤了神,越搞越复杂,越搅越乱套。顺其自然,装一次糊涂,不丧失原则和人格,或为了大局为了长远,哪怕暂时忍一忍、受点委屈也值得,心中有数(树),就不是荒山。有时候,事情实在逼到了那个份上,就玩一次智慧,表面上给他个"模糊数字",让他丈二和尚摸不着头脑。例如,评职、晋级时,某候选人向你面授机宜,讨你个"民意",你明知道他不够格儿,可又不好当面扫他的兴,这时候你该怎么办?不哼不哈,或嘻嘻哈哈,装一次糊涂,无疑是一种好的对策。糊涂,是一则既可免去不必要的人事纠纷,又能保持人格纯净的妙方。

世道不公,人事不公,待遇不公,要想铲除种种不公,又不可能,那就只好竖起"糊涂主义"这面旗帜,为自己遮掩心中的不平。若能像济公那样任人说他疯、笑他癫,而他本人却毫不介意,照样酒肉穿肠过,"哪里有不平哪有我",专捡达官显贵"开涮",专替穷苦人、弱者讨公道,我行我素,自得其乐。这种癫狂,半醒半醉,亦醉亦醒,也不失为一种"糊涂"。

智者寄语

这种糊涂真正是"参"透、"悟"透了。所以,面对残酷的现实时,我们要学笑容可掬的大肚弥勒佛,"笑天下可笑之人,容天下难容之事",如此就将进入一种超然的境界。

当智则智,当愚则愚

《菜根谭》中说:爽口之味,皆烂肠腐骨之药,五分便无殃;快心之事,多捐身败德之媒,五分便无悔。帆只扬五分,船便安;水只济五分,器便稳。

意思是说"只扬五分"(二分之一)的帆却能使船平安地行驶,只注"五分"水却能使容器稳妥地保持着平衡,这对于个人如何更好地处世,如何保持各种人际关系的平衡,是一种很好的启示。

为人处世应严守操行,不露锋芒。人与人之间的一般言行答对,看似区区小事,但是否有一种高深的修养,能否处理得稳妥、圆熟和周到,往往决定着事情的成败。所以注重精神修养的人,不得不引起足够重视,不得不加大力度。

霍光是西汉的重臣,受武帝遗诏,辅佐年幼的汉昭帝。昭帝死后,他迎立昌邑王刘贺为国君,因刘贺荒淫无度,即位27天后即遭废。霍光再迎立刘询为汉宣帝。史载汉宣帝即位时,在去拜祭祖庙的路上,霍光同车陪乘。汉宣帝十分畏惧,好似芒刺在背,浑身不自在,后因霍光有事离去,由另一位将军代替霍光陪乘,汉宣帝才敢活动四肢,才稍微有了一种安全感,霍光死后,他的妻子儿女全遭诛杀。《汉书》记载当时流行的一种说法:"声威权威能镇住皇帝者,当然不可容留,霍氏家庭的灭门之祸,正是始于霍光陪同宣帝乘车一事啊!"

石崇是西晋文学家,他任荆州刺史时,曾纵容部下拦路抢劫客商,得了很多财物,成为巨富。他生活奢侈,连晋武帝的舅舅王恺也望尘莫及。石崇与王恺曾多次想着法儿比富:王恺命家人用米酒洗锅头;石崇就让家人拿白蜡来当柴烧。王恺为带妻妾出外游玩,所经之路,就命人用紫色的丝布围成一条有四十里长的临时"胡同",让老百姓能闻其声不见其人;石崇听说后,则命仆人用五彩锦缎围成了另一条足有五十里长的"胡同"。王恺在比富的路上老是输给石崇后,唯有向晋武帝求援,晋武帝就将国库中收藏的唯一一件外国进贡来的二尺多高的珊瑚树赐给了王恺，想为自己的舅舅争回一次光，殊不知石崇见后，故意将这珊瑚树打烂，并让仆人抬出了六七株高三至四尺、更为富丽的珊瑚树来赔给王恺，令王恺目瞪口呆。由此可见，石崇的财富有着国库的财富也无可比拟之处，最终，又正是财富美色使石崇及其全家老小尽遭灭门之灾。据史料记载，石崇在刑场上叹道："这回那些下贱者可以沾得我家的财富的利益了。"他至死不忘的依然是财富，旁边有人回敬他说："你知道过多的财富可招祸患，为何不将这些财富早些分给百姓呢？"石崇才哑然无话。

韩信作为刘邦麾下的头号战将，勇冠三军，不论是带兵方法或是军事谋略，都有远非刘邦所可企及之处，对此，刘邦与韩信都是心知肚明的。问题出自作为部下的韩信，对此毫不谦逊。

有一次，刘邦问韩信："在你看来，我能带多少兵？"

韩信答："不超过十万。"

刘邦又问："那么你呢？"

韩信直肠直肚就答："我是越多越好。"

虽说这留下了"韩信将兵，多多益善"的千古美谈，但却在刘邦的心中埋下了祸根，引起戒备。后来韩信又在刘邦受困之时以刘邦封自己为"齐王"的要求相要挟。当时刘邦虽然答应了，但到后来终于借故杀掉了韩信。

陆机是西晋文学家，出身于吴国高级士族家庭。吴国被西晋剿灭之后，他与其弟陆云远居旧里，闭门勤读近十年之后，兄弟二人来到晋都洛阳，以他们的文才为当时的权贵所推崇，以至有"伐吴之役，利获二俊"之说。陆机热衷仕途，依附权贵，后卷入著名的"八王之乱"，为成都王率兵攻伐长沙王，战败而归，被宿怨者进谗言，诬告他久怀不轨之志，终被成都王杀死，并夷灭三族。

以上的悲剧，是由封建社会的臣子与君主的人身依附关系所决定的。韩信可称为西汉的开国元勋，霍光则是一个有作为的政治家，他辅政时所采用的一系列政策，在客观上有助于西汉社会的稳定和生产力的发展；陆机和石崇在自己所处的时代都是久负盛名的文学家；他们或他们的家人罪不当死，但历史事实却与此相反。这样看来，在当时的社会状况下，他们的锋芒毕露、争强好胜、不居人后、缺乏谦逊的种种处事方式及表现，成了导致悲剧的直接诱因，他们才华盖世，权势在握，但可惜的是，都在为人处世方面缺了一条心弦。

当智则智，当愚则愚，愚也是一种智。必要时，甚至装一装"低能儿"，做一做"糊涂人"都是可以的。"难得糊涂"这句话并非一般人能够说出，这是聪明人说出的一句聪明话，只是过分聪明的人理解不了，糊涂人也不懂。

智者寄语

明朝刘基说"智而能愚，则天下之智莫加焉"（智者能带几分愚，就是天下的大智慧了），所以说，大智若愚总是智，贵在"大智"，妙在"若愚"。

略微"糊涂"有利于身心健康

在日常生活中，我们对一些非原则性的不中听的话或看不惯的事，可以装作没听见、没看见或是随听、随看、随忘，做到"三缄其口"。这种"小事糊涂"的做法，不仅是处世的一种态度，亦是健康长寿的秘诀之一。如果一个人遇事总是过分计较，一味地追究到底，硬要讨个“说法”，那么烦恼和忧愁便会先于“说法”而来，反而不利于身心健康。

有这么一个故事：

某单位有两个职工不到年龄就提前办了内退，一个是管理人员，大小是个干部，在单位是有名的“不占便宜就是吃了亏的人”；另一个是普通职工，干了一辈子工人也没有占过什么便宜，退休后更没有什么轰轰烈烈的事迹。退休一年后，那个中层干部因为总觉得自己这次提前办了内退吃了亏，整日郁闷，结果还没拿到《退休证》就忧郁成疾，很快死了。另一个职工上班时是车间生产工序上普普通通的工人，出大力挣小钱没占过什么便宜，内退后也只是靠卖菜赚点小钱贴补生活，却心态平和，一直过得和和美美。

这个故事使我们想起了一句话——糊涂长寿。现代科学研究表明，经常处于烦恼和忧愁状态中，不仅会加速人的衰老，而且高血压、精神病、心脏病等疾病也会不期而至。而心态“糊涂”既可使矛盾冰消雪融，又可使紧张的气氛变得轻松、活泼，从而保持心理上的平衡，避免许多疾病的发生。当你处于困境时，“糊涂”一点能使你保持心胸坦然、精神愉快，减少对“大脑保卫系统”的不必要刺激，还可消除生理和心理上的痛苦和疲惫。著名相声艺术家马季就是“糊涂长寿”的倡导者和受益者。

马季在继承民族曲艺的同时，也吸收传统医学精髓，并作为他的保健良方。马季在“文革”时候不知挨过多少批，受过多少训，但他对此总是“糊涂”以待，丝毫也不申辩。用他的话说：“我要是小心眼儿，这世界上早就没有马季了！”当年中央电视台春节联欢晚会上，马季忙于传帮带，推出年轻相声演员，可有人劝他：“干吗不露露脸，大家都快把你忘了。”他满不在乎地说：“我已经完成了自己的历史使命，干吗老让大家惦记着。要那名干什么？谁不知你身上有几两肉？”

“糊涂”使他有清醒的头脑，轻松的精神状态。

有一阵，马季好久没有“出场”了。一次，在公共汽车上，两个小伙子谈论：“我听说马季出事，被抓了！”

“不会吧，昨天电视台还在播他的相声呢！”

“嗨！那是早录好的！”

碰巧的是，马季当时也正好坐在车上。可他又“糊涂”起来，把头往衣领里一缩，不吭不哈，到站就下车了。

显然，马季的“糊涂”即是一种平常心。无论遇到什么情况，都能保持一种宁静、淡泊的心态，而这正是养生的高境界，也是他自己的保健良方。

智者寄语

在现实生活中，许多人往往不能控制自己的情绪，想“糊涂”却难“糊涂”，遇到不顺心的事，要么“借酒消愁”，要么“以牙还牙”，更有甚者，因想不开而轻生厌世，这都是错误的做法。

第五章　后退一步，海阔天空

让他三尺又何妨

四川青城山有一副很有名的对联："事在人为，休言万般皆是命；境由心造，退后一步自然宽。"自古以来，宽厚的品德为世人所称颂，心胸狭窄被认为是一种缺陷。

唐朝时，狄仁杰非常看不起娄师德，但实际上娄师德并不计较这些，还极力推荐狄仁杰当宰相。最后还是武则天捅开了这层窗户纸。

有一次，武则天问狄仁杰："娄师德贤能吗？"

狄仁杰回答说："作为将领就要能够守住边疆，贤能不贤能我不知道。"

武则天又说："娄师德能够知人善任吗？"

狄仁杰回答："我曾经与他共事，没有听说他了解他人。"

武则天说："我任用你就是娄师德推荐的。"

狄仁杰知道后非常惭愧，尽管自己经常对他嗤之以鼻，但是娄师德却仍然能以宽厚、公平之心来对待自己，他深深地感叹："娄师德德行高尚，我已经享受他德行的好处很久了。"

常言说，让人一步，天宽地阔。这并非软弱、无能、失掉尊严，恰恰相反，这正是宽大胸襟的体现。所谓宽容就是以宽阔的胸怀和包容的心去面对人和事。宽容本身包含着谦逊。古人说，满招损，谦受益。只有具备海纳百川，有容乃大的宽容品德，我们才能学习他人的长处，弥补自己的短处，充实、拓展、成就自我。宽容不仅是一种与人和谐相处的素质，一种每个时代所崇尚的美好品德，更是吸纳他人长处充实自我价值的良好思维品质。

"宰相肚里能撑船"，要想做一个能成大事的人，必须具备一颗宽容之心。一个人要想成功，只有处处多为别人着想，宽容别人，才会得到更多的人理解和支持，梦想才会更容易实现。

足坛上，有一个问题一直充满争议：贝利和马拉多纳谁是世界第一球王？这两人之间也从来只有攻讦没有恭维，他们甚至不愿一同出席国际足联的世纪颁奖庆典。不过，2005年8月15日，这段恩怨终于画上了句号。马拉多纳主持的电视节目《十号之夜》开播，他邀请贝利做嘉宾，贝利欣然出席。更出人意料的是，贝利拿起吉他弹唱了一曲称赞马拉多纳的歌曲。作为回报，马拉多纳也表演了一曲足球探戈。经过了20多年的等待，两名球王终于走到了一起。

人有一分器量，便有一分气质；人有一分气质，便多一分人缘；多一分人缘，必然多一分事业。尽释前嫌，倒多了一份真挚的友谊，不好吗？

懂得宽容别人,自己的性情也就有了转折的余地,生活中,无论遭遇什么样的人和事,都不至于怒发冲冠。对别人是这样,对自己亦然,要学会宽待自己。也就是说在逆境中,要懂得释怀。要想成大事,先学会宽容。

智者寄语

有句话说得好:大其心能容天下之物,虚其心能受天下之善,平其心能论天下之事,廉其心能观天下之理,定其心能应天下之变。这应当成为每个人的生活信条。

成功是个圆,向后走也能到达终点

人生,就好像是一个圆,向前走和向后走同样能够达到效果。因此,在适当的时候,学会"退"不是屈服、软弱,而是非常务实、通权达变的智慧。退可改变现况、转危为安。退,是一种战术,也是一种战略,更是高标准做事的必然要求。

以退求进是高明的处世哲学,因为只有退后才能跳得更高,只有收拳才能出拳有力,只有退一步才能进两步。

以退让开始,以胜利告终,是人情关系学中不可多得的一条锦囊妙计。你先表现得以他人利益为重,实际上是在为自己的利益开辟道路。在做有风险的事情时,冷静沉着地让一步,方能取得绝佳效果。

美国著名的成人教育家戴尔·卡特逊在纽约举办训练班时,租用的是一家大饭店的大礼堂作为讲堂。中途,他忽然接到通知,要他付比原来多3倍的租金。后来打听到,原来是饭店经理为了赚更多的钱,打算把场地出租给另外的人举办舞会或晚会。

卡特逊找到了饭店经理,对他说:"假如我处在您的地位,或许也会写出同样的通知。您是这家饭店的经理,您的责任是让饭店尽可能多盈利。您不这样做的话,您的经理职位就难保住。大礼堂不出租给讲课的人,而出租给举办舞会的、晚会的人,那您可以获大利了。因为举行这一类活动的时间不长,他们能一次付很高的租金,比我这租金当然多得多。租给我,显然,您吃亏了。"

卡特逊松弛了对方的戒备情绪,缓和了气氛之后,继续说:"但是,您要增加我的租金,结果将会是降低收入。因为这实际上等于是您把我赶跑了。由于我付不起您所要的租金,我势必要再找别的地方举办训练班。要知道,这个训练班吸引了很多有文化的、受过教育的中上层管理人员,这些人到您的饭店来听课,实际上起了免费为饭店做活广告的作用。可以这么说,您即使花5000元钱在报纸上登广告,也不能邀请这么多人亲自到您的饭店来参观。可我的训练班把他们邀请来了,这难道不合算吗?"在卡特逊的说服下,饭店经理终于放弃了增加租金的要求,让训练班继续办下去。

成功的第一步便是让自己的利益和意图丝毫不露,让对方因为你能投其所好而情愿做你要他做的事。尊重并突出别人的观点和利益,这是我们欲求他人合作的最有力的法宝。人们常常不会正确使用这一法宝,是因为他们常常忘记了,如果过分强调自己的需要,那别人对此即便本来是有兴趣的,也会改变态度。

因此,人生在世,为人处世要学会退让。让则通,通则顺,一顺百顺,顺风顺水,顺心顺利。

退让，是一种智慧，是一种艺术，更是一种走向成功的谋略。

智者寄语

以退为进是做事的一种手段，如果使用得当，就会取得事半功倍的效果。在商场竞争中，一个经营者如果不懂得以退为进的谋略，就会在盲目前进中碰壁。反之，当你所经营的产品出现市场疲软、难以销售的时候，当你与竞争对手在实力对比上相差悬殊、难以取胜的时候，不妨采用退一步的策略，以退求进，定能取得比盲目前进更好的成效。

心态冷静，以退为进

有一位留美的计算机博士，毕业后在美国找工作。但是找了很多家公司，没有一家公司录用他。他感到十分不解，如此高的学历，如此吃香的专业，这些公司为什么要将他拒之门外呢？思来想去，最后，他决定收起所有证明，试着以“最低身份”去求职。

出人意料的是，没过多久，他竟被一家公司录用为程序输入员。程序输入员是最基层的工作，稍有学历的人都不愿意去做，这对拥有博士学位的他来说，简直就是“高射炮打蚊子”。

然而，他并没有看低这份工作，仍旧干得一丝不苟，不仅能做好自己的本职工作，还能发现一些程序中的错误。老板知道这件事时，感到十分意外，因为能看出程序中的错误是非一般的程序输入员所能发现的。这时，他才亮出学士证。因此，老板给他调换了一份与本科毕业证对口的工作。

又过了一段时间，他不仅在新的职位中游刃有余，还提出了许多宝贵的建议。他的建议再次让老板刮目相看，觉得他比一般的大学生高明。这时，他像上次一样，亮出了自己的硕士证，老板于是又提升了他。

鉴于前两次的经验，老板很留意观察他。经过一段时间的观察，老板发现他的水平高于一般硕士生，尤其是对专业知识认识的广度与深度都非常人可及，于是再次找他谈话。这时，他拿出了自己的博士学位证明，并叙述了自己这样做的原因。老板此刻才恍然大悟，毫不犹豫地重用了他。

留学博士在一次又一次受挫后，经过冷静的思考，便采取了以退为进的方式，最终赢得了老板的重视。他这样做表面上看起来是退了一步，实际上是进了好几步。留学博士正是掌握了“退的艺术”，最终取得了成功。

那么何为“退的艺术”？打个比方说，把拳头缩回去是为了更有力地打出去。同样，在现实生活中，有时候退一步，却能够达到前进数步的目的，这也是我们应该学习的办事技巧。

下面还有一个同样的故事：

一位商人带着三幅名家画作到美国出售，这三幅画被一位美国画商看中了。这位美国画商认定这三幅画都是珍品，必有收藏价值，假如买下这三幅画，经过一段时期的收藏肯定会涨价，那时自己一定会发一笔大财。于是，他下定决心无论如何也要买下这些名作。

主意打定，美国画商就问商人：“先生，这三幅的画不错，请问多少钱一幅？”

“你是只买一幅呢，还是三幅都买？”商人不答反问。

“三幅都买怎么讲？只买一幅又怎么讲？”美国画商开始算计了。他的如意算盘是先和商人敲定一幅画的价格，然后再和盘托出，把其他两幅一同买下，肯定能便宜点的。

商人并没有直接回答他的问题，只是脸上露出为难的表情。美国画商沉不住气了，说：“你开个价，三幅一共要多少钱？”

这位商人知道这三幅画的价值，而且他还了解到，美国人有个习惯，就是喜欢收藏古董名画，他们要是看上了，是不会轻易放弃的，肯定会出高价买下。并且商人从对方的眼神中看出，他已经看上了自己的画，于是心中就有了底。

商人漫不经心地回答说：“先生，如果你真想买的话，我就便宜点儿全卖给你了，每幅3万美元，怎么样？”

这个美国画商也不是平庸之辈，他一美元也不想多出，于是便和商人还起价来，一时间谈判陷入了僵局。

忽然，商人怒气冲冲地拿起一幅画就往外走，二话不说就把画烧了。美国画商被这一幕惊呆了，他看着一幅画被烧非常心痛，赶忙问商人剩下的两幅画卖多少钱。

想不到商人这回要价口气更是强硬，声明少于9万美元不卖。少了一幅画，还要9万美元，美国商人觉得吃亏，便要求降低价钱。

但商人不理会他这一套，又怒气冲冲地拿起一幅画烧掉了。

这回美国画商大惊失色，只好乞求商人不要把最后一幅画烧掉，因为他实在太爱这幅画了。接着，他又问这最后一幅画多少钱。

想不到商人张口竟要12万美元。商人说：“如今，只剩下一幅了，这可以说是绝世之宝，它的价值已大大超过了三幅画都在的时候。因此，现在我告诉你，如果你真想要买这幅画，最低得出价12万美元。”

美国画商一脸苦相，没办法，最后只好成交。

商人烧掉前两幅名画的做法让很多人都疑惑不解，但最后的结局更出乎大家的意料。商人在这里就是采用了“以退为进”的战略，先烧掉了两幅，剩下了最后一幅画，正所谓“物以稀为贵”。最后，商人成功地谈成了这笔生意。

但生活中有很多人却不懂得退让，他们总是一味地猛攻，明代才子冯梦龙就记载了这样一则故事：

从前，有父子二人，性格都非常刚直，生活中从来不低头，也不让人，且不退后半步。

有一天，家中来了客人，父亲让儿子去集贸市场买肉。儿子拿着钱在屠夫处买了几斤上好的肉，用绳子穿好就转身回家。但来到城门时，迎面碰上一个人，双方都寸步不退，也坚决不避开。因此，两人面对面地挺立在那儿，相持了很长时间。

中午时分，家中还在等肉下锅，以便待客，父亲见儿子还未回来，不由得焦急起来，便出门去找买肉未归的儿子。刚到城门处，看见儿子僵立在那儿，半点儿也没有让人的意思。父亲一下子就明白了怎么回事，心中大喜，这真是我的好儿子，性格刚直如我。但转而又大怒，这是何人，竟敢如此放肆？他蹿步上前，大声说道：“好儿子，你先将肉送回去，陪客人吃饭，让为父站在这儿与他对抗！”

话音刚落，父亲就与儿子交换了位置。儿子回家去烹肉煮酒待客，父亲则站在那个人的对面，如怒目金刚般挺立不动。父亲这一举动惹得众多的围观者大笑不止。

故事中的两父子的做法不是刚直的表现，而是不懂得“退让”的表现。他们的做法不仅耽误了自己的事，还惹来围观者大笑不已。如果儿子当时退了一步，也许他们早就吃上了饭，而且还不会浪费时间。所谓物极必反，不懂“退让”的人最终会在人生旅途中碰得头破血流。

有一句话说：“与其临渊羡鱼，不如退而结网。”是的，在人生的旅途中，很多时候，我们都需要以退让的方式来取得进步。有进有退，能屈能伸，这正是成功的必要条件。

智者寄语

处世的智慧就在于你懂不懂得“退一步海阔天空”的道理，不去做无谓的坚持。我们如果遇事先低头，以退为进，也许会收获更多，我们的人生也会更丰富多彩。

给别人让路就是给自己让路

“狭路相逢勇者胜”，但真要到了必须相争才能过得去的境地之时，不妨先给别人让一下，这样既不伤和气，也不伤心情，不用争执不用抢掠，更显得和谐。

有位绅士过独木桥，刚走几步便遇到一个孕妇。绅士很有礼貌地转过身回到桥头，让孕妇过了桥。孕妇一过桥，绅士又走上桥。走到中央又遇到一位挑柴的樵夫，绅士二话没说，回到桥头让樵夫过了桥。第三次绅士不敢贸然上桥，而是等独木桥上的人走完才匆忙上了桥。眼看就到桥头了，迎面赶来一位推独轮车的农夫。

绅士这次不愿回头了，摘下帽子，向农夫致敬：“农夫先生，你看，我就要到桥头了，能不能让我先过去？”

农夫不干，把眼一瞪，说：“你没看见我推车赶集吗？”

话不投机，两人争吵起来。这时，河面上浮来一叶小舟，舟上坐着一个僧人。两人不约而同地请僧人为他们评理。

僧人双手合十，看了看农夫，问他：“你真的很急吗？”

农夫答道：“我真的很急，晚了便赶不上集了。”

僧人说：“你既然急着赶集，为什么不尽快给绅士让路呢？你只要退那么几步，绅士便过去了，绅士一过，你不就可以早早过桥吗？”

农夫一言不发。

僧人便笑着问绅士：“你为什么要农夫给你让路呢？就是因为你快到桥头了吗？”

绅士争辩道：“在此之前我已给许多人让了路，如果继续让农夫的话，我便过不了桥了。”

“那你现在是不是就过去了呢？”僧人反问道，“你既然已经给那么多人让了路，再让农夫一次，即使过不了桥，起码保持了你的风度，何乐而不为呢？”

绅士的脸涨得通红。

人是相互作用的，你表现出一分敌意，他有可能还以二分，然后你则递增为三分，他又还回来六分……把敌意换成善意，你会有更大的收获！

智者寄语

适当地在争执中退一步，也是给自己留条后路。

做人做事都要留余地

在宋朝,有这样一个故事:

邵康节是精通《易经》的宋朝大哲学家。他与当时的著名理学家程颢、程颐是表兄弟,同时和苏东坡也有往来。但“二程”和苏东坡关系一般,一向不和睦。

有一次,邵康节病得很重的时候,程颢、程颐弟兄在病榻前照顾。这时外面有人来探病,程氏兄弟问明来人是苏东坡,就吩咐不让苏东坡进来。

躺在病床上的邵康节,此时已经不能再说话了,他就举起一双手,比画成一个缺口的样子。程氏兄弟有点纳闷,不明白他做出的这个手势是什么意思。

不久,邵康节喘过一口气来,说:“把眼前的路留宽一点,好让后来的人走走。”说完,他就咽气了。

邵康节的话是很有道理的。人生大舞台,风云变幻,何处没有矛盾?何时没有纷争?社会上的人,有坦荡君子,也有戚戚小人。如果你没有包容的心怀,就无法与他人和睦相处。与他人发生矛盾时,你若能够理解包容,留有几分余地,矛盾也许会迎刃而解,还会得到更多人的信任和尊敬。

留有余地,就是不把事情做绝,于情不偏激,于理不过头,这样才会处变不惊,从容不迫,游刃有余。

留有余地是人生智慧,也是生活经验。雕刻人像时,鼻尖先留高一点,不像的话再慢慢削减,这是留有余地;做菜时先少放一点盐,不够再添,这是留有余地;新买的裤子,因为太长穿不了,去裁的时候叮嘱裁缝少剪点,以免剪短了不合适,这也是留有余地。

留有余地,包含两方面的意思:一是给自己留余地,使自己行不至于绝处,言不至于极端,有进有退,措置裕如,日后便能机动灵活地处理事务,解决复杂多变的问题;二是给别人留余地,实质上也是给自己留余地。断尽别人的路径,自己路径亦危;敲碎别人的饭碗,自己饭碗也脆。不让别人为难,也是不让自己为难,让别人活得轻松,自己也活得轻松。这就是让三分、留余地的妙处,是处世交往的良方。

俗话说:“利不可赚尽,福不可享尽,势不可用尽。”说的是做事的时候给自己留点余地,以备不时之需。21世纪是一个充满风险、充满挑战的社会,我们的生活、职业、娱乐、思维方式都将发生很大的变化,要在这样的环境里好好生存,就要学会深思远虑,防患于未然。包容别人就是包容自己,给别人留条后路就是给自己留条后路。

总之,做人做事,留有余地,不说过头话,不做心力用尽的事,则随时可以应付意外情况。因为于人本身,强中自有强中手,而于事态发展,也时有不测风云。因此,但凡做事就要留有余地,会让你在人际交往中进退自如。

智者寄语

与人相处不把别人逼到绝路上,自己同样会保有优势。这是大智慧。

谨慎行事,凡事不要做绝

谨慎行事体现在一个人对人、对事的态度和处理方式中。谨慎之人遇事留三分余地,不会把事情做绝。一个人如果做到于情不偏激,于理不过头,那么在追求成功的路上就会进退自如。

传说太阳神阿波罗的儿子法厄同驾起装饰豪华的太阳车横冲直撞,恣意驰骋。当他来到一处悬崖峭壁上时,恰好与月亮车相遇。月亮车正欲掉头退回时,法厄同依仗太阳车辕粗力大的优势,一直逼到月亮车的尾部,不给对方留下一点回旋的余地。正当法厄同眼看着难以自保的月亮车幸灾乐祸时,自己的太阳车也走到了绝路上。连掉转车头的余地也没有了,最后终于万般无奈葬身火海。

这个故事告诉我们遇事要留有余地,不可把事情做绝。人生一世,万不可沿着某一固定方向发展到极端,而应在发展过程中充分认识,冷静判断各种可能发生的事情,以便有足够的条件和回旋余地采取机动的应付措施。

有一位朋友与同事之间有了点摩擦,很不愉快。他便对同事说:"从今天起,我们断绝所有关系,彼此毫无瓜葛……"这话说完还不到两个月,这位同事成了他的上司,这位朋友因讲过过重的话很尴尬,只好辞职,另谋他就。

因把话讲得太满,而给自己造成窘迫的例子到处可见。把话说得太满,就像把杯子倒满了水一样,再也加不进一滴水,否则就会溢出来,也像把气球打满了气,再充就要爆炸了。

凡事总会有意外,留有余地,就是为了容纳这些"意外"。杯子留有空间,就不会因为加进其他液体而溢出来;气球留有空间便不会爆炸;人说话留有余地,便不会因为"意外"的出现而下不了台;做事留有余地从而可以从容转身。

生活中我们可以见到一些有机变之谋的人,在面对难办棘手的事情时,往往会用一些模糊语言,如:可能、尽量、研究、或许、评估、征询各方面意见……这些字眼,当然是些推诿之辞,无非就是想为自己留有余地。否则一下把话说死了,结果是事与愿违,那该多难堪啊!

所以,当我们做事时要注意:对别人的请托可以答应,但不要"保证",应代以"我尽量、我试试看"的字眼。上级交办的事当然接受,但不要说"保证没问题",应代以"应该没问题,我全力以赴"的字眼。这是为万一自己做不到留后路,而这样回答事实上无损你的诚意。反而更显出你的审慎,别人会因此更信赖你!即使事没有做好,也不会怪罪你。

而在做人方面要注意:不要与人交恶,不要口出恶言,更不要说出"势不两立"之类的话。不管谁对谁错,最好是闭口不言,以便他日若携手合作时还有"面子"。

对人不要过早地下评断,像"这个人完蛋了""这个人一辈子没出息"之类属于"盖棺定论"的话最好不要说。人的一辈子很长,变化也很多,也不要一下子评断"这个人前途无量"或"这个人能力高强"的话语。

办事、说话留有余地,使自己行不至于绝处,言不至于极端。做到进退有如,日后更能机动灵活地处理事务,解决复杂多变的社会问题。

智者寄语

生活中有很多事情我们无法预料其发展态势,也不了解事情的发生背景,切不可轻易地断言,不留余地,使自己一点回旋的机会都没有。

"退一步"的哲学

在社会生活中,"退一步"的力量往往大得惊人,有时它比进十步百步显得更加强大。俗话说："退一步海阔天空"，说的就是这个道理。

人与人相处，退一步尤为重要。它不仅仅是对彼此的理解、彼此的关爱、彼此的包容，也是一种对自己的爱护。

清朝时期，流传着一个"六尺巷"的故事。据说当朝宰相张英和姓叶的一位侍郎都是安徽桐城人，他们的祖居毗邻。一年，他们的家人都要起房造屋，为争地皮发生了争执。于是，张老夫人便修书北京，想要张英出面干预。宰相看完了来信，马上作诗劝导老夫人："千里家书只为墙，再让三尺又何妨？万里长城今犹在，不见当年秦始皇。"张母见书明理，马上把墙主动退后了三尺；叶家见到这样的情景，深感惭愧，也把墙让后三尺。这样，张叶两家的院墙之间就形成了六尺宽的巷道，成了有名的"六尺巷"。

很多时候事情就是这样：争一争，行不通；让一让，六尺巷。古代开明之士可以这样，现代人之间处理小是小非，应该比古人更高一筹。

俗语说："退一步，海阔天空；进一步，粉身碎骨。"所以，退一步的人生，蕴含着无限微妙的道理。"退让一步是人生"，有时"退步"（退让）的真正目的是向前，而世间确有不少人不懂得"退一步"的哲理。

事事能退一步，能够转念想到"你有理，我也有过失"，在前进时采取后退的姿势，以谦让的方式向前，就更加完美了。若如此，世界一定更为宽广，待人处世也更加圆融无碍了。

在分秒必争、名利挂帅的时代，常有人把谦卑看作消极，退让当成胆怯。即使有修养的民众，也只是把谦卑与退让当成一种品德修养来看待。然而禅师的千古名句"低头便见水中天""退让原来是向前"透露出的却是谦卑能更高、退让能更远的智慧。

智者寄语

人与人相处，难免发生摩擦，若能开阔心胸，谦让容忍，退让一步，将使紧张关系转为和睦。尤其与邻人相处，更应相忍为和、相互扶持，共同建立温馨安详的居住环境，毕竟远亲不如近邻。故待人能谦退礼让，定能赢得彼此的尊重。因此，退让或为人设身处地，常使人生道路变得海阔天空。能够在功名富贵之前退让一步，是何等的安然自在！

对朋友更要让三分

汉代公孙弘年轻时家贫，后来贵为丞相，但生活依然十分俭朴，吃饭只有一个荤菜，睡觉只盖普通棉被。就因为这样，平常与公孙弘关系不错的大臣汲黯向汉武帝参了一本，批评公孙弘位列三公，有相当可观的俸禄，却只盖普通棉被，实质上是使诈以沽名钓誉，目的是为了骗取俭朴清廉的美名。

汉武帝便问公孙弘："汲黯所说的都是事实吗？"

公孙弘回答道："汲黯说得一点没错。满朝大臣中，他与我交情最好，也最了解我。今天他当着众人的面指责我，正是切中了我的要害。我位列三公而只盖棉被，生活水准和普通百姓一样，确实是故意装得清廉以沽名钓誉。如果不是汲黯忠心耿耿，陛下怎么会听到对我的这种批评呢？"

汉武帝听了公孙弘的这一番话，反倒觉得他为人谦让，就更加尊重他了。

公孙弘面对汲黯的指责和汉武帝的询问,一句也不辩解,并全都承认,这是何等的一种智慧呀!

得理让人,也是一种人情积蓄。

有些人一旦成为某一个部门的主管,便容不得下属的缺点,动则拍桌子、骂人,使属下畏之如虎,时间久了,必积怨成仇。没有人是完美的,何必因一点点毛病便与人生气呢?如若调换一下位置,挨训的人也许就理解了上司的急躁情绪。

有位智者说,大街上有人骂他,他连头都不回,他根本不想知道骂他的人是谁。因为人生如此短暂和宝贵,要做的事情多,何必为这种令人不愉快的事情浪费时间呢?这位先生的确修炼得颇有涵养了,知道该干什么和不该干什么,知道什么事情应该认真,什么事情可以不屑一顾。

如果我们明确了哪些事情可以不认真,可以敷衍了事,我们就能腾出时间和精力全力以赴认真地去做该做的事,我们成功的机会和希望就会大大增加;与此同时,由于我们变得宽宏大量,人们就会乐于同我们交往,我们的朋友就会越来越多。

其实,我们的生活已经很沉重了。在我们的生活中,不存在那么多的大是大非,生死抉择。我们容忍一下朋友的小错误,不会让我们活不下去;稍稍吃一点小亏,也不会让我们倾家荡产。既然如此,为什么不让我们的生活过得简单一点,轻松一点?工作的压力,生活的压力,已经够沉重的了,又何必为自己多找不愉快?

智者寄语

心胸放开一点,凡事不要太较真,更不要得理不让人,自己活得轻松,别人也过得自在,岂不皆大欢喜?

凡事不能太较真

有一句话说"唯大英雄能本色",做人在总体上、大方向上讲原则、讲规矩,但也不排除在特定的条件下灵活变通。

美国教育专家戴尔·卡耐基可以说是处理人际关系的"老手",然而他在年轻时,也曾犯过小错误。有一天晚上,卡耐基参加一个宴会。宴席中,坐在他右边的一位先生讲了一个幽默的故事,并引用了一句话,意思是"谋事在人,成事在天"。那位健谈的先生提到,他所引用的那句话出自《圣经》。然而,卡耐基发现他说错了,他很肯定地知道这句话的出处。为了表现自己的博学多识,卡耐基认真又讨嫌地纠正了错误。那位先生立刻反唇相讥:"什么?出自莎士比亚?不可能!绝对不可能!"卡耐基的话使那位先生一时下不来台,不禁有些恼怒。

当时卡耐基的老朋友法兰克·葛孟就坐在他的身边。葛孟研究莎士比亚的著作已有多年,于是卡耐基向他求证。葛孟在桌下踢了卡耐基一脚,然后说:"戴尔,你错了,这位先生是对的。这句话出自《圣经》。"

那晚回家的路上,卡耐基对葛孟说:"法兰克,你明明知道那句话出自莎士比亚之口。"

"是的,当然。"葛孟回答,"在《哈姆雷特》第五幕第二场。可是亲爱的戴尔,为了那么一点小事就和别人较起劲来,值得吗?再说,我们是宴会上的客人,为什么要证明他错了?那样会使他喜欢你吗?他并没有征求你的意见,为什么不保留他的颜面而要说出实话得罪他呢?"

法兰克所说的道理人人皆知,但并非人人都能做到。正如他所说,一些无关紧要的小错误,放过去无伤大局,那就没有必要去纠正它。这不仅是为了避免使自己陷入不必要的烦恼和人事纠纷,而且也顾到了对方的名誉,不致给别人带来无谓的烦恼。这样做并非只为明哲保身,而是为了体现为人的大度。

人们常说:"凡事不能太较真。"一件事情是否该认真,这要视场合而定。钻研学问要认真,面对大是大非的问题更要认真,而对于一些无关大局的琐事,不必太认真。不看对象、不分地点刻板地认真,往往使自己处于尴尬的境地,处处被动受阻。每当这时,如果能理智地后退一步,往往能化险为夷。

与人相处,你敬我一尺,我敬你一丈;有一分退让,就有一分收益。相反,存一分骄躁,就多一分挫败;占一分便宜,就招一次灾祸。

当你心胸开朗、神情自若的时候,面对那些蝇营狗苟、一副小家子气的人,就会觉得他们的表演实在可笑。但是,凡人都有自尊心,有的人自尊心特别强烈和敏感,因而也就特别脆弱,稍有刺激就有反应,轻则板起脸孔,重则马上还击,结果常常是为了争面子反而没面子。多一点宽容退让之心,我们的路就会越走越宽,朋友也会越交越多,生活也会更加甜美。所以,要想成为一个成功的人,千万不能处处斤斤计较。

智者寄语

认真需要我们去仔细权衡。许多非原则性的事情不必过分纠缠计较,凡事都较真常会得罪人,甚至给自己多设置一道障碍。鸡毛蒜皮的烦琐之事无须认真,无关大局的枝节无须认真,处于剑拔弩张的僵局中时更不能认真。

做事留退路,才能从容转身

凡事要留有余地,要给自己和别人留退路。凡事留有余地,进也可、退也可,亲也可、疏也可,上也可、下也可,处于一种自由的境地,体现了一种立身处世的艺术。

稽鹤龄曾给胡雪岩讲过一个故事:

苏州有一家很大的货行,叫方裕和,从两年以前就开始发生货物失窃的事情,而且丢的都是燕窝、鱼翅等贵重的海货。知道了这件事后,方老板不动声色地查访,经过了很长时间才弄清楚,原来是他最信任的伙计伙同漕帮的人,将店里贵重的货物弄出去以后,运到外面去,经过了水路的周转,之后再出售,难怪方老板在本地并没有找到可疑的赃货。

在方老板的逼问之下,那个伙计终于承认了自己的偷窃行为。按照普通人的做法,那个伙计一定会在赔偿店里的损失以后被开除,可是方老板没有那么做,他觉得一个人在两年之内没有让他找到蛛丝马迹,也是一种本事,而且这件事牵扯较大,如果深究下去,一定要开除一批人,也不利于自己店面的运营,所以就没有让那个伙计"走路",反而给他升了职,还加了他的薪水。那个伙计感恩图报,就再也不干偷窃的事了。

这种做法，胡雪岩觉得做得相当漂亮。可是，他觉得还有一点儿不足，就是不应该跟那个伙计说明他的偷窃行为已经被老板知道了。“一发现这个人不对头，就请他走路，这是普通人的做法，最好是不下手则已，一下手就叫他晓得厉害，心生佩服。”胡雪岩的理由是，做贼的，一定不能被拆穿，一旦拆穿了就会留下痕迹，以后不管怎么做，心里总会有一点不舒服。所以，最好的办法就是不动声色，还给他加薪升职，专门让他负责查处丢货一事。胡雪岩就是用这种方法对待他店里的伙计朱福年的。

朱福年利用东家的钱“做小货”，这事很快就被胡雪岩查清楚了。可是，胡雪岩并没有知会朱福年，而是让他感到自己的“把柄”似乎已经落在了东家的手里，可是又好像没有实情。胡雪岩给了他补过的机会，让他核对年底的账目，等于明确告诉他，只要尽力，他仍然有机会得到重用。朱福年了解了东家的心思，对胡雪岩感激不尽，彻底服帖了。

俗话说：“人怕破脸，树怕扒皮。”人做了坏事，如果被戳穿了，即使没有被处罚，心中也会留下疙瘩，日后也没有办法安心地与老板相处。他会因为害怕老板不信任自己而畏首畏尾，没有办法放手去工作。这样，等于是老板的损失。所以，做事情要多考虑别人的想法，给对方留有余地，才能让他因为感恩而对自己更加死心塌地。这正是给人留路，给己铺路的道理。

宋朝有个叫苏掖的常州人，官至州县监察官。他家中十分有钱，但他非常吝啬，常常在置办田产或房产时，不肯付足对方应得的钱。有时候，为了少付钱，他会与人争得面红耳赤。他还趁别人困窘危急之时，压低对方急于出售的房产、地产或其他物品的价格，从而牟取暴利。

有一次，他准备买下一户破产人家的别墅，竭力压低房价，为此与对方争执不休。他儿子在一旁看不下去了，忍不住说道：“父亲，您还是多给人家一点钱吧！说不定将来哪一天，我们儿孙辈会出于无奈而卖掉这座别墅，希望那时也有人给他们个好价钱。”苏掖听儿子这么一说，又吃惊又羞愧，从此有所醒悟，改变了往常的做法。

留三分余地给别人，就是留三分余地给自己。人际交往中，我们不能只考虑眼前的得失，也要考虑到以后的生存和发展，这才是最明智的选择。

世界上的事情变幻不定，常常有许多意想不到的不利因素出现。人外有人，天外有天。不要总想赢人，要给别人一些利益；不要总想占上风，要给别人一些尊严。这样，自己才能不断进步，人际关系才能更和谐。一句话，为人处世还是谦虚谨慎些的好。如果目中无人，骄傲自满，就容易碰壁、栽跟头。

智者寄语

留有余地不是一种立身处世的圆滑，不是有力不肯使，也不是逢人只说三分话，而是对世界、对自己抱一种知己知彼的理性态度，是鉴于世界的复杂性和自身能力的有限性所采取的一种理智的人生策略。

忍是心中一把刀

中国有句老话，叫作“忍一时风平浪静，退一步海阔天空”，很多人无法正确理解，以为这是懦弱的表现，其实，这就是商场和职场中的一种战略思维。理解了，你就得到了。

请看下面这个真实的故事：

麦克·约瑟是旧金山一名电视台记者，口齿清晰、相貌堂堂、反应敏捷，他除了白天采访财经线，晚上还要播报7点半黄金档的新闻。这是一片前景光明的事业，每个人都很看好他，但是他有一个毛病，就是为人不够圆滑，经常得罪人，一般情况下还好，但是这次，他却得罪了他的直接上司——新闻部主管。

于是，事业从这里开始转折。

麦克不播黄金档了，改播深夜11点的直播新闻。麦克被贬了。

但是，麦克并没有自怨自艾，更没有冲动地去找上司理论，而是欣然接受了这个不公平的安排。

他把每一篇新闻稿都详细阅读，充分消化，丝毫没有因为夜间新闻不重要而有任何松懈。渐渐地，夜间新闻的收视率提高了，观众好评不断，来信就像雪花一样，办公室的电话都快被打爆了。这件事情终于惊动了总经理。于是，麦克被“请”回了黄金时段，他并没有因此嚣张，依然不愠不火地做着自己的事情，还是那么认真，对于主管依然恭敬有加，不久后他就获选为全国最受欢迎的电视记者。

此时，新闻部主管又想出了修理麦克的办法，他故意当众宣布：“虽然麦克是学财经的，但是由他采访财经新闻容易产生弊端，以后让他改跑其他战线。”

对于跑财经已颇有名气的麦克来说，这简直是当面的侮辱。麦克怒火中烧，觉得应该给主管一个教训才是，但他知道只要自己爆发，就落入了敌人的圈套，前途就真的完了。所以，他默默地承受了。

但是与之相比，他的工作态度越来越严谨，越来越认真了，日子就这样平淡地过去。及至某日，机遇的转折时刻终于来临，总经理打电话给新闻部主管：“后天有财经首长来公司晚宴，请麦克作陪。”

新闻部主管心里一惊，慌忙应付道：“麦克现在不跑财经线了。”

“不跑也得来参加，他是专家。”总经理下了最后的死命令。

从此，每有重要的财经界人士到公司去，都由麦克作陪，并顺便专访。渐渐地，观众甚至同事，都耳语着：麦克现在是大牌了，只有要人才由他出面。而每一位曾经接受麦克采访的人，都以此为荣。没有被麦克采访的人，则有了怨言。

“不能厚此薄彼，以后财经一律由麦克跑，别人不要碰。”总经理终于下了令。

麦克重新被“请”回了财经记者的位子上。两年后，原来的新闻部主管调职坐冷板凳，新任的主管上台，正是麦克。

智者寄语

能忍人所不能忍，必能成人所不能成。麦克为这句话作了最好的注解。

退与进乃顷刻之间

曾经看到这样一个故事：

美国著名的大作家马克·吐温，曾经接到一封刚从学校毕业的年轻人的信。信中说：

我是一名大学毕业生，想到美国西部当一名新闻记者，无奈人地生疏，请马克·吐温先生帮忙，替我推荐一份工作。

马克·吐温觉得很有意思，于是欣然提笔回了封信。信中为这个年轻人提出了求职设计“三步骤”：第一步，向报社提出，我不需要薪水，只是想找到一份工作；第二步，到任后努力去干，默默地做出成绩，然后提出自己的要求，如果报社能给相应的薪水，我愿意留在这里；第三步，一旦成为有经验的业内人士，自然会有更好的职位等着你。

据说，这个年轻人也果真按照马克·吐温的“三步骤”认真做了，结果在职场不仅得到了“一席之地”，而且获得了他心仪的“好职位”。

为什么会这样呢？我们剖析一下：

开始，“不需要薪水，只想找一份工作”，完全不计较报酬待遇，可说是低得不能再低的“低就”了，这样的职位，想必还是很容易找到的。虽然薪水不多，但是由此获得了一个锻炼自己的工作平台，而这个平台，是很多人即便愿意花钱也买不到的。

在这个平台中，既可以免费获得经验与资历，又可以借此展现自己的能力和才华，只有这样，才能做出业绩，成为以后发达的资本。因此，这一点告诫我们这些刚刚走出校门的大学生，不要漠视和放弃初始的“低就”，没有一何来的二呢？倘若不踏上这个锻炼自己的起点，有岗不上，有业不就，蹉跎岁月，“高成”永远只是可望而不可即的空中楼阁。

有人说，宁为玉碎不为瓦全，要坚守自己的理想，宁可不就业也不“低就”，并不是在乎工资多少，而是考虑工作不对口、大学学习的专业知识和技能派不上用场，不利于自己职业人生的发展。——或许这样没错！选择职业确实要考虑专业才能和个人的兴趣，但任何事情都不是一厢情愿的，也不是自己所能决定和左右的，还要考虑外部的环境，要与时俱进，不会权变的人是不会成功的！

大多数人走的都是“先择业再就业”的道路，其实“先就业再择业”也是一种理性的选择，先解决生存问题，再考虑以后的发展问题。

其实对我们来说，物质是第一性并没有错。

英国《泰晤士报》的总编辑福格当初到这家报社求职时，就担任了该报社最低级的清扫卫生和收发文件等工作，由于工作勤奋刻苦，20 多年后当上了这家报社赫赫有名的总编。拿破仑说不想当元帅的士兵不是好士兵，但是，有一个先决条件是，你能当兵，并且是个好兵。

不想当士兵，只想当将军，你就是具有将军的素质和能力，也永远当不了将军！这就是古人说的“猛将必发于卒伍”。

无独有偶，担任《每周电脑报》总编的刘克丽的经历也同样具有传奇色彩。

1986 年，刘克丽最初进《中国电子报》的时候，许多人都看不起她这个初进报社的外地女孩，不给她采访的活，整天让她拖地、洗烟灰缸……直到有一天，刘克丽在地上捡起了一张被弄脏的记者招待会请柬，捡起了一条被遗漏的消息，这才捡起了她辉煌的新闻事业。她要求外出采访，报社领导同意了。也许因为是“捡”来的第一次机会，让刘克丽分外看重。此后，在 20 世纪 90 年代的北京 IT 界记者招待会上，她几乎每场必到，每次必定提问，并且第一个提问。先问问题先走人，她时常是会场中最早退席的记者，给全场留下了一个扬长而去的背影。几年后，她成为一名出色的新闻记者，再后来，她创办了《每周电脑报》，自己成了该报的掌门人。

屈原说:“路漫漫其修远兮,吾将上下而求索。”人的职业生涯其实也是这么一个求索的过程。不要因为一开始的不得志而放弃,逆水行舟,不进则退,消极等待就是浪费时间,就是浪费生命,而应“风物长宜放眼量”,抓紧时间积极为职业成功积聚能量。所谓“会当凌绝顶,一览众山小”,其实,职业人生的高度和角度决定了我们的职业生涯。因此,一个“立长志”的年轻人,为了“高成”,在职业的道路上,在毕业之初先“低就”也是大智若愚的表现。

智者寄语

“欲先取之必先与之”,后退一小步其实是为了前进一大步。

面对双刃剑,能伸还能屈

世事无绝对,一件事究竟是好是坏,不到最后谁都不能了解。事物本身就有好坏两个方面,没有绝对的好,也没有绝对的坏。当你认为一件事进行得很糟糕的时候,说不定其中就暗藏转机;当你觉得正好运连连的时候,后面的发展却可能急转直下。正所谓祸福相依,事物的好与坏是相互对立、相互转换的。

当我们面对所谓的坏事时,先不要灰心丧气,应学会能屈能伸,学会发掘其中隐藏的机遇,说不定坏事就变成改变命运的转折点;当我们遇到好事的时候,要时刻告诫自己不要得意忘形,你不知道晴朗的天空中哪块云里正孕育着风暴。任何事都不会是绝对的,无论我们遇到好事还是坏事,好事能伸,坏事能屈,这才是真丈夫。

三国时期的魏国官吏王昶在家训中告诫子孙:“屈以为伸,让以为得,弱以为强。”意思就是说:若能以暂时的委屈作为伸展,以暂时的退让作为获得,以暂时的懦弱作为强大,那么就没有办不到的事。“屈”是“伸”的准备和积蓄的阶段,就像运动员跳远一样,屈腿是为了积蓄力量,把全身的力量凝聚到发力点上,然后将身跃起,在空中舒展身体以达到最远的目标。

在生活、事业处于困难、低潮或逆境、失败时,若运用“屈”的智慧,往往会收到意想不到的效果。反之,该屈时不屈,却一味去伸,必然遭到沉重打击,那样,还有什么资格谈人生、谈事业、谈未来、谈理想呢?

春秋时,越王勾践曾被抓做人质,去给夫差当奴役,从一国之君到为人仆役,这是多么大的羞辱啊。但勾践忍了,屈了。是甘心为奴吗?当然不是,他是在伺机复国报仇,而最终他也做到了。

韩信,忍胯下之辱,别人都嘲笑他怯懦,然而几年后他却有了辉煌的成就。倘若当年他不能忍一时之屈,也就不会是日后统领数十万大军的开国元勋了。

可见,能屈能伸是生存发展的大智慧,而绝不是懦弱无能的逃生之法。

人的一生就如一条大河,不可能一直向前,直通大海,必然要根据地势、地貌,弯弯曲曲,七拐八扭。一般来说,当人处于逆境的时候,或者说,在倒霉的时候就应该委曲求全,收起锋芒,然后等待时机,再创辉煌。这便是以屈求伸之道。

古人说:“小不忍,则乱大谋。”每个人都有自己的人生目标和理想,为了达到这些目标和理想,甘受寂寞、甘受白眼,甚至甘愿被社会、被亲人误解,都应该在所不惜。

中国古代文化的经典著作《易经》提出“潜龙勿用”的思想。即在一定条件下,寻找时机,卷土重来。在《易经·系辞下》中,则以尺蠖爬行与龙蛇冬眠作比喻,进一步解释什么叫“潜龙勿用”。书中说:“尺蠖之屈,以求伸也;龙蛇之蛰,以存身也。”意思是:尺蠖用弯曲来求得伸展,比喻以退为进的策略。

宋朝的朱熹则进一步发展了这一思想,认为“屈伸消长”是“万古不易之理”。他提出在时机未到之际,要“退自循养,与时皆晦”,要学会“遵养时晦”,即隐居待时。

明代冯梦龙在其著作《智囊》中,认为人与动物一样,当其形势不利时,应当暂时退却,以屈为伸,否则,必将倾覆以至灭亡。他说:智是术的源泉,术是智的转化。如果一个人不智而言术,那他就会像傀儡一样,百变无常,只知道嬉笑,却无益于事,终究不能成就事业。

冯梦龙的“屈伸”分寸之说,通俗易懂,古今结合、事理结合,具有一定的说服力。纵观历史,该有多少像勾践一样的人物为成就自己的事业、实现自己的理想,在必要的时候,使用了屈伸之术,从而保全自己,待时机一到,便东山再起。历史同时也说明,善于使用屈伸之术,该屈则屈,该伸则伸,较好地掌握其分寸,是许多历史人物成功的重要途径。不要与别人争一日之短长,也是“屈”的技巧。

反过来,如果一个人无术而言智,那他就像御人舟子,自我吹嘘运楫如风,无论什么港湾险道都能通行,但实际上真的遇有危滩骇浪,他便束手无策,呼天求地,如此行舟,不翻船丧命才怪呢!尺蠖会缩身体,鸷鸟会伏在地上,都是术的表现。动物都有这样的智慧,以此来保全自身,难道我们人类还不如动物吗?当然不是。人更应该学会保护自己,以期发展自己。

温和但不顺从,叫作委蛇;隐藏而不显露,叫作缪数;心有诡计但不冒失,叫作权奇。不会温和,做事就总会遇到阻碍,不可能顺当;不会隐蔽,便会将自己暴露无遗,四面受敌,什么事也干不成;不会用诡计,就难免遇到危险。所以说,术,使人神灵;智,则使人理智和克制。

世界上没有绝对的好事,也没有绝对的坏事,好事和坏事在不同的时候带来的结果也是不同的。所以,要两面性地、辩证地看问题,同时学会能屈能伸。

当你面对所谓的坏事时,只要认真去发掘其中好的方面,利用积极的一面,就能化险为夷,化危机为转机。

有的人对所有事都抱悲观的态度,但凡遇到一点挫折,就哀叹自己运气怎么就这么差,认为事情没有回转的余地了,于是也就放弃了继续努力的念头,甚至也不去想怎么去控制事态的发展,挽回损失,只任由其发展下去。抱着这样消极颓废的心理,以后的问题会越来越多,坏事就永远没有变好的可能。事实上,哪怕发生再大的灾难,只要经过努力,就能把破坏程度降到最低,说不定还有意外的收获。

就像曾经在唐山发生的那场大地震一样,因为地震发生在人口稠密、以工业为主的城市,地震时间又是在夜里,因此造成了十分严重的损失。唐山市区建筑物基本倒塌,破坏程度非常严重,伤亡人数之多,让世界震惊。一座繁华的城市在顷刻间变为废墟。

面对这样的天灾,这么巨大的损失,如果政府和人民只知道悲叹,不去行动,对事情又有什么帮助呢?灾难发生后,政府立即行动,研究救援方案,划拨救援资金,全力支持唐山的恢复建设。历经7年时间,总投资达43.57亿元,一个全新的唐山站起来了!

现在的唐山好比凤凰涅槃,这座完全从废墟上建起来的城市功能分区明确、城市布局合理,生产、生活方便,环境比以前更为优美。震后唐山的建筑物均达到了八级设防,唐山成为了“世界上最安全的城市”之一。

一次地震,把旧唐山毁得面目全非,因为地震后及时开展了有效的救援重建活动,唐山变得比以前更好了!世事多变,什么都不是绝对的。只要我们不抛弃、不放弃,抓住每一分希望,坏事也不是一坏到底、无可挽回。

智者寄语

祸福相伴，好坏相依。事情是好是坏，关键在于我们用怎样的心态去看待，以及遇事后采取了什么样的行动。

遇事不怒，忍让得朋友

俗语云："忍一时，风平浪静；退一步，海阔天空。"这句话的意思是让我们在某些特殊情况下，不要一味使用莽劲去碰壁，而应该分析局势，做出某些以退为进的决策。

之所以遇事多退让，因为它需要宽容的气度，需要高超的智慧，更需要希望的支撑，如此才会达到目的。明朝开国皇帝朱元璋在这个问题上起到了表率作用。

从沦落为乞丐四处乞讨，到刚入军营，受人欺凌，朱元璋都会遇事不躁，正是如此，他能成为起义军首领郭子兴手下的重将。在开始的一段时间内，郭子兴还是非常器重朱元璋的，因为朱元璋两次舍命相救，恩人不重用，还算人吗？但好景不长，郭子兴对朱元璋有很大的不满了，为什么呢？因为朱元璋太红了，红得发紫，让郭子兴的两个儿子感到不悦了，每天在父亲面前说朱元璋的坏话。

真理永远都掌握在少数人手中，说一次不在意，两次也没关系，但说的次数多了，郭子兴就信以为真了，认为朱元璋对自己的地位构成了威胁。开始，郭子兴把朱元璋手下亲信大将和谋士一个个调走，再后来干脆直截了当，把朱元璋给关了起来饿到他半死。

这一切的做法当然让朱元璋憋了一肚子气，但他抓住郭子兴现在还不会杀他的现状，还是一步一步地退让，他知道，大丈夫能伸能屈，争一世，不争一时。而这时朱元璋表面上对郭子兴言听计从，在很大程度上打消了郭子兴的疑虑。试想一下，如果朱元璋当时争一时痛快，最后遭殃的还是自己，即使他成功地夺取帅位，也落下个不忠的骂名，当然也不会有他的大明江山了！

朱元璋为何忍气吞声呢？因为他知道，只有保持宽心的心态，才能学会遇事退让而不怒，才能赢得同伴们的尊重，才能赢得郭子兴的认可。

人和人之间相处难免会有一些不愉快的事发生，尤其在当今科技日益发达、日益发展的社会中，到处充满了来自生活、职业、爱情、学习等方面的压力，这些受压力影响的人心情易浮躁不安，情绪易波动，做事易冲动。所以，不少人在心里提醒自己要遇事不躁、不怒，这样才能与朋友和平相处，获得朋友的尊敬。若动不动对朋友大吼大叫，相信朋友也会离你而去。

"处世让一步为高，退步即进步的根本；待人宽一分是福，利人实利己的根基。"这是《菜根谭》的处世智慧。如果我们都有这样宽心的心态，这个社会就会变得更加美好，人与人之间的关系也将变得更加和谐。

在现实生活中，人们或许会被平白无故地批评，也可能会被莫名其妙地指责，它可能来自于同事和朋友们的误解，也可能是出于某些不安好心的人的唆使和阴谋。在这种情况下，如果我们不明察事理就立刻进行反击，则很容易把事情弄糟，甚至是把好事办成坏事，而遇事不躁，后退一步，然后恰当地进行沟通，相信你的朋友定会遍天下。

明神宗时，曾官至户部尚书的李三才可以说是一位好官，为什么这么说呢？他曾经极力主张废除天下矿税，减轻民众负担；而且他疾恶如仇，不愿与那些贪官同流合污，甚至不愿与那些人为伍。但是他在方式方法上的表现却太过偏激。

有一次上朝，李三才对神宗说："皇上爱财，也该让老百姓得到温饱。皇上为了私利而盘剥百姓，有害国家之本，这样做是不行的。"李三才毫不掩饰自己的愤怒，说话毫不客气激怒了神宗，因此他被罢了官。

后来李三才东山再起，有许多朋友都担心他的处境，于是劝他说："你疾恶如仇，恨不得把好人铲除，出发点是好的，但也不能喜怒挂在脸上，让人一看便知啊。和小人对抗不能只凭愤怒，你应该巧妙行事。"

李三才则不以为然，反而认为那样做是可耻的，他说："我就是这样，和小人没有必要和和气气的。小人都是欺软怕硬的家伙，要让他们知道我的厉害。"可没过多久，李三才又被罢了官。

回到老家后，李三才的麻烦还是不断。朝中奸臣担心他被重新起用，于是继续攻击他。想把他彻底"搞臭"。御史刘光复诬陷他盗窃皇木，营建私宅，还一口咬定李三才勾结朝官，任用私人，应该严加治罪。李三才愤怒异常，不停地写奏章为自己辩护，揭露奸臣们的阴谋。

渐渐地，他对皇上也有了怨气，并且毫不掩饰自己愤怒的情绪，他对皇上说："我这个人是忠是奸，皇上应该知道的。皇上不能只听谗言。如果是这样，皇上就对我有失公平了，而得意的是奸贼。"

最后，神宗再也受不了他了，便下旨夺去了先前给他的一切封赏，并严词责问他，于是李三才彻底失败了。

古人常说"喜怒不形于色"。而李三才却不明白这一道理，不分场合、不分对象随意发怒，自然只能产生失败的后果。

许多人常常为了发泄一时之恨，糊涂地犯下弥天大错，造成了终身遗憾，实在是很不值得。其实只要在做事之前多一分斟酌、多退让一步，并以清醒的头脑、心平气和的态度去面对，就可以避免人与人之间的不开心了。

唐代宰相娄师德的弟弟要去代州都督府上任。临行前，娄师德对弟弟说："我没多少才能，现位居宰相，如今你又得州官，得的多了，会引起别人的嫉恨。该如何对待？"

他弟弟回答说："今后如果有人往我脸上啐唾沫，我也不说什么，自己擦了就是。"

娄师德说："这正是我担心你的。那人啐你，是因为愤怒，你把它擦掉了，这就是抵挡那人怒气的发泄。唾沫不擦自己也会干的，倒不如笑而接受呢。"

娄师德兄弟的这番谈论，有打比方、开玩笑的成分，其中意思就是要退让，遇事要不怒、不躁，不要去和对方"针尖对麦芒"。不然，就会更加激怒对方，使矛盾尖锐化，带来更严重的后果。

汉初名臣张良外出求学时曾遇到一件事。

一天，他在下邳桥上遇到一个老人，穿着粗布衣服，在那里坐着。见张良过来，老人故意将鞋子掉到桥下，冲着张良说："小子，下去给我把鞋捡上来！"

张良听了一愣，本想发怒，因为看他是个老年人，就强忍着到桥下把鞋子捡了上来。

老人说:"给我把鞋穿上。"

张良想,既然已经捡了鞋,好事做到底吧,就跪下来给老人穿鞋。

老人穿上后笑着离去了。一会儿又返回来,对张良说:"你这个小伙子可以教导。"于是约张良再见面。这个老人后来给张良传授了《太公兵法》,使张良最终成为一代良臣。

老人考察张良,就是看他有没有遇事不躁的自我克制的修养,有了这种修养,以后才能担当大任,处理多种复杂的人脉资源和艰巨的事情,才能遇事冷静,知道祸福所在,不意气用事。我们在平时要注意这种修养,克制,忍耐,才能处理好所遇到的人和事。

在日常生活中,懂得少怒一分、多让一分,不仅能赢得更多的人心,也能为自己开拓一条通向幸福的大道。

智者寄语

在现实社会中,不管是与他人相处,还是与朋友相处,都要做到克己让人,这样我们才能收获良好的人脉,建立起和谐的人际关系。

"忍让"非吃亏

郑板桥说"吃亏是福",其实也是宽忍与让人的另一种说法。《说苑丛说》中说:"能忍耻者安,能忍辱者存。"更说明忍让是一种生存的哲学。因此,古人们总结说:"忍一时,风平浪静,退一步,海阔天空;各自责,则天清地宁,各相责,则天翻地覆。"宽忍与让人不仅成为中国古人的一种处世方法。更是一种道德准则和修养自身的方法。

有人说,忍让就是妥协。其实,妥协不是简单地让步,而是在知己知彼的基础上达成一种共识。不管是生活,还是工作,妥协都可以使我们与他人"安定团结"。

人生不可能总是一帆风顺,当遇到不如意、不痛快,甚至是灾难时,一个人的忍耐力往往能够发挥出奇制胜的作用。

"忍"是一种宽心的智慧,即使是聪明的人,在问题无法通过积极的方式解决时,也应该采取暂时忍耐的方式处理,这可以避免时间、精力等"资源"的继续投入。所以,聪明的人在某些状况下也需要忍耐,这可以使他借忍耐的和平时期来改变对他的不利因素。

从长远来看,"忍"其实是低调务实、通权达变的智慧,凡是聪明的人,都懂得在恰当的时机忍耐,毕竟在处理人生的很多事情时,更多的是靠理性,而不是意气。忍耐常有附带条件,也许这种附带条件的忍耐对你不公平,让你感到屈辱,但用屈辱换得希望,显然也是值得的。

大庭广众之中,众目睽睽之下,如果互相谩骂攻击,不仅有伤风化,使你斯文扫地,还破坏了社会的文明形象。当然,有时要做到忍也的确不易。虽然忍让看上去像是"吃亏",觉得让人痛苦,但实际最后的结果却是甜蜜的。因此,遇事要冷静,要先考虑一下后果,本着息事宁人的态度去化解矛盾,而这往往需要有非凡的忍耐力才行。

人生总有低谷、有巅峰,只有那些在低谷中还能泰然处之的人,才是真正有智慧的人。走过低谷,前面就是海阔天空。回过头来,那些在低谷里"吃亏"的日子,那些在苦难中挣扎的日子,那些在寂寞里执着的日子,都会显得弥足珍贵。

许多人都会在自觉与不自觉之间信奉着一个字——"忍",虽然信奉"忍"字的人很多,然而真正了解其内涵的人却少之又少。许多人将一幅幅的“忍”字悬挂于客厅、卧室之中，然而其中的很多人就像“叶公好龙”一般，喜欢的不是真“忍”，而是书画一样的假“忍”。

忍辱是制怒的一部分，在面对一些无理取闹之人的讽刺与侮辱时，能够释放于心外才能制怒。

既然有忍耐，就必定有忍耐后的前进。忍，不是止步不前，更不是甘心忍让。

忍，并不是懦弱，也绝不是退缩，更不是惧怕。忍，是一种策略，是欲进先退，迂回前进；忍，是一个等待，不失时机地重振雄风；忍，是一个过程，就像冬天的大地正酝酿着春的激情。人要想取得成功，就必须能忍。

如果你在遇到挫折时能够换一个角度去看，你就是赢家！

在狂风暴雨中，飞禽会感到哀伤忧虑，惶惶不安；晴空万里的日子，草木茂盛欣欣向荣。由此可见，天地之间不可以一天没有祥和之气，而人的心中则不可以一天没有喜悦的神思。这就要求我们要做到“忍”。

受辱之时，要忍，这样便能消除烦恼，大事化小，小事化了，而且还能感动对方，从而扭转局面。你的不气，你的忍让，不仅能免除纷争，还可能换来对方的义举，使事情得到更圆满的解决。

宋朝的司马光和王安石十分有缘，两人在公元1019年与公元1021年相继出生。年轻时，两人都曾在同一机构担任完全一样的职务。两人互相敬仰，司马光仰慕王安石绝世的文才，王安石尊重司马光谦虚的人品，在同僚们中间，他们的友谊甚至成了某种典范。

然而做官好像就是与人的本性相违背，王安石和司马光的官越做越大，心胸却慢慢地变得狭窄起来，相互唱和、互相赞美的两位老朋友竟反目成仇。倒不是因为解不开的深仇大恨，他们是因为互不相让而结怨的。

有一回，洛阳国色天香的牡丹花开，包拯邀集全体僚属饮酒赏花。席中包拯敬酒，官员们个个善饮，自然毫不推让，只有王安石和司马光酒量极差，待酒杯举到司马光面前时，司马光眉头一皱，仰着脖子把酒喝了，轮到王安石，王安石执意不喝，全场哗然，酒兴顿扫。司马光大有上当受骗、被人小看的感觉，于是喋喋不休地骂起王安石来。王安石也以牙还牙，痛骂司马光。

自此，两人积怨更深，王安石得了一个“拗相公”的称号，而司马光也没给人留下好印象，他忠厚宽容的形象大打折扣，以至于苏轼给他取了个绰号叫“司马牛”。

到了晚年，王安石和司马光对他们早年的行动都有所后悔，大概是人到老年，与世无争，心境平和，世事洞明，可以消除一切拗性与牛脾气的缘故吧。

王安石曾对侄子说，以前交的许多朋友都得罪了，其实司马光这个人是个忠厚长者。司马光也称赞王安石，夸他文章好、品德高，功劳大于过错。他们两个人在同一年的五个月之内相继归天，天国是美丽的，“拗相公”和“司马牛”尽可以在那里和和气气地做朋友，吟诗唱和了，什么政治斗争、利益冲突、性格相违，已经变得毫无意义了。

朋友之间相处，需要用“忍”来化解彼此之间的矛盾。人和人都是不同的，对于性格、见解、习惯等方面的相异，要以忍为重。“急风暴雨、迅雷闪电”会影响朋友之间的关系，甚至导致友谊破裂，反目成仇；而承认彼此的不同，进而欣赏对方的优点，则对方也会对你加以赞美。这样一来，你们的关系也会和谐不少。

一位业务员到某公司去联系业务，秘书把他的名片交给董事长。与以往一样，董事长厌烦地把名片丢回去。无奈，秘书把名片退回给立在门外尴尬的业务员，业务员再把名片递给秘书："没关系，我下次再来拜访，所以还是请董事长留下名片。"拗不过业务员的坚持，秘书硬着头皮，再进办公室，董事长火大了，将名片一撕两半，丢回给秘书。

秘书不知所措地愣在当场，董事长更气，从口袋拿出10块钱："10块钱买他一张名片，够了吧！"岂知当秘书递还给业务员名片与钱后，业务员很开心地高声说："请你跟董事长说，10块钱可以买两张我的名片，我还欠他一张。"随即再掏出一张名片交给秘书。突然，办公室里传来一阵大笑，董事长走了出来："不跟这样的业务员谈生意，我还找谁谈？"

业务员的"忍"终于赢得了董事长的青睐。试想，如果没有足够的忍耐性，这桩生意怎能做成？

我们生活的现实社会日新月异、变化无穷，我们面临的竞争也越来越激烈，但我们切不可忘记也不要忽视"忍"。人生之所以多烦恼，皆因遇事不肯忍一步，其实，这是很愚蠢的做法。

宽心的人应该在被激怒的情形下，保持自己的风度，"以忍为进"让别人看到一个聪慧大度的你。

很多人在争吵的时候都不肯先低头，无论对方是男人还是女人，仿佛与别人争吵时，如果自己让步就是件丢人的事情，尤其是与同性争吵更不能败下阵来。

争吵并不是解决问题的唯一方法，许多时候，争吵往往都源于一些小事情，然而正是因为这些小事却造成了许多无法挽回的错误。

在现实生活中，有多少的口角、争斗与矛盾是由于失于忍而造成的。诸如我踩你一脚，你瞪我一眼，而且出言不逊，接着双方就怒目相对，仿佛是不共戴天的仇敌。又如在排队时争相争抢，一有碰撞，便恶言恶语，甚至于当众出手……诸如此类的生活琐事，不胜枚举。其实这些小事，只要稍稍忍耐一下，便会烟消云散。这道理甚为简单。

当年越王勾践若不是忍受了为奴之耻，怎会有雪恨复国之日？韩信若不是忍辱胯下，怎能官拜大将军？司马迁若不是忍受宫刑，怎会有《史记》流芳万世？曹雪芹若不是忍受十年清寒，又怎会有千古绝唱《红楼梦》？

一次，在公共汽车上一个男青年往地上吐了一口痰，被售票员看到了。售票员对他说："同志，为了保持车内的清洁卫生，请不要随地吐痰。"

没想到那个男青年听后不仅没有道歉，反而破口大骂，说出一些不堪入耳的脏话，然后又狠狠地向地上连吐三口痰。

那位售票员是个年轻的姑娘，此时气得脸涨得通红，眼泪在眼眶里打转。车上的乘客议论纷纷，有为售票员抱不平的，有帮着那个男青年起哄的，也有挤过来看热闹的。大家都关心事态如何发展。有人悄悄对司机说把车开到公安局去，免得一会儿在车上打起来。没想到那位女售票员定了定神，平静地看了看那位男青年，对大伙说："没什么事，请大家回座位坐好，以免摔倒。"一边说，一边从衣袋里拿出纸巾，弯腰将地上的痰擦掉，扔到了垃圾箱里，然后若无其事地继续卖票。

看到这个举动，大家都愣住了。车上鸦雀无声，那位男青年的脸上也不自然起来，车到站还没有停稳就急忙跳下车去，刚走了两步，又跑了回来，对着售票员喊了一声："大姐！我服你了。"车上的人都笑了。七嘴八舌地夸奖这位售票员不简单，真能忍，虽然骂不还口，却将那个浑小子制伏了。

女售票员请大家回座位坐好，既对车上的乘客表示了关心，又淡化了眼前发生的这件事，缓解了紧张的气氛；她弯腰若无其事地将痰迹擦掉，此时无声胜有声，比任何语言表达都有说服力，不仅感动了那位男青年，也教育了大家，更是为和谐社会做出了表率。

在生活中，我们也难免会遇到一些蛮不讲理的人，甚至是心存恶意的人，有时还会无缘无故地遭到这种人的欺侮和辱骂。每当遇到这样的事时，常让人觉得忍无可忍，这时如果我们不忍，就会正好成了对方的出气筒，也会给自己带来不必要的麻烦。这正如一首诗说的那样：忍字心上一把刀，遇事不忍祸必招；如能忍住心中气，过后方知忍字高。

智者寄语

忍，是一种妥协、一种策略，但并不是屈服和投降，它其实是一种非常务实、通权达变的智慧。

屈是一种气度，伸是一种魄力

有一个人在社会上总是不得志，有人推荐他去找一位得道大师"取经"。

他找到大师，倾吐了自己的烦恼。大师沉思了一会儿，默然舀起一瓢水，问："这水是什么形状？"

这人摇头："水哪有形状呢？"

大师不答，只是把水倒入一只杯子，这人恍然，道："我知道了，水的形状像杯子。"

大师无语，轻轻地拿起花瓶，把水倒入其中，这人又道："哦，难道说这水的形状像花瓶？"

大师摇头，轻轻提起花瓶，把水倒入一个盛满花土的盆中。水很快就渗入土中，消失不见了。这人陷入了沉思。

这时，大师俯身抓起一把泥土，叹道："看，水就这么消逝了，这就是人的一生。"

那个人沉思良久，忽然站起来，高兴地说："我知道了，您是想通过水告诉我，社会就像一个个有规则的容器，人应该像水一样，在什么容器之中就像什么形状。而且，人还极可能在一个容器中消失，就像水一样，消失得迅速、突然，而且一切都无法改变。"

这人说完，眼睛急切地盯着大师，渴盼着大师的肯定。

"是这样。"大师微笑，接着说，"又不是这样！"说毕，大师出门，这人随后。在屋檐下，大师伏下身，用手在青石板的台阶上摸了一会儿，然后顿住。这人把手指伸向大师手指所触之地，那里有一个深深的凹口。

大师说："下雨天，雨水就会从屋檐落下。你看，这个凹处就是雨水落下的结果。"

此人于是大悟："我明白了，人可能被装入规则的容器，但又可以像这小小的雨滴，改变这坚硬的青石板，直到容器破坏。"

大师点头："对，这块石板终究会被贯穿。"

人当如水，无常形常式，却包容万物，无往不利。能屈能伸，方为智者。这似乎与南怀瑾先生所坚持的人生哲学不谋而合。南怀瑾先生认为，人在遇到不测风云时，能站起来就站起来，站不起来就得见机振作，即要能屈能伸，不可撞到头破血流，让自己难有东山再起之日。进退皆宜，能屈能伸，人生之路才会越走越宽。

遥想项羽当年，率兵反秦，称王称霸，真是英雄豪气盖云天，这样一位大英雄在败北之际，却选择了自刎。空留一曲“力拔山兮气盖世,时不利兮骓不逝。骓不逝兮可奈何,虞兮虞兮奈若何”的悲歌。如果项羽能够回到江东,也许江东子弟还会跟随他,重谋天下,其结局也就不会如此悲惨。因此,人在该示弱时当示弱,万不可因一时之意气葬送自己的一生。我们常说,大丈夫要能屈能伸。能伸难,能屈更难。屈是一种气度,伸是一种魄力。处逆境当屈则屈,此之为大丈夫。当屈不屈、意气行事、莽夫行为,易折。处顺境乘势应时,该伸则伸,伟丈夫矣。当伸不伸、一蹶不振、优柔寡断,无能。伸后能屈,需要大智。屈后能伸,需要大勇。屈有多种,并非都是胯下之辱;伸亦多样,并不一定叱咤风云。屈中有伸,伸时念屈。屈伸有度,刚柔相济。

智者寄语

做人就要能屈能伸,无论是在生活中还是在工作上都是如此。要学会做水一样的人来适应这个社会,可以和一些人在一起共事,也可以一个人独立做工;可以被人捧到天上,也要学会忍受别人的责骂。在不断屈伸中慢慢地成长,来完善自己的价值观和人生观。做人若能达到屈伸自如的境地,那世界上再也没有困难和挫折、厄运和耻辱,它们全都在屈伸的转换中化作奋起的力量,帮助你去赢取前方更大的成功。

路留一步,味留三分

能够容忍别人的过失,以宽容为怀,是很多成功者都有的品质,它能帮助人们减少仇恨、暴力和偏见。

刘邦定天下之后,准备封赏官员。由于有功的人多,得考虑各种因素,因此弄得他一筹莫展。

有一天,刘邦在洛阳南宫边散心,放眼望去,只见一群人在宫内不远的水池边,有的坐着,有的站着,一个个看上去都是武将打扮,在交头接耳,好像在议论着什么。刘邦心生疑惑,便把张良找了过来,问道:“那群人在干什么?”

张良答道:“他们准备聚众谋反呢!”

刘邦一惊,问:“为什么呢?”

张良回答:“皇上从一个市井百姓开始,与各位将士一道夺取了天下。但现在所封的都是您以前的老朋友及自家的家族,杀的都是您最恨的人,这怎么不使大家害怕呢?今天没有所封,以后肯定难逃一死。这么一想,他们当然头脑发热,要聚众闹事了。”

刘邦赶忙征求张良的意见:“怎么才能平患呢?”

张良问刘邦:“皇上平时在将士中对谁最厌恶、憎恨呢?”

刘邦说:“我最恨的是雍齿。在我起事时,他无缘无故投降了魏,后来又从魏投向赵,再从赵投降张耳。当张耳投降我时,我才收容了他。现在因为刚灭楚不久,我不方便无缘无故杀他。想起他来我就恨得牙齿‘咯咯’作响。”

张良一听,说:“好!您立即给他封侯,这样,就可化解眼下的人心浮动。”

刘邦对张良很信任,他认为张良的话很有道理。过了不久,刘邦在南宫设酒招待群臣。在宴席快要结束时,他宣布:“封雍齿为甚邡侯。”将士们见刘邦能宽容地对待他最讨厌的人,知道不用再担心自己的性命,便都忠心地拥护刘邦。

刘邦就是以如此的胸襟稳定了民心，稳固了江山。宋代著名大文学家苏东坡在评论楚汉之争时就曾说：汉高祖刘邦所以能胜，楚霸王项羽所以失败，关键在于能忍不能忍。项羽不能忍，白白浪费自己百战百胜的勇猛；刘邦能忍，养精蓄锐，等待时机，直攻项羽弊端，最后夺取胜利。楚汉之争，从多方面说明了这一点。刘邦可以成大业是他懂得忍下人之言，忍一时失败，忍个人意气；而项羽气大，什么都难忍难容，不懂得“小不忍则乱大谋”的道理，大业未成身先死，可悲可叹！

人在世间若是不能忍受一点闲气，万事都要“不争馒头争口气”，不肯给人方便、叫嚣到底，往往使自己到处碰壁。古代人在品德的修行上就十分注意“容忍”的修炼。

能够将别人的愤怒化为无形是很不容易的事情，能够称赞挖苦过你的人，那真令人敬佩；能够用智慧、品行战胜狭隘的嫉妒，可以说更是很了不起的本事了。如果一个人平常为人在语言上肯吃点亏，让人一句，在事情上留有余地，肯让人一步，也许收获就能更大。

智者寄语

在狭窄的路上行走，要留一点余地给别人。两个人都能通过羊肠小道时，如果争先恐后，两人都有坠入深谷的危险，在这种情况下先停住脚步让对方过去，才是有礼貌、也最安全的做法。

忍一时风平浪静

生活中常见到同事、邻里、夫妻之间，为了一点点小事发生争执，以致恶言相向，拳脚相加，甚至诉诸法庭，最后两败俱伤。旁观者都为之惋惜，当事人冷静下来后，也会认为这样做太不值得。如果每个人都能想到当时能冷静一点儿，理智地对待，有一点儿宽容精神，再大的矛盾也能化干戈为玉帛。

一天下午，当库克驾驶着蓝色的宝马回到公寓的地下车库时，发现那辆黄色的法拉利又停在了离他的泊位非常近的地方。“为什么总是不给我留地方？”库克心中愤愤地想。

这天，库克先驾车回家，比那辆黄色的法拉利先到。当他正想关掉发动机时，那辆法拉利开了进来，驾车人像以往那样把车紧紧贴着库克的车停下。

库克那天正好情绪不好——收到税务所的催款单。忍耐多时的库克终于爆发了。他对着黄色法拉利的主人大声喊道：“你是不是可以给我留些地方？能不能离我远些？”

黄色法拉利的主人也瞪圆双眼，尖着嗓门大声回敬：“和谁说话呢？”

库克心想：“我会让你尝尝我的厉害的。”第二天，库克回家时，黄色的法拉利还没回来，库克把车子紧挨着她的车位停下，心想：这下她也会因为水泥柱子而打不开另一侧车门了。接下来的几天里，这辆黄色的法拉利每天都先于库克回到车库，逼得库克好惨。事情陷入了僵局，两个人如剑拔弩张，谁也不肯相让。“这样下去不行，得想一个好的办法。”库克想。

又一天的清晨，黄色法拉利的女主人一坐进车子，就发现挡风玻璃上放着一封信。信中这样写道——亲爱的黄色法拉利：很抱歉那天我的男主人向你的女主人大喊大叫。他并不是有意的，只是那天他收到了带来坏消息的信件。我希望你和你的女主人能够原谅他。你的邻居蓝色宝马。

第二天早晨，当库克走进车库时，一眼就发现了挡风玻璃上的回信，他迫不及待地抽出信纸——亲爱的蓝色宝马：我的女主人这些日子也一直心烦意乱，因为她刚学会驾驶汽车还停不好车子。我的女主人很高兴收到你的来信，她也会成为你们的好朋友的。你的邻居黄色法拉利。

从那以后，每当蓝色的宝马和黄色的法拉利再相见时，驾车的主人都会微笑着打招呼。

正所谓“让三分心平气和”。平和无论是对他人还是对自己，都是有好处的。所以，生活中的智者，在遇到一些看起来让人生气的事情时往往能够将忍让作为首选，而不是针锋相对。

所以说，在遇到阻力或压力时，不妨低一下头，弯一下腰。通常情况下，只要有一方退让，局面就不会再僵持；只要懂得适时让步，就会避免不必要的争吵。这样才能让你在生活、工作中得心应手、左右逢源，最终收获一份丰厚的人生成果。

有些人缺乏忍让精神，因为他们错把忍让当成窝囊，担心自己忍让会被人当作随意揉捏的“软柿子”。

其实，忍让是一种“别人生气我不气”的宽心，是一种“不计个人得失”的大度，是一种“给他人台阶下”的善良，是一种“关爱他人、关心他人”的襟怀，也是一种“风雨不折腰”的坚强。它能够将生活中不愉快的事和不良的情绪淡化和遗忘，让自己成为受欢迎的人。所以，要时刻提醒自己吃亏是福，相信有付出定有回报，睚眦必报在伤害别人的同时也可能会伤害了自己。尤其当对方是你的对手、仇人，或是有意要气你、激你的时候，这时，如果你不忍气制怒，保持头脑清醒，就很可能被人牵着鼻子走，入其彀中。

智者寄语

“路径窄处留一步与人行，滋味浓时减三分让人尝。”能忍善让是理性的以柔克刚，以退为进。能忍让者，大多意志坚韧，具有良好的心理素质与道德品质，能得到别人的拥护与尊敬。

下篇

活在当下

第一章　珍惜现在，把握当下

谁珍惜生命，谁就延长了生命

人生总是那么短暂，有时候心怀梦想，想要按照计划去实行，可是似乎计划还没有定完，一段青春岁月就这么溜走了。不知不觉，人生已经到了暮年，也许再转眼，就划过了所有的美好岁月，走向了人生的尽头。每天，都有无数生命像流星一样划过天际，消失在茫茫夜空当中。是哀叹、漠然，还是反思、爱惜？

某报刊上曾刊登了一篇关于生命的文章：

一个炎热的上午10时整，蝉发表了它的第一篇作品。它讲到世事：炎热。

同一天11时，它还在鸣叫，并没有改变它的调子，而且扩大了它的主旋律。它讲到清晨：爱情。

在酷热的午后时分，当爱情与炎热带来的伤感动摇了它时，它心灵的交响乐进入了伟大的乐章，于是它说：死亡。

但是这事还没有结束。晚餐以后，它把炎热、爱情、死亡编织成最后一节，比其他各节更为精妙，而且没有那么嘈杂。它还掌握着最后一个英雄般的单音节词。

生命，它回忆着说，生命。生命，即使如火焰、如昙花，只要学会珍惜，它便永存那一刹的动人与璀璨。

当代作家毕淑敏在谈到自己生命的经历时曾说：

我16岁时离开北京到西藏阿里当兵，是我记忆中最深刻的人生转折。我从小的生活经历决定，我对于农村的想象空间也仅限于住土房子吃窝头，而到了阿里，零下40多度的酷寒、海拔5000米以上带来的缺氧、八九个月接不到任何信件、吃不到任何蔬菜，等等，那该不是外星吧？我吓坏了！我真正地感受到，人的生命太脆弱了，因为我们还时时会面对死亡。

那时我们没有任何娱乐的条件，没过多久几个人连话都说尽了，我因此常常一个人呆坐着看冰雪，一看就是几个小时，现在想来，那简直就是"面壁"……原始人的生活不过如此吧？

但是，我在那时有很多冥想，人从哪里来，要到哪里去，看冰雪的时候仿佛看出了人生的很多问题。我记得康德有一句话说："人对于崇高的认识来源于恐惧。"可能吧，于是我决心自己的一生要过得有趣、有意义，还要于他人有益。

那十多年的生活让一种观念横贯我的一生，那就是珍惜生命。有人曾经对我的小说等作品做专门研究发现，我用"生命""死亡"，特别是"温暖"这样的词汇特别多，大概是因为我当年被冻怕了。

不管怎么说,后来我的作品总是要把自己在高原所体验到的生命的宝贵,传达给他人。那是在我长篇小说里一以贯之的主题——爱惜生命。

智者寄语

如果人的生命就好像一朵盛开的花朵,你可以绚烂辉煌、香气袭人,或者苍白暗淡、寂寂无声,一切在于你珍惜与否。生命也是脆弱的,面对如此脆弱的生命,我们唯一能做的,就是珍惜生命中的每一天,不虚度任何一天。

今天的你我,怎能重复昨天的故事

对每一个渴望有所成就的人来说,拖延是最具破坏性的,它是一种最危险的恶习,它易使人丧失进取心。一旦开始拖延,就很容易再次拖延,直到变成一种根深蒂固的习惯。

拖延会侵蚀人的意志和心灵,消耗人的能量,阻碍人潜能的发挥。处于拖延状态的人,常常陷于一种恶性循环中,这种恶性循环就是:“拖延——低效能工作+情绪困扰——拖延。”

今天该做的事拖到明天完成,现在该打的电话等到一两个小时以后才打,这个月该完成的报表拖到下个月,这个季度该达到的进度要等到下一个季度。凡事都留待明天处理的态度就是拖延,这是一种明日待明日的坏习惯。

喜欢拖延的人往往意志薄弱,他们或者不敢面对现实,习惯于逃避问题,惧怕艰苦,缺乏约束自我的毅力;或者目标和想法太多,导致无从下手,缺乏应有的计划性和条理性;或者没有目标,甚至不知道应该确定什么样的目标。另外,认为条件不成熟,无法开始行动也是拖延的原因之一。

事实上,拖延绝不是一种无所谓的耽搁。一个公司很有可能因为短暂的拖延而损失惨重,这并非危言耸听。

> 1989年3月24日,埃克森公司的一艘巨型油轮在阿拉斯加触礁,原油大量泄漏,给生态环境造成了巨大破坏,但埃克森公司迟迟没有作出外界期待的反应,以致引发了一场“反埃克森运动”,甚至惊动了总统。最后,埃克森公司总损失达几亿美元,形象严重受损。

无论是公司还是个人,没有在关键时刻及时做出决定或行动,而让事情拖延下去,就会给自身带来严重的危害。

避免拖延的唯一方法就是“现在就做”。开始是最困难的工作,但必须开始。一旦开始,行动无限,结果多彩,令人喜悦。

接到新的工作任务,就立即行动起来。诸如“再等一会儿”“明天开始做”这样的语言或者想法,一刻也不能存在。

许多人做事喜欢等到所有的条件都具备了再行动,殊不知,良好的条件是等不来的,工作中很少有万事俱备的时候。我们不太可能等外部条件都完善了再开始工作,在现有的条件下,同样可以把事情做到极致!行动可以创造有利条件。只要做起来,哪怕很小的事,哪怕只做了5分钟,也是一个好的开端,也能带动我们着手做好更多的事情。

立即行动有时很难,尤其是面临一件很不愉快的工作或很复杂的工作时,你常常有一种不知从何下手的困惑。但你不必总是拖延,如果你觉得工作很复杂,可以运用切香肠的技巧来解决。所谓切香肠的技巧,就是不要一次性吃完整根香肠,而是把它切成小片,慢慢品尝。同样的道理也可以用在你的工作上:先把工作分成几个小部分,分别详列在纸上,然后把每一部分再细分为几个步骤,使得每一个步骤都可在短时间内完成。

智者寄语

歌德说得好:“只有投入,思想才能燃烧。一旦开始,完成在即。”

珍惜每一次花开

一天,一个中年妇女见自己家门口站着三位老人,便上前对老人们说:“你们一定饿了,请进屋吃点东西吧!”

“我们不能一起进屋。”老人们说。

“为什么?”中年妇女不解。

一位老人指着同伴说:“他叫成功,他叫财富,我叫善良。你现在进屋和家人商量一下,看看需要我们当中哪一位?”

中年妇女进屋和家人商量后决定把善良请进屋。她出来对老人们说:“善良老人,请到我家来做客吧。”

善良老人起身向屋里走去,另两位也跟进来了。

中年妇女感到奇怪,问成功和财富:“你们怎么也进来了?”

“善良是我们的兄弟,兄长在,我们也必须在,因为哪里有善良,哪里就有成功和财富。”后两位老人回答说。

其实就像后两位老人说的那样,财富和地位总是伴随着善良而来的。我们善待每一个人,珍惜每一个人,其实也是在善待我们自己。

在我们的生命中,不断地有人离开或进入,我们无法把握时间去改变这些,但是我们可以珍惜自己生命中存在过的人。与每一个人的相遇都是一种机缘,当有一天,我们回首的时候,发现那些当初很要好的人已经天各一方,每个人都开始了没有我们的日子,想念彼人,却发现连他的电话也没有了,于是后悔当初只因为一句话而伤害了彼此,后悔没有好好珍惜在一起的日子。

所以,每一个人出现在自己的生命中都是自己的福分,感激上天给予自己与每一个人的相逢。或许此刻你们亲近无比,但说不准哪一天你们会分离,永远无法联系。为了我们的人生没有遗憾,请善待我们生命中的每一位过客!

遇到你真正的爱人时,要努力争取和他相伴一生的机会,因为当他离去时,一切都来不及了;遇到可相信的朋友时,要好好地和他相处下去,因为在人的一生中,能遇到一个知己实属不易;遇到人生中的贵人时,要记得好好感激,因为他是你人生的转折点;遇到曾经爱过的人,记得微笑着向他感激,因为他是让你更懂得爱的人;遇到曾经恨过的人时,要微笑着向他打招呼,因为他让你变得更坚强;遇到现在和你相伴一生的人,要百分百感谢他爱你,因为你们现在都得到了幸福和真爱;遇到背叛你的人时,要跟他好好聊一聊,因为若不是他,今天你不会懂得这个世界;遇到曾经偷偷喜欢的人时,要祝他幸福啊,因为你喜欢他时,是希望他幸福快乐;遇到匆匆离开你人生的人,要谢谢他走过你的人生,因为他是你精彩回忆的一部分。

智者寄语

善待生命中每一个与你擦肩而过的人,你的人生将轻松无比,了无遗憾!

享受今天，不为世俗烦恼

朱自清先生发出过这样的疑问："燕子去了，有再来的时候；杨柳枯了，有再青的时候；桃花谢了，有再开的时候。但是，聪明的，你告诉我，我们的日子为什么一去不复返呢？"是啊，时光如流水，倘使我们不珍惜今天的时间，让日子白白流逝，终有一天会后悔莫及。

艾森豪威尔年轻的时候，晚饭后总喜欢跟家人一起玩纸牌游戏。有一次他抓了很坏的牌，输得很惨，他开始不高兴地抱怨。妈妈停下来严肃地对他说道："如果你想要有个好的结果，就必须利用你手中的牌打好每一局！"

他一愣，听见母亲又说："人生也是如此，追求成功的人只会竭力把握住此刻，才有可能赢得最后的结果。"

很多年过去了，艾森豪威尔一直牢记着母亲的这句话，从未对生活有过任何抱怨。相反，他总是以积极乐观的态度去迎接命运的每一天，尽己所能地做好每一件事。他从一个默默无闻的平民家庭走出，一步一步地成为中校、盟军统帅，最终成为美国第34任总统。

要知道，生命中大部分美好的事物都是短暂易逝的，如果我们不能把握时机，好好地享受它、品味它，那么，一旦机会错过了，便不会再有第二次了。因此，从现在开始，好好善待自己周围的每一个人，不要再把生命浪费在无谓的幻想和期待之上，好好享受今天的快乐吧！

时间总是飞逝而过，在我们还来不及握住，甚至来不及回忆的时候，自己的心已即将苍老。可我们又在忙什么呢？不断有人在提醒我们，不要等到失去了再去珍惜，那人那景可能早已不在。是时候给自己、也给所有你爱的人一个拥抱，停下来让心沉淀一下吧！此时此刻，让心融解所有的不快，铭记所有的快乐，精心过好当下的每一天吧，因为它们如果逝去，将再也无法回来。

那我们还在等什么？何不从现在开始，就好好地为今天而活，不要为明天还没有发生的事而烦忧，活出自己的快乐，活出自己的美好！

智者寄语

在人的一生中，今天是最重要的。寄希望于明天的人，只会是一个空想者，势必一事无成。只有那些懂得如何利用"今天"的人，才能孕育明天的希望。我们只有抓住现在，才能有辉煌和灿烂的未来。一个连今天都放弃的人，哪有能力和资格去说"还有明天"呢？所以古人说："今日事，今日毕。"我们不寄希望于还有明天，而是要将今天抓在手掌里，将现在作为起点。这样做的人，才真正有能力把握明天。

此时此刻最珍贵

平时，你是否曾停下来特别用心感受过某一刻的时光？有些人只会急速前进，从不肯让心停下来。如果你能偶尔停下来用心地感受某一刻的时光，那么，你将幸福和快乐许多。

用心体验这一刻正在做的事情，用心体验这一刻我们所拥有的情感，好好地感受这一刻的时光，我们就会觉得无比快乐——因为，我们会清晰地感觉到自己的存在，感觉到自己的思想和情绪，也才能够更好地控制和感受自己的生命。

在遥远的古代，有一个皇帝，一直以来都被三个问题困扰着：

什么是最重要的时候？

什么是最重要的人？

什么是最重要的事？

他问大臣，没有得到答案，他问妻儿，仍然没有得到答案。于是，他将这三个问题诏告天下，但结果依然不能够让他满意。

那天，他微服出巡，遇到一个正在田里耕种的隐士，便与隐士一起耕种。闲谈时，皇帝也向他提出了这三个问题，但隐士只是笑而不答。

这时，忽然从前方跑来了一个满身是血的人，刚跑到他们眼前就昏了过去。皇帝立刻命人把这个人送到屋里并为他止血。

第二天一早，此人醒了过来，并对皇帝说："你处死了我的兄弟，我本来是来杀你的，不料却被卫兵所伤，倒在了这里。如果不是你帮我止血，那我必死无疑。你明明见我拿刀奔向你，你却救了我，可见你的仁慈，我今后愿意为你尽忠，请你宽恕我一时的冲动吧。"皇帝见自己感化了一名行刺者，便很高兴地宽恕了他。

次日，皇帝再次请求隐士回答他的那三个问题。

隐士道："亲爱的陛下，那三个问题你不是已经找到答案了吗？"

皇帝疑惑，便问："此话何解？"

隐士笑道："如果昨天你不在这里帮我种田，那么就不会遇到危险；但你若不遇到危险，那么就不会救那个受伤的人；若你不救那个受伤的人，那么也就不能够感化一个仇敌了。所以，你要知道：最重要的时候，就是现在；最重要的人，就是你眼前的人；最重要的事，就是心存善念。"

皇帝听后，恍然大悟。

人生要顺应自然，既不沉溺于过去的快乐，也不强求未来的幸福，最重要的是把握好现在。就像故事中的皇帝那样，不问原因，不问结果，顺其自然地救了那个人，于是，他便拥有了一段良善的因缘。

也许，在有些人的眼中，"活在当下"便意味着对未来不思考、不计划。殊不知，这是一种误解，不忧虑未来，并不表示就没有计划。如果我们能牢牢地掌握住当下，根据自己当下的环境来分析未来，并对其做出种种预测和计划，这才是"活在当下"的真正意义。根据"现在"评估未来，这才是最实际，也是最正确的做法，很显然，这也是最易获得幸福的做法。

生活是由喜怒哀乐的片段组成的一部电影。有时，演的是无尽的喜悦；有时，演的是深沉的伤痛。然而不变的是，当我们全心全意地去演绎那一时、那一事、那个当下时，才能真正体验到其中的酸甜苦辣。当电影谢幕之时，那一阵阵热情的掌声，带给我们的将是一种前所未有的喜悦。

因此，把握当下的每一个时刻吧，即使是痛苦，也不用害怕结果会如何。要知道，唯有面对现实，我们才能更清楚自己的缺点与不足，进而针对这些缺失加以反省检讨，才能随时清理自己的行囊，大踏步地勇敢前进。

智者寄语

我们感受到的此刻，不仅是独一无二的，而且也是我们唯一能够把握的。因为过去的已经是一场梦，而未来只存在于想象之中，我们永远不知道下一个时刻会发生什么事情，既然如此，为什么不好好地感受和体验这一刻呢？只要活在当下，让自己好好地享受、欣赏、品尝，那就对了！此刻的时光最珍贵。

做好当下小事，方能实现宏图大志

成功学中有一句很重要的话叫“心动不如行动”。也许你心中拥有雄心壮志、万丈豪情，但如果你没有做好当下的小事，你的雄心壮志就只会是镜中月、水中花。

有一位施主问一位禅师：“修行人平常是如何生活的？”

禅师很平淡地答：“也没什么，只不过吃饭睡觉而已。”

这位施主非常惊讶禅师竟然会这样回答，“一般俗人每天也是吃饭睡觉而已，那修行人与俗人又有什么差别？”

禅师莞尔一笑，摇摇头说：“不然！修行人吃饭的时候就是吃饭，睡觉的时候就是睡觉。而一般人该吃饭的时候，不好好吃饭，心里却想东想西；该睡觉的时候，不好好睡觉，总是百般的烦恼。”

人或许有伟大的人和渺小的人，但事情本身并没有什么伟大或渺小。一个真正成功的人，一定是个懂得做好小事的人。不要以为是小事，而不肯轻易去做。

但是，成功人士的经验和实践告诉我们：不会做小事的人，很难有大的作为，只有经过了做小事并做好小事的磨炼历程，才有可能达到做大事的层次，成为真正意义上的人才。

大学毕业后，高寒找来找去，最后只找到一份在街头发小广告传单的工作。开始干这份工作时，高寒也觉得挺难为情的。有时候硬往人家手里塞，人家却做出不屑的表情，硬是挡住不要。有的人勉强接到了手里，一转身，就把那些印刷得花花绿绿的纸片扔掉了。不过他还是硬着头皮，坚持干着这种让不少人瞧不起的事。

这时候，他的一位大学同学笑着对他说：“唉，你这个工作，简直每天就是在制造垃圾嘛。再说了，这种工作明摆着就是大家挑下来不要的垃圾嘛。你好歹也算个小知识分子，怎么能干这种一点价值都没有的事情呢？”

可高寒却笑笑说：“这份工作也不是一无是处，最起码，我拥有了不少可供自己自由支配的时间。”

又过了一些时候，高寒利用自己发传单的业余时间撰写了一篇文章，凭着这篇文章他找到了一份在某“三流报刊”当编辑的工作。一天到晚趴在桌子上写一些让人好笑的“快餐文学”。他的那位大学同学又笑着对他说：“老是写这些垃圾文字有什么意思啊，别人都是看过或不看就随便扔掉了。你写的那些东西，根本就没有珍藏价值嘛。”

高寒也笑着说：“你要看到，我一直走在实现自己梦想的路上啊。”

又过了几年，高寒通过自我充电不仅拿到了硕士文凭，而且也因为写作经验丰富而跳槽到一家发行量很大的报业媒体当副刊编辑去了。条件好了，视野开阔了，他的文章自然也越写越好了。昔日那位大学同学，这才冲他竖起了大拇指，笑着说：“你终于从垃圾堆里爬出来了。”

高寒这才将自己最开始的想法进行了全面披露：“你知道我当初为什么看中了那份在街头发小广告的工作吗？因为那种工作既让我有时间练习自己的写作，又有了丰富的写作素材——我在街头发小广告时观察到的东西可有意思呢。正因为我在这期间发表了十多篇稿子，我才能谋到一个专门跟文章打交道的工作——虽然它是一本小刊物，但却能给我提供更多的写作机会。我的体会是，人向着一个方向走路，不可能一步到位，虽然很多时候他是在制造‘垃圾’，干的是‘垃圾’工作，其实这都是他走向成功的一个个台阶。”

我们的生命就是由无数小事所组成的，如果我们能将专注的品质带进每一件小事里，就会成就伟大；如果我们能高高兴兴地享受当下，能够在这些所谓的小事上面觉得快乐，那我们的人生必然是快乐的。

我们不要认为事情小就忽略了做它的意义和作用。凡是成就大事者，都会把做好当下每一件小事看得很重要。一件小事可能会改变人们对你的看法，改变自己为人处世的原则，甚至是改变自己的人生轨迹。做一件好的小事，会给人留下好的印象；同样，做一件小的恶事，会给自己的人生涂上一个污点。

许多立志要成功的年轻人，常常会陷入这样一个误区：他们认为，既然自己立志要成功，那做的就应该是轰轰烈烈的大事，不应该大材小用去做一些平常人都能做的小事，好像只有做大事才能显示出自己的胸怀大志和与众不同。

智者寄语

如果你真的想要成功，就千万别看不起身边的小事，一定要摆正心态从身边的小事做起。做好当下小事不是你愿不愿意的问题，而是获得成功过程中不可逾越的阶段。做好当下小事不仅是一种做事的方法，更是一种人生态度。这个世界，无所谓大事小事，即使再小的事，去做了，并踏实做好了，就是了不起。

活在当下，活出真实的自己

时间并不能像金钱一样让人随时储存起来，以备不时之需。人们所能使用的时间只有每一个瞬间，也就是组成今天的每一个瞬间。如果不能充分利用今天而让它白白虚度，那么它将一去不返。所谓“今天”，正是“昨天”计划中的“明天”。而这个宝贵的“今天”，不久将消失，成为“明天”回忆里的“昨天”。对于我们每个人来讲，得以生存的只有现在。

人要学会在现时中生活，因为只有现时里才有真实的自我。需要注意的是，“现时”一词，它更加强调的是“现在”这一时间概念。现时的生活是人们真正生活的关键所在。细想一下，除了“现在”，人们永远不能生活在任何其他时刻，人们所能把握的只有现在的时光。

现时，是一种难以捉摸而又与你形影不离的时光，只有你完全沉浸于其中，才可得到一种美好的享受。因此，你应该充分享受现时的每分每秒，而不必去考虑已过去的往日和还未到的将来。抓住现在的时光，你才能够有所作为。

回避现实往往导致人们对未来的理想化。惋惜和期望都是回避现实的最为常见的做法。你可能会想象自己在今后生活中的某一时刻会发生一个奇迹般的转变，你一下子变得事事如意、幸福无比、财富无限。你可能期望自己在完成某一特别任务——如大学毕业、结婚、生小孩或职务晋升之后，你将重新获得一种新的生活。然而，当想象或期待的那一刻真正到来时，你却并没获得自己原先想象的幸福。未来永远没有你所想象的那么美好，它也只是一种切切实实的将要到来的“现时”。

为什么许多年轻人婚后不久就哀叹生活与婚姻的不幸？其中不乏一个原因——他们曾经将婚姻生活幻想得过于幸福美满，而当这一切真正到来时，他们却因为没有珍惜而错过了现时的快乐。

当然，如果生活中的某些方面并没有达到你原先的期望，你可以通过对未来的再一次理想化而将自己从低沉的情绪中解脱出来，但千万不要让这种恶性循环成为你的固定生活模式。

如果你也像托尔斯泰书中的伊凡·伊里奇那样回顾自己的一生，你将会减少很多没有必要的遗憾：

“如果我到目前为止的整个生活都是错误的，那该怎么办？他忽然意识到以前在他看来完全不可能的事也许的确是真的——他也许真的没有按照他本应做的那样去生活。他忽然意识到，自己以前那些难以察觉的念头——尽管出现之后便随即被打消——或许才是真实的，而其他一切则是虚假的。他的工作职责、他的生活以及家庭的整个安排，还有他的一切社会利益和表面利益，也许完全都是虚无的。他一直在为这一切进行着辩解，然而现在，他蓦然感到自己的辩解是苍白无力的。”

你也许正好与伊凡·伊里奇相反，你是为那些你所没做的事情耿耿于怀。如果你以自暴自弃的方式度过现在的时光，你就会永远地失去现在。因此，你现在应该去做的事情十分明显——行动起来，珍惜现在的时光，不放过一分一秒。

智者寄语

昨天，是张作废的支票；明天，是尚未兑现的期票；只有今天，才是现金，才是有价值的。

未来不过是一种幻象

每个人都希望有一个美好的未来，为了实现这个愿望，我们从很早的时候就开始准备了。我们带着对明天美好的愿望快步疾行，却不知因此错过了今天的美好景致。可是，为未来奋斗的我们就一定能有一个自己想象中美好的未来吗？未必。

1871年春天，一个年轻人拿起了一本书，看到了一句对他的前途有莫大影响的话。这个年轻人是蒙特瑞综合医科的一名学生，平日充满了忧虑，担心通不过期末考试，担心自己无法结业，担心以后做不了医生，担心自己无法生活……

这位年轻的医科学生所看见的那一句话，使他成为当代最有名的医学家。他创建了全世界知名的约翰·霍普金斯学院，并成为牛津大学医学院的教授——这是学医的人所能得到的最高荣誉。他还被英国国王册封为爵士，他就是威廉·奥斯勒爵士。

下面就是他所看到的托马斯·卡莱里所写的一句话，这句话帮他度过了无忧无虑的一生：“最重要的就是不要去看远方模糊的事，而要做手边清楚的事。”

40年后，威廉·奥斯勒爵士在耶鲁大学发表了演讲。他对学生们说，人们传言说他拥有“特殊的头脑”，但其实不然，他周围的一些好朋友都知道，他的脑筋其实是“最普通不过了”。那么他成功的秘诀是什么呢？他认为这无非是因为他活在“一个完全独立的今天里”。

在他到耶鲁演讲的前一个月，他曾乘坐一艘很大的海轮横渡大西洋。一天，他看见船长站在船舱里，摁下一个按钮，接着船上发出一阵机械运转的声音，船的几个部分就立刻彼此隔绝开来——隔成几个完全防水的隔舱。

“你们每一个人，”奥斯勒爵士说，“都要比那条大海轮精美得多，所要走的航程也要远得多，我要奉劝各位的是，你们也要学船长的样子控制一切，活在一个完全独立的今天，这才是在航程中确保安全的最好的做法。你拥有的是今天，断开过去，把已经过去的埋葬掉。

未来就在今天,没有明天这个东西。精力的浪费、精神的苦闷,都会紧紧跟着一个为未来担忧的人。养成一个好习惯,那就是生活在一个完全独立的今天里。”

奥斯勒博士接着说道:“为明日准备的最好办法,就是要集中你所有的智慧、热忱,把今天的工作做得尽善尽美,这就是你能应付未来的唯一方法。”

奥斯勒博士的话值得我们每个人珍视和深思。其实,人生的一切成就都是由你“今天”的成就累积起来的,老想着昨天和明天,你的“今天”就永远没有成果。

只有珍惜今天,你才能有好的过去和未来!

莎士比亚说过:“明智的人永远不会坐在那里为他们的损失而悲伤,却会很高兴地去找出办法来弥补他们的创伤。”

成功学大师拿破仑·希尔说:“当我读历史和传记并观察一般人如何度过艰苦的处境时,我既觉得吃惊,又羡慕那些能够把他们的忧虑和不幸忘掉并继续过着快乐生活的人。”

智者寄语

尽管我们习惯于在幻想中把它描绘得很美好,可是它始终是我们脑海里的一种幻象。我们需要面对的是当下,我们能够享受的也只有当下。

当下的生活最快乐

如果你遇到了挫折,遭到了失败,心情低落到了极点,情绪坏到了极点,那么请先让自己冷静下来,铺开一张纸,把自己的挫折和失败都列在这张纸上。当然,你还要找出一张纸,列出可能让你得到快乐的事情,不要放过任何一个快乐的源泉,比如,你长得漂亮、你的身体很健康、你的家人对你很好,等等。紧接着,你就可以将两张纸进行对比了。这个时候,你就会发现,让你快乐的理由远远多于让你悲伤的理由。既然如此,你就不该再将自己放置在悲伤痛苦的阴影当中。

多年以前,一个女孩因为失手伤人而坐牢了。尽管后来被释放,她仍然很痛苦,就到教堂祷告,希望上帝能够分担她的痛苦。

看到女孩一脸悲伤,一位牧师问她发生了什么事。这个女孩泣不成声地说:“我好惨啊,我多么的不幸啊,我这一辈子都忘不了这件事情了……”

听罢她的陈述,牧师对她说:“这位小姐,你是自愿坐牢的。”

女孩被牧师的话吓了一跳,说:“你说什么?我怎么可能自愿坐牢?”

牧师对她说:“你尽管已经从牢里出来了,但你的心,天天心甘情愿地被关在牢里,那你不是自愿坐在心中的牢里吗?”

“这是什么意思呢?”女孩不解地问。

“你天天在脑海中回放这件往事,这与你重蹈覆辙有什么区别呢?你改变不了环境,但你可以改变自己;你改变不了事实,但你可以改变态度;你改变不了过去,但你可以改变现在;你不能控制他人,但你可以掌握自己;你不能预知明天,但你可以把握今天;你不可能样样顺利,但你可以事事尽心;你不能延伸生命的长度,但你可以决定生命的宽度;你不能左右天气,但你可以改变心情……”

生活本身已经有那么多问题了,如果你又在脑子里提炼出那么多的不快乐,那么你就是在增加自己的心理负荷。每天都要面对那么多无法预测的事情，还要承受自己制造的不快乐，这本身难道不是一种愚蠢的行为吗？

你总是想着不快乐的事情，是因为你带着惯有的悲观情绪去想问题。那么，只要你停止用悲观的眼睛看看当下的世界，就会开心很多。

智者寄语

也许你不能在任何环境下都选择快乐，但是你必须要知道，我们在任何时候都可以快乐。那么，何必要等待下一刻的快乐呢，当下就让自己快乐起来吧。

不要预支明天的烦恼

“怀着忧愁上床，就是背着包袱睡觉。”人生中有很多烦恼都是自找的，在现实中它们或许根本就不存在。许多人心里潜藏着一只名字叫作“烦恼”的小蚕虫，人们常常会放它出来吃掉自己难得的幸福。

人们总说人生如戏，但是真正的人生却没有戏里那种想要的完美。戏的结局是写出来的，而人生却是自己用尽一生才能真正体会的。喜怒哀乐，我们无法预支，所以无论明天会发生什么，我们都应该坦然面对。

曾看过这样一个经典的故事：

飞机正在白云之上翱翔。机舱内，空姐微笑着给乘客送食品。中年人细细地品尝菜食，而邻座的年轻人却愁眉苦脸地望着窗外的天空。

中年人颇为好奇，热情地问：“小伙子，怎么不吃点儿？这伙食标准不低，味道也不错。”

年轻人慢慢地扭过头，不无尴尬地说：“谢谢，您慢用，我没胃口。”

中年人仍热情地搭讪：“年纪轻轻的怎么会没胃口？是不是遇到什么不开心的事啦？”

面对中年人热心的询问，年轻人有些无奈：“遇到点儿麻烦事，心情不太好，但愿不会破坏了您的好胃口。”

中年人非但不生气，反倒更热心了：“如果不介意，说来听听，兴许我还能给你排忧解难。”

年轻人看了看表，心想：还有一个多小时才能到目的地，聊就聊聊吧。

年轻人说：“昨夜我接到女朋友的电话，说有急事要和我谈谈。问她有什么事，女朋友表示见了面再说。”

中年人听后笑了：“这有什么犯愁的呀？见了面不就全清楚了吗？”

年轻人说：“她可从来没这么和我说过话。要么是出了什么大事，要么就是有什么变故，也许是想和我分手，电话里不便谈。”

中年人笑出声：“你小小年纪，想法可不少。也许没那么复杂，是你想得太多了。”

年轻人叹道：“我昨天整个晚上都没合眼，总有一种不祥的预感。唉，您是没身临其境，哪能体会我此刻的心情？您要是遇到麻烦，就不会这样开心啦。”

中年人依然在笑，“你怎么知道我没遇到麻烦事？也许你的判断不够准确。”说着，中年人拿出一份合同，“我是去广州打官司的，我们公司遇到了前所未有的大麻烦，还不知能否胜诉。”

年轻人疑惑地问：“您好像一点儿也不着急？”

中年人回答：“说一点儿不急是假，可急又有什么用呢？到了之后再说，谁也不知道对方会耍什么花样。可能我们会赢，也可能一败涂地。”

年轻人不禁有点儿佩服起眼前这位儒雅的绅士来。一晃几十分钟过去，到达了目的地广州，中年人临别给了年轻人一张名片，表示有时间可以联系。

几天后，年轻人按照名片上的号码给中年人打了个电话：“谢谢您，张董事长！如您所料，没有任何麻烦。我女朋友只想见见我，才出此下策。您的官司打得怎么样？”

张董事长边笑边说：“和你一样，没什么大麻烦。对方已撤诉，我们和平解决。小伙子，我没说错吧，很多事情面对了再说，提前犯愁无济于事。”

年轻人由衷地佩服这位乐观豁达的董事长。

所谓“自寻烦恼”大抵说的就是这个意思，许多烦恼和忧愁都是自己给自己套的枷锁，是一种无意义的自我折磨，无异于将自己置于虚拟的精神网罗中。与其忧虑未来不如好好把握现在，也许事情还有可能出现转机。所以，在人生的储蓄卡上，请不要预支烦恼！

生活就是这样，唯有顺其自然才会获得幸福，遇到事情想得再多都是徒然，预支烦恼只会平添烦恼，最终还是得听上帝的安排。所以，坦然地面对每一天吧，心灵平和自然，你会发现其实幸福像小尾巴一样一直跟随着你，只是你在“预知”中不小心让它悄悄溜走了。

有一句俗语如是说：“人生不满百，常怀千岁忧。”比如有的父母，整日担心孩子考不上重点小学、重点中学、重点大学，因此愁肠百结；有的人，身体本来好好的，可总是担心明天会得什么病，因此寝食不安……

他们终日忧虑，是因为忽视了一个最基本的道理：今天最好。美国著名医学家奥斯勒教授活到 100 岁，他的长寿秘诀是：“经常说：‘今日最好’。”对于明天，他说：“不要为明天忧虑，也不要为还没有发生的事情而忧虑。”预支明天的烦恼，只能使今天活得不幸福。一位哲人还说过：“即使不幸注定要在明天来临，你也没有必要今天就为它付出代价。”

很多时候，我们对事情的担心是毫无道理的，甚至是可笑的。如果你真的无法从“预支烦恼”的陷阱中走出来，你不妨追问一下自己，结果究竟会怎么样。比如，担心考不上大学，那么就问一下自己：“考不上又怎么样了？大不了复读！”比如“可是这样会很没有面子，别人看不起”“别人看不起又会怎么样，我又不是活给别人看的”等，一路追问下去，反而会觉得慢慢释怀了。

还有一个办法，你可以做个“角色扮演”的游戏：比如担心考试成绩不理想，别人会看不起自己，你可以请一个朋友来扮演你，而你扮演嘲笑你的人。你会越来越发现你的朋友没有什么可嘲笑的，而你作为嘲笑者则显得很无聊。当然，你也可以自己和自己来进行这样的角色扮演。

真正影响我们的并不是事情本身，而是我们的担忧，是我们在自己吓自己。就像美国前总统罗斯福曾说的：“我们真正需要恐惧的是恐惧本身。”

所以，不用想着早一步解决掉明天的忧虑，那只是徒劳。明天如果有烦恼，你今天是无法解决的，每一天都有每一天的人生功课要交，努力做好今天的功课再说吧！幸福要趁现在，何必去预支明天的烦恼？

智者寄语

生活中难免会碰到一些烦心的事，这时候应该调整心态，摆脱烦恼，做好当前最应该做的，就算最终事情没有解决好，也应该无怨无悔地去面对。

人生是条单行道，走过就无法回头

在人生的这条单行道上，过去的不会再次出现，失去的也无法重新拥有。与你擦肩而过的风景不会与你再相逢，这就是人生最为无情的一面：人生只有一次，走过就无法回头。在这条人生的单行道上，有的时候你能在这条宽阔的路上自由行驶，有的时候却被堵得无法动弹。然而不管怎样，你都只能沿着这条道路向前行驶，无法掉头。

既然人生不能掉头，不能重新开始，那么，在这条单行道上，我们就应该珍惜现在，珍惜我们的所有，让每一分、每一秒都过得十分有意义。

汤姆·奥斯丁是一位名医，他越来越多地接触到因烦恼和忧虑而生病的人，他们总是因为过于烦恼以前和忧虑未来，长期闷闷不乐，毁坏了健康。为了更彻底地医疗好这些人的病，他给他们开了一个简单却有效的方子：“每一个刹那都是唯一。”意思是说，我们活在今天，只要做好今天的事就好了，无须担忧明天或后天的事；我们活在此刻，就要好好珍惜此刻的时光，因为每一个瞬间都是独一无二的。

他说：“无限珍惜此刻和今天，还有什么事情值得我们去担心呢？每天只要活到就寝的时间就够了，不知抗拒烦恼的人往往会英年早逝。”

的确如此，如果每天都处于忧虑中，身体就像一根绳子，拉来拉去迟早会拉断。如果每天都在忧郁未来、痛苦过去，我们怎么能享受现在呢？

要知道，每一秒的感觉都是不可重现的，有时候，我们以为人生可以重来。我们幻想如果当初不这样该多好，但实际上这只是每个人的幻想而已。过去的每一秒、每一分都已经成为事实，不会因为你的后悔而改变。

既然我们的人生不可以重来，那么，请用我们的眼睛摄下每一瞬间的精彩，用肢体感受全部的美好，别让生命留下遗憾。

在做任何事情的时候都请全身心地去做。当我们吃的时候，不管在吃什么，要开心地吃；当我们玩乐的时候，要全心地玩乐，不管在玩什么；当我们爱上对方的时候，要全心地去爱，不计较过去，不算计未来，全心地投入，全心地享受。就像《飘》的女主角郝思嘉一样，在烦恼的时刻总是对自己说：“现在我不要想这些，等明天再说，毕竟，明天又是新的一天。”昨天已过，明天尚未到来，想那么多干吗？过好此刻才最真实，否则，此刻即将消失的时光，要上哪里找去？虽然郝思嘉是小说里的人物，但是，她对待生活的理念和思想却是和我们的现实生活相通的。

齐明小时候跟外祖母长大，不幸的是在他读小学的时候，他的外祖母过世了。外祖母生前最疼爱他，小家伙无法排除自己的忧伤，每天茶不思饭不想，也没有心思学习，整天沉浸在痛苦之中。周围的人都说他是个重感情的好孩子，他的父母却很着急，因为一天两天的伤悲是正常的，一周两周的伤悲也可以理解，但大半年都过去了，他还时时哭泣，不肯好好吃饭和学习，他的行为严重影响了他的正常生活。

他的爸爸妈妈很着急，却苦于不知道如何安慰他。一次，齐明的老师来到他家家访，看到这种情形，决定和齐明聊聊天，帮助齐明走出悲伤的阴影。

“你为什么这么伤心呢？”老师问他。

“因为外祖母永远不会回来了。”他回答。

“那你还知道什么永远不会回来了吗?”老师问。

“嗯……不知道。还有什么永远不会回来呢?”他答不上来,反问着。

“所有时间里的事物,过去了就永远不会回来了。就像你的昨天过去了,它就永远变成昨天,以后我们也无法再回到昨天弥补什么了;就像爸爸以前也和你一样小,如果在他这么小的童年时不愉快地玩耍,不牢牢打好学习基础,就再也无法回去重新来一回了;就像今天的太阳即将落下去,如果我们错过了今天的太阳,就再也找不回原来的了。”

齐明真是一个聪明又懂事的孩子,他明白了老师所说的道理。从此之后,每天放学回家,在家里的庭院里面看着太阳一寸一寸地沉到地平线以下,就知道一天真的过完了,虽然明天还会有新的太阳,但永远不会有今天的太阳。他不再沉溺于过去的事情,而是好好学习和生活,把握住现在的每一个瞬间。他也顺利地从失去外祖母的痛苦里走了出来,健康快乐地成长着。

是啊,每一天的太阳都是新的,每一个刹那都是唯一的,所以我们需要格外珍惜人生的每一时刻。人生是单行道,过去了就永远无法回头,所以,请把握当下的每一寸光阴。请你珍惜人生的每一天、每一刻,把你人生的每一秒过成永恒的辉煌!

智者寄语

既然人生不能掉头,不能重新开始,那么,在这条单行道上,我们就应该珍惜现在,珍惜我们的所有,让每一分、每一秒都过得十分有意义。

把握今日,等于拥有两倍的明日

俄国作家赫尔岑认为:时间中没有“过去”和“将来”,只有“今天”才是现实存在的时间,才是实实在在的,才是最有价值和最需要人们利用的时间。但在生活中,我们更常见的,却是有些人习惯将今天该做的事拖延到明天。更有甚者,相当的一部分人即使将事情拖延到明天依旧无法做好。对此,你的正确态度应该是:今天的事情今天就要做完,否则你将无法做成那些大事,也不太可能取得成功。

人的一生似乎都在寻寻觅觅:寻找永恒不变的幸福,寻找千秋盖世的功业。为此人们劳苦终日,行色匆匆。也许到了弥留之际,都找不到自己要找的东西。因为要找的东西可能早已擦肩而过了。

生活中,总是会有人说,还有明天呢,你不用总是那么着急。可是,明天还有明天的事要做。对于那些珍惜时间的人而言,今天才是最珍贵的,今天的成就就是明天更好的开始。没有今天,明天就会一无所有。所以,成功人士会抓住今天的时光,为自己积累财富,那些总想着还有明天的人,可能永远都不会有所成就。

如果你总是把问题留到明天,那么,明天就是你的失败之日。同样,如果你计划一切从明天开始,你也将失去成为行动者的所有机会。因为明天,只是你愚弄自己的借口罢了。

寒号鸟的故事相信大家都耳熟能详了:

在遥远的大森林里,阳光明媚,鸟儿们辛勤地劳动。其中有一只寒号鸟,他有着一身漂亮的羽毛和嘹亮的歌喉。每天他都到处卖弄着自己的羽毛和嗓子,看到别人辛勤劳动反而嘲笑他们不会生活。好心的鸟儿提醒他说:“冬天快来了,赶快准备好房子吧!”

寒号鸟不以为然:“冬天还早呢,这么好的时光还是尽情地玩吧!”

就这样,眨眼间冬天来到了,天空飘起了雪花。鸟儿们都躲在自己暖和的窝里,而寒号鸟却在寒风中发抖。

第二天,太阳出来了,寒号鸟却早已被冻死了。

生活中的我们不也会因为这样得过且过,从而让自己错过许多本来可以得到的东西吗?

著名作家玛丽亚·埃奇沃斯对于“从今天做起”而不是“从明天开始”的重要性有着深刻的见解。她在自己的作品中写道:“如果不趁着一股新鲜劲儿,今天就执行自己的想法,那么,明天也不可能有机会将它们付诸实践;它们或者在你的忙忙碌碌中消散、消失和消亡,或者陷入和迷失在好逸恶劳的泥沼之中。”

在古代,有一个农夫,他听说要是能够找到地底下埋藏着钻石的土地就可以过上富足的生活了。于是,农夫卖掉自己的土地当盘缠出去寻找埋藏着钻石的地方。终其一生,农夫虽然踏遍了千山万水,但却没有发现钻石,最终穷困潦倒、客死他乡。无巧不成书,那个买下这片土地的人在耕作的时候,无意中发现了一块透明的石头。经人鉴定,这是一块钻石。

这个“农夫寻宝”的故事绝对是发人深省的:生活给予我们的实在太多了,可惜大多数人都不懂得珍惜。钻石就在我们身旁,关键是我们要有一双发现生活、发现钻石的慧眼。

古希腊著名的辩论家德谟斯吞斯认为,拥有杰出的辩才,第一是要把握现在,第二是要把握现在,第三仍然是要把握现在。今天行动应该成为你奉行的原则。不要把今天的工作推迟到明天来做,一定要今天的工作今天来完成,甚至争取今天完成明天的工作。如果想要冲破你的人生难关,现在就去做!行动迅速可以使你抢占先机,同时使你的对手在短时间内反应不过来。这样,你就可以控制主动权。每一个人都要认识到自己的每一次行动,都是一次赢得时间、赢得金钱的行动。

踏实行动,在你拥有了自己的行动目标后,马上争取时间付诸行动。这就犹如赛车一样,当你给自己的车加了足够的油,弄清了赛车的线路,检查好了所有的设备,要想成功的抵达目的地,还得需要把车开起来,并保证足够的动力。

不要去幻想,要立即行动。我们总是自欺欺人地暗示自己:只需等待,美好的未来便会自然而然地出现——某个时刻,以某种方式,在某一天,它会出现。然而,就是这个画饼充饥的愿望,却无孔不入、无处不在于我们的生活之中。

如果我们希望取得某种现实而有目的的改变,那么,我们便必须采取某种现实而有目的的行动。这对于我们是否能够主宰自己的生活至关重要。

如果你时时想到“今日”,就会完成许多事情;如果常想“将来有一天”或“将来什么时候”,那就一事无成。当然,大器晚成并不是怠惰的代名词,相反,积极向上才是大器者的品质。因此,我们要时时刻刻记住富兰克林的这句话:“把握今日就等于拥有两倍的明日。”

智者寄语

如果你总是把问题留到明天,那么,明天可能就是你的失败之日。

盛年难再现,一日难再晨

法国17世纪著名思想家布莱兹·帕斯卡尔曾慨叹说:“人只不过是一根芦苇,是自然界最脆弱的东西……”人的生命有时还真像一根芦苇般脆弱，风一吹就倒，一生倏忽而过，极其短暂，任何人都难以决定自己的寿命。我们虽然不能决定生命的长度，但可以通过努力提升生命的品质来拓展自己生命的宽度，通过努力丰富生命的内涵、增加生命的价值来增加生命的深度。

我们总是认为，现在不是最好的时机，必须等到某个时间或某件事完成之后，再采取行动。然而，生活总是一直在变动，环境总是不可预知的，现实生活中各种突发状况总是层出不穷，你永远不知道下一秒钟会发生什么事。

我们往往一门心思准备迎接将来某一天的到来，而忘记、忽视了眼前的一切。逻辑学告诉我们，未来永远不会到来。你够不到未来，无法将它拉到你的面前，不珍惜当下，只会错失当下，只会把每一个当下变成留有遗憾的昨天。

一个青年去寻找深山里的智者，向他请教一些人生问题：“请问你生命中的哪一天最重要？是生日还是死日？是上山学艺的那一天还是得道开悟的那一天？”青年连珠炮似的发问。

“都不是，生命中最重要的是今天。”智者不假思索地答道。

“为什么？”青年甚为好奇，“今天发生了什么惊天动地的大事？”

“今天什么事也没有发生。”

“那今天重要是不是因为我的来访？”

“即使今天没有任何来访者，今天也仍然重要，因为今天是我们拥有的唯一财富。昨天不论多么值得回忆和怀念，它都像沉船一样沉入海底了；明天不论多么灿烂辉煌，它都还没有到来；而今天不论多么平常、多么暗淡，它都在我们手里，由我们自己支配。”

青年还想问，智者赶紧收住话头：“在谈论今天的重要性时，我们已经浪费了我们的‘今天’，我们拥有的‘今天’已经减少了许多。”

青年若有所思地点点头，他明白了。

能珍惜今天的人，就能掌控生命，他的人生就将是幸福的。唯有今天才是我们可以掌控和利用的时间，所以，任何想成功的人都必须抓住今天，分秒必争。生活是由许多个“今天”组成的，要想把握住生活，首先要把握好现在的每一天，每一个现在。今天终究会变为昨天，明天最终会成为今天。生活是喜是悲，就看我们是否能把握住“现在”。

智者寄语

无论身处怎样的时代，遭遇怎样悲惨的人生，我们都要好好地活着。努力在悲伤中找到快乐，在迷茫中找到希望，不向命运屈服，不到最后的一刻，绝不低头认输。不为别的，只为能对得起自己鲜活的生命。

把握当下，也就把握了人生

怎样才能过好“今天”呢？不虚度光阴，踏实地走过今天的每一个时段，让每个时段都充满快乐、阳光。

现代社会工作生活压力很大，许多人生活在压力之中，每天为工作、生活担忧，没有觉得生活是美好的、快乐的。只要我们能把握好当下的每一天，不断地充实自己，让每一天都在充实中度过，这样，也就把握住自己的人生了。

吕蒙，字子明，三国时期吴国的大都督，但在当上吴国都督之前，吕蒙不过是个普通的将领，和甘宁等人为伍。当时诸葛亮三气周瑜，致使后者吐血而死，吴国大乱，吴主孙权于是任命周瑜的好友鲁肃为大都督，负责对抗北方的曹操和西川的刘备。鲁肃是个懦弱的人，本不具备统领三军的本领，但是他却有伯乐之才，善于发现人才并培养人才。在吴国的众多将领中，鲁肃对吕蒙情有独钟，认为他日后必然会成大器，于是就暗暗地想尽一切办法发掘吕蒙的潜力，希望他有朝一日能够代替自己成为吴国的大都督。

鲁肃每每召集众将开会研究军情的时候，总是有意点名要吕蒙讲几句话。吕蒙本是一员武将，讲话根本缺乏连贯性，经常遭到众人的耻笑和窃窃私语，但是吕蒙表达时意思坚决，头脑冷静，思路清晰，鲁肃感到很欣慰，也经常私下里教诲吕蒙，指导他该如何熟读兵书，如何运筹于帷幄之中，如何决胜于千里之外，吕蒙也非常感激鲁肃的欣赏和提拔，自己也经常暗自下苦功夫通读古今兵书战策。

这一天，鲁肃又召集众人开会议政，他仍然准备点名让吕蒙在大伙面前讲话，不过还没等到鲁肃点名叫他，吕蒙就主动站起来发言，而且讲得头头是道，从古代夏商西周一直讲到春秋战国时期的各种典型战例，如何以弱胜强，如何知己知彼，吕蒙口若悬河的演讲彻底征服了在场的各位将军，就连鲁肃都感到非常的吃惊。他惊讶地说："吕蒙将军，今天的太阳是从西边出来了。这才多长时间，想不到你已经取得了这么大的进步呀，现在的吕蒙已经不再是昔日的吴下阿蒙了啊！我们大家都应该向吕蒙将军学习，他是我们吴国的栋梁之材啊，日后必将有大作为！"

吕蒙说："有志者，就应当时刻严格要求自己，不断地学习和进步，不能整天只想着吃喝玩乐。离别三日，就应当让别人去掉老眼光，用新的眼光来看待自己。开始我是被您逼迫着才极不情愿地去读书，没想到一读起来就上了瘾，越发地感觉到自己知识的匮乏和书中知识的渊博，我真是受到了不少的启发啊！多读书，就会感到心里有许多的话要说，于是就逐渐地提高了自己的知识阅历。现在我们吴国可以说处境非常的危险，北边有曹操的百万大军虎视眈眈，西面又有关羽盘踞荆州，这些都是我们时刻要防范的强大敌人，如果他们联合起来同时发动进攻，我们的形势将十分的严峻啊。"

鲁肃说："人生搏击，贵在学习；士别三日当刮目相看。吕蒙将军给我们做出了很好的榜样啊。"日后鲁肃病逝，吕蒙果然代替他成为吴国的大都督。

吕蒙正是认认真真地把握把每一天，让读书陪伴着他，最终，他从众多的武将中脱颖而出，成为吴国的大都督。俗话说：昨日就像东流水，到海至此不复回。昨日的事情已经过去，未来的事情预料不到，只有好好把握今天。把握今天，活在当下，让自己在充实中度过每一天，人生才会更精彩。

智者寄语

把握好当下的每一天，不断地充实自己，让每一天都在充实中度过，这样，也就把握住自己的人生了。

时间就是金钱

时间就是金钱。珍惜时间，与赚取金钱是一样的。只有足够的时间加以支配，才能够思考、工作,才有成功的机会。成功都是大量艰苦的劳动换来的。劳动需要合理的分配、利用和把握时间。

你要等待救世主的到来吗?那你把每一天都当作最后一天吧。紧迫地看待时间,时间就是金钱,是绝对不可以随便浪费的。犹太人有句格言"勿盗窃时间"。在犹太人看来,时间和商品一样,是赚钱的资本,可以升值利润,因此盗窃了时间,就等于盗窃了商品,也就是盗窃了金钱。

美国最后的金融巨头约翰·皮尔庞特·摩根被誉为"华尔街的拿破仑",他就是惜时如金的犹太人。摩根是金融寡头,曾经风靡一时。他几乎控制了美国经济的半壁江山,并曾经两度让美国经济起死复生。他拥有的金钱之巨,令人咋舌。但是辉煌财富的背后,有摩根珍惜时间、辛苦工作的影子。

为了更好地工作,提高工作效率,摩根的办公室和其他人的办公室是连着的,这样一来各部门经理们有什么需要请示的,可以就近征询他的处理意见,无须层层转达,省却不必要的环节;二来如果工厂出现了什么问题,可以直接来找他,他不会让问题的处理被拖延,哪怕仅仅是一分钟。

虽然如此,每天仍有很多事情需要他去处理。摩根就采用犹太人独有的处理方式,在和人会面的时候,直接地问有什么事情要处理,他一般简明扼要地交代三两句,就把来人打发了。他的部门经理们都知道他的这种作风,于是向他汇报工作的时候,都注意干净利落地说明问题,任何含糊和拖泥带水的言行工作都会遭到他严厉的批评。

摩根很少和人客套寒暄,除非是某个十分重要人物来了,他才会客套几句,但是他有个原则——与任何人的聊天时间不超过5分钟,即使是总统来了,他也一样对待。这样做的目的是充分提高时间的使用效率。虽然这种珍惜时间的作风让他周围的人感到不愉快,可是对摩根这样的大忙人来说,有时间赚钱比什么都重要。

就这样,摩根成为美国历史上无可复制的传奇,曾有人把它称作"华尔街之子"。至今,摩根财团仍然是华尔街的金融巨子。

时间远不止是商品和金钱,时间是生活,是生命。所以,犹太商人很乐意花钱在能提高效率的任何事情上,买到了效率,就等于买到了时间。钱可以再赚,商品可以再造,可是时间是不能倒流的。因此,时间远比商品和金钱宝贵。

智者寄语

今天就是最后一天,永远不要等待明天,因为没有人知道明天会是什么样子。时间就是金钱,一分钟都不可以放弃。抓住了时间,就等于找到了商机,就等于成功了一半。

我生待明日,万事成蹉跎

有一些人做事拖拖拉拉,总是把事情往后推,结果往往是每天都生活在遗憾里。对于这些人而言,因为总以为自己还有明天,所以不重视今天,最终,他们的整个生活都会陷入深深的遗憾和后悔中。因此,珍惜今天的一分一秒,任何事都不要推到明天。时间是不等人的,否则,"明日复明日,明日何其多,我生待明日,万事成蹉跎"。

只有那些懂得如何利用今天的人，才会在今天创造成功事业的奠基石，孕育明天的希望。只有抓住现在，我们才能有辉煌和灿烂的未来。

就在今天，我要开始做这件事！

就在今天，我要完成这件事！

就在今天，我要克服自己的某个缺点！

就在今天，我要让自己身心健康！

就在今天，我要让人喜欢！

就在今天，我要给别人带来快乐！

就在今天，我要成功！

我只有今天。

在一个重视实践管理的人眼里，“今天”的时间是最宝贵、最重要的。塞万提斯说：“取道于‘等一会儿’之街，人将走入‘永不’之室！”

每天有每天的事，今天的事是新鲜的，与昨日的不同，而明天自有明天的事，所以今天的事应该在今天做完，千万不要推到明天！那些总喜欢把应该立即完成的工作拖延到第二天，甚至是第三天来完成的员工是不称职的，也不会成为老板予以信任和重用的员工。

在海尔集团，有一个坚持了十多年的工作准则，那就是每一位员工每天都要根据“当天的工作当天完成，今天的工作一定要比昨天有所提高”的思想，不断地找出工作中的不足与失误，总结经验教训，以便日后更好地工作，这就是“日清工作法”。

“日清工作法”是海尔集团奉行的最重要的员工行为准则，是海尔集团传授给每一位新员工的第一个理念。海尔的管理理念是，每一位员工都应竭尽全力去完成自己每天的工作目标，落实自己的责任，而不是为没有完成工作去寻找借口，或者是得过且过。

沃尔玛有一个“日落原则”，规定今天的工作必须在今天日落之前完成，对于顾客的服务要求要在当天予以满足，做到日清日结，绝不延迟。“日落原则”起源于公司创始人沃尔顿的名言：“如果你今天能够完成这项工作，为什么要把它拖到明天呢？”这基本上是现代版的“今日事今日毕”。这条原则执行起来很简单，那就是沃尔玛百货的员工无论接到什么要求，都必须在当天日落之前回复。

一个星期天上午，沃尔玛百货公司一名药剂师在家里接到商店人员打来的电话，表示有一名患糖尿病的顾客，不小心将治疗糖尿病的胰岛素掉进垃圾粉碎机里。药剂师知道没有胰岛素，患者的情况会非常危险，因此他赶到商店，紧急为患者拿药。这就是遵守“日落原则”的实例。顾客会根据工作人员是否关心顾客以及他们的反应速度，为商店打分。因此，“日落原则”是表现卓越的顾客服务的一个方法。

当天的工作最好在当天完成，否则，工作越积越多，就更容易出现差错，耽误整个工作进程。如果把今天的事留待明天，在拖延中所耗去的时间、精力，实际上已足够将那件事做好。办事拖拉的结果往往是后悔，因为没有一个人希望看到本可以在充足时间下做好的工作，因为自己的懒惰和拖延而变得糟糕。但事情往往就是这样，循环往复。你会越来越焦虑，越来越暴躁，更可怕的是这些情绪还会有可能融入你的日常生活中。

智者寄语

时间一去不复返，对一个人来说，重要的是要抓住今天，珍惜今天，做到当日事当日毕。

青春易逝，拼搏要趁现在

时光悠悠，童年的稚气已在花开花落的四季轮回里渐渐褪去，理想的双翅还未来得及完全展开，转眼我们就到了青春的花期。“花无百日红”，随着年龄的增长，记忆力会出现衰退，容颜也渐渐憔悴，青春易逝，人生的拼搏就趁现在了。

安妮是大学里艺术团的歌剧演员。在一次校际演讲比赛中，她向人们展示了一个最为难的梦想：大学毕业后，先去欧洲旅游一年，然后要在纽约百老汇中成为一名优秀的主角。

当天下午，安妮的心理学老师找到她，尖锐地问：“你今天去百老汇跟毕业后去有什么差别？”

安妮仔细一想：“是呀，大学生活并不能帮我争取到去百老汇工作的机会。”

于是，安妮决定下学期就去百老汇闯荡。

老师紧追不舍地问：“你下学期去跟今天去，有什么不一样？”

安妮激动不已，她情不自禁地说：“好，给我一个星期的时间准备一下，我就出发。”

老师步步紧逼：“所有的生活用品在百老汇都能买到，你一个星期以后去和今天去有什么差别？”

安妮终于双眼盈泪地说：“好，我明天就去。”老师赞许地点点头。

第二天，安妮就飞赴全世界最巅峰的艺术殿堂——美国百老汇。当时，百老汇的制片人正在酝酿一部经典剧目，几百名各国艺术家前去应征主角。按当时的应聘步骤，是先挑出十个候选人，然后，让他们每人按剧本的要求演绎一段主角的对白。这意味着要经过百里挑一的两轮艰苦角逐才能胜出。安妮到了纽约后，费尽周折从一个化妆师手里要到了即将排练的剧本。这以后的两天中，安妮闭门苦读，悄悄演练。

正式面试那天，安妮是第48个出场的，当制片人要她说说自己的表演经历时，安妮欣然一笑，接着制片人听到传进自己鼓膜里的声音竟然是将要排演的剧目对白，而且，面前的这个姑娘感情如此真挚，表演如此惟妙惟肖，他惊呆了！他马上通知工作人员结束面试，主角非安妮莫属。就这样，安妮来到纽约的第一天就顺利地进入了百老汇，穿上了她人生中的第一双红舞鞋。

时间本身是个定数，一个小时就是一个小时，一天就是一天，对于每个人都一样。但是我们在不同的心境下，感觉会有千差万别。快乐的时候时间总是飞逝而过，痛苦的时候就感觉度日如年，其实，之所以会产生这么大的区别，主要是因为个人心理期盼不同。

最宝贵的是时间，最被轻视的也是时间。很多人都崇尚悠闲，安于散漫，三三两两聚在一起能聊个天昏地暗，有什么不顺心的事能郁闷好几天，刚准备看看书，一个电话打来，就兴高采烈地随老友逛街吃烤串去了。他们总以为自己有用不完的时间，于是毫不吝惜地挥霍着光阴——这是一件多么可悲、可惜的事啊。

你可能没有倾国倾城的姿色、出色的才能、高贵的出身，但是请你相信，上天给了你公平的时间。所以，别看比尔·盖茨富可敌国，别看妮可·基德曼艳光四射，他们都拥有和你一样的时间。荣华可以无限，时间却是有限；生命虽然有限，精彩可以无限。积极地投身生活吧，你没有下一个轮回，而只有现世。

智者寄语

别在生命的尽头才遗憾自己的生命并未充分燃烧，人生能有几回搏？让我们尽情地释放自己，做一朵迎风起舞的玫瑰吧！

拖延就等于失去机遇

拖延是自己欺骗自己；拖延是对生命的不负责任；拖延是拒绝成功；拖延是做事的大敌。

在一生中，我们总有种种的憧憬，种种的理想，种种的计划。假使我们能够将一切的憧憬都抓住，将一切的理想都实现，将一切的计划都执行，那我们在事业上的成就，真不知要怎样的宏大，我们的生命，真不知要怎样的伟大。然而我们往往是有憧憬不能抓住，有理想不能实现，有计划不去执行，终于坐视种种憧憬、理想、计划的幻灭和消逝。

在兴趣浓厚、热情高涨的时候做一件事，与在兴趣、热情消失了以后做一件事，它的难易、苦乐，真不知相差多少！在兴趣、热情浓厚时，做事是一种喜悦，兴趣、热情消失时，做事是一种痛苦。

搁着今天的事不做，而想留给明天做，就在这个拖延中所耗去的时间、精力，实际上足够将那件事做好了。

拖延的习惯很妨碍人的行事。俗话说："命运无常，良缘难再。"在我们一生中，若错过良好机会，不及时抓住，以后就可能永远遇不上这样的机会了。

为什么我们要拖延到明天去做呢？

我们自己欺骗自己，要自己相信以后还有更多的时间。

我们拖延工作是因为它们似乎是令人不愉快的、困难的或冗长的。不幸的是我们越拖延，就越令人不快。

人总是贪图享受，就会养成懒惰的习性，因为享受不需要奋斗拼搏，没有谁生下来就愿意吃苦。

懒惰会使自己的生命时间白白地浪费掉，一生无所作为。

闹钟响了，他会说："让我再睡一会儿。"

事情来了，他会说："等一会儿，明天再说。"

所以，要使人生能够成功，使你的生命时间有意义，你就必须战胜懒惰。

优柔寡断，犹豫不决，是我们很难克服的性格弱点，特别是对一些一时看不清前景的事物，抉择时就难免踌躇不定，坐失机会。

美国的杰夫先生开始做生意不久，就听说百事可乐的总裁卡尔·威勒欧普要到科罗拉多大学来演讲。他找到了为总裁先生安排行程的人，希望能找个时间和他会面。可是那个人告诉他，总裁先生的行程安排得很紧凑，顶多只能在演讲完后的15分钟内可以与他碰面。

于是在总裁先生演讲的那天，杰夫就到科罗拉多大学的礼堂外枯坐，守候这位百事可乐的总裁。总裁先生对学生演讲的声音不断从里面传来。不知过了多久，杰夫猛然惊觉，预定的时间已经到了，但是总裁先生的演讲还没结束，他已经多讲了5分钟，也就是说，杰夫和他会面的时间只剩下10分钟了。杰夫想，我必须当机立断，做个决定。

于是，杰夫拿出自己的名片，在背面写下几句话，提醒总裁先生后面还有个约会："您下午两点半和杰夫·荷伊有约。"然后做个深呼吸，推开礼堂的大门，直接从中间的走道向他走去。总裁先生原本还在演讲，见杰夫走近，就停下话来。杰夫把名片递给他，随即转身从原路走出来，杰夫还没走到门边，就听到总裁先生告诉台下的观众，说他迟到了，他谢谢大家来听他的演讲，祝大家好运，然后就走到外面杰夫坐的地方。此时，杰夫坐在那里，全身神经紧绷，连呼吸都好像停止了。总裁看了看名片，接着看看杰夫说："我猜猜看，你就是杰夫。"他们就在学校里找了个地方当办公室，关起门来畅谈了一番。

结果他们谈了整整30分钟。总裁先生不但花费宝贵的时间告诉杰夫许多精彩动人的故事，而且还邀杰夫到纽约去拜访他和他的工作伙伴。不过杰夫认为，总裁先生赐给他最珍贵的东西，就是鼓励他继续发挥先前那种勇气。总裁先生说商业界或者其他任何地方，所需要的就是勇气，你希望促成什么事的时候，就需要有勇气采取行动，否则终将一事无成。

如果杰夫犹豫不决，不敢采取行动，那么，他就可能失去与总裁会面的机会。相反，他及时采取了行动，就取得了成功。

古人说：一寸光阴一寸金，寸金难买寸光阴。失去寸金尚可买，失去光阴何处寻？时间对每个人都是一样的，尽管产生的价值不一样，但是，每一分钟都是非常珍贵的。知道了这个道理，你就要向你的时间要金钱。只要你抓住了时间，你就抓住了金钱。要抓住时间，你就要当机立断，不能迟疑，该做的事情现在就去做。

智者寄语

俗话说："命运无常，良缘难再。"在我们一生中，若错过良好机会，不及时抓住，以后就可能永远遇不上这样的机会了。

不要让明天成为拖延的借口

在新世纪的今天，商业环境的节奏，正在以令人炫目的速率快速运转着。大至企业，小至员工，要想立于不败之地，都必须奉行"把工作完成在昨天"的工作理念。成功存在于"把工作完成在昨天"的速率之中。

看下面这则寓言故事：

某段期间，因为下地狱的人锐减，阎罗王便紧急召集群鬼，商讨如何诱人下地狱。群鬼各抒己见。

牛头提议说："我告诉人类：'丢弃良心吧！根本就没有天堂！'"阎王考虑一会儿，摇摇头。

马面提议说："我告诉人类：'为所欲为吧！根本就没有地狱！'"阎王想了想，还是摇摇头。

过了一会儿，旁边一个小鬼说："我去对人类说：'还有明天！'"阎王终于点了头。

你可以丢弃良心，因为世上没有地狱，你可以为所欲为。但这都不足以把一个人引向死亡。

也许没有几个人会想到可以把一个人引向死亡的竟然是“还有明天”。

凡事都留待明天处理的态度就是拖延，这是一种很坏的工作习惯。每当要付出劳动时，或要做出抉择时，总会找出一些借口来安慰自己，总想让自己轻松些、舒服些。奇怪的是，这些经常喊累的拖延者，却可以在健身房、酒吧或购物中心流连数个小时而毫无倦意。但是，看看他们上班的模样！你是否常听他们说：“天啊，真希望明天不用上班。”带着这样的念头从健身房、酒吧、购物中心回来，只会感觉工作压力越来越大。

不要为拖延找借口，是法国圣西尔军校奉行的最重要的行为准则，是军校传授给每一位新生的第一个理念。它强化的是每一位学员想尽办法去迅速完成任何一项任务，而不是为拖延完成任务去寻找借口，哪怕看似合理的借口。其核心是敬业、责任、服从、诚实。这一理念是提升企业凝聚力，建设企业文化的最重要的准则。秉承这一理念，众多著名企业建立了自己杰出的团队。

拖延是行动的死敌，也是成功的死敌。拖延使我们所有的美好理想变成真正的幻想，拖延令我们丢失今天而永远生活在“明天”的等待之中，拖延的恶性循环使我们养成懒惰的习性、犹豫矛盾的心态，这样就成为一个永远只知抱怨叹息的落伍者、失败者、潦倒者。

成功学创始人拿破仑·希尔说：“生活如同一盘棋，你的对手是时间，假如你行动前犹豫不决，或拖延行动，你将因时间过长而痛失这盘棋，你的对手是不容你犹豫不决的。”比尔·盖茨说：“我发现，如果我要完成一件事情，我得立刻动手去做，空谈无济于事！”这句话放之四海而皆准。

智者寄语

人要学会的不是去设想还有明天，而是要将今天抓在手掌里，现在就要行动起来，这样做的时候，你就真正拥有了明天。

只有把握现实的今天，才能开创美好的明天

在现实生活中，你一定有过许多这样的日子：常常为昨天的失落而念念不忘、喋喋不休、耿耿于怀，又常常为明天的美丽而意气风发、热血沸腾、斗志昂扬。然而，或许你觉察不到，就在这埋怨与幻想当中，就在这追悔与兴奋当中，你失去了最宝贵也最容易失去的今天。

一位哲学家途经一个荒凉的地方，看到很久以前的一座城池的废墟。岁月已经让这个城池显得满目沧桑，仔细察看依然能辨出昔日辉煌时的风采。哲学家想在此休息，他随意在一个石雕上坐下来。

他点燃一支烟，望着被历史淘汰下来的城垣，想象着曾经发生过的故事，不由得感叹了一声。

忽然，有人说：“先生，你感叹什么呀？”

他四下里望了望，却没有人。这时，那个声音又响起来。他端详那个石雕，原来那是一尊“双面神”神像。

他没有见过双面神，所以就奇怪地问：“你为什么会有两副面孔呢？”

双面神回答说：“有了两副面孔，我才能一面察看过去，牢牢地记住曾经的教训。另一面瞻望未来，去憧憬无限美好的蓝图啊！”

哲学家说："过去的只能是现在的逝去，再也无法留住，而未来又是现在的延续，是你现在无法得到的。如果你不把现在放在眼里，即使你能对过去了如指掌，对未来洞察先知，那又有什么实际的意义呢？"

双面神听了哲学家的话，不由得痛哭起来，他说："先生啊，听了你的话，我才明白我今天落得如此下场的根源。"

哲学家问："为什么？"

双面神说："很久以前，我驻守这座城时，自诩能够一面察看过去，一面瞻望未来，却唯独没有好好地把握住现在，结果这座城池被敌人攻陷了，美丽的辉煌成为了过眼云烟，我也被人们抛弃在废墟中了。"

昨天是失去的今天，明天是未来的今天，只有今天才是我们真实地拥有着的。中外无数成功人士的事例证明，只有把握好今天，才能走出昨天，开创明天。

在美国华尔街的股票市场交易所，依文斯工业公司是一家保持长久生命力的公司。该公司的创始人爱德华·依文斯却曾经因为绝望而差点儿自杀。爱德华·依文斯生长在一个贫苦的家庭里，起先靠卖报纸赚钱，然后在一家杂货店当店员。8 年之后，他鼓起勇气开始自己的事业。然而厄运降临了，他替一个朋友担保了一张面额很大的支票，而那个朋友破产了。祸不单行，不久，那家存着他全部财产的大银行垮了，他不仅损失了所有的钱，还负债 16 万美元。他经受不住这样的打击，开始生起奇怪的病来。有一天，他走在路上的时候昏倒在路边，以后就再也不能走路了，最后医生告诉他，他只有两个礼拜好活了。想着只有几天好活了，他突然感觉生命是那么的宝贵。于是，他放松了下来，好好地把握着自己的每一天。

奇迹出现了。两个礼拜后依文斯并没有死，六个礼拜以后，他又能回去工作了。经过这场生与死的考验，他明白了患得患失是无济于事的，对一个人来说，最重要的就是要把握住现在。他以前一天曾赚过两万美元，可是现在能找到一个礼拜 30 美元的工作就已经很高兴了。正是因为有这种心态，爱德华·依文斯进步非常快。不到几年，他已是依文斯工业公司的董事长了。正是因为学会了只生活在今天的道理，爱德华·依文斯取得了人生的胜利。

昨天属于死神，明天属于上帝，唯有今天属于我们。把握好今天，我们才拥有一个真实的自己。充分地占有和利用好每一个今天，我们就能挣脱昨天的痛苦，踏平一路的坎坷，耕耘今天的希望，收获明天的喜悦。

智者寄语

过去是现在的逝去，再也无法留住；未来是现在的延续，是现在无法得到的。如果你不把现在放在眼里，即使你能对过去了如指掌，对未来洞察先知，那又有什么实际意义呢？

第二章　满足现状,知足常乐

做金钱的主人,才能对人生知足

为什么我们总是不知足,尤其是对于财富,总有那么多的占有欲?这是因为,很多人心里都有这样一种想法:"有了一百元,我要让它变成一千元;有了一千元,我要让它变成一万、一百万、一亿……"

看看,我们的目标是多么远大,远大到——我们忘了赚钱的本质。有了财富,我们要干的事情是什么?当然是改善生活,满足物质需求。然而,现在越来越多的人忘了这一点,总是想着拥有尽可能多的钱,从而造成了内心的失衡。

其实,真正快乐的人,真正懂得人生的人,他们也是金钱的主人。金钱本身并不重要,因为它只是以货币的身份起到流通的作用。然而生活中的很多人没有认识到金钱的本质,把自己的梦想仅仅定位于"赚钱",从而让自己成为金钱的奴隶。

邓肯和约翰逊是好朋友,两个人一起上了同一所大学,毕业后又在同一家公司工作。后来,他们又一起创业,分别成为某钢铁公司的一二把手。

一开始,邓肯和约翰逊的公司效益并不好,一度到了倒闭的边缘。然而,这两个人始终抱着赚大钱的心态,没有丝毫放弃,最终在钢铁市场站稳了脚跟。后来,他们的事业越做越大,一时名声大噪,个人资产同时过亿。

就在这个时候,邓肯说:"约翰逊,我准备退休了。"

约翰逊很吃惊:"退休?你才45岁啊!"

邓肯说:"正是因为45岁了我才要退休。你想想,人一辈子也就七八十年,现在已经过了一半了!我要去享受生活,去过轻松的日子。放心。我已经找到了合适的接班人,不会影响公司发展的。我也想劝你退休,咱们一起去环球旅行吧!"

"可是,你忘了咱们的梦想吗?咱们说要赚十个亿!"

"老伙计,难道现在的一个亿还不够吗?我想明白了,赚钱的目的就是提高生活质量,既然我能够实现,那么何苦还要为赚钱而操劳自己?"

架不住邓肯的执拗,约翰逊同意了他的退休,和新人继续在商海打拼。在他看来,人活着就是赚钱,邓肯急流勇退的行为是错的。

又过了20年,一天,邓肯突然接到了医院的电话,告知约翰逊病危。邓肯急忙赶到医院,看着仿佛比自己老了10岁的约翰逊。约翰逊拉着他的手,老泪纵横道:"邓肯,我真后悔当年没有和你一起退休。我的一辈子被钱迷惑了双眼,几乎没有任何属于自己的时间,总是在公司奔波,毁了自己的一切。现在我有了二十个亿,可是它们却救不了我的命……"

谁活得幸福,谁活得快乐,相信这个答案大家已经心里有数。善于运用金钱的人,总会把金钱当作一种工具,这种人不只是金钱的主人,也是具有智慧的人,懂得什么时候应该知足,什么时候应该放手。

面对金钱,我们必须有足够清醒的认识,要明白金钱本身并不具有力量,只有你正确地开发它、运用它,才能凸显它的价值。做金钱的主人,能使金钱成为有力的助手,为生活增添亮丽的风景,为内心还原一份真实的快乐,让你对一切都怀有一种满足之情。而那些不能善用金钱的人,则会让金钱成为他的主人,最后被金钱搞得焦头烂额、身心俱疲,在追逐财富的路上忘了自我,最终被贪婪所吞噬。

某些人眼中,金钱代表成功与幸福,从而成了金钱的奴隶。这种认识是万万要不得的,它只能让你永远不知足,让你在金钱中迷失了自己。

智者寄语

金钱本身并不重要,因为它只是以货币的身份起到流通的作用。然而生活中的很多人没有认识到金钱的本质,把自己的梦想仅仅定位于"赚钱",从而让自己成为金钱的奴隶。

欲望不切实际,就等于给自己添麻烦

古语有云:"知足常足,终身不辱;知止常止,终身不齿。"这句话就是告诉我们,想要得到内心的快乐,想要有一个健康的心态,那么就要懂得知足常乐。

林语堂说过这样一句话:"知足常乐的秘诀,就是懂得如何享用你所拥有的,并割舍不实际的欲念。"可是,现在很多人却是拥有了却不知珍惜,反而想要更多。人生苦短,有人在这有限的生命空间里,只知一味地索取,他们拥有了明媚的阳光,还想把璀璨的星光据为己有。然而,越是想要占有,越是失去更多。当满足不了那份私欲时,心态自然就会出现扭曲,使快乐离自己越来越远。

相传张果老自成仙以后,每日都在民间寻访度化。一天,他走到一个村口,看见一对年老的夫妇在摆摊卖水。看着这两位老人脸上的沧桑,张果老走上前去,借买水的时机跟老夫妻搭话。

张果老问道:"老人家,你们的日子过得怎么样?"

老夫妻摇了摇头,异口同声地说很差,而且非常贫困。

看到他们的样子,张果老有些心软了,又问有什么愿望。

老夫妻都说要是能开个酒店卖酒过日子就好了。

听完两个老人的诉说,张果老笑了笑,说:"在你们村旁的山顶上有一块形状非常像猴儿的石头,石头旁边有三个泉眼。现在三个泉眼都被灰尘堵上了,你们明天去山上把灰尘都清理出来,泉眼就会自动流出有酒味的水来。"说完,他又给老夫妻一个葫芦,告诉他们把这个葫芦装满就可以了。

听到张果老如此说,两个人非常高兴。第二天天还没亮,老夫妻就爬上山去,找到了张果老说的那块石头,打扫净了泉眼,果然看见有水流出来。舀一点尝尝,果然是酒味。老夫妻两个大喜,装了一葫芦酒回去卖了,恰好能卖一天。从这以后,他们两个就这样天天上山装酒回来卖,日子过得渐渐好起来。

不知不觉一年过去了,张果老又来到这个地方,看着这两位老夫妻,张果老问:"你们现在的日子怎么样,是不是好多了?"

老夫妻说:“嗯,自从听了你的话找到酒后,日子还颇为顺利。就是没有酒糟,不能喂猪,不然就更好了。”

张果老听后,摇头叹息,念出一绝:“天高不算高,人心比天高。清水当酒卖,还嫌没有糟。”然后飘然去了。从此以后,山上的泉眼就枯涸了,再也没有水酒涌出来了。而那两个老夫妻再次变得穷困,这时才明白贪念毁掉了自己的一生。

尽管这只是个传说,可是现实中,如老夫妻这样的人不在少数。一个自知满足的人,即使吃的是粗茶淡饭,却比山珍海味还要香甜,即使穿着布棉袍,也比狐袄貂裘还温暖。这样的人,又怎会天天愁眉苦脸,唉声叹气?人的欲望是永无止境的,如果他的愿望不切实际,那么无论怎样追求,也终究无法实现。当我们对某一事情抱着深切的愿望,在几经努力却最终无法实现时,便开始抱怨命运的不公平,便开始哀叹自己的不幸,却不愿意静下心来,花一点儿时间来想想,也许自己所谓的不幸,并不是上天所赐,而是自己的欲望太过不切实际,是自己给自己增添的烦恼。而生活中那些常常能感受到幸福的人,则恰恰是一些拥有合理的欲望,懂得知足常乐的人。

我们要明白,生活中处处都有遗憾,这才是真实的人生。因而,人不能沉溺于那种“十全十美”的追求之中,这样只会留给自己更多的遗憾。

智者寄语

一个贪得无厌的人,给他金银,还怨恨得不到珠宝;富至公爵,还怨恨没有封为诸侯。这样的人,即使获得的再多,心里也不会感到满足,永远都将活在痛苦之中。

将不计得失的快乐融进生命

每个人活在这个世界上,都有自己不同的位置,每个位置都有不同的生活,每种生活都有不同的快乐。就像下面这则寓言故事中的龙王和青蛙一样,它们都有自己独特的满足与快乐。假如你可以不计得失地快乐生活,就不会被自己的角色所制约。

有一天,龙王与青蛙在河边相遇。打过招呼后,青蛙问龙王:“大王,你的住处是什么样的?”

“珍珠砌筑的宫殿,贝壳筑成的阙楼,屋檐华丽而又气派,厅柱坚实而又漂亮。”龙王反问了一句,“你呢?你的住处如何?”

青蛙说:“我的住处绿藓似毡,娇草如茵,清泉潺潺。”

接着,青蛙又向龙王提了一个问题:“大王,你高兴时如何?发怒时又怎样?”

龙王说:“我若高兴,就普降甘露,让大地滋润,使五谷丰登;若发怒,则先吹风暴,再发霹雳,继而打闪放电,叫千里以内寸草不留。那么,你呢,青蛙?”

青蛙说:“我高兴时,就面对清风朗月,呱呱叫上一通;发怒时,先瞪眼睛,再鼓肚皮,最后气消肚瘪,万事了结。”

人们活在世上与社会有着千丝万缕的联系,也扮演一定的社会角色,要么是“龙王”,要么是“青蛙”。龙王有龙王的活法,青蛙有青蛙的活法,不用一味地去羡慕别人。青蛙和龙王都各有各的快乐,也各有各的痛楚。只要生活得简单、有乐趣,自己觉得满足,就是美好的生活。

在社会中，人们被很多名誉、利益和角色束缚，结果，可以做龙王的只能做青蛙，只能做青蛙的偏偏成了龙王。但是这一切，没有人可以帮助我们，除非自己解救自己。当人们释放了自己的愤懑、不满，放下计较、得失与纠缠时，就会发现：做龙王和做青蛙其实没什么大的区别，只要一切都顺其自然，安心做好自己，就都能找到属于自己的那份快乐了。这时，我们看世界的眼光不再挑剔，我们面对世界的态度不再矫情，生命就随着自自然然的状态开放、凋谢，然后等待下一个春天。

人们来到这个世界后，一开始无忧无虑，因为需求的东西少，负担少，所以得到的快乐也就多。随着自己想要的东西不断地增加，要求不断地提高，各种各样的负担和烦恼也由此而生。除了苦苦追寻要得到的一切之外，人们再也没有时间去想自己是不是过得快乐。到了最后，终于明白一切不再重要，快乐才是根本时，生命却已临近终点。

文化学者于丹说，人生一大乐事就是任情挥洒，无往不至。生命的长短想来总是有界限的，唯一没有界限的便是在这短暂的人生里，人们可以融进无穷的快乐。

智者寄语

人在成长中要经历各种考验和煎熬，心也慢慢变冷。可假如经历过尘世风雨的洗礼后，依然能够用阳光一样的心态来地面对世界，你才能得到长久的快乐。

知足就在付出的背后

有这样一个故事：

一个男子坐在一堆金子上，伸出双手，向每一个过路人乞讨。

上帝走了过来，男子向他伸出双手。

“孩子，你已经拥有了那么多的金子，还要乞求什么呢？”上帝问。

“唉！虽然我拥有如此多的金子，但是我仍然不满足，我乞求更多的金子，我还乞求爱情、荣誉、成功。”男子说。

上帝从口袋里掏出他需要的爱情、荣誉和成功，送给了他。

一个月之后，上帝从这里经过，那男子仍然坐在一堆黄金上，向路人伸着双手。

“孩子，你所求的都已经有了，难道你还不满足吗？”

“唉！虽然我得到了那么多东西，但是我还是不满足，我还需要快乐和刺激。”男子说。

上帝把快乐和刺激也给了他。

一个月后，上帝又从这里路过，见那个男人仍然坐在那堆金子上，向路人伸着双手——尽管有爱情、荣誉、成功、快乐和刺激陪伴着他。

“孩子，你已经拥有了你所希望拥有的，难道你还乞求什么吗？”

“唉！尽管我已拥有了比别人多得多的东西，但是我仍然不能感到满足，老人家，请你把满足赐给我吧！”男子说。

上帝笑道：“你需要满足吗？孩子，那么，请你从现在开始学着付出吧。”

上帝一个月后又从此地经过，只见这男子站在路边，他身边的金子已经所剩不多了，他正把它们施舍给路人。

他把金子给了衣食无着的穷人，把爱情给了需要爱的人，把荣誉和成功给了惨败者，把快乐给了忧愁的人,把刺激送给了麻木不仁的人。现在,他一无所有了。

看着人们接过他施舍的东西,满含感激而去,男子笑了。

"孩子,现在,你感到满足了吗?"上帝问。

"满足了!满足了!"男子笑着说,"原来,满足藏在付出的怀抱里啊。当我一味乞求时,得到了这个,又想得到那个,永远不知什么叫满足。当我付出时,我为我自己人格的完美而自豪、而满足,为我对人类有所奉献而自豪、而满足,为人们向我投来的感激的目光而自豪、而满足。"

即使你拥有金钱、爱情、荣誉、成功和快乐,也许你还不会有满足。因为满足是人生无求的最高境界,只有给予和付出,你才能达到这一境界。

智者寄语

我们是要提倡知足常乐,只是真正的知足与快乐并非只是单纯的安于贫困、满足现状就能够获得,最大的满足藏在付出和给予的背后。

学学孩子的快乐

孩子是最天真无邪的,他们会因一个微不足道的脸色而痛哭流涕,也会因一句漫不经心的夸奖而兴奋万分,最难能可贵的是他们那种很容易满足的品性,这使得他们总能在人们的举手投足中寻找到快乐。

一次去朋友家做客,出来开门的是朋友三岁半的宝贝儿子亮亮,他一见面就问我:"叔叔,你知道毛毛发生什么事了吗?"(毛毛是他们家前不久抱养的一只小狗)

"怎么啦?是不是毛毛病了,还是死了?"

"不是的——难道您不知道,我的小毛毛长大了呀!"说完他一蹦一跳地拉着进屋,让我看他的毛毛。

听到这个故事,你有什么感想?是啊,为什么我们成年人遇事总是会往灰暗的方面想呢?

老李的儿子从学校回来,他兴奋地告诉老李:"爸爸,我被评为好学生啦!看,还有一朵小红花呢!"

"好儿子,真争气!"老李高兴地拍了拍儿子的脑袋,夸奖着孩子。然后又习惯性地问道,"儿子,你们班上评上好学生的人不多吧?"

"大家都评上了好学生!"孩子得意地答道。老李听了儿子的回答,满脸的笑容立马不见了。

老李的儿子参加了学校的田径赛跑,在200米比赛中,儿子得了第二名。回到家后,孩子一边拿出奖状向父亲邀功,一边上气不接下气地向父亲描绘着那场"激动人心"的比赛。老李看了看一脸兴奋的儿子,惊讶地问:"儿子,每次赛跑,你不都是第一名的吗?这次跑了第二你怎么会如此高兴?"

"老爸,您不知道,那个跑第一的让我追得有多惨,跑完比赛都快趴下啦!"

孩子固然懂得的事不如我们大人多,但是他们却知道怎样想才是最快乐的,难道这一点还不值得我们学习吗?

再做一次孩子吧，尽管可笑，但它却能让我们的那颗在凡世尘埃中业已污浊暗淡的心灵找到一些新鲜的感动。

我们之所以如此疲惫地行走在社会上，很大程度上是由于有一颗不易满足的心。当我们买了一辆自行车的时候，会想："要是能买上一辆摩托车该有多好啊！"一旦我们买回了摩托车，就会想到去买汽车……

智者寄语

小孩子也有欲望，但是他们的欲望却远非物质的，而更多的是心灵上的。

知足的人心里不会贫穷

知足的人，不会由身外金钱的多寡来判断自己是否幸福，内心的充实和满足是他们最大的精神财富。

快过年了，社会工作者老王所在的城市划出了最低生活标准线，不上这线的便是贫困户，将在年前获得一些帮助。

老王与同事们背着大米与食用油等挨户走访这些人家。他们看到露出棉絮的被褥，他们看到补了还漏的搪瓷脸盆，那些黑糊糊、灰蒙蒙的贫困状况超乎他们的想象。可是当他们循着地址推开又一户时，一时他以为，他们一定是走错了人家。

这家窗明几净，有冰箱有洗衣机，有漂亮的窗帘和门帘，有摆得很整齐的书籍……然而，他们没走错。

这家的男人几年前病逝，欠下了很多钱。两个孩子，有一个还是残疾。女人一份薪水养三口人，还要还债，经济状况可想而知。

但女主人的笑容就像她的屋子一样明朗，她说，冰箱、洗衣机都是邻居淘汰下来送给他们的，用用也蛮好的；孩子懂事，平时做完功课帮她干零活，假期里就到风景区去捡废纸可乐罐，既环保又攒了学费……

这时老王发现，漂亮的门帘是用挂历纸做的，那些书全是孩子每学期用过的教材，灶间的调味品只有油和盐两种，但油瓶和盐罐擦得发亮。最让老王惊奇且起敬的是进门时女主人递给他的拖鞋，那鞋底竟是磨秃了的旧解放鞋的底，齐齐地沿圈剪下，再用旧毛线织出带图案的鞋帮，穿着好看而又暖和。

这一家确实贫困，但这一家也并不贫困，相信他们不会贫困太久的，这是因为，他们即使贫困如此，也不潦倒。他们一家拥有极珍贵的精神珍宝——满足与乐观，这注定了他们是快乐的幸福之家。

一切外部的环境都会随着时间流转而变化，金钱财富也会在人的努力下拥有，但知足心却是一份无价之宝，知足不能换来富有，却能带来快乐。

智者寄语

有很多人有这样的毛病，吃着碗里的看着锅里的，却不知道先把碗里的吃完，可能就已经足够了。

知足方能尝到快乐

人之所以有烦恼，就在于不知足，整天在欲望的驱使下，忙忙碌碌地为所谓的“幸福”追逐、焦灼、钩心斗角，结果却并非所想。其实，人生在世，贵在懂得知足常乐，要有一颗豁达开朗的心，在缤纷多变、物欲横流的生活中，拒绝各种诱惑，心境变得恬适，生活自然就愉悦了。

有一个《察微王经》的故事，可以充分说明这一点。

从前，菩萨是一个大国的国王，名叫察微。有一次，察微王穿着粗布衣服，去巡视民情。他看到一个老头正在愁眉苦脸地补鞋，就问他说：“天下的人，你认为谁是最快乐的？”

老头不假思索地回答：“当然是国王最快乐了，难道还是我不成？”

察微王问：“他怎么快乐呢？”

老头回答道：“百官尊奉，万民贡献，想要什么就有什么，这当然很快乐了。哪像我整天要为别人补鞋子，这么辛苦。”

察微王说：“那倒如你讲的。”于是，他便请老头喝葡萄酒，老头醉得毫无知觉。

察微王让人把他抬进宫中，对宫中的人说：“这个补鞋的老头说做国王最快乐。我今天和他开个玩笑，让他穿上国王的衣服，料理政事，你们配合一点。”

宫中的人说：“好！”

老头儿酒醒过来，伺候的宫女假意上前说道：“大王醉酒，各种事情积压下许多，应该去处理政事了。”众人把老头带到百官面前，宰相催促他处理政事，他懵懵懂懂，东西不分。史官记下他的过失，大臣又提出意见。他整日坐着，身体酸痛，连吃饭都觉得没味道。

宫女假意地问道：“大王为什么不高兴呀？”

老头回答道：“我梦见我是一个补鞋的老头，辛辛苦苦，想找碗饭吃，也很艰难，因此心中发愁。”众人莫不暗暗窃笑。

夜里，老头翻来覆去睡不着觉，说道：“我究竟是一个补鞋的老头呢，还是一个真正的国王？要真是国王，皮肤怎么这么粗？要是个补鞋的老头，又怎么会在王宫里？是我的心在乱想，还是眼睛看错了？一身两处，不知哪处是真的？”

王后假意说道：“大王的心情不愉快。”便吩咐招来乐工舞女为老头奏乐跳舞，还让老头喝葡萄酒。

老头又醉得不知人事。大家给他穿上原来的衣服，把他送回原来的破床上。老头酒醒过来，看见自己的破屋子，还有身上的破旧衣服都和原来一样，但全身关节疼痛，好像挨了打似的。

几天之后，察微王又去看老头。

老头说：“上次喝了你的酒，就醉得不省人事，到现在才醒过来。我梦见我做了国王，和大臣们一起商议政事。史官记下了我的过失，大臣们又批评我，我心里真是惊惶忧虑，全身关节疼痛，比挨了打还痛苦。做梦都如此，不知道真正做了国王会怎么样！看来，我上次说的那些话错了。”

因而菩萨说：“莫羡王孙乐，王孙苦难言；安贫以守道，知足即是福。”

故事中补鞋的老头羡慕国王的生活，以为锦衣玉食、万民朝拜就是一种快乐，岂不知国王有国王的苦恼，补鞋却有补鞋的乐趣。上天虽让人各不相同，却也各自有他的烦恼。因此，人不论在山野还是城市，若能自知自足，消除了欲念，就能够放下烦恼，品尝快乐。

智者寄语

知足常乐正是当代人和当代社会的根本需要，是无穷的欲望和有限的资源之间达到平衡的根本。知足是一种智慧，常乐是一种境界。如果我们能知足，所过的生活就会富乐安稳，所住之处也是最和睦、吉祥的地方。

知足才会感到幸福

每个人对幸福的理解和需求都是不同的，善良的人以提供帮助为幸福，农夫以拥有耕种能力为幸福，穷人以获取金钱为幸福，但什么都有却不幸福的人，只有知足才会让他感到幸福。

有一个人，他生前善良且乐于助人，所以死后上天堂做了天使。他当了天使后，仍时常到凡间帮助他人，希望借此感受到幸福的滋味。

一日，他遇见一个农夫。农夫脸上一副非常苦恼的样子，农夫向天使诉说："我家的水牛刚死了，没它帮忙犁田，我可怎么下田耕种呢？"

于是，天使就赐给他一头健壮的水牛，农夫很高兴，天使在他身上感受到了幸福的味道。

又一日，他遇见一个男人。男人非常沮丧，向天使诉说："我的钱被骗光了，没有盘缠回家。"

天使给了他几枚金币，男人很高兴，天使又在他身上感受到了幸福的味道。

又一日，他遇见一个诗人。诗人年轻、英俊，有才华并且很富有，他的妻子貌美又温柔，但他过得却并不快乐。

天使问他："你不快乐吗？我能帮你吗？"

诗人对天使说："我什么都有，只欠一样东西，你能够给我吗？"

天使回答说："可以。你要什么我都可以给你。"

诗人直直地望着天使："我要的是幸福。"

这下子把天使难住了，天使想了想，说："我明白了。"

天使拿走诗人的才华，毁去他的容貌，夺去他的财产和他妻子的性命。天使做完这些事后便离去了。一个月后，天使回到诗人的身边，他已饿得半死，衣衫褴褛地躺在地上挣扎。于是，天使把他原有的一切就又还给了他，然后，就离去了。

半个月后，天使再去看诗人。这一次，诗人搂着妻子，不住地向天使道谢，因为他终于感受到了幸福。

而此刻阅读的你是否感到了幸福？

智者寄语

知足是一种处事态度，常乐是一种幽幽释然的情怀。这种在平凡中渲染的人生底色所孕育的宁静与温馨，对于风雨兼程的我们来说是一个避风的港口。知足常乐，知前乐后，人生自然多一份从容，多一点幸福。

知足常乐,简单即幸福

古人云:“养心莫善于寡欲。”我们如果能够把握住自己的心,驾驭好自己的欲望,不贪心、不觊觎,做到寡欲无求,役物而不为物役,生活上自然能够知足常乐了。

其实简单即是幸福的。

有一个小故事,说的是有三个人,走在最前面的是挑担子的,走在最后面的是推车的,走在中间的是骑驴的。推车的特别羡慕骑驴的,他在想:我什么时候也像他那样能骑上驴呢?可是我们想一想,如果他是那个挑担子的,他就会想:我如果有一辆车,该多好啊!所以说人心是永远都不会满足的,就算他骑上了驴,他也不会满足。

殊不知,当我们感叹命运对我们不公的时候,有多少人还不如我们。

有人说,在当今社会中,有两种人最快乐,一是小孩,二是傻瓜。小孩天性纯真,傻瓜糊里糊涂,二者都不懂得人世间的世态炎凉、人心险恶,所以他们很容易快乐,很容易满足。既然如此,聪明人为什么就不能糊涂一些,或保留一份童真或难得糊涂,多保留些快乐呢?其实知足常乐只是一种心态。

几年前,马思尼自己创业当老板,年收入超过50万美元。不料,就在公司的业绩如日中天的时候,他突然决定把公司交给太太经营,自己则转到一家大企业上班,月薪骤减为6000美元。周围的人都无法理解他:“你到底在想什么?”

马思尼透露,当时他的想法很简单:对方应允他可以拥有一间单独的办公室,旁边摆着一台音响,每天愉快地听着音乐工作,而这正是他一直最想过的日子。

马思尼并不想做大人物,所以,他也从不认为男人就一定要当老板,有些事其实可以让给女人做。不过,他观察到大多数的男人好像都非得做个什么老板,觉得有个头衔才有面子。

以前,他也有过同样的想法,到后来则发现这其实是“自己给自己的枷锁”。于是,他渐渐学会“欣赏”别人的成就,而不是处处跟别人比。“我跟别人比快乐!”他说:“也许别人比我有钱,做的官比我大,但是,却比我活得辛苦,甚至还要赔上自己的健康和家庭。”

马思尼说,他这辈子最想做的是当一名“义工”,虽然没有名片也没有头衔,但却是一个非常快乐的人,“我希望能在50岁之前,完成这个心愿”。

平淡的日子不会永远平淡,只要怀有淡泊的心境和一生一世永不放弃的追求,给自己一个宁静的心态,也一定能获得生活馈赠给你的那份欢乐与收获。

当代大学者钱钟书,终生淡泊名利,甘于寂寞。

20世纪80年代,美国著名的普林斯顿大学,特邀钱钟书去讲学,每周只需钱钟书讲40分钟课,一共只讲12次,酬金16万美元。食宿全包,可带夫人同往。待遇如此丰厚,可是钱钟书却拒绝了。

他的著名小说《围城》发表以后,不仅在国内引起轰动,而且在国外反响也很大。新闻界和文学界有很多人想见见他,一睹他的风采,都遭到他的婉拒。

知足常乐是人生幸福的重要前提。如果你渴望轻松,渴望真正获得生命的意义,那么请记住——知足才能常乐。

知足常乐，方能成大器，方能攀上高峰！在物欲、名利横流的当代，有志者更应守住这份知足，才能保持这份快乐的心情。

简单即是幸福，形单影只的人仍然可以享受闲情逸致的快乐。乐山乐水各不相同。爱静的人可以看书、听音乐、上网、写作、画画、搜集各种收藏品。爱动的人不妨练习舞蹈、慢跑、爬山、游泳、看电影、上健身房、做编织、做陶艺、练瑜伽、潜心发明、闭门创作、摄影、观鸟。

人生苦短，岁月如流，为什么不乐陶陶地活一辈子呢？

人生长则百年，短则数十寒暑，又有何值得耀武扬威的？一切均不过是烟云过眼矣。既然如此，何不保持一颗平常心去面对人生道路上的曲折和坎坷？淡然面对一切得失，我们就能如经冬不凋的青松，四季常青，融入环境，抵御严寒，奏出人生的强音。

《韩非子·十过》中讲道：智伯兼范、中行而攻赵不已，韩、魏反之，军败晋阳，身死高梁之东，遂卒被分，漆其首以为溲器。故曰："祸莫大于不知足。"意思是说，智伯兼并了范氏、中行氏，而且不停地攻打赵国，韩国、魏国反叛了他，结果他兵败晋阳，自己也死在高梁的东边，于是他的封地被瓜分了，他的头骨也被涂上油漆做成了便壶。所以说："灾祸发生的最大原因就在于不知足。"

有位国王，天下尽在手中，照理应该满足了吧，但事实并非如此。

国王自己也纳闷，为什么对自己的生活还不满意？尽管他也有意识地参加一些有意思的晚宴和聚会，但都无济于事，总觉得缺点什么。

一天，国王起个大早，决定在王宫中四处转转。当国王走到御膳房时，他听到有人在快乐地哼着小曲。循着声音，国王看到是一个厨子在唱歌，脸上洋溢着幸福和快乐。

国王甚是奇怪，他问厨子为什么如此快乐，厨子答道："陛下，我虽然只不过是个厨子，但我一直尽我所能让我的妻小快乐。我们所需不多，有间草屋居住，肚里不缺暖食，便够了。我的妻子和孩子是我的精神支柱，而我带回家哪怕一件小东西都能让他们满足。我之所以天天如此快乐，是因为我的家人天天都快乐。"

听到这里，国王让厨子先退下，然后向宰相咨询此事，宰相答道："陛下，我相信这个厨子还没有成为99一族。"

国王诧异地问道："99一族？什么是99一族？"

宰相答道："陛下，想确切地知道什么是99一族，请您先做这样一件事情，在一个包里，放进去99枚金币，然后把这个包放在那个厨子的家门口，您很快就会明白什么是99一族了。"

国王按照宰相所言，令人将装了99枚金币的布包放在了那个快乐的厨子门前。

厨子回家的时候发现了门前的布包，好奇心让他将包拿到房间里，当他打开包，先是惊诧，然后狂喜：金币！全是金币！这么多的金币！厨子将包里的金币全部倒在桌上，开始查点金币，99枚。厨子认为不应该是这个数，于是他数了一遍又一遍，的确是99枚。他开始纳闷：没理由只有99枚啊？没有人会只装99枚啊？那么那一枚金币哪里去了？厨子开始寻找，他找遍了整个房间，又找遍了整个院子，直到筋疲力尽，他才彻底绝望了，心中沮丧到了极点。

他决定从明天起，加倍努力工作，早日挣回一枚金币，以使他的财富达到100枚金币。

由于晚上找金币太辛苦，第二天早上他起来得有点晚，情绪也极坏，对妻子和孩子大吼大叫，责怪他们没有及时叫醒他，影响了他早日挣到一枚金币这一宏伟目标的实现。

他匆匆来到御膳房，不再像往日那样兴高采烈，既不哼小曲也不吹口哨了，只是埋头拼命地干活，一点也没有注意到国王正悄悄地观察着他。看到厨子心绪变化如此巨大，国王大为不解，得到那么多的金币应该欣喜若狂才对啊！他再次询问宰相。

宰相答道："陛下，这个厨子现在已经正式加入99一族了。99一族是这样一类人：他们拥有很多，但从来不会满足，他们拼命工作，为了额外的那个'1'，他们苦苦努力，渴望尽早实现'100'。原本生活中那么多值得高兴和满足的事情，因为忽然出现了凑足100的可能性，一切都被打破了，他竭力去追求那个并无实质意义的'1'，不惜付出失去快乐的代价，这就是99一族。"

那个厨子本来很知足，所以他快乐，但是如今，他为了一枚金币，失去了快乐。

幸福其实很简单，简单得在它来到我们身边的时候，我们根本无从察觉。在寻找幸福的大军里，我们缺少的是标榜"真正幸福含义"的旗帜。幸福是一种感觉，你感觉到了，便是拥有。珍惜全部的拥有，就是最幸福的人。

生活处处有幸福，幸福的领域是无限的辽阔，无论在何处我们都可以享受幸福。幸福需要我们用眼去发现，用手去接受，用心去感受，其实幸福就在我们身边呀！

幸福不等于金钱，不等于爱情；幸福不是香车宝马，不是功名利禄；幸福是心灵对生活真善美的体会。

幸福不需要用繁杂的公式计算，幸福原来是可以很简单的。幸福并不是稍纵即逝的，它可以永远陪伴着我们。幸福又犹如一缕阳光，每天都照耀着我们……

智者寄语

幸福不在于你拥有或得到多少，而在于你的心是否感觉到满足。仔细想想，也许我们根本不需要那么多，我们已经拥有了简单的幸福和快乐，难道这还不够吗？盲目追求幸福的结果，只会让我们离幸福越来越远；而当我们用心去度过生命中的每一天，才会发现原来幸福就在我们身边。

拥有的多不一定就幸福

作家毕淑敏曾说过："幸福是一种心灵的感觉，是不可以通过指标数据去量化的。"我们开心的程度，跟钱财的多少是不成比的。有的人家财万贯，但每天还是忧心忡忡；有的人并不富裕，但对生活充满了乐观自信，所以笑容时常挂在脸上。

佛教以弘扬佛法为己任。为了度化世人，佛光禅师广建寺庙，开坛说法，他的弟子们在师父的影响下，也努力信征募捐，鼓励信徒布施积德。

有一次，佛光禅师出外弘法回来，弟子们竞相来向禅师报告个人劝募功德的成绩。弟子普道得意地说："师父，今天有一位大施主，布施了100两银子，作为我们兴建大雄宝殿的基金。"

弟子普德也向禅师报告："师父，城内的陈居士来拜望您，我带他巡礼各处的殿堂，他答应奉献给我们全年的道粮！"

寺中的香灯师、知客师等纷纷向佛光禅师报告自己的募捐成果，佛光禅师却渐渐皱起了眉头，让大家停止报告，开示弟子们："你们大家都辛苦了，可惜化缘太多，没有功德！"

众僧不解，问道："为什么化缘多了反而不好呢？"

佛光禅师道："把钱财储存于信徒，让信徒富有起来，佛教才能富有。经常要信徒捐献功德，赞助佛事，无异于杀鸡取卵，何其愚痴！等到有一天信徒们不胜负担，佛教还有什么护法长城，佛法还怎么弘扬光大呢？”

佛教提倡布施，要在对方“不自苦，不自恼”的原则下进行，不可硬性募化，一味贪多，伤了世人向善的心。细水方能长流，学佛之人如果心中有禅，不但为自己想，更要为别人想，这才是禅者重悟道，更重慈悲的宽广胸怀。

物质享受的增加会使人更加快乐吗？答案是否定的。有资料表明：21 世纪初期的美国人，收入比 20 世纪 60 年代增加了两倍，但感觉幸福的人的比例却下降了六个百分点。所以，财富并不能决定你开心与否，有时甚至还会成为人的心理负担。

快乐是什么？快乐就是饥饿时的一块面包，是口渴时的一杯白开水。快乐是精神上的满足，那些无形的财富比有形的宝藏更能让人得到快乐。快乐并不是拥有更多的物质享受，而是懂得享受已经拥有的一切。否则，即使我们拥有金山银山也难以有快乐可言。

从前有个国王，他拥有广阔的领土、无尽的财富，却整天都处在烦恼之中，几乎忘记了怎样去笑。烦恼的国王命令他的大臣们去寻找世上最快乐的人，解开快乐之谜，让他也能重获快乐。于是大臣们走向四面八方，寻找快乐。

大臣们都是身居高位的官员，拥有令人羡慕的地位，但他们互相讨论过后，发现没有人觉得做大臣很快乐：整天和公务打交道，为国王提出的各种要求而疲于奔命。

大臣们去访问了工人，工人们整天早出晚归，做着辛苦的工作，酬劳却不尽如人意，脸上尽是疲惫的神色，同样也不快乐。

整天在田野中劳作的农民也同样有太多的烦恼，辛辛苦苦劳作，还要担心变化无常的天气，地里的收成也不能全归自己。

最后，大臣们重新聚集起来，经过总结，他们一致认为：世界上没有活得快乐的人。

就在他们回王宫的路上，看到了一个牧羊人，他穿着破旧的衣服，驱赶着羊群，嘴里却哼着轻快的调子，一脸快乐的表情。

大臣们从没看到过哪个人像这个贫穷的牧羊人一样快乐，他们将牧羊人带到了国王的面前。

国王问牧羊人：“我的子民，你快乐吗？”

牧羊人笑眯眯地说：“我很快乐啊。”

国王激动地问他：“快告诉我，你为什么会这么快乐？你拥有这世上最珍贵的财宝吗？你不必像我们这样日夜操劳就能享受生活吗？”

牧羊人说：“不，陛下，我没有什么贵重的财宝，我更需要工作来养活家人。”

国王很吃惊：“那么你能不能告诉我，到底是什么使你的日子过得如此开心？而我，身为国王，却整天忧心忡忡，烦恼不断？”

牧羊人笑着说：“我不知道您为什么烦恼，陛下，但我能够告诉您我为什么这样快乐。我身体健康，家人平安。我爱我的妻子儿女，爱我的亲朋好友，他们也同样爱我。我在美丽的草原上放牧，自食其力，不欠任何人的钱。这些就是我快乐的根源。”

国王喊道：“幸运的人！你这顶破旧的草帽比我这顶镶满珠宝的王冠更有价值。你的草原给你带来的快乐要比我的王国给我带来的还多。如果人们都像你一样快乐，这个世界该是多么美好啊！”

牧羊人回答说：“哦，陛下，这不是个难题，因为人总是想有多少快乐就有多少快乐，想要多快乐就能多快乐的。”

国王沉思了一会儿，绽开了笑容："你说得对，拥有的多不一定就是好的，拥有的越多，就越觉得不够，烦恼也就越多，而知足就能够快乐。"

国王让大臣们将这个道理写在书上，流传下去："活在世上本来就是一件值得高兴的事情，人们所有的痛苦和不快都是由其内心产生的。"

决定你是否快乐的并不是钱的数量，而是你内心的想法。快乐其实可以很简单。身体健康，亲人平安，生活稳定，能够自食其力，家人朋友之间相亲相爱……最平凡的事物中包含着最温暖的幸福。

智者寄语

为人处世，切忌贪婪。需知，并不是所有东西都越多越好，人的心应该有个"度"。缩减自己的欲望，才能脱离苦难，获得长久的生命力。

内心富足就快乐

《伊索寓言》说："有些人因为贪婪，想得到更多的东西，却把现在所拥有的也失去了。"的确如此，当你拥有太多的时候，往往就是失去的时候了。

一天，一个老头在森林里砍柴。就在他抡起斧子，准备砍倒一棵树的时候，突然从树上飞下来一只金嘴巴的小鸟。

小鸟问老头："你为什么要砍倒这棵树呀？"

"家里没柴烧。"

"你不要砍倒它。回家去吧，明天你家里会有许多柴的。"说完，小鸟就飞走了。

老头空手回到家，他对老伴说："上床睡觉吧，明天家里会有许多柴的。"

第二天，老伴果然在院子里发现了一大堆柴，就叫老头："快来看，快来看，谁在我们家院子里堆了这么一大堆柴！"

老头把遇到金嘴巴鸟的事告诉了老伴，老伴说："柴是有了，可是我们却没有吃的。你再去找金嘴巴鸟，让它给我们一点吃的吧。"

于是老头又回到森林里的那棵树下，这时，金嘴巴鸟飞来了，问他："你想要什么呀？"

老头回答说："我的老伴想要一点吃的，我们家没有吃的了。"

"回去吧，明天你家里就会有许多吃的。"说完，金嘴巴鸟又飞走了。

老头回到家，对老伴说："上床睡觉吧，明天家里会有许多吃的。"

第二天一早，他们发现，家里果然多了许多肉、鱼、甜食、水果、葡萄酒和其他想要的食物。他们饱餐了一顿后，老伴对老头说："你去找金嘴巴鸟，让它送我们一个商店，商店里的东西最好应有尽有，这样，我们的日子就会非常快乐了。"

老头又来到了森林里的那棵树下。金嘴巴鸟飞过来问他："你还想要什么？"

"我的老伴让我来找你，她希望你可以给我们一个商店，商店里的东西要应有尽有，这样我们的日子就会非常快乐。"

"回去吧，明天你家里会有一个商店的。"金嘴巴鸟说。

第二天他们醒来后，简直都不敢相信自己的眼睛了。家里到处都是好东西，布匹、纽扣、锅、戒指、镜子……真是应有尽有。老伴开心地看着这些东西，可是她却依然不肯满足地对老头说："你再去找金嘴巴鸟，让它把我变成王后，把你变成国王。"

老头只好又回到森林里，找到了金嘴巴鸟，告诉它说："我的老伴让我来找你，希望你可以把她变成王后，把我变成国王。"

金嘴巴鸟冷漠地望了一下老头说："回去吧，明天早上你会变成国王，你的老伴会变成王后的。"

第二天早上醒来，他们发现自己穿的是绫罗绸缎，吃的是山珍海味，周围还有一大帮侍臣奴仆。

可是，老伴的欲望却并没有因此结束，她还在不停地要求着："去，找金嘴巴鸟，让它把它的魔力给我，这样我就可以要什么有什么了。此外，你还要让它来我们的宫殿，每天早上为我唱歌跳舞。"

老头只好又去森林找金嘴巴鸟，他花了很多时间和力气，才终于找到了它。老头说："金嘴巴鸟，我的老伴想让你把自己的魔力给她，她还让你每天早上去为她跳舞唱歌。"

金嘴巴鸟愤怒地盯着老头说："回去等着吧！"

第二天起床后，他们发现自己变成了两个又丑又小的小矮人。

渴望拥有更多，也许是人类的天性，并不算是过错，毕竟没有人希望自己一无所有。可是，这世界上的好东西真的太多太多，无论你拥有多少，都不会感觉到真正的满足，以为前面总有更好的东西在等待着你，而你永远都在不知疲倦地奔跑着。

永不满足的欲望不停地诱惑着人们追求更多的东西，然而过度地追逐利益往往会使人迷失生活的方向，因此，要知道欲望是无止境的，我们要珍惜眼前的快乐，这样才能把握好自己的人生方向。

欲望往往会蒙蔽人的心智，让人失去理智，做出不可理喻的事情，也让心灵无法平静，无法享受到生活的美好。

有位名人说："欲望越小，人生就越幸福。"这句话蕴含着深邃的人生哲理。它是针对"欲望越大，人越贪婪，人生越易致祸"而言的。

民间流传着一首《十不足诗》：

终日奔忙为了饥，才得饱食又思衣。
冬穿绫罗夏穿纱，堂前缺少美貌妻。
娶下三妻并四妾，又怕无官受人欺。
四品三品嫌官小，又想面南做皇帝。
一朝登了金銮殿，却慕神仙下象棋。
洞宾与他把棋下，又问哪有上天梯。
若非此人大限到，上到九天还嫌低。

这首诗对那些贪心不足者的恶性发展写得淋漓尽致。物欲太盛造成的灵魂变态就是永不知足，没有家产想家产，有了家产想当官，当了小官想大官，当了大官想成仙……精神上永无宁静，永无快乐。

永不知足是一种病态，其病因多是权力、地位、金钱之类引发的。这种病态如果发展下去，就是贪得无厌，其结局是自我毁灭。

从前有座山，山里住着熊妈妈和熊儿子。一天，熊妈妈要出趟远门，便让熊儿子将地里的玉米采些回来。熊儿子很爽快地答应了，并打算好好干活，给熊妈妈一个惊喜。

熊妈妈前脚出门，熊儿子后脚就出去干活了。它来到后山的玉米地。那片玉米地好大，望也望不到边，地里长的玉米又多又大。熊儿子一刻也没有耽搁，赶快到地里掰起玉米来，它掰了一个放在左胳肢窝里，然后又去掰第二个，放在右胳肢窝里，再去掰第三个，可是它一抬手，左胳肢窝里的玉米棒子就掉了，但它没有在意，掰了一个再放到左胳肢窝里，又去伸右手掰另一个，可一抬手，原先右胳肢窝里的玉米棒子又掉了，但它仍没有在意，继续掰。它想，这么多的玉米，我一定把它们都掰下来带回家。于是它不停地掰，直掰到筋疲力尽，手里仍然只有两个玉米，只得改天再掰。

第二天，它还是犯了同一个错误，又是空手而回。就这样，一天天过去，直到熊妈妈回来，熊儿子还是一个玉米都没收回家。

创业之初的人们，看到众多的机会，往往四处出击，什么都想做，结果什么都没做成功。

贪婪是一种顽疾，人们极易成为它的奴隶，变得越来越贪婪。人的欲念无止境，当得到不少时，仍指望可以得到更多。

贪婪是一切罪恶之源，贪婪能令人忘却一切，甚至忘记自己的人格；贪婪能令人丧失理智，使人做出愚昧不堪的行为。因此，我们应当远离贪婪。

有一个农夫，每天早出晚归地耕种一小片贫瘠的土地，但收成却很少。一位官员可怜农夫的境遇，就对农夫说，只要他能不断往前跑，他跑过的所有地方，不管多大，那些土地就全部都给他。

于是，农夫兴奋地向前跑，一直不停地跑！跑累了，想停下来休息，然而，一想到家里的妻子、儿女都需要更大的土地来耕作、来赚钱，就又拼命地再往前跑。之后，农夫上气不接下气，实在跑不动了。可是，农夫又想到自己将来年纪大了，可能会没有人照顾，需要钱，于是就又打起精神，不顾气喘不已的身子，再奋力向前跑。最后，农夫体力不支，"咚"的一声躺倒在地上，死了。

我们来到这世上时，本来就是赤条条的，一无所有，是上苍赋予了我们生活、亲友以及思想和财物等，上苍待我们何其宽厚，使我们拥有了这么多、占据了这么多，可是我们却从来也没有满足过，依然在祈求上苍为我们降下更多的"甘霖"，岂不是自己在跟自己作对？

人的心灵是最富足的，也是最贫乏的。不同的人之所以对生活的苦乐有着不同的感受，是因为心灵的富足和贫乏，而绝不是任何外物的客观影响，内心的富足才是快乐之道。

智者寄语

内心的富足才是真正的快乐，但在现实中又有几个人能做到这一点呢？许多人原本很聪明，往往由于贪心过重，为外物所役使，终日奔波于名利场中，结果却抑郁沉闷，难以享受人生之乐。

温饱无虑便是幸事

人很多时候是很贪心的，就像很多人形容的那样：吃自助的最高境界是——扶墙进，扶墙出。进去扶墙是因为饿得发昏，四肢无力，而扶墙出则是因为撑得路都走不了了。人愿意活受罪是因为怕吃亏。有些时候，人总是对自己不满，这也是因为太贪心，什么都想得到。

很多人常常对自己的生活不够完美而发牢骚,他们觉得自己的个子不够高、身材不够好,自己的房子不够大,自己的工资不够高,自己的老婆不够漂亮,自己在公司工作了好几年了却始终没有升职……总之,他们对于自己拥有的一切都感到不满,觉得自己不幸福。真正不快乐的原因是不知足。

剑桥教授安德鲁·克罗斯比常说:真正的快乐是内心充满喜悦,是一种发自内心对生命的热爱。不管外界的环境和遭遇如何变化,都能保持快乐的心情,这就需要一种知足的心态。知足者常乐,因为对生活知足,所以他会感激上天的赠予,用一颗感恩的心去感谢生活,而不是总抱怨命运不够照顾自己。

> 小李9岁那年一场高烧后,左眼就看不见东西了。他爹娘顿时泪流满面,独生儿子瞎了一只眼睛可怎么办呀!没料小李却说自己左眼瞎了,右眼还能看得见呢,总比两只眼都瞎了要好!比起世界上的那些双目失明的人,自己不是要强多了吗?儿子的一番话,让爹娘停止了流泪。
>
> 小李的家境不好,爹娘无钱供他读书,只好让他去私塾里旁听。他的爹娘为此十分伤心,小李劝道:"我如今也已识了些字,虽然不多,但总比那些一天书没念、一个字不识的孩子强多了吧!"爹娘一听也觉得宽心了许多。
>
> 小李娶了个嘴巴很大的媳妇。爹娘又觉得对不住儿子,小李却说和世界上的许多光棍汉比起来,自己是好到天上去了!这个媳妇勤快、能干,可脾气不好,把婆婆气得心口疼。小李劝道:"天底下比她差得多的媳妇还有不少。媳妇脾气虽是暴躁了些,不过还是很勤快。"爹娘一听真有些道理,怄的气也少了。
>
> 小李的孩子都是闺女,于是媳妇总觉得对不起他们家,小李说:"世界上有好多结了婚的女人,压根儿就没有孩子,等日后老了,5个女儿女婿一起孝敬咱们多好!比起那些虽有儿子几个,却妯娌不和,婆媳之间争得不得安宁的要强得多!"
>
> 小李家贫寒得很,妻子实在熬不下去了,便不断抱怨。小李说:"比起那些拖儿带女四处讨饭的人家,饱一顿饥一顿,还要睡在别人的屋檐下,弄不好还会被狗咬一口,我们的日子还真是不赖。虽然没有馍吃,可是还有稀饭可以喝;虽然买不起新衣服,可总还有旧的衣裳穿,房子虽然有些漏雨的地方,可总还是住在屋子里边,和那些讨饭维持生活的人相比,咱家可以算是天堂了。"
>
> 小李老了,想在合眼前把棺材做好,然后安安心心地走。可做的棺材属于非常寒酸的那一种,妻子愧疚不已,小李却说:"这棺材比起富豪大家们的上等柏木是差远了,可是比起那些穷得连棺材都买不起,尸体用草席卷的人,不是要强多了吗?"
>
> 小李活到72岁,无疾而终。在他临死之前,对哭泣的老伴说:"有啥好哭的,我已经活到72岁,比起那些活到八九十岁的人,不算高寿,可是比起那些四五十岁就死了的人,我不是好多了吗?"
>
> 小李死的时候,神态安详,脸上还留有笑容……

小李的人生观,正是一种乐天知足的人生观,永远不和那些比自己强的人攀比,用自己的拥有与那些没有拥有的人进行比较,并以此找到了快乐的人生哲学。人生不就这样吗?有总比没有强多了。

很多时候,我们就缺少小李的这种心境,当我们抱怨自己的衣服都不是名牌的时候,是否想到还有很多人连一套像样的衣服都没有?当我们抱怨自己的丈夫没有钱的时候,可否想到那些相爱但已阴阳两重天的人?当我们抱怨自己的孩子没有拿第一的时候,是否想到那些根本上不起学的孩子？当我们抱怨工作太累的时候，可否想到那些在街上摆着小摊的小贩们，他们每天起早贪黑，他们根本没有工夫去抱怨……

其实，我们已经过得很好了，我们能够在偌大的城市拥有房子，哪怕只是租的，我们不用为吃饭发愁，我们拥有着体贴疼爱自己的妻子（丈夫），我们拥有可爱的孩子，有着依旧对自己牵肠挂肚的父母……实际上我们已经拥有的够多了，还有什么不满意的呢？快乐也是在知足中获得的。

智者寄语

知足便不作非分之想，知足便不好高骛远，知足便安若止水、气静心平；知足便不贪婪、不奢求、不豪夺巧取。知足者温饱不虑便是幸事；知足者无病无灾便是福泽。

留只眼睛看钱，留只眼睛看己

贪婪是人性最大的弱点。俗话说：欲壑难填。把一个人教唆成为魔鬼的是他自己的贪婪。过分地追求和占有，不仅造成心理上的负担，也为自己带来痛苦。

一天傍晚，两个非常要好的朋友在林边散步。这时一位僧人惊慌失措地从树林中跑了出来，两位朋友见状，便问那僧人："你为何这样惊慌失措，到底碰到了什么？"

僧人忐忑不安地说："我正在移植一棵小树苗，却突然挖出了一坛黄金！"

两个人感到好笑："这人真蠢，挖出了黄金，还被吓得魂不附体。真是太有意思了！"

"你在哪里发现的？告诉我们吧，我们不害怕！"两人喜不自禁。

僧人说："这东西会吃人的，难道你们不怕？"

两人异口同声地说："不怕。你就赶快告诉我们黄金在什么地方吧！"

僧人说："就在树林最西边的那棵小树下面。"

两个朋友立刻找到那个地方，果然发现了一坛金子。

两个人一见到黄金，不禁眉开眼笑："黄金会吃人？哈哈！哈哈！"

"别管那么多了，我们还是想办法把这坛黄金运回去吧。"其中一个人说，"不过现在把它运回去不太安全，还是等会儿再说吧。我留在这里看着，你去拿些饭菜来，我们在这里吃完饭，然后等到半夜再把黄金运回去。"另外一个人就去准备饭菜了。

留下的那个人心想："要是这些黄金都归我所有该多好呀！等他回来，我就一木棒把他打死，这些黄金自然就全归我了。"

回去的那个人也在想："我回去先吃饱饭，然后在他的饭里下些毒药。他一死，黄金就全是我的了。"

那位朋友提着饭菜刚到树林里，就被另一个人从背后狠狠地用木棒打死了。然后那个人说道："亲爱的朋友，是黄金逼我这样做的。"

然后那个人就拿起饭菜狼吞虎咽地吃了起来。没过多久，他感觉肚子里像火烧一般，他知道自己中毒了，临死的时候他说："僧人说的话真的应验了！我当初怎么就没想明白呢？"

黄金岂会吃人？是人的贪欲在吃人，人一旦有了贪欲，便会产生恶念，就会做出不顾一切的举动，当得到的比需要的更多，便会引发心中的贪婪，从此一发不可收拾，终成金钱的奴隶。赚钱是为了生活，但生活绝不是为了赚钱。死心塌地地追逐钱只会被钱捆绑起来，最终落得被生活遗弃的下场。

从前,有一个农夫,他每天不辞辛劳地工作,但他仍然非常贫穷。

一天,他来到一片离家很远的树林,碰到一位老妇人。老妇人对他说:“我知道你每天很辛苦,但是得到的却微不足道。我送你一枚魔法钻戒,它能够使你拥有财富。当你说出你想要得到什么,同时转动你手指上的戒指时,你将会立刻得到你所希望拥有的东西。但是,这枚戒指只能实现你的一个愿望,所以你在许下愿望之前要仔细考虑清楚。”惊愕的农夫接过戒指,激动地踏上了回家的路。

晚上,农夫路经一座大城市时,遇到了一个商人,他拿出了魔法钻戒,向商人讲述了这段稀奇的经历。商人邀请农夫晚上住在他家。深夜,商人来到熟睡的农夫身边,他小心翼翼地用一枚相同的戒指,换走了农夫手指上的魔法钻戒。农夫早上醒来,向商人道谢,却发现商人被一堆金子压死了。农夫在金子堆中找到了戒指。

农夫回到家,把魔法钻戒的故事讲给妻子听。妻子按捺不住激动,对丈夫说:“试试看,让它带给我们大片的土地。”

“我们必须仔细对待我们的愿望,不要忘记,这枚戒指只能帮我们实现一个愿望。”农夫解释着,“最好让我们再苦干一年,我们将会拥有多顷良田。”从此,他们竭尽全力地工作,获得了足够的钱,买了他们所希望拥有的土地。

农夫的妻子想要一头牛和一匹马。农夫说:“亲爱的,我们何不再继续苦干一年?”于是一年后,他们又买回了牛和马。

“我们是最快乐的人。”农夫说,“不要再谈什么魔法钻戒了,我们年轻,拥有有力的双手。等到我们老的时候,我们再去想那枚戒指吧。”

40年以后,农夫和他的妻子已经变老了,他们的头发变得和雪一样白,他们拥有了所希望获得的一切,而那枚“魔法钻戒”依旧完好地保存着。

华服美衫、别墅豪宅都不过是人生的装饰品而已,而幸福才是永不贬值的财富。

穷人可能没有很多钱,但拥有健康的体魄,明确的志向,争取充实而美好的生活;穷人可能没有漂亮的妻子,但凭着一颗宁静、淡定的内心,收获单纯而美好的爱情;穷人可能没有足以炫耀的事业,但拥有不畏挫折的斗志和自信乐观的心态,能够赚取自己的一席之地。

智者寄语

金钱并不是能够满足人心灵的东西,虽然它能为人心灵的满足提供多种便利。我们要冷静面对金钱的诱惑,以免自己被无情地缠绕。

因活着而知足,因健康而幸福

世间最珍贵的不是“得不到”和“已失去”,而是此刻就能把握的幸福,让你的目光聚焦于当下的生活,从而发现它的美好,你会感到幸福,会怀着一颗感恩生活的心拥抱生活。

人生之中,多少会遇到一些陷阱,掉进别人的陷阱尚有翻盘的机会,而掉进自己挖掘的陷阱则十分麻烦。

某座山里有个神奇的山洞,里面的宝藏足以使人终生享用不尽,但是这个山洞100年才开一次。

有一个流浪人无意中经过那座山,正巧碰到百年难得一次的洞门大开。他兴奋地进入洞内，发现里面有大堆的金银珠宝，他急速地将这些财宝装入所有的袋子中。由于洞门随时会关上，他必须动作很快。

当他得意扬扬地装满了数大袋珠宝后，神色愉快地走出洞口，出来后发现帽子忘在了里面，便又冲入洞中，可惜时间到了，他和山洞一起消失得无影无踪。当地的村人等了很久，也不见他的踪影，便将所有的珠宝都卖了，大家共同分享了这些财富。

流浪人不懂得知足的道理，到头来连性命也失去了，可悲可叹。

知足是一种处世态度，懂得知足的人可以从纷纭世事中解放出来，享受生活的美好。对内，发现自己内心的快乐因素，对外，发现人间真爱与秀美自然，把烦恼与压力抛在九霄云外，所以，知足者常乐。因活着而知足，因健康而知足，因安定而知足。这样，才不至于好高骛远，迷失方向，碌碌无为，心有余而力不足，弄得自己心力交瘁。

黄美廉，从小得了脑性麻痹，病魔夺去了她肢体的平衡和发声讲话的能力，使她从小就活在众多异样的眼光中。

这位坚强的女孩没有让这些外在的痛苦摧毁她的奋斗精神，她昂然面对不幸，迎向一切不可能。经过努力，她终于获得了加州大学艺术博士学位，她用她的手当画笔，以色彩告诉人"生命之力与美"，并且灿烂地"活出生命的色彩"。

"请问黄博士，"在一次讲座上，一个学生问她，"你从小就长成这个样子，请问你怎么看你自己？你没有怨恨吗？"

"我怎么看自己？"美廉用粉笔在黑板上重重地写下这几个字。她写字时用力极猛，大有力透"纸"背的气势。写完这个问题，她停下笔来，歪着头，回头看着发问的同学，然后嫣然一笑，回过头来，在黑板上龙飞凤舞地写了起来：

我好可爱！

我的腿很长很美！

爸爸妈妈这么爱我！

上帝这么爱我！

我会画画！我会写稿！

我有只可爱的猫！

还有……

台下，所有的人都沉默了，面对众人的沉默，她在黑板上写下了她的结论："我只看我所有的，不看我所没有的。"掌声响起。一种永远也不会被击败的傲然写在她的脸上。

身体的缺陷让黄美廉比常人多几分辛劳，可是她仍然可以看到生命的美好，这是因为她懂得知足，热爱生命。"身外物，不奢恋"代表的是思悟后的清醒，它不但是超越世俗的大智大勇，也是达观知命的豁达襟怀。谁能做到这一点，谁就会遇事想得开，放得下，活得轻松，过得自在。

做到知足，人的内心就会充满和谐、平静、适意、真诚。

智者寄语

知足是一种人生底色，当我们都在忙于追求、拼搏而找不着北的时候，知足，这种在平凡中渲染的人生底色所孕育的宁静与温馨对于风雨兼程的我们是一个避风的港口。真正做到知足，人生会多一份从容，多一些达观。

杜绝贪欲之心

贪婪是一座会给人带来无限痛苦的地狱,它使人为了满足自身的欲望而耗尽精力。相反,太多的贪婪使我们离快乐越来越远。不是快乐太难,而是我们活得还不够简单。

“千里之堤,溃于蚁穴”这句至理名言,形象地道出了生活中的小细节对于一个人的事业和性情而言,会有多么大的影响力。任何一个细微的举动,即使看起来是微不足道的,但是积少成多,当量变达到一定程度的时候便会发生质变,往往这时候情况已经变得很严重了。因此,不管是做人还是为官,都需要从大处着眼小处入手,认真改正自己的每一个不良行为,才能逐渐提高自身的修养。只有意识到每一个小失误才能时常提醒自己注意做人与为官之道,大奸大恶之人与大贪官并非一夜之间变成的,一定要注意防微杜渐。

建安五年,曹操攻打下邳(今江苏睢宁西北)。这个时候,袁涣是曹操手下的沛南部都尉。

下邳城内积存着吕布的大量金银财宝,曹军攻下该城之后,曹操给手下的那些官员每人派了几辆战车,让他们随心所欲地瓜分那些财物。官员们个个唯恐落后,尽量搜取贵重的物品,全都把车塞得满满的。唯独袁涣与众不同,他没有拿什么值钱的东西,而只是拿了一些书籍和一点儿口粮。众人一看,都为自己的贪财好利而感到羞愧。其中一个跟袁涣比较亲近的人问他:“你为什么只拿了一点儿口粮反而不要其他值钱的东西呢?大家都在夸奖你呢!”

袁涣说:“我只拿一点儿口粮,是因为行军打仗的时候口粮必不可少。当时我并没有其他意思,没想到大家竟然会因此而赞扬我,还给了我一个好名声,实在令我心有不安啊!”后来,曹操听说了这件事情,便更加看重袁涣了。

袁涣在曹操手下还曾经做过谏议大夫和丞相军祭酒,替曹操出谋划策,立下了很多功劳。曹操便赏赐给他许多财物。袁涣却把得来的赏赐全都送给了别人,自己既不购置任何产业,也不积攒财物。他有时候缺少什么东西,便非常坦然地向别人求助。因为他行事一向光明磊落,所有的人都十分钦佩他的清正廉洁。

清正廉洁的官员才会长久,古往今来,无数事例告诉我们,但凡贪得无厌的人都没有好下场,无论是官员还是普通人,无论是对权力贪婪,还是对钱财贪婪。做一个清心寡欲之人吧,因为事实证明,那些因为贪婪想得到更多东西的人,却把现在所得到的也失掉了。

综观中国几千年的历史,若是论文化渊源,只怕没有几个人可以超越孔子。可以这样说,孔子是文化涵养最好的一位古人,他的“知足常乐”简直到了极致的境界。

孔子也曾做过大官,但是他始终认为做官跟自己的性情不太符合,于是便辞官转而开设学堂教授学生。

一次,孔子跟他的学生们一块儿出去游历,可是在半路上同他们走散了。这时他正在去楚国的路上,一个人站在楚国的东门,等了很久也没有看到一个学生,于是他就进城了。

孔子刚走进城,就听见自己的学生子贡等人正在那边十分着急地商议:“谁知道先生这个时候在哪里呢?到处都找不到他。”

这时他又听到一个路人在给子贡等人描述在门外见到的孔子形象:“东门有个人,额头似尧，脖颈像陶，肩膀类子产，自腰下不及禹三寸，一副疲惫不堪的模样，活像一条丧家犬，这位是你们的先生吗？"

子贡等听得出来此人是在故意蔑视孔子，一眼看到孔子已经来到跟前了，于是就质问那个人道："你怎么能这样侮辱我们的先生？"

那个人见到孔子来了，拔腿想走，却被孔子叫住了："您先别着急走啊！我这个人其貌不扬，正如你刚才提到的那几位丑古人；而你说我是'丧家犬'就更没错了，我正想做'丧家犬'呢。狗一旦丧了家，就会夹着尾巴四处乱跑，还要时时处处提防着是不是会有棍子来打它。我如果能有这样的警觉心该有多好啊！我就是要做这样的'丧家犬'！"

子贡说："先生，您怎么会有这么好的涵养呢？"

孔子说："我曾经问老聃（老子）什么才是礼，他告诉我说：'知足不辱，知止不殆，可以长久。'这样的道理你能明白吗？"

子贡说："可是，先生，您受到了侮辱啊，他讽刺您是'丧家犬'呢！"

孔子说："这怎么能算是受到了侮辱呢？我正巴不得他说我是'丧家犬'呢！'丧家犬'只能'夹着尾巴'走路，而我这一生都要学着夹起尾巴做人啊！"

后来，晋国的两位大夫窦鸣犊和舜华被赵简子杀害了，孔子便问子贡："你知道窦鸣犊和舜华为什么会被杀死吗？"

子贡说："我听别人说过，赵简子在没有发达之前，曾经去投靠窦鸣犊和舜华两位大夫，两位大夫非常热情地款待了他，这样说来窦鸣犊和舜华两位大夫还是赵简子的恩人呢。可是到了今天，赵简子一旦得势做了晋国的宰相，反而把两位恩人给杀了，这赵简子难道不算是恩将仇报的坏人吗？"

孔子说："话也不能说得这么绝对，赵简子斩杀窦鸣犊和舜华两位大恩人的确有错，恩将仇报，是不义之举。但主要是因为窦鸣犊与舜华两个人自己贪心不知足啊！他们见赵简子如今是晋国的宰相了，就经常向赵简子索要官职和钱财作为回报，赵简子先是答应了他们，但是他们却得寸进尺，以致给自己招来杀身之祸，这就是他们自己的错了。"

子贡说："先生的一番话，真是令学生茅塞顿开啊！终于了解'知足者常乐，能忍者自安'这两句俗语的真正含意了。"

也许正是从孔夫子身上学到了"知足常乐"这种所有文人修身养性的最高境界的真谛，中国古往今来的正派读书人，或者正派的官员，以及每一位成功人士，都会将"知足常乐"的古训悬挂在案头，牢记在心里，并把它作为终生不渝的座右铭。

智者寄语

《老子》中有一句话："知足不辱，知止不殆，可以长久。"这句话的意思就是说："懂得满足就不会受到侮辱；懂得适可而止，便不会遇到危险，这样才能保持长久。"

显然，这句话是劝诫人们不要贪得无厌。它几乎成了一切有文化素养的人的一种共同的目标和追求。

不要无限制地追求物质享受

知止知足，是中国传统思想修养和处世哲学的重要内容，这种思想既有对宇宙间自然法则的遵循，也有历经祸患后的人生体验；既有对儒家中庸之道的坚信不疑，也有道家学说的影响，如“止足”二字，就是取自老子的“知足不辱，知止不殆，可以长久”之说。同时《颜氏家训》中，颜之推还将“知足”二字引申出了另一层意思，即“知足免害”。他告诫子孙，无论是从自然法则，或从人的实际生存的需要，还是从历史的教训来说，无限度地追求物质享受都是非常有害的。

中国人向来推崇“俭以养德”。曾国藩就曾对“俭”做了这样的解释：“凡多欲者不能俭，好动者不能俭。多欲如好衣、好食、好声色、好书画古玩之类，皆可浪费破家。”君子都能做到恬淡寡欲，安于贫贱。因为人的欲望是没有穷尽的，一旦染指，便不能自拔。所以无论做什么事情都应该适可而止，不要任由自己的欲望无限制地发展下去。

古人意识到欲望给人带来的危害，所以有见识的人都很注重规范自己的德行，并教育子孙后代节制欲望，知足止足。陆游就是这样教育自己的子女的。

陆游常常以诗歌来教育子女，这也是他诗歌的一大特色。在当时，人们都怀有“万般皆下品，唯有读书高”的思想，陆游却毫无这种陈腐的观念。他曾劝儿子们不要讨厌锄犁，不要看不起种菜种地，他不要求儿子一定要走科举考试这一条终南捷径，以便挤进官场，捞个一官半职。在《放翁家训》中，陆游告诫子女：“后生才锐者最易坏，若有之，父兄当以为忧，不可以为喜也。切须常加简束，令熟读经、子，训以宽厚恭谨，勿与浮薄者游处。如此十许年，志趣自成。不然，其可虑之事盖非一端。吾此言，后人之药石也，各须谨之，毋贻后悔！”陆游不要求儿子才锐（具有突出的才能），只告诫儿子熟读经、子，宽厚恭谨，是有深刻道理的。所谓“皎皎者易污”，过于突出，反而会遭灾惹祸。

陆游自己品行高洁，他也教育儿子不要贪求。当他73岁时，生活仍然十分贫寒，由此甚至不得不卖掉家中的酒杯以度日。但是，当儿子子龙去吉州任司理时，他仍作诗谆谆告诫儿子谨记廉洁为官。诗中写道：“我老汝远行，知汝非得已。驾言当送汝，挥涕不能止。人谁乐离别，坐贫治愚此（坐：因为）……汝为吉州吏，但饮吉州水。一钱亦分明，谁能肆谗毁……”他要求儿子即使一文钱也要来得清清楚楚，不能贪得，这是何等高贵的清廉品德啊！在《放翁家训》中，他还告诫儿子：“世之贪夫，欲壑无餍……至若常人之情，见他人服玩，不能不动，亦是一病。大抵人情慕其所无，厌其所有。但念此物若我有之，竟亦何用？使人歆羡，于我何补？如是思之，贪求自息。”说到底，陆游就是为了告诫子女们要做到清廉自守，毫不贪求。

陆游对子女的教育始终都离不开节俭，因为讲究节俭，就会少有过失，而如果讲究奢侈，则必然会有无休止的欲望。过多的欲望又会让人不走正路，从而导致灾祸甚至家破人亡。所谓“成由勤俭败由奢”说的就是这个道理。

老子说：“为无为，事无事，味无味。”也就是用无所作为的心理去进行作为，用无所事事的心态去做事，用无所滋味的心态去品尝天下滋味。不然的话，任何事情只要有了开始，就有了愿望，就不会有终止。比如，有的人自认为是非常淡泊名利的，这就说明他还没淡泊。因为到了真正淡泊的时候，是连这“淡泊”二字也感觉不到的。所以这些人的淡泊是相对于别人说的。因此不以清静为清静，不以无为为无为，不以无事为无事，不以无味为无味。老子还说：圣明的人始终不会妄自尊大，因此才能成为真正伟大的人。

当今社会，越来越多的人为强烈的物质欲望所左右。在对物质和名利的追求中身败名裂的例子数不胜数。层出不穷的贪官，居高不下的犯罪率，乃至于世界各地频繁的战争，说到底，都是由于欲望的驱使。由此可见，贪心和不知足只会给我们带来不幸和灾难，不会给我们带来一丝一毫的好处。相反，如果知道满足，最终会得到永远的满足和幸福。我们常说“知足常乐”，现在看来，知足能够避祸，当然就会给我们带来长久的快乐了。

智者寄语

一个人的道德修养很重要，尤其是有了一定物质基础的人，若不注意培养自己高尚的道德情操，没有一个正确的人生观，则他的各种欲望就会恶性膨胀，这样不仅会毁掉他的财富，也会使他自己的精神崩溃，而自毁其生。世界可以满足我们的基本需求，但是却无法满足我们的贪欲，因此，我们应该学古人那种“淡泊以明志，宁静以致远”的精神追求。不仅自己不要有贪欲之心，还要教育子女不要有贪欲之心。从孩子小时候起，就要注重培养孩子淡泊名利、勤俭节约的作风，这是培养孩子美德的关键一步。

知足的生活最快乐

只有懂得节制自己欲望的人，才会真正地体会到快乐。只有懂得知足的人，才有时间和心情去感受快乐带给我们的美妙感觉。快乐无价，只有懂得知足，我们才会更快乐。少一点贪婪，少一点自私，让我们学会知足，去享受生命带给我们的快乐吧！

生活就像一杯白开水，那水原本清澈透明，没有颜色没有味道，对任何人而言都是一样的。在人生漫长的时间里，你可以任意地往里加糖、加盐，只要你喜欢。

于是，便有许多人拼命地往杯子里添加各种作料，如财富、爱情、声望、职位等等。直到杯子里水的味道变了又变，到最后，这样的水喝到嘴里，味道却没有想象中的甘甜，而是又苦又涩。

几个人在岸边钓鱼，旁边有游客在欣赏美景。这时只见一名垂钓者把渔竿一扬，钓上好大一条鱼，足有3尺长，落在地上依然翻腾不止。可是垂钓者却摁着大鱼，解下鱼嘴里的鱼钩，顺手又将大鱼投进了海里。

周围观看的人群中响起了一阵惊叹声，难道如此大的鱼还不能让他满足吗？这个垂钓者的雄心可真够大的。

就在围观者屏息以待之时，垂钓者的渔竿又是一扬，这次钓上来的鱼也不小，足有2尺长。垂钓者仍旧是不看一眼，顺手又把鱼丢进了海里。

第三次，垂钓者的渔竿再次扬起，这次钓线末端钩着一条不足1尺的小鱼，围观的人们以为这条小鱼也定会被扔进大海。没想到垂钓者却将鱼解下，小心翼翼地将其放进自己的木桶里。

观看的人百思不得其解，就问垂钓者：“你为什么舍大而取小呢？”

想不到垂钓者的回答竟是：“哦，因为我家里的盘子最大的不过1尺长，太大的鱼带回去，盘子盛不下。”

欲望永远都不会完全被满足，它不停地诱惑着我们去追逐物欲和金钱，然而过多地追逐利益只会使我们迷失生活的方向。因此，做人千万不要太贪，有贪得无厌就必有得不偿失，只有适可而止、知足常乐的人才是真正的智者。

伊壁鸠鲁说：“谁不知足，谁就不会幸福，即使他是世界的主宰也不例外。”

贪婪是一种过度膨胀的私欲，许多自制力差的人会在贪婪的深渊中越陷越深。俗话说得好，贪心不足蛇吞象，欲望是没有止境的，无论是对美食、金钱还是权力等，贪婪之人的野心永远都得不到满足。因此,当欲望膨胀时,再大的胃口也无法填满,贪多的结果只能是给自己带来更多的烦恼与麻烦。

所以,我们应该明白:在生活中,就算是你可以拥有整个世界,一天也不过只能吃三餐,晚上也只能睡一张床。这是对人生真义思索后的一种醒悟,谁懂得其中的含义,谁就过得轻松、活得自在、睡得安稳,知足常乐,走路也会踏实,回首往事时也不会存有遗憾。

因此,不论是喜欢一样东西也好,或是喜欢一个位置也罢,与其让自己负累,倒不如轻松面对。放弃或者离开,表面上看来你的物质利益受到了损害,但它会使你收获内心的平静,孰轻孰重呢?人生是这样的短暂,我们纵然身在陋巷,也应享受每一刻美好的时光。

“身外物,不奢恋”是思悟后的清醒。所以,在诱惑面前切记要保持清醒的头脑,因为生活中,贪得无厌的人必会遭到命运的惩罚。

提起贪婪,《红楼梦》里的王熙凤不能不算是一个代表。

《红楼梦曲·聪明累》说王熙凤“机关算尽太聪明,反误了卿卿性命”。这“机关算尽”主要就是指王熙凤过于算计和贪婪。王熙凤的贪婪不仅造成了自己的身败名裂,同时也是导致贾府被抄家的主要原因之一。

小说的第七回有一处很不起眼的细节。周瑞家的问小尼姑智能儿,“十五的月例香供银子可曾得了没有?”智能儿说不知道。在一旁正在和智能儿玩的惜春就问:“如今各庙月例银子是谁管着?”周瑞家的说是余信。惜春听了笑道:“这就是了。他(智能儿)师父一来,余信家的就赶上来,和他师父咕唧了半日,想是就为这事了。”这段文字乍一看似乎就是智能儿的师父老尼姑净虚来取月例银子,没什么大事。可是仔细琢磨琢磨,好像不那么简单:月例银子的数目和发放时间都是固定的,所以才叫月例。按说净虚来取月例银子,应当是她主动找余信或者余信家的,怎么倒反过来,成了“(净虚)一来,余信家的就赶上来”?把月例银子给了不就完了么,怎么“和他师父咕唧了半日”呢?连惜春都想到余信家的是要对净虚说月例银子发放的事。如果按时发放,那么余信家的就没有必要对她咕唧半日。之所以咕唧了半日,看来就是月例银子出了状况,最大的可能就是要推迟,要想办法解释,还要老尼姑别问这问那,要保密。

这个谜底到第三十九回才正式揭开。由于袭人悄悄向平儿打听:“这个月的月钱,连老太太和太太还没放呢,是为什么?”平儿连忙走到袭人身旁,见附近没有别人,才悄悄说:“你快别问,横竖再迟几天就放了。”袭人笑着说:“这是为什么,唬得你这样?”平儿悄悄告诉她,这个月的月钱,王熙凤早就从账房那里支出来了,“放给人使呢,等别处的利钱收了来,凑齐了才放呢。因为是你,我才告诉你,你可不许告诉一个人去。”这个细节我们要特别注意,不是推迟几天吗,怎么又要凑齐了才放呢?关键就在“别处的利钱”几个字上。也就是说,推迟几天发放的月例银子不是王熙凤从账房里已经支出来的那些,那些银子放几天高利贷能有多少利息!而是她多处放高利贷,各路利息加起来,就够府里上上下下三四百口子的月钱了。袭人和平儿都认为王熙凤“没个足厌”(贪得无厌)。平儿说凤姐“这几年拿着这一项(月钱)银子,翻出有几百来了。他的公费月例又使不着,十两八两零碎攒了放出去,只他这梯己利钱,一年不到,上千的银子呢”。这里有几句话需要琢磨琢磨:这“翻出有几百来了”,是翻出有几百两银子来了吗?不像。因为“只他(王熙凤自己)这梯己利钱,一年不到,上千的银子呢”。所以那是指几年工夫翻了几百倍,估计至少有好几万两银子。所以第十五回王熙凤对净虚说:“便是三万两,我此刻也拿得出来。”这话还真不是吹牛。不过在对金钱的贪得无厌的追求中,王熙凤不仅逐渐陷入金钱和欲望的深潭,而且也为日后自己和家族的败落埋下了祸根。

王熙凤贪婪的结果是“反误了卿卿性命”，可惜，可叹，一位可以称得上女强人的奇女子竟因为贪婪而误了自己的终身，正可谓是聪明反被聪明误，而且给整个家族带来了毁灭性的灾难。

贪婪很难说是一种恶行，然而一切恶行都围绕贪婪而生，都不过是满足欲望的手段。贪婪的一种典型表现是虚荣，虚荣是一种被扭曲了的自尊，是自尊心的过分表现，是一种以追求物质满足为目的的错误行径。一个人一旦被虚荣或是贪婪冲昏了头脑，为了满足欲望、获得快感，常常会丧失理智，不顾后果。

赵洁原来是县城里一个十分优秀的中学英语教师，深得领导的器重和学生的爱戴。可是，在这个物欲横流的社会，赵洁每每看到周围的朋友一个比一个风光，就感觉心里不是滋味。最后实在是经受不起金钱和物质的诱惑，辞职去了一家外企公司，开始了她的白领生涯，也由此迈出了错误的第一步。她说：“走出这一步，我失去了太多，做人的尊严、内心永远的不安宁，甚至最为珍贵的纯洁的感情。”

进了外企之后，赵洁的收入明显地比以前多了好多，赵洁很是得意了一阵子。但时间一长，赵洁心里又不平衡了，因为和某些女孩子相比，赵洁的那点收入仍是小巫见大巫。尤其是面对老板情人的趾高气扬，赵洁心里就不是滋味：她一没有我赵洁漂亮，二没有我的学历高，凭什么就过着我辛辛苦苦工作也赚不来的优越生活。

后来赵洁知道一起住的一个女友经常去“坐台”，能挣来很多外快，禁不住诱惑也就去了。在虚荣心的驱使下，赵洁一步一步地走向了自己的不归路，后来，她竟然接触到了一伙毒贩子，于是极大的虚荣心又促使她去贩毒。后来被抓获归案后，她终于明白，是贪婪害了她。

过于贪婪的人往往无暇去顾及别人的感受和评价，只要是能给自己带来好处，带来荣誉的机会，他们一定不会放过，并且不计后果地采取一切手段去得到，这是一种个人主义的自私心理的表现。贪婪的人只能把自己一步步推向痛苦的深渊。直到撞到南墙，他们才会明白他们的贪婪扼杀了本该属于自己的幸福。

智者寄语

我们一定要节制自己的欲望，不可有贪得无厌的心理，一定要学会知足，懂得在知足中享受人生的快乐！

知足之人快乐一生

不同的人对幸福有着不同的感受程度。每一个人都会有不同的经历和命运，所以，得到幸福的方式也就各不相同。对进取心较强的人来说，事业成功是幸福；对历经磨难的人来说，平安是幸福；对与人为善的人来说，使别人得到帮助是幸福；对热爱生命的人来说，健康是幸福；对一个知足的人来说，每一天都是幸福。

如果把幸福比喻成一只蝴蝶，当你去追它的时候，它就会远远地飞离，但当你安静的时候，它却能降落在你的身上。忙于寻找幸福的人往往得不到幸福。

美国教育家杜朗曾经试图寻找幸福的出处，却发现：

从知识中找幸福，得到的只是幻灭；

从旅程中找幸福，得到的只是疲倦；

从财富中找幸福，得到的只是争斗；

从写作中找幸福，得到的只是劳累。

在国外一个无线电广播节目中，司仪向观众发问："现在有哪位自认为是我们的听众当中年纪最大的？"

"我想我可能是最年老的，"一位老妇人微笑着回答，"我今年已经89岁了。"

司仪说："老奶奶，您很幸福吧，因为您看起来非常快乐。您可不可以给我们这些年轻人讲讲追求幸福的要义呢？"

"我从来没有追求过幸福，年轻人，"老妇人说，"我只是好好过我的生活，保持一颗平常心，时常找个地方坐坐休息，让幸福来追求我。"

刻意寻找，得不到幸福，而你抱定一颗平常心，幸福就会登门而来。每个人的幸福程度取决于他们对人生不同的理解，而能否感知到幸福的关键，就在于是否拥有一颗平常心。拥有一颗平常心，在困难面前不气馁，挫折面前不灰心，平静地面对生活中的磨难，不抱怨，不悲叹，不放纵，不放弃。拥有平常心，也就有了捕捉幸福的眼睛。

有人认为，幸福是拥有丰富的物质生活。其实不然，古罗马哲学家西塞罗告诉人们："幸福的生活存在于心绪的宁静之中。"想以冷静的眼光看待一切，就要有一颗平常心，就要泰然处世。对物质的追求是无止境的，而贪婪是人性的弱点，不断膨胀的欲望会使人忽略眼前的幸福。心态不同，看问题的角度不同，对得失的看法也就不同。

一个拥有上亿资产的富人和一个只有1000元家当的穷人，他们同样拿出10元钱去买彩票，而且都中了1000元的奖金。穷人拿到奖金乐翻了天，这笔意外之财让他的财富整整增加了一倍；富人却为只中了区区1000元而闷闷不乐，抱怨自己的运气不好，因为他期望的是1000万元的大奖。

你看，同样是获得1000元的奖金，心态不同的人所表现出来的情绪会有如此大的差异。

幸福是一种感觉，贪婪的人得到意外之财还是不知满足，持平常心的人却能够享受生活中每一份喜悦。

禅宗师父们爱用"云在青天水在瓶"这句诗偈来启发世人，以此告诉人们要保持一颗宠辱不惊、物我两忘的平常心。在禅宗看来，平常心就是道，就是禅，这是禅宗哲学的核心。禅宗所指的平常心是一种顺其自然、不加强求的心态，也就是要睡觉时就睡觉，要坐立时就坐立，热的时候纳凉，寒的时候取暖，没有分别娇饰，超脱地对待自然生活。禅宗所说的平常心，是本性的一种全然显现。

"非淡泊无以明志，非宁静无以致远。"平常心不但是心胸豁达的表现，更是一种做人的境界。我们要学会用平常心去处理一切事物，因为人生中难免遭遇坎坷。平和的心态能消除狭隘和狂傲之气，去除浮躁和虚华，以平常心直面人生，在平静和淡定中得到人生真谛。

智者寄语

幸福的前提就是要拥有一颗平常心。保持一颗平常心吧，学会从生活中的每一角落发现乐趣和意义，在生命中的分分秒秒中体味快乐，幸福自然会相伴左右。

没有攀比，便没有烦恼

生活中，很多人的烦恼往往都是因为攀比而造成的，如果一个人总是拿自己的缺点去和别人的长处相比，就会觉得自己什么都不如别人，从而使自己陷入自卑和烦恼中。

健康的人很少关心自己的身体，即使有一个良好的体魄他也并不会因此而感到幸福，而疾病患者却能深深体会到健康的重要性；穷人也常常觉得有钱了才叫幸福，而有钱人却认为轻松自在、无忧无虑的生活才是幸福。爱攀比的人总是下意识地忽略握在手中的幸福，而对遥不可及的虚幻则神往不已。

英国伟大的哲学家、文学家培根曾经说过，一切恶行都围绕着虚荣心而行，都不过是满足虚荣心的手段。攀比很大程度上是由虚荣引起的。俗话说："人活一张脸，树活一层皮。"很多人为了"面子"不切实际地盲目攀比，不惜打肿脸充胖子，迷失在无谓的攀比中。

一只牛在草地上吃草，没留神踩死了几只小青蛙。一只侥幸从牛蹄下逃生的小青蛙找到了青蛙妈妈，告诉它，那些小青蛙被一个庞然大物踩死了。

"它很大？有这么大吗？"青蛙妈妈把身体鼓起来比画着问道。

小青蛙回答说："噢！亲爱的妈妈，那只大野兽要比这个大得多。"

青蛙妈妈深深吸气，把身体鼓得更大些，问道："它有这么大吗？"

小青蛙说："就算胀破了你自己，还没有那家伙一半大。"

不服气的青蛙妈妈把自己胀得像圆球似的："这次该和它一样大了吧？"没等说完，青蛙妈妈已经胀破了身体。

青蛙和牛本身就有很大的差别，牛即便再小也要大过拼命将自己吹胀的青蛙。认不清自己的位置，胡乱攀比，只是自取灭亡。

一个人不能认清自己，就很容易陷入彻底盲目。牛顿说他之所以看得远，是因为他站在巨人的肩膀上。这句话既是自谦，也是自知。

每个人都有自己的优点和缺点，正所谓："梅须逊雪三分白，雪却输梅一段香。"自然界中，常青树通常无花，艳丽的花常常无果。人生没有永远的赢家，不要让攀比搅乱自己的心理平衡。有人说："与他人比是懦夫的行为，与自己比才是真正的英雄。"把眼光放在自己身上，生活就会多一份快乐与满足，自己的心智也能获得更加健康而快速的成长。

在竞选一个重要职位中，一个各方面都很优秀的女孩输给了一个名不见经传的应届毕业生。那个新分配来的毕业生各个方面并不十分出众，之所以赢过女孩，得到那个职位，只是因为她的父亲是副县长。

这女孩相当不服气。回到家里，女孩气呼呼地把事情的原委说给做了一辈子农民的老父亲听。老父亲静静地听着女儿的抱怨，等她讲完了，才站起身，拿起门后的锄头，让女儿跟他下地去锄豆子。

老父亲在村西的岗地里种上了豆子，岗下是同村王叔家的花生地。由于岗下的地比较肥，花生长得郁郁葱葱，生机勃勃。

父亲站在垄头的树荫下，指着岗下问："那是什么？"

"花生地。"

“这是什么?”又一指岗上。

“豆子地。”女孩疑惑不解地看着父亲。

“哪个长得好?”

女孩看看岗上,又望望岗下,在心里比较了一下:“当然是花生长得好!”

父亲这样说道:“其实好与坏都无所谓!豆子不是花生,花生不是豆子,两样不同的东西比不出好坏来!”

女孩仍有些不解,父亲又说:“咱家的豆子能长出花生来吗?”

“不能。”

“你王叔家的花生能结出豆子来吗?”

“那也不能。”

“是啊!就像‘种瓜得瓜种豆得豆’的道理一样,不能胡乱与人攀比。做好自己的分内事就行!”

这位老父亲是睿智的,他用生动朴实的例子告诉女儿:每个人都在生活中扮演着属于自己的角色,盲目攀比的结果只会是迷失自我,最终给自己带来不必要的烦恼。

因背景不同,所以人与人之间的差距还是很明显的。有攀比心理也很正常,如果通过攀比能让自己进步,也算是一件好事;如果攀比的结果是只看到自己的短处,并因此而产生怨恨、愁闷甚至颓废、堕落,那就得不偿失了。

“人贵有自知之明。”也就是说,对待自我要有一个正确全面的认识,知道自己的优点和缺点,在待人接物时扬长避短,使自我的优势得到最大的发挥。这样就会慢慢形成一种良好的心态,凡事量力而行,不强迫自己。

智者寄语

我们每个人的心中都应该放一把客观公正的尺子,既不夜郎自大,也不妄自菲薄,了解自己的角色,才能做回自己。

第三章　淡泊名利，无欲则刚

为利欲膨胀的心减减"肥"

你或许是平凡的，但你不一定就不是幸福的。你的财富往往就是这些看似平凡的东西，只要你拥有一颗知足的心，就不会被虚荣蒙蔽你的眼睛，你才能够发现这一切，它们都不应当被你忽略。

假如在一个暴风雨的夜里，你驾车经过一个车站。车站上有三个人在等巴士，其中一个是病得快死的老妇人，一个是曾经救过你命的医生，还有一个是你长久以来的梦中情人。如果你只能带上其中一个乘客走，你会选择哪一个？

答案里面说，很多人都只选了其中唯一一个选项。而最好的答案是，"把车钥匙给医生，让医生带老人去医院，然后我和我的梦中情人一起等巴士"。

是因为我们从来不想放弃任何好处吗？就像那车钥匙？有时候，如果我们可以放弃一些固执、限制甚至是利益，我们反而可以得到更多。这里有很多关于取和舍的深层问题。

为什么我们总是难以做出割舍，就是因为我们不懂得知足，不懂得放弃。

> 据说上帝在创造蜈蚣时，并没有为它造脚，但是它仍然爬得像蛇一样快。有一天，它看到羚羊、梅花鹿和其他有脚的动物都跑得比自己快，心里很不高兴，便嫉妒地说："哼！脚多，当然跑得快。"于是它向上帝祷告说："上帝啊，我希望拥有比其他动物更多的脚。"
>
> 上帝答应了蜈蚣的请求，他把好多好多的脚放在蜈蚣面前，任凭它自由取用。蜈蚣迫不及待地拿起这些脚，一只一只地往身体上粘，从头一直粘到尾，直到再也没有地方可粘了，它才依依不舍地停止。
>
> 它心满意足地看着满是脚的躯体，心中暗暗窃喜："现在我可以像箭一样地飞出去了！"但是等它开始要跑时，才发觉自己完全无法控制这些脚。这些脚各走各的，它非得全神贯注，才能使一大堆脚顺利地往前走。这样一来它反而比以前走得慢了。

我们的生活中又有多少人像蜈蚣那样贪婪？一批又一批人前赴后继地把自己绑上欲望的战车，纵然气喘吁吁也不歇脚。不断膨胀的物欲、工作、责任、人际、金钱几乎占据了现代人全部的空间和时间，许多人每天忙着应付这些事情，几乎连吃饭、喝水、睡觉的时间都没有。

其实很多人都无法静下心来检查自己"已有的"或"曾经拥有的"，都总是"看到"或"想到"自己"失去的"或"没有的"。这当然注定了要奔波和忙碌。

也许我们这一代都太精明了。无论是待人或处事，很少检讨自己的缺点，总是记得"对方的不是"以及"自己的欲求"。到头来，因为每个人的心态正彼此相克，所以很少能如愿以偿。相反，如果这个社会中的每个人，都能够试图将对方的不是及自己的欲求尽量放一放，多多检讨自己并改善自己，那么彼此之间将会产生良性的互补作用，这也是我们所乐意见到的。相信每一个人都希望重新见到过去那种不那么功利的社会。

智者寄语

我们要学会给自己的"利欲熏心"减肥，不要让那些无谓的争端引爆了灾难的炸弹，破坏了我们的幸福。

给自己的欲望打打折

人，是欲望的动物，所以永远得不到满足，不停地为自己攫取着，最后终于沦为私欲的奴隶，把自己的心灵变成了地狱。而当一个人的人生走向终点时，他才发现，人是不会从他已拥有的东西中得到乐趣的，而另外一些东西却总是以一种魔力引诱着人去追逐，失去理智也在所不辞。于是世界上成千上万的人带着这些东西走向坟墓，悲哀而无奈。

私欲是一切生物的共性，任何生物的私欲都是无限的。人在私欲面前会交得丧心病狂，会亲手毁掉自己的幸福。正因为如此，人的不合理的私欲必须要受到社会公理、道义、法律的制约，否则这个社会就不属于正常的社会。

要求人一点私欲都没有是办不到的。从这个角度说，每个人都是自私的，但自私并不那么可怕，可怕的是私欲太盛，利令智昏，时时处处以自己为中心，以损公肥私和损人利己为乐事，一切围着自己想问题，一切围着自己办事情，在满足一己之私的过程中，不惜损害公益事业，不惜妨害他人利益。这样的人谁不怕？怕的时间长了，也就如同瘟疫一样，人们避之唯恐不及；怕的人多了，也就如过街老鼠一样，人人见之喊打。这样的人即便比别人多捞取了一些利益，也不会获得真正意义上的幸福。如果说，他们的成功充其量不过是鸡鸣狗盗的成功，没有任何值得骄傲和自豪的。

智者寄语

"点燃别人的房子，煮熟自己的鸡蛋。"英国的这句俗语，形象地揭示了那些妨害他人利益的自私行为。而这样的人，等待他们的只有自酿的苦果。

抛却功名利禄的羁绊，内心才会得到释放

"天下熙熙皆为利来，天下攘攘皆为利往。"江河中，船舶来往如织，所载之物，无非是名与利而已。自古以来，人们对名利都充满了无尽的渴求。在这个喧嚣浮躁的时代，又有多少人为了名利争得头破血流，终日地忙忙碌碌，心为刑役。追名逐利中，却不知老之将至，面对疲惫的身躯和满头华发，只能在夕阳残照中唏嘘不已，感慨着人生苦短，追悔着当初的选择，忽视了欣赏人生中的美好风景。

名利场上充满了尔虞我诈，看惯了新人笑旧人哭。过度地追求名利，牺牲了大好光阴，吞噬了健康的心灵，追恶逐臭中，很多人不觉间变得面目可憎，灵魂早已堕落到利欲熏心的可耻境界。为了日后不在痛苦与悔恨中度过，在今日，我们就应该及时收手，去追求灵魂的自由和精神的健康。我们不愿意恶意地去诋毁对名利的追求，但在生活中应该有意识地去压制那份无穷的

欲望，存一颗淡泊之心，给心灵留一片清净之地，从生活本身中寻找一份快乐。

陶渊明是中国东晋时期著名的文学家，他不仅开创了中国的山水田园诗风，而且他蔑视功名富贵，不肯趋炎附势也同样很有名。他为以后官场不得意又不想委屈心智的文人做出了一个榜样，他开创的隐居文化在中国传统文化里占据了很重要的位置。

陶渊明生于公元365年，他生活的时代，朝代更迭，社会动荡，世家大族横行不法，人民生活非常困苦。陶渊明出身寒微，虽有满腹才华却得不到当权者的重视。直到公元405年秋天，才被任命为离家乡不远的彭泽县令。这年冬天，他的上司派来一名官员来视察，这位官员的鄙俗和傲慢远近闻名，刚进彭泽县界，就让手下人去传唤县令前去参拜。

这位狐假虎威官员的颐指气使让陶渊明很看不惯，但是由于自身的官小位低，只能忍着性子准备动身。不曾想县衙的属吏却拦住了他劝道："参见这位官员要十分注意小节，衣服要穿得整齐，态度要谦恭，不然的话，他会在上司面前说你的坏话。"

陶渊明一向正直清高，无法做到别人那样的卑躬屈膝，听到属吏的劝说，再也忍不住心中的愤怒，长叹一声说："我宁肯饿死，也不能因为五斗米的俸禄，向这样的势利小人折腰。"于是，决定不再去迎接那位官员。坐在案几上提笔洋洋洒洒写了一封辞呈。之后挂冠而去，离开了只当了80多天的县令职位，从此再也没有出来做官，一直隐居在南山之中。

从官场退隐后的陶渊明，在自己的家乡开荒种田，过起了自给自足的田园生活。日子虽然过得清苦了一些，但却获得了心灵上的解放和自由。在田园生活中，他找到了自己的归宿，写下了许多优美的田园诗歌。他写农家人生活的悠然自得："暧暧远人村，依依墟里烟"；他写自己劳动的感受："采菊东篱下，悠然见南山"；他也写农人劳作的甘苦："种豆南山下，草盛豆苗稀""不言春作苦，常恐负所怀"。在这些优美灵动的诗句当中，体现了一个世人超然的形象和人生价值。

官场中少了一位官僚，文坛上多了一位文学家。陶渊明"不为五斗米折腰"的故事，成为中国知识分子刚直不阿、不附势趋炎的写照。与他同一时代的势利小人，早已在历史的烟云中化为尘埃，最终被人们所忘记。

拥有一颗超越了功名利禄的心，才能体验到人生的至高境界；拥有淡泊为大的心态，才能悠然地去品味人生中的美丽风光。身外之物的束缚，能使灵魂的智慧灵动变得枯竭。在片刻的流光溢彩之后，是无法掩饰的苍凉与悲哀。

"春有百花秋有月，夏有凉风冬有雪。若无闲事挂心头，便是人间好时节。"抛却功名利禄这些世俗的羁绊，我们就能够去欣赏春暖花开，听飞鸟掠过天空的声音，品味一杯清茶的沁人心脾，内心会得到超前的释放。

智者寄语

拥有一颗超越了功名利禄的心，才能体验到人生的至高境界；拥有淡泊为大的心态，才能悠然地去品味人生中的美丽风光。

一味追求金钱，只会让人生活在烦躁、痛苦中

现代社会流行这样一句话："钱不是万能的，没有钱是万万不能的。"因此很多人觉得，只要有了钱，就会得到种种享受，包括幸福、健康、快乐。但是，在追逐金钱的路上，我们感受到快乐

了吗？在得到金钱后，那份幻想的轻松，是否真的属于自己？

真实情况是，有很多富翁诉说自己从来没有体会到快乐。所以，我们不做金钱的奴隶时，才能获得内心那份纯真的快乐。一个最明智的人，生活得比穷人还要简单，因为他能以轻松的心态洞悉生活的美妙，让自己的心情无拘无束，不会总是因为“钱”而忧虑、烦恼。

洛克菲勒是世界著名企业家，在少年时代就接受了父亲赚钱的启蒙教育，成年之后更是智慧超凡，并最终成为全世界第一个亿万富翁。

不过，大量的金钱也让洛克菲勒感到了困惑，因为世人都骂他是一个“残酷、奸诈”的伪君子。一时间，他的形象为许多美国人所憎恨和厌恶。他也曾检讨自己是一个“除了金钱之外，一无所有的穷人”。

这些丰厚的金钱，让洛克菲勒惶惶不可终日，健康也出现了问题。有一天，洛克菲勒的一个好朋友对他说：“你的家产像大雪球一样往上翻滚，可是你有没有发现，你和过去变化很大？你每天都是考虑着这些钱，你感受过一点快乐吗？所以，你不要总是想着‘钱钱钱’，而是应该看看其他东西，别让金钱蒙蔽了你的双眼。”

不仅如此，这位朋友还建议他：为了人类的利益，成立一家永久性的慈善机构，来管理、支配他的一部分财产。

朋友的话，让洛克菲勒茅塞顿开。因为，他自己也感受到：一个人能够花钱得到的真正等价物，就是培养一种情趣，从而使其产生持久、积极的效果。财富是上天所赐，自己只是这笔财富的保管人而非拥有者。

想明白了这一点，洛克菲勒就不再总想着企业效益，而是拿出了自己的数百亿资产，开始回馈社会。他支持教育、卫生和科学研究事业，以回报社会，帮助更多人战胜穷困。当然，洛克菲勒先生终于获得了世人的肯定与尊敬。而他的内心，自然也是无比充实与快乐。

金钱对于幸福有着重要作用，这一点不可否认。但有时候，金钱却没有任何价值。在涉及感情、自尊、平等和自由时，即使再多的金钱也换不来这些。正因为如此，如果我们始终摆不正金钱的位置，那么快乐自然与自己无缘。君子爱财，取之有道。得到的欣然接受，失去的坦然放手，在增多与减少、收获与付出、得到与失去、喜悦与惆怅之间收放自如，这样你才能感受到生活的美妙。

卡耐基说：“为所有而喜，不为所无而忧。凡事往好的一面去想，这种习惯比收入千金还好。”其实，人生只是一段平常的旅程。我们总对金钱有那么多欲望，是因为我们忘记了平常的生活所蕴含的美好和珍贵。真正的人生，是一种对纷繁诱惑的超越，对生命的透彻领悟，以及一种内心坦荡明朗的境界。而对金钱过分贪婪的人永远不会满足，永远觉得自己挣得还不够多，自己活得太苦太累，活得暗无天日。这样的心态，又怎能体会到快乐，怎能让心理健康？古语说：“身安不如心安，心宽强过屋宽。”一个控制了对金钱贪婪的人，一个能自觉地消除贪婪的人，必然是一个快乐的人、理性地走向成功的人。所以，请务必记住：生活原本可以很美丽，读一本书，看一场精彩的电影，在一个月朗风清的晚上散散步，都可以体会到一种超越喧嚣凡尘的快乐。而一味锁定“金钱”，只能让你在烦躁、痛苦之中万劫不复。

智者寄语

一个最明智的人，生活得比穷人还要简单，因为他能以轻松的心态洞悉生活的美妙，让自己的心情无拘无束，不会总是因为“钱”而忧虑、烦恼。

不要追求那些遥不可及的东西

财富和幸福的定义是一个多元的概念，但是，在这个浮躁的时代中，我们很多人却没有静下心来去思考这个问题，终日的忙碌，追求的财富只是一些物质的满足，把流行的财富标准当成自己的目标，从而陷入了盲目追求的状态。如今流行的财富标准是"五子登科"，于是，很多人就开始了房子、车子、位子、妻子、儿子的追求，给身体增加了太大的压力，本来轻松的生活变成了沉重不堪的负担。流行是一种软暴力，在这个软暴力的统治之下，每个忙忙碌碌的躯体都将变得十分压抑和疲惫。

追求幸福是每一个人必须拥有的追求，但是，如果按照别人的曲调来进行演奏，那么积极追求的却是一个虚无缥缈的概念，不能倾听内心真正的需求所发出的声音，自己所拥有的幸福也会随着时间在焦灼中迅速消失，最终落得个竹篮打水一场空的下场。其实，真正的财富并不是使人眼热的别墅钞票、香车美人，而是我们眼下所拥有的东西，比如健康、生命、青春、爱情等。古人常说知足常乐，知足的前提绝不是尚未得到的，而是眼下拥有的。我们在物质生活上能够做到不奢求、不贪婪，就会在生活中多一份宁静，少一份牢骚，对生活也会抱有信心，人生的画面上就会画满放达、乐观和宽阔的色彩。

在一个村子里，住着一对清贫却不失恩爱的老夫妇。有一天，老头牵着家中唯一值钱的马去了集市，想换点儿有用的生活用品。在集市上，老头先是用马换取了一头母牛，又用母牛换了一只羊，再后来又用羊换来了一只大肥鹅。随后又用肥鹅换了一只老母鸡，最后却用老母鸡和别人的一袋子烂苹果作了交换。

有两个城里人看到这一幕感到十分惊讶，认为老头简直就是疯了。老头告诉他们说，在他每一次换东西的时候，心里面都在想着要给老婆一个惊喜。两个城里人听到之后，不由自主地哈哈大笑起来，认为这个老头傻得有点可爱。他们说："像你这以大换小的交换方法我们还是第一次看见。回到家里别说你老婆会高兴了，说不准非换一顿揍不可。"老头笑眯眯地说不可能，自己的老婆自己还是比较了解的。城里人说："如果你的老婆自始至终都比较高兴的话，我们就输给你一袋子金币，如果稍微有点不高兴的话，你输给我们一个金币怎么样？"老头答应了，之后就领着两个城里人回了家。

回到家里，老头告诉了老太太换东西的经过，老太太一直笑眯眯地听着。每讲完一次交换经历，老太太都像发现新大陆一样兴奋，嘴里还不时地说着："哦。我们有牛奶喝了。""羊奶更有营养。""鹅毛多么好看呀。""我们以后就不用去集市上买鸡蛋了。"口吻中充满了对老头的肯定和欣赏。

最后，老头告诉老太太，换回来的是一袋子烂苹果，老太太照样是乐呵呵的，一点也没有恼怒的意思，说："今天晚上我就可以给咱们做苹果馅饼吃了！"

两个城里人看到之后傻了眼，不明白老太太为什么对这得不偿失的交换也会感到满意，但是又不得不履行诺言，输给了他们两个人一袋子金币。

俗话说："人心不足蛇吞象。"世界上有太多的人在无穷的欲望中浪费了青春，失去了生命，败坏了心情。理学家朱熹曾经说过："凡名利之地，退一步便安稳，向前一步便危险。"这些都是告诉我们不要孜孜以求地追寻一些遥不可及的东西，要怀着一颗超然淡泊的心来看待这光怪陆离的世界。

其实很多的追求并不是我们所需要的，我们需要的只不过是别人羡慕的目光，内心的评价。因为当我们看到别人如坐春风、扬扬得意的时候，心理上也有着难以名状的失落。在这个时候，我们就会忘记一个比较浅显的道理，满足自己的需求远比满足别人的眼光重要。人生最大的成功是认识并超越自己，而人生最大的财富，是眼下拥有的一切。

智者寄语

我们在物质生活上能够做到不奢求、不贪婪，就会在生活中多一份宁静，少一份牢骚，对生活也会抱有信心，人生的画面上就会画满放达、乐观和宽阔的色彩。

舍弃功名利禄的争夺，享受快乐宁静的生活

鱼与熊掌不可兼得。外在的功名利禄和内在的道德品质之间往往会形成一种矛盾，不断追求卓越的我们在选择时可能陷入暂时的迷茫之中，在选择的岔口边徘徊许久，难以掩饰心中的不安和犹豫。上天赐予了我们选择的权利，却又剥夺了兼有的权利，常会使人感到左右为难。地位与才华、权势与道德的斗争中，被现实冲昏了头脑的我们很可能会去选择权势与地位，来满足自己的虚荣心，获得一时的志得意满。

得到权力和地位，就意味着得到对社会资源的话语权，能够改善生活条件，获得他人的恭维与奉承。然而，前呼后拥、起居八座的赫赫权势，一人之下万人之上的社会地位毕竟属于身外之物，得之不易，失去却很容易。古往今来，有太多的人在宦海沉浮中翻身落马，身首异处，高官厚禄不保，还落得个臭名远扬。沉溺于功名利禄、繁华喧嚣的争夺，倒不如抽出身去，将上进之心用于道德才学的修养中。知识才是恒久的财富，哪怕世事变迁、人事更迭，我们的精神世界、道德修养、知识能力，任何外力都是无法剥夺的。那些经历过人生跌宕起伏的文豪们，给我们留下深刻印象的，不是宦海中的经历，而是那些脍炙人口的文章。

曹丕和曹植都是我国古代著名的文学家和诗人。但是人们对于曹丕的认识大多只停留在他的篡汉自立和欺兄逼弟的七步诗上。很少人能够联想到他所作的《燕歌行》《与吴质书》来，尽管曹丕的文采灿烂，但人们更喜欢曹植的作品。

曹丕称帝后，不能做到与兄弟们有福同享，反而对他们进行无情的摧残和打压。登基之后，借口曹植在父亲病重期间没有前来探望，派使者去临淄向曹植问罪。使者来到临淄发现曹植没有走出府邸跪地迎接，心下不快，大声地对他进行呵斥。桀骜不驯的曹植难以接受使者的侮辱，就让手下人把使者抓起来狠狠地打了一顿。

使者狼狈逃回洛阳，来到曹丕面前添油加醋地对曹植进行诬陷。一直对弟弟耿耿于怀的曹丕听后怒不可遏，把曹植召进洛阳，决定要治曹植死罪，但是又找不到正大光明的理由，只能用卑鄙的伎俩。他对曹植说："人们都说你曹子建才高八斗，能出口成章。依我看不过是徒有虚名罢了。为了看看你是否有真才实学，你就以兄弟为题，在七步之内作诗一首，如果作不出来，就杀掉你。你可不要怪我不讲兄弟的情分了。"

曹植知道哥哥是在故意为难自己，但是无可奈何，只好从命。顷刻间，一首流传千古的《七步诗》从他的口中吟出来："煮豆持作羹，漉菽以为汁。其在釜下燃，豆在釜中泣。本是

同根生,相煎何太急!"诗成之后,众人听了无不动容。曹丕听了,也深有愧色。这时候,他们的母亲从大殿后面跑出来,哭着说:"你已经害死了我的任城王,难道连我的临淄王也不想放过了吗?"为了不激起众怒,曹丕只好把曹植放了。

曹丕不是一个没有一点能力的人,他的综合能力比曹植强许多。无论是政治还是文学上的成就,在历代帝王中,曹丕也称得上凤毛麟角。但是,却因为对于权势过于看重,对骨肉兄弟进行残忍的迫害,种种卑鄙的行径为很多人所不齿。最终,曹丕赢得了权势,却失掉了人心。才华出众、性情天真的曹植,虽然在政治上不如意,在权力的角逐中失败了,但是却赢得了历史。他的《七步诗》《洛神赋》等诗歌,一千多年来一直被人传诵着,受到了很多人的热爱和尊敬。

面对权势和地位,用一种超然洒脱的态度来看待它,保持着一份旷达的心态,能够静下心来默默地泡一杯茶,读上几卷书,这是多么的惬意。

智者寄语

生活在现在这样一个色彩纷呈、乱花迷眼的社会中,我们不要被名利蒙上双眼,误入歧途。时刻保持着内心的淳朴,才能有快乐宁静的生活。

看淡名利富贵

中国古代传统思想从人的价值在于义的基本观点出发,认为荣辱不在于富贵贫贱,而在于道德的高下,不以富贵为荣、贫贱为辱,而以有德为荣、无德为辱。如荀子说:"先义而后利者荣,先利而后义者辱。"王符说:"宠位不足以尊我,卑贱不足以卑己……君子未必富贵,小人未必贫贱。"所以求荣避辱,应该在道德修养上努力,而不是一心去追求富贵。

东汉时昌邑县的县令叫王密,是由杨震推荐的。王密为了感谢杨震,并希望将来继续得到他的提拔,就在夜晚带着厚礼去拜见他。

王密见到杨震后,拿出了十斤黄金。杨震见此,对王密说:"我知道你是个怎样的人,推荐了你,你怎么不清楚我是怎样的人呢?"

王密说:"你别说这些了。我给你送点儿礼,是要向你表达一下我的心意,你就别客气啦。反正深更半夜,不会有人知道,你就收下吧!"

杨震脸上露出很不满意的神情,对他说:"天知道,地知道,你知道,我知道。你怎么能说没有人知道呢?要想人不知,除非己莫为。为人要坦白诚实,这才是聪明人的做法。"王密听了,羞愧万分,只好拿着黄金退了出去。

杨震后来做了好几年的太守,始终是两袖清风。家里人吃的蔬菜全是自家种的,外出也从不坐公家的轿子。有个朋友对他说:"为了子孙后代,你多少也该积累点儿家产呀。"

杨震笑着回答说:"让我的后代做个清官的子孙,这份家产还不够阔气吗?"

有的人认为杨震这样很傻,但更多的人认为,杨震才是真正的聪明人。

人活在世上,很多事情要看得淡些才好。现代社会不像古代,古人讲究义不讲究利,认为义与利是矛盾的。我们今天的人既讲究利,也讲究义,义与利并不矛盾,也不可分,都是幸福生活的重要组成部分。然而,我们要学习古人的精神,对于利,不要过分看重,却也不要仇视。须知,过分求利就会给我们自身套上枷锁，使我们很难再关心其他的东西。相反，如果我们能够看得淡一些，就会有很多意外收获，还会多交很多朋友，何乐而不为呢？

智者寄语

过简单生活不仅仅意味着费用的削减，更是一种新的生活态度与新的生活思考方式。

淡泊人生是生命的至高境界

淡泊是人生的一种坦然，坦然面对生命中的得失；淡泊是人生的一种豁然，豁然对待人生中的进退；淡泊是对生命的一种珍惜，珍惜眼前从不好高骛远。淡泊可以使你真正地享受人生，在平静中体验欢乐，在恬淡中充实自己。

淡泊的人生是一种享受。守住一份简朴，不再显山露水；认识生命的无常，时刻保持一种既不留恋过去，又不期待未来的心态。宠辱不惊，去留无意。走一程蓦然回首，你会发现，其实幸福就在平凡而真实的生活中。淡泊人生，并非消极逃避，也非看破红尘，甘于沉沦。

古代有一个王国，国王刚刚登基，外族都不臣服，经常犯边滋扰。于是，国王召开会议，决定用武力使四夷臣服，进而安定边疆。

国王做好了决定就颁布诏书，民间若有肯为国出力者，皆有重赏。不出十天，有三个年轻人应召而来。高个子的叫若木，善骑术；矮个子的叫宾蒂，善射术；中等个的叫天定，善于谋略。国王择日让他们三个带领大军开赴边疆了。

日子不多，边疆的喜讯不断传来，三个年轻人屡建奇功。一个月以后，边疆得到了安宁，四夷全都臣服。得胜之师回到都城，国王要给将士论功行赏。

国王对三个年轻人说："有什么要求尽管说！"

若木说："我要做大将军，为陛下镇守边关！"

宾蒂说："我要做尚书，替陛下分担国事！"

天定却说："我一不当官，二不领兵，三不要钱。我只希望陛下能赐我一群牛羊和一片牧场！"

国王很惊诧，不过还是一一满足了三个年轻人的要求。

过了若干年，天定正在牧场上吹着笛子，欢快地放牧牛羊的时候，消息传来，若木和宾蒂因为权势熏天，遭到了国王的猜忌，全都被害入狱了。

淡泊是一种境界，要做到真正的淡泊，没有极大的勇气、决心和毅力是做不到的。

人生贵在淡泊。古往今来多少高雅君子、哲人名士，终其一生，心中都在向往或是操守着淡泊的心境。

"采菊东篱下，悠然见南山"，陶渊明算得上是个淡泊者；"一箪食，一瓢饮，不改其乐"，凭着淡泊，颜回成了千古安贫乐道的典范；钱钟书学富五车，闭门谢客，静心于书斋，潜心钻研，著书立说，留下旷世名篇；齐白石晚年谋求画风变革，闭门十载，破壁腾飞，终成国画巨擘。

是啊，只有心境平和，心态平常，心绪平静，才能真切地感受到生活的幸福与快乐、安详与宁静。

人生本来极短，像流星划过天空一样。这么短暂的人生，何必为世间物所累？

在生活中放下思想包袱，不必为已经找不回来的东西徒劳，更不要为它心累。换句话说，千万不要把不愉快的心情堆积在心里，让我们给心灵做个大扫除，把沉重的东西统统丢掉，轻装上阵，用轻松的心情迎接每一天。

然而这个世界有太多的诱惑，有太多欲望满足不了的痛苦。一个人要以清醒的心智和从容的步履走过悠悠岁月，他的精神中必定不能缺少淡泊。否则，他不是活得太忧郁，就是活得太无聊。淡泊，不是不求进取，不是无所作为，不是没有追求，而是以一颗纯美的灵魂对待生活和人生。“不以物喜，不以己悲。”让我们的心境离尘嚣远一点，离自然近一点，淡泊就在其中。这或许是人生的另一个境界，能做到的人又能有几个呢？

淡泊人生，生命难得恬淡，难得从容。得之淡然，失之坦然。

人的一生兴衰荣辱，得失进退，谁也不能掌控，唯有保持一份淡泊的心胸，才可以在人生的大起大落中免受伤害。

拥有一份淡泊的心境，不是做现实主义的逃避者，而是在充实有意义的工作和学习之余，多一份清醒，多一份思考。人生在世，往往不会一帆风顺，有进有退，有荣有辱，有升有降，有高潮，也有低谷。如果我们认识到平淡是真的道理，那么我们在任何时候都会保持心理平衡，做出明智的选择。

做人要有几分淡泊，淡泊是一份豁达的心态，是一份明悟的感觉。淡泊为人，才活得自我，才把自己的本色演绎得精彩。

人生短暂，与浩瀚的历史长河相比，世间的一切恩恩怨怨、功名利禄皆转瞬即逝。福兮祸之所伏，祸兮福之所倚，大可不必太在意人生历程的潮涨潮落。只要悟透了其中的禅机，便会豁然开朗。

智者寄语

淡泊是一种修养，一种气质，一种境界。淡泊使人心更加宁静，更加自由，没有羁绊。淡泊者不慕名利，超然物外，超越自我，在遭受挫折时仍有与花相悦的从容。

名声是短暂的

纵观历史长河中的许多人物，不管他们有多么大的丰功伟绩，还是很快就走到了生命的尽头。所以，不管生前你拥有多少名利，死后都将化为虚无。可是，在现实生活里，人们却看不透名利的短暂，还总是为了名利钩心斗角、拼死争夺。

总有一些人没有目标，做着一些对自己、对别人都毫无益处的事情，却不明白自己身上真正的本性是怎样的，有一点虚名就会沾沾自喜。其实，在做事情之前，一定要弄清楚自己的本性是什么，然后遵从自己的本性来做事。一定要记住，你做的每一件事都要以这件事情的本身价值来进行判断，你才会对当下命运的安排和生活的赐予感到满足。

一些过时的词语现在已经不用了，同样，那些曾经声名显赫的人名到如今在某种意义上也被忘却了。例如，古希腊罗马的名人卡米卢斯、恺撒、沃勒塞斯、邓塔图斯以及后来的西庇阿、加图、奥古斯都，还有哈德里安和安东尼，他们的事迹在死后很快变成了传说，之后他们也就被人们完全忘记了。

这些历史名人尚且如此，更何况是普通人。普通人一旦呼吸停止了，别人就不会再提起了。

所谓的“永恒的纪念”也只是虚无罢了。所以,智者早就放弃了对名利的追求,即使他们偶然获得了荣誉,也完全不放在心上,他们会淡化自己对于名利的渴望和与人攀比的虚荣心。

居里夫人因取得了巨大的科学成就而天下闻名,她一生获得各种奖章16枚,各种名誉头衔117个,但她对这些全不在意。

有一天,她的一位朋友来访,忽然发现居里夫人的小女儿正在玩一枚金质奖章,而那枚金质奖章正是大名鼎鼎的英国皇家学会刚刚颁给她的。这位朋友不禁大吃一惊,忙问:“居里夫人,能够得到一枚英国皇家学会的奖章是极高的荣誉,你怎么能给孩子玩呢?”

居里夫人笑了笑说:“我是想让孩子从小就知道,荣誉就像玩具,只能玩玩而已,绝不能够永远守着它,否则将一事无成。”

1921年,居里夫人应邀访问美国,美国妇女为了表示崇拜之情,主动捐赠1克镭给她。要知道,1克镭的价值是在百万美元以上的。这是她急需的。虽然她是镭的母亲——发明者和所有者(但她放弃为此而申请专利),但她买不起昂贵的镭。

在赠送仪式之前,当她看到《赠送证明书》上写着“赠给居里夫人”的字样时,她不高兴了。她声明说:“这个证书还需要修改。美国人民赠送给我的这1克镭永远属于科学,但是假如就这样写,这1克镭就成了我的私人财产,这怎么行呢?”

主办者在惊愕之余,打心眼里佩服这位大科学家的高尚人品,马上请来一位律师对证书进行了修改。之后,居里夫人才在《赠送证明书》上签字。

居里夫人的成就在科学史上是空前的,可是她早就看淡了名利,这并不是人人都能做到的。人的行为都是受欲望支配的,可欲望是无穷的,尤其是对于外部物质世界的占有欲更是强烈得似无底深渊。

智者寄语

人的占有欲往往在外部事物的诱惑下被强烈地激发出来。虽然人们承认欲望的存在,却并不代表肯定欲望本身。永无休止的欲望只会给人们带来更深重的灾难,所以我们要竭力避免和舍弃对名利无休无止的渴望。

无欲无求得心安

我们生活在世上接受教育的目的是什么呢?难道是为了得到别人口头上的称赞吗?当然不是,其实在这个世界上真正值得称赞的并不是那种虚无的名声,而是自己分内的、应该做好的职责。

人的一生是短暂的,很快我们就将化为灰尘,或者一具骷髅,或是一个名字——甚至连名字也没有。既然生命如此短暂,那在生活中被我们高度重视的东西也就是空洞的、易朽的和无足轻重的,至于那在可怜的肉体和呼吸之外的一切事物,既不是属于我们的也不是我们力所能及的。

有人问智者:“白云自在时如何?”智者答:“争似春风处处闲!”意思是那天边的白云逍遥自在的时候什么样呢?智者回答说,白云逍遥自在时,就会像那轻柔的春风一样,内心充满闲适,本性处于安静的状态,没有任何的非分追求和物质欲望,放下了世间的一切。

保持自己的理性，放下世间的一切假象，不为虚妄所动，不为功名利禄所诱，我们才能体会到自己真正的本性，看清本来的自我。否则我们只能使自己的心灵处在一种烦恼不安的状态之中。

县城老街上有一家铁匠铺，铺里住着一位老铁匠。时代不同了，如今已经没人再需要他打制的铁器了，所以，现在他的铺子改卖拴小狗的链子。

他的经营方式非常古老和传统。人坐在门内，货物摆在门外，不吆喝，不还价，晚上也不收摊。你无论什么时候从这儿经过，都会看到他在竹椅上躺着，微闭着眼，手里拿的是一只半导体收音机，旁边有一把紫砂壶。当然，他的生意也没有好坏之说。每天的收入正好够他喝茶和吃饭。他老了，已不再需要多余的东西了，因此他非常满足。

一天，一个文物商人从老街上经过，偶然间看到老铁匠身旁的那把紫砂壶，因为那把壶古朴雅致，紫黑如墨，有清代制壶名家戴振公的风格。他走过去，顺手端起那把壶。壶嘴内有一记印章，果然是戴振公的。商人惊喜不已，因为戴振公有捏泥成金的美名。商人端着那把壶，想以10万元的价格买下它，当他说出这个数字时，老铁匠先是一惊，然后很干脆地拒绝了，因为这把壶是他爷爷留下的，他们祖孙三代打铁时都喝这把壶里的水。

虽然壶没卖，但商人走后，老铁匠有生以来第一次失眠了。这把壶他用了近60年，并且一直以为是把普普通通的壶，现在竟有人要以10万元的价钱买下它，他转不过神来。

过去他躺在椅子上喝水，都是闭着眼睛把壶放在小桌上，现在他总要坐起来再看一眼，这种生活让他非常不舒服。特别让他不能容忍的是，当人们知道他有一把价值连城的茶壶后，来访者络绎不绝。有的人打听还有没有其他的宝贝，有的人甚至开始向他借钱。他的生活被彻底打乱了，他不知该怎样处置这把壶。

当那位商人带着20万元现金，再一次登门的时候，老铁匠没有说什么。他招来了左右邻居，拿起一把斧头，当众把紫砂壶砸了个粉碎。现在，老铁匠还在卖拴小狗的链子，据说他已经106岁了。

人无欲则刚，人无欲则明。无欲能使人在障眼的迷雾中辨明方向，也能使人在诱惑面前保持清醒的头脑，不丧失自我。

智者寄语

在这个充满诱惑的花花世界里，真正做到没有一丝欲望，像水一般平平淡淡、毫无牵挂的确很难。要想做到“无欲”，首先要有一颗静如止水的心，不受外界事物打扰，好好地坚持走正确的道路。心淡如水是生命褪去了浮华之后，对生活中那些细微处的感动。只有用感恩的心生活，在一种平静流动的幸福中度过一生，才能在人生感悟之中找寻到生命的意义所在，才能做到不为“欲”所牵连，不为“欲”所迷惑，在欲望充斥的浊世之中保持心中的一方净土。

欲望会让人的心灵变得空虚

我们在追求快乐的途中，欲望永远都只是生命的沉重负荷。多一分欲望就少一分快乐，与之相反，少一分欲望也就多一分快乐。我们时常感觉活得累，其实就是因为我们所求的太多。我们总希望拥有得越多越好，不断地索取，心灵自然也就无法得到休息。列夫·托尔斯泰说："欲望越小，人生就越幸福。"这话蕴含着深邃的人生哲理，告诫我们做人不要太贪婪。

莉莎生活在一个富有的家庭中。有一次，莉莎正在院中独自玩耍，忽然从外面进来一个年纪和她差不多的女孩，她叫劳拉。劳拉穿着破旧的衣服，提着一个篮子来送奶油和面包。她看见莉莎就说："你穿得好，吃得好，又不用受生活的苦，整天在家逍遥自在，多快乐。"

莉莎说："我哪比得上你快乐啊？虽然我住得好、穿得好、吃得好，但我并不快乐。你若愿意，我们对换一下吧！"

于是两人真的脱下各自的衣裳，彼此交换，莉莎拿着劳拉的篮子，往她家走去，劳拉则进入莉莎的家里。劳拉的母亲一见莉莎，就说："这身衣服是我孩子的，但你却不是我的孩子。"于是莉莎就把这件事详述了一遍。这位穷太太立即写信通知莉莎的母亲快来领回孩子。莉莎的母亲回信说："既然我们的孩子都觉得自己受了委屈，不如让她们换着看看吧。希望你对待莉莎要像对待你的孩子一样，我对待劳拉也是如此。"

莉莎从没有动手做过事，这下子她有很多家务都要做了，吃粗茶淡饭，住简陋的房子，她只住了一天就喊着要回家；而劳拉刚到莉莎家里，样样都要守规矩，又不能外出玩耍或弄脏衣裳，觉得十分难过，也想要回家。于是，隔天两人早餐都没有吃就跑了出去，路上彼此相见，把衣服换回，各自回家了。

欲望是生长在人们心灵上的一颗毒瘤，它禁锢和压迫着人的灵魂，它关闭了通向愉快和幸福生活的大门。人的需求其实是有限的，但人的欲望是无限膨胀的。一个人应该学会尽量满足自己的需求，尽可能地抑制那无限膨胀的欲望，顺从自然的本心，才能收获快乐的生活。

你的房子再多再大，你也只能住在一间屋子里，也只能躺在一张床上睡觉；把世界上所有的山珍海味都摆在桌子上，你所吃到的也只是填饱自己的肚子；鞋子有无数双，也只能穿一双在脚上；衣柜里挂满了各式各样的高档名牌时装，也只能穿一套在身上；汽车有无数辆，也只能开着一辆在街上跑……

每一个人都有选择自己生活方式的权利，这无可厚非。如果你对财富的欲望无限膨胀，就会影响你的健康、爱情、婚姻、家庭、快乐，就会让你整天为此疲于奔命、寝食难安，带给你无限的烦恼。如果这种欲望变成了无法满足的贪欲时，就会毁掉你的一生。

为什么不抛弃欲望的重负，轻松愉悦地享受人生呢？当生命走到尽头时，回首往昔，如果头脑中只剩下金光银影，却没有美好的欢愉，那岂不是毫无色彩可言？让自己活得轻松快乐一些吧！在纷繁复杂的现代社会，保持内心平静，摆脱忧虑，才能得到健康快乐。

人常常不懂知足，看别人的东西总比自己的好，却忽略了知足是生命中最大的快乐来源。贪心会使人陷入深不见底的沟壑，沦为物欲的囚徒，最终失去快乐、自由与平和的心境。

智者寄语

有时候我们想得到更多的东西，欲望便成了自己的枷锁，成了埋葬自己的坟墓。一个人即使拥有得再多，也不可能占有整个世界。一个人的欲望越多，他的精神也就永无宁日，离快乐也就越远。

别让金钱断送自己的幸福

“人为财死,鸟为食亡”,历史上的众多典故、现实生活也在常常印证这句话的真实性,对金钱的渴望、对物质垂涎、对幸福翘首……欲望太多,就演变成了贪婪。

贪婪好像一朵艳丽的花朵,美得你兴高采烈、心花怒放,可是你在注意到它美艳的同时,却忘了提防它的香气,那是一种让你身心疲惫却永远也感受不到幸福的毒气。从此,你的心灵因迷求而茫然,你的双眼因虚荣而模糊。

人人都有自己的眷恋,只是程度有深有浅。眷恋少者明白金钱买不到幸福,但沉迷于物质欲望之网的人被金钱束缚得越来越紧。金钱于我们的生活而言,确实很重要,但金钱不是万能的。拥有过多的金钱也并非是一件好事,有时候反而会要了人的命。但是,如果把这种欲望变成不正当的欲求,变成无止境的贪婪,那我们就会无形中成了欲望的奴隶。

一个经商手段非常高明的商人赚了很多钱。无论什么事他都要先仔细算一笔账,但凡是能盈利的,无论多少,都要不择手段地达成,而无利可图的买卖是绝对不做的。久而久之,引起了大家对他的反感。

一天,他听说附近的村庄发生了火灾,许多村民的存粮被烧了,他立刻到村北去高价兜售粮食。路上要经过一条河,由于粮食太多,仆人担心船承受不了,但商人却说赚钱不等人,执意要把粮食全部装到船上,结果刚到河中央,船就沉了,商人掉进了水里。这时,他看到一条渔船驶过来,连忙喊道:“船家,快救我,我会报答你的。”

船家本来就是赶来救人的,一看是他,却停了下来,故意不救,想让他多吃点苦头。

商人一见船家无动于衷,连忙出价道:“我给你半吊钱!”

船家还是不动,商人赶紧加价:“一两银子!”“二两!”“五两!”……

船家本来只是想让他吃点苦头,并不想要钱,但随着商人不断加价,他不禁起了贪心,想再等等,说不准商人出价更高。商人最后急了,在水里掏出算盘噼里啪啦算了一通,最后,艰难地说:“20两,再也不能……”还没说完,就已经沉到水里去了。

对待金钱要拿得起放得下,因为金钱本身没有力量,只在使用和流动中增值,产生无尽的力量。对于我们来说,钱不能只用来满足自己的口腹之欲,不能只用来购买高价的奢侈品,不能只用来铺张浪费,而应该科学合理地使用金钱,让金钱发挥出更大的价值。

智者寄语

如果能够潇洒、正确地对待金钱就能延长生命,不然,金钱也不过是吸食生命的黑洞。

摆脱虚名

受生活中某些观念的影响,许多人都将追求功名利禄作为自己的人生目标。在这样的观念中,功名的薄厚程度就变成了评判生活美妙与否的唯一标准。因此,人们便在这样的不断追求之中愈陷愈深,宝贵的人生就在这患得患失中匆匆而过,根本没有时间和机会去品味其中的内涵。

可以说，追求虚名是人生最大的硬伤。人世间，众多的名名利利、是是非非搅得我们深陷其中，大部分人都只知道虚名所带来的荣耀，却不知道其中所蕴藏的痛苦。为了博得虚名，我们劳心、劳力、劳神；为了博得虚名，我们计划、奔波、忙碌；为了博得虚名，我们猜忌、争斗、耍诈；为了博得虚名，我们放下身段去做溜须拍马的人。我们总是在没有博得虚名的时候努力去争取虚名，却又在得到之后战战兢兢地担心它突然失去或者化作泡影。

我们为了这些东西而终日奔波、绞尽脑汁。殊不知，所谓的名利是非不过是过眼云烟，转眼即逝。

一天，一位修行之人见到了佛祖，修行之人问："我有几个问题想向佛祖请教，不知您是否肯点化给我听。"

佛祖笑道："我们都是度人之人，你有什么不明白的可以讲来一听。"

修行之人问道："不知道您认为人类最大的烦恼是什么？"

"为名利而活，又为名利所恼，因而永远无法静心。"佛祖接着说道，"世事万物皆在因果之中循环，他们用身心的疲惫换来了金钱，最终必定还得再用金钱去换取健康。对未来的忧虑让他们忘却了眼前的美好，所以，他们既无办法活在当下，也没有办法去活以后。在矛盾之中不能抽身，这就是最大的苦难。"

"那么，佛祖，您有什么忠告要告诫世人吗？"

佛祖说道："万物皆由心生，为了幸福，他们应该知道，一生中最有价值的财富不是看得到、听得见的名利，而是一颗健康的心；一切因果皆有定数，过好自己的生活，不要去与人攀比；心满则一切皆满，幸福的人并不拥有最多，而是需要最少；他们应该知道，名利可以换来任何东西，唯独不能换来欢愉的心；最主要的，他们还应该知道，上天在赋予了人们各种美德和聪慧的同时，也把名利、是非注入了人的身体，于是这些固有的心病便成了悬崖与深渊，会将许许多多的人挡在幸福的大门之外。其实，那些虚名和利禄乃身外之物，要想活得轻松，就别将名利计在心头。"

世间的事物都像流水不是静止不变的，而是无时无刻不在潺潺地流动着。那些所谓的名利即使是暂时抓在了手里，也不见得就是永恒的所依。但是，虽然很多人都知道这个道理，却很少有人能够躲过虚名所设下的美轮美奂的陷阱。终生为了虚名所累，永远无法找回心灵的纯真。其实，即使我们不去追赶太阳，只要用心对待生活，阳光也依旧会照耀到我们的身上。

爱因斯坦是国际知名的大科学家，然而他却并不在乎那些名利所带来的荣耀和光辉。

在一次旅行中，爱因斯坦所乘坐的航船的船长认出了他，船长急忙让出全船最精美的房间来招待他，结果，爱因斯坦并没有接受船长的好意，并表示自己也是一个平凡的人，与他人并无差异，所以不愿意接受这种特别优待。爱因斯坦说："除了科学之外，没有哪一件事物可以使我过分喜爱。"这种虚怀若谷、坦然率真的人品，成就了他的伟业。

淡泊名利、无求而自得才是一个人走向成功的起点。一个人只有将心态放平稳一些，将名利看淡一些，才能在自己应该做并且真正想做的事情上发挥出最佳的水平，成就也就会在不经意间自然而然地显现出来。这种自然而然的获得要比刻意的追求来的轻松得多，也有价值得多。

智者寄语

人生在世，不仅要有豁达、开朗的胸襟，而且要有健康的心灵和正确的追求。把那些所谓的虚名看淡一些，方能超然物外，活得轻松自在。

从容面对身外之名

“世人都说神仙好，唯有功名忘不了”。人人都想活得轻松一点，潇洒一点，快乐一点，但大多数人终其一生也难得潇洒。因为他们总是被一些东西束缚住了手脚，纠缠在复杂的关系中，失去了一颗自由的心，将人束缚起来的东西，就是功名利禄。

在很多人眼中，功成名就就是人生的目标，似乎功名愈多，人生也就愈美好。其实，功名就像是一副用花环编织的罗网，只要你进去了，你就无法自在与逍遥。

洞察世事的戏剧大师莎士比亚说：“名誉不过是葬礼时的点缀而已。”在超脱的佛教高僧看来，名誉地位更是灵魂获得自由的累赘，放下名利之心，人才能得到真正的解脱。

有这样一个故事：

有名的高僧洞山禅师年事已高，即将离开人世。听到这个消息，四面八方的人们都赶来面见禅师，连朝廷也派了人来。

洞山禅师面容慈祥，带着净莲般的微笑望着满院的僧众，大声说：“我在世间沾了一点闲名，如今躯壳即将散坏，闲名也该去除。你们之中有谁能够替我除去闲名？”

殿前一片寂静，众人都不知所措。这时，一个前几日才上山的小和尚径直走到禅师面前，恭敬地施礼之后，高声问道：“请问和尚法号是什么？”

小和尚无礼的话一出口，所有的人都向他投来埋怨的目光。有人低声斥责小沙弥目无尊长，对禅师不敬，还有人埋怨小沙弥太过无知，院子里一下变得闹哄哄的。

只有洞山禅师，听了小和尚的问话后一脸欣慰，大声笑道：“好啊！现在我没有闲名了，还是这和尚聪明呀！”

洞山禅师闭目合十，安然离去了。小和尚热泪盈眶，施礼恭送师父。

愤怒的众人将小和尚团团围了起来，众僧纷纷责问：“真是岂有此理！连洞山禅师的法号都不知道，你到这里来干什么呢？”

小和尚看着周围的人激动的样子，无奈地说：“禅师是我的师父，他的法号我岂能不知？”

众僧追问：“那你为什么要那样问呢？”

小和尚答道：“我是为了除去师父的闲名啊！”

名声地位都是别人给予的，并非禅师想要的。名乃身外之物，虽然有人将其作为毕生追求的对象，洞山禅师却只把它当作不属于自己、不能随灵魂而去的“闲名”。小和尚的问题看似无礼，却点出名利地位都不属于人自身，众人追捧的“高僧”不过是个和尚，和尚只是种身份，连法号都只是个代号而已。

人生间有许多虚浮的事，大多皆因名利。虚名虽然能给人带来一时的心理满足感，但它也是人世间各种矛盾、冲突的重要起因，是人生中诸多烦恼、愁苦的根源所在。所以，虚名本身毫无意义和价值，有时还会害人不浅，这样华而不实的东西，弃之又有何可惜呢？

为名为利惺惺作态、斤斤计较，结果只能一场空。多少人为了名利终其一生，能做到舍弃名利的又有几个呢？洞山禅师临终之时放下虚名，自由离去，更多人却是追名逐利一生，耗尽生命之后才悟到虚名无用的道理，却悔之晚矣。

平日里不过于将名利挂心,胜过虚耗了生命之后的懊悔,要想将有限的生命过得潇洒自在,最好的方法就是从现在开始,看淡名利,从容面对身外之名。

因长住山西临济院而得名的临济禅师开创了佛教“临济宗”。在中唐以后,这种宗派很是兴盛。机锋峻烈的临济敢于“呵佛骂祖”,不把所谓“权威”和“经典”放在眼里。

临济路过达摩塔,既不拜释迦牟尼,也不拜达摩祖师,世人都诚惶诚恐地礼拜佛祖,他却并不在意。

临济上堂讲法时也常常语出惊人:“佛教的12部经典,是擦屁股的旧纸;佛是虚幻之身,祖师达摩也只是一个老和尚。”

座下的和尚都大惊失色,临济不慌不忙地解释说:“佛祖跟我们一样都是爹娘生养的,有生有死。你想成佛,就被佛魔抓住;你想求祖,就被祖魔抓住。如果有所求,都是苦事,还不如无所求。”

临济还说:“你们如果想得到佛法,就不要受人拘禁和迷惑。向里向外,应该逢佛杀佛,逢祖杀祖,遇到罗汉就杀罗汉,遇到父母就杀父母,这样才能不拘泥于物相,真正解脱。”

临济所谓的“杀”,不是教人杀人犯罪,而是从心里面祛除、傲视的意思,说白了就是:无所求。在临济禅师眼里,连佛祖都没有,哪还会有什么名利?不为名利所累,不以物喜,不以己悲,欲望少了,也就不容易被心魔抓住,追名逐利。千万不能让名利遮了眼睛,从而迷失了做人的方向。

虚荣如同建筑在沙洲上的大厦。务虚名者,易招实祸;好虚名者,必多怨言。没有功名的人对功名心心念念,待得到以后又害怕它会化为泡影,时时小心维护。宝贵的人生就在这患得患失中度过,哪里还有时间去品尝人生的甘美滋味呢?

在主张“至誉无誉”的庄子看来,最大的荣誉就是没有荣誉,把荣誉看淡看轻,地位、声望都算不得什么,人生之乐,不在于高官厚禄,受人景仰,而在于平淡中的真实,内心的安宁才是真正的幸福。

智者寄语

不追求官爵的人,不因为高官厚禄而喜不自禁,不因为前途无望、穷困贫乏而随波逐流,趋势媚俗,荣辱面前一样达观,也就无所谓忧愁了。

因为欲望太满,幸福只能停留于心门之外

很多人在生活中长吁短叹,很多人身在福中不知福,很多人这山望着那山高,很多人拥有很多却不知道珍惜,这是为什么?这自然来源于两个字——欲望。

其实,可怕的不是欲望,而是我们一直在被欲望牵着走!

多少人拥有了自己梦寐以求的东西之时,却想着如何得到更多的;当你真的再一次得到的时候,又在处心积虑下一个目标,这就是人心的一种贪欲。贪欲让多少人在飞跃与坠落之间跌宕,让多少原本幸福的生活变得遥不可及,等欲望之火只剩灰烬之时,最后得到的,也只有对于美好过往的感伤。

人们可以在现实中满足,但是欲望之心,却永远不会在现实中驻足。贪欲让人不断地去追求属于或者不属于自己的幸福,同时却不知道葬送了多少人的幸福。

人的欲望就像一场冒险，在这个过程中，有仙气缭绕的险峰，也有花团锦簇的平原，有多少人曾被虚华的假象所吸引，结果赔上了自己的一切。人人都有欲望，没有得到的，想得到；不属于自己的，想夺过来据为己有；穷人想成为富人；地位低下的人，想跻身上流社会。这些都是人的正常追求，也是无可非议的，但是人的欲望必须要和自己的能力成正比，欲望和能力之间必须要和谐，自己的目标要根据能力来设定，而当在欲望和能力失衡时，就要学会抑制欲望，或者提高自己的能力，否则只会让自己陷入险境。

世上的好东西多得让人眼花缭乱，人们总是希望将所有美好的东西一揽入怀，这就是欲望在作怪。欲望越多，快乐就会越少。欲望就像塔罗牌，一个接着一个，永远都难以满足。所以，人应该学会用轻松的方式来生活，生命之舟载不动太多的欲望，欲望也应有度，适可而止。

一位哲人说过："人的欲望是一座火山，控制不好就会在不经意间爆发。"当然，欲望是人前进的动力，人活着当然要在不断地追求中努力奋进，但一旦欲望过分累积，无限扩张，发展成贪婪，人就会在欲望中沉沦，失去自我，这不仅会使本来很美好的愿望化为泡影，还可能把人引向毁灭。正如《红楼梦》中所说的"身后有余忘缩手，眼前无路想回头"。

人活着都有欲望，但要学会协调好现实和欲望的关系，把欲望控制在最适当的范围内，尽量不要超越。人生之事，得之欣然，失之泰然，名利钱财地位如此，一切都如此。人要学会在得到与失去、悲伤与喜悦、欲望和现实之间收放自如、娴熟游走。其实，人的欲望越小，幸福感就会越强，人要想获得快乐的心境，就应该做到对世俗诱惑的超越，对内心的克制，以及一种坦荡明朗的心灵境界。只有拥有一片宁静的心灵，抵挡住欲望的纠缠，才能活得轻松自在。

所以，正确地处理好欲望和知足的关系是一种智慧的境界。

有这样一个故事：

一个穷人为给他患了绝症的母亲治病，卖掉了家里所有的东西，跋山涉水到深山老林里采药。他的孝心感动了上帝，上帝变成老翁，送给穷人一个"法杖"，说有什么愿望只要敲一下法杖就可以实现。穷人首先治好了母亲的病，又要吃要穿要金要银，很快成了富翁。然而他仍不满足，继续敲击法杖，没有止境。最后惹恼了上帝，使他又回到母亲得病前的状态。

人生一世没有欲望是不行的，但要保证自己不要成为欲望的奴隶。告诉自己：我们完全有能力做欲望的主人，也能够驾驭和控制自己的欲望，合理地利用欲望，并幸福地生活。

不要有太高的欲望，否则你就会变得一无所有。其实人生在世，很多美好的东西并不一定都是适合我们的，所以，对于那些不属于自己的东西，我们大可闲闲看过。如果我们的期望太高，自己该完成的目标还没有完成时，又突然转向另一个更高的目标，这样一来，两个目标都会与自己擦肩而过。人要学会控制自己的欲望，见好就收才是明智之举。

欲望如君王般主宰着每个人的命运，任何人都无法摆脱欲望的统治而生活。而你唯一可以做的是：当你处在欲望的统治范围内时，要学会内心抗争，保持清醒的头脑，放下不属于自己的，把握好属于自己的那一份生活，认真地经营，轻轻地雕琢，在精雕细琢之中，靠自己真实的努力，不断去刻画属于你的那个生活，那么，你就是幸福的统治者。

智者寄语

欲望有节，犹如一杯淡茶，在品味幽香的同时，也滋润了心田；欲望过度，犹如一杯浓茶，不但丧失了清雅的味道，还损害了健康。所以，不要让心里的欲望太满，否则，幸福只能停留于心门之外。

不要被名利束缚住

造物主在把那么多美德赋予了人类的同时，也把名利、是非、金钱得失同时嵌入了人的身体。于是这些固有的心病便成了桎梏与羁绊，成了悬崖与深渊，它们将许许多多的人挡在了幸福的大门之外。

人的一生常被名利所束缚。名利对于人，实用的少，更多的是一种心理上的安慰，一种对自身价值的确认。因此，名利只不过是一个人所挣得的自己的身价而已，人总是通过名利来标明自己价值的高低。没有了名利，人们常常也会对自己的价值产生怀疑，对自己在世上的价值失去信心。因此，为追求名利，很多人都不惜终身求索，使名利的绳索变成了人生的绞索，断送了人生所有的快乐与欢笑。

《菜根谭》中说："富贵名誉，自道德来者，如山村中花，自是舒徐繁衍；自功业来者，如盆槛中花，便有迁徙兴废；若以权力得者，如瓶钵中花，其根不植，其萎可立而待矣。"这句话的意思是：一个人的荣华富贵，如果是因为施行仁义道德而得来的，就会像生长在大自然中的花一样，不断繁衍生息，没有绝期；如果是从建立的功业中得来的，就会像栽在花钵中的花一样，因移动或环境变化而凋谢；若是靠权力霸占或谋私所得，那这富贵荣华就会像插在花瓶中的花，因为缺乏生长的土壤而马上枯萎。这就告诉我们，没有道德修养，仅靠功名、机遇或者是非法手段求得的福，千万要警惕，它们不是转瞬即逝，就是意味着灾难，伴随着毁灭。只有那些德性高尚的人，才能领悟个中道理，保住一生平安。

唐朝郭子仪爵封汾阳王，王府建在首都长安。汾阳王府自落成后，每天都是府门大开，任凭人们自由进进出出，而郭子仪不允许其府中的人对此加以干涉。

有一天，郭子仪帐下的一名将官要调到外地任职，来王府辞行。他知道郭子仪府中自无禁忌，就一直走进了内宅。恰巧，他看见郭子仪的夫人和他的爱女正在梳妆打扮，而王爷郭子仪正在一旁侍奉她们，她们一会儿要王爷递手巾，一会儿要他去端水，使唤王爷就好像奴仆一样。这位将官当时不敢讥笑郭子仪，回家后，他禁不住讲给他的家人听，于是一传十，十传百，没几天，整个京城的人们都把这件事当成笑话来谈论。郭子仪听了没什么反应，他的几个儿子听了倒觉得太丢王爷的面子。他们决定向父亲提出建议。他们相约一齐来找父亲，要他下令，像别的王府一样，关起大门，不让闲杂人等出入。郭子仪听了哈哈一笑，几个儿子哭着跪下来求他，一个儿子说："父王您功业显赫，普天下的人都尊敬您，可是您自己却不尊重自己，不管什么人，您都让他们随意进入内宅。孩儿们认为，即使商朝的贤相伊尹、汉朝的大将霍光也无法做到您这样。"

郭子仪听了这些话，收敛了笑容，对儿子们语重心长地说："我敞开府门，任人进出，不是为了追求浮名虚誉，而是为了自保，为了保全我们全家人的性命。"

儿子们感到十分惊讶，忙问这其中的道理。郭子仪叹了一口气，说道："你们光看到郭家显赫的声势，而没有看到这声势有被丧失的危险。我爵封汾阳王，往前走，再没有更大的富贵可求了。月盈而蚀，盛极而衰，这是必然的道理。所以，人们常说要急流勇退。可是眼下朝廷尚要用我，怎肯让我归隐；再说，即使归隐，也找不到一块儿能够容纳我郭府一千余口人的隐居地呀！可以说，我现在是进不得也退不得。在这种情况下，如果我们紧闭大门，不与外面来往，只要有一个人与我郭家结下仇怨，诬陷我们对朝廷怀有二心，就必然会有专门落井下石、妨害贤能的小人从中添油加醋，制造冤案，那时，我们郭家的九族老小都要死无葬身之地了。”

郭子仪之所以让府门敞开，是因为他深知官场的险恶，正因为他具有很离的政治眼光，又有一定的德性修养，懂得忍受各种复杂的政治环境，必要时牺牲掉局部利益，确保了全家安乐。

智者寄语

促使人追求进取的是金钱名利，阻碍人向前迈进的是金钱名利，使人坠入万丈深渊的也是金钱名利。所以，人生在世，千万不要把金钱名利看得太重，这样才能超然物外，活得轻松快乐。

美好生活与名利无关

现实生活中，你是否发现，不论男女，都迫切地想通过地位、声望、财富和权力来得到世人的认同？但是，当我们的欲望被满足的同时，也往往容易迷失自我，进而产生错觉，觉得那些就是财富。一旦感觉自己要失去或看到别人拥有时，我们就会惊慌失措，无所依靠。

在获得功名利禄的过程中，不少人就被一时的贪欲冲昏了头脑，以致做出了毁灭自己一生的事来。

追名也并非是一件坏事。进取的动力有时候就是名誉；有名誉感的人同时也有羞耻感，不想玷污自己的名声。但是，对什么事如果过分追求的话，就容易心生邪念，走上歧途，最终落得个人人唾弃的下场。

唐朝诗人宋之问有一个外甥叫刘希夷，很有才华，是一名年轻有为的诗人。一日，刘希夷写了一首诗——《代白头吟》，到宋之问家中请舅舅指点。当他诵到“古人无复洛阳东，今人还对落花风。年年岁岁花相似，岁岁年年人不同”时，宋之问情不自禁地连连称好，忙问此诗可曾给他人看过。刘希夷告诉他刚刚写完，还不曾与人看。

宋之问遂道：“你这诗中‘年年岁岁花相似，岁岁年年人不同’二句，着实令人喜爱，若他人不曾看过，让与我吧。”

刘希夷言道：“此二句乃我诗中之眼，若去之，全诗无味，万万不可。”

晚上，宋之问辗转反侧地念着这首诗。此诗要是据为己有的话，自己一定可以名扬天下。于是，他起了歹意，命手下人将刘希夷活活害死。后来，宋之问获罪，先被流放到钦州，又被皇上勒令自杀，天下文人闻之，无不称快！刘禹锡说：“宋之问该死，这是天之报应。”

塔尔达利亚是意大利中世纪的数学家，在意大利的数学界享有“不败”的美誉，经过潜心钻研，三次方程式的新解法被他发现了。这时，有个叫卡尔丹诺的人找到了他，声称自己有千万项发明，只有三次方程式对他是不解之谜，并为此而痛苦不堪。善良的塔尔达利亚被哄骗了，把自己的新发现毫无保留地告诉了他。谁知，几天后，卡尔丹诺以自己的名义发表了一篇论文，阐述了三次方程的新解法，将成果攫为己有，他的做法虽然在相当长一个时期里欺瞒住了人们，但真相终究大白于天下。现在，卡尔丹诺的名字在数学史上已经成了科学骗子的代名词。

宋之问、卡尔丹诺并非泛泛之辈，他们曾经在各自的领域都有所成就。就宋之问来说，纵不夺外甥的诗句，也已是名扬天下之人，但糟糕的是，贪心不足蛇吞象！俗话说，钱迷心窍，岂不知名也能迷住某些人的心窍。一旦被迷，就会使原来还有一些才华的“聪明人”变得糊里糊涂，使原来还很清高的文化人变得既不“清”也不“高”，做出连老百姓都不齿的肮脏勾当，以致弄巧成拙，美名变成臭名。

功名利禄常常在不经意间将人置于死地。现实生活中，做出类似宋之问、卡尔丹诺之类蠢事的名人及官者还真不少。用辩证法看，要取必先舍，想进则要先退。关键是值不值得去付出。往大说，为了民族大义，往小说，为了家庭和睦，再多的付出也是值得的；否则，付出越多越可悲。这里奉劝那些求名逐利者：切不可死死盯住名利不放，否则一旦盯花了眼，就必然会走上沽名钓誉、欺世盗名之路。

智者寄语

人生不如意之事十之八九，一切随遇而安，千万别过分强求什么，世间万事转头空，名利到头一场梦，想通了、想透了，人也就透明了，心也就豁然了。把名利和财富都看得淡一些，这样你的生活才会更美好。

第四章　低调做人，谦虚为本

做人要低调

在与人相处过程中，稍微有点处理不当，就可能招致麻烦，影响人际关系和工作的顺利进行。因此，在人际交往中，最好还是保持低调一点，别太把自己当回事，学会用平和的心态看待周围的一切，豁达大度，不骄不狂。

做人低调，是一种境界，也是一种风度。低调的人，能做到谨言慎行，即使自己满腹才华，能力比别人强，也不会锋芒毕露。这不仅是普通人的处世圣经，更是成功者的做人训诫。相反，有些人总是自我感觉良好，自以为是，对谁都不屑一顾，这其实恰恰是缺乏修养的表现。

古语说得好："静坐常思己过，闲谈莫论人非。"前者是对自身的不断反省，后者则是为人处世的一条金科玉律。为人处世要切记：一个人自以为是，可悲；一个人自作聪明，可恶！

做人，不要自己什么都不是却去对别人指手画脚。实际上我们都很清楚地知道，越是什么都不是的人，越喜欢对人指手画脚，以此来掩饰自己空虚的内心。孟子曰："人之患，在好为人师。"事事都喜欢教导别人的人，往往也很自以为是，自以为有学问，自以为正确，一副高高在上的样子。这样的人，让他低调也低调不了。因为低调做人也是有前提的，那就是自身有能力，有足够的修养和内涵；缺乏能力、修养、内涵的人，如何能保持低调呢？

美国开国元勋之一富兰克林年轻时，曾去一位老前辈的家中拜访。当他昂首挺胸地走进一座低矮的小茅屋，一进门"嘭"的一声，他的额头撞在门框上，青肿了一大块。老前辈笑着出来迎接说："很痛吧？你知道吗？这就是你今天来拜访我最大的收获。一个人要想洞明世事，练达人情，就必须时刻记住低头。"富兰克林记住了，也成功了。

德国著名哲学家尼采也曾说过："人不过是一把泥土。"因此，为人学会低调一点，踏实一些，别太把自己当回事。切记：言语谦和好处世，行为低调好做人！

何晶是新加坡总理李显龙的夫人，她精明能干，是一位出色的商界女强人，但她始终保持低调，尤其是不愿被媒体曝光，因此对于她的身世和成就，在新加坡也鲜为人知。

不过，如果我们稍加留意就会发现，在美国《财富》杂志首次选出亚洲25位最具影响力的企业家排行榜上，何晶排名第18位，与索尼集团的行政总裁出井伸之、日本丰田汽车社长张富士夫及香港富商李嘉诚等人齐名。

身为新加坡官方最重要的投资控股公司——淡马锡控股公司执行董事的何晶，掌管着新加坡遍布全球各地的数百亿美元资产。新加坡虽然是一个小国，但在亚洲却是一个经济强国。作为新加坡的第一夫人，何晶却朴素低调，她经常留着一头短发，喜欢舒适朴素的装扮。

当有记者问她为什么这么低调时，何晶给记者讲了一个寓言故事：

有两只大雁与一只青蛙成了朋友。秋天来了，大雁要飞回南方，三个朋友都舍不得分开。于是，大雁就对青蛙说："要是你也能飞上天多好呀，我们就经常在一起了。"青蛙灵机一动，它就让两只大雁衔住一根树枝，然后它自己用嘴衔在树枝中间，这样三个朋友就一起飞上了天。地上的青蛙们都羡慕地拍手叫绝。这时有人问："是谁这么聪明，想出了这个办法？"那只在天上飞的青蛙生怕错过了表现自己的机会，于是大声说："这是我想出来的……"结果话还没说完，它便从空中掉下来了。

何晶讲述的故事其实是在告诉我们：别把自己太当回事，坦诚而平淡地生活，没有人会把我们看成是卑微、怯懦和无能的。如果我们总是一副高高在上的姿态，一副得意忘形的面孔，一副颐指气使的神情，一副专横跋扈的气势……以这种傲慢的姿态处世，迟早会摔跟头。

低调做人，就应该时刻记住——地球没了谁都能照样转！别把自己太当回事，也别把自己抬得过高。有句话说得好：爬得越高就会摔得越狠。人生要记住的是：宁拜人为师，勿好为人师。

然而有人觉得低调是一种无能、懦弱的表现。其实不然。低调是一种境界、一种智慧，一种为人处世过程中宠辱不惊的情怀。尤其在与上司相处的时候，低调更是一条不可跨越的警戒线。适当地表现自己的优点，可以让别人看到我们的出色之处；相反，如果把张扬、炫耀当成我们赢得别人重视的手段，结果只会适得其反，这样不但会失去好人缘，还会因为居功自傲、过分表现、自以为是而招致别人的反感。

智者寄语

在人际交往过程中一定要学会低调做人。遵循此理，便能让我们获得一片广阔的天地，赢得众人的友谊和支持，最终成就一份完美的事业。更重要的是，我们会因此而赢得一个含蓄厚重、丰满充实的人生。

从温柔的绵羊做起

人的精神境界要高，越高越好，但人的行动及现实生活，要尽量放低，因为只有在最低处，你向上的势能才更大更足。

很多人的工作糟糕得一塌糊涂，却也想维持一种有格调的小资生活，甚至是贵族生活，这使他们的经济情况越来越糟糕……

每个人在踏入社会之后，都必须放低自己，看清自己的现状，权衡自己的经济条件，若盲目地拔高自己，就只能使自己跌得更惨。聪明人都知道，要把自己放在最低处。

有一家公司，老板是个广东人，对下属非常严厉，从不给笑脸，他是一个说一不二的人，该给你多少工资、奖金，不会少你一分，下属都拼命地工作。

公司有个规定，不准相互打听谁得多少奖金，否则"请你走好"。虽然很不习惯，员工们还是一直遵守着。有一个月，大家都发现自己的奖金少了很多，开始不说，但情绪总会流露出来，渐渐地，大家都心照不宣了。

那天中午，吃工作餐的时候，见老板不在公司，有人就摔盆碰碗发脾气，很快得到众人的响应，一时抱怨声盈室。

有一个到公司不久的中年妇女，一直安安静静地吃饭，与热热闹闹的抱怨太不相称了，引起了大家的注意。

他们问她，难道你没有发现你的奖金被老板无端扣掉一部分吗？她有些吃惊，整个餐厅一下子安静下来，大家都一脸疑惑，在心里揣摩，人人都被扣了，为何她得以逃脱？不久，她被提升了，他们又嫉妒又羡慕，她的工资高出很多，还有奖金。

很久以后，大家才知道她是被扣得最多的一个，她描述自己的心情时说：这个月我一定做得不好，所以才只配拿这份较少的奖金，下个月一定努力。为何别的人没有这样的想法呢？她是这样分析的，那时她工作近二十年的工厂亏损得很厉害，常常发不出工资，她实在没办法，因为家庭负担太重，上有生病的老人，下有读书的孩子，还有因车祸落下残疾的丈夫，于是就出来打工了，收入比以前的工资要高出一些，这让她喜出望外，非常珍惜这份工作，甚至感激老板给自己这份工作。

后来，许多人离开了那家公司，跳了几次槽，但都没有得到一份满意的工作。但是，她一直固守在那儿，当上了经理助理，成了标准的白领丽人。谁能想到几年前，她不过是人到中年的下岗女工呢？

做人做事都不能太浮躁，这样才能清楚地衡量自己，把握人生。

智者寄语

若人生处于低潮，那就让自己从谷底开始吧！脚踏实地地爬坡，终有一天会登上人生的顶峰。把自己放在最低处，你的人生更容易获得成功。

勿才华太露

锋芒太露在人生的战场上来说，不是一个很好的筹码。我们在过度暴露自己优点的同时，缺点也会被别人看得一清二楚。凡事要留后路，才能在战场上出其不意，获得成功。如果在一开始就让别人把自己的底牌看了个遍，在交手之时便没有了回旋的余地，连防守的机会都失去了，只能任人宰割。

孔子曰："人不知而不愠，不亦君子乎！"可见人不我知，心里老大不高兴，这是人之常情。于是有些人便言语、行动都显露出锋芒，以此引起大家的注意。但更有一些深藏不露的人，他们好像胸无大志，实际上只是他们不肯在言语上、行动上露锋芒而已。这些人懂得言语露锋芒，便要得罪别人，得罪了别人，别人便可能成为自己前进的阻力，成为破坏者；行动露锋芒，便要惹别人的妒忌，遭到别人妒忌，别人也可能成为自己前进的阻力，成为破坏者。表现本领的机会不怕没有，只怕把握不牢，只怕做的成绩不能使人特别满意。易曰："君子藏器于身，待时而动。"无此器最难，而有此器，却不思无此时，则锋芒对于人，只有害处，不会有益处。额上生角，必触伤别人，不磨平触角，别人必将力折，角被折断，其伤必多。锋芒就是额上的角，既害人，也伤己！

嫉贤妒能，几乎是人的本性，所以有才华的人会遭受更多的不幸和磨难。《庄子》中有一句话叫"直木先伐，甘井先竭"。一般所用的木材，多选择挺直的树木来砍伐；水井也是涌出甘甜井水者先干涸。由此观之，人才的选用也是如此。有一些才华横溢、锋芒太露的人，虽然容易受到重用提拔，可是也容易遭人暗算。

春秋时期，郑庄公准备伐许。战前，他先在国都组织比赛，挑选先行官。众将一听露脸立功的机会来了，都跃跃欲试，准备一显身手。

众将首先进行击剑格斗，都使出了浑身本领，争先恐后。经过轮番比试，选出了六个人来参加下一轮的射箭比赛。在射箭项目上，取胜的六名将领各射三箭，以射中靶心者为胜。有的射中靶边，有的射中靶心。第五位上来射箭的是公孙子都。他武艺高强，年轻气盛，向来不把别人放在眼里。只见他搭弓上箭，三箭连中靶心。他昂着头，瞟了最后那位射手一眼，退下去了。最后那位射手是个老人，胡子有点花白，他叫颍考叔，曾劝庄公与其母亲和解，立有大功。颍考叔上前，三箭射击，连中靶心，与公孙子都打了个平手。

几轮比试后只剩下公孙子都和颍考叔两个人了。庄公派人拉出一辆战车来，说："你们二人站在百步开外，同时来抢这部战车。谁抢到手，谁就是先行官。"公孙子都轻蔑地看了对手一眼，哪知跑到一半时，公孙子都却脚下一滑，跌倒了。等爬起来时，颍考叔已抢车在手。公孙子都哪里服气，提了长戟就来夺车。颍考叔一看，拉起车来飞步跑去，庄公忙派人阻止，宣布颍考叔为先行官。

做人切忌锋芒太露，公孙子都就输在了这一点上，自己打败了自己。

那么，遇到这种情况怎么办呢？《庄子》中提出"意怠"哲学。"意怠"是一种很会鼓动翅膀的鸟，别的方面毫无出众之处。别的鸟飞，它也跟着飞；傍晚归巢，它也跟着归巢。队伍前进时它从不争先，后退时也从不落后。吃东西时不抢食、不脱队，因此很少受到威胁。表面看来，这种生存方式显得有些保守，但是仔细想想，这样做也许是最可取的。

所以，有才华的人必须把保护自己也算作才华之列。一个不会自我保护的人再有才华，也会因不能更好地自我保护而使才华过早地被埋没，而不能为社会做更多的事。

智者寄语

凡事预先留条退路，不过分炫耀自己的才能，这种人才不会犯大错。这是现代高度竞争社会里看似平庸，但是却能按自己的方式生存的一种宽心方式。

适度示弱，你会更快乐

美国心理学家曾做过这样一项调查：一名彪形大汉在拥堵的马路上横穿而过，愿意给他让路的车辆不到50%，车祸率很高；一个老弱病残者横穿马路，却是万人相让，大家还觉得自己做了一件善事，车祸率几乎为零。

这项调查充分说明了学会做弱者也是一种智慧。因为弱与强在某种时候，收到的效果截然相反。弱，反而得了强势；强，反而处于弱势。

生活中的很多人常常以强者的姿态去面对他人，其实，从心理学的角度来讲，如果一个人总是处于强者的位置，并不是什么好事，而且也很不正常。在某些方面，把自己摆在弱者位置上的人，反而会得强势。因为弱者比起强者来说，会博得更多人的同情与帮助，并且从中获得机会。在实际生活中，很少有人愿意帮助强者。当然，这并不是说强者不需要别人的帮助，而是强者所表现出来的样子，让别人感觉他是在拒绝别人的帮助。

下面有这样一个故事：

钟隐是南唐著名花鸟画家，他出身于天台的一户富人家庭，从小酷爱花鸟画，并取得了一定的成就，在当地小有名气。然而，他并不满足于自己已取得的成就，而是想画出更好的画。

一天，钟隐听说某镇有一个叫郭乾晖的画家，擅长画花鸟，据说他画的鹞子，看起来活灵活现。但他为人十分保守，不愿意把他的笔墨技法传授给别人。因此，钟隐希望中又夹杂着失望,但他并没有放弃希望。就在这时,他的书童从他旁边走过。望着书童,想起书童常给他磨墨,而且还常常赞赏他画的画,他忽然计上心头——去郭家做仆人。

于是,钟隐改名换姓,来到郭家充当仆人。在郭家,钟隐每天都早早起床,端水送饭,磨墨洗笔等。一有空余时间,他就站在郭乾晖旁边,一边帮他倒茶水,一边偷偷地观看他作画,并且将技法全部记在心里。

刚开始时,郭乾晖对他有所回避,每次作画时,都不允许他站在旁边。后来,时间长了,他见这位"仆人"早起晚睡,人又老实,而且他只是一个"仆人",便不再顾忌,慢慢地就习惯了让钟隐站在他旁边看他作画。有时,郭乾晖还一边画画,一边随口讲授自己作画的口诀。钟隐在旁,把他说的每一句话都牢牢地记在心里。

钟隐知道郭乾晖擅长画鹞子,所以,每次在他画鹞子时,他总是特别认真地观看他作画,有时看他画完后,自己还用手在自己的衣服上画画。这样几个月以后,他慢慢地掌握了郭乾晖画画的技艺。

有一天,钟隐忽然画性大作,拿起笔就在自己住房的墙壁上画了一只鹞子。就在他刚画完时,其他的仆人看见了。他们感到特别惊讶,没想到他能画得这么好,便把这件事告诉了郭乾晖。

郭乾晖来到绘画处,一眼就看见了那只鹞子。他深知没有一定的画画功底是不可能画出这样的作品的。可是,一个仆人怎么可能画出这样的画来呢?他既欣赏又疑惑,但当他想起钟隐平时的行为举止时,他忽然明白了什么,忙问道:"你是不是擅长画花鸟的钟隐?"

钟隐知道不能再隐瞒了,便"扑通"一下跪在了郭乾晖的面前,说出了事情的原委,并且恳请郭乾晖收他为徒。

郭乾晖被钟隐的做法深深地感动了,一边扶起他,一边亲切地说:"你在当地也是小有名气的画家,可是为了能更好地学画画,竟来给我做仆人,我是受之有愧啊。像你这么酷爱画画的青年已经不多见,我还有什么理由不收你为徒?虽然我这技艺不是什么绝艺,但也是我作画多年积累下来的经验,我愿意把它传授给你。"

钟隐听到他这么说,又一下跪了下去,立即行拜师之礼。从那以后,钟隐更加努力地学习画画。经过很长时间的学习揣摩,他不但继承了郭乾晖的绘画技艺,而且还取得了很大的突破,最终成为南唐著名的花鸟画家。

钟隐之所以取得了成功,就是因为他巧妙地做了一个表面弱者。为了学绘画技艺,竟然放下自己的身份去给郭乾晖当仆人,进而继承了郭乾晖的绘画技艺,最终取得了成功,成为南唐著名的花鸟画家。他的这种做法不能不称之为高,仆人的身份让郭乾晖放松了警惕,他才有机会学画。假如他以一个颇有成就的身份去向郭乾晖学习,想必是不可能取得成功的。

智者寄语

做一个表面弱者,其实更容易取得成功。

收敛锋芒聪明地保护自己

锋芒不可毕露,功高不可盖主。

《老子,洪德》章说:"大巧若拙,大辩若讷。"意思是最聪明的人,真正有本事的人,虽然有才华学识，但平时像个呆子，不自作聪明；虽然能言善辩，但好像不会讲话一样。

秦朝的李斯祖先是楚国上蔡人。他后来归顺秦始皇，被当作客卿。开始当廷尉，后来作了宰相。他上书要烧书，百姓在一起讨论《诗经》《尚书》的都要杀头。于是他把儒生活埋，焚烧经书、术数书籍。李斯曾和宦官赵高造伪诏而杀了公子扶苏。后来他与赵高发生了矛盾。赵高对二世挑拨说："李斯的大儿子李由是三川守卫，同盗贼陈胜私通。而且丞相身居你之下，权力却比你还大。"秦二世认为他说得对。于是把李斯关进牢房，用完五刑，在咸阳把他腰斩了。李斯临刑的时候，回过头对儿子说："我想和你再牵着黄狗一块出去，到上蔡东门去追野兔，怎么能够做到呢？"于是父子相对痛哭，李斯最终被灭了三族。

如果像李斯这样有才华的人能收敛一下锋芒，学会保护自己，一边为天下黎民着想，为社稷着想，一边实施自我保护，哪里还有这么多悲剧发生呢？实际上，两者完全可以兼顾，并不一定非要顾此失彼。历史上事业成功而且结局很好的人多的是，他们或者归隐，或者仍身居高位，这不是取得了双重的成功吗？事业成功而个人处世失败，怎么能算完全的成功呢？怎么能是大智大慧的人所为呢？

所以，无论是初涉世事，还是位居高官，无论是做大事，还是一般人际关系，锋芒不可毕露。这方面，三国时代的荀攸是一个绝好的榜样。

曹操是个难伺候的枭雄。他有过人的才华，下手快，出手狠，疑忌心重，气量极狭，把"宁教我负天下人，休教天下人负我"作为信条。他杀了在危难中款待他的吕伯奢一家九口人，杀了能摸透他心思、锋芒外露的谋士杨修。可是他手下有一位谋士荀攸，却与他相处融洽，前后为曹操谋划十二奇策。曹操玩弄权术，想让手下的人怕他，荀攸未必不知道，但他不露声色。

荀攸对曹操执礼甚恭，让曹操感到自己的重要和特殊，平时对一些小事，总是装聋作哑，顺水推舟，想来"丞相英明"之类的话是不会少说的。正因为如此，所以他博得曹操的信任和欣赏，每到关键时刻，他的计划就总能为曹操所接受，从而使自己的才能得到极大程度的发挥，又给自己创造了一个宽松和谐的环境，把人臣的艺术发挥到极致，所以曹操说他"外愚内智，外怯内勇，外弱内强"，"其智可及，其愚不可及"。

作为一个人，尤其是作为一个有才华的人，要做到不露锋芒，既有效地保护自我，又能充分发挥自己的才华，不但要克服、战胜盲目骄傲自大的病态心理，凡事不要太张狂太咄咄逼人，还要养成谦虚让人的美德。所谓"花要半开，酒要半醉"，凡是鲜花盛开娇艳的时候，不是立即被人采摘而去，就是逐渐枯萎。

人生也是这样。当你志得意满时，趾高气扬、目空一切、不可一世，这样你不遭别人当靶子打才怪呢！有道是急流勇退，适可而止，只有能够好好地把握自我，聪明地保护自己的人，才会有更成功、更幸福的人生！

智者寄语

有了才华固然很好，但在合适的时机运用才华而不被人忌，避免功高盖主，才算是更大的才华，这种才华对国对家对人对己才有真正的用处。

肆意轻狂终将一事无成

一个人，不论你的资历、能力和本领如何，在浩瀚的社会里，无疑仍然是渺小的。要想平平安安地活，就要在生活中保持低姿态，把自己看得清清楚楚、明明白白，不越轨、不越位。看清自己，就是要查找自己的不足，做到自重、自警、自省、自立。面对当今这个信息时代，每个人或多或少都有些自诩的地方，然而也少不了一些无奈。你在这方面很优秀，说不定在另一方面就逊于别人。

小杜毕业后初入社会，在某合资公司外贸部就职，不幸碰上一个爱拍马屁、什么本事都没有的主管。此人每天下班后没有什么事儿也要跟着日本课长拼命“加班”，而且喜欢无事生非，把白天理好的文章弄得一团糟，转眼出了错，又把责任全部推给小杜。小杜不是一个会“争”的女孩子，只好忍气吞声等日本课长长出“火眼金睛”，结果等了三个月，还是等不来一句公道话。

一气之下，小杜就去了另一家外资公司。在那里，她出色的工作博得了许多同事的称赞，但无论如何也没法使苛刻、暴躁的马经理满意。心灰意冷间，她又萌动了跳槽之念，于是向新加坡总裁递交了辞呈。总裁先生没有竭力挽留小杜，只是告诉她自己处世多年得出的一条经验：如果你讨厌一个人，那么你就要试着去爱他。总裁说，他就曾鸡蛋里挑骨头一般在一位上司身上找优点，结果，他发现了上司两大优点，而上司也逐渐喜欢上了他。

小杜依旧讨厌她的经理，但已悄悄地收回了辞呈。她说：“现在想开了，作为一个成熟的人应该放开心胸去包容一切、爱一切。换一种思维看人生，你会发现，乐趣比烦恼多。”

现实生活中，有些人总是不断地埋怨别人的过错，指责别人的缺点，他们觉得周围的环境和人处处跟自己作对；还有人总是认为自己“曲高和寡”，一般人无法理解自己丰富而深刻的思想。实际上，他们并没有意识到真正的问题不是来自于周围，而是来自于他们自己本身。像这样的人，必须试着认清自己，认真而深刻地反省自己。

自己脸上的饭粒自己永远看不到，只有别人才能发现；自己身上的缺点和优点同样只有通过别人的评价才能得出。在人生的道路上，有时候走自己的路，也要听一听别人怎么说。

一个人不要一味地“走自己的路，让别人去说吧”！有时候也要停下来听听别人对自己的评价，看看自己所走的路是不是弯路、歪路。

有一次，李开复博士与他所领导的五位经理开了一次会议，他要求五位经理把自己心中对其他经理有保留的地方坦诚地讲出来。最终，其他四位经理一致表示对另外一位经理不太信任。

一个星期后，当李开复博士询问这位不被信任的经理对这件事如何弥补时。这位经理却气愤地回答：“他们之所以不信任我，完全出于对我的忌妒。”

李开复说：“你怎么知道他们毫无缘由地不信任你呢？”

这位经理无言以对。

李开复又说：“其实，我也不信任你。第一，你不在乎别人的意见；第二，你总以为自己永远是正确的；第三，你总是表现得像个没有感情的人。你可以问问他们，看他们是不是也这样评价你？”

听李开复博士这么一说，这位经理人私下征求了另外四位经理的意见，后来豁然开朗，大彻大悟，决定改掉这三点对自己不利的因素。因为他已经认识到了自己的不足，并且站在别人的角度对自己认真地审视了一番。如今，这位经理已经成了一位非常出色的领导者，深受大家的欢迎和尊重，员工们也一致认为他比以前更有魅力了。

人生就像一个无人指点的迷宫，有路得走，无路也得走，一举一动，一言一行，都将对自己的前途和命运产生重大而深远的影响。若干年后，当我们回首往事时，总是发现错得太多，对得太少；失败太多，成功太少。因此，要减少错误，避免失败，有时候的确需要听一听别人的评价。尤其是处于人生十字路口的时候，更应该多听听别人的意见或建议，正所谓："听君一席话，胜读十年书。"

话，不仅要听好听的，不好听的更要听，而且要用心听。要知道："良药苦口利于病，忠言逆耳利于行"。只要别人不是恶意中伤、人身攻击的语言，都应择其善者而从之。这对于做好自己有百益而无一害。

智者寄语

佛说，人生最大的敌人是自己。只有认真地审视自己，你才可能成为一个觉悟甚高的人。

我们不是佛，我们没有佛那样的一双法眼，但是我们可以像圣人那样获得一点自知之明。唐太宗给我们留下了一句名言："以铜为鉴，可正衣冠；以史为鉴，可知兴替；以人为鉴，可明得失。"既然我们没有法眼，也没有在后脑袋上长出一双眼睛，那么，就让我们找来一面镜子，照见自己的真实。

别把自己太当回事

人有时候会摔得很惨，是因为太把自己当回事了，认为自己不出手这件事情就办不好，其实，离开谁地球都照样转，谁离开了别人都能活得下去。过高地看重自己的作用，很可能使自己成为最受不了打击的那一个，踏踏实实地做好每一件事情，以谦虚的姿态生活，才可能成为别人眼中的高人。

大刘因为工作的变动，到了一个全新的部门。这个部门似乎没有以前的部门好，他总是担心别人会有想法，觉得他是因为犯了错误才被调到这个部门的。虽然是正常的工作调动，也是他一直希望的，但大刘还是担心别人会说些什么，于是待在家中好久没有露面。

有一天在大街上，大刘遇到一个熟人，熟人问："你不做老总啦？调到哪儿去了？"

大刘说："不做了，调北京办事处去了。"

熟人说："好呀，祝贺你！"

大刘笑笑："有时间去玩呀。"

事后，大刘总有些担心，害怕熟人笑话他。

过了不久，大刘又碰到了那个熟人，熟人问："听说你不做老总了，调哪儿去了呢？"

大刘心里说："你这人怎么这样，这么不在意人，不是跟你说过了吗？"但最后还是淡淡地回答："我调北京办事处去了，有时间去玩。"

熟人好像恍然大悟，说："对了对了，你说过的，对不起呀，我忘了。"

听了他这话，大刘心里突然明朗起来，好像一下子悟出什么来了。是呀，自己整天担心别人说什么，整天把自己当回事，而别人早把自己忘了。于是，大刘又同原来一样，工作之余和朋友们一起喝酒聊天。他发现其实大家还是那么热情。

其实，很多担心和烦恼，都是因杯弓蛇影的自恋和自虐而造成的。事实上，在别人的心中，你可能并不是那么重要！

生活中我们常常会碰到一些事，比如别人说了不得体的话，被他人误会了，遇到了尴尬的事，等等。其实我们大可不必耿耿于怀，更不必找所有人解释，因为事情一旦过去，可能没有人还有耐心去理会曾经的一句闲话，一个小的过失或疏忽。你念念不忘，说不定别人早已忘记了，不要太把自己当回事了。其实，我们也可以问问自己："别人的一次失误或尴尬，真的会总在我的心头挥之不去，让我寝食难安吗？我对别人的衣食住行真的那么关心，甚至超过关心自己吗？"

智者寄语

自己的事都处理不完，怎么还会去关心与自己不太相关的事情呢？记得陶渊明写过这样的话："亲戚或余悲，他人亦已歌。死去何所道，托体同山阿。"想想也是，在你还沉浸在悲伤中时，别人早已踏歌而去了。所以你要明白，在别人心中，你没有那么"重要"。

人因自谦而成长，因自满而堕落

低调的人不会骄傲，骄傲的人也做不到低调。骄傲自满是我们前进中的绊脚石，它使我们看不到别人的闪光点，自以为是、止步不前。骄傲自大的人会在自己与外界之间树起一道无形的"城墙"，让人与外界产生隔膜，这使人变得狭隘、自私、目中无人，如井底之蛙，看不到更广阔的世界。

有一只狐狸喜欢自夸自大，它以为森林中自己最大。

傍晚，它单独出去散步，走路的时候看见一个映在地上的巨大影子，觉得很奇怪，因为它从来没有见过那么大的影子，后来，它知道是它自己的影子，就非常高兴。它平常就以为自己很伟大，并且有优越感，只是一直找不到证据可以证明。

为了证实那影子确实是自己的，它就摇摇头，那个影子也跟着摇摇头，这更加证明影子是它自己的。它于是很高兴地跳舞，那影子也跟着它舞动。它继续跳，正得意忘形时，来了一只老虎。狐狸看到老虎也不怕，就拿自己的影子与老虎比较，结果发现自己的影子比老虎大，就不理老虎，继续跳舞。老虎趁着狐狸跳得得意忘形的时候扑了过去，把它咬死了。

自傲是对自己缺乏信心的表现。自信与自傲，有时只有一线之隔。高傲并不是自尊或自信，而是过度的自我意识使然。一个人若种植信心，他会收获尊重。一个人若种下骄傲的种子，他必收获众叛亲离的果子，甚至带来不可预知的危险，就像那只自夸自大、自我膨胀的狐狸一样。

人因自谦而成长，因自满而堕落。成功固然值得自豪，然而过度骄傲会使人止步不前。老子在《道德经》中说："生而不有，为而不恃，功成而不居。"又说："功成名遂，身退，天之道。"如果成功之后，只知自我陶醉，迷失于成果之中停滞不前，那就是为自己的成就画了句号。

成功常在辛苦日，败事多因得意时。切记：不要老想着出风头。一个人的成绩都是在他谦虚好学、伏下身子踏实干事的时候取得的，一旦生出骄气、自满自足，那么他必然会停止前进的脚步。

有人会说，大凡骄傲者都有点本事、有点资本。《三国演义》中“失荆州”的关羽和“失街亭”的马谡不是都熟读兵书、立过大功吗？关羽之所以“大意失荆州”，马谡之所以“失街亭”，不正是因为他们自以为“有资本”而铸成大错吗？

智者寄语

颗粒饱满的稻穗总是低着头的，只有空瘪的稻穗才高昂着头。要知道“谦受益，满招损”，所以我们要时刻保持谦虚。

低调为人，高调做事

孔子说：“邦有道，危言危行；邦无道，危行言孙。”南怀瑾先生是这样解释的：“社会、国家上了轨道，要正言正行；遇到国家社会乱的时候，自己的行为要端正，说话要谦虚，不然则会引火上身。”译成白话，我们就可以知道孔子是在告诫我们要注意说话，行事要小心，做人要低调。

这种低调做人的哲学透镜，折射出一种朴素的平和，并在出世与人世的平衡中，向我们提供了低调做人的终极启示。

可是低调归低调，在做事上我们却应该向高标准看齐。

张廷玉是清朝有名的重臣，雍正初晋大学士，后兼任军机大臣。张廷玉虽身居高官，却从不为子女们谋求私利。他秉承其父张英的教诲，要求子女们以“知足为诫”，其代子谦让一事即为突出的例子。

张廷玉的长子张若霭在经过乡试、会试之后，于雍正十一年三月参加了殿试。诸大臣阅卷后，将密封的试卷进呈雍正帝亲览定夺。雍正帝在阅至第五本时，立即被那端正的字体所吸引，再看策内论“公忠体国”一条，有“善则相劝，过则相规，无诈无虞，必诚必信，则同官一体也，内外亦一体也”数语，更使他精神为之一振。雍正帝认为此论言辞恳切，“颇得古大臣之风”，遂将此考生定为一甲三名，即探花。后来折开卷子，方知此人即大学士张廷玉之子张若霭。雍正帝十分欣慰，他说：“大臣子弟能知忠君爱国之心，异日必能为国家抒诚宜力。大学士张廷玉立朝数十年，清忠和厚，始终不渝。张廷玉朝夕在朕左右，勤劳翊赞，时时以尧舜期朕，朕亦以皋、夔期之。张若霭秉承家教，兼之世德所钟，故能若此。”雍正帝还指出，此事“非独家瑞，亦国之庆也”。为了让张廷玉尽快得知这个喜讯，雍正帝立即派人告知了张廷玉。

张廷玉得知此事后，要求面见雍正帝。获准进殿后，他恳切地向雍正帝表示，自己身为朝廷大臣，儿子又登一甲三名，实有不妥。没容张廷玉多讲，雍正帝即说：“朕实出至公，非以大臣之子而有意甄拔。”

张廷玉听罢，再三恳辞，他说：“天下人才众多，三年大比，莫不望为鼎甲。臣蒙恩现居官府，而犬子张若霭登一甲三名，占寒士之先，于心实有不安，倘蒙皇恩，名列二甲，已为荣幸。”张廷玉是深知一、二甲的差别的，但是为了给儿子留个上进的机会，他还是提出了改为二甲的要求。

雍正帝以为张廷玉只是谦让，便对他说：“伊家忠尽积德，有此佳子弟，中一鼎甲，亦人所共服,何必逊让?”

张廷玉见雍正帝没有接受自己的意见,于是跪在皇帝面前,再次恳求:“皇上至公,以臣子一日之长,蒙拔鼎甲。但臣家已备沐恩荣,臣愿让与天下寒士,求皇上怜臣愚忠。若君恩祖德,佑庇臣子,留其福分,以为将来上进之阶,更为美事。”

张廷玉“陈奏之时,情词恳至”,雍正帝“不得不勉从其请”,将张若霭改为二甲一名。不久,在张榜的同时,雍正帝为此事特颁谕旨,表彰张廷玉代子谦让的美德,并让普天下之士子共知之。

可喜的是张廷玉之子张若霭十分理解父亲的做法,而且不负父亲的厚望,在学业上不断进取,后来在南书房、军机处任职时,尽职尽责,颇有乃父之风。其父能秉低调做人之原则,而其子又不负众望,能行高标之事,实在是两代贤臣。

智者寄语

一个人刚进入一个环境,最重要的就是要适应,保持谦虚与低调,同时知道积极主动进取。

志存高远,放低姿态

如果你是一枚平淡无奇的鹅卵石,你没有权力抱怨不被注意,因为你没有被注意的价值;但是如果你是一颗珍珠,那么你总有被注意的一天。做人要心存高远,但是你必须有甘当鹅卵石之心。把姿态放低,努力地工作,做出成绩来,成为珍珠才会引起他人的注意。

维斯卡亚公司是20世纪80年代美国著名的机械制造公司,其产品销往全世界,并代表着当时重型机械制造业的最高水平。许多学机械专业的人毕业后到该公司求职均遭拒绝,原因很简单,该公司的高技术人员爆满,不再需要这方面的人才。但是该公司令人垂涎的待遇和足以自豪、炫耀的知名度仍然向那些有志的求职者闪烁着诱人的光环。

史蒂芬是哈佛大学机械制造专业的高才生。他和许多人的命运一样,在该公司每年一次的用人测试会上被拒绝申请,其实这时的用人测试会已经是徒有虚名了。史蒂芬并没有死心,他发誓一定要进入维斯卡亚重型机械制造公司。于是,他采取了一个特殊的策略——假装自己一无所长。

他先找到公司人事部,提出可以为该公司无偿提供劳动力,请求公司分派给他任何工作,他都不计任何报酬来完成。公司起初觉得这简直不可思议,但考虑到不用任何花费,也用不着操心,于是便分派他去打扫车间里的废铁屑。

一年来,史蒂芬勤勤恳恳地重复着这种简单但是劳累的工作。为养家糊口,下班后他还要去酒吧打工。这样,虽然得到老板及工人们的好感,但是仍然没有一个人提到录用他的问题。

20世纪90年代初,公司的许多订单纷纷被退回,理由均是产品质量问题,为此公司蒙受了巨大的损失。公司董事会为了挽救颓势,紧急召开会议商议对策。当会议进行了半天却未见眉目时,史蒂芬闯入会议室,提出要直接见总经理。

在会上,史蒂芬把对这一问题出现的原因作了令人信服的解释,并且就工程技术上的问题提出了自己的看法,随后拿出了自己对产品的改造设计图。这个设计非常先进,恰到好处地保留了原来产品的优点,同时克服了已出现的弊病。

总经理及董事会的董事见到这个编外清洁工如此精明在行，便询问他的背景以及现状。之后，史蒂芬当即被聘为公司负责生产技术问题的副总经理。

原来，史蒂芬在做清扫工时，利用清扫工到处走动的特点，细心察看了整个公司各部门的生产情况，并一一作了详细记录，他还发现了所存在的技术性问题并想出解决的办法。为此，他花了近一年的时间搞设计，获得了大量的统计数据，为最后一展雄姿奠定了基础。

年轻人当有远大志向，才可能成为杰出人物。但要成为杰出人物，光是心高气盛还远远不够，必须从最低级的事情学习做起。在你还是默默无闻不被人重视的时候，不妨试着降低一下自己的目标，放松自己的心态，从小事开始做起，这样你才有机会变成耀眼的珍珠。

远大的志向固然重要，但光有志向还是不够的，要想有所作为，还必须学会在必要的时候降低自己的姿态。降低姿态并不是自卑和贬低自己，而是一种虚怀若谷的胸襟。

也许在很多人看来，低调意味着一种安于平淡、没有什么追求的生活态度，这样的生活态度是绝对不会取得成功的。其实，低调绝对不是没有理想、没有追求。事实上，采取低调处世的人往往才最明白自己要的是什么，他们对自己的目标已经深思熟虑，并以最快捷的手段达到这一目的。

以低姿态出现只是一种表象，是为了让对方从心理上感到一种满足，使其愿意与你合作。学会在适当的时候保持适当的低姿态，绝不是懦弱的表现，而是一种智慧。

谢安是东晋时期的人，出身名门望族，他的祖父谢衡以儒学而名满天下，官至国子祭酒。父亲谢裒，官至太常卿。谢安少年时就很有名气，东晋初年的不少名士如王导、桓彝等人都很器重他。谢安思想敏锐深刻，风度优雅，举止沉着镇定，而且能写一手漂亮的行书。谢安从不想凭借出身和名望获得高官厚禄，朝廷先征召他入司徒府，接着又任命他为佐著作郎，都被他以身患疾病给推辞掉了。后来，谢安干脆隐居到了会稽的东山，与王羲之、支道林、许询等人游玩于山水之间，不愿当官。当时的扬州刺史庾冰仰慕谢安，好几次命郡县官吏催逼其入朝当官，谢安不得已勉强应召，但只过了一个多月，他又辞职回到了会稽。后来，朝廷又曾多次征召，他仍一一回绝。这引起了很多大臣的不满，纷纷上书要求永远不让谢安做官，朝廷考虑了各方面的利害关系后，没有答应。

谢万是谢安的弟弟，也很有才气，尽管仕途通达，颇有名气，但气度不如谢安，经常自我炫耀。公元358年，谢安的哥哥谢奕去世，谢万被任命为西中郎将，监司、豫、冀、并四州诸军事，兼任豫州刺史。然而谢万却不善统兵作战，受命北征时仍然自命清高，不知抚慰部将。谢安对弟弟的做法很是忧虑，对他说："你身为元帅，应该经常和各个将领交交心，来获得他们的拥护。像你这样傲慢，怎么能够做大事呢？"谢万听了哥哥的话，召集了诸将，可是平时滔滔不绝的谢万竟连一句话都讲不出，最后干脆用手中的铁如意指着在座的将领说："诸将都是厉害的兵。"这样傲慢的举止不仅没有起到抚慰将领的作用，反而使他们更加怨恨。谢安没有办法，只好代替谢万，亲自一个个拜访诸位将领，加以抚慰，请他们尽力协助谢万，但这并未能挽救谢万失败的命运，损兵折将的谢万不久就被贬为庶人。

谢安低调，并不是说没有自己的追求，而是为了实现长远的目标。这种宽心的低调为他赢得了很多人的尊敬和拥护，对他今后能登上高位很有帮助。其实，在我们的生活中也是这样，采取高调张扬的态度，只能得到一些眼前的好处，而低调的长远经营，才能实现一个重大的目标。

纵观历史，看历代功臣，能够做到功盖天下而主不疑，位极人臣而众不妒，穷奢极欲而人不非，实在是少之又少。最重要的原因是他们不懂得弯下腰，不明白放低姿态才是自我保护的最佳途径。

生活在这个浮躁的社会，我们已经习惯了自以为是。当我们习惯了把自己当作“老大”的时候，也是我们活得最悲哀的时候。我们整天感叹社会不公，整天叫嚣“等我有钱了要做这个做那个”，但是我们已经习惯了只说不做，我们习惯了用那些无用的抱怨代替努力。我们知道社会竞争很激烈，但是嘴皮子还是不想认输。当看到身边的人比自己努力的时候，不想着行动，只想着等我努力的时候肯定就追上你了。但是你知道吗？积极向上的态度比什么都重要。

智者寄语

不要总是一副看不起这个世界、看不起身边的人的样子。放低你的姿态，向身边的人虚心学习吧！

低姿态更易成功

清高的人，往往表现出桀骜不驯的姿态，如此为之，必成众人的眼中钉，首当其冲地陷入危险被动的境地。因此，放下清高的姿态，宽心低调为人就显得很重要了。

古来文人多以清高著称，这既是文人的一种脾气，也是一种当时文人的“通病”。清高虽显得与世不同，不与乱臣贼子同流合污，表现出了一种高洁的品格，可是一味地清高不仅不会得到称赞，反而会遭人反感，受到打击。

如今，“清高”这个词也不再是一个完全的正面词汇了。它往往与不合群、孤僻、难相处等词连接在一起，最终导致众叛亲离，只剩下孤家寡人一个。相反，平日里与大众打成一片，接物待人平易近人的人，才会受到人们的拥护，获得真正的成功。

西汉时的盖宽饶为人刚正耿直，不畏权贵，对于权臣、贵戚、宠官种种违法犯禁之事，他都毫不留情地纠举，甚至对皇帝本人举措不当之处，也敢直言不讳。盖宽饶自己也绝不与贪官污吏、谄媚小人同流合污。

盖宽饶在汉宣帝时任司隶校尉，受皇帝之命，负责察举包括丞相在内的朝廷百官以及京师附近一带所有违法者，手下率有千名徒隶，可以领兵逮捕任何大奸巨猾，可见他所面对的是整个上层统治集团。

盖宽饶一再结怨于公卿显贵，仕途自然不顺利，很多地位比他低、能力比他差的凡庸之辈都超过了他，他心中不免抑郁不平，平时也会不经意间有所流露。他的一个好朋友王生写信劝他说：“圣明的皇帝知道你不畏豪强，廉洁公正，所以让你做监督百官之官，地位够尊显的了，俸薪也够丰厚的了。你应当忠心报答上恩，而你却一再以激烈的言辞指斥那些大臣，这可不是保全性命、立功扬名之道啊！如今朝中的执政大臣都是一些玩弄权力的老手，他们会花言巧语地加罪于你，你是不能避开他们的，也不要想以自己宝贵的血肉之躯，去和那些凶险难测的势力较量，否则我实在为你痛心。大丈夫立世，应当正直而又不过分僵硬，灵活而又不失去分寸。古人讲‘明哲保身’，就是这个道理。”

然而，盖宽饶做不到这一点。

一天，皇后的父亲许广汉迁入新居，满朝公卿都去恭贺，盖宽饶却不去，在许广汉一再邀请下，他才肯前去。见到皇帝的这位岳父大人，盖宽饶还是不卑不亢。许广汉说：“你来晚了，要罚酒。”他说：“别让我多喝，我一喝酒就会管不住自己！”

丞相魏侯趁机嘲笑盖宽饶说:“你不喝酒也管不住自己。”听到丞相的话,满座的人都以一种十分鄙视的目光注视着盖宽饶。酒酣耳热之时,那些显贵的大臣们一个个丑态毕露,身为九卿之一的檀长卿竟然跳出座位,学着猴狗相斗,在座的人都开怀大笑起来。盖宽饶十分气愤,他抬头看着雕梁画栋的屋顶,冷笑道:“真是够快活啊,岂不知富贵无常,大家在这样的高堂华屋相聚,也不过是匆匆过客而已,这样的事我见多了,诸位大人好自为之吧!”

说罢离席而去,回去后向朝廷劾奏檀长卿,说他以大臣而做猴狗之态,有失身份与尊严。宣帝本来想处理这件事,在许广汉一再请求下,才把这件事压了下去。

后来盖宽饶看到宣帝重用宦官,便上书批评,并引用古书所说“官位应当由贤者来做,不是贤者不应在其位”的话来告诫皇帝。这一来可闯了大祸,皇帝以诽谤为由要治盖宽饶的罪,那些早就对盖宽饶心怀怨恨的大臣更是诬称他要宣帝让位于自己,可谓大逆不道。

一位大臣在上书救盖宽饶时这样说:“山中有猛虎,森林便可以得到保全,朝廷有忠臣,奸邪之辈便不得不有所收敛。”但只有寥寥凡人上书保奏,皇帝不予理睬。可怜盖宽饶仇多友少,也没有后台依托,终于被逮捕,含恨自杀在宫门。

汉宣帝不是一位昏君,许广汉也算不上奸臣,但在处理盖宽饶的事件上,他们有失公正,是站在正直的对立面的。然而,盖宽饶也太清高了,大是大非面前自然不可苟且,而有些小事尽可以睁一只眼,闭一只眼,否则,吃亏的就是自己。

盖宽饶正直刚正,不与朝中小人为伍,本是件好事,对其为人品格也没有什么可以非议的,可是他却有点太清高了,得罪了不少人。因小小的一件事情,还是在其职权范围之内的小事,便丢了性命。正是由于他平日里清高过了头,不与人交好,在性命攸关时,竟然没有几人为之求情,可见盖宽饶人际关系的失败。

在今天这个复杂的社会中,我们在骨子里可以恪守我们的原则,这样做一是可以保持自己高尚的本心,二是不会危害他人的利益,不会被打击报复。而表面上,我们照样可以和我们鄙弃之人打招呼,讨论问题,胸怀够豁达的人才是人中高手。由此看来,清高在某种程度上来说确实是一种错误。如果放低姿态,做到谦卑为人,那么效果往往就会不一样了。

深谙低调行事之道的人,不管位有多高,权有多重,周围有多少妒贤嫉能的人,都能在危机四伏的环境中为自己保留一席之地。

放低姿态既是一种态度,也是一种作为。学习谦恭,学习礼让,学习盘旋着上升,这既是人生的一种品位,也是一种境界,既然如此,就让我们脚踏实地地攀登成功的高峰吧。

在成功的道路上,你需要找工作、调工作、开拓更为广泛的人际关系。在很多情况下,你或许一直都处于一种求人的地位,处于一种必须表现低姿态的格局中。面对这样的情况,你首先要学会低姿态。很多人放低姿态之后就老想着他人可能会很傲慢地对待自己,会轻视自己,会对自己视而不见,甚至会侮辱自己,把自己赶出门去……这样一来,你便会退缩、丧失勇气。正因为如此,你或许就打出“万事不求人”的招牌,宁可忍受不求人办事的后果、不求人办事的麻烦,把事情搁置起来。这只能说明你是脆弱的。你如何看待自己是一回事,他人如何看待你是另一回事,你应该把他人如何看待你与你自身的价值分开来看。

在社会日益激烈的竞争中,在越来越复杂的人际关系中,要想立于不败之地,除了加强自身修养,提高自身素质之外,还要注意处世方式,宽心低调会让你得到意想不到的收获。

能放下自己高贵的身架的人,不会有刻板的观念,他们能吸收各种新鲜的事物,丰富自己的头脑和智慧,这将是他最重要的本钱。放下架子能比别人早一步抓到好机会,而且抓住的机会也会更多，因为他没有身份的顾虑。

其实这种所谓的身份只会让人的路越走越窄，你如果想在社会上走出一条路来，那么就要放下身份，也就是：放下你的学历、放下你的家庭背景等，让自己回归到普通人中去。同时，也要不在乎别人的眼光和批评，做你认为值得做的事，走你认为值得走的路。

有的人家世不错就觉得自己的身份很高，有学问的人觉得自己不同凡响，有钱财的人觉得自己不同于旁人，有名位、有才华的人认为自己比较有尊严，并借此抬高自己的身份，而事实上，如果依赖这些作为身份，是非常不合时宜的。

有一个大学生，在校时成绩很好，大家对他的期望值也很高，认为他必将有一番了不起的成就。最后他真的有了成就，但不是在政府机关或大公司里有成就，而是靠卖蚵仔面卖出了成就。

原来他在大学毕业后不久得知家乡附近的夜市有一个摊子要转让，他那时还没找到工作，就向家人借钱，把摊子租了下来。因为他对烹饪很有兴趣，便自己当老板卖起蚵仔面来。他的大学生身份曾招致很多人不理解的眼光，但却也为他招徕了不少生意。他自己倒从未对自己学非所用及高学低用怀疑过。

要放下身份——这是他的口头禅和座右铭。放下身份，路会越走越宽。放下身份的人比放不下身份的人在竞争上多很多优势。

如果你想把事情做成，就得以一种低姿态出现在对方面前，表现得谦虚、平和、朴实、憨厚、毕恭毕敬，使对方感到自己充分得到了别人的尊重。

实际上，越是谦虚的人，就越是非常聪明的人，越是工作认真的人。一般情况下，当你表现出大智若愚，使对方陶醉在自我感觉良好的气氛中时，你就已经受益匪浅了。

智者寄语

你谦虚就会显得平易近人；你朴实和气，对方就愿意与你相处；你恭敬顺从，对方就会与你合得来，这种心理状态对你非常有利。相反，你若以高姿态出现，处处高于对方，给人一种咄咄逼人的气势，对方内心里就会感到紧张，而且容易产生逆反心理。

架子并不重要

架子，字典上的解释是用以表现、抬高自己的一种虚骄姿态。生活中，人们常说拿架子、端架子、摆架子等，被当作庸俗、高傲、自以为是的代名词，以贬义居多。摆架子的人大多自视甚高，过度抬高自己，不能认清自己的位置，却往往遭人鄙弃。

而真正高贵的人，不需要端着无谓的“架子”，也能够得到别人发自内心的尊重。

曾经有一位信徒到寺院礼佛，拜完佛到客堂休息。才坐下来，就听到一位年轻的知客师对年事已高的无德禅师道：“老师！有信徒来了，请上茶！”

德高望重的无德禅师不以为忤，笑眯眯地奉茶上来。

不到两分钟，那位年轻的知客师又叫道：

“老师！佛桌上的香灰太多了，请把它擦拭干净！”

“拜台上的盆花，别忘了浇水呀！”

“中午别忘了留信徒用饭。”

俗谚说:“和尚要能老,老了就是宝。”信徒供养僧众,大都是供老不供小,护持僧众也是护老不护小。在这里,信徒却只看到年老的无德禅师在知客师的指挥下,一会儿跑东,一会儿往西,忙来忙去。实在看不过去,就问无德禅师道:“老禅师,那位知客师和您是什么关系呀?”

老禅师回答:“他是我的徒弟。”

信徒大惑不解,问:“既然这位年轻的知客师是您的徒弟,为什么一下子叫您做这,一下子要您做那,对您如此不礼貌呢?”

老禅师一脸欣慰地说:“我有这样能干的徒弟,是我的福气啊。信徒来时,只要我倒茶,并不要我讲话;平时佛前上香换水都是他做,我只要擦一擦灰尘就好了;他只叫我留信徒用饭,并不叫我亲自去煮饭烧茶,寺里上下都是他在计划、安排。这对我就是大大的礼遇了,不然,我一个人可就更辛苦了!”

信徒听后,仍然有些不解,满脸疑惑地问:“凡事都由他指挥,你们到底是老的大,还是小的大啊?”

无德禅师说:“长者为尊,当然是老的大,但是,小的有用呀!”

社会上,有些资历老的人端着架子倚老卖老,对年轻人颐指气使,出于对长者的尊重,年轻人往往会顺从,但并不服气,心里也难以真正尊敬他们。无德禅师身为师长,却毫无架子,愿意服从、配合年轻人正确的决定,放下了架子,反而赢得别人真心的拥戴照顾。

放下架子,用一颗平常心来面对人生百态,不仅能够使心态保持健康、乐观,与人相处也会更加顺利,事业亦能得到帮助。

刚刚毕业的大学生们常常感叹“就业难”,某知名餐饮企业的经理却认为,现在大学生就业还“不够难”。

经理说:“大学生找工作还是不够难,如果真的难到没有饭吃,可以到酒店里刷盘子、洗碗。只要刷盘子刷得好,就有可能提拔成小组长,然后可能成为领班,还可能因为会写材料被提拔进办公室,做得好了还可能被进一步提拔到管理层。有能力总会得到发挥的机会的。”

但是,大部分刚毕业的求职者心态不稳,容易好高骛远,大事做不好,小事不愿做。殊不知,无论是硕士、博士,如果不能在工作中体现自己的知识和技能,一切都毫无意义。

聪明的求职者懂得放下架子。在职业生涯初期先放低身段,调整心态,先生存,后择业。从小事做起,循序渐进,在实际工作中锻炼好自己的能力,为日后的成长打下坚实基础,为谋求更大的发展际遇增添筹码。

出版社新招了几个刚毕业的大学生做编辑。这些年轻人文笔大都不错,业务上手很快。出版社正在进行一套丛书的编辑,给每个人都分配了很多任务,新招进来这批年轻人全都跟着干活,还是忙得头昏脑涨。而且,由于人手不够,编辑部的人也常被派到打印部、业务部帮忙。

但是,大部分人都是去了一两次就抗议了。他们说:“我是编辑,不是打杂的!”新来的年轻人也都跟着老编辑学,整个编辑部只有一个年轻人肯接受老板的指派,无论老板要求他做什么不相干的事,他总是尽力去做。

其他人说这个年轻人傻,说老板捡着个老实人使劲压榨。听到这样的话,年轻人只说:

“吃亏就是占便宜嘛。”还是乐呵呵地去帮忙。

在大家眼里，这傻小子哪有什么便宜可占？他要帮忙包书、送书，老板还让他去业务部，参与直销的工作，连取稿、跑印刷厂、邮寄都要指使他做。其他编辑都是清闲的“文化人”模样，他却简直像个苦力一样出力出汗，也没有比其他人多拿一分钱工资。

两年后，老板准备提拔他做主管，他却提出了辞职，离开出版社自己成立了一家出版公司。

原来，在帮忙的时候，他把一个出版社需要的编辑、发行、直销等工作都摸熟了，锻炼出了独立运营一家出版公司的能力，他的公司草创初期只有他一个人，但也能够运转起来。放下架子，多付出点心血和劳力，得到了那么多宝贵的经验，其实他真的占了大便宜。

架子其实没那么重要，放下架子却可以使自己得到更多。

端架子的人只会使自己就业之路越走越窄。因为，讲究架子，过于计较一时的得失，就人为地给自己画了一个圈，限制了自己的手脚。反之，放下了架子，懂得以大局为重，学会团队合作，同事间关系会更融洽，别人也更乐于助你，给予你更多的发展机会。

智者寄语

别让学历、背景、身份、地位成为自己身上的包袱。让自己回归到普通人行列中来，不去在乎别人的目光和议论，放下架子做事。这样，你的人生之路才会越走越宽，越走越顺畅。

学会低调做人

曾经有一度，“别拿豆包不当干粮”成了热门的口头流行语，它在鼓励人们寻找自己的价值，增加自己的信心的同时，也要求人们寻找别人的优点，承认别人的存在。可是，有很多人太“把豆包当干粮”，太把自己当回事儿。我们提倡自信，却不能纵容狂妄自大，目中无人，不能纵容过分的表现欲。

只有不把自己太当回事儿，才能在自己被忽视的时候不郁郁寡欢，才能让自己得以有更多的时间和精力去做真正有意义的事情。况且，低调做人也会更容易被别人接纳。这也正是我们为人处世的根基，根基扎得越稳，我们的事业也就越牢固。

一个人不管取得了多大的成功，不管名有多显、位有多高、财有多丰，面对纷繁复杂的社会，都应该保持低调。正所谓“地低成海，人低成王”。如果是团队的领导者，更要低调做人，不要处处都体现出自己的独特和权威。

旧时在打江山的时候，各路英雄豪杰共同聚集在同一麾下，个个锋芒毕露，看谁比谁更有能耐。君主自然看重这些人，因为他需要靠这些人的帮助来实现自己一统天下的野心。但如果是天下已定，这些虎将们的才能也不会凭空消失，而这时候他们的才华就变成了君主的一块心病，只能让他感觉到威胁的存在，因此在我国古代历史上开国之初便开始滥杀有功之臣的事件屡有发生，也就是俗话所说的“卸磨杀驴”。韩信之死，明太祖火烧庆功楼，莫不如此。

看过《三国演义》的人都知道，刘备死后，诸葛亮似乎就没有太大的作为了，远不如刘备在世时那般运筹帷幄、挥洒自如。刘备是一个明君，诸葛亮在他的手下时自然不必担心会受到什么猜忌，而且刘备也离不开他，因此他才可以尽力施展自己的才华，辅佐刘备，打出一片江山。刘备去世以后，阿斗继位。刘备在临死之前曾经当着众臣的面说：“若是他值得辅助，你就好好辅佐他；假如他不是做君主的料，你就可以自立为君。”

诸葛亮听后吓出一身冷汗，顿时手足无措，哭拜于地上：“臣怎敢不尽心竭力，力尽忠贞之节，至死也不松懈呢？”说罢，叩头直至流血。为了避免自己有夺权的嫌疑，自此之后，诸葛亮一方面行事更加小心谨慎，敛锋藏锷，低调行事；另一方面则常年在外征战，谨防被别人抓到把柄。并且他有意收敛锋芒，显示出自己已经老而无用了，以此来避免惹祸上身。

这便是韬晦之策，收敛锋芒正是诸葛亮的聪明之处。

由此可以看出，不管你是什么人，也无论你身居何位，都需要时常保持一颗平常心，否则，骄狂者必躁，浮躁者必狂。而狂傲、急躁、不冷静常常会影响到我们跟他人之间的关系，即便是无意或者是出于一片好心，这种情绪也难以被人们接受。正是因为你的狂妄和急躁，你周围的同事、朋友、邻里都会讨厌你、远离你，但是你如果仍然自我感觉良好的话，就会变成顾影自怜了。所以说，不骄不躁是做人的必修课之一，而能够做到低调做人就表示你可以毕业了。

儒家思想影响了中国几千年的文明史，古代的圣贤告诫我们，一个人若不懂得韬光养晦就难以在社会上立足。“木秀于林，风必摧之；才高于众，人心嫉之。”这是圣人给我们的启示。因此我们应该把低调作为自己的人生格言。

位高权重、财大势强的人无疑都身处社会的高层，但有时会“树大招风”，在这“显眼处”却暗藏着众目所向和众矢所指的危险，此时，只有急流勇退、及早抽身、勇于低头的人才能趋利避害，稳坐钓鱼台。所以，不管你的权势有多大、地位有多高，都要放下架子，保持低姿态做人为好。

智者寄语

在多数人看来，低调的生活态度要么是缺乏斗志，要么是没有远大理想，要么是自己软弱无能、目光短浅、缺乏自信。但是事实上低调做人不是精神萎靡，精神萎靡的人面对生活中的种种困难是没有支撑自己成功的勇气的，他会安于现状，不思进取。而低调者认为挫折与不幸只是人生旅途中必不可少的风景，人的命运掌握在自己的手中，脚踏实地地追求，一定会到达成功的彼岸。低调的人时刻对自己有一个清醒的认识，他们不想在结果到来之前妄下定论，而是在自己的奋斗过程中充满信心地迎接人生中的每一次挑战。

谦虚换来好交际

被批评意味着自己是错的或者是有缺陷的，没有人喜欢被批评。可是，我们不得不承认自己不可能没有犯过错误，自己身上不可能没有一丝缺点。有时候只是为了顾全自己的面子或者讳疾忌医而不愿承认。如果我们足够有勇气承认自己的错误和缺点，那么批评对我们而言就是一剂良药，心态也会变得坦然，从善如流也并不是一件遥不可及的事情。

人们都喜欢谦虚的人，而不愿意与自以为是的人为伍。我们在生活中经常可以遇到一些好为人师的人，他们总喜欢指摘别人这做得不合适了，那做得过分了，似乎他们什么都在行，对什么都可以说出个道理来。

这种自负，恰好是自卑心理的曲折表现。他们之所以摆出一副“万事通”的面孔来，就是唯恐被人轻视，他们炫耀的目的就是要提高自己的地位。可是这样做的结果只能使他们捉襟见肘，遭人厌恶。道理很简单，你认为别人没有办好事情的能力，别人也不会把你的能力放在眼里。

只有谦虚才能学到更多的知识。人外有人，天外有天，我们懂得的一切都没有什么了不起的，好为人师是浅薄的表现。

一个人有才能是件值得人佩服的事，如果再能用谦虚的美德来装饰，那就更值得人敬佩了。任何人潜意识里都是争强好胜的，自负是人的本性之一。你的自我表现和炫耀往往会刺伤别人，谦虚正是使你在人际交往中受欢迎的有效方法。

如果你想要追求成功，谦虚都会是你必要的特质。在你到达成功的顶峰之后，你会发现谦虚更重要——只有谦虚的人才能得到智慧。

富兰克林在一本书中讲述了他怎样克服了喜欢争辩的缺点，成为美国历史上最实干、最友善、最圆滑的外交家的经历。

当富兰克林还是个冒失的年轻人时，一天，教友会的一个老朋友把他叫到一边，严厉地训斥了他一顿："本，你太不像话了。你已经伤害了每一位和你有不同意见的人。你太突出自己的意见了，你的态度让人无法接受。你的朋友都觉得，如果你不在场，他们会自在得多。你表现得太过分了，没有人能再教你什么，没有人打算对你说些什么，因为那样不但白费力气，而且还会惹得你不高兴。这样下去，你不会再学到新的东西。"

富兰克林接受了这次严厉的批评，他开始明智、成熟起来，他意识到他的人际关系正面临着失败。于是他马上改掉了粗野、傲慢的习惯。

富兰克林说："我定下了一条原则：不要面对面地直接反对别人的意见，也不要太武断。我甚至不让自己在文字或语言上措辞太肯定。我不再用'当然''毫无疑问'等词汇，而改用'我想''我假设'或'我想象'等词汇。当别人在说一件我不认同的事时，我不会立即反对他。我会说在某种情况下，他的意见是对的，但现在我有稍微不同的意见，大家商量一下。

"很快，态度的改变收到了效果，谈话的气氛变得融洽起来。我谦虚的态度容易被大家接受了，争执也减少了。在这种情况下，我不会再因为偶尔出错而难堪；当我对的时候，就会更顺利地得到大家的赞同。

"刚开始采用这些方式的时候，我总觉得这不符合自己的性格，可渐渐地就成为我的习惯了。50年来，没有人听我讲过什么太武断的话。在我提出新的或修改旧的法案条文时，这个习惯让我得到尊重。这个习惯也使我在大陆议会里更具影响力，尽管我的措辞、辩论并不迅捷有力，有时还会出错，但我的意见还是得到了广泛的支持。"

无关原则的问题，大可不必非要辩个究竟谁对谁错来，彼此心知肚明即可。做个谦虚的人，别处处与人为敌，会给自己营造更为和谐的交际氛围。

智者寄语

任何一个人，都会有做错事情的时候，做错了，就不要怕别人批评你。你要做的是坦然地接受来自他人的批评，哪怕对方的批评有明显的挑衅的意味，也请心平气和地接受。因为接受别人的批评，总是会给你自己带来好处的。一方面它可以帮你化解危机，另一方面它还可以是你以退为进的策略，通常都会收到令人满意的效果。当然，只有真诚地去听取别人的意见，才不会在做足表面功夫时产生逆反心理。我们一定要懂得接受批评的最终受益人是自己，只有心态放得平和了，才能真正从批评中汲取养分。

保持谦卑、低调是防止遭人妒忌的良药

为人处世的高明之处就在于谦卑、低调。生活当中，我们常常忘了谦卑，以致招来他人嫉妒，给自己埋下了炸弹。比如，准备了很长时间的计划书终于可以呈报领导了，在会议上得到了各部门主管的一致赞许，领导更是赞赏有加。这时我们必然有些飘飘然，难掩喜悦之色。但兴奋忘形之际，也许正是自埋炸弹之时。要知道，嫉妒是人的天性，对别人的得意视而不见的人毕竟是少数，因此我们要小心有些人表面上阿谀奉承，私底下却对我们恨之入骨。

切莫被美丽的奉承冲昏头脑，聪明的人必须理智对待别人的奉承和崇拜，要理智地告诉他们："我的意见也就是一时的灵感，没什么特别的。""别这么夸我，公司里有太多人才呢。"

被他人嫉妒，无异于无端树敌，而保护好自己的最好方法，就是保持谦卑和低调，我们不要因一时的成绩而喜形于色，要处处表现得虚心。即使成绩一天比一天大时，我们也仍然要保持与旧同事的关系，多抽时间与他们交往。谈话时，更不能自己翻那些成功史，即使别人阿谀一番，也要当成耳边风，或者索性说："那绝非我一个人的功劳，事情是大家一起做好的。"

谦卑、低调的姿态，永远是获取他人好感的必要表现，大多数人欣赏的也都是谦卑、低调的人，而不是有点小成绩就难以自持的人。谦卑、低调为人，可以避免小人的妒忌之心，避免闲言碎语，也能让自己清醒地对待他人的奉承，始终保持拼搏的劲头。因此，为人处世，当保持谦卑、低调。

小王毕业于北京某名牌大学，毕业后就到一家有名的策划公司工作。小王的个人能力很强，很快就成了公司的得力干将，他主持策划的几套企业方案也为公司带来了很好的效益，一些中小企业也常常请他帮忙做些形象策划，并付给他丰厚的报酬。

按常理说，小王的资历和能力早该升到部门主管了，可他工作三年了还一直是个普通职员。在他眼里，公司里的同事们都是些无能之辈。每次取得成绩，大家一夸他，他马上就会表现出一副"这都是小意思"的架势，好像自己根本不费吹灰之力就能把公司交代的工作做好，甚至就连公司的老总他也不放在眼里，整天一副扬扬得意、高高在上的样子，结果同事们对他的印象都比较差，有些"多事"的同事还会时不时地告他点儿小状。

由于小王的工作能力较强，公司领导也早就想提拔他了。可一到考核时，同事们都不为他说话，说与他不好共事，他太看不起人，并表示不愿到他所负责的部门做事。就这样，小王成了"孤家寡人"。老总们一谈到他，也总是无可奈何地摇头说："他就是做人太高调了，个性太强了。"

一个人肯定不能没有自己做人的准则，但一味地高调，不会圆通，该低头的时候不能委曲求全，就不能进退自如，往往会陷入被动。只有硬度而没有弹性和韧性的钢材称不上好钢；负重奋进的车轮，也必须是圆形，还得加上润滑剂。在为人处世时，倘若过于有棱有角，直来直去，凡事没有变通的余地，给自己带来的往往就是不必要的伤害，甚至是毁灭。

当然，谦卑、低调不是妥协、不是自卑，也不是怯弱，更不是倒下，而是战胜困难的一种理智的忍让，是清醒中的一种嬗变经营，是为了更好更坚定地站立。有时候人为了面子，不想低下自己的头。其实，人不可能永远走在人生的上坡，该低头时就得低一下头，调整一下目标，改变一

下思路，这样我们就能巧妙地穿过人生的荆棘，发现“柳暗花明又一村”的无限风光。

智者寄语

谦卑、低调不是一种直白的自我流露，而是一种修养、一种理念，更是一种至高的精神境界。谦卑、低调做人，意味着一种自信，自信就是力量、就是勇气，可以让人消除烦恼，使人摆脱困境。有了自信，生活也将充满无限光明。

放低姿态，才能得到高调的成功

在人际交往过程中，人们往往更喜欢平易近人、和蔼可亲的人，所以，我们在日常交往中应学会放低姿态，不张扬、不张狂，要做到不露锋芒，这样既能为自己积累人气，又能充分发挥自己的才华，从而也更容易获得成功。

要放低姿态，就需要有谦虚、善于批评与自我批评的良好品质。需要说明的是，看“低”自己，并不是鄙视自己、压抑自己，而是更加清醒地认识自己；不是让我们低声下气、奉承谄媚，失去做人的原则，而是要以一颗诚挚的心去对待人和事；不是自卑，也不是怯弱，而是一种顾全大局的委曲求全，是清醒中的一种人生经营。

善于放低姿态的人，会经常站在他人的角度考虑问题，研究他人的需求，这也是一个人获得成功的法宝。“人类本质中最迫切的需求是渴望被肯定。”学会放低姿态、放软身段，学会仔细倾听他人的意见，理解对方的做事方法与立场，尽量体谅对方，将心换心，这样既能学习到对方的优点，也能让对方感到自己被尊重和理解。

“目标的高标准与身子的低姿态和谐统一，是造就厚重与辉煌人生的必备条件。”在一个组织里，每一个人都有自己的独特位置，不能一味地“张扬”“高调”，甚至唯我独尊、盛气凌人。我们要懂得放低姿态，懂得协调人际关系，懂得如何与周围的环境和谐相处，否则就很难得到人生的幸福与和谐。这样看来，低姿态不仅为生存之态，更应为人生之常态。唯有“低”才能看得真切、生动、具体，才可能抓住事物的真谛，从而最终获得高调的成功。

林肯总统的平易随和是有口皆碑的，尽管他位居总统之尊，但常常喜欢一个人走出办公室，到民众中去。平时他在白宫办公室的门也总是打开着，任何人想进来与他谈谈，他都欢迎，而且不论多忙都会接见来访者。

1861年，林肯在白宫外面度过的时间比在白宫里还要多。当他无法从白宫脱身时，他就打开白宫办公室的门，让政府要员、商人、普通市民等沿着行政官邸的围墙排队去见他。

林肯很少拒绝别人，甚至还鼓励一些人来访。1863年，林肯就给一位印第安纳州的公民写信说：“对来见我的人们，我一般不拒绝见他们；如果你来的话，我也许会见你的。”

他曾说：“我把这种接见叫作我的‘民意浴’——因为我很少有时间读报纸，所以用这种方法搜集民意；虽然民众意见并不是时时处处令人愉快，但总体来说，其效果还是具有新意、令人鼓舞的。”

林肯的“民意浴”缩短了他与下属和人民之间的距离，加深了彼此的感情，也激发了人民参与国事的主动性和积极性。而林肯作为总统，其放低姿态、大度俯众的做法，也得到了人民的拥戴。

在为人处世过程中，放低姿态是一种品格、一种风度、一种修养、一种胸襟，更是一种智慧、一种谋略。欲成事者,必要能宽容于人,进而为人们所悦纳、所赞赏、所钦佩,这正是一个人能立世成功的根基。根基既固,才有枝繁叶茂、硕果累累;倘若根基浅薄,便难免枝衰叶弱,不禁风雨。而放低姿态做人就是在社会上加固立世根基的绝好姿态。能够放低自己的姿态,不仅可以保护自己,让自己更好地融入人群,与人们和谐相处,还可以暗蓄力量、悄然潜行,在不显山、不露水之中成就事业,获得成功。

然而在许多人眼里,放低自己的行为是缺乏理想、精神颓废的表现。事实上,低调不是精神颓废,颓废的人没有追求和理想,面对生活的不幸缺乏必要的意志来改变自己的命运。低调的人并不是缺乏自信,只是对自己有着清醒的认识,不愿为时过早地轻易下结论,不愿对事情的发展进行盲目乐观的估测。在生活当中,人们似乎总想寻觅一份永恒的快乐与幸福,总希望自己的付出能获得高额的回报,然而生活并不像我们想的那样顺畅,当我们的努力被现实击碎,当我们的心灵逐渐由充满激情变得颓废麻木,此时,我们能感受到的可能只是深深的苦闷与失望。然而,在低调者看来,这不过是生活对自己的一次拷问、一次磨炼而已。

智者寄语

我们应该学会放低自己的姿态,做到"以退为进,以守为攻""忍一时风平浪静,退一步海阔天空"。山峰之高,是因为它不拒微土;海纳百川,是因为它不拒细流。善于放低姿态,其实是在条件不成熟时,潜心努力、发愤图强、积蓄能量、蓄势待发,为下次机遇的到来做准备。而一旦有机会出现时,便可一鸣惊人,从而获得最为高调的成功。因此,这种放低姿态的行为,其实正是聪明人明智的选择,也是成功人士做人做事的准则。

匿其锐示其弱

有些人看上去平平常常,甚至还给人以"窝囊"、不中用的弱者感觉,但这样的人并不可小看。

有时候,越是这样的人,越是在胸中隐藏着高远的志向抱负,而他这种表面"无能",正是他心高气不傲、富有忍耐力和成大事讲策略的表现。这种人往往能高能低、能上能下,具有一般人所没有的远见卓识和深厚城府。

我们通常认为,示弱应该是一种无能、懦弱的表现。而主动示弱就不只是无能、懦弱的表现了,而是在此基础上犯痴的表现。然而,在许多情况下,恰恰是这种犯痴才能起到力挽狂澜、化险为夷的作用。生活中,我们应该在必要时把自己的弱点展示给别人看。因为这种糊涂是必要的。

刘备一生有"三低"最著名,这奠定了他王业的基础。

一低是桃园结义,与他在桃园结拜的人,一个是酒贩屠户,名叫张飞;另一个是在逃的杀人犯,正在被通缉,流窜江湖,名叫关羽。而他自己,皇亲国戚,后被皇上认为皇叔。身为皇叔肯与以上两人结为异姓兄弟,难能可贵,他这样一来,两条浩瀚的"大河"也向他奔涌而来,一条是五虎上将张翼德,另一条是儒将武圣关云长。于是刘备的事业,就从这两条"河"开始汇成汪洋。

二低是三顾茅庐。为一个未出茅庐的后生小子,刘备前后三次登门求见。不说身份名位,只论年龄,刘备差不多可以称得上长辈,这长辈吃了两碗那晚辈精心调制的"闭门羹",竟毫无怨言,一点都不觉得丢了脸面,连关羽和张飞都在咬牙切齿,这一低,又一条更宽阔的“河流”汇入他宽阔的胸怀，一个千古名相——诸葛亮。

三低是礼遇张松。益州别驾张松，本来是想卖主求荣，把西川献给曹操，曹操自从破了马超之后，志得意满，骄人慢士，数日不见张松，见面就要问罪。刘备派赵云、关云长迎候于境外，自己亲迎于境内，宴饮三日，泪别长亭，甚至要为他牵马相送。张松深受感动，终于把本打算送给曹操的西川的地图献给了刘备。这再一低，西川百姓汇入了他的帝国。

最能看出曹操与刘备交际差别的，要算他俩对待张松的不同态度了：一高一低，一慢一敬，一狂一恭。结果，高、慢、狂者失去了统一中国的最后良机，低、敬、恭者得到了天府之国的川内平原。在这个故事中，刘备胸怀大志，却平易近人礼贤下士，慢慢成就了自己的基业。与之相反，曹操心高气傲，目中无人，白白丢掉了富饶的天府之国，并且还因此耽误了统一中国的大计。单从这一点上看，刘备是真英雄，虽然他没有所谓的“英雄的气势”；而曹操则一副狂徒之态，傲气冲天，耀武扬威。他因此失去了大好基业，其实一点都不冤。示弱能使处境不如自己的人保持心理平衡，有利于与人交往时掌握主动。

示弱，必须善于选择适宜的内容。地位高的人在地位低的人面前不要展示自己的显赫，应表明自己实在是个平凡的人。成功者在别人面前要多说自己失败的纪录、现实的烦恼，给人以“成功不易”“成功者并非万事大吉”的感觉。对眼下经济状况不如自己的人，可以适当诉说自己的苦衷：诸如健康欠佳、子女学业不好以及工作中的诸多困难，让对方感到你“也有一本难念的经”。某些专业上有一技之长的人，最好宣布自己对其他领域一窍不通，“坦白”自己日常生活中如何闹过笑话、受过困窘等。至于那些完全因客观条件或偶然机遇侥幸获得名利的人，更应该直言不讳地承认自己是“瞎猫碰上死耗子”了。

示弱可以是个别接触时推心置腹地交谈，幽默地自嘲，也可以是在大庭广众之下，有意以己之短比人之长。

示弱有时还要表现在行动上。自己在事业上已处于有利地位，获得了一定的成功，在小的方面，即使完全有条件和别人竞争，也要尽量回避退让。也就是说，平时小名小利应看得淡薄些，离得疏远些，因为你的成功已经成了某些人嫉妒的目标，不可以再为一点微名小利惹火烧身，应当让出一部分名利给那些暂时处于弱势中的人。

智者寄语

示弱是收而不是放，是守而不是攻，是宽心做人的大智慧，因此它是一种无形的力量。可以说，为人处世中，懂得示弱是掌握主动权的“灵丹妙药”，也是谦逊为人、宽心处世的制胜法宝。

聪明人懂得适时低头

风一吹便低俯的草，其实是饱经风霜，经过无数次考验的坚韧的草。人生何尝不是如此？低头弯腰，是保护自己，强硬只能使自己夭折得更快。现实生活中，很多人都会碰到不尽如人意的事情，这需要你暂时退却，面对现实。要知道，敢于碰硬，不失为一种壮举。可是，胳膊拧不过大腿，硬要拿着鸡蛋去与石头碰，做的只能是无谓的牺牲。这个时候，就需要用另一种方法来迎接现实。这就是适时低头。

民间有句非常贴切的谚语：“低头是稻穗，昂头是稗子。”越成熟越饱满的稻穗，头垂得越低。只有那些穗子里空空如也的稗子，才会显得招摇，始终把头抬得老高。

要想抬头，必须懂得先要低头。如果不懂得低头，就会使自己撞得头破血流，甚至为此而失去生命。

《史记》中记载着这么一个故事：

战国时代的范雎本是魏国人，后来他到了秦国。他向秦昭王献上远交近攻的策略，深为昭王赏识，于是升他为宰相。但是他所推荐的郑安平与赵国作战失败了，这件事使范雎意志消沉。按秦国的法律，只要被推荐的人出了纰漏，推荐人也要受到连坐的处分。但是秦昭王并没有问罪范雎，这使得他心情更加沉重。

有一次，秦昭王叹气道："现在内无良相，外无勇将，秦国的前途实在令人焦虑呀！"

秦昭王的意思原为刺激范雎，要他振作起来再为国家效力。可是范雎心中另有所想，感到十分恐惧，误会了秦王的意思。恰好这时有个叫蔡泽的辩士来拜访他，对他说道："四季的变化是周而复始的；春天完成了滋生万物的任务后就让位给夏；夏天结束养育万物的责任后就让位给秋；秋天完成使万物成熟的任务后，就让位给冬；冬天把万物收藏起来，又让位给春天……这便是四季的循环法则。如今你的地位，在一人之下万人之上，日子一久，恐有不测，应该把它让给别人，才是明哲保身之道。"

范雎听后，大受启发，便立刻引退，并且推荐蔡泽继任宰相。这不仅保全了自己的富贵，而且也表现出自己大度无私的精神风貌。

后来，蔡泽就宰相位，为秦国的强大做出了重要贡献。当他听到有人责难他后，也毫不犹豫地舍弃了宰相的宝座而做了范雎第二。

可见，聪明的智者都不会一味地贪图富贵安逸，在适当的时候，他们都会主动退出舞台，以保全自身。

在生活中，一些人的谦虚往往被看成软弱。这种生活态度与其说是软弱，不如说是尝遍人世辛酸之后一种必然的成熟。那些昂然高论、不以为然的人，对这个问题，乃至人生的认识显然有限，因而表现出来的，只是一种无知的强劲，一种似强实弱的强。而真正的智慧，属于谦逊的人。

当今社会，变幻莫测，错综复杂。因此在漫长的人生跋涉中，我们不得不学会低头。但学会低头并不是妄自菲薄与自卑，学会低头意味着谦虚、谨慎。

或许，在现实生活中我们应该试着学会低头，学会认输。其实这并不难。学会低头，就是在陷入泥潭时，知道及时爬起来，远远地离开那个泥潭；学会低头，就是在上错了公交汽车时，及时下车，坐另外一辆车子。

雷墨曾经说过："低头是需要勇气的。"试想，为争一时之气而拼个你死我活，于己于事又有何益呢？泰山压顶，先弯一下腰又何妨？折断了就永远断了，而弯一下腰还有挺起的机会。

明太祖朱元璋在位时，有一位吏部科给事中，名叫王朴，曾因直谏触怒龙颜而被罢官。不久，又被起用做御史，在这期间，他又不断评议当时的时政。在朝堂上，多次与皇帝争辩是非，不肯屈服。

一日，为一事王朴与明太祖争辩得很厉害。太祖一时恼怒，命令杀了他。等王朴临刑走到街上，太祖又把他召回来，问："你改变自己的主意了吗？"

王朴回答说："陛下不认为我是无用之人，提拔我担任御史，奈何摧残污辱我到这个地步。假如我没有罪，怎么能杀我？有罪何必又让我活下去？我今天只求速死！"朱元璋大怒，催促左右立即执行死刑。

不是说生性耿直不好，但王朴实在是太不开窍了，心中那种傲气犟劲一产生就消失不了，而且越来越旺，连皇帝给他机会都不要。这固然是受愚忠的毒害，但也与他心高气傲、不懂处世策略有很大关系。他不懂得弯与折的辩证法——尤其在一言九鼎的皇帝面前，以致毫无价值地送了自己的小命。

在人生道路上，我们常常因光彩的事物而迷失方向，以不屈不挠、百折不回的精神坚持到底，结果输掉了自己。所以用平和的心态，学会低头，这恐怕应该是最基本的生活常识吧！

学会向生活低头，学会融入生活，这是我们每一个人成长的必经之路。在个性化、时尚化、特殊化泛滥的今天，或许很多人会对"向生活低头"嗤之以鼻，以为是陈年旧物。其实，学会向生活低头，就是学会更好地融入周围的生活圈中，更快地适应生活。深谙"外圆内方"的处世之道，能够更好地同别人打交道，多为别人考虑，少为满足自己的私欲而损害他人，也最容易赢得大家的欢迎。

学会向生活低头，就是学会"蓄势"，为将来"待发"做好充分的准备，懂得厚积薄发。

智者寄语

学会低头，是处世的一门基本学科，是为人的一种至高境界。

得意时不要太张扬

一个人要清楚，外面是一个非常精彩的世界，但外面又是一个让人特别无奈的世界。因此每个人都应该这样："得意时不要太张扬，失意时不要太悲伤。"

失意时敬人，得意时更要敬人。敬人者，人恒敬之。

有一次，小李约了几个朋友来家里吃饭，这些朋友彼此间都十分熟识。小李把他们聚在一块，主要是想借着热闹的气氛让一位正陷于低潮的朋友心情好一些。

这位朋友不久前因经营不善结束了一家公司的经营，妻子也因为不堪生活的压力正与他谈离婚的事。内外交困，他实在痛苦极了。

来吃饭的朋友都知道这位朋友目前的遭遇，大家都避免去谈与事业有关的事，可是其中一位因为当时发了大财，赚了很多钱，酒下肚之后忍不住就开始谈他的赚钱本领和花钱功夫，那种得意的神情连小李看了都有些不舒服。而小李那位失意的朋友更是低头不语，脸色特别难看，一会儿去上厕所，一会儿去洗脸，后来借故提早离开了。

小李送他出去，走在巷口时，那位朋友愤愤地对小李说："他有本事赚钱也不必在我面前吹嘘嘛！"

此时，小李最清楚他的心情，因为在10年前小李也有过人生的低潮期，当时正风光的亲戚在小李面前炫耀他的薪水如何如何的高，年终奖金如何如何的多，那种感受就如同把针一根根插在他心上一般，说多难过就有多难过。

从小李朋友聚会这件事中，我们一定要牢记"不要在失意者面前谈论你的得意"。

一般来说，失意的人较少攻击性，郁郁寡欢是他们表现得最为普通的一种形态，但别以为他们只是如此。听你谈论了你的得意后，他们普遍会产生一种心理——嫉恨。这是一种发自心底深处的对你不满的反应。你说得口沫横飞，不知不觉已在失意者心中埋下了一颗炸弹。想想看，这多不值啊！

失意者对你的嫉恨多半不会立即显现出来，因为他们此时无力显现，但个别人可能会透过各种方式来泄恨，例如说你坏话、扯你后腿、故意与你为敌，其主要目的就是要看一看你会得意到什么时候。而最明显的则是疏远你，避免和你碰面，以免再听到你的得意之事，于是，你不知不觉就失去了一个朋友。

不管失意者所采取的泄恨手段对你造成的损伤是大还是小，至少这是你人脉资源上的危机，对你是绝不会有好处的。

像前面小李叙述的他那位失意的朋友，只要一谈起那位曾在他面前谈论得意之事的朋友就闷声不语，后来小李才知道，他们再也没有来往过。

因此，当你有了得意之事，不管是升了官，发了财，或是一切顺利，切忌在正失意的人面前谈论，如果不知道某人正在失意也就算了，如果知道，绝对不要开口。切忌“在失意人面前谈论自己的得意之事”。

不过有一点你必须注意，就算在座没有正失意的人，但总也有景况不如你的人，你的得意还是有可能引起他们的反感。人总是有嫉妒心的，这一点你必须承认。

智者寄语

得意时就少说话，这样既敬人又敬己。

骄矜的人无知，自知的人智慧

具有骄矜之气的人，大多自以为能力很强，做事比别人强，看不起他人。由于骄傲，则往往听不进别人的意见；由于自大，则做事专横，轻视有才能的人，看不到别人的长处。

《劝忍百箴》中对于骄矜这个问题这样说：金玉满堂，没有人能够把守住。富贵而骄奢，便会自食其果。国君对人傲慢会失去政权，大夫对人傲慢会失去领地。魏文侯接受了田方子的教诲，不敢以富贵自高自大。骄傲自夸是出现恶果的先兆，而过于骄奢注定要灭亡。人们如果不听先哲的话，后果将会怎样呢？贾思伯平易近人，礼贤下士，客人不理解其谦虚的原因。贾思伯回答了四个字：骄至便衰。这句话让人回味无穷。

确实是这样。现代人最大的问题就是骄矜之气盛行。千罪百恶都产生于骄傲自大。骄横自大的人不肯屈就于人，不能忍让于他人。做领导的过于骄横，则不可能很好地指挥下属；做下属的过于骄傲，则会不服从领导；做儿子的过于骄矜，眼里就没有父母，自然不会孝顺。

骄矜的对立面是谦恭，谦恭者能忍耐骄矜之态，不居功自傲、自我约束，常常考虑到自己的问题和错误，虚心地向他人请教学习。

固执自己见解的人，会不明白事理；自以为是的人，不会通达情理；自傲者，不会获得成功；自夸的人，他所得到的一切都不会保持长久。

太平军攻破向南大营后，清将向荣战死，太平军举酒相庆，歌颂太平军东王杨秀清的功绩。天王洪秀全更深居不出，军事指挥全权由杨秀清决断。告捷文报先到天王府，天王命令赏罚升降参战人员的事都由杨秀清做主，告谕太平军诸王。像韦昌辉、石达开等虽与杨秀清等同时起事，但地位低下如同偏将。

清军大营既已被攻破，南京再没有清军包围。杨秀清自认为他的功勋无人可比，阴谋自立为王，胁迫洪秀全拜访他，并命令他在下面高呼万岁。洪秀全无法忍受，因此召见韦昌辉秘密商量对策。韦昌辉自从江西兵败回来，杨秀清责备他没有功劳，不许入城；韦昌辉第二次请命，才得到许可。韦昌辉先去见洪秀全，洪秀全假装责备他，让他赶紧到东王府听命，但暗地里告诉他如何应付，韦昌辉心怀戒备去见东王。韦昌辉拜见杨秀清时，杨秀清告诉他别人对他呼万岁的事，韦昌辉佯作高兴，恭贺他，留在杨秀清处宴饮。酒过半旬，韦昌辉出其不意，拔出佩刀刺中杨秀清，杨秀清被当场穿胸而死。韦昌辉向众人号令："东王谋反，我暗从天王那里领命诛杀他。"他出示诏书给众人观看，又剁碎杨秀清尸身让众人咽下，命令紧闭城门，搜索东王一派的人予以灭除。

东王一派的人十分恐慌，与北王一派的人斗杀，结果是东王一派的人多数死亡或逃匿。洪秀全的妻子赖氏说："祛除邪恶不彻底，必留祸。"因而劝说洪秀全以韦昌辉杀人太过残酷为名，施以杖刑，并安慰东王派的人，召集他们来观看对韦昌辉用刑，可借机全歼他们。洪秀全采用了她的办法。经此一劫，东王派的人差不多全被除尽，前后被杀死的多达三万人。

一个谦虚的人必然能够博采众长，用以充实自己，还会自觉地改过从善，提高自己的修养，并能得到别人的尊重。《老子》中说："知不知，尚矣；不知知，病也。圣人不病，以其病病。夫唯病病，是以不病。"讲的是知道自己有所不知、有不足之处、有欠缺的地方，这是明智的人。不知道却自以为知道，唯恐别人不知道自己知道，这才是真正的毛病之所在。圣人已经很完美了，没有缺陷了，却忧虑自己有过失、有毛病，谦虚自省，正是这样检查自身的过失、错误、毛病，才能真正地没有过失，所以虚其心，受天下之善。

世界上有些自以为是、沾沾自喜、自高自大的人，目光短浅，犹如井底之蛙。骄傲使人变得无知，让真正有识之士看了发笑。《王阳明全集》卷八中这样写道："今人病痛，大抵只是傲。千罪百恶，皆从傲上来。傲则自高自是，不肯屈下人。故为子而傲必不能孝；为弟而傲必不能悌；为臣而傲必不能忠。"因此猖狂必忍，否则害人害己。如何忍傲忍狂？王阳明认为：猖狂、傲慢的反面是谦，谦逊是对症之药。人真正的谦虚不是表面的恭敬、外貌的卑逊，而是发自内心地认识到猖狂之害，发自内心的谦和。

智者寄语

骄矜，是指一个人骄傲专横，傲慢无礼，自尊自大，好自夸，自以为是。这样的人在现实生活中是经常能看到的。而自我克制，常常能发现自己有不如别人的地方，虚心接受别人的批评指正，虚以处己，礼以待人，不自是，不屈功，择善而从，自反自省，忍狂制傲的人却不多见，往往这种人是可成大事的。

深藏不露

古语云：猛虎藏于山野之中，伺机而动；俊才隐于众生之中，待机而行。是故真人杰也，不彰，不矜，不显，不明，不扬，不呈，如此则外可保其才，内可养其性，为凡人所不能为之事，成凡人所不能成之大业也！

嫉贤妒才，几乎是人的本性。愿意别人比自己强的人并不多，所以有才能的人会遭受更多的不幸和磨难，木秀于林，风必摧之。

曾国藩深通文韬武略，也深知功名靠不住，所以他是"以出世的精神，干入世的事业"，不把功名放在心上，成为中国近代少有的"内圣外王"的典范。他反复嘱咐儿子曾纪泽要谨慎行事，甚至于大门外不可挂相府、侯府这样炫耀的匾额。很多位居高官的人都懂得收敛锋芒，低调做人，以免成为众矢之的啊！所以古人说："露才是士君子大病痛，尤莫甚于饰才。露者，不藏其所有也。饰者，虚剽其所无也。"

人的名气一大，流言便会满天飞，若稍有不慎，必将惹下大祸。在名利场中，要防止盛极而衰的奇灾大祸，必须牢记"持盈履满，君子竞竞"的教诫。"欹器以满覆，扑满以空全"，这是世人常用的一句自警语。欹器是古人装水的一种巧器，呈漏斗状，水装一半时它很稳当，但装满了，它就会倾倒。扑满是盛钱的陶罐，它只有空空如也，才能避免为取其钱而被打破的命运。中国人的传统观念是：居官要时时自警！时时处处谨慎，切勿不留余地。越是处权势之中，享富贵之极，越要收敛锋芒，以保退路。在官场热闹处要能着一双冷眼，避免无形中的杀机。

张居正，明隆庆元年人，后为首辅（宰相）。万历初年，神宗年幼，国事都由他主持，前后共十年。当时军政败坏，财政破产，农民起义此伏彼起，危机严重。他以"得盗即斩"的手段加强镇压，并进行一些改革。万历六年，下令清丈土地，清查大地主隐瞒的庄田；三年后在全国范围内推行一条鞭法，改变赋税制度，把条项税役合并为一，按亩征银，封建政府的财政情况有所改善。但他排斥异己，结党营私，生活腐化堕落，喜爱声色犬马，家中财物珍玩无数，还和妃子勾搭成奸，名声很糟。终于以"夺情"（即他贪婪权势而怕为父奔丧时权力被人剥夺，最终没有奔丧）为清议所不容，等万历皇帝长大后，就没收了他的财产，还扒了他的坟墓，被他所排挤的人也逐渐被恢复了官职。

无论是古代，还是当今社会，无论是初涉世事，还是位居高官，无论是做大事，还是一般人际关系，都应该低调一些。有了才华固然很好，但在合适的时机运用才华而不被或少被人忌，避免功高盖主，才算是更大的才华，这种才华对国、对家、对人、对己才有真正的用处。

周公（姓姬名旦）是西周初年著名的政治家、军事家，曾佐其兄周武王伐纣灭商。武王死后，成王年幼，由他摄政。其兄弟管叔、蔡叔、霍叔等人不服，联合纣王子武庚和东方夷族反叛。他率军两次东征，经三年苦战，终于平定了叛乱。东征胜利后，成王把殷民六族和旧奄国地连同奄民分封给他，国号鲁。周公因需在朝中辅助成王，于是派儿子伯禽去鲁。在儿子伯禽临行前，他告诫伯禽道："德行广大而守以恭者荣，土地博裕而守以险者安，禄位尊盛而守以卑者贵，人众兵强而守以畏者胜，聪明睿智而守以愚者益，博闻多记而守以浅者广。"

周公的这些谆谆家训，对后人不是仍有很大的警戒和教益吗？

洪应明在其传世名著《菜根谭》中也认为，富者应多施舍，智者亦不炫耀，操履不可少变，锋芒不可太露。他指出："富贵家宜宽厚，而反忌刻，是富贵而贫贱其行矣！如何能享？聪明人亦敛藏，而反炫耀，是聪明而愚懵其病矣！如何不败？"这段话的意思是：一个富贵的家庭待人接物应该宽宏仁厚，但有的人反而刻薄无礼，这种人虽然身为富贵之家，可是他的行为跟贫贱之人却完全相同，这样又如何能够长久享有富贵呢？一个才智超群、博学聪明的人，本来应该隐匿其才华，而有的人反而到处炫耀自己，这种人表面上看起来好像很聪明，其实是很愚昧的，这样的人如何会不失败呢？

智者寄语

作为一个人，尤其是作为一个有才华的人，要做到深藏不露、低调做人，不但要克服、战胜盲目、骄傲自大的病态心理，凡事不要太张狂、太跋扈、太咄咄逼人，更要养成谦虚让人的美德。

低调是一种做人的艺术

常言道:低调做人,高调做事。低调不会招得别人的不满和妒忌,更不会树敌。只有心情平静,才是真的处世低调。低调是一种做人的艺术,也是一种为人处世的智慧,是经历挫折后的一种持重。要想有所作为,必须学会低调做人,磨炼自己的忍耐力,否则将很难成就大事业。

看一个人有无修养,就要看他做事低调与否。低调行事的人懂得忍耐,虽然短时间看不出这些人有什么大作为,但久而久之,这类人一定会颇有作为。该低头时就低头,也就是说在形势不利于自己的情况下,要学会主动退让,自觉认输。学会认输并不是真的认输,而是一种暂时的保全之道,只有保存实力,你才能有重新奋起的可能性。

有时候,急流勇退也是一种积极的自我保护方法,表面看上去有些消极,实则是蓄势待发,谋取更大的发展。

这种"低调做人"的自卫自保之法,在拥有长矛利器的曾国藩那里也曾被运用得淋漓尽致。

太平天国被曾国藩率领的湘军镇压之后,曾国藩被封为毅勇侯,而且还可以世袭。对曾国藩来说,这是莫大的荣誉。但是,聪明的曾国藩此时并未感到春风得意。他在这个时候想得更多的不是如何欣赏自己的成绩和名利,而是担心功高震主,恐遭狡兔死、走狗烹的厄运。

他想起了历史上许多身居权要的重臣,因为不懂得功成身退而身败名裂的前车之鉴,所以在湘军进了天京城后,曾国藩急办了三件事:一是盖贡院,当年就举行乡试,提拔江南人士;二是建造南京旗兵营房,请北京的闲散旗兵南来驻防,并发给全饷;三是裁撤湘军4万人。这三件事一办,立即缓和了多方面矛盾,原来准备弹劾他的人也不再上奏弹劾了,清廷也只好打消了某些念头。曾国藩在给清廷上奏的裁撤湘军的折子中说,湘军成立和打仗的时间很长了,难免沾染上旧军队的恶习,且无昔日之生气,奏请将湘军裁汰遣散。曾国藩以此来向皇帝和朝廷表示:我曾某人无意拥军,不是谋私利的野心家,而是忠于朝廷的卫士。

曾国藩的考虑是完全正确的,表面上他在奏折里极力赞成遣散湘军,但个人问题只字未提。因为他知道,如果自己在奏折中说要求留在朝廷效力,必将有贪权恋栈之疑;如果明确请求解职而回归故里,则会产生多方面的猜疑,既有可能给清廷以他不愿继续为朝廷尽忠的印象,同时也有可能被许多湘军将领奉为领袖而招致清廷猜忌。

狡兔死,走狗烹,历朝历代都是这样。在太平天国的问题得到解决后,曾国藩就成了清政府下一个要解决的对象。因为他拥有朝廷不能调动的那么强大的一支军队,对清政府而言是一个潜在危险。

朝廷正在想着如何解决这个问题,曾国藩的这个请求正中朝廷的下怀,于是清廷下令遣散了大部分湘军。因为是曾国藩本人主动提出的,在对待他的个人问题上,清政府则委任他为两江总督。保持稳立不倒,其实也正是曾国藩自己要达到的目的。

亚里士多德说:"高标准的目标和低姿态的言行的和谐统一是造就厚重而辉煌人生的必备条件。"你一定听过很多世界名曲,至少经常听流行歌曲。你是否发现,很少有歌曲是以高音起奏的,几乎每一首歌曲的过门都是舒缓的低音。只有用低音切入,才会使歌曲给人以跌宕起伏、荡气回肠的感觉。聪明人大都懂得保全自身的道理,无论是为官还是做人,锋芒太盛时,要适度地收敛一下，低调做人，免得惹来灾祸。先求生存，后谋发展。

对于有大志向的人来说，低头做人并不是苟且偷生，它包含着谦虚和忍让，是一种以退为进的谋略。低姿态做人，便能从容不迫地面对世界的纷扰，不处处张扬，便能把自己融入各种圈子。这是一个人聪明的具体体现，因为这样更容易与他人和谐相处，做事也更容易成功。

我们应该在工作和学习中学会低调做人。低调是修身养性的重要内容。修养越高的人，实际上也是越能成就大事的人。

智者寄语

低调是良好心理素质与谦和的表现，是一种高尚风度。低调是忍一时风平浪静，退一步海阔天空的美德！

君子藏器于身，待时而动

得罪他人，会阻碍你前进，因为你的言语可能锋芒太露；招人嫉妒，也会阻挡你前行，因为你的行为可能锋芒毕露。阻碍你成功的罪魁祸首就是锋芒毕露。

人生难把握两个状态，一个是失败，一个是成功。前一种好理解，后一种却尤为重要，因为大多数人都不舍得在人多的时候放下自己头上闪闪的光环，恐怕错过了别人的眼光，而这种“刻意”很可能让你转胜为败。

有的人不管做什么事都想表现自己，想让所有的人都知道他很有才、很聪明，而且这类人喜欢对他人做的事提出自己的意见。这类人也许才华横溢，但他们往往都不是成功者，甚至还没有平庸之辈混得好。究其原因，过分显露自己一则会遭人嫉妒；二则不易融于集体，与他人搞好关系，可以想象谁会喜欢和一个满身锐气的人共事；三则让他人有危机感，认为你有抢功之嫌。可见，过于锋芒毕露的人，终不会是一个成功的人。

你如果留心一下就会发现，在办公室里吆三喝四的人，都是一瓶子不满半瓶子晃荡的“菜鸟”，而那些老谋深算的职场精英，都把他们的锋芒藏在心里。和光同尘、毫无棱角，言语如此，行动亦然，个个深藏不露，好像他们都是庸才，谁会想到他们是行业里的佼佼者？这就好比每个人都不善言辞，你就知道其中没有能言善辩的吗？好比每个人志向都不高远，你就知道这里面没有雄才大略者吗？但是他们就是不愿锋芒毕露，这是什么原因呢？

现实就是这样，不懂毛遂自荐，不露锋芒，你将永无出头之日；可如果你锋芒太露，又会惹人讨厌，在自己施展才华时，为以后埋下祸根。但真正的智者却能在显露才华后，保身立命，还能受到他人的尊敬和爱戴，这其中的大道理就在于他们懂得显露才华要适可而止。

做人最忌讳骄傲自大。锋芒过盛则会招致他人的嫉恨，甚至是树敌。古往今来，多少臣子因为“功高震主”而招来杀身之祸。有时候该“装傻”就得“装傻”，舍弃表现自己聪明和博知的机会，既能自保，也能认清形势，实在是一种聪明之举，是舍得的大智慧。

假设你只是个基层管理者，上司对你的印象决定着你将来是否能够升迁，你的才干高过上司，上司就会有危机感，你不但得不到重用，反而还会招致偏见，进而会惹祸上身。和周围的人好好协调，暂时受点委屈，是为了将来能有更大的作为！

或许有人会问，用这种方法就不会有人知道吗？其实做事是有技巧的，不该你表现的时候，就要善于藏起你的过人之处，只要一有表现本领的机会，你就要把握住这个机会，做出过人的成绩来，大家自然就会知道。这种表现本领的机会，不怕没有，只怕把握不住。

智者寄语

锋芒只有害处，没有益处，头上生角，必伤及他人，不磨平棱角，别人必定要折你的角，一旦角被折断，你会更加痛苦。

低调做人少不了俭朴处世

俭朴的意义远远大于我们的想象，它更体现了一个人对于人生的理解，是一种人生原则。从古至今，但凡成功的人遇事均能做到自我约束。

在中国古代，帝王们虽然富甲天下，但却依然懂得节俭的美德，有很多圣明的君主甚至可以以身作则。

赵匡胤登基后，非常关注国家大事和人们的生活，特别是在赎买收取兵权、财权之后，再加上在南方的征战中耗尽物资，使得赵匡胤更加注重节俭。他努力将平日的吃穿水平降到最低，所用的车马也都做了朴素无华的装扮。寝宫中的帷帘都是用青布包边，宫中帷幕也与普通百姓家的没有什么区别。赵匡胤经常把自己的旧衣服赐给他亲近的侍卫，说："朕过去当兵时就穿这些。"

赵匡胤不但自己做到了这些，而且还严格要求家人，从小就对子女进行勤俭节约的教导。一次赵匡胤的女儿魏国长公主穿了一件配饰十分奢华的短上衣入宫见他，赵匡胤看到后就变了脸色。他对公主说："回去把它收起来，不许再穿了，从今以后，不许再用这么奢华的配饰佩戴在衣服上。"

公主笑着说："这有什么了不起，一件衣服能用去多少珠宝呢？"

赵匡胤正色说道："话不能这么说，你这样穿衣服出来，宫中其他人必会争相效仿，这样一来，京城中这些珠宝的价格便会上涨。百姓们看到可以从中谋利，必定会从各个地方贩运来，那样得危害多少人啊。你难道不觉得自己有错吗？"

一次，宋皇后对赵匡胤说："做天子这么久，难道给车马用金银装饰就这么难吗？出来进去这么寒酸，哪里是天子坐的车？"

赵匡胤说："我大宋如此富有，即使宫殿全用金银来装饰，也不是一件难事。但朕贵为天子，就要为天下苍生着想，国家的钱财怎能就这样乱用呢？古人说，以一人治天下，怎可以天下奉一人呢？如果自私地只想着自己，奢侈无度，那么天下人该怎么办？他们又怎么想我这个皇帝呢？你们以后不要提及此事了。"

历史上凡是"做大事、成大业"的伟人、名人都是"艰苦朴素，厉行节俭"，能够身体力行的人。

1936年斯诺在延安看到了穿着补丁衣服的毛泽东、睡着土炕的周恩来、穿着用缴获的降落伞做的衣服的彭德怀、戴着坏了的眼镜的林伯渠，称他们为"东方魔力"，并断定这是"兴国之光"。淮海大战中，国民党著名大将黄维被俘后宁死不服，当他亲眼目睹了刘伯承、邓小平、陈毅这些布衣将军后，才恍然醒悟："原来打仗失败不单单败在了战场上，更败在领导作风上。"

勤俭节约一向被中华民族视为美德的标志，更是我们低调做人的根本，因此，在日常生活中，我们更加要养成勤俭节约的习惯。

智者寄语

自古以来，勤俭都是传统美德之一，更是为人处世的根本。因此，成大事者必先勤俭，只有知勤俭，才能走向成功。

低调生活尽显高贵气质

生活在名誉、金钱、权力顶端的人，往往会做人很低调。这不仅与个人性格有关系，而且低调更是他们生活中的一种手段。不单单是因为“树大招风”的道理，富贵不招摇，名声响亮且谦虚，势大不压人，这些都是做人低调的高贵表现。

低调做人、低调处世，低调是生活的基础。有位哲人说过，当坚硬的牙齿碰落时，柔软的舌头没有损伤。不是柔软的舌头能胜过坚硬的牙齿，而是舌头处于较低的位置。由此可见，低调做人不仅能保护自己，让自己处于人群之高位，与人们和谐相处，患难与共，更能使自己积蓄力量，悄然潜行，在不显山露水之中成就伟业。

我国外经贸部前副部长龙永图，曾经多次谈他在国外经历的事情。他讲过一个故事：

有一次，龙永图在意大利参加一个国际性会议。参加会议的人都是经济领域的专家级人物。会议的特别之处在于它的举办地点设在一个小镇的酒窖中。这里的会场没有豪华的摆设，更没有领导席和嘉宾席，宾客只能坐在一条普通的长凳上。大家按照先来后到的顺序随便找地方坐。

龙永图在一条长凳上刚坐下，就看到一个老太太走了进来，对他礼貌地点点头，然后很自然地坐在了他旁边，趁会议还没开始，老太太便与他聊了起来。

老太太走后，龙永图这才想起自己并不认识这位老太太。等到会议结束，他向会议的组织者打听：“请问刚才坐我旁边那个老人是谁?”

会议组织者感到十分惊讶，反问龙永图：“你居然不认识她?”

龙永图如实回答说不认识，对方叹了口气说道：“她就是荷兰女王呀!”

龙永图惊讶了许久，他嘴里连连说：“真没想到，真没想到!”

龙永图为人十分低调，每次出国都只带一两个人，行李也很简单，毫不引人瞩目。荷兰女王更是为人低调的典范，像普通老人一样平易近人。正是因为他们这样低调做人，所以更显得高贵。

最近出现了一个新名词叫“凹地效应”，就是指有个事物因为具有某些特征或优点，从而对某些事物产生一种特殊的引力，导致这些事物向这个地方聚集。在一个人的一生中，也应该有这样一块“凹地”，它有着聚势的目的。低调，就是一块这样的“凹地”。低调的人，不引人反感，所以能够聚集人气，从而得到贵人的帮助。

智者寄语

做不到低调为人的人，拥有的东西再多，也会为人所瞧不起；能做到低调为人的人，即使你一无所有，也依然受人敬仰。

“怀柔”是韬晦手段中更高的招数

建武元年(公元25年),刘秀在荥阳称帝之时,只占有黄河以北的部分领地,而且多是些中小城市。刘秀有远大的政治志向,不满足于偏安一隅。上位不久,他亲自率领大军由黄河北岸的怀县(现在河南武陟县附近)出发,沿河而上,围困了黄河南岸的洛阳。刘秀坐镇与洛阳一河之隔的河阳(现在河南孟县西),指挥进攻洛阳的战斗。

洛阳位于中原,在西汉时期就在政治上和经济上有着主导位置,是兵家必争之地。洛阳守将朱鲔,本来是绿林起义军的将军,更始帝刘玄称帝时,拜为大司马。那时刘玄已投降赤眉军,可朱鲔依旧固守此地。洛阳城高墙坚,粮草充足,加上朱鲔固守,刘秀大军进攻三个月终不能攻城,难免内心着急。到了十月,刘秀正由于洛阳久攻不下而心情烦躁,这时,忽然想起了大将岑彭。岑彭在王莽新朝时,是棘阳县令,刘縯攻克宛城时被俘。那时,刘玄主张除掉他,被刘縯说情免于一死,后一直在刘縯手下任职。不久,刘縯被刘玄除掉,岑彭就当了朱鲔的校尉,以前在战斗中杀死王莽的扬州牧李圣,攻下了淮阴城(今江苏淮阴县),被朱鲔荐举为淮阴都尉,所以,岑彭和朱鲔之间有过一段交情。

于是,刘秀召岑彭来皇帝行辕,命他去劝说朱鲔投降。

岑彭欣然接下此任。他来到洛阳城下,大声叫道:“请回报朱将军,故人岑彭求见!”守城小将马上通报了朱鲔。朱鲔心想,岑彭如今是刘秀大将,这时候到此,难道是劝降吗?便身着战袍,站在城头之上。二人述说别情以后,岑彭接着说:“以前,我有幸追随麾下,又承蒙将军提拔,时常思报旧恩。现在赤眉已下长安,更始帝刘玄败亡。光武皇帝陛下受天之命,安定燕赵,尽有幽燕,黎民大乱,有识之士纷纷来投。现在陛下兵临洛阳城下,恰是将军建功之时,天下重归于汉乃大势所趋,将军为什么还固守这座孤城呢?”朱鲔俯下身,非常恳切地说:“足下所说的道理,我当然明白。只是三年前刘縯被害时我也曾参加谋划;随后刘玄遣萧王(刘秀)北伐,我又出面阻止。因此,在萧王面前,我是个有罪的人,怎么能奢望萧王的饶恕呢?”

岑彭回到河阳,把朱鲔的担忧告诉刘秀。刘秀听后一笑了之说:“欲成大事者,岂能记人小怨?朱将军若肯献城来降,官爵均可保留,何谈诛罚?”接着,刘秀又手指黄河十分诚恳地说:“我以河水为誓,绝不食言!”

岑彭马上再返回城下,把刘秀的话一一转告朱鲔,朱鲔从城上扔下一条绳索,说:“你讲的若是真话,就请顺此绳爬上城来。”岑彭毫不犹豫地抓住绳子,刚爬了一段,朱鲔就在城上大声地说:“足下勿登,我信服就是!容我准备一下。”

五天之后,朱鲔对守城的士兵说:“我先去探知虚实,你等仍旧守城,如我不归,尔等率军南下,投奔郾王尹尊。”尹尊乃是刘玄所封的郾王。一起受封的还有朱鲔,可朱鲔反对刘玄封异姓王,他自身也曾拒而不受,因此才改为大司马,由此可知朱鲔对汉朝是非常忠诚的。他安顿好之后,单骑来至汉营,先见岑彭,并自缚其身,让岑彭带至刘秀行辕。刘秀正坐在榻上,见二人来到,慌忙起身迎接,并亲自解去其缚,朱鲔跪在地上,十分诚恳说道:“臣知有罪,望陛下宽恕。”刘秀忙把朱鲔扶起,而且替他掸去膝上的尘土,宽宏大量地说道:“为主尽忠,何罪之有?请将军再勿这样说,今能与将军共同匡复汉室,真是社稷之幸,天下之幸。”

刘秀忙命人预备酒宴,请朱鲔同饮。席间,谈笑甚欢,不经意间,朱鲔所有的顾虑全部消除了。宴罢,刘秀命令岑彭:“送朱将军过河,然后请朱将军自归洛阳。”朱鲔回到洛阳,对部下说刘秀不记旧怨、心胸开阔，是位英明的圣主。诸将都非常开心。翌日，朱鲔率全体守城将士向刘秀投降，刘秀封他为平狄将军、扶汉侯。

刘秀以前说过："我治理天下，想行以柔术。"他不但是这么说的，也是这么做的。他对部下极少刑杀立威。至于部属的一些小失误，刘秀更能持宽容心态，不予计较。即便对有深仇大恨的人，仇家一旦改过自新，刘秀也依旧不计前嫌予以重用，并且论功行赏。他之所以能在众多竞争对手中夺得天下，中兴汉室，与他的怀柔手段有着很大的关系。

得道多助，天下豪杰都投奔到刘邦麾下被他所用，得天下自然是情理之中的事了。

事实上，上司为了平抚下属，也需要体现出让步的姿态，特别在身份还不巩固的时候，更需要恩结下属，封官许愿。这自然有些无奈的意味，是软弱的体现，但为了笼络人心，取得成功，就是受到威胁，也只好打肿脸充胖子装出"赏赐"的模样。

汉高祖四年，韩信派人对刘邦说："齐国狡诈多变，是个没有定性的国家，请汉王册封我为假王，（这样更有力量和名义）来镇抚它。"谁都清楚，这是韩信凭借自己的功绩和身份来要挟刘邦，因此，刘邦一听，十分生气，在心里骂道："我被包围在这儿，昼夜都希望你来，你却自己想要谋反吗？"张良和陈平对刘邦贴耳轻声说："现在正当不利的时候，怎么能阻止韩信自称为王？不妨就此立他为王，使他自守。否则的话就要发生变乱，后果不堪设想。"刘邦顿时醒悟过来，便骂道："大丈夫定诸侯，应当做真王，为何要称假王呢？"因此就立韩信当了齐王。

两千多年之后的今天，读到这段故事时还为刘邦的韬晦叹服，这无疑是一段真正的诙谐，给当时严峻的局面增加了一点儿喜剧意味。刘邦的无赖面孔一览无遗，韩信不久被杀，还说了一段"飞鸟尽，良弓藏；狡兔死，走狗烹"的话。话的确不错，但他自己做得也有些过分，怀疑、反感的种子怕是早已在刘邦心中埋下了。刘邦册封韩信为齐王，也不是真心，是形势所迫的权宜之计，最终平定了天下，无后顾之忧时，才伸出魔爪，掐断了韩信的脖子。

智者寄语

刚强的东西较容易折断，柔软的东西反而难以摧毁；最能持久的东西不是刚强者，却是柔弱者，因为它能控制天下最刚强的东西。

运用智慧，忍弱斗强

唐高宗调露元年（公元679年），大总管裴行俭征讨突厥。最初几次，朝廷派人送的饷粮都被敌人半路抢走。裴行俭勃然大怒，心生一计，就佯装300辆粮车，每辆车内潜伏壮士五人，各带长刀和劲弩。300辆车都用老弱的兵护着，又私下派精兵追踪在后。车行不久，突厥兵果然前来抢粮，老弱的士兵佯装逃生，全都跑了。因此，突厥兵就把车赶到水草边，解鞍牧马。在他们正要从车中夺取粮食时，壮士们忽然从车中跳出来，向敌兵冲杀，追踪在后的精兵也冲杀上来。突厥兵差不多全军覆没。从那以后，突厥兵再不敢劫持粮车了。

有的人聪明绝顶却不外露，才华横溢却不溢，表现给世人的是一副浑浑噩噩、平平庸庸、一无是处的模样，装得非常糊涂，而正由于他们巧于装糊涂才常常能取得神奇的效果。为什么呢？其实总的说来，人性都是喜欢直厚而恶机巧的，而胸有大志的人，要达到自己的意图，特别是当他身处的环境并不尽如人意时，那就更需要机巧权变，使自己不为人所厌恶。那么，人怎么做呢？采用这种鹰立如睡、虎行似病的糊涂智慧准能奏效。

可是，当处于弱势时，也不能由于弱而心虚力怯，一旦让敌手抓住你的不足，进攻起来，你只有大败而归。

虞诩从朝歌至武都，一路上暗度陈仓、增灶行军，用小弓诱敌和伪饰援兵，简直攻无不克，战无不胜。

东汉时期，居住在陕西一带的羌人，由于不堪忍受朝廷繁重的徭役负担，不停发动起义，反抗汉朝的统治，多次击败朝廷的官军。为了平稳那里的局势，汉安帝元初二年（公元115年），朝廷任命虞诩为武都太守，前去压制羌族人民的反抗。

武都一带的羌人听到这个消息后，立即召集了数千人，分布在从朝歌通往武都的必经之路陈仓与崤谷之间，阻挡虞诩赴任。那时，虞诩只带了身边的几个护送士卒，见敌众我寡，不能强行通过，只好在陈仓旁边停了下来。停下后，虞诩使用调虎离山计，一方面派人四处散布谣言说："太守已向朝廷上书，恳求增加援兵，等援兵一到，就向武都进发。"一方面派兵在营房旁边修筑工事，做出等待援兵的模样。羌人见状，相信虞诩是兵少害怕，一时不敢过陈仓。因此，就分散兵力到附近州县去筹集粮草，招兵买马，准备应对汉朝的大部队。虞诩见羌人果然中计，于是乘其不备，连夜出发。一夜之间，急行了100多里，过了陈仓。当羌人知道受骗，再召集兵力追击时已经来不及了，只得跟在后面紧紧追赶。

过了陈仓后，虞诩又让部下在做饭时多挖一锅灶，每过一天就增加一倍，并且加快行军的速度。如此一来，紧追的羌人看见汉军驻扎过的地方灶坑慢慢增加，觉得是朝廷的援兵到了，因此，羌人始终不敢靠近虞诩的队伍。

到了武都后，虞诩看见郡中的士兵还不到3000人，可城外却有几万羌人正从东、北两面向武都进攻而来，情形非常紧急。虞诩又生一计，传令让士兵把强弓都藏起来，先用小弓向羌人放箭。羌人见汉军的箭矢力量弱，更不在意了，便尽力向城里发动进攻。待羌人攻到离城十分接近时，虞诩命士兵忽然换上强弓，每5支箭看准一个人。硬弓强矢，箭无虚发，羌人防不胜防，吓得大吃一惊，慌忙下令停止进攻。

为了迷惑羌人，翌日一大早，虞诩选派一支精良的士兵队伍，不断更换衣甲，从城东门出去，从北门进来，制造大批兵马在源源不断前进的假象。城外的羌人见汉军进进出出，来来往往，搞不清城内到底有多少军队，一直不敢轻易发动进攻。几天之后，羌人下令撤兵，撤退途中，遭到虞诩提前埋下的伏兵攻击，损失惨重。

虞诩身处弱势，不惊慌、不恐惧，忍弱斗强，利用自己的智慧，最后战败了对手。他的事例足以证明，我们在日常生活中，也应充分利用智慧，以弱胜强。

智者寄语

雄鹰端立于枝头时，振翅闭目，佯装昏然欲睡；猛虎侦察寻食之际，懒懒散散，好比一个病秧子。它们的确是在睡觉吗？真的是病秧子吗？不，这正是它们攫鸟噬人所常用的手段！

满足他人的好胜心

大部分人都有这样的经历：一看到平时高高在上的人的失败、不足，就消除了对对方的紧张感，就想接受对方。

隐"优"露"缺"也可成全别人的好胜心，也会让别人愈加喜欢你，取得良好的人际关系。这点十分容易完成，只要偶然暴露一些无关紧要的小缺点就可以了。

一次，有位记者去报道某个大政治家的属下的丑闻真相，这位大政治家清楚了记者的意图后，把兴致勃勃打算开始质问的记者挡住："时间多的是，慢慢来好了！"接着一屁股重重地坐下。

记者的开场白就这样被制止了。

一会儿，咖啡送来了。然后，发生了一些意外事件。那个政治家看起来仿佛是个不喝热饮的人，刚喝了一口咖啡就大叫起来："烫死了！"把杯子都打翻了。

刚收拾完，说了没一会儿的话，政治家又把香烟放反了，差点儿在滤嘴上点起火来。

"先生，香烟放反了！"由于记者的关注，政治家更是慌里慌张，连烟灰缸也碰倒了。

听说只要大喝一声便能令一般的国会议员打哆嗦的这位伟大的政治家，却让记者出乎意料地看见了这些丑态，所以，不经意间，记者的挑战情绪顿失，甚至对这位大人物感到亲切不已。

事实上，这种手段只能说是这个大政治家耍的一个计谋，记者只是被假象迷惑了。

人们在看到面前的威严者的丑态和不足时，对这个人所抱的紧张感便会消失，反之还具有接受这个人的心理倾向。假如反用这种倾向的话，甚至可以将对方拉拢成为自己人。

有一位在一流企业担任要职的领导晋升为经理，在就职的客套中公布道："我一向对数字感到头痛，因此希望大家以后多多帮忙！"

就这么一句话，把为了迎接能干的经理而战战兢兢的部下们的紧张感彻底消除了。

可是，后来的情况是这样的，当属下提出书面报告时，他却一眼看出了不足："这个地方数字有错。"然后佯装无事地督促其关注。这个指正事实上是很细微，且十分重要的，这样继续一段时间后，便在同事中建立了这样一种评语：这名经理明明说他什么都不懂，事实上却是一点都不含糊呢。因此短期内属下对他的信赖感也增强了。

为了消除人们的警惕心和紧张感，并拉拢别人到己方来，暴露自己的不足、弱点，是能发挥相当效果的。

生活中往往有些人，无理争三分，得理不让人，小肚鸡肠。反之，有些人真理在手，一声不响，得理也让人三分，表现得绰约柔顺，颇具君子风度。前者，常常是生活中的不安定因素，后者则具有一种天然的向心力；一个活得叽叽喳喳，一个活得自然潇洒。有理，没理，饶人不饶人，往往都是在是非场上、论辩之中。如果是重大的或重要的是非问题，当然应当不失原则地争论个青红皂白或者为追求真理而献身。可现实生活中，也包括工作中，常常为一些非原则问题、琐碎小事争得不亦乐乎，以至于必须一决雌雄才能罢休，越是如此的人越对甘拜下风的看不顺眼。

目前最流行一句话："玩深沉。"就是讲究隐匿的智慧。事实上，某种场合玩点深沉正体现了大度绰约的风姿。争强好胜者不一定掌握真理，可谦逊的人，自身就把出人头地看得十分淡，更不屑一点小是小非的讨论。假如是你有理，却表现得谦逊，常常能体现出一个人的心胸坦荡、修养之深厚。

智者寄语

每个人都有自尊心，每个人都有好胜心，假如要联络感情，应处处重视对方的自尊心，由于要重视对方的自尊心，务必掩饰你自己的好胜心，成全对方的好胜心，这样，表面上对方胜利了，事实上却是你胜了。

第五章　感恩当下,知恩图报

用感恩的心对待生活

一位哲人说,世界上最大的悲剧和不幸就是一个人大言不惭地说:“没人给过我任何东西。”因此,对生活常怀有一颗感恩之心的人,即使遇上再大的灾难,也能熬过去。

在日本“推销之神”原一平的奋斗史中,最受人们推崇的是“三恩主义”,即社恩、佛恩和客恩。

> 作为保险巨人,并被尊称为“推销之神”,原一平并没有傲慢自大,反而谦恭为怀,时时刻刻感谢公司的栽培,认为没有公司提供的平台,就没有今日的他,因此他十分尊敬公司,晚上睡觉脚不敢朝向公司的方向,这就是社恩。
>
> 原一平一生的成功,除了自己的刻苦奋斗之外,丰田董事长的知遇和栽培功不可没。不过,原一平内心最感谢的还是启蒙恩师吉田胜逞法师、伊藤道海法师,没有他们的一语道破及指点迷津,或许原一平还只是一名推销的小卒呢!这就是佛恩。
>
> 对参加保险的客户以及周围合作的同事心怀感激,这就是客恩。
>
> 据原一平自称:他的所得除10%留为己用外,其余皆回馈给公司及客户。由于对公司有着感谢的胸怀,所以处处为公司的利益着想,为客户提供无微不至的服务,从而也锻炼了自己的能力,得到上司和客户的回赠,登上了事业的高峰。

感恩,可以使我们浮躁的心态得以平静下来,也使我们能够从全新的角度来看待身边的事物。

> 中国电力国际发展公司首席执行官李小琳在中国电力市场被称为“一姐”,统领市值近百亿的中国电力,也是香港H股、红筹股上市公司中唯一女性CEO。
>
> 感恩,是李小琳平时用得最多的字眼。对此她有着自己的说法:“常怀感恩之情,我们就会时刻有报恩之心,报祖国之恩、组织之恩、父母之恩、老师之恩、同志之恩、朋友之恩……”常怀感恩之心,就会将给予视为最大的快乐;就会内生一种定力,在纷繁复杂的社会生活中保持那种难得的“律己”。
>
> 她早已养成静坐修禅的习惯,在没有打扰的情况下,可以静坐一个小时,甚至更长时间。“吾当一日而三省吾身”,静思时,一天的所思所想、所作所为,无不撞击心头,让她警醒觉悟。
>
> 李小琳说:“我能有今天的成果,要感谢很多人的恩惠。”一个懂得感恩的女人,无需言他,本身就是一种成功和美丽的理由。

感恩是一种处世哲学,是生活中的大智慧。人生在世,不可能一帆风顺,种种失败、无奈都需要我们勇敢地面对、旷达地处理。当挫折、失败来临时,是一味地埋怨生活,从此变得消沉、委靡不振,还是对生活满怀感恩,跌倒了再爬起来?

英国作家萨克雷说:“生活就是一面镜子,你笑,它也笑;你哭,它也哭。”感恩不纯粹是一种心理安慰,也不是对现实的逃避,更不是阿Q的“精神胜利法”。感恩,是一种歌唱生活的方式,它来自对生活的爱与希望。

智者寄语

感恩之情是滋润生命的营养素,它使我们的生活充满芳香和阳光。一个不懂得感恩的人,即使家财万贯,他仍是个贫穷的人;懂得报恩,才是天下最富有的人。

用感恩的心对待残缺

为所失去的感恩,也接纳失去的事实。不管人生的得与失,我们总要用信念让自己的生命充满亮丽与光彩。

在法国的一个偏远小镇,据传有一种特别灵验的水泉,常常会出现神迹,可以医治各种疾病。一天,一个拄着拐杖、少了一条腿的退伍军人一跛一跛地走过镇上的马路。旁边的镇民带着同情的口吻说:“可怜的家伙,难道他要向上帝祈求再生出一条腿吗?”这句话被这位军人听到了,他转身对他们说:“你们错了,我不是向上帝祈求有一条新的腿,而是要祈求他帮助我,告诉我没有一条腿后也知道如何过日子。”

当遭遇不幸时,你是否也能像故事中的那位军人那样,具有坚定的生活信念呢?其实,一个人失去一只眼睛或一条腿,都不可怕,可怕的是失去生活的信念和追求的目标。信念,是生命的脊梁。一个人活着,无论外界的环境多么恶劣,只要满怀感恩之心,让心中信念的灯始终闪亮,那么所有的残缺都会变得完美!

有这样一个孩子,他从小就被一对大学教授夫妇收养。两岁的时候,他突然奇怪地停止长高,而且他的健康状况也日益恶化。经过专家会诊,认为他患的是一种罕见的障碍消化和吸收食物营养的疾病,并认为他只能再活6年。还好,通过静脉注射营养液,他勉强恢复了体力,但是他的生长发育却受到了限制。一直到9岁,他才从医院出来。

他的姐姐苏珊经常会去滑冰场滑冰,他也总是跟着一起去。站在场外,他显得那么虚弱瘦小,鼻子里还插着一根直到胃里的鼻饲管。平时,那根管子的另一头就用胶带贴在他耳朵的后面。

一天,他看到姐姐在冰面上飞驰,突然转身对父母说:“我也想试试滑冰。”这句话让他的父母大吃一惊,甚至难以置信地看着这个病弱的孩子。

但是,为了满足他的心愿,父母答应了他的要求。从此,他就喜欢上了滑冰,并开始狂热地练习。在滑冰之中,他找到了乐趣,他也可以胜过别人。最重要的是,身高和体重在滑冰场上都不重要。

在第二年的健康检查中,医生吃惊地发现,这个小伙子居然开始长个子了!虽然对他来说,想达到正常的身高已经不可能,但他和他的家人对这个消息还是很高兴。重要的是,他开始慢慢恢复了健康,并正在获得成功,实现自己的梦想。

后来,再也没有哪个孩子会再嘲笑、戏弄他了。恰恰相反,他们会欢呼着冲上去请他签名。虽然他的身高只有1.59米，体重才52公斤，但他肌肉健美，精力充沛。他参加了一次又一次令人赞叹的世界职业滑冰巡回赛，一系列的高难度冰上动作让观众如痴如狂。

这个人就是前奥运滑冰冠军斯科特·汉密尔顿。他自信而坚强，身高的缺陷也无法限制他的信念和力量。

现在，尽管他已经退役，不再是一名职业的滑冰选手了，但他仍旧是冬季运动中受人尊敬的教练、顾问和评论员。

在生命的旅途中，我们常常会遇到各种各样的灾难和不幸，对此，请不要轻易责难命运，也不要为此痛苦流泪。学会为所失去的感恩，也学着接纳失去的事实，然后用坚定的信念去战胜那些所谓的困难。不管最终是获得还是失去，我们都应该让自己的生命充满亮丽与光彩！有人说，每个人在降生时，上帝都不舍得放他们走，特别是那些极其优秀的，更像是一颗美丽诱人的苹果，上帝就会情不自禁地咬他们一口——被上帝咬过的，就是那些先天有缺陷的孩子。而那些先天没有缺陷的优秀得像美丽苹果一样的，人生就太顺利了，上帝还是忍不住用些"花招"，想让他们回到自己身边。

其实，倘若我们能用一颗感恩的心去对待残缺，还有什么挫折能打倒我们呢？如果有不幸降临，请感谢上帝的恩宠，因为你是那颗优秀的苹果。当你学会面对困难的时候，上帝给你的，是比别人更多的奖励和垂青。

智者寄语

看到我们拥有的，忽略我们欠缺的，那么还有什么可怨恨的呢？学会珍惜，学会感恩，残缺，就不再是一种缺憾了。

感恩贫困对我们的磨炼

我们感恩贫困，因为它在使我们饥寒交迫的同时，也赋予我们乐观与坚强。

有些人总以为上天对自己太不公平，让自己出生在一个贫困的家庭中，饱受苦难。其实，贫困本身并不可怕，可怕的是贫困的思想以及认为自己命里注定该是贫穷、必老死于贫穷的错误观念。没有人愿意自己是贫困的，但是贫困不是我们的错。一旦我们陷入贫困之中，记住，一定不要抱怨，不要气馁，而是要努力挑战贫穷，战胜贫穷。当有一天你将贫困踩在脚下时，你一定会感激贫困带给你的力量和勇气。

有这样一个故事：

一个只有七岁的男孩，因为战争失去了童年的快乐，贫困占据了他生活的全部。

幼小的他卖过冰棍，卖过萝卜，但依然难以维持最基本的温饱。于是，他又开始卖报纸。一年半后，他成了当地无人不知的报童，并且成了一名卖报的领班。他一方面向其他报童收取领班费，另一方面自己也卖报，这样就拥有了双份收入。

后来，他考取了延世大学商学院经济系，24岁时就以优异的成绩大学毕业。再后来他成了世界第46位拥有200亿资产的企业总裁。

在回忆起童年的困苦生活时，他是既有酸楚，又有自豪。他特别感谢童年的艰难困苦，因为正是苦难赋予了他坚韧和聪慧，帮助他创造了人生的伟业。

他就是韩国大宇集团董事长金宇中。

还有一个男孩，住在埃塞俄比亚阿鲁西高原上的一个小村子里。

他的家离学校足有十多公里远的路程。贫穷的家境让他不可能有坐车上学的奢望，但为了上课不迟到，他就选择跑步上学。于是，每天他腋下夹着课本，赤脚跑步上学和回家。每天他都一路奔跑，与他相伴的除了清晨凉凉的朝露和高原绚丽的晚霞，还有耳旁呼啸而过的风声。

如今，那个曾经夹着课本跑步上学的小家伙已经在世界长跑比赛中，先后多次打破世界纪录，成为当今世界上最优秀的长跑运动员了。他就是海尔·格布雷西拉西耶。每当他回顾少年时的情景，他总是无限感慨：我要感谢贫困。因为贫困，跑步上学是我唯一的选择，但却成就了我今天的快乐和幸福。可见，如果不是贫困，也成就不了今天世界的田径骄子。

肥沃的土地可以培育出美丽的鲜花，但是枝拂天堂的大树却生长在岩缝中，因为艰苦贫困的环境磨炼了它们的意志。生活对于我们来说，本来就是一种磨炼，而生活中的贫困对我们来说更是一种激励。生活中，常常有人抱怨自己的命运，但是，他哪里想到，现在的困难、贫穷都只是暂时的。只要坚持下去，就能靠自己的能力和勤劳的双手摆脱贫穷，即使世界首富比尔·盖茨也是这样起家的。一粒沙想在蚌的口中成为一颗美丽的珍珠，就必须经过种种痛苦的磨砺。同样的道理，一个人要想成功，也必须经过努力、坚持不懈的追求，才能达到目的。所以，我们应该感谢贫困，因为它在使我们饥寒交迫的同时，也赋予我们乐观与坚强，而这正是迎接幸福与未来的希望。

智者寄语

苦难和贫困并不可怕，可怕的是怨天尤人的生活态度。学会感恩，当我们日后成功时，曾经的坎坷边转化为成功的基石。

乐观地感恩

感恩，是有一个跳跃的灵魂在逆境中驾驭生活。

感恩是一种心态，一种品质，也是一种艺术。感恩，更是一种乐观的生活态度。感谢困难，感谢挫折，这就是乐观；感谢对手，感谢敌人，这也是乐观。对我们不大喜欢的一些人和事，尽量向好的方面想，多想想这些人或事带给我们的好处，感谢它们，这还是乐观。

美国心理学家杰弗·P.戴维森认为："积极的心态，源于对生活的乐观精神。凡事不要想得太悲观、太绝望，否则你眼中的世界将是一片灰暗、一片混沌，生活自然也打不起精神。"的确，唯有那些面对困难不悲观、不气馁的人，才能在生活中有所感悟，有所超越。人生就如同一片叶子，有阴面也有阳面。我们不应该总对着阴面悲观叹气，而是应该翻过身来，面对一个光辉灿烂的世界。

有位作家去美国访问，在街头遇见了一位卖花的老太太。

这位老太太穿得非常破旧，身体看上去也很虚弱，但脸上总是带着祥和与高兴的微笑，热情洋溢地面对每一位买花的顾客。

作家也过去挑了一朵花，并对老太太说："您看起来很高兴。"

"为什么不呢？一切都那么美好！"老太太微笑着说。

“可是，您看起来生活得并不好。”作家随口说了一句。

老太太的回答令作家大吃一惊。她说：“耶稣在星期五被钉上十字架时，是全世界最糟糕的一天，可三天后就是复活节。所以，当我遇到烦恼或不幸时，就会等待三天。三天后，一切都会恢复正常的。”

“等待三天”，多么乐观而又充满哲理的生活方式。面对烦恼和痛苦，乐观地面对，然后期待明天。当你走过这些烦恼和痛苦之后，肯定会感激曾经那些乐观给予你的勇气和希望。

世上本来就有天生的乐观者和悲观者。而感恩，常为乐观者所选择。在他们看来，一片沐浴和煦微风的草原让人感恩，草原上洁白的羊群让人感恩，温暖草地羊群的太阳让人感恩。因此，乐观者也更加乐观。

感恩是一种生活态度。心存感恩之心的人，从不会觉得世界欠了自己什么，而是为无以回报这个世界的慷慨而内疚不安。心存感恩的人也从不抱怨，他始终生活在阳光下，即使在黑暗中也可以从容穿越黑暗。常怀感恩的心，我们会越来越年轻，越来越幸运。

麦克阿瑟将军在南太平洋指挥盟军时，办公室墙上挂着一块牌子，上面写着这样的座右铭：你有信心就年轻，你若疑惑就年老；你有自信就年轻，你若畏惧就年老；你有希望就年轻，你若绝望就年老；岁月让你皮肤起皱，但是失去了积极的心态，就损伤了灵魂。所有的不幸，都是人生中最好的老师。乐观者选择与不幸斗争，而悲观者选择与不幸妥协。雨果曾写过一篇名为《我们都是瞎子》的文章。他在结尾处写道：“我也是瞎子，我只知道说啊说啊，没有看见你们是聋子。”这是多么深沉压抑的一种情感，仿佛让我们听见了他深邃的悲痛和绝望。他难以怀抱感恩之心，却让自己更加身陷痛苦而不可自拔。

批判世界，是将众人的悲哀都集合在自己身上；而感恩世界，则是汇聚每个人微薄的乐趣，再平分给众人。

所以，请你感谢命运赐予你的一切吧！不屈服于挫折，用坚强做锄，用乐观做铲，用深邃的思索做锹，坚韧不拔地挖掘。不幸的背后肯定会有惊喜，帮助你成长、成熟、稳健，从而让你对生命、对生活充满激情和希望。

美国心理学家威廉·詹姆斯指出：“渴望被人赏识是人最基本的天性。”回忆我们自己的成长经历，谁没有热切地渴望过他人的赞美？既然渴望赞美是人的一种天性，那我们在工作中就应学习和掌握好这一工作智慧。不要由于不善于赞美别人或得不到他人的赞美，而使我们的生活缺乏许多美的愉快情绪体验。

一位参加美国公共关系卡耐基训练班的学员，把赞美的原理运用到自己的家庭，使得家庭关系十分融洽。

一天，妻子请他讲出自己的6条缺点，以便成为更好的妻子。这位学员想了想说：“让我想一想，明天早晨再告诉你。”

第二天一大早，学员来到鲜花店，请花店给妻子送6朵玫瑰，并附上一张纸条：“我实在想不出你需要改变的6个缺点，我就爱你现在这个样子。”当这位学员晚上回到家时，妻子站在门口迎接他，她感动得几乎要流泪。从此，他认识到赞赏的力量。

反之，我们在工作中不会欣赏同事的优点，眼睛总爱盯着同事的缺点，更甚者是以己之长与他人之短相比较，在这样的情绪支配下，同事会对我们工作的展开持支持与配合的态度吗？

其实要改善与同事的关系，或赢得同事配合很简单，一句由衷的赞美比十帖良药还好用。

肯定同事，即使与工作无关，也能够成为你与他建立友好桥梁的机会。发挥你心思细腻的特点，观察他最得意的方面，如穿衣品位、爱好兴趣、工作态度、办事效率，甚至他那让人羡慕的健康等，哪怕是不经意的一句话，都能表明你对他的关心。

一位著名企业家说过："促使人们自身能力发挥到极限的最好办法，就是赞赏和鼓励……我喜欢的就是真诚、慷慨地赞美别人。"

智者寄语

如果我们真心诚意地想搞好与同事们的关系，就不要光想着自己的成就、功劳，别人是不理会这些的，而是需要去发现别人的优点、长处、成绩，不是虚情假意地逢迎，而是真诚地、慷慨地去赞美、去欣赏、去感恩。

用感恩传递爱

如果我们时时能用一颗感恩的心来看这个世界，你会发现这个世界其实很可爱、很精彩！

现实中，常常有些人面对幸福的生活迷失了自己，总觉得自己付出的太多，获得的太少，甚至对生活充满怨恨。这是不对的。

人生的道路曲折坎坷，不知有多少艰难险阻，甚至要遭遇失败和挫折。在危难时刻，有人向你伸出温暖的双手，解除生活的困顿；有人为你指点迷津，让你明确前进的方向；甚至有人用肩膀、身躯把你擎起来，让你攀上人生的巅峰……最终，你战胜了苦难，到达了幸福的彼岸。对此，你难道不心存感激吗？

生活之中，值得我们感恩的实在是太多了，我们真的应当怀着一颗感恩的心来看待这个世界，看待生活中的每一件事。

一天清晨，在一个平凡而贫困的家庭里，早晨的阳光如利箭般穿透了薄薄的窗纱，射到了墙上。家里的小男孩早就醒了，但他没有作声——他不愿意惊醒疲倦的父母，因为他们还在沉沉地酣睡。

其实，他的父母也早就醒了，只不过他们不愿面对儿子那失望的眼睛。因为今天是11月的最后一个星期四——感恩节。可是，他们没有能力准备任何节日的礼物与食物。

丈夫想：如果能放下脸皮，去当地慈善团体联系一下，或许能分到一只火鸡过节。但他做不到这一点。唉，怎么办呢？

几个小时后，夫妻俩终于硬着头皮起床了。丈夫没有好心情，妻子当然也是唉声叹气的。生活太贫困了，他们又觉得去行乞很可耻，这个感恩节对他们来说，简直就是一种折磨。

就在一家人陷入深深的痛苦之时，突然响起了一阵敲门声。男孩跑去开门。门外站着一个高大的男子，他满脸笑容，手里提着齐全的节日膳食，火鸡、罐头，应有尽有，都是过节的必需品。一家人惊讶地看着他。那人说："这些东西是一位知道你们有需要的人要我送来的，他希望你们知道，在这个世界上，还有人在关怀并深爱着你们。"

丈夫极力推辞这份礼物，但来人却说："不要推辞了，我只不过是个送货的而已。"他面带微笑，将篮子挎在了小男孩的臂弯里，并轻轻地说："祝你们感恩节快乐！"然后转身走了。

此时，小男孩的心里油然升起了一种无可名状的神奇感受。这件发生在他童年时的

“小事”,后来竟然影响了他的一生,并注定使他成了一个乐于帮助他人的人。

转眼他18岁了。他的收入仍然很微薄,但他坚持在感恩节那天买很多食物去送给那些需要帮助的人。

又一个感恩节到来了,扮成送货员的已经长大的男孩出现在了一户人家的门口。开门的是一位西班牙籍的妇女,她有6个孩子,然而丈夫却抛弃了他们。眼下,她和孩子们正在遭受着断炊之苦。

男孩说:“我是来送货的,女士。”之后,他拿出了丰盛的节日大餐和礼物。女人惊呆了,站在那里一动不动,而她身后的孩子们则顿时爆发出了欢呼声,女人激动得热泪盈眶,用蹩脚的英语感动地说:“哦,你一定是上帝派来的……”年轻人腼腆地说:“不,我只是个送货的,是一位朋友要我送来这些东西的。他让我告诉你们,希望你们一家人都过个快乐的感恩节。也希望你们知道,有人在默默地爱着你们。今后你们若是有能力,就请同样将这样的礼物转送给其他需要的人。”

回想自己年少时的种种经历,没想到它们竟成为自己走向坦途的导引,指引他用一生的时间去帮助别人。童年时的那个送货人,深刻地改变了他的世界观和人生观。他觉得,传播爱的人,才是世界上最幸福的人。

几年后,这个年轻人终于成为美国总统的特别顾问。他就是全球著名的心理励志专家、成功学权威——安东尼·罗宾。

人生就如同一个容器,当这个容器被注满水时,它就会流淌。也许你会说,可惜我的容器从来没人来注入一点儿水。没错,罗宾有幸在童年时亲身感受到了这种神奇的力量,他由此具有了完备的人格,我们可能没有那么幸运,遇到过那个“敲门的男子”。但是,难道我们生命中就真的没有可以感恩的人吗?比如给你生命的那两个重要的人,难道不值得你去感恩吗?那个曾和你产生美丽爱情的人,不值得你去感恩吗?那个决定与你牵手走完人生的人不值得你去感恩吗?那些在你有困难时帮助你的朋友,难道也不值得你去感恩吗?世上有太多太多的人,他们对你的付出,远比“敲门的男子”多得多,你难道不能感受到吗?

智者寄语

感恩,有时候就像一场永远也不会间断的接力赛。接棒的人是幸福的,而递棒的人更是乐在其中。一种行为,多人受益!唯有每个人都愿意成为递棒的下一个人,那么每个人都能成为心中充满爱的人,这个世界也将是一个充满爱的世界。

用感恩的眼光寻找温情

感谢生活中有那么多的美好,值得我们感恩地活着。

在生活中,我们或多或少都获得过别人的帮助,接受过他人的恩惠。可是,我们是否用心记住了这些,并因此多了一份感恩之情呢?其实,如果我们每个人都能够怀着一颗感恩之心面对生活,那么即使处于最困厄的环境里,我们也能看到沙漠中的绿洲,从而怀着更美好的希望去面对未来。感恩之心,也是一粒美好的种子,如果我们不仅懂得收藏,还懂得适时播种,那么就能给他人带来爱和快乐,并因此挽救他们或是改变他们的情感世界。

一天,修道院的大门被叫开了,看门人巴拉甘惊喜地看到,旁边果园的一个果农为他送来了一大串晶莹剔透的葡萄。

果农对他说："兄弟，我送给你这串葡萄，感谢你在我每次来修道院时对我的关照。"看门人对如此情意浓厚的礼物表示非常感谢，并表示，修道院的人会很高兴地享用这串葡萄的。果农满意地离开了修道院。

看门人把葡萄洗净，得意地望着它。忽然，他想起修道院里的一个人最近生病了，什么也不想吃，就决定把这串看起来非常漂亮的葡萄送给他，让他开开胃："他多么需要营养啊！"

于是，看门人就把这串葡萄送到虚弱的病人床前。病人睁开双眼惊喜地看着葡萄，看门人对他说："马蒂亚斯，有人给我送来了这串葡萄，但是我知道你什么都不想吃，也许它能给你带来食欲。"马蒂亚斯从心里感激他。对他说，他将永远记住他，就是有一天死了，也会在天堂里感谢他。

看门人拿来一个大盘子，把葡萄放在上面，让病人享用。然后，他又回去继续工作了。病人拿起葡萄，又想起应该把它送给对自己倾注了大量心血，整日整夜照顾自己的护士，以慰藉自己的灵魂。

病人喊来护士，护士以为病人出了什么问题，迅速赶到他的床前。但是病人对护士说："埃斯特万，看门人惦记着我的病，给我送来了这串葡萄，让我品尝。但是现在我吃了它可能会伤胃，我想还是送给你吃吧，你对我一直很不错。"护士坚持让病人吃，但是越坚持，病人越是拒绝。护士不得已只好把葡萄带走了，并感谢病人送给他如此诱人的礼物。护士边走边想，这串葡萄应该送给兢兢业业为大家服务的厨师。于是，护士来到厨房，找到了厨师埃纳文图拉，对他说："你的心像这串葡萄一样美丽，那么这串美丽的葡萄就送给你吧。"厨师接受了护士的好意，然后又把葡萄送给了为大家操劳的修道院院长。

就这样，这串葡萄在整个修道院里传来传去，最后又重新回到了看门人手中。看门人惊奇得不知所措，他觉得不能再让葡萄兜圈子了。于是他不再迟疑，开始吃起葡萄来，他觉得自己从来没有吃过如此甜美的葡萄。

其实，人们传递的岂止是一串甜美的葡萄呢？应该更是一颗感恩的心，一份人与人之间心灵的呵护与关爱！有了这份关爱与感恩之心，不论风雨，你都会从中收获到快乐、感动与勇气！也正因为有了这份爱与感恩之心，我们的社会才显得更加温情。

智者寄语

好人终有好报，这是亘古不变的真理。试着做个懂得感恩之人吧，用感恩的目光去寻找你生活中的温情，不要计较眼前的得失，你会发现原来世界是这样美好。记住：热爱周围的人，周围的人才会更加热爱你！

感恩批评

批评是一种智慧；批评是一份爱心；批评是一片袒露的真诚；批评是一腔恨铁不成钢的期待与厚望。因此，我们要以一颗宽容的心深深地感激对手，感恩批评。

在现实生活中，有的人一听到批评意见，就觉得如芒在背，也不管批评得对与不对，便想当然地认为批评者是存心跟自己"过不去"。"涵养"好一点的在"诚心接受"批评之后，念念不忘给批评者“穿小鞋”，“涵养”差一点的则免不了当场发作，与批评者针尖对麦芒。客观地说，无视或反对批评意见的人很重要的一个原因在于没有充分认识到批评意见的价值。

批评中含有睿智，批评中包含关爱，批评是一片袒露的真诚，批评中有着期待与愿望。同样，对手也是值得我们敬佩的，如果没有对手，我们就不会前进，人生也就失去了意义。批评不免有欠公正，造成意气用事乃至更甚者，这也是人之常情。但是，只要我们宽容地对待，不做无谓的争辩，不做以牙还牙的对抗，凡事先考虑自身原因，就不会造成不好的后果。

1996年世界爱鸟日这一天，芬兰维多利亚国家公园应广大市民的要求，放飞了一只在笼子里关了四年的秃鹰。事过三日，当那些爱鸟者们还在为自己的善举津津乐道时，一位游客在距公园不远处的一片小树林里发现了那只秃鹰的尸体，解剖发现，秃鹰死于饥饿。

秃鹰本来是一种十分凶悍的鸟，甚至可与美洲豹争食。然而，它由于在笼子里关得太久，远离天敌，结果失去了生存能力。

上述现象对我们不无启迪，生活中出现一个对手、引起争论或一些批评的确并不是坏事。据一份研究资料报道：一年中不患一次感冒的人，得癌症的概率是经常患感冒者的六倍。至于俗语“蚌病生珍”，则更说明问题。一粒沙子嵌入蚌的体内后，它将分泌出一种物质来疗伤，时间长了，便会逐渐形成一颗晶莹的珍珠。

没有对手，生存就这样失去了战斗力，也就没有了意义。同样，没有批评意见的存在，就不能使智者免于千虑一失之忧，使明者察已于秋毫，使胜者力戒骄纵之弊。所以从某种意义上说，批评意见对作正确决策的作用最大，因为批评意见可以使我们头脑更清醒，更加重视那些容易忽视的问题，以利于把方案做得更好。

客观地说，无视或反对批评意见的人，很重要的一个原因在于没有充分认识到批评意见的价值。我们虽有“忠言逆耳利于行”之类的古训，但总使人感到过于笼统，不足以从应有的高度全面揭示批评意见的价值。

批评者送你的“药”总是周全地包上糖衣的，不苦不涩，和风细雨，如沐春风。对这类的批评，需要沉静、仔细地去品味、去捕捉。若是尝到甜味就得意，将会把裹于其间的中肯批评给忽略掉、丢失掉。粗心地把药当糖来消受，则会受到莫大损失。

批评者总是站在某一个角度，从某一个方面看问题，指点迷津。不能求全于批评者，而当苛求于自身。倘能虚心而全面地去综合剖析批评，清醒地消化批评，淘沙取金，必会受用无穷。当然，听不进批评，不会有大进步，不正确消化批评，同样不会有进步。

在茫茫人世间，难免与别人产生误会、摩擦。如果不注意，在我们处理不好这些误会、摩擦时，仇恨便会悄悄成长，最终会堵塞通往成功的道路。当别人批评我们时，如果我们有一颗宽容的心，就能够心平气和地审视自己。于是你就会发现，别人的批评其实是一片好心。但如果我们以敌视的眼光看待别人，对周围的人戒备森严，心胸狭窄，处处提防，最终会因孤独而陷入忧郁和痛苦之中。

智者寄语

心存感恩，知足惜福，人与人、人与自然、人与社会才会变得如此的和谐和亲切，我们自身也会因此变得愉快而又健康。心存感恩的人，才能收获更多的人生幸福和生活快乐，才能摈弃没有意义的怨天尤人。心存感恩的人，才会朝气蓬勃，豁达睿智，好运常在，远离烦恼。

滴水之恩，涌泉相报

中国儒家思想中有“受人滴水之恩，必当涌泉相报”的古训，其意非常容易理解：要想得到别人对自己有利的一面，就要先做出对别人有益的一面。正因为这一点，使许多成大事者在“滴水之恩”和“涌泉相报”上大展才华。

华人首富李嘉诚就是一个这样的人，他自幼学习儒家思想，从小就体会着古训。

小时候，李嘉诚还只是个茶楼跑堂的，那时每天要工作十几个小时，可以说天天处于疲乏之中。听茶客聊天，成了李嘉诚排困解乏的最佳疗法，然而，有一天却发生了意外。

那天，一位茶客坐在桌旁，侃侃而谈，大谈生意经，那些生意经的斗智斗勇、尔虞我诈，令李嘉诚大开眼界。他觉得做生意很神奇也很刺激。李嘉诚听得入了迷，竟忘了自己的本职工作，没有及时给客人冲水。

这时，有一位伙计看着李嘉诚如痴如醉的样子，而客人的杯子早空了，便大声叫他，李嘉诚这才回过神来，慌里慌张地拿起茶壶为客人冲开水。由于动作匆忙，他一不小心，把开水淋到了茶客的裤腿上。

这下可糟了。李嘉诚吓坏了，呆呆地站在那里，脸煞白，不知该如何向那名茶客赔礼道歉。茶客是茶楼的衣食父母，是堂倌伺候的大爷。若遇上蛮横的茶客，必会甩堂倌几个耳光，而且会找老板闹个不休。

李嘉诚知道自己闯下大祸了，真不敢想象将会有什么样的厄运降临到自己身上。他早已听说，在自己进来之前，一个堂倌也犯了这样的过失，而那个茶客是“三合会白纸扇”（黑社会师爷）。老板自然不敢得罪那位“煞星”，硬是逼着堂倌给那位大爷下跪请罪，然后就把他辞退了。

李嘉诚已做好了受罚的准备。老板也跑了过来，正要对李嘉诚责骂，想不到的是，那位茶客说：“是我不小心碰了他，不怪这位小师傅。”茶客一味为李嘉诚开脱，老板当然乐得顺水推舟，也就不再说什么了，只是恭恭敬敬地向茶客连声道歉。

茶客坐了一会儿就走了，李嘉诚愣愣地回想着刚刚发生的事，依然心有余悸，双眼湿漉漉的，暗自庆幸遇上了好人。

事后，老板对李嘉诚道：“我晓得是你把水淋到了客人的裤腿上。以后做事千万得小心。万一有什么闪失，要赶快向客人赔礼道歉，说不准就能大事化小。那位客人心善，若是恶点儿，不知会闹成什么样子。开茶楼，老板伙计都难做啊！”

回到家，李嘉诚把这件事情说给母亲听，母亲感叹不已，觉得儿子确实很幸运。她说：“菩萨保佑，客人和老板都是好人。”她又告诫儿子：“种瓜得瓜，种豆得豆”“积善必有善报，作恶必有恶报。”

李嘉诚对母亲的告诫谨记在心。他满心感激那位好心的茶客，也感激老板对自己的宽容。

其实，李嘉诚逃过这一劫，并非侥幸。由于他平时真诚待人，吃苦耐劳，顾客和老板自然是看在眼里，记在心上，自然不愿为难他。如果是一个懒惰不负责任的伙计，客人早就看他不顺眼，老板早就对他心怀不满。那么，即使没事，饭碗也很危险，若闹出点事来，还能有好果子吃吗？

所以，从某种意义上说，李嘉诚是自己拯救了自己，是用自己一贯诚实勤劳的作风度过了这次险境。

但是，李嘉诚后来依然对那位好心的茶客念念不忘。他多年以后，曾对别人说："这虽然是件小事，在我看来却是大事。如果我还能找到那位客人，一定要让他安度晚年，以报他的大恩大德。"

李嘉诚从小便从父母那里接受了中华民族传统的道德教育，如"和为贵""和气生财"等。但那时他并不能完全领会其中的真正含义。这次"饭碗危机"才让他真正体会到了这些传统美德的重要作用。有亲身体验，才会去贯彻执行。后来的李嘉诚始终信奉"以和为贵""积德行善"的做人准则，这也为他的事业发展开辟了道路。

李嘉诚曾在五金厂做过推销员，跳出五金厂后，仍十分感激五金厂老板的知遇之恩。尽管他为该老板立了不少功，但他依然是心怀愧疚之情。

李嘉诚知恩图报，就像当年他离开舅父的中南钟表公司一样，也向五金厂老板提出了自己的看法。但是，五金厂老板在李嘉诚走后，并没有听从李嘉诚的建议，仍然坚持生产铁桶。结果，不久后危机果然降临，五金厂很快便奄奄一息，濒临倒闭。

李嘉诚是个重情重义之人，当他获知此消息后，马上赶往五金厂找到老板，他劝老板立即停止生产镀锌铁桶，转为生产系列铁锁。

原来，李嘉诚一直在关注着五金厂的前途。一来他要证实自己的眼光是否正确；二来他深知五金厂对自己不薄，自己跳了槽，老板对自己也很宽容，心中有一股歉疚之情，总想找机会报答。

李嘉诚进一步指出，为了保证稳步领先，还应制订计划，开发系列铁锁，否则，只要一发现有利可图，其他五金厂就会跟风而上，竞争会很激烈。

这一次，五金厂老板对李嘉诚言听计从，马上根据李嘉诚的建议组织人员开发系列铁锁。一年后，危机重重的五金厂果然焕发了勃勃生机，盈利丰厚。

这虽然与整个行业的变化形势有关，但李嘉诚的一番忠告可以说起到了关键作用。后来，五金厂老板再次见到李嘉诚后，欣喜地说："阿诚，你在我厂子时，我就看出你是个不寻常的后生，你将来准会干出大事业！"

李嘉诚是一个对生活充满感激之心的人，他感恩的对象甚至包括他所雇用的工人。

智者寄语

懂得感恩，路越走越宽。

感谢父母无私的爱

在生与死的瞬间，父母首先想到的，永远都是自己的孩子。

也许父母不能给我们金钱、地位、名誉、豪宅，或者美丽的容颜，但是，他们却给了我们世界上什么也无法替代的、最最重要的东西——生命！

因为有了生命，我们才有机会来到这个世界，享受阳光、雨露，呼吸空气，尽情放歌，自由奔跑，追逐缤纷的梦想，充盈丰富的情感。

直到父母两鬓斑白时,尽管我们已经为人父、为人母,但是我们的父母依然会清晰地记得我们脸上绽放的第一次微笑,记得我们蹒跚走出的第一步,记得我们喊出的第一个字,记得我们人生路上的点点滴滴。面对父母无私的爱,作为儿女,我们又有什么理由不对父母感恩戴德?

给大家讲一个故事,相信任何人读后都会对父母给予我们的恩情感动不已。

在很久很久以前,藏北有一个老猎人。一天,他从帐篷里出来准备去打猎。忽然,他发现在不远处的草坡上站着一只肥美无比的藏羚羊,于是非常迅速地举起猎枪就瞄准了那只藏羚羊。就在这时,一件奇怪的事情发生了:藏羚羊并没有马上逃跑,而是用祈求的眼神望着老猎人,并冲着老猎人前行几步,突然,两条前腿扑通一声跪了下来。

老猎人不由得心头一软,想放过这只藏羚羊。但是作为一个老猎手,是不能被动物求跪的样子打动的,于是他闭上眼睛,狠狠心还是扳动了猎枪。藏羚羊最后呈跪卧姿势倒地。

这次老猎人没有像往常一样立即把藏羚羊破膛剥皮,整整一夜,老猎人都辗转难眠,总感觉这只藏羚羊就默默地站在自己的眼前流泪。为了平息自己的愧疚和不安,他决定扒开那只藏羚羊看个究竟。腹腔被打开了,老猎人大声地惊叫起来:藏羚羊的子宫中,静静地躺着一只已经成形的小羚羊。

老猎人默默地将母羚羊连同她的孩子一起掩埋,同葬的还有跟了他几十年的猎枪。

这是在藏北流传的一个古老的故事,藏羚羊艰难地弯下笨重的身子给猎人下跪,就是为了保住自己肚子里的孩子。你可以说它通人性,一点也不为过。

还记得鳝鱼的故事吗?

有个人将一锅鳝鱼放入冷水里慢慢煮,等到水沸腾后却发现有一只鳝鱼的姿势非常奇怪:它的头和尾部都在水里,整个肚子却是弓出水面的。剖开来看,原来这只鳝鱼的肚子里是满满的鱼子。它害怕自己的孩子们在沸水中死掉,使用全身的力气去撑起肚子不让它靠近热水……

母爱是动物的天性。在人类的世界里,父母对孩子的爱永远都是无私的,永远都想把最美好的一切留给孩子。可是,从"代沟"这个词开始,很多孩子都梦想着自己能快快长大,离开父母,有多远走多远。因为外面的世界很精彩,家是最大的负担,所以要去寻找无限的自由。可是后来,自由是寻找到了,心却陡然地苍老起来,开始渴望一种熟悉而安全的关爱,那是父母的爱。可常常是,子欲养而亲不待了。

智者寄语

为什么不从现在就开始对父母心怀感恩呢?只有心怀感恩,才能时刻记住回报父母,关怀父母,就像小时候被他们关爱一样。不要等到成家立业后才想起他们,这只会留下大半辈子的愧疚和悔恨。

感恩朋友的理解与支持

朋友的理解和支持,是我们旅途中的一把伞,可以为我们遮挡阳光、遮挡风雨,给我们继续前进的信心。

印度有句谚语说:朋友是抵抗忧愁与恐惧的卫士。

任何一个人都不能没有朋友，不能缺少朋友的支持和帮助。朋友，对每个人来说都非常重要。当我们遭遇不幸和痛苦时，他们可以和我们一起分担；当我们孤独无助时，他们可以星夜兼程、不远万里，向我们伸出一双坚实的大手……朋友的理解与支持，可以让我们对社会、生活产生不一样的看法，甚至因此而改变我们对人生的消极态度。就像玫瑰旁边的泥土，终日吸取芬芳后，自己也能够散发出玫瑰的香气。

有这样一个故事：

一年一度的马拉松赛就要开始了，比赛全程仍是42.195千米，要跑遍这个城市的六个区，终点在市中心广场。在近万名的参赛选手中间，有一个特殊的群体引起了人们的注意，这组人或手拄拐杖，或用假肢，甚至坐轮椅来参加比赛。因为这些人需要较长时间才能跑完全程，因此需要比其他人早出发。

其中有一位女选手，她在几年前曾被查出患有一种神经退化的疾病，医生规定她必须避免剧烈体力运动，但她不甘心放弃正常人的生活，所以就跑到这个特殊的人群中来参加比赛。

临近比赛的几天里，她的朋友问她，谁在终点记录她的成绩。她告诉朋友没人，自己会上报成绩，然后领取完成比赛的纪念奖牌。

她的朋友说："我认为终点应该有人在。"接着，她的朋友说出了令人大感意外的话："如果你同意让我来做这项工作，我将深感荣幸。"

她向朋友直说，自己无法确定什么时候才能到达终点，所以不想麻烦朋友。朋友说："多久都没有关系，在你跨越终点线时，我一定在那里等你。"

比赛如期开始了，这个特殊的群体顽强地向前移动着，有的人移动轮椅前进，有的人跳跃向前，每个人都用自己的方式前进。

第二天清晨，她的朋友在终点的市中心广场用期盼的目光注视着远方，等候她的到来。此时，比赛已经进行了二十几个小时了。一个工作人员来到她的朋友身边，告诉她，夜里丢失了一盒奖牌，所以已经没有奖牌再发给最后的选手了。

"一定要给她奖牌。"她的朋友坚决地说，然后就奔出了中心广场，跑回家中叫醒丈夫——他曾参加了前一天的比赛。她说："把你的奖牌给我，有人比你更需要它。"她拿了奖牌，立刻跑到终点继续等她。

此刻，这位女选手还在几小时的赛程之外继续前进，可是她的朋友一直都在耐心地等待着她的到达。她终于转过最后一个弯，进入了中心广场，继续跑最后的350米。首先映入眼帘的是有两个人拉着长带子站在终点处，接着她看见了等在那里手拿奖牌的她的朋友。

她冲过了终点，朋友将奖牌挂在了她的颈项上，两人互相拥抱，激动地啜泣起来。此后，朋友每年都会在马拉松比赛的终点那里等她。

曾经听过这样的话："茫茫人海，漫漫长路，你我相遇，成为相互。相互就是走累了一起扶助，走远了一起回顾；相互就是痛苦了一起倾诉，快乐了一起投入。"其实，真心的朋友就是这样一种相互。在漫长的人生路上，没有人能够单独走完全程，于是，你便开始追寻生命中最重要的人成为知己，他们就是你的朋友。

人生坎途中，不论你遭受怎样的困境，经历怎样的磨难，你的真心的朋友们，总是在你最困苦的时候为你雪中送炭。而当我们冲破重重磨难终于到达胜利的终点时，路途的艰辛，历时的漫长,都显得不那么重要了。因为,那个终点始终都有我们真心以待的朋友,他们才是我们一生中最重要的财富。

智者寄语

请真心地感谢你的朋友吧!感谢他们带给你的快乐,感谢他们帮你分担痛苦,感谢他们对你的理解,感谢他们为你雪中送炭……

感恩那份陌生的温情

真正的上帝,是人们的爱心!

一个小男孩捏着1美元的硬币,沿街一家一家商店地询问:“请问您这里有上帝卖吗?”店主要么说没有,要么嫌他捣乱,不由分说就把他撵出了店门。

天快黑了,小男孩到了第29家商店的门口,店主很热情地接待了他。老板是位60多岁的老人,满头银发,慈眉善目。他笑眯眯地问男孩:“告诉我,孩子,你买上帝做什么?”

男孩流着眼泪难过地告诉老人,他叫邦德,父亲很早就去世了,他是被叔叔帕特鲁普抚养长大的。叔叔是个建筑工人,前不久从脚手架上摔了下来,至今昏迷不醒,医生说只有上帝才能救他。邦德想,上帝一定是种非常奇妙的东西,要是把上帝买回来,叔叔吃了,伤就会好了。

老人眼圈也湿润了,问孩子:“你有多少钱?”

“1美元。”

“孩子,眼下上帝的价格正好是1美元。”老人接过硬币,从货架上拿了一瓶“上帝之吻”牌的饮料说,“拿去吧,孩子,你叔叔喝了这瓶‘上帝’,很快就没事了。”

邦德喜出望外,将饮料抱在怀里,兴冲冲地跑回医院。一进病房,他就开心地叫嚷道:“叔叔,我把上帝买回来啦,你很快就会好起来了!”

几天后,一个由世界顶尖医学专家组成的医疗小组来到医院,对帕特鲁普进行了会诊,并采用世界上最先进的医疗技术,终于治好了帕特鲁普的伤。

帕特鲁普出院时,看到医疗费账单上的那个天文数字,差点儿吓昏过去。但是院方告诉他,有个老人早已经帮他把费用付清了。那个老人是个亿万富翁,从一家跨国公司董事长的位子上退下来后,就隐居在本市,开了家杂货店打发时光。那个医疗小组也是老人花钱聘请来的。

帕特鲁普激动不已,他立刻和邦德去感谢老人。可是老人已经把杂货店卖掉,出国旅游去了。

后来,帕特鲁普接到一封信,是那个老人写来的。他在信中说:“年轻人,你能有邦德这样的侄儿,实在是太幸运了。为了救你,他拿1美元到处购买上帝……感谢上帝,是他挽救了你的生命。但是你一定要记住,真正的上帝是人们的爱心!”

在你的生命中,是否也有这样一个人,他不是你的亲人,不是你的朋友,仅仅是你只见过一面的陌生人,但他却在你的记忆深处住了下来。不论过了多久,只要一想起他,你的心里依然是满满的感谢?

其实,即便是陌生人,在我们需要帮助的时候,一句关切的话语,一个温柔的眼神,都能让我们感激不尽。那就像黑暗中送来的一盏小橘灯,就像困乏时送来的那个柔软的小枕,也或许就是在中秋之夜打的一个长途,重阳之日远处故乡寄来的红叶……只是举手之劳,只是微不足道,它们可以发生在陌生人的相遇之间,也或者发生在萍水相逢的一刻。但仅此,就足以感动我们这颗正承受着生命中不能承受之痛的心,为我们最脆弱的神经送来有力的温暖。于是,人性的光辉与日月的光辉一同开始升腾于这个世界。

当我们正在感受生命的沉重时,陌生人的帮助与鼓励是一件温暖的事。

所以,请感谢那些给予你帮助与鼓励的陌生人,因为是他们给了你黑夜前行中那一丝灯光,一抹温暖!

在里约热内卢有一个贫民窟,这里住着一个小男孩,他非常喜欢足球,可是他却没有真正的足球,因为他家境贫寒,根本没有多余的钱给他买足球。于是他就踢塑料盒,踢汽水瓶,踢从垃圾箱里拣来的椰子壳等等。他在街头巷尾踢,在能找到一片空地的任何地方踢。

有一天,他正在一个干涸的小池塘里猛踢一只猪膀胱,一位足球教练恰巧路过这里。他停下来准备看看这个小男孩的球艺,令他惊奇的是,他发现这个小家伙踢得很有味道,像那么回事。于是教练就主动送给小男孩一个足球,这让小男孩惊喜万分,得到足球后他踢得更卖力了。没过多长时间,小男孩就能准确地将球踢进远处随意摆放的破水桶里了。

圣诞节到了,男孩的妈妈对男孩说:"圣诞节到了,可是我们没有钱买圣诞礼物送给我们的恩人,就让我们为他真诚地祈祷吧。"

听了妈妈的话,小男孩很认真地跟妈妈一起祷告。祷告完毕,他向妈妈要了一只铲子就跑了出去。

小家伙来到一处别墅前的花圃里,开始挖坑。就在他快挖好的时候,从别墅里走出一个人大声地问他:"喂!小家伙,你在干什么?"

小男孩抬起满是汗水的脸蛋,说:"教练,圣诞节到了,我没有礼物送给您,我在这里给您的圣诞树挖一个树坑吧。"

教练弯下身子,把小男孩从树坑里拉了上来,说:"谢谢你,孩子!我今天收到了世界上最好的礼物。明天你就可以到我的训练场去踢球了。"

三年后,也就是1958年,这个17岁的男孩在世界杯上第一次为巴西捧回了金杯。从此,"贝利"这个不为世人所知的名字,很快就传遍了世界。

通过这个故事我们知道,即使是素昧平生的陌生人,也可能将你引向成功和辉煌。面对曾经成全了我们的陌生人,我们是不是也应该有颗感恩之心呢?我们是不是应该感谢他们给予我们的机会,感谢他们对我们的认可呢?一个朋友讲述了这样一个故事:

在郊区的一家小工厂里,有这样一位女大学生。她半年前刚从大学毕业。

她的家境原本很不错,父亲做生意做得风生水起。然而就在她上大二时,父亲生意失败,欠下了一大笔债务,再也无力供她念书。无奈之下,她只好申请助学金,那是一位企业家捐资建立的助学基金。但是这个企业家有个心愿,就是希望受助学生毕业后经济状况好转后能归还这笔钱,用以继续资助其他的贫困学生,将爱心传递下去。

她顺利地申请到了助学金,每月可以领到400块钱。为此,她也与基金会签订了一份特殊的"道义契约",承诺将这笔钱用于求学,将来有条件便还回这笔钱。在协议的最后,还有一条特别的声明:"本协议不具有法律效力。"就是说,受助的学生将来是否能够履行合约全凭良心，即使不还钱也没有法律责任。

有了这笔助学金，她顺利地完成了学业。毕业后，她找到了现在的这份月薪800元的工作，相对目前的城市消费水平，她的生活状况很窘迫。但即使如此，她每月仍要从自己微薄的工资中拿出大部分钱归还助学金。为了还款，她每天的生活费保持在5块钱以内，早晨只吃两个馒头，中午和晚上在食堂吃青菜和米饭，每顿一块钱，还有交通费两块钱。可想而知，她还款的每一分钱都是从牙缝里挤出来的。

当有人问她为何这么着急还款，因为以她现在的条件，她完全可以暂时不还的，而且也没有人要求她马上还钱。她只是淡淡地说："饿一下又不会死人。"

我们不敢想当然地为她设计什么豪言壮语，因为那是对一颗纯洁的心灵最无耻的贬低。"饿一下又不会死人"，一句朴实无华的话，却足以撼人心魄。在她看来，爱和感恩是不需要理由的。因为在她最需要帮助的时候，有个陌生人向她伸出了援助之手，同样不需要任何理由。想必那位企业家知道这件事，对此可以欣慰了。

智者寄语

人在脆弱时，往往能变得坚强，也许这是因为有爱的依托；人在绝望时，往往也会有生存的力量，也许这是因为有割舍不去的牵挂吧。一份爱，一份恩情，即使是来自于陌生人，回报给陌生人，都足以填满我们精彩的人生。

向对手说声"谢谢"

有时候，将我们送上领奖台的恰恰不是我们的朋友，而是我们的对手。

我们总是把自己的对手当成敌人，想起来就觉得是势不两立、你死我活……其实，我们不仅不应该痛恨对手，反而应该感激他们，感激他们给我们提出了建议，感激他们激发了我们的斗志，感激他们让我们变得不可战胜！对手，让我们认识到了自己的不足，磨炼了我们的意志，让我们学到了自己没有的东西。所以，他们值得我们尊重，更值得我们感激。

加州的《动物保护》杂志介绍了这样一则故事：

在秘鲁的国家级森林公园生活着一只年轻的美洲虎。美洲虎是一种濒临灭绝的珍稀动物，全世界现在仅存十几只。为了好好保护这只珍稀的老虎，公园的管理人员专门在公园中央辟出了一块近20平方千米的森林作为虎园，并精心地设计和建盖了豪华的虎房，好让老虎能在此舒舒服服地生活。虎园里森林茂密，百草芳菲，沟壑纵横，流水潺潺，还有成群的人工饲养的牛、羊、鹿、兔等供老虎尽情享用。凡是到过虎园参观的游人都说，这么美妙的环境，真是美洲虎生活的天堂。

但是，让人感到奇怪的是，美洲虎从来没去捕捉过那些专门为它预备的"活食"，也从没有显示过它的王者之风——霸气十足地纵横于雄山大川，啸傲于莽莽丛林，甚至连像模像样地吼上几嗓子都没有过。人们经常看到的是它整天躺在装有空调的虎房里，或打着盹儿，或耷拉着脑袋，睡了吃，吃了睡，一副无精打采的样子。有人说，它也许是太孤独了，如果有个伴儿也许会好些。于是，政府又通过外交途径，从哥伦比亚租来一只母虎与它做伴，但结果还是老样子。

一次，一位动物行为学家来到森林公园参观，一见美洲虎那副懒洋洋的样儿，便对管理员说，老虎是森林之王，在它所生活的环境中，不能只放上一群整天只知道吃草、不知道猎杀的动物。这么大的一片虎园，即使不放进去几只狼，至少也应放上两只豺狗，否则，不管怎样美洲虎都提不起精神。

管理员们听从了动物行为学家的意见，不久便从其他动物园中引进了几只美洲豹投进了虎园。这一招果然奏效，自从美洲豹进了虎园的那天开始，这只美洲虎就再也躺不住了。它每天不是站在高高的山顶上愤怒地咆哮，就是有如飓风般俯冲下山冈，或者在丛林的边缘地带警觉地巡视和游荡。老虎那刚烈威猛、霸气十足的本性被重新唤醒了，它又成了一只真正的老虎，成了这片广阔的虎园里真正意义上的森林之王。

自然界的这些平常的自然现象，对我们人类也有很大的启示：一种动物如果没有对手，会变得死气沉沉，同样如果一个人没有对手，也就会甘于平庸，养成惰性，最终导致庸碌无为；一个群体如果没有对手，就会因为相互依赖和潜移默化而丧失活力，丧失生机；一个行业如果没有了对手，就会丧失进取的意志，因为安于现状而逐步走向衰亡。美洲虎因为有了美洲豹这样的对手，才重新找回了逝去的威武和光荣。

许多人都把自己的对手视为“敌人”，视为心腹大患，恨不得立刻除之而后快。其实，只要反过来仔细一想，你会发现拥有一个强劲的对手反倒是一种福分、一种造化。因为，一个强劲的对手会让你时刻有种危机四伏的感觉，会激发你更加旺盛的精神和斗志。只有在面对对手时，我们才能更有战斗力、更顽强。

工作中，正是因为有了对手的存在，才让你不得不在压力中超越自己。在顺境中，拥有紧随其后的对手，你前行的路上怎敢驻足观望？为了不被对手追上，你别无选择地只能一路前行。在逆境中，拥有一个强劲的对手遥遥领先，更会让你有一种不甘其后的感觉，也许也因此更能激发起你生命中潜在的精神和斗志，亦如“逆水行舟，不进则退”。

智者寄语

我们要学会感谢我们的对手，感谢他们让我们思考，让我们越来越成熟，越来越勇敢，越来越有战斗力，越来越顽强地生存下来。一个表现精彩的对手，很多时候也让我们表现得很精彩。让我们对对手说声“谢谢”吧，心里默默地祝福他。

用感恩释放自己的能力

感恩是能力的催化剂，感恩是能力的加强剂。懂得感恩，能力才能超常发挥。

感恩的人是真正有能力的人。感恩的人道德高尚；感恩的人心中有爱；感恩的人常怀谦卑之心。一个人道德高，心中有爱，为人谦卑，他的能力不用说一定是不凡的。反过来说，一个人不知感恩，遇事只想自己，对他人全无友爱之心，为人专横跋扈，他的能力必然也高不到哪里去。感恩让人的能力发挥到最大，感恩让人的能力用对地方，感恩让人的能力不断提高。

感恩是最美丽的本能，是一种最成熟的心态，更是从业者最宝贵的素质。“人初性善，推己爱人”是中国最优秀的传统美德，中国社会对人才的评判历来首先重视道德的修养，一个人道德水平的高低往往决定着其人品、学识、能力、眼界乃至人生的境界。纵观世界，无论是政坛领袖还是商海精英，或是普通的工、农、商、学、兵，大凡取得成功之人，大都对某人、某事、某时、某境给自己带来的成功经验或积极影响铭记终身。这便是感恩之心,因为感恩才无法忘记,因为受益才更加感恩,相辅相成,相依相助,感恩使人放松,使人愉快,使人更好地汲取成功的营养。涵养由其衍生出的博爱与珍惜、真挚与忠诚、毅力和决心、拼搏和奋斗等崇高晶质,修炼出完美的道德素质。

对于优秀的员工,感恩就是“爱”,热爱自己的岗位,热爱自己的职责,有理想、有信心。现今社会,就业压力大,成功的职业,不一定就是你心中的理想,但正是由于工作岗位的稀缺,才必须珍惜来之不易的工作机会,才必须忠诚于自己的工作岗位。困难在拼搏中化解,理想在苦干中实现,对自己的工作负责,对自己的选择负责,就是自尊,就是自爱。热爱本职工作就必须在工作中努力培育优良的职业道德和百折不回的敬业精神,以积极心态投入,奋力进取,志怀高远;把自己置身于大局中去思考,理解个人前途和命运与公司发展是“皮之不存,毛将焉附”的关系,像老板一样对待工作;学会换位思考,切实增强责任意识和服务意识,视岗位如身体,尊团队若家庭,时刻准备着为做好本职工作冲锋陷阵,用高效的工作成绩,回报自己,回馈岗位。

一位软件公司的老板麦克斯先生重金聘请了一位叫约翰的副总裁,约翰非常有能力,但到公司一年多来,却几乎没有创造什么价值。

约翰的确是一个人才。从他的档案上显示,他毕业于哈佛大学,到麦克斯公司之前,曾经在硅谷的3家企业担任高层主管。他非常擅长资本运作,曾经带领一个5人团队,用3年时间将一个20人的小企业发展成为员工上千人、年营业额5亿多美元的中型企业,创造了令同行称道的“约翰速度”;在2004年至2007年间,他更是叱咤华尔街,掀起一阵“约翰旋风”。

这样出色的人才,怎么会创造不了价值呢? 麦克斯先生毫无办法,只能去向人力资源咨询师请教。

“在个人能力方面,我是绝对信任他的。”麦克斯先生说。

“你了解他具备哪些能力吗?”一位人力资源咨询师问他。

“当然了解,在请他来之前,我是非常慎重的,我请专业猎头公司对他进行了全面的能力测试,测试结果令我非常满意。”麦克斯说,他还详细列举了约翰具备的各种能力,并举出了约翰以前工作中的很多成功案例来佐证。

后来经过深入的沟通,那位咨询师发现,约翰是一个勇于接受挑战的人,工作的难度越大,越能激起他奋斗的欲望,他随时都有一种准备冲锋陷阵的冲动。应该说,这样的人才是企业的宝贵财富。

“在进入公司之初,我满怀激情,感恩老板麦克斯聘用我,给了我一个更大的平台。我暗暗下决心要干一番大事业回馈公司。可后来,我发现一切都不是我想象得那样,越来越觉得没劲,对公司也渐渐失去了认同,对自己的工作失去了认同。”约翰终于说出了心里的想法。

约翰能力不能发挥的关键是:进入新公司,发现公司和自己预想的不一样,从而失去原有的感恩之心,工作消极应付。找到问题所在,咨询师对约翰进行了开导:“首先,老板麦克斯先生对你的能力是非常了解和倚重的,这点毋庸置疑,所以你要感恩老板的这份信任。其次,你到公司后发现和自己先前设想的不一样,就更应该积极主动地改变这一切,让公司朝着更好的方向发展,而不是消极对待,既耗费了自己的工作能力,又使公司利润受损。现在的关键,就是你要重新拾起感恩的心,努力工作,负起责任。回报公司老板的信任。”

经过咨询师的开导,约翰几乎是变了一个人,他做出了很多成绩。而且,麦克斯先生和他已经成了不可分离的亲密伙伴。

这个故事很有启发意义。约翰的转变,使他自身出众的才能得以充分发挥。而促使他转变的关键因素,则是重新唤起了他对公司的感恩。感恩就是这样能如此地释放一个人的能力。

作为公司团体中的一员,用感恩之心对待工作,必然要做到“亲善”。人们常常对亲人自然流露出感恩之情,如果能将这种感情放大到工作团体,努力用感恩的心态对待身边的领导、同事、下属,人与人之间的关系就会变得真诚和友爱。现代管理制度告诉我们,任何一个企业和单位的成功与崛起,一定是一个或几个团队的整体合力所致,团结协作在激烈的竞争中尤显重要。为此,如何打造团结、互助、和谐的人际关系和团队氛围是每个单位团体面临的关键问题。必要的规章制度和组织原则将人们从形式上捏合为一个整体,而“成人以美”“雅量容人”等这些体现感恩之心的人文理念将人们从内心上融合成一个整体,更值得宣传和遵守。改变从我做起,氛围由我改变,信任换理解,宽恕得心安。员工真诚地感谢企业的任用与培养,老板真诚地感恩于员工的无私奉献,感恩于社会,感恩于顾客,相互支持,相互理解,互敬互助,同心同德,用和谐轻松的内部氛围打造企业核心竞争力。

常怀感恩之心必然使人保持一种谦虚谨慎的心态。在工作之中,难免会遇到各种困难和考验,也许还会承担较大的风险。在此情况下,谦虚谨慎的工作态度更显珍贵。它能使人在困难面前凸显毅力,淡定从容;也能使人在问题面前,信心倍增,冷静执着。从容与执着,毅力与信心,都是走向成功的必要阶梯。古人说“卑以自牧”“柔以克刚”,常怀感恩之心,更容易让我们发现自身的缺陷和不足,有助于激发个人学习和提高的动力与勇气,有助于去掉工作中的盲目性,不断增强自觉性和有效性,最终实现快乐高效工作的效果。感恩是一种习惯,在你享受这种工作心态的同时,相信他人也最大限度地接受了你。

一个人不懂得感恩,必然工作不尽心,对自己的岗位不负责任,遇事不为公司考虑,对公司同事也傲慢无礼,工作起来没有动力,得不到他人的帮助,工作只能是对付着过去。时间久了,谁都不愿意雇用他,想保住饭碗都是问题,还谈什么发展能力呢?不懂得感恩,必然造成一个人能力低下。

智者寄语

感恩工作,感恩公司,感恩同事,感恩他们让我们能力增长、有处发挥,而且发挥出好的功效,从而取得我们人生的幸福。

感谢折磨你的人

人不能总停留在原地,而要努力向前。感谢折磨你的人,你将得到更迅捷的发展。

对于生活中的各种折磨,我们应时时心存感激,只有这样,我们才会常常有一种幸福的感觉,纷繁芜杂的世界才会变得鲜活、温馨和动人。一朵美丽的花,如果你不能以一种美好的心情去欣赏它,它在你的心中和眼里也永远娇艳妩媚不起来,而是如你的心情一般灰暗、毫无生机。

只有心存感激,我们才会把折磨放在背后,珍视他人的爱心,才会享受生活的美好,才会发现世界原本有太多的温情。心存感激,是一种人格的升华,是一种美好的人性。只有心存感激,我们才会热爱生活、珍惜生命,以平和的心态去努力地工作与学习,使自己成为一个有益于社会的人。心存感激,我们的生活就会洋溢更多的欢笑和阳光,世界在我们眼里就会更加美丽动人。

面对人生中各种各样的不顺心，你要保持感谢的态度，因为唯有折磨才能使你不断地成长。法国启蒙思想家伏尔泰说：“人生布满了荆棘，我们晓得的唯一办法是从那些荆棘上面迅速踏过。”人生之路是不平坦的，但同时也正说明生命需要磨炼，“燧石受到的敲打越厉害，发出的光就越灿烂”。正是这种敲打才使它发出光来，因此，燧石需要感谢那些敲打。人也一样，感谢折磨你的人，你就是在感恩命运。

美国独立企业联盟主席杰克·弗雷斯从13岁起就开始在他父母的加油站工作。弗雷斯想学修车，但父亲让他在前台接待顾客。当有汽车开进来时，弗雷斯必须在车子停稳前就站到司机门前，然后去检查油量、蓄电池、传动带、胶皮管和水箱。

弗雷斯注意到，如果他干得好，顾客大多还会再来。于是弗雷斯总是多干一些，帮助顾客擦去车身、挡风玻璃和车灯上的污渍。有一段时间，每周都有一位老太太开着她的车来清洗和打蜡。这个车的车内踏板凹陷得很深，很难打扫，而且这位老太太极难打交道。每次当弗雷斯给她把车清洗好后，她都要再仔细检查一遍，让弗雷斯重新打扫，直到清除掉每一缕棉绒和灰尘，她才满意。

终于有一次，弗雷斯忍无可忍，不愿意再伺候她了。他的父亲告诫他说：“孩子，记住，这就是你的工作！不管顾客说什么或做什么，你都要记住做好你的工作，并以应有的礼貌去对待顾客。”

父亲的话让弗雷斯深受震动，许多年以后他仍不能忘记。弗雷斯说：“正是在加油站的工作使我学到了严格的职业道德和应该如何对待顾客，这些东西在我以后的职业生涯中起到了非常重要的作用。”

其实，弗雷斯的成功与他懂得感谢那些折磨自己的人有着莫大的关系。

智者寄语

学会感谢折磨你的人，这样，你注定会与成功结缘。

感谢别人给你的一片阳光

很多人才貌双全，拥有让人羡慕的家境和学历，但他们却不快乐。无论物质的给予是多么丰厚，他们都不会感到满足和幸福。而不幸福的人，往往容易被时间催老，淡忘生活的意义。

其实，幸福是一种感觉，虽然有外在的因素，但更多地取决于自己的内心。

拥有感恩的心才是快乐的秘诀。对生活拥有一颗感恩之心的人，即使物质生活再贫穷，也可以拥有很多的快乐。感恩的心不是天生就有的，它是后天培养的。

一个常怀感恩之心的人，一定是个幸福的人。如果我们对生命中所拥有的一切都能心存感激，便能体会到人生的快乐、人间的温暖以及人生的价值。拥有一颗感恩的心，才能更懂得珍爱生命，热爱生活，即使遇到再大的困难，也能够绕过去。

一家外资公司的公关部需要招聘一位职员，前来应聘的人经过甄选，最后只剩下了五名。公司告诉这五个人，聘用谁得由经理层会议讨论才能决定。结果会在三天内发到他们的邮箱里。

三天后，其中一位的电子邮箱里收到一封信，信是公司人事部发来的，内容是：“经过公司研究决定，很抱歉，你落聘了。我们虽然很欣赏你的学识、气质，但名额有限，这实在是割爱之举。公司以后若有招聘名额，必会优先通知你。你所提交的材料在被复印后，不日将邮寄返还于你。另外，为感谢你对本公司的信任，还随信寄去本公司产品的优惠券一份。祝你好运！”

看完电子邮件，她知道自己落聘了，有点难过！但又为该公司的诚意所感动，便顺手花了1分钟时间回复了一封简短的感谢信。

但在两天后，她却接到了那家外资公司的电话，说经过经理层会议讨论，她已被正式录用为该公司职员。

她很不解，后来才明白邮件其实是公司的最后一道考题。她能胜出，只不过因为多花了1分钟时间去感谢。

在日常生活中，父母常抱怨孩子不听话，孩子则抱怨父母不理解他们；男孩子抱怨女孩子不够温柔，女孩子抱怨男孩子不够体贴；在工作中，也常出现领导埋怨下级工作不得力，而下级埋怨上级不够理解，不能发挥自己的才能。总之，许多人对生活永远是一种抱怨，而不是一种感激。他们只是在意自己有没有得到什么好处，却不曾想别人付出了多少。如果一个人不能够经受世界的考验，感受这个世界的美好，心胸只能容得下私利，那他就得不到幸福。

智者寄语

生命的个体是相互依存的，世界上每一样东西的存在都依赖于其他东西。父母的养育、师长的教诲、爱人的关爱、他人的服务、大自然的慷慨赐予……你从出生那天起，便沉浸在恩惠的海洋里。你只有真正明白了这个道理，才会感恩大自然的福佑，感恩父母的养育，感恩社会的安定，感恩食之香甜，感恩衣之温暖，感恩花草鱼虫，感恩苦难逆境。就连自己的敌人，也不要忘记感恩，因为真正促使自己成功，使自己变得机智勇敢、豁达大度的不是顺境，而是那些常常可以置自己于死地的打击、挫折和对立面。

感恩使你清醒的疼痛

在人生的岔路口，若选择了一条平坦的大道，你可能会有一个舒适而享乐的人生，但你就会失去很多历练的机会；若你选择了坎坷的小路，你的人生也许会充满痛苦，但你会获得生活的真谛。

每个人都不可避免地要承担生活的苦，而一味地怨恨是可悲的。苦难不是不幸的情报员，恰恰相反，它往往是通往幸福的敲门砖。虽然可能会承受精神上的折磨，一股刺痛扰得你找不到心理上的平衡，看不到前方的光明，可是，正是因为经历了这些，你才开始成长，你才开始知道怎样积累生活的经验。

有个渔夫有着一流的捕鱼技术，被人们尊称为“渔王”。依靠捕鱼，“渔王”积累了一大笔财富。然而，年老的“渔王”却一点也不快活，因为他的三个儿子的捕鱼技术都极平庸。

于是，他经常向人倾诉心中的苦恼：“我真想不明白，我的捕鱼技术这么好，我的儿子们为什么这么差？我从他们懂事起就传授捕鱼技术给他们，从最基本的东西教起，告诉他们怎样织网最容易捕捉到鱼，怎样划船最不会惊动鱼，怎样下网最容易请‘鱼’入瓮。他们长大了,我又教他们怎样识潮汐、辨鱼汛……凡是我多年辛辛苦苦总结出来的经验,我都毫无保留地传授给他们,可他们的捕鱼技术竟然赶不上技术比我差的其他渔民的儿子!”

一位路人听了他的诉说后,问:“你一直手把手地教他们吗?”

“是的,为了让他们学会一流的捕鱼技术,我教得很仔细、很耐心。”

“他们一直跟随着你学吗?”

“是的,为了让他们少走弯路,我一直让他们跟着我学。”

路人说:“这样说来,你的错误就很明显了。你只是传授给了他们技术,却没有传授给他们教训。对于才能来说,没有教训与没有经验一样,都不能使人成大器。”

失败、挫折并不可怕,正是它们才教会我们如何找到经验与教训。如果一路都是坦途,那只能像渔夫的儿子那样,沦为平庸。

没有经历过风霜雨雪的花朵,无论如何也结不出丰硕的果实。或许我们习惯羡慕他人的成功,听到他人得到的掌声,但是别忘了,温室的花朵注定要失败。正所谓“台上一分钟,台下十年功”,在他们光荣的背后一定有汗水与泪水共同浇铸的艰辛。很多事情当我们回过头来再去看的时候,就会发现,历经折磨以后,生命的花朵反而更娇艳动人。

只有历经折磨,才能够历练出成熟与美丽,抹平岁月给予我们的皱纹,让心灵保持年轻和平静,让我们逐渐成长,获得成功。所以,每一个勇于追求幸福的人,每一个有眼光和思想的人,都会感谢折磨自己的人。唯有以这种态度面对人生,我们的生活才会洋溢着更多的欢笑和阳光,世界在我们眼里才会更加美丽动人。

智者寄语

感谢使你清醒的疼痛,因为它,你才能大步向前,追求人生的幸福。

感激能为世界注入盈盈暖意

一只老鼠掉进了一口缸里,怎么也出不来。老鼠吱吱地叫着,发出了哀鸣,可是谁也听不见。可怜的老鼠心想,这口缸大概就是自己的坟墓了。正在这时,一只大象经过,用鼻子把老鼠吊了出来。

“谢谢你,大象。你救了我的命,我希望能报答你。”老鼠说。

大象笑着说:“你准备怎么报答我呢?你不过是一只小小的老鼠。”

过了些日子,大象不幸被猎人捉住了。猎人用绳子把大象捆了起来,准备等天亮后运走。大象伤心地躺在地上,无论怎么挣扎,也无法把绳子扯断。

突然,小老鼠出现了。它开始咬绳子,终于在天亮前咬断了绳子,替大象松了绑。

“你看到了吧,我履行了自己的诺言。”小老鼠对大象说。

报恩,不仅是兑现诺言的行动,还是发自心底的真切感激,投之以真诚的回报。在你受到别人的帮助的时候,要有一颗知恩图报的心,感激别人曾经给予你的帮助。

春秋时,晋大夫魏颗的父亲武子有个宠妾,武子病时,嘱咐儿子魏颗在自己死后让宠妾改嫁,病重时,又嘱咐魏颗在自己死后杀了宠妾殉葬。武子死后,善良的魏颗告诉自己:“前一种安排才是父亲头脑清醒时的命令。”因此,他没有听从父亲病得神志不清时要宠妾殉葬的嘱咐,而是把那个侍妾嫁出去了。

后来有一次魏颗率领晋军与秦国军队交战,魏颗与秦国勇将杜回相遇。魏颗不是杜回的对手,只好且战且退。杜回追杀上来,却被一位老人用茅草绳绊倒在地,魏颗赶紧回身将杜回捉住,最后将秦军打败。夜间,魏颗梦见那老人自说是武子爱妾的父亲,他结草帮助魏颗,是为了报答魏颗不杀自己女儿之恩。

魏颗立下这次战功后,晋景公把令狐(今山西临猗县东)作为奖赏封给他。

感激曾向你伸出援手的人吧!我们常常说要知恩图报,知恩感恩并不难,难的是报恩。即使时机不利、条件不好、能力有限,也要有一颗报恩的心,这样对方心里也会充满盈盈暖意。

一个常怀感恩之心生活的人,一定是个幸福的人。感恩是爱的根源,也是快乐的必要条件。如果我们对生命中所拥有的一切心存感激,便能体会到人生的快乐、人间的温暖以及人生的价值。

智者寄语

常怀感恩之心,将使你不再浪费生命来悲叹命运不公,也不会使你目光短浅,只看到自己的不幸而失去快乐的机会。怀有感恩之心,人的灵魂才能饱满、润泽。

感恩别人,幸福自己

有人曾经说过这样一句话:所谓幸福,是有一颗感恩的心,一个健康的身体,一份称心的工作,一位深爱你的爱人,一帮可信赖的朋友。“人之初,性本善”。多年来的学习和工作压力,使我们原本拥有的所谓的“善”,已经被一层一层的习惯和世故压在了灵魂的最深处。我们好像遗忘了,可是又会常常想起它。而拥有一颗感恩的心,才是我们追求幸福生活的根源。

一个生活贫困的男孩为了积攒学费,挨家挨户地推销商品。傍晚时,他感到疲惫万分,饥饿难挨,而他推销得却很不顺利,以至他有些绝望。这时,他敲开一扇门,希望主人能给他一杯水。开门的是一位美丽的年轻女子,这位女子给了他一杯浓浓的热牛奶,这令男孩感激万分。

许多年后,男孩成了一位著名的外科大夫。一位患病的妇女,因为病情严重,当地的大夫都束手无策,便被转到了那位著名的外科大夫所在的医院。外科大夫为妇女做完手术后,惊喜地发现那位妇女正是多年前在他饥寒交迫时热情地给过他帮助的年轻女子,当年正是那杯热牛奶使他又鼓足了生活的信心。

结果,当那位妇女正在为昂贵的手术费发愁时,却在她的手术费单上看到一行字:手术费=一杯牛奶。

我们曾经由于各种各样的理由错失了幸福,我们不妨带着宽容、感恩的心再试着去找找看。有时候,换个角度看问题,换一种心态面对这个世界,我们会发现,我们的人生原来可以更美好。

一位喜欢抱怨的母亲总是挑剔地看待上门的亲戚和客人,她常会对孩子说:“他多小气啊!来我们家吃饭就送一点点东西。”而一位懂得心存感激的母亲会对孩子说:“他走这么远的路来看我们,还带礼物给我们,真是对我们太好了。”在两种心态母亲的影响下,你们觉得长大后,哪个孩子会更快乐一些呢?我想自然是后者。

许多时候，我们总是抱怨，抱怨生活中的一切，不公平的待遇、不如意的爱情，甚至抱怨天气的阴晴，就是没有静下心来，想想生活的意义是什么。学会用感恩的心看周围的一切，快乐就会不请自来。

智者寄语

以感恩的心面对生活，那么真正受益的是自己，因为你不再有心理包袱，不再耿耿于怀。正如那首歌唱的一样："……感恩的心感谢有你，伴我一生让我有勇气做我自己；感恩的心感谢命运，花开花落我一样会珍惜……"

常怀一颗感恩的心

夫妻间要常怀感恩之心，如果双方都能做到时时处处感激对方的付出，平时也就能够对对方宽而待之了。

其实，婚姻就像花一样，是非常娇嫩的，它需要耐心的呵护和栽培，每种婚姻都不可能十全十美，总难免有不尽如人意之处。如果只是一味地索取、抱怨对方，结果只能导致相互间的隔阂和反感，形成恶性循环，最终让彼此都觉得当初真是"因误会而结合的"。其实，两个人走到一起后应该义无反顾地相濡以沫，应该多用赞美的眼光去挖掘婚姻生活中的长处，使之焕发出绚丽的光彩。真正的婚姻应该常怀感恩之心，婚姻中不要轻言后悔。

有一位企业家拥有几千万元的资产，在一次朋友聚会上，主持人请他发言。他拿起话筒声情并茂地说："我成功的重要原因之一，是我有一个非常能包容我、原谅我、心胸宽广的妻子。没有我的妻子，就没有我的企业，也没有我的现在。"

十几年前，他因为赌博，把家里所有的钱都输光了，所有的亲戚都指责他，而且还劝他妻子与他离婚，他也觉得对不起妻子。他认真地对妻子说："老婆，你离开我吧！找一个比我好的，现在你跟着我只能过苦日子。"

妻子认真地回答说："这时候我不帮你，谁帮你？只要你改，再大的困难我们一起扛。"

他拍着胸脯说："我一定改。"

妻子说："只要你有悔改的决心，我帮你去筹集资金。"如今，他变成身价上千万的成功的企业家。他经常说："我妻子心胸宽广，对我恩重如山，我怎么能对她不好！"

因此，有感恩之心，就能接受彼此性格的差异。因为两个性格完全相同的伴侣几乎不存在，急性子与慢性子各有各的好处。你认识到了性格的不同，心里就应做好准备去接纳对方，容忍对方，从而用自己的宽容去影响对方、感化对方，这样才能达到双方性格的统一和感情的和谐。

常怀感恩之心，就会更容易原谅对方犯的错误，这是婚姻美满的关键。夫妻双方哪有不犯错误的呢？夫妻之间无论谁犯了错误都不可怕，怕的是改正错误的大门被你无情地关上，此后婚姻幸福的大门再也无法开启。爱人犯了错误，可以提出来，但一定要考虑爱人的心理承受能力。采取生硬、简单的办法，只会把矛盾激化。

一次朋友聚会，小李与小周是一起打车去的，下车后他们发现两人的手机都丢在车上了。小李已经丢过三个手机了，这个是妻子前几天刚给他新买的，小李心里觉得很不是滋味，怪自己太大意了。两个人硬着头皮走进那家餐厅，妻子们是提前到的。进去以后，小李的妻子就说："你怎么不接电话呢？就等你们两个人了。"小李无奈，只好说手机丢了。当时还以为妻子会当着众人的面生气，可她却说："手机丢就丢了，人不丢就行。"妻子这么一说，大家都直夸小李的老婆心胸宽广，能原谅丈夫的错误。看着妻子没有生气，小李长出了一口气。小周的妻子却站起来大声地说："你这人总丢三落四的，跟个孩子似的，家早晚得让你丢光，气死我了。"她这么一嚷嚷，小周的面子挂不住了，站起来就走了。

夫妻之间怀有感恩的心，就不会因为鸡毛蒜皮的琐事而吵闹不休。比如夫妻俩的生活习惯不一样，既然不一样，就会有差异，如何对待差异就需要技巧和艺术了。假如丈夫怀有感恩的心，感激妻子勤劳操持家务，也就不会计较生活中的一些琐事了。相反，如果没有感恩之心，就会天天因为吃饭而吵架，天天因为吃馒头还是吃米饭之类的事争吵个没完没了，好像不吵就没法吃饭似的。

感恩是夫妻间和睦相处的前提，更是幸福婚姻的基础。妻子能包容丈夫的缺点，丈夫能原谅妻子的错误，就是一种最淳朴的爱。

有没有感恩的心，对于人的幸福感影响很大，只要把感恩之心装在脑子里，幸福的事情就会一个接一个出现。当你用善意的眼光看别人时，你看到的都是美好，世界都是好的、和谐的。同理，夫妻生活在一起，你经常怀着一种感恩之心，看待你的爱人，多想一想爱人的优点，幸福将永远长存。

智者寄语

夫妻之间如果始终怀有一颗感激对方的心，婚姻何尝不能相搀相扶、白头偕老！只是不知有多少夫妇忘记了自己还需要感恩，忘记了自己需要包容。但一切还不晚，让我们重新审视自己，换一种方式看待另一半，你会发现幸福原来离你很近。

感恩你的老板

今天的员工有可能就是明天的领导——不管是大领导还是小领导。员工在工作的过程中点点滴滴的感恩都会给公司带来回报。重在当下，从身边的事做起，这是我们立业的基础，感恩的归宿。

只要有一个人叫另一个人做事，就一定会有问题，而且问题来自双方：下令者和听令者。因为，没有人愿意被人使唤，也没有人愿意接受他人的命令。员工总是说："老板太不公平了。"可问题是：谁告诉过你，这个世界应该是公平的？

英国有一个电视节目叫"交换工作"，节目内容是让报名的两位观众彼此交换现职一天，体会另一行的甘苦。有一集某位政治人物和建筑工人对调。政客戴起了安全帽，笨拙地灌浆、使用电钻；而坐进政客办公室豪华皮椅里的建筑工人，被迫穿上西装，排练演讲稿。短短一天，两人就发现还是自己的工作最好！

我们如果和老板的角色对调，会不会也有同样的心情？

每个人对财富的需求其实都是光明正大的，其实这都是人的本性，无可厚非。而为什么仍然有许多人庸碌一生，甚至连最起码的温饱都做不到呢？喜剧作家杰克森·布朗曾很形象地把这类人比作"穿上溜冰鞋的八爪鱼"，眼看动作不断可是却搞不清楚到底是往前、往后，还是在原地打转。根本原因就在于他们缺乏内心的力量，他们只受外在力量的驱使，为工作而工作。

所以，假使你知道自己有几分才华，每天工作量也实在不少，但又长期看不见多少成果，那么你就要好好反省一下了，自己是不是缺少一种最根本的内在动力呢？

有个老木匠向老板递了辞呈，准备离开木匠业，回家与妻子儿女享受天伦之乐。老板舍不得他的好员工离开，问他能否帮忙建最后一座房子，老木匠欣然允诺。但是很明显，老木匠的心已不在工作上，他用的是废料，做出来的活也很粗糙。

等到房子竣工的时候，老板亲手把大门的钥匙递给他。“这是你的房子，”老板说，“这是我送给你的退休礼物。”老木匠震惊得目瞪口呆，羞愧得无地自容。

如果老木匠早知道是在给自己建房子，他怎么会这样漫不经心、敷衍了事，制作得如此粗糙简陋呢？现在他只好住在一幢粗制滥造的房子里！

其实，大多数人都是如此，他们总以为自己是在给别人干活，实际效果好不好与己无关，于是工作起来便得过且过，拿工资走人。所以这种工作状态也就注定了大多数人是永远为别人打工的人，是平庸一生的人。这些人对待工作、生活总是漫不经心、消极应付，而不是积极行动，等到惊觉自己的处境时，却早已深困在自己建造的“破房子”里了。尽管这房子也许是笔意外的财富，但如此没品质的财富，多一个少一个于我们的人生而言也没有什么差别。

对大多数人来说，他们必须工作的原因，似乎就是填补生活的空白，或是挣钱养家糊口。这样的人注定得过且过，一生不会有什么成就。而努力工作，把工作当成自己事业的人，才是真正地为了实现自己的人生价值而工作。有了良好的心态就必然有了进取的机会。那样一旦做足准备，把工作中的件件小事都做好，小事业积累起来就是大事业，好机会就会随时向他们招手，成功当然指日可待。

感恩你的老板，用心工作才是真正的聪明。把老板的事业当成自己的事业，才是大智慧。只要你把每份工作都当成一个学习机会，不断提升自己在这一行的工作能力与处世方法，你的前途就一定是光明而耀眼的。

智者寄语

滴水之恩，当涌泉相报，我们应时时刻刻怀有一颗感恩的心。感恩的心态会净化我们的心灵，让我们变得更加谦逊，成为一个受人尊敬和爱戴的人。每天我们都要对自己说，感谢公司录用了我，感谢自己能碰到这样一位优秀的老板。

感恩生活对我们的情分

被称为战国四君子之一的孟尝君有一段经历很值得今天的人一读：

孟尝君在自己的领地广招门人食客，并给予优厚的待遇。于是，天下有识之士都竞相投奔他、归附他。一时间，食客达数千人，影响甚大。秦国对孟尝君的才能深为恐惧，便使用了离间之计，使孟尝君失去了齐国相国的职务。树倒猢狲散，他的食客也接二连三地离开了他。

后来，他的食客中有位叫冯谖的人，用计使孟尝君官复原职。孟尝君感叹地对冯谖说道：“我对待客人很热情，在招待上也没有什么疏忽，以致食客人数达到了三千有余。可是一旦我失去地位，他们却全都背弃我而去，没有人来看望我。幸好有你助我一臂之力，才重新恢复了地位。看那些家伙有什么脸面再来见我？如有厚着脸皮回到我这儿来的人，我必将朝他脸上啐唾沫，大加羞辱。”

而冯谖却对他说：“富贵时，大家都来投奔；落魄了，朋友四散奔逃，这是理所当然的。

您看菜市场，早晨熙熙攘攘，到了晚上就变得空空荡荡了。这并不是人们喜欢早晨，讨厌晚上，而是因为早晨有要买的东西，所以人们聚集到市场上；而晚上没有东西可买，人们就不去市场了。食客们由于您丧失地位而离开您也与此相同。这是由于他们所求的东西没有了，所以您不应该记恨他们。”

孟尝君听冯谖这样一说，立刻心领神会，仍一如既往地对待再次归附到他门下的食客们。

孟尝君虽然愤怒，但还是在冯谖的劝说下想开了：食客们之所以投奔而来，是对自己抱有很大的期望，想在相国身边干些业绩；自己失势了，对方的期望落空了，哪有不走之理？所以，是自己的沉浮影响了他们的去留。想通了之后，孟尝君不再记恨他们，照样敞开胸怀接纳这些人，体现了自己的君子风度。

什么是胸怀？这就是胸怀。人非圣贤，孰能无过？每个人都会犯错，或者换句话说，每个人都有自己的选择。人们常说得理不饶人，其实，应当是得饶人处且饶人，这才能体现一个人的胸襟。如今，很多人都抱怨人情淡漠与世态炎凉，可是这些并不是今天的社会才有的，而是古已有之。古人也同样经历了这些事，只不过有度量的人不会把宝贵的生命用在抱怨上——何况这样做也不值得。

生活在这个世界上，有时候我们会和孟尝君一样遭遇背叛。假如我们不能站在别人的立场上了解别人的想法，也就无法打开自己的心结。而一个耿耿于怀的人，伤害的不是别人，而是自己的快乐与内心。因此，看穿了人性中势利与无奈的一面，也就学会了宽大为怀。正是因为懂得，所以慈悲。

禅宗里曾经有这样一个故事：

弟子问师父这样三个问题：第一，我怎么才能得到解脱？第二，我怎样才能找到净土？第三，如何才叫涅槃？他的师父听了之后，微微一笑，反问道：首先，你求解脱，那么现在是谁绑住了你？其次，你求净土，现在又是谁污染了你？最后，你问我什么才是涅槃，那么你想过吗？是谁把生和死给了你？

这三个问题是困扰弟子已久的，其实也是我们每个人每一天都会遇到的。我们在生活中，会不会因为朋友聚会没有邀请我们而感到不开心呢？会不会因为领导给其他同事涨了工资，自己觉得不甘心呢？会不会因为许多我们设想的好事没有轮到自己的头上，觉得不开心、不顺畅呢？恐怕每个人都有。这就像小孩子在考试完之后，看到墙上没有自己的小红花一样困惑和不开心。

但是，人生的烦恼就像滚雪球，我们越是去思量，就越会觉得别扭，越别扭心里就越纠结，到后来这个疙瘩越拧越紧就怎么也打不开了。其实，烦恼的时候我们不妨这样想：给的是情分，不给的是本分。只要认真工作，诚恳待人，早晚会得到别人的认可。

我们如果站在孟尝君的角度，就可以这样来思考食客的问题：你来是对我的看重和依靠，我感谢你对我的信任。你走是寻求自己更大的发展，找到比我好的“靠山”，我替你感到骄傲。实际上，用现在网上流行的话来说，就是：你来，我当你不会走；你走，我当你没有来过。

智者寄语

如果我们能够以这样的心态来面对人生和社会，那么还有什么不能大事化小，小事化了的呢？感恩生活给予我们的馈赠（无论是好是坏），然后以这样的心态化解生活中的难题，就是生命的大智慧。

懂得感恩的人，才能收获成功的果实

佛家讲究缘法，职场上也一样。缘法是什么呢？请看下面这个故事，将会对你有很深的启示。

宋真宗时期，南山寺的住持突然得了重病，请了许多郎中用了好多药都不见好转，后来请了当地的一个隐士名医，那个杏林高手沉吟许久，才缓缓地道：“要不试试这种药。”接着说出了药的名称，并画出了药的形状。

这是一种名贵的药材，说它名贵，是因为这种药不仅只长在特定的地点，而且还须特定的时间摘下，须每年春天连花带枝一并采摘才有药用价值，这种药材一株要卖到一千多两银子，这相当于一个中户人家一辈子的花费了。

庙里的香火钱都修缮庙宇了，实在拿不出，好在这南山寺后面的南山里就有这种药材，只是生长在悬崖峭壁上，数量甚少，极难采摘，而且最最难办的是，现在不是采摘的时节啊。众僧人都怕住持熬不到第二年的春天。

说来也巧，一位信佛的药农听说此事后心甘情愿献出一枝药材，大家都很感激。住持服用后，病奇迹般地好了。

这年的春天，住持开始让寺里的徒弟上山采药。这些徒弟个个年轻力壮，有的还有一身好功夫，所以每年总能采摘到这样的药材。住持每年总是精心挑选一枝给那个药农，剩下的换一些生活费用。就这样年复一年地九个春天过去了。虽然每年采些药，但是出家人慈悲心肠，药价都很低，有的时候还会分文不取，所以寺里的光景并不宽裕，好多徒弟对住持的做法不解，觉得用一枝还一枝就可以了，哪有年年给的道理？余下那一枝还可以贴补庙宇之用。住持知道了这件事，并不言语。

这天坐禅，住持突然问：“我们给了送药的施主几枝药材？”

众徒弟异口同声地回答：“九枝。”

只有一个徒弟不开口，安坐稳如佛陀。住持便问那徒弟同样的问题，那个徒弟说：“一枝。”住持目露奇光，紧接着又问：“何解？”那个徒弟说：“没有一哪来九？”其他徒弟恍然大悟。不日，住持弥留之际，便传位于他。

在职场上也是如此，对于在危急之中帮扶过我们的人，我们一定要时刻记在心里。

智者寄语

正所谓“滴水之恩，涌泉相报”，坚持这样的准则，你最终必会获得良好的回馈。

第六章　走出回忆，忘记过去

原谅生活，是为了更好地生活

人生在世，我们不必总跟自己过不去，也别跟生活过不去，没理由不快活，关键是我们选择什么样的角度看生活、看自己。生活中我们应当学会原谅。

宋代大诗人苏轼说："人有悲欢离合，月有阴晴圆缺，此事古难全。"古人有古人的悲哀，可古人很看得开，他把人世间的悲欢离合比作月的阴晴圆缺，一切全出于自然，其中有永恒不变的真理，它像一只无形的手在那里翻云覆雨，演绎着多色多味的世界；今人也有今人的苦恼，因为"此事古难全"。

有一位哲学家，当他是单身汉的时候，和几个朋友一起住在一间小屋里。尽管生活非常不便，但是，他一天到晚总是乐呵呵的。

有人问他："那么多人挤在一起，连转个身都困难，有什么可乐的？"

哲学家说："朋友们在一块儿，随时都可以交换思想、交流感情，这难道不值得高兴吗？"

过了一段时间，朋友们一个个相继成家了，先后搬了出去。屋子里只剩下哲学家一个人，但是他每天仍然很快活。

那人又问："你一个人孤孤单单的，有什么好高兴的？"

"我有很多书啊！一本书就是一个老师。和这么多老师在一起，时时刻刻都可以向它们请教，这怎能不令人高兴呢？"

几年后，哲学家也成了家，搬进了一座大楼里。这座大楼有七层，他的家在最底层。底层在这座楼里环境是最差的，上面老是往下面泼污水，丢死老鼠、破鞋子、臭袜子和杂七杂八的脏东西。那人见他还是一副自得其乐的样子，好奇地问："你住这样的房间，也感到高兴吗？"

"是呀！你不知道住一楼有多少妙处啊！比如，进门就是家，不用爬很高的楼梯；搬东西方便，不必费很大的劲儿；朋友来访容易，用不着一层楼一层楼地去叩门询问……特别让我满意的是，可以在空地上养些花、种些菜。这些乐趣呀，数之不尽啊！"

后来，那人遇到哲学家的学生，问道："你的老师总是那么快快乐乐，可我却感到，他每次所处的环境并不那么好呀。"

学生笑着说："决定一个人快乐与否，不是在于环境，而在于心境。"

苦恼和悲哀常常引起人们对生活的抱怨，哀叹自己命运不好，埋怨生活不公。其实生活仍然是生活，关键看你从什么角度来看。人生是什么？从某种意义上说，难道不像一场赌局吗？用你的青春去赌事业，用你的痛苦去赌欢乐，用你的爱去赌别人的爱。

每逢沮丧失落时，我们对一切感到乏味，生活的天空阴云密布，看什么都不顺眼，像T恤衫上印着的：别理我，烦着呢！生活中有很多时候令我们心情不好，面对落榜、面对失恋、面对解释不清的误会，我们的确不易很快地超脱。但是人有逆反心理，更多的时候是“多云转晴”，忧郁被生气勃勃的憧憬所取代。烦些什么？你的敌人就是你自己，战胜不了自己，没法不失败；想不开、钻死胡同，全是自己所为。

智者寄语

原谅生活有那么多阴差阳错，因为它要让你学会坚强、珍惜。生活在这个世界上，我们不得不怀着一颗宽大的心去原谅诸多人和事，原谅上天对人的不公，因为它要考验我们每一个人。

要想走出回忆，必须学会迎接新生活

一味地活在回忆中，对自己并不是什么好事。所以，我们总在对自己说：“我要扔掉那些回忆，我要扔掉那些回忆……”

然而事实上呢？其实，那些一再强调已经忘了回忆的人，恰恰还活在回忆中。说到底，强调走出回忆，不过就是一种欺骗，欺骗自己的内心。因为，只要有一点点可以联系到过去的事的东西，你就不可能忘记过去。

想要走出回忆，并不是件容易的事情。不过，我们也不能因此而逃避或者后悔，因为生活还要继续。最好的办法，就是投入全新的生活，让时间为自己疗伤，摆脱过去的纠缠。

刘星失恋了，一个人很痛苦，每天都看不见她高兴的模样。朋友们也很着急，经常找她出来一起玩，希望能帮助她走出这份痛苦的回忆。还有朋友给她介绍了新男友，不过她还是拒绝了，总说等一段再看。

朋友们知道，刘星还是没忘记过去，于是对她说：“刘星，别想以前那个男人了，这世界大得很，比他优秀的人多得是，何苦为他这样？”

谁知，刘星睁大了眼睛，说：“你说什么呢？我早就忘记他了，你看，我现在一点事也没有！”说完，勉强露出了笑容。然而朋友们知道，其实这是刘星在安慰自己、安慰大家，因为她的笑容，没了当年的那种洒脱。

后来，几个朋友坐在一起商量，决定帮刘星走出回忆。一个朋友说：“咱们就先给她找个男朋友吧，最好是她不认识的。当然，咱们可以说这是新朋友，然后一点点给他们制造机会。有了新生活，她就会忘记过去的！”

这个建议，得到了朋友们的一致认同。于是，他们在一次聚会上找来了一个男孩，并热情地把他介绍给了刘星。一开始，两个人还比较沉默，不过随着渐渐熟悉，加上朋友们的撮合，两个人交流也热烈了起来，甚至还互留了电话。

看到刘星这个样子，朋友们自然也是非常高兴，于是经常举办这种活动。果然过了三个月，这两个人成了情侣，甜蜜得让大家都有些嫉妒。有一次，一个朋友小心地问刘星：“你前男友怎么样了？”

刘星说：“我怎么知道他怎么样？管他呢，我还有我的生活呢！”说完，大家一起笑了。因为他们看到，当年那个活泼的刘星终于回到了眼前。

刻意强调“走出回忆”,这绝不是摆脱回忆的好方法。因为那样,只能强化自己对过去的思考。所以,我们不必刻意地去忘记,而是让一切都趋于平淡,该做什么做什么,别让自己常常独处苦思,随着时间的推移,你将会投入新生活之中,过去的回忆在自然而然中就得到了淡化。

想要开始新生活,摆脱回忆对自己的影响,那么最好的办法就是尽量扩大自己的交友圈,尽量多与人接触,尽量发现自己的爱好,做一些自己喜欢的事情。相信未来的某一天,你会发现再想起那些回忆,这时候,你的心已不再疼痛,因为在你的眼中,那些回忆已经成了过去。

智者寄语

感受新的生活,体会不一样的快乐,这是走出回忆的最佳方式。试着充实自己吧,让过去的一切,都在忙碌中烟消云散。

从过去的梦里出来

有人说,回忆是最珍贵的礼物,不能用金钱衡量。的确,一份珍贵的回忆,可以让我们看到人生轨迹,从中得到生活的经验;但是,如果死死抓着过去,那么我们不仅得不到幸福,更将丧失未来。

生活中,我们总能听到有人发出这样的叹息:“唉,还是90年代的时候好!”“我觉得现在并不幸福,当年咱们多快乐!”朋友之间偶尔的聊天无妨,可是如果我们把这些话当成了生活的一部分,那么将永远感受不到现实生活的快乐。只想活在过去的人,常常会连今天也失去;沉迷于昨日的人,很可能会错过人生美丽的金秋、辉煌的未来。活在昨天里的人不愿意面对今天和各种变化,当今天发生新变化时,他就会不知所措,变得烦躁不安。

周海考上了北京的一所大学,临行前,他和几个朋友相约,几年后大家还在一起,一起创业、一起奋斗。进入大学后,他依旧没有忘了这个梦,每天都沉浸于当年的誓言。正因为总想着过去,他与其他同学的关系并不融洽,因为在他眼中,只有与当年那几个朋友在一起时,他才能体会到什么是快乐、放松。

一转眼四年过去了,周海拒绝了一家跨国企业的邀请,执意回到家乡。老师多次劝他再考虑考虑,他只是说:“北京的一切我都不习惯,老家还有好多朋友等着我呢!”

然而,当周海回到家乡,令他意想不到的是,当年的那几个朋友早有了自己的生活:有两个朋友在大学所在地找到了工作,还有一个回到家里考上公务员,进入政府部门上班。

这一切,都让周海感觉有些懵了。他找到了那个也在家乡的朋友,厉声问道:“当年咱们怎么说的,为什么你们现在都变成了这个样子?”

那个朋友面露难色,说:“周海,你别怪我们。上了大学,我们看见了更广阔的天空,那一切都不是咱们高中时期可以想象的。再说,创业也不是简单的事。既然我现在有更加轻松的工作,为什么还要去奋斗呢?周海,咱们都长大了,别活在过去的时光里了。我走了,有空再联系。”

朋友的话,让周海意识到:原来只有自己还活在当年的那个承诺里。看着渐渐远去的朋友,周海大笑了两声。他明白,过去的快乐,早已在这几年被大家彻底遗忘。

还好,周海并没有因此而失落,他收拾了行囊,再次来到北京。没过几年,他已经成了某家公司的项目负责人。每当想起当年的生活,他总会对自己说:"周海,过去的承诺你就忘记吧,也许现在的状态才是最好的!"

在周海的心中,当年几个朋友在一起时的欢乐自然不会忘记,然而他却懂得"过去一去不复返"的道理,不会因为朋友的分裂而悲愤,而是投入到了新的生活之中。这样的心态,正是每个人应当学习的。其实,每个人的生活都是如此,哪怕曾经我们如何美好地规划生活,那些也不过是美好的愿望,在现实面前,它显得是那样苍白无力。所以,我们不必执拗于曾经的梦想,而是应该退一步想一想:给人类带来光明的太阳也有黑子,以阴柔为美的月亮也有圆缺,这才是生活的真谛!所以,试着从过去的梦想里走出来吧,坦然面对今天的太阳,微笑着迎接明天的生活!

智者寄语

过去的设想再美好,到了今天不能实现,那么这就成了一个遥远的梦。所以,我们应该从梦境走出,学着感受新的生活,感受新的快乐!

忘记昨天的烦恼,才能看到今天的美好

忘了今天,只记得昨天的烦恼,那么你永远都不会得到快乐和心灵的满足。其实这些人不知道,纠缠我们的烦恼,正来源于过去的回忆。很多烦恼,往往是我们为过去的事情而产生的情绪变化。其实过去的已经过去了,何必要拿来折磨自己?令你生气的人已经走得老远了,你还为他生气,那么受伤害的,不还是你自己吗?因为昨天的不幸蒙蔽了一切,让你忘记了前方还有路要走。

爱德华是世界著名的企业家,不过在他成名之前,生活却过得非常艰辛。爱德华生长在贫苦家庭,最初靠卖报为生,后来在杂货店做店员,又做管理员,尽管工资微薄,他也不敢辞职。过了八年,爱德华才有勇气自己创业,谁知竟然时来运转,用借来的50美元发展到一年净赚2万美元。可惜好景不长,他存钱的银行倒闭了,他不但损失了全部财产,还负债16000美元。

"那个时候,我吃不下饭,睡不着觉,"他说,"还得了一种很怪的病。当然我知道,这个病的病因就是忧郁。终于有一天,我走路时昏倒在路边,从此只能卧床休息,结果全身都烂了,最后连躺着都痛苦不堪。这时医生告诉我,我大约只能活两个星期了。我大为震惊,只得写好遗嘱躺下等死。这样一来,忧虑也就成了多余。"

忘了昨天的失败,爱德华竟然放松了下来,闭目休养了好几个星期。虽然他每天睡眠不足两小时,但却很安稳,那些令人疲倦的忧虑渐渐消失了,胃口也渐渐好起来,体重也开始增加。

爱德华说:"又过了几星期,我已经可以下地走路了,不过还要借助拐杖。6星期后我又能回去工作了。过去我的年薪曾达2万美元,现在能找到每周30美元的工作就很高兴了。我的工作是推销一种挡板。我不再后悔过去,也不害怕将来,而是将全部时间、精力、热诚都放在推销工作上。"

就这样,爱德华重新站了起来。又经过几年的奋斗,他成了伊文斯工业公司的董事长。从那以后,这家公司长期雄霸纽约股票市场。如果你去格陵兰,很可能会降落在伊文斯机场,这是为纪念他,以他的姓氏而命名的。

试想，如果爱德华没学会“生活在完全独立的今天”，依旧抱着昨天的痛苦念念不忘，那么他绝不会有这样的成功。然而现实中的我们，却很容易陷入昨天的痛苦不能自拔，念念不忘那些本应忘记的事情，最后给自己带来许多不必要的麻烦。这一切，都是我们出现心理问题的“罪魁祸首”。

记忆总有美好的一面，同样，它也有让我们不堪回首的一幕。正是这份刻骨铭心的痛苦回忆，让有的人永远活在过去，无论遇到什么事情都会感到紧张。久而久之，这样的人精神状态越来越差，就如惊弓之鸟一般，每天都活在惊恐之中。无论别人有多少欢乐，这些仿佛都与他无关。他的生活，就是一个封闭的笼子，每天眼前出现的，只有过去的那些痛苦。

这样的人，怎么可能得到心灵的满足和幸福？所以，有的时候念念不忘并不是什么好事，它只会加速你的情绪失控，让你在过去的阴影中无法自拔。不过，这样的人一定也非常渴望快乐、渴望幸福，那么就应该积极改变自己。

杰尔德太太有几年非常痛苦，甚至有了自杀的念头。这是因为，她感到自己的生活太不幸了。1937年，杰尔德太太的丈夫不幸去世，那个时候的她非常颓废。安葬完丈夫后，她写信给过去的老板里奥罗西先生，请求他让自己回去做过去的老工作。

杰尔德太太的请求，得到了老板的同意。于是，杰尔德太太重新做起了卖书的工作。她以为，重新工作可以帮助自己从颓丧中解脱出来，可是，总是一个人驾车、一个人吃饭的生活几乎使她无法忍受。每天，她都会想起自己的丈夫，不由得泪流满面。加上有些地方根本就推销不出去书，她的工作也很不顺心，这让她更加怀念丈夫。

杰尔德太太说：“那几年，我每天晚上都会想起丈夫去世时的模样，这让我的心好痛，感觉干什么都没有意义。”

1938年春，她来到密苏里州维沙里市推销书。那里的学校很穷，路又很不好走。她一个人又孤独、又沮丧，以至于有一次甚至想自杀。

这一切，都让杰尔德太太感到未来已经没什么希望，生活也毫无乐趣。她什么都怕：怕付不出分期付款的车钱，怕付不起房租，怕生病了没钱看病。

后来，杰尔德太太看了一篇文章，其中的一句话让她震动颇大：“对于一个聪明人来说，每一天都是一个新的生命。”杰尔德太太用打字机把这句话打下来，贴在汽车的挡风玻璃上。

渐渐地，杰尔德太太感到，其实每一天的生活并非那么艰难，只要学会忘记过去，那么自己就会轻松得多。每天清晨她都对自己说：“今天又是一个新的生命。”

一年后，杰尔德太太已经彻底恢复健康，她说：“我现在知道，不论在生活中会遇上什么问题，我都不会再害怕了。我现在知道，我不必活在过去！”

杰尔德太太正是将过去留下的阴影抹掉，并且不再刻意回忆过去，鼓励自己不断向前看，她才能很快得到康复。试想，如果杰尔德太太还纠结于过去，无法从丈夫的死亡中走出来，她如何能拥有现在的幸福呢？

如果昨天的负担永远堆在心头，它必将成为今天的障碍、明天的毒瘤。总盯着昨天，也许你会得到一个“不忘本、忠诚”的美名，可是那份痛彻心扉的煎熬，却只有你一个人去体会。一个美名，一个快乐的人生，孰轻孰重，相信只要是一个正常人，就会做出准确的判断。

所以，面对过去的伤痛和烦恼，我们应当做的事情是学会忘记，而不是在嘴里、在心中念念不忘。即使你每天祈祷一百遍，你也不可能回到事情发生之前，做出避免的措施。因为，我们必须养成一个良好的习惯，生活在完全独立的今天。生命正以令人难以置信的速度飞快地溜走，今天才是最值得我们珍视的。过去的阴影，就让它如风一般消散吧！

生命和生活都不会停留在过去里绽放光芒，正如伟大的诗人泰戈尔所说："如果错过太阳时你流泪了，那么你也将错过星星。"短短的一句话，就道出了一个至简至真的生活态度：不要活在过去里，忘记过去的烦恼，美丽属于当下，未来属于当下，快乐属于当下。

智者寄语

昨天就是昨天，再悔恨，我们也不能如科幻小说一般，回到过去做出改变。所以，忘记昨天的悲伤，我们才能看到希望，看到生活的美好。

往事只是一道风景

莎士比亚说过："聪明的人永远不会坐在那里为他们的损失而悲伤，他们会很高兴地想办法来弥补他们的创伤。"可惜，在现实社会中，没有几个人能够做到让不愉快都随风而去，把过去的痛苦沉在心里，在不断的痛恨惋惜和懊恼中度过本该轻轻松松的每一天。

我们习惯了对过去的事情不肯放手，也习惯了对自己眼下的幸福视而不见，反而常常抱怨美丽的东西不属于我们。既然哀愁如一江春水，那么，就让这些往日的忧愁随着滚滚东去的河流一起奔向大海吧，再也不要让那些往事来折磨自己。得不到的东西好比闪烁在天际的星星，虽然璀璨却很遥远，倒不如把那些往事当成美丽的回忆和路边迷人的风景，走过去了，就不要再返回。如果把得不到的东西当成追求目标，却发现那些东西并不是我们值得拥有的，失去的东西因为失去才美丽，等到失而复得的时候，却未必能有一种好的心情。唯有现在的幸福时刻才是我们应该紧紧抓住的。世界上最珍贵的不是得不到和已经失去，而是此时此刻的拥有。珍惜当下，是每一个明智之人的选择。

法国著名的作家卢梭，少年时代有过一段刻骨铭心却又十分尴尬的爱情经历。在他11岁的时候，比他大11岁的德·菲尔松小姐向他表示了深深的爱意，而卢梭也十分迷恋这位女人的奔放和性感靓丽，于是两个人就开始了轰轰烈烈的爱情。卢梭一头扎进了这位风情万种的小姐的温柔情怀中。

过了不久，卢梭发现这位小姐对他的爱意只是一个圈套，只是为激发出一个她偷偷爱着的男友的醋意。年少气盛的卢梭觉得自尊心受到了莫大的伤害，内心充满了难以描述的愤怒和仇恨，发誓永远不见这个颇有心计的女人，假如有一天意外地遇见，也一定会给她难堪。

20年后，已拥有了极高社会地位的卢梭回家看望父亲，在波光粼粼的湖面上，他却意外地看到了离他们不远的一条船上的德·菲尔松小姐。她衣着简朴，面容憔悴，完全失去了往日迷人的风采，和风华正茂、衣锦还乡的卢梭形成了鲜明的对比。这是一个颇有戏剧性的画面，也是多年前卢梭梦寐以求的时刻。按照20年前的誓言，卢梭应该凑上前去和她重提旧事，让这个欺骗了他的感情的女人无地自容，这是一个求之不得的复仇机会，哪怕是过去打个招呼，对极要面子的德·菲尔松小姐也是一种很好的报复。

但卢梭却没有这样做，而是悄悄地把船划开了。当一个朋友问到他为什么要这样做的时候，他回答说："虽然这是一个相当好的复仇机会，但我还是觉得没有必要和一个40多岁的女人算20年前的旧账。"

“你真的对她没有丝毫的仇恨吗？当初，她可是让你伤透了心。”朋友用质疑的语气问。

“如果有怨恨，那也是20年前的事了，如果这些年我一直对她的负心耿耿于怀，那么我将会在这些痛苦与悔恨当中度过20年，那将是一个多么可怕的现象。如果那样的话，还会有今天的卢梭吗？对往事耿耿于怀，好比我提着一袋子死老鼠去见你，可能会让你一时间不舒服。但是在一路上闻着臭味的人也只有我。这又是多么愚蠢的行为。怨恨就像一袋死老鼠，最好把它丢得远远的。”卢梭说完从口袋里拿出一些钱来，“希望这些钱能够对她有所帮助，摆脱困境过得好一点儿。麻烦你转交给她，但是千万不要说是我送的。”

如果面对过去的矛盾和纠葛，一味地斤斤计较，输掉的不仅仅是眼下的幸福，更多的是做人的境界，这些都是有百害而无一利的。明智的人的明智之举永远不会选择愁肠百结，而是为了生活中的愉快而淡化怨恨，因为他们懂得，解开心结之后，眼前的世界才会豁然开朗。

智者寄语

得不到的东西好比是闪烁天际的星星，虽然璀璨却很遥远。倒不如把那些往事当成美丽的回忆和路边迷人的风景，走过去了，就不要再返回。

追悔过去，只能失掉现在和未来

有一句网络语言这样说：“人生下来的时候都是正版的，但在几十年之后不少人变成了盗版。”人生的无常就在于，它不像一个施工图那样能够严格地按照事先的规划去建设，而是会遇到许多不愿意见到但是又无法躲避的低谷、失落和痛苦。

事物是不断向前发展的，人生的历程也就是一个不断超越自己的过程。过去无论是叱咤风云，还是不堪回首，随着时间的流逝都将越走越远，脚下，依然是一条崭新的道路。沉溺于昨天的伤痛之中，只会给那双整装待发的双腿拴上沉重的枷锁，给不堪重负的肩膀增加一副重担，本来可以心情舒畅的新征程就会成为昨天失败的复制品，恶性的循环会更深程度地摧残我们的身心。每个人都不想让挫折和失败一直困扰着自己，那么，我们何必为了昨天的失去而干扰今天的心情呢？只有忘却过去的坎坷，所有的磨难才能拥有其本身所固有的价值，把绊脚石变成垫脚石，支撑起人生的高度。

陈安之是全球著名的励志大师。他在十几岁的时候就漂洋过海，来到美国开始尝试各种工作。但是，由于环境的陌生和社会阅历的浅薄，经常遇到被老板炒鱿鱼的情形。但是，他并没有丧失应有的信心和梦想。每天早晨出门时，都要进行自我拷问：“陈安之，难道你甘心做一个卖刀的业务员吗？”回答说：“绝不！”

一次偶然的机会，陈安之遇到了他的老师安东尼·罗宾，在老师的教育指导下，他的人生从此发生了改变。

安东尼在1000多人的研讨会中讲述自己的奋斗过程：22岁的时候他还是一无所有的穷小子，后来了解了一种“神经语言”的课题，自己的命运得到了改变。仅仅一年的时间，他就拥有了豪华的汽车和直升机。

安东尼告诉他的学生说：“这个世界上没有失败，只有暂时的停止成功。”“过去不等于未来。”他的每一句话都给陈安之的心里注射了希望的兴奋剂。从此之后，陈安之多次参加研究课程。

在1989年,他和70名优秀的成员竞争讲师的职务。

在上交履历之后的很长一段时间里,陈安之一直没有得到回音。于是,他就自己寻找机会来到了总经理的办公室。那位总经理态度十分傲慢,见到陈安之就搪塞地说:“你和别人一样,等明天上午的通知好吧?”陈安之并没有放弃,而是说:“当我把履历递交到您手里的时候,我就下决心一定要得到这份工作了,我相信自己完全能够胜任这份工作,为了减少您的麻烦,您还是现在就录取我吧!”

然而,总经理依然摇头,坚持要陈安之等待明天的答复。陈安之立刻询问他公司里最佳的销售业绩,保证自己能够成为最好的推广讲师,他用雄厚强大的实力在总经理的面前推销着自己,最后终于征服了这位高高在上的总经理。总经理爽快地答应让他来公司上班。短短几个月之后,陈安之毫无悬念地成了公司最棒的销售人员,同时也实现了人生的梦想。

有个成语叫作“明枪易躲,暗箭难防”,这句话也为明处和暗处的对比提供了有价值的信息。暗处的人或许环境是漆黑的,但正是因为在暗处,也就不用顾虑别人的关注,自己能够更加冷静地分析所处的环境和人生阶段,更加理智和清晰地看到光明,对自己的人生和事业有着十分重要的指导意义。因此,当我们处在人生的阴暗面时,没有理由去伤心和堕落,而应该庆幸上天赐给了我们一个绝佳的机会。

生活的历程不会是一马平川,难免会遇到绊脚石和拦路虎,往往在这些绊脚石和拦路虎的背后潜伏着巨大的机遇,只有智者的慧眼才能够寻找出它的存在。“福祸相依”是我们古老的哲学,辩证地看待困难是我们常见的基本常识,在遇到困难的时候,难道我们连这种简单的道理也忘记了么?

现实生活中,有些人做了错事,事后醒悟过来时,常常自我埋怨,自我谴责,以致心情十分痛苦、内疚和懊恼。这种情绪活动就是人们通常所说的悔恨。其实,在漫长的人生道路上,人们都会因这样或那样的过失,带来某种悔恨的心情。对大多数人来说这种不良情绪很快就会消失,不至于影响身心健康,但也有少数人陷入悔恨的泥潭中不能自拔,甚至失去了走向未来生活的信心。因此,要学会控制这种情绪,不能让它妨碍我们的身心健康及对美好明天的追求。

台湾作家刘墉在他的一篇作品中说:“我们可以转身,但是不必回头,即使有一天,发现自己错了,也应该转身,大步朝着对的方向去,而不是一直回头埋怨自己错了。人生路,不回头。”用今天的眼光与标准来评判昨天的事物,就会发现其中的诸多问题,有些遗憾可能还有机会去补救,但还有许许多多的遗憾则永无机会去弥补了。如果把自己的心浸泡在后悔和遗憾的旧事中,痛苦必然会占据你的整个心灵。不要慨叹你所失去的,请珍惜你所拥有的,这值得我们用一生去谨记。

追悔过去,只能失掉现在;失掉现在,哪有未来!正如俗话所说:“为误了头一班火车而懊悔不已的人,肯定还会错过下一班火车。”要想成为一个快乐成功的人,最重要的一点就是记得随手关上身后的门,学会将过去的错误、失误通通忘记,不要沉湎于懊恼、后悔之中,要一直往前看。

痛苦与快乐,只要经历过,就是人生最大的财富,如果学会了去感谢曾经伤害过自己的人,你就已经学会了宽容,那么就没有什么可以阻挡你去寻找快乐的心情。如果你学不会宽容,就等于把快乐拒之门外,那么自己得到的也许只有痛苦、埋怨和报复的心理,人不必拿自己的错误折磨别人,更不要拿别人的错误折磨自己。仇恨只会加快自己的衰老,却不会把自己变得有修养,更不会获得快乐。

智者寄语

面对悲哀、痛苦和低落的阴影,坚强乐观的人能够继续保持强大的进取心;而悲哀的人,就会无限地放大痛苦和磨难,从而垂头丧气、一蹶不振。

遗忘过去的痛苦

乐于忘怀是一种心理平衡技巧。和别人生气是拿别人的错误惩罚自己,总是念念不忘别人的坏处,实际上深受其害的是自己的心灵,只会搞得自己狼狈不堪。乐于忘怀是成功人士的一大特征,既往不咎的人才能甩掉沉重的包袱,大踏步地前进。

爱默生经常以一种美妙的方式结束自己一天的生活。他对自己说:“你已经做完了你能够做的事情。忘记你昨天做过的一些愚蠢荒唐的事情,明天将是崭新的一天,要好好地开始,使你的精神昂扬振奋,不至于使过去的错误成为未来的累赘。”爱默生清楚地知道,一个人不应该以悔恨的心情结束一天。他好比一个随时关门的人,过完了一天就关闭一道门,把过去的事情统统忘掉。我们并不是因为笨拙而无法遗忘,而是因为我们对于坏情绪的执着。其实很多人都无法静下心来检查自己已有的或曾经拥有的,总是看到或想到自己失去的或没有的,这当然注定了难以遗忘。

对于过去的错误,我们不应该耿耿于怀。《六祖坛经》上说“改过必生智慧,护短心内非贤”。意思有两个,一个是说知错能改善莫大焉,另一个就是让人们不要总停留在过去,过去的成功也好,失败也罢,都不能代表现在和未来。

人的一生由无数个片段组成,而这些片段可以是连续的,也可以是毫无关系的。说人生是连续的片段,那是因为人的一生平平淡淡,周而复始地过着循环往复的日子;说人生是不相干的片段,是因为人生的每一次经历都属于过去,在下一秒我们可以重新开始,可以忘掉过去的不幸,忘掉过去不如意的自己。

人生短暂,不要为了过去的痛苦而耿耿于怀,自己伤害自己。我们应该对过去网开一面,宽恕所有的人。宽恕别人就是爱护自己。最有力量的是宽恕,是慈悲。学会遗忘,人生才会变得轻松自在。

原谅那些曾错怪或伤害过自己的人,不要让我们的心灵被记恨、烦恼所蒙蔽,怒火中烧、烦恼怨恨,对自己比对他人所造成的伤害,将有过之而无不及。因此,即使在不如意的环境中,也要努力营造一个充满欢乐与友爱的生活。回想我们所恨之人的一些优点,念及他曾做过的一些好事,而对他卑劣的一面视而不见,你这样去想和做,怒气可能就会缓和下来,烦恼会烟消云散,心中会充满慈悲。

学会忘记,抖落身上的尘土,做一个糊涂一点的人,安享心灵的平静与幸福,就会发现快乐其实很简单。能学会“健忘”的人才能活得潇洒自如,当然这里所说的“健忘”,并不是在生活中真的丢三落四,而是说应该忘记时不妨“忘记”一下,该糊涂时就不妨糊涂一下。

我们生活在现在,面向着未来,过去的一切,都被时间之水冲得一去不复返。我们没有必要念念不忘那些不愉快的事情。念念不忘,只会被不愉快的事情腐蚀,从而变得充满仇恨,甚至导致精神崩溃，陷入疯狂。一个人并不那么容易忘掉伤心的往事，不过当它浮现出来时，我们至少应该懂得不让自己陷入悲不自胜的情绪，更不要让自己再度陷入愤恨、恐惧和无助的哀愁里。

人是“赤条条”来到这个世界的，身无任何外物，心灵也清澈无比。然而随着年龄的增长，附加于身心的东西就越来越多了，世俗的名利、欲望、喜怒哀乐与得失成败纷至沓来，心灵也便会失去了儿时的天真无邪，而遗忘是一种让自己解脱的最好的办法。

智者寄语

要学会淡忘那些负面事情及不良信息，学会保护自己的心灵，不为烦恼所动，做到宠辱不惊、处之泰然，这样，你的人生才会更加轻松而愉悦。只有善于遗忘，才能更好地保留人生最美好的回忆。

无论身处何地，都要忘记过去

我们可能都遇到过这样的问题：过去犯过很严重的错误，因而内心深处受到了很大程度的谴责，可是却不知道应该用什么方法来弥补。这个时候，我们的内心是期待有一段时间或者有一个事件来拯救自己的。能够拯救我们的不在以后的空间和时间内，而就在此时此刻。

在新泽西州市郊的一座小镇上，一个由26个孩子组成的班级被安排在教学楼最里面一间光线昏暗的教室里。

他们中所有的人都有过不光彩的历史：有人吸过毒，有人进过管教所，有一个女孩甚至在一年之内堕过三次胎……家长拿他们没办法，老师和学校也几乎放弃了他们。

就在这个时候，一位叫菲拉的女教师担任了这个班的辅导老师。新学年开始的第一天，菲拉没有像以前的老师那样对这些孩子进行一番训斥或给他们一个下马威，而是为大家出了一道题：

有三个候选人，他们分别是——

A. 笃信巫医，有两个情妇，有多年的吸烟史，而且嗜酒如命。

B. 曾经两次被赶出办公室，每天要到中午才起床，每晚都要喝大约一公升的白兰地，而且曾经有过吸食鸦片的记录。

C. 曾是国家的战斗英雄，一直保持素食习惯，热爱艺术，偶尔喝点酒，年轻时从未做过违法的事。

菲拉给孩子们的问题是：

“如果我告诉你们，在这三个人中，有一位会成为众人敬仰的伟人，你们认为会是谁？猜想一下，这三个人将来各自会有什么样的命运？”

对于第一个问题，毋庸置疑，孩子们都选择了C；对于第二个问题，大家的推论也几乎一致：A和B将来的命运肯定不妙，要么成为罪犯，要么就是需要社会照顾的废物；而C一定是一个品德高尚的人，注定会成为精英。

然而，菲拉的答案却让人大吃一惊：“孩子们，你们的结论也许符合一般的判断，但事实是，你们都错了。这三个人大家都很熟悉，他们是二战时期的三个著名人物——A是富兰克林·罗斯福，他身残志坚，连任四届美国总统；B是温斯顿·丘吉尔，英国历史上最著名的首相;C的名字大家也很熟悉,他叫阿道夫·希特勒,一个夺去了几千万无辜生命的法西斯元首。"

学生们都呆呆地瞅着菲拉,他们简直不相信自己的耳朵。

"孩子们,"菲拉接着说,"你们的人生才刚刚开始,以往的过错和耻辱只能代表过去,并不能代表一个人的一生,每个人都不是完人,连伟人也有过错。从现在开始,从过去的阴影里走出来吧,努力做自己最想做的事情,你们都将成为了不起的优秀人才……"

菲拉的这番话,改变了26个孩子一生的命运。如今这些孩子都已长大成人,他们中有的做了心理医生,有的做了法官,有的做了飞机驾驶员。值得一提的是,当年班里那个个子最矮也最爱捣乱的学生罗伯特·哈里森,后来成了华尔街上最年轻的基金经理人。

"原来我们都觉得自己已经无可救药,是菲拉老师第一次让我们觉醒:过去并不重要,我们还有可以把握的现在和将来。"孩子们长大后这样说。

智者寄语

过去的错误不可能影响我们的一生。如果我们一直带着对过去的愧疚生活,就没有办法融入当下,更不会有一个美好的未来。所以,不管我们身处何种境地,都应该全然地融入当下,开始新生活。

过去只存在于你的印象里

淑娟是一所大学里一位普通的学生,她曾经沉浸在考入重点大学的喜悦中。但好景不长,大一开学才两个月,她已经对自己失去了信心。连续两次与同学闹别扭,功课也不好,她对自己失望透了。

她自认为是一个坚强的女孩,很少有被吓倒的时候。但她没想到大学开学才两个月,自己就对四年的大学生活失去了信心。她曾经安慰过自己,也无数次试着让自己抱以希望,但最终得到的却只是一次又一次的失望。以前在中学时,几乎所有老师跟她的关系都很好,很喜欢她。她的学习状态也很好,学什么像什么,身边还有一群朋友。那时,她感觉自己像个明星似的。但是进入大学后,一切都变了,人与人的隔阂是那样的明显,自己的学习成绩又如此糟糕。

现在的她很无助,她常常这样想:我并未比别人少付出,并不比别人少努力,为什么别人能做到的,我却不能呢?她觉得明天已经没有希望了,她想:难道12年的拼搏奋斗注定是一场空吗?那这样对自己来说太不公平了。

进入一个新的环境,人们往往会不自觉地拿现在的生活与以前作对比。当发生困难和挫折时,"回归心理"更是人们容易产生的一种普遍的心理状态。淑娟在新学校中缺少安全感,不管是与人相处方面,还是自尊、自信方面,都受到了挫折,这使她长期处于一种怀旧、留恋过去的心理状态中。

如果不去正视眼前的困境,就会更加难以适应新的生活环境,建立新的自信。不能尽快适应新环境,就会导致过分地怀旧。一些人在人际交往中只能做到"不忘老朋友",但难以做到"结识新朋友",个人的交际圈很狭小。过分的怀旧行为将阻碍你去适应新的环境,使你很难与别人沟通。

适当的怀旧是正常的,也是必要的,但如果因为怀旧而否认现在和将来,就会陷入病态的心理。不要总是表现出对现状很不满意的样子,更不要因此沉溺在对过去的追忆中。当你不厌其烦地重复述说往事,述说过去如何如何时,你可能就忽略了当下正在经历的体验。

你需要做的就是尽情地享受当下。如果你总是因为昨天错过今天,那么在不远的将来,你又会回忆着今天的错过。在这样的恶性循环中,你永远是一个迟到的人。与其这样,不如积极参与当下的生活,做好当下的工作,结交当下的朋友,了解当下的新生事物。如果马上接受新事物有困难,可以在新旧事物之间寻找一个突破口,在过去与当下之间找到一个最佳的结合点,再从这个点上做起。

说到底,回忆从前也只能是欺骗自己心灵的谎言,是对当下的一种不负责的敷衍。史威福说:"没有人活在现在,大家都活着为其他时间作准备。"所谓"活在现在",就是指活在当下。把过去从当下抹去,然后好好地享受当下,这其实并不是一件很难的事,我们都可以做到。

智者寄语

一个人要想在以后的生活里不断进步,就要试着走出过去的回忆。不管回忆是悲还是喜,都不能让它干扰你今天的生活。

活在过去会使人失去生命的动力

过去是已经失去的现在,或被当作历史记录下来,或被作为记忆留存心中。无论怎样,昨天发生的故事不可能被重新演绎,过去消逝的时光更不可能重新来过。因为,世界是运动着的,事物是发展变化着的,随着时间、条件、环境的推移与变化,过去的已经一去不复返了,如果执迷不悟地死抱着过去不放,无疑将失去生命中不断发展前进的动力。

活在过去的典型代表,就是清朝末期的八旗子弟。

八旗曾经是公认的骁勇善战、所向披靡的部队。然而,取得天下后,八旗子弟就认为一劳永逸了,马放南山沉浸在过去的战功里,认为自己是天之骄子,大清是万邦来朝的中央王国。从此过起了提笼架鸟养尊处优的生活。他们最爱提起的就是:"想当年我们祖上……"直到八国联军的坚船利炮,才把八旗子弟从过去泱泱大国的美梦中震醒,才发觉曾经不可一世的那个大清帝国,在列强的欺负下是多么的不堪一击。八旗子弟因为沉浸在过去的大国梦里,养尊处优,成了不经打的豆腐渣。在列强的逼迫下,西方列强与大清帝国所签订的不平等条约不断地变本加厉。终于在辛亥革命的怒吼中,大清帝国寿终正寝。

人类社会是与时俱进的。一个人要想保持生命力的旺盛,就不能迷失在过去的泥沼中不能自拔,好汉不提当年勇。要前进,就要总结过去的经验教训,轻装前进。留恋过去的生活,沉浸过去的美梦,到头来只能是可悲的。唯有现实才是至关重要的,梦想、等待,只能使生命的希望幻灭、理想落空。

活在过去,还有另一种表现形式,不少人昨天曾饱经磨难,屡遇坎坷,失败连连,伤心累累,于是沉迷于悲痛之中难以自拔,于是生活在阴影之下自轻自贱,以至于心中总被巨石重压着失去快乐,脚步总被锁链捆绑着难以前行。须知盛极必衰,衰极必盛。过去的绝不是一成不变的,不要被过去暂时的失利挫折所屈服,也不要沉迷于昨天的伤心悲痛之中。因为每个人的生命过程中都会遇到惊涛骇浪,如果驻足止步,很快会被后面的浪头激个粉碎。一位哲人这样说过:一个被昨天击倒的人,如果始终不能勇敢地站起来,他就永远不会拥有明天。

安于过去平静安稳的生活,不敢在大风大浪中拼搏,没有上进心的人,肯定干不成轰轰烈烈的大事,不会有辉煌的成就。该冒险时一定冒险,生命只有一次,机会只有一次。要想取得人生成功的真经,千万不可只为过去而活着。永远留恋从前的人,一定没有希望和未来。

当然,已经过去的昨天,留下了自己成长的经历,成熟的见证和成功的回忆。然而无论怎样,过去的已经永远过去,记忆已成为历史。曾翻过的人生一页,不管是让自己开心,或是伤心,那都不代表明天的心情,也都不具有现实的意义。所以,生命应当前行,生活应该继续,千万别让当下的今天再给自己留下新的遗憾和悔恨。

智者寄语

过去的生活无论是辉煌还是没落,都只能代表过去。要想活出人生的真正价值,全靠当下的果敢行动。生命乃是脚踏实地和面对现实的过程。

头脑中装满过去的人,无法容纳未来

我们常常对已失去的事物或已成为过去的情感念念不忘,时常会黯然神伤。古希腊诗人荷马曾说过:“过去的事已经过去,过去的事无法挽回。”的确,昨日的阳光再美,也移不到今日的画册。我们除了逝去的过去和未知的未来,能把握的就只有现在,为什么要把大好的时光浪费在对过去的悔恨之中呢?

有一个收藏家酷爱陶壶,收集了无数个茶壶,只要听说哪里有好壶——不管路途多远一定亲自前往鉴赏。如果看中了,而对方愿意割爱,花再多钱他也舍得。在他所收集的茶壶中,他最中意的是一只龙头壶。

有一天,一个久未见面的好友前来拜访,于是他拿出这只茶壶泡茶招待这位朋友。朋友对这只茶壶所泡出的茶赞不绝口,因此好奇地将它拿起来把玩,结果一不小心将它掉落到地上。茶壶应声破裂,全场顿时鸦雀无声,每个人都为这巧夺天工的茶壶惋惜不已。

这时这位收藏家站了起来,默默收拾这些碎片,将它们交给一旁的下人,然后拿出另一只茶壶继续泡茶说笑,好像什么事也没发生过一样。

事后,有人就问他:“这是你最钟爱的一只壶,被打破了,难道你不伤心难过?不觉得惋惜吗?”

收藏家说:“事实已经造成,留恋摔碎的壶又有何用?不如重新去寻找,也许能找到更好的呢!”

上天赐给我们很多宝贵的礼物,其中之一就是“忘记”。在我们生活中总有太多的往事,一路上走来,我们都很疲惫了,所以只有忘记那些本该忘记的,我们才能轻装出发。学会忘记,是我们对生活的一种豁达态度。面对无法改变的事,请尽快忘掉它。不要为既成的事实后悔、埋怨和哀叹,那不但于事无补,反而会阻碍你前进的脚步。

罗杰12岁了,他经常会为很多事情烦恼,为自己犯过的错误自怨自艾。

每次考试以后,他都会因害怕不及格而半夜睡不着觉;他总是想那些以前做过的事,觉得自己做得不够好,希望当初没有那样做;总是回想过去说过的话,后悔当初没有将话说得更好。

罗杰总是这样不快乐，直到去科学实验室上课的那一天。

那天，他们的老师保罗·布兰德威尔博士只在桌上放了一瓶牛奶，然后就站在那里，什么都不做。大家都坐下来，望着那瓶牛奶，不知道它和这堂课实验课有什么关系。

保罗·布兰德威尔博士等大家都安静下来，突然站起来，拿起那瓶牛奶走到水槽边，并且用力地把那牛奶瓶打碎在水槽里。然后他让所有的学生都到水槽旁边，看看那瓶已经打翻的牛奶。

“不要为打翻的牛奶哭泣！”博士大声说道，“好好看看这瓶牛奶，我希望大家能够记住这一课。这瓶牛奶已经没有了，你们可以看到，它都漏光了。无论你们怎么着急、怎么抱怨，都没有办法再盛回瓶子里一滴。虽然或许小心一些，那瓶牛奶就可以保住，但现在已经太晚了。我们现在唯一能做到的，就是把它忘掉。然后开始认真地做下一件事。”

人人都曾有过被痛苦的回忆所缠绕而不能自拔的经验，有时候，我们会为过去的种种烦恼后悔，可是这些都无济于事。有些人容易为一些小事耿耿于怀，无法坦然地面对自己的错误。学习放下，不是淡忘错误，而是将过往的错误变成重新出发的动力，这是对过往错误最好的处理方式。

把握现在，将自己每天的开始赋予新的使命。为生命中的每一分秒找到意义，你的日子会过得很完美。活在当下，不要让时间在不知不觉中溜走，也不要白白地失去机会，更不要让机会擦肩而过。学会忘记过去，分分秒秒都是为了未来而努力，为自己的人生彩绘蓝图，才会带来动力，激励着你往设定的目标前进。人活着不能没有目标，就像在大海中航行的小船不能没有灯塔。

智者寄语

背负过去就是背叛未来，我们只有忘记过去，才能在未来的路上撒下快乐的种子；只有忘记过去，我们才能看到未来灿烂的阳光；只有忘记过去，我们才能轻松应对未来的生活。

成绩只说明过去，当下仍需努力

生命的辉煌就在于不断地进取，不断地超越，只有不沉溺于过去的成绩，我们才能不断进步。

随着杂交水稻的培育成功和在全国大面积的推广，袁隆平院士名声大震。在成绩和荣誉面前，袁隆平没有止步，仍然不断努力追求。他公开声称现阶段培育的杂交水稻的缺点是“三个有余、三个不足”，即“前劲有余，后劲不足；分蘖有余，成穗不足；穗大有余，结实不足”，并组织助手们从育种与栽培两个方面采取措施加以解决。

20世纪80年代初期，面对世界性的饥荒袁隆平心中再一次萌发了一个惊人的设想，大胆提出了杂交水稻超高产育种的课题，试图解决更大范围内的饥饿问题。

袁隆平凭着专业的积累、敏锐的直觉和大胆的创造精神，认真总结了百年农作物育种史和20年“三系杂交稻”育种经验，以及他所掌握的丰富的育种材料，于1987年提出了“杂交水稻育种的战略设想”，高瞻远瞩地设想了杂交水稻的一个战略发展阶段。经过多年的研究，杂交水稻从“三系法”过渡到“两系法”。这一新成果为杂交水稻的研究开拓了新局面，杂交水稻又迈出了可喜的一步。这是袁隆平杂交水稻理论发展的又一座新高峰。

国际水稻研究所所长、印度前农业部长斯瓦米纳森博士高度评价说：“我们把袁隆平先生称为‘杂交水稻之父’，因为他的成就不仅是中国的骄傲，也是世界的骄傲，他的成就给人类带来了福音。”

正是因为袁隆平院士一次又一次地把成绩留在身后，不断积极努力，他才能一次又一次地在杂交水稻研究方面取得丰硕的成果。

让我们学习袁隆平院士那种在成绩面前不止步，不断积极努力在当下的精神，把我们过往曾经取得的成绩抛在脑后，继续努力前行吧。

过去的成绩可以帮助你树立信心，但是不能为此沾沾自喜。每当自己完成某一个目标后，一定要及时为自己设立新的目标，当你懒惰而不思进取时，你需要用目标不断激励自己。

智者寄语

痛苦属于过去，我们需要放下昨日的痛苦，才能重建美满的新生活。同样，成绩也只能说明过去，我们也需要放下昨日的资本，努力在当下，这样，我们才能继续前行。

固守过去，只会封闭智慧的仓库

生命如同一场旅程，我们都是路人，边走边看，欣赏路边的风景。看着身后的那一串串脚印，心中会有片刻的感伤。对于以往，适时地怀念一下，凭借着些许模糊的记忆，偶尔地留恋，平添生活的美丽，然后再一直走下去。就这样停停走走，简简单单，也是一种快乐与洒脱。

我们一路颠簸而来，回头看，对身后的风景总有另一番感叹，才知道自己怀念的究竟是怎样的人、怎样的事。生活就是这样，你永远都不知道自己会在哪里停留，永远都不知道谁会离开，当往事已随风飘散在空气中，我们能做的只能是一路欣赏。

要懂得忘记，忘记那些不必重提的往事。有些事、有些人是不值得回忆的，干吗要死死地守着那些即将腐朽的记忆，强迫自己翻来覆去地疼痛？或许现在只是走向幸福前在谷底的涅槃——即使那些噩梦不断地萦绕，即使夜夜因此失眠、头痛欲裂，我们仍然可以很快乐，在人群中掩饰自己的悲伤，伪装得很快乐，这就足够了。有些时候我们必须放弃一些东西，因为必定有另外一些东西值得我们为之放弃些什么。比如，有的回忆不仅是累赘，更是带着倒刺的暗器，我们一不小心就会被倒刺所伤，所以那些该忘记的事情还是不要记起为好。

也许拥有是为了失去，相聚是为了离别，何必勉强一切呢？人们有时根本没有能力改变事情的结局，只能去完善事情的结果。所以有些事我们应该选择遗忘，选择不再沉寂在过去的生活中，选择好好地享受现在的生活。

时光的流逝永不停息，我们应该学会忘记过去的遗憾、过去的伤痛，因为还有许多美好的事在等着我们，有许多人支持我们。我们无法抗拒生命的流逝，就像我们无法抗拒每天太阳的东升西落。因此，我们应学会忘记，不要总把命运给予我们的一点儿痛苦，在我们有限的生命里反复地咀嚼回味，那样得不偿失，有百害而无一利。一味地缅怀和沉醉其中，只能使我们意志薄弱，长此以往，必然导致我们错失时机以致一事无成，如此恶性循环，必然使得我们的痛苦与日俱增。

忘记昨天，是为了今天的振作。干大事业往往会为一时得失所羁绊，而成功人士都懂得应该怎样让昨天的惨败变作明天的凯旋。

忘记烦恼，你可以轻松地面对未来的再次考验；忘记忧愁，你可以尽情享受生活赋予你的乐趣；忘记痛苦，你可以摆脱纠缠，让整个心沉浸在悠闲无虑的宁静中，体会生活的多姿多彩。

忘记别人对你的伤害，忘记朋友对你的背叛，忘记你曾有过的被欺骗的愤怒、被羞辱的耻辱，你会觉得你已变得豁达宽容，你已能掌握住你自己的生活，你会更加主动，更有信心，更加充满力量去开始全新的生活。

有一位哲人曾说过："忘记过去等于背叛。"但是他是否知道，驾驶生命之舟的水手在生活的海面上乘风破浪，如果一味地留恋自己曾有过的辉煌，那么他或许会随同那辉煌像泰坦尼克号一样沉没海底？所以，忘记过去并不完全意味着背叛，一如失去并不完全是一种损失一样。

席勒曾说："人不应该总活在回忆里。"的确，固守过去，只能封闭智慧的仓库，让聪明者颓废，让愚昧者更无知。回忆或许是美丽的，然而就算其再美丽，那也只能属于过去，对于当前的现实只是一片空白。所以，要忘记过去，忘记过去的辉煌，别让曾经的荣誉光环再来环绕着你。如果你只生活在荣誉的影子里，沉溺于自己过去的辉煌之中，时间老人只会鄙夷地从生活的园地上跨过，命运之神只会嘲笑般地给你一把笨拙的犁耙。

智者寄语

普希金曾说："一切都是暂时的，一切都会消失。"我们与其恋守着或快乐或痛苦的回忆，不如从回忆里勇敢地走出来，以一份明朗的心情，一份平常的心态去对待生活。我们也许曾经失去，然而那不是忧伤，而是一种美丽，因为我们再次同太阳一起站在地平线上，用自己的认真去掌握曾经迷航的生命之舟。

莫在过去的辉煌里长睡不醒

站在充满鲜花和掌声的领奖台上，那是值得你骄傲的。但是对于现在来说，那已经成为永远的过去了，别人不会永远记住你过去的风光，你也不要把那一次成功当成永远的成功和永远骄傲的资本，躺在那温暖的赞扬声里长睡不醒！

由于事业取得了一定成功而骄傲，把一时的成功当作永久的成功，这样的人就会从此故步自封，止步不前，甚至前功尽弃。

我们常说"好汉不提当年勇"，说的就是这个道理。但是，很多人常常不能走出曾经的辉煌记忆，沉浸于虚无的胜利幻想中。他们因为过去的一次成功就自我满足，眼前显现的永远是早已逝去的鲜花与掌声。所以，他们自视清高、目中无人，更有甚者，为了维护自己的所谓面子和虚荣心，非但自己不思进取，还伺机嘲讽别人的努力，最终导致了心理的扭曲。

有新闻报道，某大学一名男生自杀了！消息很快传遍了整个校园、整个城市，乃至全省。谁能相信他会自杀呢？四年前，他可是以全省第一名的成绩考入这所大学的。如此一个优秀的学生怎么会轻生呢？

熟悉他的同学、老师和老乡，都为他的轻率而倍感痛心。谁能想到四年前他的风光呢？这所大学一直鲜有省状元考进来。他进校后，学校领导、老师对他倍加重视。仅对他个人的宣传就搞了半学期，他成了全校的热点人物，简直是无人不知、无人不晓。

老师的宠爱、同学的羡慕以及一些人的吹捧，让他有了飘飘然的感觉。从此，他变了，从那个勤奋上进、谦虚好学的少年变得极其高傲,他想当然地认为自己就是最棒的。所以,他不像其他同学一样刻苦用心,他经常因为觉得老师讲得不好而不去上课,也从不参加集体活动,而是时常沉浸于武侠小说、言情小说的世界里混沌度日。

老师为他的滑坡而担忧,经常劝导他要戒骄戒躁。可是他总是把老师的话当作耳边风,他认为,自己这么聪明,对付那些考试是小菜一碟。就这样,虽然他从未在期末考试中挂"红灯",但成绩平平。转眼到了大四,保研名单上自然没有他。于是,他终于不甘心起来,向全班同学宣称他要考上全国最著名大学的计算机硕士研究生。

从此,他开始起早贪黑地学习了。无奈,由于大学期间专业功底太差,最终他的成绩没有过线。这对于骄傲惯了的他来说,无疑是当头一棒。整个人像崩溃了一样,在成绩公布榜前默默伫立了很久。

当然晚上,宿舍的同学发现他没回来休息,也没太在意,以为他心情不好,去哪里散心了。可是,第二天一大早,人们在教学楼前发现了他的尸体。他的口袋里装着一份浸透了鲜血的成绩通知单和一份遗书。他说:"因为我知道自己再也骄傲不起来了,所以我选择了死亡。对我而言,没有了骄傲就如同剥夺了我的生命。"

一个年轻的生命就这样离去了。正是因为他一贯沉醉于自己曾经的辉煌,一旦幻梦变得支离破碎,他那颗习惯了赞扬和追捧的心,便难以负荷以至于精神崩溃。有一位哲学家说过:"一个人若种植信心,他会收获品德。"而一个人若种下骄傲的种子,他必将收获众叛亲离的果子,甚至是不可预知的危险。这位轻生的男同学自满自得,不懂得戒骄戒躁,脚步一味地停留在原地,而虚荣心却日益膨胀,最终由于心理压力承受不住,使年轻的、本来该有所作为的生命走向了终结。可悲的是,直至死前他也未能明白自己失败的原因,他不知道,是骄傲害了他,是虚荣心害了他!

人如果有了名气,常常会飘飘然。

那个四岁就懂得让梨的孔融,是家喻户晓的人物。小小年纪就出名,长大后先被提拔做了侍御史,后来又改任北海相,他以为自己既有才又有名望,所以待人傲慢,甚至多次戏弄侮骂曹操。他同其他官吏合不来,以致上怒下怨,被人诬陷想图谋造反,不但自己遭受杀身之祸,而且殃及两个儿子。

拿破仑是一个著名的军事家,也是一个只愿躺在过去的辉煌里不愿醒来的人。他率领的军队曾出奇制胜,所向无敌。可是胜利冲昏了他的头脑,战绩使他骄傲自大,使他目空一切,武断专横。他过高地估计自己,丧失了客观分析敌情的能力,终于导致了滑铁卢战役的失败,由战争之神变为阶下囚。

大文豪王尔德曾说:"人们把自己想得太伟大时,正足以显示本身的渺小。"因为"人外有人,天外有天",谁也不是常胜将军。让曾经的胜利,曾经的辉煌留在心底,闲来无事,偶尔拿出来玩味一下,实无不可。万不可把它当成永远的荣耀,从此止步不前。一个真正的智者,是不愿靠吃老本生存的,更不会原地踏步,而是力求百尺竿头,更进一步。

智者寄语

沉醉于自满自得,这是愚蠢的表现。过分的自我感觉良好,实际上是一种无知,它虽能满足一时的虚荣心,也常使人错生优越感和自我幸福感,但实际上是自欺欺人,最终只会导致心理的变态和精神的崩溃。

过去的就让它过去

“假如当初……”当事情发生时，我们总习惯这么说。我们常会叹息，在过去的某个时刻为什么不做另一个选择。

“假如当初我早点送他到医院，也许他就不会……”

“早知道我们分开后会变这样，我当初就不该……”

“要知道结果会这样，当初就不该听你的话……”

“当时我若听你的建议就好了……”

其实，“假如当初”这种想法一开始就是个错误，因为，凡事没有绝对的对或错。我们已经选择了一条路，就无法确定如果选另一条路的结果会如何。假如当初我们做的是另外一个决定，那样一定就会比现在更好吗？不，没有什么是绝对的。

过去的就让它过去，我们的心承载不了太多的过去，不管是痛苦还是辉煌。

有一个人，在23岁时被人陷害，在监狱里待了9年。后来冤案告破，他开始了几十年如一日的反复控诉、咒骂：“我真不幸，在最年轻有为的时候遭受冤屈，在监狱里度过本应最美好的青春时光。那里简直不是人待的地方，狭窄得连转身都困难，窄小的窗口里几乎看不到阳光。冬天寒冷难忍，夏天蚊虫叮咬。真不明白上帝为什么不惩罚那个陷害我的家伙，即使将他千刀万剐也难解我心头之恨啊！”

73岁那年，在贫困交加中，他终于卧床不起。弥留之际，牧师来到他的床边，“可怜的孩子，去天堂之前，忏悔你在人世间的一切罪恶吧！”

病床上的他依然对往事怀恨在心、耿耿于怀：“我没有什么需要忏悔的，我需要的是诅咒，诅咒那些施予我不幸命运的人。”

牧师问：“你因受冤屈在牢房里待了多少年？”

他恶狠狠地将数字告诉牧师。

牧师长长地叹了一口气：“可怜的人，你真是世界上最不幸的人，对你的不幸我感到万分同情和悲痛。他人囚禁了你9年，而当你走出监狱本应获取永久自由时，你却用心底的仇恨、抱怨、诅咒囚禁了自己整整41年。”

在漫长的人生道路上，有着太多的酸甜苦辣、太多的喜怒哀乐以及悲欢离合，过去的已经过去，再痛哭流涕、追悔莫及也无济于事。如果我们把一切包袱都背在身上，走得岂不太累？还怎能去体会人生其他乐趣呢？如果往事不堪回首，还硬要强迫自己去时时回首，烦恼岂不是如影随形？在一个人的一生中，遇到了苦难的经历或重大的灾祸已经是很大的不幸了，又为何要让自己的念念不忘带来更大的痛苦和伤害呢？

何必为追不回来的东西而流泪呢？眼下最重要的是抓住现在的机遇，让它开出成功而绚丽的花朵。

忘记过去的成功与失败，给自己一个全新的开始，我们便会从未来的地平线上看见另一处成功的曙光。

有个泰国企业家，他把所有的积蓄和银行贷款全部投资在曼谷郊外一个备有高尔夫球场的15幢别墅里。但没想到，别墅刚刚盖好时却遇上了亚洲金融风暴，一幢也没有卖出去，连贷款也无法还清。时运不济的企业家只好眼睁睁地看着别墅被银行查封拍卖，甚至连自己原来安身的居所也被拿去抵押还债了。

意志消沉的企业家完全失去了斗志，他怎么也没料到，从未失手过的自己，居然会陷入如此困境。他承受不起如此沉重的打击，他不能接受自己现在的失败，更不能忘记以前曾拥有过的辉煌。

有一天，吃早餐时，他觉得太太做的三明治味道非常不错。忽然，他灵光一闪，觉得与其这样落魄下去，不如振作起来，从卖三明治重新开始。

当他向太太提议从头开始时，太太也非常支持，还建议丈夫亲自到街上叫卖。企业家经过一番思索，终于下定决心行动。从此，在曼谷的街头，每天早上大家都会看见一个头戴白帽、胸前挂着售货箱，沿街叫卖三明治的人。

"一个昔日的亿万富翁，今日沿街叫卖三明治"的消息很快传播开来，前来购买三明治的人也越来越多。这些人中有的是出于好奇，也有的是因为同情，更多的人则是因为三明治的口味独特，慕名而来。

从此，三明治的生意越做越大，企业家很快走出了人生困境。企业家之所以能在人生的困境中迎来一个如此明媚的今天，是因为，在曾经的失败向他挑战现在和未来时，他没忘记先将身上的灰尘拍落，然后再轻轻松松地与之应战。

这个企业家叫施利华。几年来他以不屈不挠的奋斗精神，获得了全国人民的尊重，后来更被评为"泰国十大杰出企业家"之首。

过去的事情就让它过去，人是容易怀旧也喜欢怀旧的动物，对美好的东西是这样，对不美好的经历也是如此，对于曾经给予过自己欢乐和痛苦的事物，都念念不忘，迟迟不肯放手。但理智的做法是应当从记忆中抹去一切使我们消沉、痛苦的事情，只有把这些放下了、忘记了，我们才能重新开始一种新的人生。所以，对于那些不幸的经历，唯一值得我们去做的，就是彻底将它们埋葬。

终日想着那些不幸的经历和已经走错的路途，只会加剧往事遗留给我们自身的伤痛，也只会让我们对未来的看法越来越黑暗，越来越悲观。忘掉它们，把痛苦的过往从记忆中逐出吧，只有拔掉了疯长的杂草，我们心里才能长出茂盛的禾苗。

智者寄语

只有把这些放下了、忘记了，我们才能重新开始一种新的人生。所以，对于那些不幸的经历，唯一值得我们去做的，就是彻底将它们埋葬。

忘记过去的成败，重新开始新的旅程

忘记过去的成功，重新开始拼搏，你就可能再度成功。著名科学家居里夫人在发现了钋之后并没有骄傲，她把过去的一切成就抛到脑后，又发现了镭，在此之后又提炼出了镭。居里夫人在一次的成功之后忘记了过去的成功，从而又一次获得成功，她本人也成为两次获得诺贝尔奖的科学家。设想一下，如果她被自己第一次的成功冲昏了头脑，也许就不会有镭的发现。我们不但要忘记过去的成功，还要忘记曾经的失败，以锲而不舍的精神重新开始拼搏，才有可能成功。爱迪生在发明电灯的过程中不是一帆风顺的。他找了许多种材料来做灯丝，经过成千上万次试验都失败了，然而他并没有因为一次次的失败而放弃，他把它们都忘记了，锲而不舍，最终发明了电灯。尽管以后人们发现了更好的灯丝材料，但爱迪生的精神值得我们学习。不能因为一两次失败而倒下，要忘记这些失败，重新开始，光明就在不远的前方。如果爱迪生被许多次的失败击倒的话，那么人们在很多年的夜里就看不见光明。所以我们要忘记过去的失败重新开始。

忘记过去并不意味着什么都要忘记。忘记成功只是你不能因为成功而骄傲，要把它忘记，你才能从头开始新的奋斗。忘记失败只是要你忘记失败所给你带来的伤心和痛苦，不能忘记失败的教训，应该牢记其教训并忘记伤心而重新上路。不管过去是成功还是失败，我们都要将它忘记，重新开始新的旅途。忘记过去的辉煌，你就不会满足于已有的成就，继续像以前一样为自己的目标而奋斗；忘记过去的失败，你就不会因为小小的挫折而自暴自弃，你就会拥有比原来更大的自信心，才能经得起失败的考验，一步一步地走向成功。所以不论过去是美好还是懊恼，都要将一切留在身后，然后重新开始。

每一天都是新的开始，新的开始一定要给予自己更多的快乐和幸福。就算昨天曾有悲伤、失败和痛苦，这一切都已经留给了昨天。现在就是一个新的起点，打开窗户，让清风吹在脸上，让视野再宽阔一些，告诉自己，要把昨天的悲伤变成今天的快乐，把昨天的失败变成今天的成功，把昨天的不幸变成今天的幸福。如果昨天快乐、昨天幸福、昨天成功，那么，为了一个同样的目标，今天也还是一个新的起点。

每一天都是新的开始，许多昨天做着的事需要继续，许多新的想法都要付诸行动，许多发生过的错误都要修正。昨天是今天的动力，不能把昨天的疲惫带给今天，不能把昨天的失落带给今天，不能把昨天的痛苦带给今天，更不能把昨天的错误带给今天，我们没有理由用昨天的错误惩罚自己。新的开始是成功的继续和创新，只有把每一天当成新的开始，只有把今天作为新的起点，时刻做好起跑的准备，才能跑得更快、更远。

每一天都是新的开始，新的开始总会有新的挑战，早晨起来第一件要做的事就是告诉自己：我行，我已经准备好了。每一天起来都要给自己一个美丽的微笑，用最平和的心和最炽热的情感迎接新的挑战。也许今天会面临比昨天更大的困难、更多的挫折，然而坚强地面对、勇敢地迎上去，一定会有意外的收获。即使结果不能够尽如人意，但只要我们努力了，我们尽心尽力地做了，我们给明天留下的就是希望而不是遗憾。

每一天都是新的开始，新的开始总会有新的期待，有期待就会有希望。所以，从今天开始，为了自己的期待，为了心中的希望，用全新的生命迎接每天新生的太阳，让自己的生命在循环往复中完善、成长，用最热情的心态去迎接生命中每一个新的开始。

每一天都是新的开始，新的开始总会面临新的选择。昨天已经过去，明天是未知的，虽然我们可能不知道自己以后的路通往何方，但我们知道自己的方向，选择了就要为自己负责，选择了就是为梦想付出，这一刻我们能做的就是相信自己的选择。不要害怕走错路，可怕的是明知走错了还要继续往下走。

面对快速变化着的世界，我们能做的就是认识自己、了解自己，把过去放下，把现在扛起，把每一天当成一个新的开始。这样，我们的生活每一天也都是全新的。请相信，生活是有趣的，尽管不断地经历着快乐、幸福、成功，痛苦、无奈、失败，但未来一定会有美好的东西等着我们。

智者寄语

我们不但要忘记过去的成功，还要忘记曾经的失败，以锲而不舍的精神重新开始拼搏，才有可能成功。

不要为无法改变的事实而后悔

在我们的人生中,意想不到的事情随时都有可能发生。当我们面对一些不幸的打击时,要学会潇洒地挥一挥手,告别昨天。过去的已经过去,我们为过去而哀伤、遗憾,只会劳心费神,于事无补。要想发挥自己的潜能,取得事业的成功,我们必须忘却过去的失误和不幸。

在人生征途中,因种种原因,有许多人会出乎意料地遭遇失去——失去财物,失去既得利益,失去身体健康,失去升学、就业、晋级、发财的机会……万一遭遇失去,我们又该如何去面对呢?

在人生的征途中,不可能什么事情都一帆风顺,其中总会伴随许多的困难和挫折,重要的不是我们失去了什么,而是我们得到了什么。我们每做一件事情,都会有经验和教训产生,经验固然可贵,教训也不可忽视。我们不能沉湎于教训的打击,因为我们还要前进。

每一个人的生命都是有限的。为了不虚度光阴,使生命尽可能地卓越,我们的确应该追求得到,努力用智慧和汗水创造业绩。然而,我们也应该正确地看待失去,学会忍受失去,更要学会坦然地面对我们所失去的东西。为了成就一番事业,我们有时不得不失去一些感官享受;为了更好地实现自己的主要目标,我们有时不得不"丢卒保车";尤其是为了不玷污自己的人格,我们有时不得不失去一些利益,比如金钱——那种只要出卖良心或尊严就可以得到的金钱。

著名棒球手康尼·马克在对待自己输球的烦恼时说:"过去我常常这样做,为输球而烦恼不已。现在我已经不干这种傻事了,既然已经成为过去,何必沉浸在痛苦的深渊里呢?流入河中的水是不能取回来的。"失去的东西是不可能回来的,所以,我们不应该为失去而烦恼,而是应该学会坦然地面对失去的东西。

我们应该坦然地面对人生的变故,告诉自己:聚散得失、潮涨潮落、花开花落,都是一份自然。我们应该相信自己,勇敢地走自己的路。

人生苦短,每一个人都不可能完全做成自己想做的事,不能得到所有自己想得到的东西,总有顾此失彼的时候。尽管人人都懂得"有得必有失"的道理。可人们还是习惯性地害怕失去,认为得到是可喜可贺的,失去则是可惜可叹的,每当失去都要难受一阵,甚至为之痛苦,然而生活难免会失去一些东西。既然这样,我们为何不及时地调整好自己的心态,面对现实,承认失去呢?有时候失去并不一定是损失,而是一种放弃、一种奉献。

牛奶被打翻,不可能重新装回杯中。任你后悔,任你哀叹,任你捶胸顿足、呼天喊地,任你三天不吃饭五天不睡觉,任你悔断肠子心痛肝痛胃痛,也肯定不会改变已经板上钉钉的事实。聪明的做法就是"甑已破矣,顾之何益",就应当按照"不要为打翻的牛奶哭泣"这样的话去做。这才是人生的大智慧。

在当代社会,更应具有这样的生存智慧,因为在社会激烈的竞争中,我们杯中的牛奶也可能被打翻。遇到这样不如意的事,不怨天尤人,不哭天抹泪,不消沉颓唐,不心灰意懒,而是汲取教训,挺直腰杆,义无反顾,径直向前。这样的人才能成为强者,才能事业有成,才能出人头地,才能品尝到成功的喜悦,才会有鲜花美酒的陪伴。

不为被打翻的牛奶哭泣,有这样大度的襟怀,有这样的人生智慧,命运就会给你新的机会,迈过几道坎，拐过几道弯，成功会在那里微笑着向你招手。

智者寄语

沉溺于过去的错误之中，是事业成功的一大障碍。若想成功，就必须向前，不为往事而后悔。

人生问题是旧伤浮现的结果

当刘翔从北京奥运会赛场上退下来的时候，他说："下一次我一定会做得很好。"当程菲因为一个动作而出现失误的时候，她说："下一次我会吸取教训。"尽管因为没有注意到自己的伤而不能在比赛中坚持下来，但是刘翔没有一直活在悔恨之中，而是鼓足了勇气面对未来的路；尽管练习了多次的动作没能发挥到最好，但是程菲也没有抓住自己过去所犯的错误不放，而是在总结经验后，期待下一次精彩的绽放。

可是，在生活中，有太多的人喜欢抓住自己的错误不放：没能抓住发展的机遇，就一直怨恨自己不具慧眼；因为粗心而算错了数据，就一直抱怨自己没长大脑；做错事情伤害到了别人，为没有及时的道歉而自责良久。

人生的很多问题都是对过去所犯的错误的一种追悔。在生活中，谁能没有一点"旧伤"？谁能一生了无遗憾？我们每个人都想让自己所做的每一件事都正确，从而达到自己预期的目的，可这只能是一种美好的幻想。人不可能不做错事，不可能不走弯路。做了错事、走了弯路之后，有谴责自己的情绪是很正常的，这是一种自我反省，是自我解剖与改正的前奏曲。正因为有了这种"积极的谴责"，我们才会在以后的人生之路上走得更好、更稳。但是，如果你一味地纠缠住过去的错误不放，或羞愧万分、一蹶不振，或自惭形秽、自暴自弃，那你这就是愚人之举了。

卓根·朱达是哥本哈根大学的学生。有一年暑假，他去当导游，因为他总是高高兴兴地做了许多额外的服务，因此，几个芝加哥来的游客就邀请他去美国观光。观光路线包括在前往芝加哥的途中到华盛顿特区做一天的游览。

卓根抵达华盛顿以后就住进威乐饭店，他在那里的账单已经预付过了。他这时真是乐不可支，外套口袋里放着飞往芝加哥的机票，裤袋里则装着护照和钱。

可是，卓根突然遇到晴天霹雳。当他准备就寝时，才发现由于自己的粗心大意，放在口袋里的皮夹不翼而飞了。他立刻跑到柜台那里报失。"我们会尽量想办法。"经理说。

这时，卓根的零用钱连两块钱都不到。因为一时的粗心马虎，让自己孤零零一个人待在异国他乡，应该怎么办呢？他越想越是生气，越想越是懊恼，于是想到了很多办法来惩罚自己。

这样折腾了一夜之后，他突然对自己说："不行，我不能再这样一直沉浸在悔恨当中了。我要好好看看华盛顿。说不定我以后没有机会再来，但是现在仍有宝贵的一天待在这个城市里。好在今天晚上还有机票到芝加哥去，一定有时间解决护照和钱的问题。"

"我跟以前的我还是同一个人，那时我很快乐，现在也应该快乐呀。我不能因为自己犯了一点错误就在这白白地浪费时间，现在正是享受的好时候。"

于是他立刻动身，徒步参观了白宫和国会山，并且参观了几座大博物馆，还爬到了华盛顿纪念馆的顶端。他去不成原先想去的阿灵顿和许多别的地方，但他到过的地方，他都看得很仔细。

等他回到丹麦以后,这趟美国之旅最使他怀念的却是在华盛顿漫步的那一天——因为如果他一直抓住丢皮夹的错误不放,那么在华盛顿那宝贵的一天就会被白白浪费。

智者寄语

放下过去的错误,向前看,才能有更多的收获。我们一生当中会犯很多错误,如果每一次都抓住错误不放,那么我们的人生恐怕只能在懊悔中度过。很多事情,既然已经没有办法挽回,就没有必要再去花时间惋惜悔恨了。与其在懊悔中挣扎浪费时间,还不如抓紧时间把握当下。

人生的春天从改变自己开始

小说家荷摩·克洛伊曾有过这样一段经历:

这是荷摩·克洛伊称之为"一生中最悲惨的时刻"的一天。

警长来到了克洛伊的家,而克洛伊不得不从后门溜走。从此,他失去了位于长岛佛洛里斯特的家。那个地方给他留下了永远都抹不去的回忆:他的孩子都是在那儿出生的,而他也在那儿住了整整18年。

克洛伊怎么也不会想到,这种事情会发生在自己身上。

在12年前,他一直认为自己坐在世界的尖端上。他的《水塔之面》影片版权,以好莱坞最高价卖给了一家影片公司,因而他和家人在国外住了两年,夏天在瑞士消暑,冬天在法国南部避寒——过的完全是一个百万富翁的日子。

克洛伊在巴黎住了6个月,又一本小说问世了,书名叫《他们必须见见巴黎》。这部小说后来改编成了电影,由威尔·罗吉斯主演。当时,很多人都希望他能留在好莱坞,再为罗吉斯写几部电影剧本,可是他还是回到了纽约。

克洛伊认为自己还有尚未开发出来的潜力,所以,他想他有能力做一名精明的生意人。

有人跟他说,约翰·贾可伯在纽约投资购买空地,很快就变成了百万富翁。贾可伯是什么人?一名移民美国的小贩而已!克洛伊心想:他都能成功,难道我就不能?于是,他决定做房地产生意。自此,克洛伊做起了发大财的美梦!

其实,他对房地产一无所知,可是他有勇气。如何开展这方面的事业呢?很简单,他把房子给抵押了,然后购买了佛洛里斯特山区的一块最佳的建筑用地。克洛伊的算盘打得很如意:把这块地死死地留着,等地价涨到高峰再卖掉,坐收厚利,就能成为真正的百万富翁。

在房地产方面,克洛伊绝对是一个外行,对经营他更是一窍不通。突然间,经济不景气,土地卖不出去,像堪萨斯的狂风摇撼鸡笼一样,他被吹垮了。克洛伊每个月必须为那块地付出220美元。除此之外,他还必须为那栋被抵押掉的房子付款,养活一家人。他十分烦恼,想为杂志社写一些幽默小说,而他此时的幽默小品却颇似《旧约》中的哀歌。他卖不出任何稿子,他所写的小说亦告失败。他把钱全用光了,除了打字机和他口中的金牙之外,他没有任何东西可以拿来抵押借款。牛奶公司停止送牛奶,煤气公司也把他家的煤气关掉了。

银行结束了对克洛伊房子的抵押,把他和家人全部都赶到街上去了。他们好不容易凑出几块钱,租了一间小公寓,在1953年的最后一天搬过去。克洛伊坐在行李箱上,举目四望。这时，他母亲的一句老话突然出现在他脑海中："不要为打翻了的牛奶哭泣！"他在那儿坐了一会儿，然后对自己说："我经历了最悲惨的遭遇，而且已经熬过去了。此后，只会好转，不会变坏了。"

此时，他开始想到他仍然拥有的有利条件，身体依然健康，朋友仍在，可以从头再来。他不再为过去悲伤，他每天重复着母亲的那句话，把精力都用在工作上，不再烦恼。

后来，克洛伊的情况开始改善了。对于他以前的那段悲惨遭遇，他现在只是心存感激：是它给了我力量、坚忍和信心。他现在知道，什么是最困苦的生活；他知道，天无绝人之路；他知道，他能忍受更多的痛苦。现在当他遇到小烦恼、焦虑、困难时，他就提醒自己当年坐在行李箱上对自己所说的话："我经历了最悲惨的遭遇，而且已经熬过去了。此后，只会好转，不会变坏了。"

不要为无法改变的事情伤悲！在不幸面前，只有勇敢地面对，努力改变现状才是聪明之举，否则只会被命运的旋涡无情地摧垮。如果你的境遇已经坏得无法再坏，那么既然如此，只要努力，你就能一天更比一天好！又何必沉浸在无尽的烦恼中呢？

我们虽然不可能改变那些已经发生的事实，可是我们能够改变自己。想要得到快乐，我们缺少的不是金钱、名气和地位等身外之物，而是缺少人生的顿悟。

在以往的生活中，我们都曾经成功过、失败过，但那毕竟已经成为历史。现在我们缺的不是回忆、追溯历史，而是需要有一颗坚忍的心，来重新面对现在。无论我们曾经是辉煌过，还是堕落过，到目前为止都应该画上一个休止符，过去的就让它随风飘散，现在是新的一天，一切从零开始。

这两年一下大雨就淹水。

王老板最怕淹水，因为他卖纸，纸又重，不能在楼上堆货，只能把纸放在一楼。

"天哪！还差半尺……天哪！只剩两寸了……"每次下大雨，王老板都不眠不休，盯着门外的积水看。所幸回回有惊无险，正要淹进门的时候，雨就停了，一年、两年都是这么度过的。

这一天，飓风来临，除了下雨外，还有河水泛滥，门前一下子成了小河，转眼水位就漫过了门槛，王老板连沙包都来不及堆，店里几十万元的货已经泡了汤。

王太太、店员甚至王老板才十几岁的儿子都出动了，试着抢救一点儿纸，可问题是，纸会吸水，从下往上，一包渗向一包，而且外面的水还不断往店里灌。大家正不知所措，却见王老板一个人冒着雨出去了。

"大概是去找救兵了。"王太太说。而几个钟头过去，雨停了，水退了，才见王老板一个人回来。这时候就算他带几十个救兵回来，又有什么用？店里所有的纸都报销了，又因为沾上泥沙，就算免费送去做回收纸浆，纸厂都不会要。

王老板收拾完残局，就搬到了一个老旧公寓的一楼。他依旧做纸张的批发生意，而且一下子进了比以前多两三倍的货。"他是没淹怕，等着关门大吉。"有职员私下议论。果然，又来台风，又下大雨，河水又泛滥了，而且比上次更严重。路上的很多车子都被淹了，好多地下室都成了游泳池，好多人都不得不爬上屋顶。

王老板一家人站在店门口，左看，街那头淹水了；右看，街角也成了泽国。只有王老板店面的这一段地势很高，居然一点儿事都没有，连王老板停在门口的新车，都成了全市少数能够劫后余生的。王老板一下子发了，因为其他纸行的纸都泡了汤，连纸厂都没能幸免，人们急着要用纸，印刷厂急着要补货，出版社急着要出书，大家都抱着现款来求王老板。

“你真会找地方。”有同行问，“平常怎么看，都看不出你这里地势高，你怎会知道？”

“简单嘛。”王老板笑笑，“上次我店里淹水，我眼看没救了，干脆趁雨大，在全城绕了几圈，看看什么地方不淹水。于是，我就找到了这里。”

当面对困境时，我们需要的不是抱怨，而是去寻找解救的办法；当面对失败时，我们需要的也不是沮丧，而是去思考下一次成功的途径。只有这样，困境才不是永远的困境，失败才不会成为永远的失败。

智者寄语

过去的就让它过去吧，再大的苦难只要能乐观、勇敢地面对，它们就能够成为我们成功的垫脚石。不要为已经发生的灾难痛苦，人生的春天从改变自己开始。

忘记过去的事情吧

有一个十分漂亮的女孩，别人看到她时总会不自觉地夸赞她的容貌，而她自己也一直都以此为荣。

然而，不幸的事情却发生了——女孩遭遇了一场车祸。这次车祸让女孩险些丢了性命，但经过几天几夜的全力抢救，女孩最终还是活了过来。但是她的脸上却留下了一条无法治愈的疤痕，而且这条疤痕之大，竟横跨了女孩的半个脸庞。曾经那个因美貌而受人羡慕的她一下子跌入了痛苦的深渊里。

女孩伤心极了，不敢去正视镜中那个无比丑陋的自己。她时时回忆起几个月前那个像白天鹅一样在舞台上旋转、跳跃、赢得阵阵掌声的自己，而如今的自己却毁了容貌，变成了一个面容丑陋的女巫。这突如其来的打击让她实在难以忍受，她觉得人生所有的希望和美好都会随着这场车祸的发生而烟消云散。

于是，此后的日子里，她什么都不愿意去做，只是一个人躲在房间里哭泣。虽然公司依旧接受她回到原来的职位，但她却毅然决然地辞掉了工作，觉得这样丑陋的自己根本就没办法见人。

她整天抱着从前的照片回忆往事，并摔碎了家里所有的镜子。她也不愿意再去看那些原本疯狂迷恋的美容杂志和电视节目，似乎所有与美丽有关的话题都是对她的折磨。

一段时间之后，她不仅越来越枯瘦，而且还患上了自闭症和忧郁症，并且拒绝医生的诊断和治疗。最后，受尽了折磨的她，选择在一天夜里终结了自己的生命。

本来在一个人的一生中，遇到这样重大的灾祸已经是很大的不幸了，又为何要让自己的念念不忘带来更大的痛苦和伤害呢？

那些已经承受过苦痛的日子，该过去的就让它过去，只有抬起头来、敞开心扉，我们才有勇气去勇敢地面对以后的人生。

安迪森遭遇了前所未有的不幸，股市的狂跌使得他半生积攒下来的财富在一夜之间消失殆尽。

这个现实让安迪森无法接受，他感觉自己几乎每时每刻都被悲观、绝望包围着。一天晚上，安迪森沮丧地在一座大桥上徘徊。望着桥下奔腾的河水，他似乎听到有一个声音在对他说："跳下去吧，跳下去吧，只要向前多迈一步，一切就都解脱了。"

就在这时，安迪森忽然听见不远处传来了一阵低低的哭泣声。他顺着声音找了过去，发现一位女子正俯在不远处的栏杆上哭得很伤心。

看到这样伤心的人，安迪森暂时忘了自己的痛苦，走上前去问："姑娘，恕我冒昧，请问你哭得如此伤心，是发生了什么事吗？"

女子转过头，看见安迪森一脸友善，便向她诉说起了自己的不幸遭遇。原来，这位女子被和自己相爱多年的男友抛弃了，于是便觉得人生从此失去了意义。

安迪森听后不禁笑了起来，说道："原来只是这样，那你完全没有必要这样难过，回想一下，在你没有和这位抛弃你的男友结识之前，你不是也曾活得好好的吗？"

听了安迪森的话，女子茅塞顿开，继而擦干眼泪露出了笑容："我懂了，谢谢你，以后我一定不再为这个而难过了，我会好好珍惜自己的。"说完，还十分诚恳地像安迪森深深鞠了一躬。

望着女子渐渐远去的背影，安迪森也回想起了自己的日子。我在安慰别人的时候那么理智清醒，而换到自己头上呢？想当初，我不也是两手空空吗？如今，只不过是从头来过罢了。

于是，安迪森带着一身轻松回到了家。第二天，便满怀精力地去了阿拉斯加。他凭着自己的信心和毅力，对当地的地质情况进行了深入的分析，并在别的石油公司撤走之后，接手了废弃的钻井，继续开采寻油。

没过多久，安迪森就将炒股失去的钱再次赚了回来。

不可否认，忘却的确不是一件简单的事情，特别是对于那些刻骨铭心的爱情和撕心裂肺的伤痛。对过去美好的追忆像潇潇夜雨一般滋润我们的心田，而与此同时，这种获得之后的失去又往往流淌着一股浓浓的惆怅和无奈，使我们为生命的无常而遗憾叹息。

但是无论怎样不舍，也不管如何难过，生活的车轮还是要继续向前行进的，我们总得给生命腾出一些空间来去接受新的东西。对于那些已经发生的不愉快经历，我们就要学会放弃，过去的就让它过去。

智者寄语

面对变幻莫测的人生和世界，能够适当地丢掉过去，翻开新的篇章，不仅是一种理智，一种重生，更是一种至上的幸福。